“十三五”国家重点出版物出版规划项目

名校名家基础学科系列

Textbooks of Base Disciplines from Top Universities and Experts

大学物理学

上册

第2版

王晓鸥　严导淦　万　伟　等编

机械工业出版社

本书是在严导淦、王晓鸥、万伟编写的《大学物理学　上册》（第1版）的基础上，参照教育部现行《理工科类大学物理课程教学基本要求》，结合当前大学物理课程的教学需要修订而成的.

本书在内容的深度、广度上保持了第1版"浅一点、宽一点、新一点、活一点、用一点"的风格．本书共8章，内容为力学（包括狭义相对论）和电磁学，并设置了联系当前工程学科需求的5个专题选讲内容．每章的章前增加了章前问题，用以激发学生的学习兴趣．在章节中增加了问题拓展、思维拓展、应用拓展部分，旨在培养和提升学生的创新能力，以适应新工科建设对高素质复合型人才的需求.

与本书同步出版的还有《大学物理学教·学指导》，并配有课堂教学电子教案.

本书既可作为全日制普通高等学校理工科大学物理课程的教材（80~120学时），也可作为函授、成人教育、网络教育、高等教育自学考试的教材或参考书.

图书在版编目（CIP）数据

大学物理学．上册/王晓鸥等编．—2版．—北京：机械工业出版社，2019.10（2023.12重印）

"十三五"国家重点出版物出版规划项目　名校名家基础学科系列

ISBN 978-7-111-64032-5

Ⅰ.①大…　Ⅱ.①王…　Ⅲ.①物理学-高等学校-教材　Ⅳ.①O4

中国版本图书馆CIP数据核字（2019）第230405号

机械工业出版社（北京市百万庄大街22号　邮政编码100037）

策划编辑：李永联　责任编辑：李永联　陈崇昱　任正一

责任校对：王　延　封面设计：鞠　杨

责任印制：常天培

北京机工印刷厂有限公司印刷

2023年12月第2版第6次印刷

184mm×260mm · 20.25印张 · 501千字

标准书号：ISBN 978-7-111-64032-5

定价：53.00元

电话服务　　网络服务

客服电话：010-88361066　机　工　官　网：www.cmpbook.com

010-88379833　机　工　官　博：weibo.com/cmp1952

010-68326294　金　　书　　网：www.golden-book.com

机工教育服务网：www.cmpedu.com

前言

本书为“十三五”国家重点出版物出版规划项目，在严导淦、王晓鸥、万伟编写的《大学物理学　上册》（第1版）教材基础上，根据我国高校物理课程教学的实际需要修订而成.

当前，物理学与工程技术的融合越来越密切. 物理学的最新科研成果直接引导了一系列高新技术的产生和发展，从而出现了目前高新技术蓬勃发展的局面. 在“新工科”建设中，物理学的理念、思路、方法和手段是特别重要和必需的方面. 例如，热门的“物联网工程”主要涉及物品的特征识别与传入物联网，人与物、物与物之间的信息沟通和对话等，这些都需要通过射频识别、全球定位、视频、音频、红外、激光扫描等各种传感器技术来实现，而这些内容依赖物理学中物理概念和原理的运用，如机械振动、机械波、电磁波、激光和量子物理等基本知识.

为此，本书在保持第1版体系和内容的同时，在每章的章前增加了章前问题，以激发学生的学习兴趣；在章节中增加了问题拓展——引导学生举一反三、思维拓展——引导学生主动思考、应用拓展——引导学生学以致用，以培养和提升学生的创新能力，适应“新工科”建设对高素质复合型人才的需求；在每章结尾增加了小结部分，将一章的主要内容归纳整理，以便学生对每一章节所学的内容有一个综合考量.

本书力求以较小的篇幅涵盖教育部现行《理工科类大学物理课程教学基本要求》（以下简称《基本要求》）A类的核心内容，并结合新工科专业需要和当前物理学的前沿课题，对第1版中“专题选讲”的内容做了适当调整，增加了物理学的新发现和新技术，重点简介了一些B类扩展性的机动内容，期求在学时允许或学生学有余力的情况下，选读其中某些内容，以开拓学生的科学视野. 另外，借鉴国外同类教材的做法，在每章开头，借方寸之地，结合该章内容，提出一些问题，以引发学生学习本章内容的兴趣. 这仅仅是一种探索性的尝试，也许东施效颦，事与愿违，希望通过今后不断改进，以臻完善.

本书在叙述上力求开门见山，直击主题，尽可能避免繁文缛节，与此同时，行文力求简明易懂，通顺流畅. 定理的推证在不违背严谨性的前提下做了一些简化，例如，刚体定轴转动定律、有电介质时的高斯定理和有磁介质时的安培环路定理等的推证.

与第1版一样，本书在确保《基本要求》的前提下，在内容的深度和广度上以“浅一点、宽一点、新一点、活一点、用一点”为圭臬，冀图在突显新工科大学物理的特色上做些探索，旨在引导学生能初步学会从物理学的视角去洞察现实世界中形形色色的生活和工程实际现象，并用相应的物理和专业知识及有关理论去解释，甚至有所创新. 常言道：“授人以鱼，仅供一饭之需；教人以渔，则终身受用无穷”. 后者正是编者所希望的.

为了教师易教、学生易学，本书对重点内容做了重墨缕述，但力求要言不烦；对虽非重点内容但估计学生阅读时会有困惑之处，并不轻易回避，而是尽可能加以缕析.

与本书配套的《大学物理学教·学指导》将与教材同步出版. 本书同时还配有电子

教案.

本书内容包括力学与电磁学，主要由王晓鸥、严导淦、万伟修订. 参加修订工作的还有张伶莉、李伟奇、应涛、裴延波、王先杰、宋杰.

本书的修订参考了国内外许多同类教材，深受启迪，获益良多，在此谨向这些著作的作者深表谢忱.

对书中错漏和不当之处，祈望读者不吝赐正，是所至盼.

编　者

目录

序　篇

力　学　篇

电磁学篇

序　篇

第0章 物理学 物理量

0.1 物理学

在自然界中，存在着各种形态的物质. 它们都在相互联系和相互作用下，通过能量的交换和传递而处于永恒的运动中. 因此，物质、运动、相互作用和能量是我们认识自然界的基本着眼点.

物理学是研究不同层次的物质结构、相互作用和物质基本的、普遍的运动形式及其相互转化规律的科学. 其研究范围非常广泛. 从时间上看，大到宇宙的起源，小到夸克的寿命；从空间上看，大到宇宙的范围，小到夸克的线度；从速度上看，大到物质运动的极限速度光速（$3\times10^8\mathrm{m\cdot s^{-1}}$），小到速度为 0 的静止物体. 不同范围的物质具有不同的运动规律，因而产生了不同的研究方法. 物理学的研究方法是科学的世界观和方法论建立的基础. 物理学原理是技术的源泉，是多学科交叉、转移和渗透的支撑点，在促进科技创新和技术进步等方面，物理学发挥着先导作用.

例如，自然界中所发生的一切运动过程，无论是物理的、化学的、生物的、工程的，都遵从能量转换与守恒定律. 因而物理学就成为其他自然科学和工程技术的重要基础，在许多科学技术和生产领域中，都广泛应用着物理学中的力学、热学、电磁学、光学和近代物理等各方面的基本知识和其他理论. 可以认为，物理学是当代其他自然科学和工程技术的重要支柱，也是科技创新的催化剂和加速器. 可以预期，如果我们能够扎实而系统地理解和掌握物理学的基本知识、基本理论和基本技能，并从中逐步领会物理学的思想方法，充分利用物理学在工程技术中的新成就（如量子通信、量子探测等），必将推动我们今后所从事的专业尽早进入现代化的行列.

2000 年 12 月在德国柏林召开的第三届世界物理学会大学决议指出："物理学是我们认识世界的基础，……是其他学科和绝大部分技术发展的直接或不可缺少的基础，物理学曾经是、现在是、将来也是全球技术和经济发展的主要驱动力".

0.2 物理量

在物理学中，为了定量地表述物质的属性、相互作用和物质运动的状态及其变化过程，需要建立或定义许多**物理量**，如密度、速度、力、电流等；而物质运动的基本规律在物理学中通常是由某些原理、定律或定理来表述的，它们反映了有关物理量之间的相互关系.

有一类物理量，如时间、质量、功、能量、温度等，只需用大小（包括数字和单位）和正负就可以完全确定，这类物理量统称为**标量**. **标量既有大小又有正负，乃是代数量，**可用代数方法进行计算. 例如, 同类的标量可以求代数和或差; 又如, 标量函数能够进行求导和积分等运算, 这在微积分学中读者也都是耳熟能详的.

还有另一类物理量, 如位移、速度、加速度、力等, 必须**同时给出大小并标明方向, 才能完全确定. 并且在相加时服从平行四边形法则**. 这类物理量称为**矢量**或**向量**.

物理定律或理论的建立, 一般都是首先通过对物理现象的观察和实验而建立的. 这时, 需要利用各种仪器去测定有关的物理量, 进行各式各样的度量.

度量任何一个物理量, 都必须有一个标准. 例如, 要知道一台机器的长度, 可用米尺去量, 而米尺上的刻度是按照规定的标准长度刻好的; 要知道一颗子弹的质量, 可用天平去称, 而天平所使用的砝码也是按照规定的标准质量注明的. 所以, 诸如上述长度、质量等每一个物理量都有一个规定的度量标准. 这一规定的度量标准, 就叫作该物理量的**基准单位**. 所谓度量, 就是把一个待测的量与它的基准单位进行比较, 看它是基准单位的多少倍. 例如, 我国自行建成的苏通大桥, 其中的一根斜拉索长达577m, 这等于说, 该斜拉索的长度是长度的基准单位——1m 的 577 倍, 即 $1\text{m}\times577=577\text{m}$. 所以, **每一物理量的大小都是由数字与单位相乘的形式来表述的**. 如果我们只说斜拉索长度为 577, 就毫无意义, 因为它是一个数, 不是一个量, 无法确认, 它的长度究竟是577m, 还是577cm, ……, 令人莫衷一是, 其真实的大小无从知道. 因此, 只有在数字乘以相关的单位后, 物理量才有实际意义. 也就是说, 我们**在物理学中所进行的计算都是量的计算, 而不仅仅是数的计算**.

既然每一物理量都要有一个基准单位, 那么, 如此众多的物理量都要一一去规定相应的基准单位, 就显得不胜其烦. 因此, 为了简便和统一起见, 我们只是从众多的物理量中挑选出少数几个物理量作为基本物理量, 然后再给每一个基本物理量规定一个基准单位, 这样的基准单位叫作**基本单位**. 其余物理量的单位, 可以根据某些物理定律或定义, 用这些基本单位来导出, 故称为**导出单位**. 根据以上的叙述, 以后我们把作为基本单位的物理量称为**基本量**, 而其余的物理量统称为**导出量**.

问题 0-1 什么叫物理量? 试举例说明. 试述基本量、导出量、基本单位、导出单位的意义.

0.3 法定计量单位 量纲

0.3.1 法定计量单位 国际单位制

根据基本单位的不同选取, 物理学中有几种不同的单位制. 本书采用**中华人民共和国法定计量单位**, 简称**法定计量单位**.

法定计量单位是以**国际单位制(代号为 SI)**为基础, 并根据我国的国情, 添选了一些非国际单位制的单位而构成的. 择要简介如下:

(1) **在国际单位制中选择了表 0-1 中所列的七个物理量作为基本量, 它们的单位就规定为国际单位制的基本单位.**

此外, 还规定了表 0-2 所列的两个量的单位作为国际单位制的辅助单位.

表 0-1 国际单位制（SI）中的基本单位及基本量的量纲

量的名称	单位名称	单位符号	基本量的量纲
长度	米	m	L
质量	千克(公斤)*	kg	M
时间	秒	s	T
电流	安[培]*	A	I
热力学温度	开[尔文]	K	Θ
物质的量	摩[尔]	mol	N
发光强度	坎[德拉]	cd	J

* （）内的字为前者的同义词；* [ ] 内的字是在不致混淆的情况下，可省略的字.

表 0-2 国际单位制（SI）的辅助单位

量的名称	单位名称	单位符号
平面角	弧度	rad
立体角	球面度	sr

（2）**国际单位制中的导出单位**. 导出量的单位（即导出单位），可以从物理学中的定义或定律出发，利用上表所列的基本单位导出. 如速度的单位是 $\mathrm{m \cdot s^{-1}}$（米·秒$^{-1}$），密度的单位是 $\mathrm{kg \cdot m^{-3}}$（千克·米$^{-3}$），等等. 有些国际单位制的导出单位还规定了专门的名称和符号，例如力的单位是 $\mathrm{kg \cdot m \cdot s^{-2}}$（千克·米·秒$^{-2}$），显得较累赘. 因此，规定它的专门名称，叫作**牛顿或牛**，符号为 N. 使用这种**具有专门名称的国际单位制导出单位**以及用它们表示其他导出单位，甚为方便. 至于没有专门名称的国际单位制导出单位，统称为**组合形式的国际单位制导出单位**.

上述这两种国际单位制导出单位以后将在有关章节中介绍.

（3）**我国还选定了一批作为法定计量单位的非国际单位制单位**. 例如，时间用 min（分）、h（小时）或 d（天）作为单位，体积用 L（升）作为单位、质量用 t（吨）作为单位、能量用 eV（电子伏）作为单位等，以后也在有关章节中介绍.

（4）**当我们用国际单位制的单位来表示某一物理量时，有时需用到很大或很小的数字**. 例如，太阳的直径是 1390000000m，而氢原子的直径是 0.000000000106m，这对了解该物理量的数量级㊀或读写都不方便. 习惯上，常将这类量的数值部分取在 1~10 之间，并乘以 10 的 n 次幂（即 10^n，n 可正、可负或为零）. 这样，就可将上述两个量分别表示成 $1.39\times10^9\mathrm{m}$ 和 $1.06\times10^{-10}\mathrm{m}$，并且根据指数值可用国际单位制中特定的**十进倍数单位或分数单位**（**即词头**）来代替基本单位，例如，地球半径为 $6.37\times10^6\mathrm{m}$，可以写成 6.37Mm（兆米）；在原子核物理中，μ 子的半衰期为 $2.2\times10^{-6}\mathrm{s}$，可以写成 2.2μs（微秒），等等. 这些词头的名称和符号可参阅表 0-3.

㊀ 在量度或估计物理量的大小时，有时常用“数量级”表述. 将某个量的大小写成以 10 为底数的指数幂形式后，指数的数目（不考虑 10^n 前面的数值部分）即为该量的数量级，例如地球半径为 $6.37\times10^6\mathrm{m}$，其数量级是 6，或说成 $10^6\mathrm{m}$；若用 km 表示，则为 $6.37\times10^3\mathrm{km}$，其数量级就说成 $10^3\mathrm{km}$. 故数量级随所用单位而异. 有些物理量（如分子、原子的直径等），受测量技术的限制，只能测出其大致范围，或者准确值对问题的研究影响不大，而仅需了解其数量级，这时只须用数量级来表述就行了. 例如，分子的线度（即大小范围），其数量级为 $10^{-10}\mathrm{m}$.

表 0-3 用于构成十进倍数和分数单位的词头

所表示的因数	词头名称	词头符号
10^{18}	艾[可萨]	E
10^{15}	拍[它]	P
10^{12}	太[拉]	T
10^{9}	吉[咖]	G
10^{6}	兆	M
10^{3}	千	k
10^{2}	百	h
10^{1}	十	da
10^{-1}	分	d
10^{-2}	厘	c
10^{-3}	毫	m
10^{-6}	微	μ
10^{-9}	纳[诺]	n

0.3.2 在本书中使用国际单位制单位的方法和具体要求

(1) 在本书中，**物理量的单位一般都按国际单位制的单位来表示**. 所有物理量的单位及词头都用符号标示，一般不用单位名称表示. 例如，地球平均半径为 6.37×10^6 米或 6.37 兆米，写作 6.37×10^6m 或 6.37Mm；力为 10 牛，写作 10N. 并且，为了避免与公式或计算式中的物理量符号相混淆，单位符号一律用**正体字**标示，而物理量符号一般用**斜体字**标示. 例如，时间用秒作为单位时，写作 s，而路程的符号写作 s. 又如长度的单位 m 绝不能与质量的符号 m 相混淆. 读者在阅读本书和解题时应留神区别.

(2) 在导出单位是由一个单位与另一个单位相除而构成时，可用斜线“/”或负指数幂表示. 例如，速度单位的符号可用 m/s 或 $\mathrm{m\cdot s^{-1}}$ 来表示；角加速度的单位可用 $\mathrm{rad/s^2}$ 或 $\mathrm{rad\cdot s^{-2}}$ 来表示；力的单位在不用专门命名的符号 N 而用组合形式的导出单位时，可写作 $\mathrm{kg\cdot m\cdot s^{-2}}$（几个单位用相乘形式表示时，各单位之间加圆点“·”）. 为一致起见，**本书一律采用负指数幂的方式来表示单位**.

(3) 在演算例题或习题时，原则上不仅在计算的最后结果或答案中必须同时标明物理量的数字和单位，而且在计算过程中间的每一步，各个物理量的数字一般都必须标明单位. **计算时，不仅要进行数字的运算，还要同时对单位进行运算**（如相约或相乘）. 可是，有时为了简便起见，亦可把有关各物理量的单位通过换算，用国际制基本单位或专门名称统一配套表示后，只在代入具体数字后的计算式中写出其结果或答案的单位.

0.3.3 解题方法和步骤

在物理学课程的学习过程中，解答习题或问题是掌握和巩固所学内容的一种重要手段，它有助于理清思路及深化理解内容. 具体解题步骤如下：

(1) 用外文字母写出已知量和待求的未知量. 必要时用示意图表明问题的有关内容.

(2) 根据题意选取适用的原理、定律或定理，列出一个或多个含有未知量的方程.

（3）解方程，得到由已知量字母表示的未知量.

（4）将题给已知量的量值代入，并进行运算，算出未知量.

（5）根据有关理论（定义、定律和定理等）、直觉和常识核查答案的合理性.

例题 0-1 已知冰的密度为 $900\text{kg}\cdot\text{m}^{-3}$，水的密度为 $1\text{g}\cdot\text{cm}^{-3}$，试问：当 10m^3 的水完全结成冰时，其体积为多少？

解 我们知道，物质**密度**（亦称**质量密度**）的定义是质量与体积之比，若以 ρ 表示密度，m 表示质量，V 表示体积，则密度的定义可表述成下列公式：

$$\rho=\frac{m}{V}$$

利用密度公式，统一各量的单位，把水的密度化为 $1\text{g}\cdot\text{cm}^{-3}=1000\text{kg}\cdot\text{m}^{-3}$，可求得 10m^3 水的质量为

$$m=\rho V=1000\text{kg}\cdot\text{m}^{-3}\times10\text{m}^3=10000\text{kg}\cdot\text{m}^0=10000\text{kg}$$

水结成冰时质量不变，将相应的量代入密度公式，可求出 10m^3 的水完全结成冰时的体积为

$$V=\frac{m}{\rho}=\frac{10000\text{kg}}{900\text{kg}\cdot\text{m}^{-3}}\approx11.1\text{m}^3$$

也可写成

$$V=\frac{m}{\rho}=\frac{10000}{900}\text{m}^3\approx11.1\text{m}^3$$

> 若写成
> $$V=\frac{m}{\rho}=\frac{10000}{900}\approx11.1\text{m}^3$$
> 则是错误的. 为什么？

问题 0-2 一辆载重为 10t（t 是质量的单位读作"吨"，1t=1000kg）的运货汽车，其车厢容积为 13m^3. 今要运输钢材（其密度为 $\rho_s=7.8\times10^3\text{kg}\cdot\text{m}^{-3}$）和木材（其密度为 $\rho_w=0.5\times10^3\text{kg}\cdot\text{m}^{-3}$），若装货时货物间需占有 1m^3 的空隙，试问这两种货物应怎样搭配才能使此货车的车厢得到充分利用？

> "载重 10t"是一种习惯上的说法. 实际上，这是指可装运质量为 10t 的货车. 读者切勿将重量和质量混为一谈.

*0.3.4 量纲

在单位制已选定的情况下，导出量与基本量的幂次关系可用**量纲**表示. 关系式中各基本量的指数称为该物理量对各该基本量的量纲指数. 例如，在 SI 中，取长度 L、质量 M 和时间 T 为力学量的基本量，则速度可用 LM^0T^{-1} 或 LT^{-1} 表示，所以速度对长度的量纲指数是 1，对质量的量纲指数是 0，对时间的量纲指数是-1；体积对长度 L 的量纲指数是 3，即 L^3，能量也可用 L^2MT^{-2} 表示，它对长度、质量、时间的量纲分别为 2、1、-2. 上述 LT^{-1}、L^3、$\text{L}^2\text{M}^2\text{T}^{-2}$ 分别称为速度 v、体积 V 和能量 E 的**量纲式**（简称量纲），并记作 $[v]$⊖ $=\text{LT}^{-1}$、$[V]=\text{L}^3$ 和 $[E]=\text{L}^2\text{MT}^{-2}$. 一般而言，在国际单位制中，某个物理量 Z 的量纲 $[Z]$，若用长度、质量、时间这三个量 L、M、T 以幂次的乘积形式表示，即其量纲式为

⊖ 按照 GB 3103—1993 标准规定，某个物理量 X 的量纲用 $\text{dim}X$ 表示，考虑到以往的使用习惯，本书沿用 $[X]$ 表示.

$$[X]=\mathrm{L}^{\alpha}\mathrm{M}^{\beta}\mathrm{T}^{\gamma} \tag{0-1}$$

在上述量纲式中，如果量纲 α、β、γ 中有一个不等于零，就说 X 是一个有量纲的量．例如，速度的量纲是 $[v]=[s]/[t]=\mathrm{LM^0T^0/(L^0M^0T)=L/T=LT^{-1}}$；加速度的量纲是 $[a]=[v]/[t]=\mathrm{LT^{-1}/T=LT^{-2}}$；力的量纲是 $[F]=[m][a]=\mathrm{L^0MT^0LT^{-2}=MLT^{-2}}$；等等．可见，在物理学中，能够借基本量的量纲及其量纲式反映出物理量的特征．

若式（0-1）中的量纲 $\alpha=\beta=\gamma=0$，即

$$[X]=\mathrm{L}^{0}\mathrm{M}^{0}\mathrm{T}^{0} \tag{0-2}$$

则此物理量 X 称为**量纲为 1 的量**，它是一个**纯数**．一个量纲为 1 的量也可由几个量纲不为 1 的物理量组合而成．例如，直杆的线应变 ε 定义为其长度增量 Δl 与指定参考状态下的长度 l_0 之比，即 $\varepsilon=\Delta l/l_0$，其量纲为 $[\varepsilon]=[\Delta l]/[l_0]=\mathrm{L/L=L^0}=1$．所以线应变为一个纯数．

我们知道，不同单位的同类量可以相加减，例如，$36\mathrm{km\cdot h^{-1}}$ 和 $2\mathrm{m\cdot s^{-1}}$ 是具有相同量纲 $\mathrm{LT^{-1}}$ 的同类量——速度，因此，把它们换算成统一的单位后，相加或相减的结果仍是速度．但是，不同种类的物理量是不能相加减的㊀，也不能列成等式或比较它们的大小．例如，$2\mathrm{kg}+3\mathrm{m\cdot s^{-2}}=5\mathrm{kg\cdot m\cdot s^{-2}}$ 是绝无意义的．

如上所述，能够相加减的每一项或列入同一方程（等式）中的每一项，必须是具有相同量纲的物理量（同类量）．这就要求：**凡是根据物理学基本定律推导出来的表达式或方程，其中每一项的量纲必须一致**．这一结论称为物理方程或表达式的**量纲一致性原理**．

例如，在匀变速直线运动的位移公式 $x=v_0t+\frac{1}{2}at^2$ 中，不难检验：$[x]=\mathrm{L}$，$[v_0t]=\mathrm{LT^{-1}T=L}$，$[at^2]=\mathrm{LT^{-2}T^2=L}$，因而该方程中各项都具有相同的量纲 L，即量纲是一致的．故上式从量纲上来说，是正确的．不过，式中的系数正确与否，是无法用量纲来判断的，需要用实验或理论等其他手段来检验．

在工程或科学研究中，常用到量纲一致性原理．它除了检验所建立的物理方程在量纲上是否完整以外，还可用来进行量纲分析，从实验上探求一些复杂物理现象的规律．

概念检查答案

2. 钢材 $0.55\mathrm{m}^3$

木材 $11.45\mathrm{m}^3$

专题选讲 I　量纲分析简介

由于自然界中物理现象及其过程一般甚为复杂，涉及的因素很多，有时纵然可以根据基本定律列出描述现象的微分方程，可是数学上却难以求出其解析解．因而，有时常需要结合实验利用量纲分析的方法，以获得量纲上合理的经验公式．

㊀ 不过，不同种类的物理量虽不能进行加、减，但可以在某种意义上进行乘、除．例如，质量为 2kg 的物体，其加速度为 $5\mathrm{m\cdot s^{-2}}$，则它所受的力为 $2\mathrm{kg}\times5\mathrm{m\cdot s^{-2}}=10\mathrm{kg\cdot m\cdot s^{-2}}=10\mathrm{N}$；又如，$1\mathrm{m}^3$ 的水，质量为 1t，则水的密度为 $1\mathrm{t}/1\mathrm{m}^3=1\mathrm{t\cdot m^{-3}}$．这种乘、除的结果，实际上构成了新的量纲，定义了一个新的物理量．

通过量纲分析，有助于探索工程或科技问题中有关物理量之间的联系，定性建立起函数关系的基本形式，从而合理而有目的地简化实验，且便于整理实验成果，较正确地给出所求的规律．这种方法在工程上有广泛的应用．

例题 0-2　根据实验结果，经分析，单摆的周期 T 可能与摆球的质量 m、摆长 l、摆角 θ 有关，考虑到单摆处于恒定的重力场中，还与重力加速度 g 有关，于是有如下的函数关系：

$$T=f(m,l,g,\theta) \tag{a}$$

根据量纲一致性原理（参阅 0.3.4 节），由于上述这些量的量纲不同，它们不能相加、相减．因而，一般可假定上述函数关系具有这几个量幂次的乘积形式，写作

$$T=m^{\alpha}l^{\beta}g^{\gamma}\theta^{\delta} \tag{b}$$

式中，α、β、γ、δ 为待定指数，把各量的量纲用力学中的基本量纲 L、M、T 表示，而 θ 是量纲为 1 的量，则式ⓑ的量纲关系式为

$$[T]=(\mathrm{L}^0\mathrm{MT}^0)^{\alpha}(\mathrm{LT}^0\mathrm{T}^0)^{\beta}(\mathrm{LM}^0\mathrm{T}^{-2})^{\gamma}(\mathrm{L}^0\mathrm{M}^0\mathrm{T}^0)^{\delta}=\mathrm{M}^{\alpha}\mathrm{L}^{\beta+\gamma}\mathrm{T}^{-2\gamma} \tag{c}$$

式ⓒ左边的周期 T，其量纲是时间，故 $[T]=\mathrm{T}$．于是，按量纲一致性原理，为了使上式两边的量纲相等，其中同一基本量纲的指数应相等，从而有

$$\begin{cases}\alpha=0\\ \beta+\gamma=0\\ -2\gamma=1\end{cases} \tag{d}$$

联立求解，得

$$\alpha=0,\ \gamma=-\frac{1}{2},\ \beta=\frac{1}{2}$$

把它们代入式ⓑ，得单摆的周期为

$$T=\theta^{\delta}\sqrt{\frac{l}{g}} \tag{e}$$

其中，量纲为 1 的量 θ^{δ} 是摆角 θ 的函数，令 $\Phi(\theta)=\theta^{\delta}$．$\Phi(\theta)$ 是无法用量纲分析方法给出的，可借实验或其他途径确定．

需要指出，在观察和分析一个物理现象时，应尽可能地列举出与该现象有关的主要变量（如式ⓐ）；否则，将直接影响分析结果的真实性．这是首要的，也是较困难的一步，往往取决于人们的实验或理论水平以及对所研究现象的分析能力．

如果在反映某个物理现象的函数中，自变量的个数超过基本量的个数，这时就难以像上例那样利用量纲一致性原理来处理，需用量纲分析的一条普遍定理——π 定理才能解决，π 定理可叙述如下（证明从略）：

设某个物理问题涉及 n 个物理量（包括物理常量）x_1，x_2，…，x_n，则此物理问题一般地可表示为量纲一致的函数式

$$f(x_1,x_2,\cdots,x_n)=0$$

从这 n 个物理量中选取 m 个在量纲上相互独立的物理量，于是，便可把上式简化成由这 n 个变量组成的 $(n-m)$ 个量纲为 1 的数 π_1，π_2，…，π_{n-m} 所表述的关系式，即

$$F(\pi_1,\pi_2,\cdots,\pi_{n-m})=0$$

现在举例说明应用 π 定理进行量纲分析的具体方法和步骤．

例题 0-3 一横截面直径为 D 的圆柱形炮弹在密度为 ρ、黏度㊀为 μ 的空气中以速度 v 飞行时，经分析，炮弹所受的空气阻力 F_r 与 D、ρ、μ、v 有关. 试导出阻力的关系式.

解 具体分析步骤如下：

（1）确定对所研究的物理现象有影响的变量，在本例中，影响空气阻力 F_r 的因素有 D、ρ、μ、v，可表示为含有 $n=5$ 个变量的函数式

$$f(F_r,v,\rho,\mu,D)=0 \quad ⓐ$$

（2）选取这 n 个物理量所涉及的基本量纲，对力学问题而言，通常取 M、L、T 三者作为基本量纲.

（3）用基本量纲表示上述各物理量的量纲式，列表如下：

F_r	v	ρ	μ	D
MLT^{-2}	LT^{-1}	ML^{-3}	$ML^{-1}T^{-1}$	L

（4）从 n 个物理量中选取 m 个在量纲上相互独立的物理量（m 一般等于这 n 个物理量所涉及的基本量纲个数，因此，在力学问题中，一般取 $m=3$）. 这里，我们不妨在上述 $n=5$ 个物理是中选取 $m=3$ 个物理量：炮弹横截面的直径（代表此物理现象的几何尺度）；炮弹的飞行速度 v（代表此物理现象的运动学特征）；空气密度 ρ（代表此物理现象的物理性质）. 由于这三者在量纲上必须相互独立，即不能从 $[D]$、$[v]$、$[\rho]$ 中的任两个推出其余一个的量纲，或者说，这三个物理量 D、v、ρ 不能组成一个量纲为 1 的数，这就要求：由三者量纲式的指数（见上表）所构成的行列式不能等于零，今算得

$$\begin{vmatrix} 1 & 0 & 0 \\ 1 & 0 & -1 \\ -3 & 1 & 0 \end{vmatrix}=1\neq 0$$

故上述所选的 D、v、ρ 可作为量纲独立的三个物理量.

（5）从这三个物理量以外的其余物理量中，每次轮取一个，与这三个物理量相乘（也可相除），组成一个量纲为 1 的数 π_i，因而可写出 $n-m=5-3=2$ 个量纲为 1 的数：

$$\pi_1=F_r D^{a_1} v^{b_1} \rho^{c_1} \quad ⓑ$$

$$\pi_2=\mu D^{a_1} v^{b_2} \rho^{c_2} \quad ⓒ$$

（6）每个 π 项都是量纲为 1 的数，即 $[\pi_i]=[L^0M^0T^0]$. 因此，可以根据量纲一致性原理，求出各个 π 项的指数 a_i、b_i、c_i，今把各量的量纲代入式ⓑ，有

$$L^0M^0T^0=(MLT^{-2})(L)^{a_1}(LT^{-1})^{b_1}(ML^{-3})^{c_1}$$

由上式两边的量纲一致，得下列方程组

$$\begin{cases} 0=1+a_1+b_1-3c_1 \\ 0=1+c_1 \\ 0=-2-b_1 \end{cases}$$

解上述联立方程，得

$$a_1=-2,\ b_1=-2,\ c_1=-1$$

㊀ 查阅物理手册，可知黏度 μ 的单位为 $N \cdot s \cdot m^{-2}$，其量纲为 $[\mu]=ML^{-1}T^{-1}$.

把 a_1、b_1、c_1 代入式ⓑ中，得

$$\pi_1=\frac{F_r}{D^2v^2\rho}$$

仿照上述求解过程，读者由式ⓒ可自行得出

$$\pi_2=\frac{\mu}{Dv\rho}$$

（7）按 π 定理，将式ⓐ写成量纲为 1 的数 π_1、π_2 的函数式 $F(\pi_1, \pi_2)=0$，即

$$F\left(\frac{F_r}{D^2v^2\rho}\cdot\frac{\mu}{Dv\rho}\right)=0 \quad ⓓ$$

将上式改写成显函数形式，得

$$\frac{F_r}{D^2v^2\rho}=\phi\left(\frac{\mu}{Dv\rho}\right) \quad ⓔ$$

令 $\phi\left(\frac{\mu}{Dv\rho}\right)=C_r$，称为**阻力系数**，从而得空气阻力公式的基本形式为

$$F_r=C_rD^2\rho v^2 \quad ⓕ$$

通过量纲分析，断定阻力 F_r 与炮弹速度的二次方成正比，并从量纲为 1 的函数 ϕ，可获悉影响阻力的一些因素有 μ、D、v 和 ρ，于是便能用实验进一步去探索和研究，并从实验给出阻力系数 C_r，从而确立求阻力的公式ⓕ.

力学篇

力学是研究物体机械运动及其规律的一门学科，可以说它是研究力和（机械）运动的科学，即研究以机械运动为主的物质间的相互作用及其对运动状态的影响的科学．**机械运动**是指物体的空间位置随时间变化的运动，是物质最简单、最基本的运动形式．例如，天体的运行、大气、河流的流动，各种交通工具的行驶，各种机械的运转，等等．机械运动状态的变化是由相互作用引起的．静止和运动状态不变，都意味着各作用力在某种意义上的平衡．

力学包括**运动学**和**动力学**两部分内容．

第1章 质点运动学

章前问题?

问题1：我们考虑如图所示的情况．一支枪精确地瞄准了一个在楼顶上掉落的危险罪犯．目标完全处于枪的射程内，但是就在子弹出膛并以速度 v_0 射出时，罪犯从楼顶上掉落下来，落向地面，问将会发生什么？子弹能击中罪犯吗？

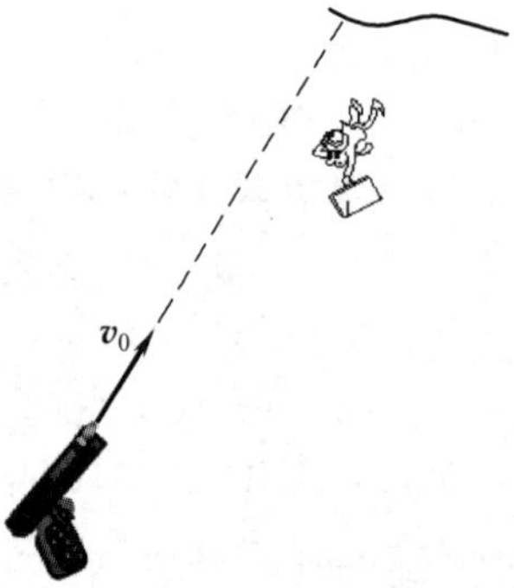

问题2：如果不用皮尺去测量，你能估测上海市杨浦大桥的净空高度（即桥面离黄浦江正常水位的高度）吗？若能的话，如何实现？能从理论上拟订一个最简单方案吗？

若要弄清上述问题，必须先了解质点所遵从的运动学规律，即质点运动学．

物体的运动一般较为复杂．由于物体本身具有一定的形状和大小，物体上各点处于空间的位置不同，因而在运动时，物体上各点的位置变动通常也不尽相同；同时，物体本身的大小和形状也可以不断改变．所以要详细描写物体的运动并不容易．但在研究某些运动时，**根据问题的性质和运动情况，在一定的近似下，可以不考虑物体的大小和形状．这种把物体看成是没有大小和形状，且拥有物体全部质量的点，称为质点**．因此，质点是将真实物体经过简化、抽象后的一个**物理模型**，它并不是真实物体的本身．

质点运动学的任务就是在允许将物体看成质点的情况下，来研究物体机械运动的规律．

例如，在地球绕太阳公转的同时，尚有自转，因而地球上各处的运动情况迥异．但是，由于地球到太阳的距离约为地球半径的两万多倍，所以相对于太阳而言，地球上各点的运动状态差异甚小，因而在研究地球绕太阳的公转时，也可将地球视作质点．

顺便指出，如果物体的形状和大小相对于其运动空间而言，不能视作质点，**但若物体各点的运动状态相同**，那么，我们就把物体的这种运动称为**平动**，并可用**其中任一点的运动来代替该物体的整体运动**．例如，局限于内燃机气缸内的活塞，在曲柄连杆驱动下做往复运动，就是一种平动．

当然，一个物体能否视作质点，应针对具体问题进行具体分析．例如，研究地球绕轴自转时，就不能将地球视作质点了．

综上所述，在研究物理现象时，要抓住其主要因素，撇开次要因素，把复杂的研究对象及其演变过程，简化成**理想化的物理模型**，以便能够更深刻地凸显问题的本质．这不仅是物理学中一种重要的研究方法，也是引领科技工作者去探索和解决实际问题的一种有效途径．读者通过本课程的学习，应逐步加以领会和掌握．

本章着重阐明描述质点机械运动的一些物理量，如位矢、位移、速度、加速度等，并讨论质点的几种简单的运动．

1.1　参考系　坐标系　时间和空间

宇宙万物皆处于永恒的运动之中，这就是**运动的绝对性**．就机械运动而言，在描述物体位置的变动时，总是相对于另一个作为参考的物体来考察的．这个被作为参考的物体称为**参考系**．

显然，选择不同的参考系，同一个物体的运动将相应地有不同的描述，这就是**描述物体的运动具有相对性**．例如，一人坐在做匀速直线运动的列车中，若以列车为参考系，此人是静止的，而以地面为参考系，此人随车做同样的匀速直线运动．由此可见，研究某个物体的运动，必须确认是对哪个参考系而言的．

在运动学中，参考系的选择可以是任意的，选择的原则应是在问题的性质和情况允许的前提下，力求使运动的描述和处理简单方便．例如，研究地面上物体的运动，通常选地面（即地球）为参考系最为方便．研究行星运动时，则宜选太阳为参考系，有助于问题处理的简化．

在选定参考系后，为了描述物体在不同时刻所到达的空间位置，可以在参考系上任取一点 O 作为**参考点**，建立一个**坐标系**．最常用的是**直角坐标系**，如图 1-1a 所示．在参考系上任选参考点 O 作为坐标系的原点，并作相互垂直的 Ox 轴、Oy 轴和 Oz 轴，从而建构成空间**直角坐标系** $Oxyz$．于是，质点在空间的位置就可用 x、y、z 这三个坐标来表示．若质点在一个平面上运动，类似地可在这个平面上作平面直角坐标系 Oxy，用 x、y 这两个坐标就可以表示出它在平面上的位置．当质点做直线运动时，可以沿该直线作 Ox 轴，只需用一个坐标 x 就可表示它的位置．这样，借助于参考系，利用坐标系，便可定量描述运动物体的空间特征．除直角坐标系外，常用的坐标系还有**自然坐标系**、**极坐标系**等（见图 1-1b、1-1c）．

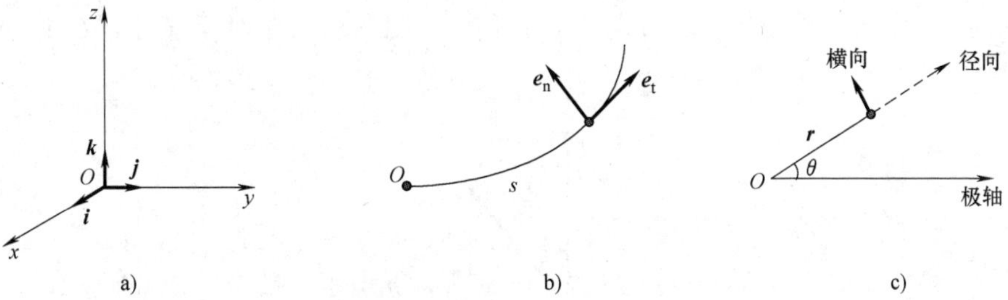

图 1-1　坐标系

a）直角坐标系　b）自然坐标系　c）极坐标系

把运动物体在空间所经历的一系列位置，按物体到达的先后相应地用数字大小排列成一个序列，这个数字就称为**时刻**．**时刻是描述物体运动位置到达先后的物理量**，它是标量，记作 t．

时间则是描述物体运动过程持续的物理量．设物体在运动过程中先后到达两个位置 P、

Q，所对应的时刻分别为 t_0 和 t，则物体从位置 P 运动到位置 Q 所经历的时间为 $\Delta t=t-t_0$. 倘若我们选择物体在起始位置的时刻 $t_0=0$，则 $\Delta t=t$. 在这种情况下，时间的量值 Δt 就是时刻的量值 t. 今后，我们在习惯上常常这么说，运动物体的空间位置随时间 t 的变更而改变，就是从上述这个意义上来说的. 这里，时间 t 既具有时刻的含义，也具有与某起始位置的零时刻之间的时间间隔的含义.

坐标的大小通常用几何上的长度来标示. 在国际单位制（SI）中，长度的单位是 m（米），也常用 km（千米）、cm（厘米）等单位. 时刻和时间的单位都是 s（秒），有时也用 min（分）、h（小时）、d（天）或 a（年）作为单位.

> **注意**：今后为简例起见，凡是说到"国际单位制"，都用它的代号"*SI*"表示；并认定各个物理量的单位皆用相应的基本单位及其导出单位或组合单位.

值得指出，由于坐标系（连同所配置的尺和钟）固连于被选作参考系的物体上，因而质点相对于坐标系的运动，也就是相对于参考系的运动. 这意味着一旦建立了坐标系，实际上就暗示参考系业已选定.

问题 1-1 为了测量一艘货轮在大海中的航速，可否将此货轮看作质点？若要观察此货轮驶近码头停泊时的运动情况，这时将货轮看作质点是否正确？

问题 1-2 何谓参考系和坐标系？为什么要引入这些概念？脱离了参考系，能否说出飘浮在蓝天白云间的一只气球的位置？古诗词中常说"北雁南飞"，这究竟是对哪个参考系而言的？

1.2 描述质点运动的物理量

1.2.1 位矢

如图 1-2a 所示，在参考系上任意取定一个参考点 O，从 O 点指向质点在某一时刻的位置 P，作一矢量 $\boldsymbol{r}$，称为质点在该时刻的**位置矢量**，简称**位矢**. 位矢 $\boldsymbol{r}$ 的长度 $|\boldsymbol{r}|$ 表示质点离参考点 O 的远近，即 $|\boldsymbol{r}|=OP$；其方向自 O 指向 P，表示质点相对于参考点 O 的方位.

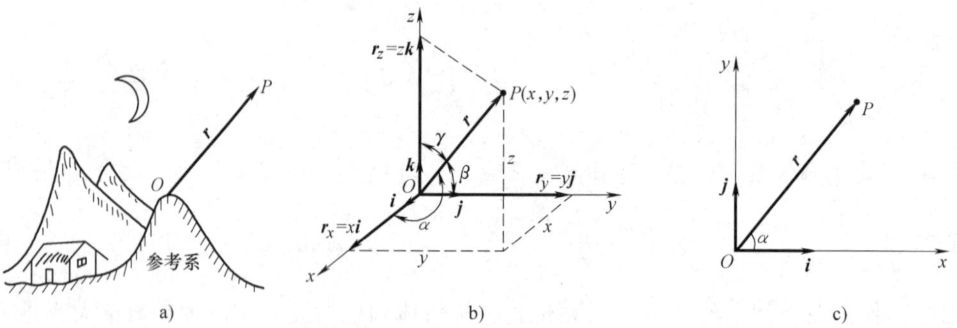

图 1-2 位矢

为了便于定量计算，如图 1-2b 所示，可在参考系上作一个以 O 为原点的空间直角坐标

系 $Oxyz$，各轴的正方向分别用相应单位矢量 $\boldsymbol{i}$、$\boldsymbol{j}$、$\boldsymbol{k}$ 标示．这样，P 点的位置坐标 x、y、z 就是该点位矢 $\boldsymbol{r}$ 分别沿 Ox、Oy、Oz 轴上的分量，而 $x\boldsymbol{i}$、$y\boldsymbol{j}$、$z\boldsymbol{k}$ 则为位矢 $\boldsymbol{r}$ 的三个分矢量．由此便可写出位矢 $\boldsymbol{r}$ 在空间直角坐标系 $Oxyz$ 中的正交分解式，即

$$\boldsymbol{r}=x\boldsymbol{i}+y\boldsymbol{j}+z\boldsymbol{k} \tag{1-1}$$

由位矢 $\boldsymbol{r}$ 的分量，即 P 点的坐标 x、y、z，可以求位矢 $\boldsymbol{r}$ 的大小和方向．其大小为正的标量，即

$$r=|\boldsymbol{r}|=\sqrt{x^2+y^2+z^2} \tag{1-2}$$

其方向可用位矢 $\boldsymbol{r}$ 分别与 Ox、Oy、Oz 轴所成的夹角（称为方向角）α、β、γ 表示，方向角的余弦称为 $\boldsymbol{r}$ 的**方向余弦**，即

$$\cos\alpha=\frac{x}{r},\quad \cos\beta=\frac{y}{r},\quad \cos\gamma=\frac{z}{r} \tag{1-3}$$

并且，读者不难自行证明：上式的三个方向余弦存在着如下的关系式

$$\cos^2\alpha+\cos^2\beta+\cos^2\gamma=1 \tag{1-4}$$

显然，若已知质点的位置坐标 x、y、z，则该位矢便可由式（1-1）表示，并可借式（1-2）和式（1-3）具体算出 r、α、β、γ，从而确定位矢的大小和方向，反之亦然．也就是说，**用位置坐标**（x、y、z）**或用位矢 $\boldsymbol{r}$ 来描述质点的位置是等价的**．

今后，我们主要讨论质点的平面运动和直线运动．当质点在同一平面内运动时，如图1-2c 所示，在该平面上所构造的直角坐标系 Oxy 中，其位矢 $\boldsymbol{r}$ 为

$$\boldsymbol{r}=x\boldsymbol{i}+y\boldsymbol{j}$$

$\boldsymbol{r}$ 的大小为

$$r=|\boldsymbol{r}|=\sqrt{x^2+y^2} \tag{1-5}$$

$\boldsymbol{r}$ 的方向可用它与 Ox 轴的夹角 α 表示，即

$$\alpha=\arctan\frac{y}{x} \tag{1-6}$$

运动函数　轨道方程

当质点相对于参考系运动时，在不同时刻将占据空间不同的位置，因此，位矢 $\boldsymbol{r}$ 是时间 t 的函数，可记作

$$\boldsymbol{r}=\boldsymbol{r}(t) \tag{1-7}$$

这是一个**矢量函数**，称为质点的**运动函数**．根据运动函数，可确定各个时刻 t_1，t_2，…的质点位矢 $\boldsymbol{r}_1$，$\boldsymbol{r}_2$，…．若质点做平面运动，则在选取的直角坐标系 Oxy 中，位矢 $\boldsymbol{r}$ 沿各坐标轴的分量也相应地随时间 t 在变化．上述运动函数在直角坐标系 Oxy 中的正交分解式可写作

$$\boldsymbol{r}=\boldsymbol{r}(t)=x(t)\boldsymbol{i}+y(t)\boldsymbol{j} \tag{1-8}$$

与之等效的分量式为

$$\left.\begin{aligned}x&=x(t)\\y&=y(t)\end{aligned}\right\} \tag{1-9}$$

由式（1-9）中消去时间 t 这个参数，可得质点运动的**轨道**（**或轨迹**）**方程**，即

$$f(x,y)=0 \tag{1-10}$$

而式（1-9）则是轨道的**参数方程**．轨道方程描述了质点所经历的路径形状．若质点运动的

路径为一直线，就称为直线运动；若质点运动的路径为一曲线，则称为曲线运动.

例题 1-1 一小车在水平面上的直角坐标系 Oxy 中的运动函数为

$$\boldsymbol{r}=(5\cos\pi t)\boldsymbol{i}+(5\sin\pi t)\boldsymbol{j}$$

式中，$\boldsymbol{r}$ 的单位是 m；t 的单位是 s. 求小车的轨道方程.

解 由题设的运动函数可得相应的分量式为

$$x=5\cos\pi t \qquad ⓐ$$

$$y=5\sin\pi t \qquad ⓑ$$

将式ⓐ和式ⓑ的两边分别平方，然后相加，得小车的轨道方程为

$$x^2+y^2=5^2$$

这表明小车在水平面上沿着以原点 O 为圆心、半径为 5m 的圆形轨道运动.

1.2.2 位移

设质点在时刻 t 位于 P 点，在时刻 $t+\Delta t$ 运动到 Q 点，则从 P 点指向 Q 点的矢量 $\Delta\boldsymbol{r}$ 称为 **t 到 $t+\Delta t$ 这段时间内的位移**，如图 1-3 所示，有

$$\Delta\boldsymbol{r}=\boldsymbol{r}_2-\boldsymbol{r}_1=(x_2-x_1)\boldsymbol{i}+(y_2-y_1)\boldsymbol{j} \qquad (1\text{-}11)$$

式中，$\boldsymbol{r}_1$、$\boldsymbol{r}_2$ 分别为始点 P 和末点 Q 的位矢. 相应地，在平面直角坐标系 Oxy 中的位置坐标分别为 (x_1, y_1)、(x_2, y_2). **位移 $\Delta\boldsymbol{r}$ 是矢量**，其大小表示质点位置的变动程度，其方向反映质点位置的变动趋向.

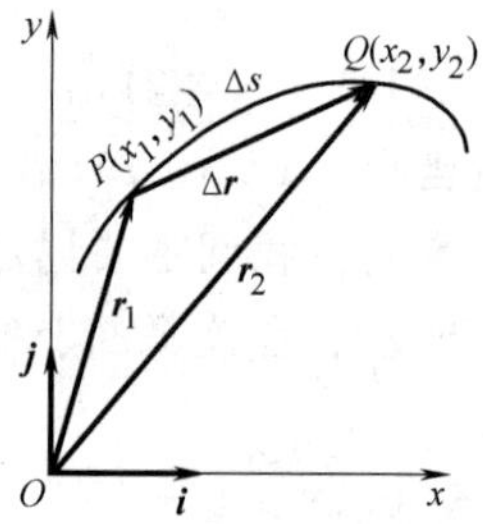

图 1-3 位移

事实上，位移描述了质点在某段时间内始、末位置变动的总效果，它并不一定能反映质点在始、末位置之间所经历路径的实际行程. 我们把**质点运动所经历的实际行程的长度**，称为**路程**. 路程是一个**标量**，如图 1-3 所示，质点沿曲线运动时，与位移 $\Delta\boldsymbol{r}$ 对应的路程是弧长 Δs，而位移的大小 $|\Delta\boldsymbol{r}|$ 则是对应于这段弧的弦长. 显然，$|\Delta\boldsymbol{r}|\neq\Delta s$.

位移的大小和路程的单位都是 m（米），有时也用 km（千米）、cm（厘米）等作为单位.

问题 1-3 (1) 试述位移和路程的意义及其区别. (2) 若汽车沿平直公路（作为 Ox 轴）从 O 点出发行驶了 2000m 到达 B 点，又折回到 OB 的中点 C. 求汽车行驶的路程和位移.

问题 1-4 设在湖面上的坐标系 Oxy 中，小艇的运动函数为 $\boldsymbol{r}=(2t)\boldsymbol{i}+(3-8t^2)\boldsymbol{j}$(SI)，求轨道方程.

问题 1-5 一滚珠在竖直平板内的直角坐标系 Oxy 中循一凹槽滚动，其运动函数为 $\boldsymbol{r}=(\cos\pi t)\boldsymbol{i}+(\sin\pi t)\boldsymbol{j}$(SI)，求证：滚珠在竖直平板内沿半径为 1m 的圆周轨道运动，并求在 $t_0=0$ 到 $t_1=1$s 之间滚珠的位移.

1.2.3 速度

平均速度

设质点按运动规律 $\boldsymbol{r}=\boldsymbol{r}(t)$ 沿曲线轨道 C 运动（见图 1-4），某时刻 t 位于 P 点，其位

矢为 $\boldsymbol{r}_P=\boldsymbol{r}(t)$；往后在 $t+\Delta t$ 时刻，运动到了 Q 点，其位矢为 $\boldsymbol{r}_Q=\boldsymbol{r}(t+\Delta t)$．则在时间 Δt 内，质点的位移为 $\Delta\boldsymbol{r}=\boldsymbol{r}(t+\Delta t)-\boldsymbol{r}(t)$，而**位移 $\Delta \mathrm{r}$ 与所需时间 Δt 之比 $\Delta\boldsymbol{r}/\Delta t$**，就是质点在时间 Δt 内的**平均速度**，以 $\bar{\boldsymbol{v}}$ 表示，即

$$\bar{\boldsymbol{v}}=\frac{\Delta\boldsymbol{r}}{\Delta t} \tag{1-12}$$

式中，位移 $\Delta\boldsymbol{r}$ 是矢量，而 Δt 是正的标量，则所得的平均速度仍是矢量．**其方向与位移 $\Delta\boldsymbol{r}$ 的方向相同，其大小等于** $|\Delta\boldsymbol{r}|/\Delta t$.

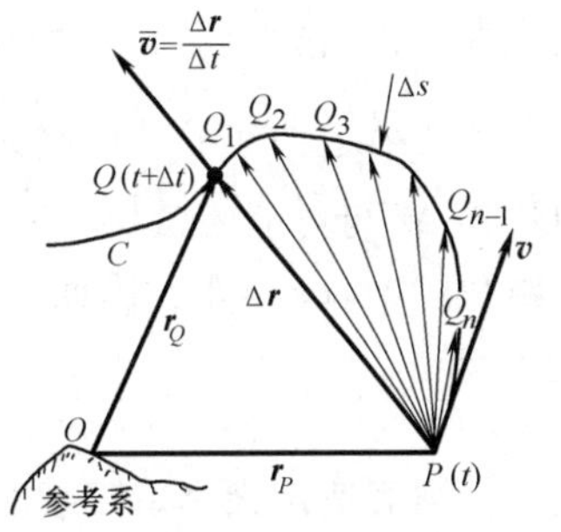

图 1-4　速度

瞬时速度　瞬时速率

平均速度只是粗略地反映了在某段时间内（或某段路程中）质点位置变动的快慢和方向．为了细致地描述质点在某一时刻（或相应的某一位置）的运动情况，应使所取的时间 Δt 尽量缩短并趋向于零；与此同时，$\Delta\boldsymbol{r}$ 的大小（即图 1-4 中的弦 PQ 的长度）也逐渐缩短而趋近于零，这时，质点的位置从 Q 点经 Q_1，Q_2，…越来越接近 P 点；位移 $\Delta\boldsymbol{r}$ 的方向以及平均速度 $\Delta\boldsymbol{r}/\Delta t$ 的方向也相应地从 $\overrightarrow{PQ}$ 改变到 $\overrightarrow{PQ_1}$，$\overrightarrow{PQ_2}$，…的方向，并逐渐趋向于 P 点的切线方向．于是，质点在某一时刻 t（或相应的位置 P）的运动情况，便可用 **$\Delta t\to 0$ 时平均速度 $\Delta\boldsymbol{r}/\Delta t$ 所取的极限**（包括大小和方向的极限）——**瞬时速度**（简称**速度**）$\boldsymbol{v}$ 来描述，即

$$\boldsymbol{v}=\lim_{\Delta t\to 0}\frac{\Delta\boldsymbol{r}}{\Delta t}=\frac{\mathrm{d}\boldsymbol{r}}{\mathrm{d}t} \tag{1-13}$$

这一极限就是位矢 $\boldsymbol{r}$（矢量）对时间 t（标量）的导数 $\mathrm{d}\boldsymbol{r}/\mathrm{d}t$，称为**矢量导数**．

由于矢量导数仍是一个矢量，故**速度是矢量**．**速度方向沿着轨道上质点在该时刻所在点的切线，指向质点运动前进的一方；其大小为**

$$|\boldsymbol{v}|=\left|\frac{\mathrm{d}\boldsymbol{r}}{\mathrm{d}t}\right|=\frac{|\mathrm{d}\boldsymbol{r}|}{\mathrm{d}t} \tag{1-14}$$

需要指出，质点在任一时刻的位矢和速度，表述了质点在该时刻位于何处、朝着什么方向以多大的速率离开该处．所以，位矢 $\boldsymbol{r}$ 和速度 v 是全面描述**质点运动状态**的两个物理量，缺一不可．通常，我们把质点在起始时刻（$t=0$）的运动状态（其位矢为 $\boldsymbol{r}_0$，速度为 $\boldsymbol{v}_0$）称为质点运动的**初始条件**，记作 $t=0$ 时，$\boldsymbol{r}=\boldsymbol{r}_0$，$\boldsymbol{v}=\boldsymbol{v}_0$．

通常，我们还引用速率这一物理量，它描述质点运动的快慢，而不涉及质点的运动方向．在图 1-4 中，质点在 Δt 时间内所通过的路程为曲线段 $\overset{\frown}{PQ}$ 的弧长 Δs，则 **Δs 与 Δt 之比**叫作在时间 Δt 内质点的**平均速率**，记作 $\bar{v}$，即

$$\bar{v}=\frac{\Delta s}{\Delta t} \tag{1-15}$$

当 $t\to 0$ 时，平均速率的极限称为质点运动的**瞬时速率**（简称速率），记作 v，即

$$v=\lim_{\Delta t\to 0}\frac{\Delta s}{\Delta t}=\frac{\mathrm{d}s}{\mathrm{d}t} \tag{1-16}$$

平均速率是标量，而平均速度是矢量，两者不能等同看待；纵然是平均速度的大小，一般说来，与平均速率也不尽相等．这是因为时间 Δt 内的位移的大小 $|\Delta \boldsymbol{r}|$ 一般不等于相应的路程 Δs．

然而，当 $t\to0$ 时，我们从图 1-4 中的质点位置演变过程来推想，这时 Q 点趋向于 P 点，相应的位移 $\Delta\boldsymbol{r}$ 将变成**位移元** $\mathrm{d}\boldsymbol{r}$（即位矢 $\boldsymbol{r}$ 的微分），$\mathrm{d}\boldsymbol{r}$ 的方向为 $t\to0$ 时 $\Delta\boldsymbol{r}$ 的极限方向，即沿轨道在 P 点的切线方向；与此同时，路程 Δs 将趋近于轨道曲线的一段**线元** $\mathrm{d}s$．由于这时轨道曲线段 $\overset{\frown}{PQ}$ 的弧长 Δs 与对应的弦长 PQ（即 $|\Delta\boldsymbol{r}|$）逐渐趋于相等，所以，**当 $t\to0$ 时，位移的大小将等于路程**，即 $|\mathrm{d}\boldsymbol{r}|=\mathrm{d}s$，因而

> “线元”是指曲线上的一段微分直线段，整条曲线可以看成由无限多段的线元连接而成．

$$|\boldsymbol{v}|=\left|\frac{\mathrm{d}\boldsymbol{r}}{\mathrm{d}t}\right|=\frac{\mathrm{d}s}{\mathrm{d}t}=v \tag{1-17}$$

可见，**瞬时速度大小等于瞬时速率**．

速度和速率的单位都是 $\mathrm{m\cdot s^{-1}}$（米·秒$^{-1}$）；有时也常用 $\mathrm{cm\cdot s^{-1}}$（厘米·秒$^{-1}$）、$\mathrm{km\cdot s^{-1}}$（千米·秒$^{-1}$）作为单位．

问题 1-6 （1）试述速度的定义．

（2）速度和速率有何区别？有人说：“一辆汽车的速度可达 110 千米每小时，它的速率为向东 75 千米每小时”．你觉得这种说法有何不妥？

（3）设一质点做平面曲线运动，其瞬时速度为 $\boldsymbol{v}$，瞬时速率为 v，平均速度为 $\bar{\boldsymbol{v}}$，平均速率为 $\bar{v}$．试问它们之间的下列四种关系中哪一种是正确的？

（A）$|\boldsymbol{v}|=v$，$|\bar{\boldsymbol{v}}|=\bar{v}$；（B）$|\boldsymbol{v}|\neq v$，$|\bar{\boldsymbol{v}}|=\bar{v}$；（C）$|\boldsymbol{v}|=v$，$|\bar{\boldsymbol{v}}|\neq\bar{v}$；（D）$|\boldsymbol{v}|\neq v$，$|\bar{\boldsymbol{v}}|\neq\bar{v}$．

例题 1-2 如例题 1-2 图所示，一质点在坐标系 Oxy 的第一象限内运动，轨道方程为 $xy=16$，且 x 随时间 t 的变动规律为 $x=4t^2(t\neq0)$．这里，x、y 以 m 计，t 以 s 计．求质点在 $t=1\mathrm{s}$ 时的速度．

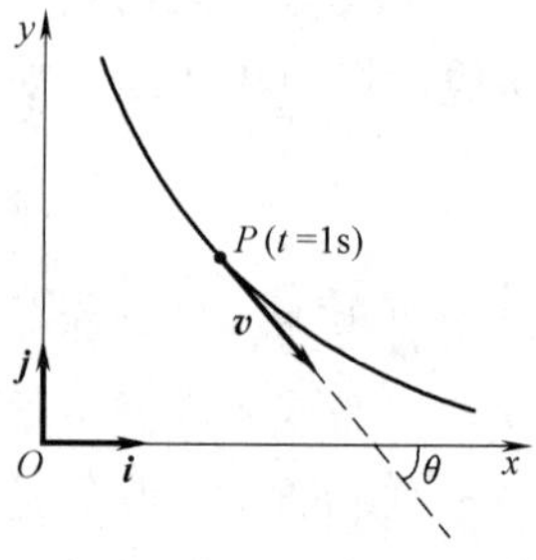

例题 1-2 图

解 质点运动函数沿 Ox 轴的分量式为

$$x=4t^2 \tag{ⓐ}$$

将式ⓐ代入轨道方程 $xy=16$ 中，可得质点运动函数沿 Oy 轴的分量式为

$$y=4t^{-2}\quad(t\neq0) \tag{ⓑ}$$

显然，质点做平面运动，其运动函数的矢量正交分解式为

$$\boldsymbol{r}=(4t^2)\boldsymbol{i}+(4t^{-2})\boldsymbol{j} \tag{ⓒ}$$

把上式对时间 t 求导，便得质点在任一时刻的速度，即

$$\boldsymbol{v}=\frac{\mathrm{d}\boldsymbol{r}}{\mathrm{d}t}=(8t)\boldsymbol{i}+(-8t^{-3})\boldsymbol{j} \tag{ⓓ}$$

当 $t=1\mathrm{s}$ 时，由式ⓓ可得速度 $\boldsymbol{v}$ 的两个分量分别为

$$v_x=8\times1\mathrm{m\cdot s^{-1}}=8\mathrm{m\cdot s^{-1}},\qquad v_y=-8\times1^{-3}\mathrm{m\cdot s^{-1}}=-8\mathrm{m\cdot s^{-1}}$$

这时，质点速度$\boldsymbol{v}$的大小为

$$v=\sqrt{v_x^2+v_y^2}=\sqrt{(8\text{m}\cdot\text{s}^{-1})^2+(-8\text{m}\cdot\text{s}^{-1})^2}=8\sqrt{2}\text{m}\cdot\text{s}^{-1}=11.31\text{m}\cdot\text{s}^{-1}$$

在质点做平面运动的情况下，速度$\boldsymbol{v}$的方向仅需用它与Ox轴所成的夹角θ表示，即

$$\theta=\arctan\frac{v_y}{v_x}=\arctan\frac{-8\text{m}\cdot\text{s}^{-1}}{8\text{m}\cdot\text{s}^{-1}}=\arctan(-1)=-45°$$

相对运动

通常，我们在描述物体的运动时，常选地面或相对于地面静止的物体（如山峦、房舍等）作为参考系．但是，有时为了方便起见，往往也改选相对于地面运动的物体（例如行驶着的车、船等）作为参考系．这时，由于参考系的变换，就要考虑物体相对于不同参考系的运动及其相互关系，这就是**相对运动**问题．

通常，可先选定一个**基本参考系** K（例如地球），如果另一个参考系 K′相对于基本参考系 K 在运动，则称之为**运动参考系**（例如一架飞行着的飞机）．如图 1-5 所示，$Oxyz$ 和 $O'x'y'z'$是分别建立在参考系 K 和 K′上的坐标系．

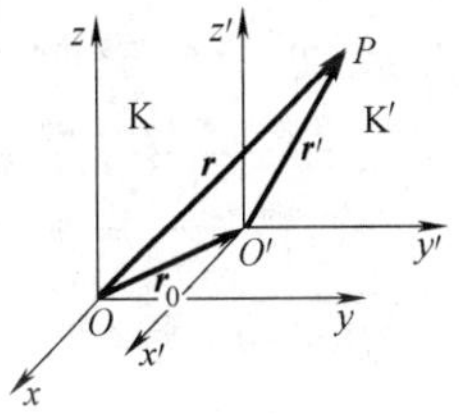

图 1-5　相对运动

设一运动物体 P 在某一时刻相对于参考系 K 和 K′的位置，可分别用位矢 $\boldsymbol{r}$ 和 $\boldsymbol{r}'$表示；而运动参考系 K′上的原点 O'在基本参考系 K 中的位矢为 $\boldsymbol{r}_0$，从图 1-5 中可见，它们之间有如下关系

$$\boldsymbol{r}=\boldsymbol{r}_0+\boldsymbol{r}'$$

将上式对时间 t 求导，得

$$\frac{\text{d}\boldsymbol{r}}{\text{d}t}=\frac{\text{d}\boldsymbol{r}_0}{\text{d}t}+\frac{\text{d}\boldsymbol{r}'}{\text{d}t}$$

式中，$\text{d}\boldsymbol{r}/\text{d}t$ 是在基本参考系 K 中观察到的物体速度，称为物体的**绝对速度**，用$\boldsymbol{v}$表示；$\text{d}\boldsymbol{r}'/\text{d}t$ 是在运动参考系 K′中观察到的物体速度，称为物体的**相对速度**，用$\boldsymbol{v}_\text{r}$表示；$\text{d}\boldsymbol{r}_0/\text{d}t$ 是运动参考系 K′自身相对于基本参考系 K 的速度，称为物体的**牵连速度**，用$\boldsymbol{v}_0$表示．于是，可得物体在不同参考系之间的相对速度为

$$\boldsymbol{v}=\boldsymbol{v}_0+\boldsymbol{v}_\text{r} \tag{1-18}$$

即绝对速度等于牵连速度与相对速度之矢量和．

读者按式（1-18）不难推想，若在地球上以很高的速度发射火箭，此后，在该火箭上又以高速发射第二级火箭，……，原则上，只要火箭级（枚）数足够多，我们就可由式（1-18）获得任意大的速度．可是相对论（见后面第 5 章）指出：自然界中最大的速度是真空中的光速 $c(c=3\times10^8\text{m}\cdot\text{s}^{-1})$，任何实物粒子及其组成的物体都不能超越这个极限速度．这意味着式（1-18）只是在速度较小的范围内近似正确．

问题 1-7　（1）一人坐在行驶的汽车中，看到后面超车的汽车速度较实际速度慢，而看到迎面驶来的汽车速度较实际速度快．为什么？

（2）火车向东做匀速直线运动，从车内的桌上自由落下一球，问站在车上和地面上的人看这球在下落过程中，各做什么运动？又问：雨点竖直下降时，在行驶的火车中的乘客为什么看到雨点是倾斜落下的？

例题 1-3　如例题 1-3 图所示，在高层建筑中的升降机 A 以匀速$\boldsymbol{v}_\text{A}=6\text{m}\cdot\text{s}^{-1}$往下运

行. 分别求吊绳 W 和平衡重 G 相对于升降机的速度.

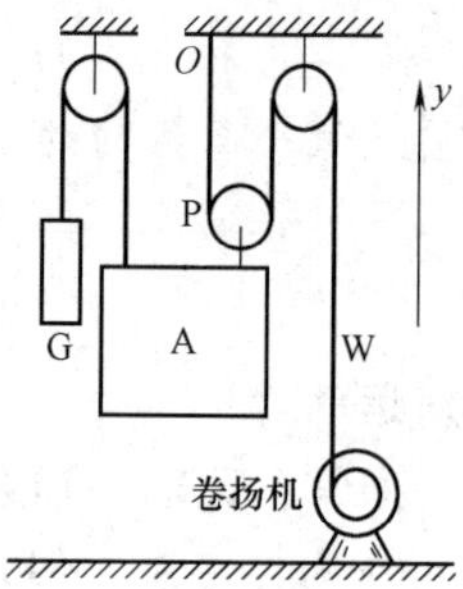

例题 1-3 图

分析 在本题中, 以地面为基本参考系 K, 升降机 A 为运动参考系 K′, 则升降机相对于地面的速度 $\boldsymbol{v}_A$ 即为牵连速度, 而吊绳 W 相对于升降机的速度 $\boldsymbol{v}_{WA}$ 即为相对速度, 则按相对运动的速度关系, 吊绳 W 相对于地面的速度 $\boldsymbol{v}_W$ 即为绝对速度, 亦即

$$\boldsymbol{v}_W = \boldsymbol{v}_A + \boldsymbol{v}_{WA} \qquad ⓐ$$

已知 $\boldsymbol{v}_A$ 的大小为 $6\text{m}\cdot\text{s}^{-1}$, 方向竖直向下, 因此, 欲求 $\boldsymbol{v}_{WA}$, 尚需先求出 $\boldsymbol{v}_W$. 由图示的机械装置可以看出, 若升降机下降距离 l_A 时, 动滑轮 P 两侧的绳子都将各自被拉下一段长度 l_A. 由于吊绳上端固定于 O 点, 则卷扬机势必要把绳子放出 $2l_A$ 的长度. 这样, 吊绳的位移 l_W 应是升降机位移 l_A 的两倍, 即 $l_W = 2l_A$. 将此关系式对时间 t 求导, 即 $\mathrm{d}l_W/\mathrm{d}t = 2\mathrm{d}l_A/\mathrm{d}t$, 便可给出吊绳与升降机的速度大小关系为 $|v_W| = 2|v_A|$. 已知 $|v_A| = 6\text{m}\cdot\text{s}^{-1}$, 则 $v_W = 2\times 6\text{m}\cdot\text{s}^{-1} = 12\text{m}\cdot\text{s}^{-1}$, 方向竖直向上.

对平衡重 G 来说, 它上升的位移大小 l_G 与升降机下降的位移大小 l_A 相等, 仿照上述讨论, 平衡重与升降机的速度大小相等, 而 $v_G = |v_A| = 6\text{m}\cdot\text{s}^{-1}$, 其方向竖直向上.

解 根据上述分析, 并取 y 轴正向为竖直向上, 则 $v_W = +12\text{m}\cdot\text{s}^{-1}$, $v_A = -6\text{m}\cdot\text{s}^{-1}$, $v_G = +6\text{m}\cdot\text{s}^{-1}$; 对式ⓐ进行标量运算, 便可得吊绳相对于升降机的速度为

$$v_{WA} = v_W - v_A = (+12\text{m}\cdot\text{s}^{-1}) - (-6\text{m}\cdot\text{s}^{-1}) = 18\text{m}\cdot\text{s}^{-1}$$

v_{WA} 为正, 表示其方向竖直向上. 同理, 平衡重相对于升降机的速度为

$$v_{GA} = v_G - v_A = (+6\text{m}\cdot\text{s}^{-1}) - (-6\text{m}\cdot\text{s}^{-1}) = 12\text{m}\cdot\text{s}^{-1}$$

显然, v_{GA} 的方向也是竖直向上的.

1.2.4 加速度

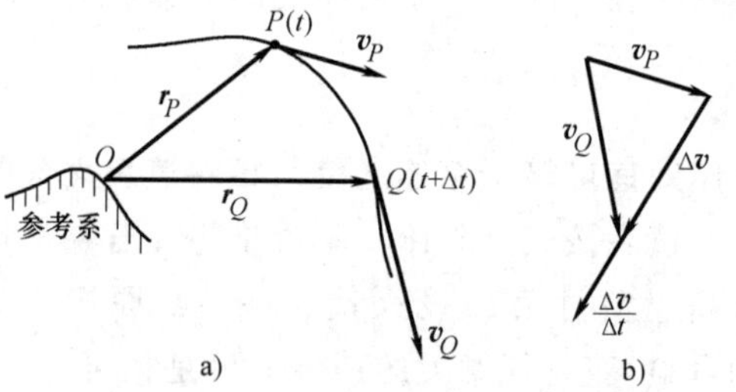

图 1-6 曲线运动的加速度

如图 1-6a 所示, 设质点沿一曲线轨道按速度 $\boldsymbol{v} = \boldsymbol{v}(t)$ 做变速运动. 在时刻 t, 质点位于 P 点, 速度是 $\boldsymbol{v}_P = \boldsymbol{v}(t)$, 在时刻 $t+\Delta t$, 质点位于 Q 点, 速度变为 $\boldsymbol{v}_Q = \boldsymbol{v}(t+\Delta t)$. 而末速 $\boldsymbol{v}_Q$ 与初速 $\boldsymbol{v}_P$ 的矢量差 (见图 1-6b)

$$\Delta\boldsymbol{v} = \boldsymbol{v}_Q - \boldsymbol{v}_P = \boldsymbol{v}(t+\Delta t) - \boldsymbol{v}(t) \qquad (1\text{-}19)$$

就是这段时间 Δt 内的**速度增量**, 它表示时间 Δt 内质点运动速度 (包括其大小和方向) 的改变.

我们把速度增量 $\Delta\boldsymbol{v}$ 与所需时间 Δt 之比, 称为质点从时刻 t 起, 所取一段时间 Δt 内的**平均加速度**, 记作 $\overline{\boldsymbol{a}}$, 即

$$\overline{\boldsymbol{a}} = \frac{\Delta\boldsymbol{v}}{\Delta t} \qquad (1\text{-}20)$$

由于 $\Delta\boldsymbol{v}$ 是一个矢量, Δt 是一个标量, 则平均加速度亦为一矢量, 其方向与 $\Delta\boldsymbol{v}$ 相同,

如图 1-6b 所示，大小为 $|\overline{\boldsymbol{a}}| = |\Delta \boldsymbol{v}|/\Delta t$.

平均加速度一般因时刻 t 及所取时间 Δt 不同而异，所以，应指明是在哪一时刻开始所取的哪一段时间内的平均加速度.

为了给出质点在时刻 t（或位置）的瞬时加速度，可令 $\Delta t \to 0$，求平均加速度的极限，即为该时刻 t 的**瞬时加速度**，简称**加速度**，它是一个矢量，记作 $\boldsymbol{a}$，即

$$\boldsymbol{a} = \lim_{\Delta t \to 0} \frac{\Delta \boldsymbol{v}}{\Delta t} = \frac{\mathrm{d}\boldsymbol{v}}{\mathrm{d}t} \tag{1-21}$$

因为$\boldsymbol{v} = \mathrm{d}\boldsymbol{r}/\mathrm{d}t$，所以上式也可写成

$$\boldsymbol{a} = \frac{\mathrm{d}^2 \boldsymbol{r}}{\mathrm{d}t^2} \tag{1-21a}$$

即加速度等于速度对时间的一阶导数，或等于位矢对时间的二阶导数. 加速度矢量的大小为

$$a = |\boldsymbol{a}| = \lim_{\Delta t \to 0} \frac{|\Delta \boldsymbol{v}|}{\Delta t} \tag{1-22}$$

其方向是 $\Delta t \to 0$ 时 $\Delta \boldsymbol{v}$ 的极限方向，如图 1-6b 所示，$\Delta \boldsymbol{v}$ 的方向以及它的极限方向一般不同于速度$\boldsymbol{v}$ 的方向. 因而，加速度 $\boldsymbol{a}$ 的方向与同一时刻（或同一地点）的速度$\boldsymbol{v}$ 的方向一般亦不相同. 也就是说，加速度一般并不沿曲线的切线方向，但从 $\Delta \boldsymbol{v}/\Delta t$ 趋于极限方向的演变过程来看，加速度总是指向运动轨道曲线的凹侧（见图 1-6a）.

在 SI 中，速度大小的单位是 $\mathrm{m \cdot s^{-1}}$（米·秒$^{-1}$），则加速度的单位便是 $\mathrm{m \cdot s^{-2}}$（米·秒$^{-2}$）. 例如，自由落体的加速度（即重力加速度）$\boldsymbol{g}$ 的大小约为 $9.80\mathrm{m \cdot s^{-2}}$，其方向竖直向下.

问题 1-8　（1）试述加速度的定义，并说明 $\mathrm{d}\boldsymbol{v}/\mathrm{d}t$ 与 $\mathrm{d}v/\mathrm{d}t$ 有何区别.

（2）在某时刻，物体的速度为零，加速度是否一定为零？加速度为零，速度是否一定为零？速度很大，加速度是否一定很大？加速度很大，速度是否一定很大？试举例说明.

章前问题 1 解答

现在我们来分析章前问题，如章前问题 1 解答图所示，枪精确地瞄准了危险罪犯，在子弹以初速度$\boldsymbol{v}_0$射出时，罪犯从楼房落向地面. 子弹在空中做匀加速运动，其加速度为重力加速度，即$\boldsymbol{a} = \boldsymbol{g}$. 根据加速度的定义式（1-21）：$\boldsymbol{a} = \frac{\mathrm{d}\boldsymbol{v}}{\mathrm{d}t}$，有 $\mathrm{d}\boldsymbol{v} = \boldsymbol{a}\mathrm{d}t$，对此式两边同时积分：

$$\int_{\boldsymbol{v}_0}^{\boldsymbol{v}} \mathrm{d}\boldsymbol{v} = \int_0^t \boldsymbol{a}\,\mathrm{d}t$$，得：$\boldsymbol{v} - \boldsymbol{v}_0 = \boldsymbol{a}t$，即

$$\boldsymbol{v} = \boldsymbol{v}_0 + \boldsymbol{a}t \tag{①}$$

式①为匀加速运动物体在任意时刻的速度表达式.

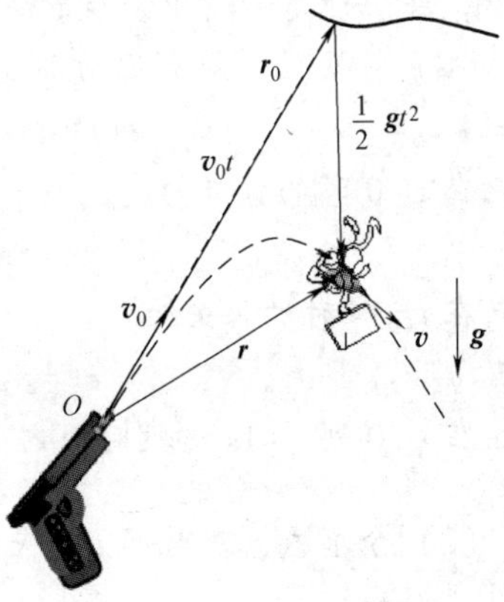

章前问题 1 解答图

再由速度的定义式（1-13）：$\boldsymbol{v} = \frac{\mathrm{d}\boldsymbol{r}}{\mathrm{d}t}$，有 $\mathrm{d}\boldsymbol{r} = \boldsymbol{v}\mathrm{d}t$.

将式①代入，得 $d\boldsymbol{r}=(\boldsymbol{v}_0+\boldsymbol{a}t)dt$，对此式两边同时积分：

$\int_{r_0}^{r}d\boldsymbol{r}=\int_0^t(\boldsymbol{v}_0+\boldsymbol{a}t)dt$，得

$$\boldsymbol{r}-\boldsymbol{r}_0=\boldsymbol{v}_0t+\frac{1}{2}\boldsymbol{a}t^2 \qquad ②$$

式②为**匀加速运动物体在任意时刻位移的表达式**.

若取枪口处为坐标原点 O，如章前问题 1 解答图所示，则 $\boldsymbol{r}_0=0$. 将 $\boldsymbol{a}=\boldsymbol{g}$ 和 $\boldsymbol{r}_0=0$ 代入式②中，得到任意时刻子弹的位移：

$$\boldsymbol{r}=\boldsymbol{v}_0t+\frac{1}{2}\boldsymbol{g}t^2 \qquad ③$$

式中，第一项 $\boldsymbol{v}_0t$ 为子弹以速度 $\boldsymbol{v}_0$ 匀速运动的位移；第二项 $\frac{1}{2}\boldsymbol{g}t^2$ 为子弹在重力加速度作用下的位移.

由于在子弹射出时，罪犯从楼房落向地面. 罪犯做自由落体运动，其初速度为零，由式②知，经时间 t 后，罪犯的位移为 $\boldsymbol{r}-\boldsymbol{r}_0=\frac{1}{2}\boldsymbol{g}t^2$.

由章前问题 1 解答图中的矢量关系知，子弹恰好能击中罪犯.

例题 1-4　设一质点在水平面上所选的直角坐标系 Oxy 中的运动函数分量式为

$$x=8\sin\pi t,\ y=-2\cos2\pi t \qquad (\mathrm{SI})$$

求：(1) 质点运动的轨道方程；(2) 在 $t=0$ 到 $t=1\mathrm{s}$ 这段时间内质点的位移；(3) 质点在 $t=1\mathrm{s}$ 时的速度和质点在 $t=1/2\mathrm{s}$ 时的加速度.

解　(1) 从运动函数的分量式

$$x=8\sin\pi t,\ y=-2\cos2\pi t$$

中消去时间 t，有

$$y=-2\cos2\pi t=-2(1-2\sin^2\pi t)=-2\left[1-2\left(\frac{x}{8}\right)^2\right]$$

从而得轨道方程为

$$y=\frac{x^2}{16}-2 \qquad (\mathrm{SI})$$

所以，在坐标系 Oxy 中，质点运动的轨道是一条开口向上的抛物线.

(2) 按题设，质点运动函数的矢量表达式便是如下的正交分解式

$$\boldsymbol{r}(t)=x\boldsymbol{i}+y\boldsymbol{j}=[(8\sin\pi t)\boldsymbol{i}+(-2\cos2\pi t)\boldsymbol{j}]\ (\mathrm{m}) \qquad ⓐ$$

质点在 $t=0$ 时的位矢为

$$\boldsymbol{r}_1=8\sin(\pi\times0)\boldsymbol{i}-2\cos(2\pi\times0)\boldsymbol{j}=(-2\mathrm{m})\boldsymbol{j}$$

质点在 $t=1\mathrm{s}$ 时的位矢为

$$\boldsymbol{r}_2=8\sin(\pi\times1)\boldsymbol{i}-2\cos(2\pi\times1)\boldsymbol{j}=(-2\mathrm{m})\boldsymbol{j}$$

质点在 $t=0$ 到 $t=1\mathrm{s}$ 这段时间内的位移为

$$\Delta\boldsymbol{r}=\boldsymbol{r}_2-\boldsymbol{r}_1=(-2\boldsymbol{j})-(-2\boldsymbol{j})=0$$

(3) 今求式ⓐ对时间 t 的矢量导数，可得质点的速度为

$$\boldsymbol{v}=\frac{d\boldsymbol{r}}{dt}=\frac{dx}{dt}\boldsymbol{i}+\frac{dy}{dt}\boldsymbol{j}=[(8\pi\cos\pi t)\boldsymbol{i}+(4\pi\sin2\pi t)\boldsymbol{j}]\ (\mathrm{m\cdot s^{-1}}) \qquad ⓑ$$

则 $t=1\text{s}$ 时的速度为

$$\boldsymbol{v}\big|_{t=1\text{s}}=(-8\pi\text{m}\cdot\text{s}^{-1})\boldsymbol{i}=(-25.13\text{m}\cdot\text{s}^{-1})\boldsymbol{i}$$

即质点在 $t=1\text{s}$ 时速度沿 Ox 轴负向，大小为 $25.13\text{m}\cdot\text{s}^{-1}$.

> **注意：** 位矢、速度和加速度等物理量的大小和方向都是对某一时刻而言的，即它们都具有瞬时性，或者说，它们都是瞬时量；而位移、平均速度等都是对一段时间而言的，它们都是过程量.

求式ⓑ对时间 t 的矢量导数，可得质点的加速度为

$$\boldsymbol{a}=\frac{\text{d}\boldsymbol{v}}{\text{d}t}=\frac{\text{d}v_x}{\text{d}t}\boldsymbol{i}+\frac{\text{d}v_y}{\text{d}t}\boldsymbol{j}=[(-8\pi^2\sin\pi t)\boldsymbol{i}+(8\pi^2\cos 2\pi t)\boldsymbol{j}]\ (\text{m}\cdot\text{s}^{-2}) \tag{c}$$

则 $t=1/2\text{s}$ 时的加速度为

$$\boldsymbol{a}\big|_{t=\frac{1}{2}\text{s}}=[(-8\pi^2)\boldsymbol{i}+(-8\pi^2)]\boldsymbol{j}\ (\text{m}\cdot\text{s}^{-2})$$

其大小为

$$|\boldsymbol{a}|=\sqrt{(-8\pi^2)^2+(-8\pi^2)^2}\ \text{m}\cdot\text{s}^{-2}=8\sqrt{2}\pi^2\text{m}\cdot\text{s}^{-2}=111.66\text{m}\cdot\text{s}^{-2}$$

其方向可用 $\boldsymbol{a}$ 与 Ox 轴正向所成的夹角 θ 表示，即

$$\theta=\arctan\frac{a_y}{a_x}=\arctan\frac{-8\pi^2\text{m}\cdot\text{s}^{-2}}{-8\pi^2\text{m}\cdot\text{s}^{-2}}=\arctan 1=45°$$

说明 读者在求一个矢量时，可以具体算出其大小和方向；也可以只给出其正交分解式. 因为给出一矢量的正交分解式，意味着总是可由它的分量确切地求出该矢量的大小和方向.

例题 1-5 一机车的车轮无滑动地在水平轨道上滚动，轮缘上一点 P 所经过的轨道在例题 1-5 图示的坐标系 Oxy 中可用参数方程

$$x=R\omega t-R\sin\omega t,\quad y=R-R\cos\omega t$$

表示. 式中，R、ω 为正的恒量；t 为时间. 求 P 点在任一时刻的位矢、速度和加速度；并由此求出加速度的大小和方向.

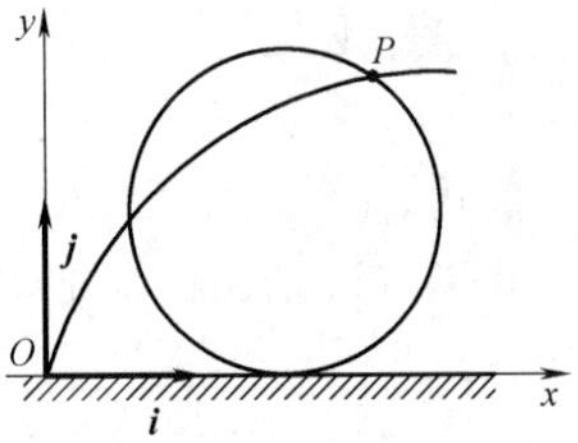

例题 1-5 图

解 已知轮缘上一点 P 的运动函数，则 P 点在任一时刻的位矢为

$$\boldsymbol{r}=x\boldsymbol{i}+y\boldsymbol{j}=(R\omega t-R\sin\omega t)\boldsymbol{i}+(R-R\cos\omega t)\boldsymbol{j}$$

速度为

$$\boldsymbol{v}=(\text{d}x/\text{d}t)\boldsymbol{i}+(\text{d}y/\text{d}t)\boldsymbol{j}=(R\omega-R\omega\cos\omega t)\boldsymbol{i}+(R\omega\sin\omega t)\boldsymbol{j}$$

加速度为

$$\boldsymbol{a}=(\text{d}^2x/\text{d}t^2)\boldsymbol{i}+(\text{d}^2y/\text{d}t^2)\boldsymbol{j}=(R\omega^2\sin\omega t)\boldsymbol{i}+(R\omega^2\cos\omega t)\boldsymbol{j}$$

其大小为

$$|\boldsymbol{a}|=[(R\omega^2\sin\omega t)^2+(R\omega^2\cos\omega t)^2]^{1/2}=R\omega^2$$

其方向可用与 Ox 轴所成夹角 θ 表示，即

$$\theta=\arctan\frac{a_y}{a_x}=\arctan\frac{R\omega^2\cos\omega t}{R\omega^2\sin\omega t}=\arctan(\cot\omega t)$$

故

$$\theta=k\pi+\pi/2-\omega t$$

按初始条件：$t=0$ 时，$\theta=\pi/2$，由上式可得 $k=0$，由此得

$$\theta=\pi/2-\omega t$$

问题 1-9 在下列情况中，哪几种运动是可能的？

（A）一物体的速度为零，但加速度不等于零；

（B）一物体的加速度方向朝西，与此同时，其速度的方向朝东；

（C）一物体具有恒定的速度和不等于零的加速度；

（D）一物体的加速度和速度都不是恒量.

问题拓展

1-1 如问题拓展 1-1 图所示，滑雪运动员以 $2.1\mathrm{m/s^2}$ 的加速度沿倾斜角度为 15°的斜坡滑雪. $t=0$ 时刻通过坐标系的原点时，位置矢量和速度分别为

$$\boldsymbol{r}(0)=(75.0\boldsymbol{i}+50.0\boldsymbol{j})\mathrm{m}$$

$$v(0)=(4.1\boldsymbol{i}-1.1\boldsymbol{j})\mathrm{m/s}$$

求位置矢量和速度的 x 分量和 y 分量随时间的变化关系.

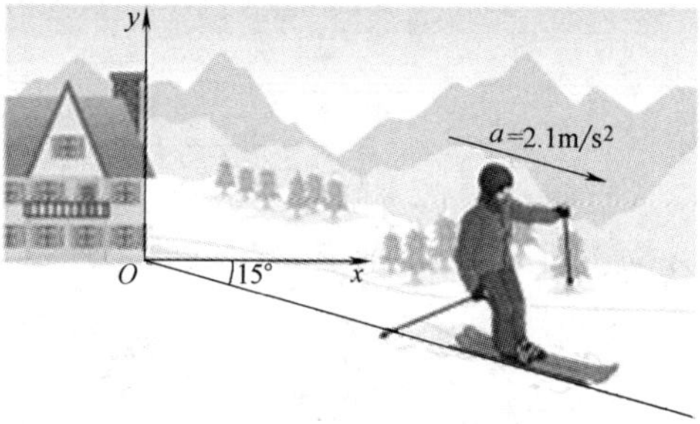

问题拓展 1-1 图

1.3 直线运动

前述各节，我们引入了描述质点运动的一些物理量，如位矢、位移、速度和加速度等. 下面我们将讨论几种常见的运动. 本节先讨论质点的直线运动，这是一种较简单而又最基本的运动.

现在我们讨论直线运动的标量表述. 当质点相对于一定的参考系做直线运动时，只需沿此直线取 Ox 轴，并在其上选定一个合适的原点 O 和规定一个 Ox 轴的正方向，如图 1-7 所示. 于是，描述质点直线运动的位矢、位移、速度和加速度等物理量皆可用标量处理，它们的矢量性体现在其方向可用正、负来标示，即凡与选定的 Ox 轴正向一致者，取正值；反之则取负值. 这些标量式为

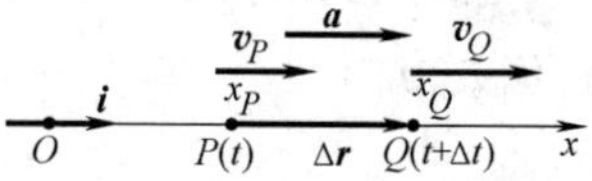

图 1-7 质点的直线运动

$$\left.\begin{array}{ll}\text{运动函数} & x=x(t)\\ \text{位移} & \Delta x=x_P-x_Q\\ \text{速度} & v=\dfrac{\mathrm{d}x}{\mathrm{d}t}\\ \text{加速度} & a=\dfrac{\mathrm{d}v}{\mathrm{d}t}=\dfrac{\mathrm{d}^2x}{\mathrm{d}t^2}\end{array}\right\}\tag{1-23}$$

不难理解，做直线运动的质点，若其加速度 a 与速度 v 同号，即二者方向相同，则做加速运动；若二者异号，则做减速运动.

思维拓展

1-1　水龙头流出的稳定的水流总是越往下越细，这是为什么？假设水从水龙头流出时的速度的大小是 v_0，你能够估算出细流的直径随离开龙头的距离的变化关系吗？

例题 1-6　一质点沿 Ox 轴做直线运动，其运动函数为

$$x=t^3-4t^2+10t+1 \quad (\mathrm{SI})$$

求：(1) 质点在 $t=0$，1s、2s 时的位矢、速度和加速度以及 $t=0$ 到 $t=2\mathrm{s}$ 内的平均速度；

(2) 质点的最小速度和相应的位置坐标，并绘出 v-t 曲线.

解　(1) 由质点运动函数

$$x=t^3-4t^2+10t+1 \tag{a}$$

可相继对时间 t 求导，便得质点的速度和加速度分别为

$$v=\frac{\mathrm{d}x}{\mathrm{d}t}=3t^2-8t+10 \tag{b}$$

$$a=\frac{\mathrm{d}v}{\mathrm{d}t}=6t-8 \tag{c}$$

由式ⓐ、式ⓑ、式ⓒ可分别求得质点在题设各时刻的位矢（即位置坐标）、速度和加速度：

$$t=0,\ x_0=1\mathrm{m},\ v_0=10\mathrm{m}\cdot\mathrm{s}^{-1},\ a_0=-8\mathrm{m}\cdot\mathrm{s}^{-2}$$

$$t=1\mathrm{s},\ x_1=8\mathrm{m},\ v_1=5\mathrm{m}\cdot\mathrm{s}^{-1},\ a_1=-2\mathrm{m}\cdot\mathrm{s}^{-2}$$

$$t=2\mathrm{s},\ x_2=13\mathrm{m},\ v_2=6\mathrm{m}\cdot\mathrm{s}^{-1},\ a_2=4\mathrm{m}\cdot\mathrm{s}^{-2}$$

则在 $t=0$ 到 $t=2\mathrm{s}$ 内，质点的平均速度为

$$\bar{v}=\frac{\Delta x}{\Delta t}=\frac{x_2-x_0}{t_2-t_0}=\frac{13\mathrm{m}-1\mathrm{m}}{2\mathrm{s}-0}=6\mathrm{m}\cdot\mathrm{s}^{-1}$$

(2) 令 $\mathrm{d}v/\mathrm{d}t=0$，由式ⓒ，得 $t=4/3\mathrm{s}$，且 $\mathrm{d}^2v/\mathrm{d}t^2\big|_{t=4/3\mathrm{s}}=6>0$. 根据求函数极值的充要条件，则在 $t=4/3\mathrm{s}$ 时，速度具有极小值 $v_{\min}$，因而可从式ⓑ算出这个最小速度为

$$v_{\min}=v\big|_{t=4/3\mathrm{s}}=\left[3\left(\frac{4}{3}\right)^2-8\left(\frac{4}{3}\right)+10\right]\mathrm{m}\cdot\mathrm{s}^{-1}=4.67\mathrm{m}\cdot\mathrm{s}^{-1}$$

由式ⓐ，可求相应于质点速度最小时的位置坐标为

$$x=\left[\left(\frac{4}{3}\right)^3-4\left(\frac{4}{3}\right)^2+10\left(\frac{4}{3}\right)+1\right]\mathrm{m}=\frac{259}{27}\mathrm{m}=9.59\mathrm{m}$$

根据上述这些结果，可大致绘出 v-t 曲线，如例题 1-6 图所示.

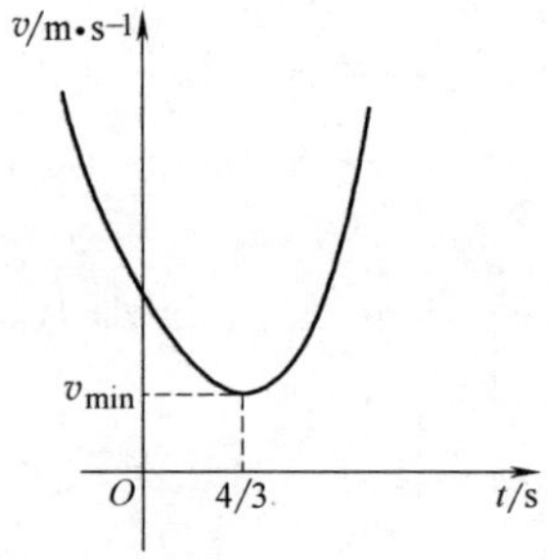

例题 1-6 图

注意　从式ⓒ可知，质点的加速度 a 随时间 t 而改变，故质点做变速直线运动. 为此，求平均速度时，应从它的定义式 $\bar{v}=\Delta x/\Delta t$ 入手，切忌任意套用匀变速直线运动中求平均速度的公式 $v=(v_0+v_2)/2$.

例题 1-7　对一枚火箭的圆锥形头部进行试验. 把它以

初速 150m · s^{-1} 竖直向上发射后，受空气阻力而减速，其阻力所引起的加速度大小为 $0.0005v^2$（SI）. 求火箭头部所能达到的最大高度.

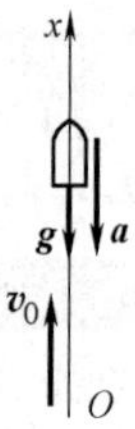

例题 1-7 图

解 取 Ox 轴向上为正（见例题 1-7 图），则火箭头部的总加速度为 $a=-(g+0.0005v^2)$，其中 g 是重力加速度的大小，其方向向下，阻力所引起的加速度方向亦向下，二者皆与所取的 Ox 轴反向，故取负值. 今把加速度改写成 $a=v\mathrm{d}v/\mathrm{d}x$，从而可列出

$$v\frac{\mathrm{d}v}{\mathrm{d}x}=-(g+0.0005v^2)$$

当达到最大高度 $x=h_{\max}$ 时，$v=0$，对上式分离变量，并积分，有

$$\int_0^{h_{\max}}\mathrm{d}x=\int_{150}^0\frac{-v\mathrm{d}v}{g+0.0005v^2}$$

由此可解算出

$$h_{\max}=-\frac{1}{2\times 0.0005}[\ln 9.80-\ln(9.80+0.0005\times 150^2)]\mathrm{m}=764.52\mathrm{m}$$

说明 这里，a 是 v 的函数，且不涉及时间 t 这一自变量，为了便于运算，有必要借微分法中的复合函数求导法则，对加速度 $a=\mathrm{d}v/\mathrm{d}t$ 进行变量置换，即 $a=\mathrm{d}v/\mathrm{d}t=(\mathrm{d}v/\mathrm{d}x)(\mathrm{d}x/\mathrm{d}t)=v\mathrm{d}v/\mathrm{d}x$.

例题 1-8 导出质点的**匀变速直线运动**公式.

解 设质点沿 Ox 轴做匀变速直线运动，则其加速度 a 为恒量. 若已知质点运动的初始条件为：当 $t=0$ 时，$x=x_0$，$v=v_0$. 于是，按加速度的定义式 $a=\mathrm{d}v/\mathrm{d}t$，有

$$\mathrm{d}v=a\mathrm{d}t$$

并由初始条件，求上式的定积分，即

$$\int_{v_0}^{v}\mathrm{d}v=a\int_0^t\mathrm{d}t$$

由此可得质点在任一时刻的速度为

$$v=v_0+at \tag{1-24}$$

由 $v=\mathrm{d}x/\mathrm{d}t$，可改写为 $\mathrm{d}x=v\mathrm{d}t$，并将式（1-24）代入，成为

$$\mathrm{d}x=(v_0+at)\mathrm{d}t$$

按初始条件，对上式求定积分，有

$$\int_{x_0}^{x}\mathrm{d}x=\int_0^t v_0\mathrm{d}t+a\int_0^t t\mathrm{d}t$$

由此可得质点在任一时刻 t 的位移为

$$x-x_0=v_0t+\frac{1}{2}at^2 \tag{1-25}$$

又因 $a=\mathrm{d}v/\mathrm{d}t=(\mathrm{d}v/\mathrm{d}x)(\mathrm{d}x/\mathrm{d}t)=v\mathrm{d}v/\mathrm{d}x$，可把它改写为

$$v\mathrm{d}v=a\mathrm{d}x$$

按初始条件，对上式求定积分，有

$$\int_{v_0}^{v}v\mathrm{d}v=a\int_{x_0}^{x}\mathrm{d}x$$

得 $$v^2=v_0^2+2a(x-x_0) \tag{1-26}$$

应用式（1-24）、式（1-25）和式（1-26）时，其中位置坐标的正、负取决于原点 O 的位置，速度和加速度的正、负则决定于它们的方向：凡是沿 Ox 轴正向的，用正值代入；凡是沿 Ox 轴负向的，用负值代入，所得结果若为正值，表示其方向沿 Ox 轴正向；若为负值，则沿 Ox 轴负向.

章前问题 2 解答

为了估测上海市杨浦大桥桥面离黄浦江正常水面的高度，可在静夜时从桥栏旁向水面自由释放一颗石子（石子做自由落体运动），同时用秒表大致测得经过 3.3s 在桥上听到石子击水声（这个时间是石子落到水面所需的时间和声音传到桥面上所需的时间总和），已知声音在空气中传播的速度为 $330\text{m}\cdot\text{s}^{-1}$。由此可估算出杨浦大桥的净空高度. 具体方法：

石子做自由落体运动，设石子经过 t 时间落到水面，取 Oy 轴竖直向下，桥面取为坐标原点（$y=0$），则桥面离水面的高度：

$$y=\frac{1}{2}gt^2 \qquad ①$$

石子落到水面所发出的击水声，将以声速 $u=330\text{m}\cdot\text{s}^{-1}$，经 $(3.3-t)$s 传到桥上（$y=0$），于是声音在空气中的传播过程可写作

$$0-y=-u(3.3-t) \qquad ②$$

联解式①、式②，估算出桥面离水面的高度约为 $y=48.7\text{m}$.

问题 1-10 （1）质点在做直线运动时，其位置、速度和加速度的意义如何？它们的大小和方向是如何确定的？试与曲线运动的情况相比较；（2）物体在静止或做匀速直线运动时，它们的速度和加速度各如何？

问题 1-11 质点沿 Ox 轴做直线运动时，速度 $\boldsymbol{v}$ 和加速度 $\boldsymbol{a}$ 的方向分别如问题 1-11 图所示，试说明它们的运动方向；做减速还是加速运动？

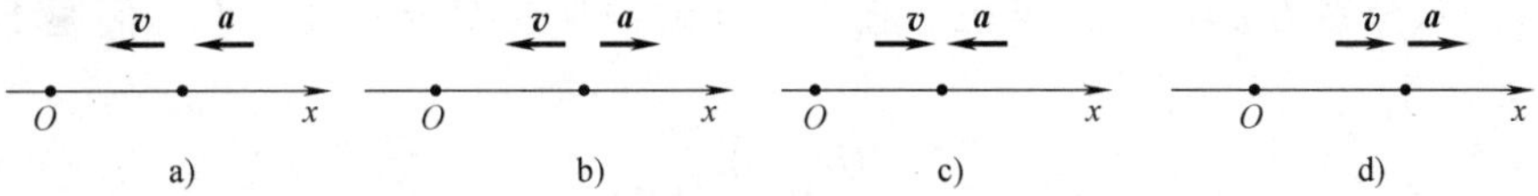

问题 1-11 图

问题 1-12 设一木块在斜面顶端 O 自静止开始下滑，沿斜面做直线运动，如问题 1-12 图所示，以出发点 O 为原点，沿斜面向下取 Ox 轴，则木块的运动函数为 $x=4t^2$ (SI). 试绘制木块运动中的位置、速度和加速度与时间的函数关系 $x=x(t)$、$v=v(t)$、$a=a(t)$ 的图线，即所谓 x-t 图、v-t 图和 a-t 图.

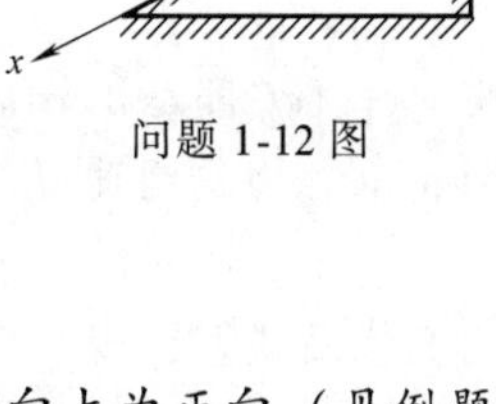

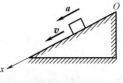

问题 1-12 图

例题 1-9 在 20m 高的塔顶以速度 $6\text{m}\cdot\text{s}^{-1}$ 竖直向上抛一石子，求 2s 后石子离地面的高度.

解 先建立坐标系，令地面（塔底）为坐标原点 O，取 Ox 轴向上为正向（见例题 1-9 图），则初位置 x_0 为正，$x_0=+20\text{m}$；初速 $\boldsymbol{v}_0$ 与 Ox 轴正向一致，亦取正值，$v_0=+6\text{m}\cdot\text{s}^{-1}$.

重力加速度 $\boldsymbol{g}$ 的方向向下，沿 Ox 轴负向，故取负值，$a=-g=-9.80\mathrm{m\cdot s^{-2}}$. 在匀变速直线运动公式（1-25）中，$x-x_0$ 为位移，x 为末位置. 把已知值代入式（1-25），算得

$$x=(+20\mathrm{m})+(+6\mathrm{m\cdot s^{-1}})\times2\mathrm{s}+\frac{1}{2}\times(-9.80\mathrm{m\cdot s^{-2}})\times(2\mathrm{s})^2=+12.4\mathrm{m}$$

末位置坐标为正值，说明在 2s 后石子位于地面（原点）以上高 12.4m 处.

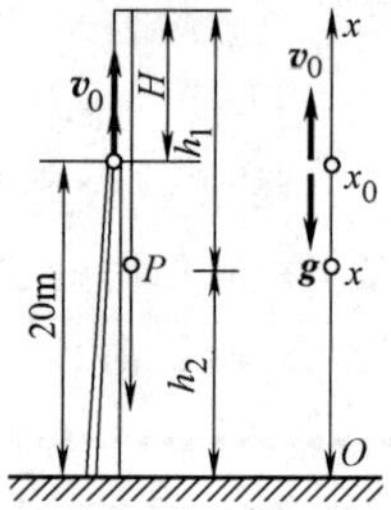

例题 1-9 图

说明 本例解法简明方便，其原因在于采取了坐标系和运用了位移、速度和加速度等物理量的矢量性. 因此，在全过程中，无论是上升期间或后来的下落期间，实际上就是受重力加速度支配的同一个匀变速直线运动. 因而便可直接求出式（1-25）中的位移 $x-x_0$，而不必分段考虑中间的路程如何.

1.4 抛体运动

抛体运动是一种平面曲线运动.

当地面附近的物体以速度$\boldsymbol{v}_0$ 沿仰角为 θ 的方向斜抛出去后（见图 1-8），若物体的速度不大而可忽略空气阻力等，则物体在整个运动过程中只具有一个竖直向下的重力加速度 $\boldsymbol{g}$.

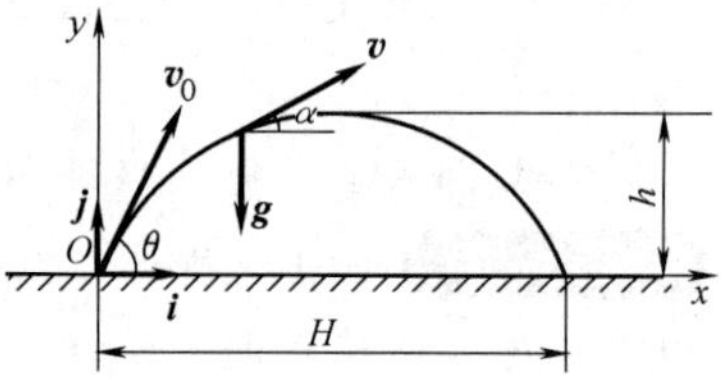

图 1-8 抛体运动

将开始抛出的时刻作为计时零点，即 $t=0$，由于初速$\boldsymbol{v}_0$与 $\boldsymbol{g}$ 两者方向不一致，运动轨道不可能是一直线，而是在$\boldsymbol{v}_0$与 $\boldsymbol{g}$ 两矢量所决定的竖直平面内做曲线运动.

在上述物体运动的竖直平面内，以抛出点作为原点 O，沿水平和竖直方向分别取坐标轴 Ox、Oy. 在所建立的直角坐标系 Oxy 中，由于物体只具有一个竖直向下的重力加速度 $\boldsymbol{g}$，因而沿 Ox、Oy 轴的加速度分量分别为 $a_x=0$、$a_y=-g$，按平面运动的加速度定义式（参见例题 1-4 中的式ⓒ），有

$$\boldsymbol{a}=a_x\boldsymbol{i}+a_y\boldsymbol{j}=\frac{\mathrm{d}v_x}{\mathrm{d}t}\boldsymbol{i}+\frac{\mathrm{d}v_y}{\mathrm{d}t}\boldsymbol{j}=0\boldsymbol{i}+(-g)\boldsymbol{j} \tag{ⓐ}$$

则

$$\frac{\mathrm{d}v_x}{\mathrm{d}t}=0,\quad \frac{\mathrm{d}v_y}{\mathrm{d}t}=-g$$

对以上两式分别进行不定积分，得 Ox、Oy 轴的速度分量为

$$v_x=c_1,\ v_y=-gt+c_2 \tag{ⓑ}$$

式中，c_1、c_2 都是积分常量. 考虑到 $t=0$ 时，初速$\boldsymbol{v}_0$ 在 Ox、Oy 轴上的分量为 $v_x=v_0\cos\theta$、$v_y=v_0\sin\theta$，将这组速度的初始条件代入式ⓑ，得

$$c_1=v_0\cos\theta,\quad c_2=v_0\sin\theta$$

将它们代回式ⓑ，得

$$v_x=v_0\cos\theta,\quad v_y=v_0\sin\theta-gt \tag{ⓒ}$$

它们分别是物体在任一时刻 t 的速度$\boldsymbol{v}$ 沿 Ox、Oy 轴的分量式. 上式表明，物体沿水平的 Ox 轴方向，做匀速直线运动；沿竖直的 Oy 轴方向，以初速 $v_0\sin\theta$ 做匀变速直线运动. 由式ⓒ

可得沿 Ox 轴、Oy 轴的运动函数分别为

$$x=(v_0\cos\theta)t,\qquad y=(v_0\sin\theta)t-\frac{1}{2}gt^2$$

以上两式中消去时间参量 t，即得抛体运动的轨道方程

$$y=x\tan\theta-\frac{gx^2}{2v_0^2\cos^2\theta} \tag{1-27}$$

上式表明，轨道是一条抛物线. 令上式中的 $y=0$，可解得此抛物线与 Ox 轴的两个交点的坐标分别为

$$x_1=0,\qquad x_2=\frac{v_0^2\sin2\theta}{g}$$

其中，x_2 即为抛体的**射程**，记作 H，则

$$H=\frac{v_0^2\sin2\theta}{g} \tag{1-28}$$

显然，当以仰角 $\theta=45°$抛射时，射程可达最大值 $H_{\max}=v_0^2/g$.

将式（1-27）对 x 求导，并令 $\mathrm{d}y/\mathrm{d}x=0$ 则得 $x=\dfrac{v_0^2\sin2\theta}{2g}$，将它代回式（1-27），可得抛体在飞行时所能达到的最大高度 $y_{\max}$，称为**射高**，记作 h，即

$$h=\frac{v_0\sin^2\theta}{2g} \tag{1-29}$$

问题 1-13 （1）试导出抛体运动的轨道方程. 若抛射角 $\theta=0°$，即成为平抛运动，试求其运动函数及轨道方程.

（2）利用问题 1-13 图所示的装置可测量子弹的速率. A、B 为两块竖直的平行板，相距为 d. 使子弹水平地穿过 A 板上的小孔 S 后，射击于 B 板上. 若测得小孔 S 与 B 板上着弹点 P 之间的竖直距离为 l，求子弹射入小孔 S 时的速率 v. （**答：**$v=\sqrt{gd^2/(2l)}$）

问题 1-14 如问题 1-14 图所示，一颗炮弹以仰角 θ 抛射出去，不计空气阻力，当这颗炮弹到达位于轨道上的 P 点时，其位移 $\Delta\boldsymbol{r}$ 和速度 $\boldsymbol{v}$ 与 Ox 轴正向分别成 α 和 β 角. 求证：$2\tan\alpha-\tan\beta=\tan\theta$.

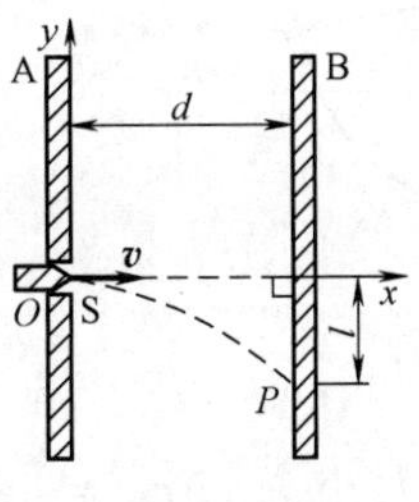

问题 1-13 图

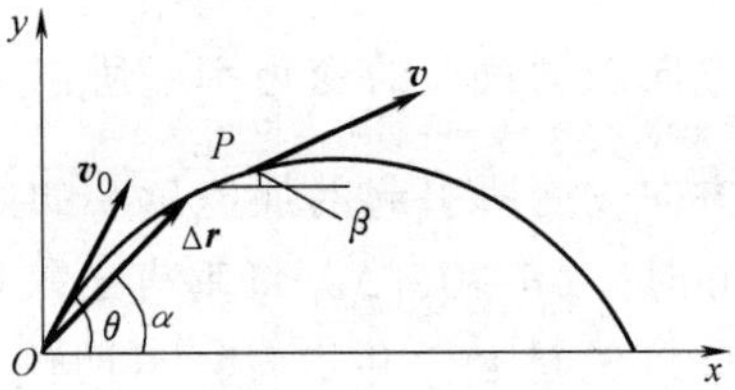

问题 1-14 图

1.5 圆周运动

质点沿固定的圆周轨道运动，称为**圆周运动**. 它是一种平面曲线运动.

1.5.1 自然坐标系 变速圆周运动

当质点做半径为 R 的圆周运动时，显然，其运动轨道是既定的. 在这种场合下，如果仍用前述的直角坐标系来讨论也未尝不可；但若采用自然坐标系，似更简单明了. 所谓**自然坐标系**，就是在圆周轨道上任取一点 O' 作为原点，质点在时刻 t 的位置 P 取决于质点与原点间的轨道长度 s，如图 1-9 所示. 这样，质点沿轨道的运动函数便可写作

$$s=s(t) \tag{1-30}$$

同时，规定两条随质点一起运动的正交坐标轴：一条是沿质点运动方向的坐标轴（即轨道的切线方向），并沿运动方向取单位矢量 $\boldsymbol{e}_t$，标示此坐标轴的正向，$\boldsymbol{e}_t$ 称为**切向单位矢量**；另一条是垂直于切向、并指向轨道凹侧的坐标轴，它沿法线方向指向圆心 O，用单位矢量 $\boldsymbol{e}_n$ 标示，称为**法向单位矢量**.

在上述自然坐标系中，质点在时刻 t 位于轨道上的 P 点，其速度$\boldsymbol{v}$ 的方向总是沿轨道上 P 点的切线方向，$\boldsymbol{v}$ 的大小为 $v=\mathrm{d}s/\mathrm{d}t$. 因而时刻 t 的速度可写作

$$\boldsymbol{v}=v(t)\boldsymbol{e}_t(t) \tag{1-31}$$

式中，$\boldsymbol{e}_t(t)$ 为质点在时刻 t 位于轨道上 P 点的切向单位矢量. 当质点沿圆周轨道运动时，它随时间 t 在不断改变其方向. 经 Δt 时间，质点运动到 Q 点，其切向单位矢量变为 $\boldsymbol{e}_t(t+\Delta t)$. 按加速度的定义，将式（1-31）对时间 t 求导，有

$$\boldsymbol{a}=\frac{\mathrm{d}\boldsymbol{v}}{\mathrm{d}t}=\frac{\mathrm{d}v}{\mathrm{d}t}\boldsymbol{e}_t+v\frac{\mathrm{d}\boldsymbol{e}_t}{\mathrm{d}t} \tag{1-32}$$

式（1-32）中的$\dfrac{\mathrm{d}v}{\mathrm{d}t}\boldsymbol{e}_t$，表示由于速度大小改变所引起的加速度. 因为$\dfrac{\mathrm{d}v}{\mathrm{d}t}$就是速率 v 对时间 t 的变化率，其方向沿轨道切向，所以叫作**切向加速度**，记作 $\boldsymbol{a}_t$，即

$$\boldsymbol{a}_t=\frac{\mathrm{d}v}{\mathrm{d}t}\boldsymbol{e}_t \tag{1-33}$$

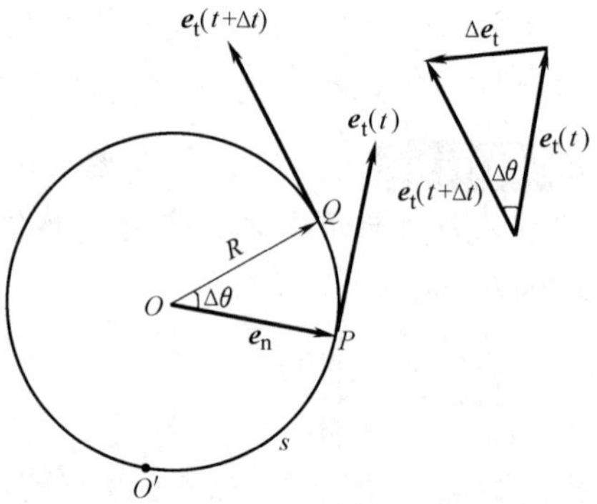

图 1-9 圆周运动

至于式（1-32）中的 $v\dfrac{\mathrm{d}\boldsymbol{e}_t}{\mathrm{d}t}$这一项，由于表征速度方向的切向单位矢量 $\boldsymbol{e}_t$ 的大小 $|\boldsymbol{e}_t|=1$，那么，可以想见，$\mathrm{d}\boldsymbol{e}_t/\mathrm{d}t$ 必是质点沿圆周轨道运动时速度方向随时间 t 的变化率. 所以 $v\dfrac{\mathrm{d}\boldsymbol{e}_t}{\mathrm{d}t}$表示由于速度方向改变所引起的加速度. 如图 1-9 所示，当 $\Delta t\to 0$ 时，$\Delta\theta\to 0$，$\Delta\boldsymbol{e}_t$ 将垂直于轨道上 P 点处的切向单位矢量 $\boldsymbol{e}_t$，并指向轨道凹侧、沿法线方向指向圆心 O，即与该点 P 的法向单位矢量 $\boldsymbol{e}_n$ 同方向，$\Delta\boldsymbol{e}_t$ 的大小为 $|\Delta\boldsymbol{e}_t|=|\boldsymbol{e}_t|\Delta\theta=\Delta\theta$，且

$$\frac{\mathrm{d}\boldsymbol{e}_{\mathrm{t}}}{\mathrm{d}t}=\lim_{\Delta t\to 0}\frac{\Delta\boldsymbol{e}_{\mathrm{t}}}{\Delta t}=\lim_{\Delta t\to 0}\frac{|\Delta\boldsymbol{e}_{\mathrm{t}}|}{\Delta t}\boldsymbol{e}_{\mathrm{n}}=\lim_{\Delta t\to 0}\frac{\Delta\theta}{\Delta t}\boldsymbol{e}_{\mathrm{n}}=\frac{\mathrm{d}\theta}{\mathrm{d}t}\boldsymbol{e}_{\mathrm{n}}$$

且可写成

$$\frac{\mathrm{d}\boldsymbol{e}_{\mathrm{t}}}{\mathrm{d}t}=\frac{\mathrm{d}\theta}{\mathrm{d}s}\frac{\mathrm{d}s}{\mathrm{d}t}\boldsymbol{e}_{\mathrm{n}}=\frac{v}{R}\boldsymbol{e}_{\mathrm{n}}$$

式中，$R=\mathrm{d}s/\mathrm{d}\theta$ 是圆周轨道的半径．将上式代入式（1-32）的第二项，便得加速度沿法线方向的分量，叫作**法向加速度**，记作 $\boldsymbol{a}_{\mathrm{n}}$，则 $\boldsymbol{a}_{\mathrm{n}}=v\dfrac{\mathrm{d}\boldsymbol{e}_{\mathrm{t}}}{\mathrm{d}t}$ 便可改写成

$$\boldsymbol{a}_{\mathrm{n}}=\frac{v^2}{R}\boldsymbol{e}_{\mathrm{n}} \tag{1-34}$$

于是，质点的变速圆周运动加速度应为

$$\boldsymbol{a}=a_{\mathrm{t}}\boldsymbol{e}_{\mathrm{t}}+a_{\mathrm{n}}\boldsymbol{e}_{\mathrm{n}}=\frac{\mathrm{d}v}{\mathrm{d}t}\boldsymbol{e}_{\mathrm{t}}+\frac{v^2}{R}\boldsymbol{e}_{\mathrm{n}} \tag{1-35}$$

据此可用变速圆周运动加速度的切向分量 $a_{\mathrm{t}}=\mathrm{d}v/\mathrm{d}t=\mathrm{d}^2s/\mathrm{d}t^2$ 和法向分量 $a_{\mathrm{n}}=v^2/R$ 来求加速度的大小和方向（可用 $\boldsymbol{a}$ 与 $\boldsymbol{v}$ 的夹角 φ 表示），即

$$\left.\begin{aligned} a&=\sqrt{a_{\mathrm{t}}^2+a_{\mathrm{n}}^2}=\sqrt{\left(\frac{\mathrm{d}v}{\mathrm{d}t}\right)^2+\left(\frac{v^2}{R}\right)^2}\\ \varphi&=\arctan\frac{a_{\mathrm{n}}}{a_{\mathrm{t}}}\end{aligned}\right\} \tag{1-36}$$

加速度 $\boldsymbol{a}$ 的方向总是指向圆周的凹侧．当 $a_{\mathrm{t}}=\mathrm{d}v/\mathrm{d}t>0$ 时，速率增快，这时 $\boldsymbol{a}_{\mathrm{t}}$ 与 $\boldsymbol{v}$ 同向，质点做加速圆周运动（见图 1-10a）；当 $a_{\mathrm{t}}=\mathrm{d}v/\mathrm{d}t<0$ 时，速率减慢，这时 $\boldsymbol{a}_{\mathrm{t}}$ 与 $\boldsymbol{v}$ 反向，质点做减速圆周运动，φ 为钝角（$180°<\varphi<90°$）（图 1-10b）．

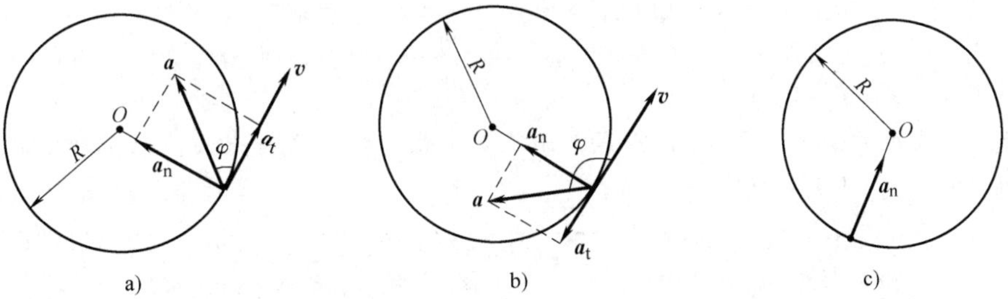

图 1-10　几种圆周运动

a）加速圆周运动　b）减速圆周运动　c）匀速率圆周运动

若质点在圆周运动中的速率 v 不随时间 t 而改变，显而易见，加速度的切向分量 $a_{\mathrm{t}}=\mathrm{d}v/\mathrm{d}t=0$，即 $v=$恒量，这时，质点做**匀速率圆周运动**．由于其速度方向仍在不断地改变，因而 $a_{\mathrm{n}}\neq 0$．按式（1-36），质点做匀速率圆周运动的加速度大小等于法向分量，即

$$a=\frac{v^2}{R} \tag{1-37}$$

方向沿半径、并指向圆心（图 1-10c），故常将这个加速度称为**向心加速度**．

问题 1-15　（1）在变速圆周运动中，切向加速度和法向加速度是如何引起的？加速

度的方向是否向着圆心？为什么？

(2) 在匀速率圆周运动中，速度、加速度两者的大小和方向变不变？

(3) 人体可经受 9 倍的重力加速度. 若飞机在飞行时保持 $770\text{km}\cdot\text{h}^{-1}$ 的速率，则飞机驾驶员沿竖直圆周轨道俯冲时，能够安全地向上转弯的最小半径为多少？(答：$R=519\text{m}$)

思维拓展

1-2 如果细心观察就会发现，即使平原地区的河流也是弯弯曲曲的，可见河流的弯曲并不完全是由地形导致的. 这是什么道理呢？

例题 1-10 一质点沿圆心为 O、半径为 R 的圆周运动，设在 P 点开始计时（即 $t=0$），其路程从 P 点开始用劣弧 $\overset{\frown}{PQ}$ 表示，并令 $\overset{\frown}{PQ}=s$，它随时间变化的规律为 $s=v_0t-bt^2/2$，且 v_0、b 都是正的恒量. 求：(1) 时刻 t 的质点加速度；(2) t 为何值时加速度的大小等于 b？(3) 加速度大小达到 b 值时，质点已沿圆周运行了几圈？

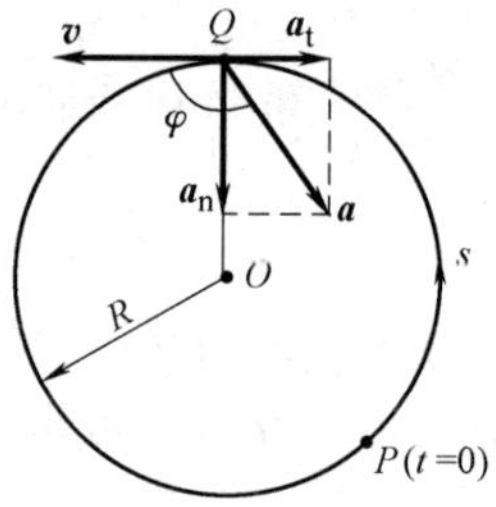

例题 1-10 图

解 (1) 由题设，可得质点的速率为

$$v=\frac{\mathrm{d}s}{\mathrm{d}t}=\frac{\mathrm{d}}{\mathrm{d}t}\left(v_0t-\frac{1}{2}bt^2\right)=v_0-bt$$

可见，质点沿圆周运动的速率 v 随时间 t 而均匀减小，乃是一种匀减速的变速圆周运动. 欲求质点的加速度，需先求加速度的切向分量 a_t 和法向分量 a_n，即

$$a_\mathrm{n}=\frac{v^2}{R}=\frac{(v_0-bt)^2}{R},\qquad a_\mathrm{t}=\frac{\mathrm{d}v}{\mathrm{d}t}=\frac{\mathrm{d}}{\mathrm{d}t}(v_0-bt)=-b$$

上式表明，加速度的法向分量 a_n 随时间 t 而改变. 由以上两式可求质点在 t 时刻的加速度 $\boldsymbol{a}$（见例题 1-10 图），其大小为

$$a=\sqrt{a_\mathrm{t}^2+a_\mathrm{n}^2}=\sqrt{(-b)^2+\left[\frac{(v_0-bt)^2}{R}\right]^2}=\frac{1}{R}\sqrt{R^2b^2+(v_0-bt)^4}$$

如例题 1-10 图所示，其方向与速度所成的夹角

$$\varphi=\arctan\frac{(v_0-bt)^2}{-Rb}$$

(2) 由 (1) 中求得的加速度 $\boldsymbol{a}$ 的大小，根据题设条件，有

$$\frac{1}{R}\sqrt{R^2b^2+(v_0-bt)^4}=b$$

解上式可知，在

$$t=\frac{v_0}{b}$$

时，加速度的大小等于 b.

(3) 由 (1) 中求出的 v 的表达式，按题设可知，在 $t=v_0/b$ 时，$v=0$，可见在 $t=0$ 到 $t=v_0/b$ 这段时间内，v 恒为正值. 因此，质点已转过的圈数 n 为

$$n=\frac{s}{2\pi R}=\frac{v_0\left(\frac{v_0}{b}\right)-\frac{1}{2}b\left(\frac{v_0}{b}\right)^2}{2\pi R}=\frac{v_0^2}{4\pi Rb}$$

讨论　根据已求得的结果不难看出，在 $t=v_0/b$ 时刻，$a_n=0$. 试问这意味着什么？又当 $t>v_0/b$ 时，v 将如何变化？

1.5.2　圆周运动的角量描述

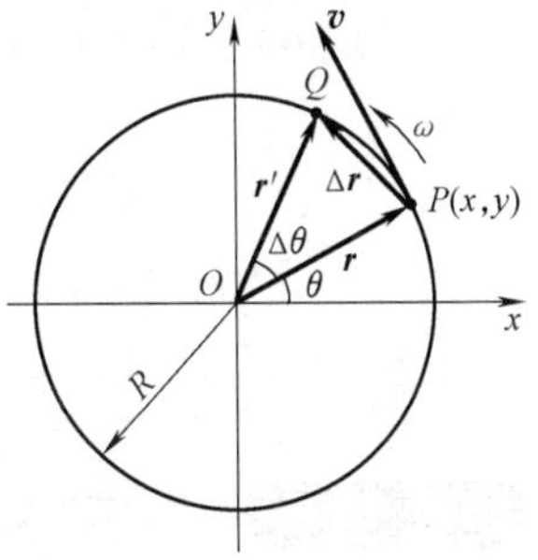

图 1-11　圆周运动的角量描述

如图 1-11 所示，设质点沿半径为 R 的圆周运动，在某时刻 t 位于 P 点，它相对于圆心 O 的位矢为 $\boldsymbol{r}$. 以圆心 O 为原点，取直角坐标系 Oxy，则 P 点的位置坐标为

$$x=R\cos\theta,\quad y=R\sin\theta \tag{1-38}$$

式中，θ 为位矢 $\boldsymbol{r}$ 与 Ox 轴所成的角，且 $|\boldsymbol{r}|=R$ 是给定的. 故由上式可知，只需用 θ 角就可确定质点在圆周上的位置，θ 称为对 O 点的**角坐标**. 当质点沿圆周运动时，角坐标 θ 随时间 t 而改变，其运动函数可表述为 $\theta=\theta(t)$. 在时间 t 到 $t+\Delta t$ 内，位矢 $\boldsymbol{r}$ 转过 $\Delta\theta$ 角，质点到达 Q 点，$\Delta\theta$ 称为对 O 点的**角位移**，令 Δt 趋向于零，取角位移 $\Delta\theta$ 与时间 Δt 之比的极限，此极限称为质点在 t 时刻对 O 点的**瞬时角速度**，简称**角速度**，用 ω 表示，即

$$\omega=\lim_{\Delta t\to 0}\frac{\Delta\theta}{\Delta t}=\frac{\mathrm{d}\theta}{\mathrm{d}t} \tag{1-39}$$

设质点在某一时刻 t 的角速度为 ω，经过时间 Δt 后，角速度变为 ω'. 在 Δt 时间内，角速度的增量为 $\Delta\omega=\omega'-\omega$. 令 Δt 趋近于零，取角速度增量 $\Delta\omega$ 与时间 Δt 之比的极限，此极限称为质点在 t 时刻对 O 点的**瞬时角加速度**，简称**角加速度**，以 α 表示，即

> 质点做圆周运动时，其路程 Δs、位移 $\Delta\boldsymbol{r}$、速度 $\boldsymbol{v}$、加速度 $\boldsymbol{a}$ 统称为**线量**；而把角坐标 θ、角位移 $\Delta\theta$、角速度 ω、角加速度 α 等统称为**角量**.

$$\alpha=\lim_{\Delta t\to 0}\frac{\Delta\omega}{\Delta t}=\frac{\mathrm{d}\omega}{\mathrm{d}t} \tag{1-40}$$

角坐标和角位移的单位是 rad（弧度），角速度和角加速度的单位分别是 $\mathrm{rad\cdot s^{-1}}$（弧度·秒$^{-1}$）和 $\mathrm{rad\cdot s^{-2}}$（弧度·秒$^{-2}$）.

对给定的圆周轨道而言，用上述这些相对于圆心 O 的角量来描述圆周运动，则这些角量都可视作标量. 其大小即为相应标量的绝对值；质点绕圆心的转向可用相应标量的正、负表示. 一般规定：循圆周逆时针转向作为正的转向，各角量与正转向相同时，取正值；反之，取负值.

当 α 与 ω 同号时，两者同向，质点做加速圆周运动；当 α 与 ω 异号时，两者反向，质点做减速圆周运动.

现在，我们来寻求角量与线量之间的关系．由图 1-11 可知，与 $\Delta\theta$ 对应的弧长为 $\widehat{PQ}=\Delta s$，则有

$$\Delta s=R\Delta\theta$$

由此，可得质点速度的大小（速率）v 与角速率 ω 的关系，即

$$v=\lim_{\Delta t\to 0}\frac{\Delta s}{\Delta t}=R\lim_{\Delta t\to 0}\frac{\Delta\theta}{\Delta t}=R\omega \tag{1-41}$$

质点做匀速率圆周运动时，因 v、R 是恒量，所以 ω 也是恒量．也可以说，这时质点对圆心 O 点做**匀角速转动**．

由式（1-40）、式（1-41）可得法向加速度 a_n 和切向加速度 a_t 的角量表示式

$$a_n=\frac{v^2}{R}=\frac{1}{R}(R\omega)^2=R\omega^2 \tag{1-42}$$

和

$$a_t=\frac{dv}{dt}=\frac{d}{dt}(R\omega)=R\frac{d\omega}{dt}=R\alpha \tag{1-43}$$

问题 1-16　一质点做匀变速圆周运动时，对圆心 O 的角加速度 α 为一恒量，试用积分法证明：（1）$\omega=\omega_0+\alpha t$；（2）$\theta=\omega_0 t+\frac{1}{2}\alpha t^2$；（3）$\omega^2=\omega_0^2+2\alpha\theta$，其中 θ、ω、ω_0 分别表示角坐标、角速度和初角速度（即 $t=0$ 时，$\omega=\omega_0$）．并将上述各式与匀变速直线运动的三个公式相比较．

例题 1-11　一质点做圆周运动，其切向加速度与法向加速度的大小恒保持相等．设 θ 为圆周轨道上任意两点的速度 $\boldsymbol{v}_1$ 与 $\boldsymbol{v}_2$ 的夹角，试证：$v_2=v_1e^{\theta}$.

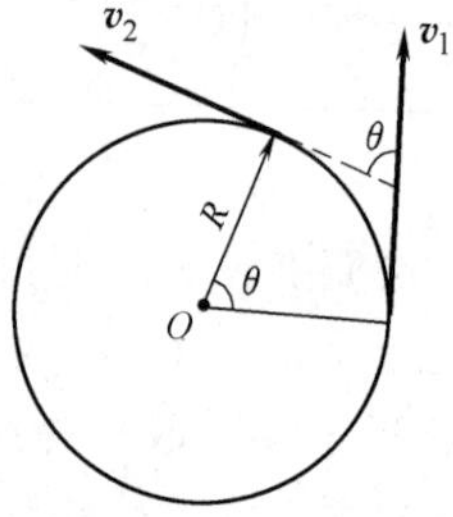

例题 1-11 图

证　设圆周轨道的半径为 R，则按题设，$a_n=a_t$，即

$$R\omega^2=R\alpha$$

为了便于运算，可将角加速度改写成 $\alpha=d\omega/dt=(d\omega/d\theta)(d\theta/dt)=\omega d\omega/d\theta$，并代入上式，化简后，得

$$d\theta=\frac{d\omega}{\omega}$$

再由角量与线量的关系式 $R\omega=v$，上式可化成

$$d\theta=\frac{dv}{v}$$

积分之，有

$$\int_0^{\theta}d\theta=\int_{v_1}^{v_2}\frac{dv}{v}$$

得

$$\theta=\ln\frac{v_2}{v_1}$$

即

$$v_2=v_1e^{\theta}$$

例题 1-12　如例题 1-12 图所示，一直立在地面上的伞形洒水器，其边缘的半径为 $O'O=R$，离地面的高度为 h，当洒水器绕中心的竖直输水管以匀角速 ω 旋转时，求证：从输

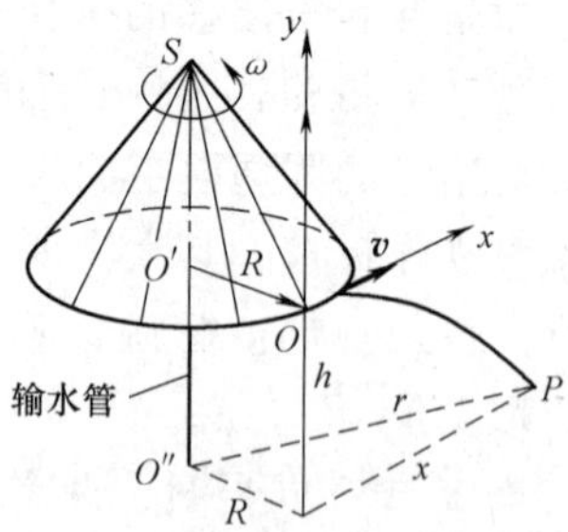

例题 1-12 图

水管顶端 S 喷出的水循圆锥形伞面淌下而沿边缘飞出后，将洒落在地面上半径为 $r=R\sqrt{1+2h\omega^2/g}$ 的圆周上.

证 水滴流到锥面边缘时将以速度 $\boldsymbol{v}$ 水平地沿切向飞出；而一旦脱离边缘，将同时具有竖直向下的重力加速度 $\boldsymbol{g}$. 今取坐标系 Oxy（见图），令 Ox 轴沿离开边缘上 O 点的水滴速度 $\boldsymbol{v}$ 的方向. 按题设，$v=R\omega$，则水滴在落地过程中的运动函数为

$$x=R\omega t,\ y=-\frac{1}{2}gt^2$$

落地时，$y=-h$，由上述后一式得所需时间为

$$t=\sqrt{\frac{2h}{g}}$$

这时

$$x=R\omega\sqrt{\frac{2h}{g}}$$

输水管轴位于地面上的点 O''，它与水滴着地点 P 的距离为

$$r=O''P=\sqrt{R^2+x^2}=\sqrt{R^2+R^2\omega^2(2h/g)}=R\sqrt{1+(2h\omega^2)/g}$$

即水滴落在半径为 r 的圆周上. 倘若 R、h、ω 的大小可以根据需要进行调节，则水滴便可洒落在半径不同的圆周上.

问题拓展

1-2 一张致密光盘，音轨区域的内半径是 $R_1=2.2\text{cm}$，外半径为 $R_2=5.6\text{cm}$. 径向音轨密度为 $N=650$ 条/mm. 在 CD 唱机内，光盘每转一圈，激光头沿径向向外移动一条音轨，激光束相对光盘是以 $v=1.3\text{m/s}$ 的恒定线速度运动的.（1）这张光盘的全部放音时间是多少？（2）激光束到达离盘心 $R=5.0\text{cm}$ 处时，光盘转动的角速度和角加速度各是多少？

本章小结

本章给出了定量描述物体运动的基本物理量，并且讨论了最简单、最基本的几种机械运动，描述了物体的运动规律. 具体思路如下：

首先要建立质点的理想物理模型，创建参考系和坐标系. 然后，引入定量描述物体运动状态的物理量：位矢、位移、速度和加速度.

最后，基于描述质点运动的基本物理量，讨论了直线运动、抛体运动和圆周运动，并介绍了圆周运动的角量描述.

本章主要内容框图：

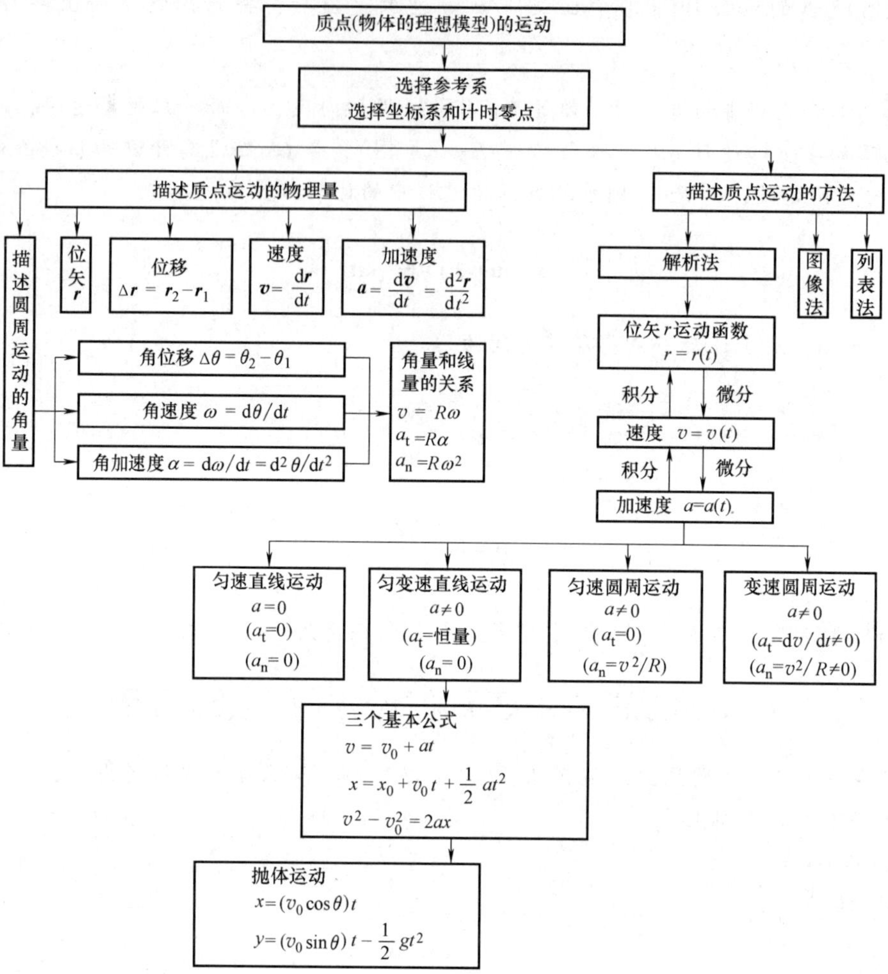

习 题 1

1-1 已知质点的运动函数为 $\boldsymbol{r}=(1-3t)\boldsymbol{i}+(6-t^3)\boldsymbol{j}$(SI)，求：(1) 质点的速度和加速度；(2) 质点在0到2s内的位移和平均速度．[答：(1) $\boldsymbol{v}=(-3\boldsymbol{i}-3t^2\boldsymbol{j})$ (SI)；$\boldsymbol{a}=(-6t\boldsymbol{j})$ (SI)；(2) $\Delta\boldsymbol{r}=(-6\boldsymbol{i}-8\boldsymbol{j})$ (SI)；$\bar{\boldsymbol{v}}=(-3\boldsymbol{i}-5\boldsymbol{j})$ (SI)]

1-2 设质点的运动函数为 $\boldsymbol{r}=5\sin t^2\boldsymbol{i}+5\cos t^2\boldsymbol{j}$，求：(1) 质点的轨道方程；(2) 质点在 t 时刻的速度和加速度．[答：(1) $x^2+y^2=5^2$(SI)；(2) $\boldsymbol{v}=(10t\cos t^2\boldsymbol{i}-10t\sin t^2\boldsymbol{j})$ $(\mathrm{m\cdot s^{-1}})$；$\boldsymbol{a}=[(10\cos t^2\boldsymbol{i}-10\sin t^2\boldsymbol{j})+(-20t^2)(\sin t^2\boldsymbol{i}+\cos t^2\boldsymbol{j})]$ $(\mathrm{m\cdot s^{-2}})$]

1-3 一质点在 Oxy 平面上沿抛物线轨道 $y^2=6x$ (SI) 运动．当质点分别沿 Ox、Oy 轴的速度分量 $v_x=v_y$ 时，求这时质点的位置坐标．(答：$x=1.5\mathrm{m}$，$y=3\mathrm{m}$)

1-4 沿直线运动的物体，其速度大小与时间成反比．求证：其加速度的大小与速度大小的二次方成正比．

1-5 悬挂在弹簧下端的一个小球，沿竖直轴 Ox 的运动函数为 $x=3\sin\left(\frac{\pi}{6}t\right)$（式中，$x$ 以cm为单位，t 以s为单位)．(1) 在什么时刻，$x=0$？(2) 在何时，小球离 $x=0$ 处为最远？这时，小球的速度为多大？

(3) 加速度的大小在何处最大？何处最小？(4) 绘出 x-t 图、v-t 图、a-t 图．［答：(2) 3s，9s，15s，…］

1-6 一质点从原点 O 以初速 v_0 沿 Ox 轴正向运动，加速度与速度成正比，且方向相反，即 $a=-kv$，k 为恒量．求证：其运动函数为 $x=(v_0/k)(1-e^{-kt})$．

1-7 一机床的部件沿直轨道运动的速度 v 和位移 x 的关系曲线可借实验仪器测绘出来，如习题 1-7 图所示．试用图解法近似地求出它在 $x=3\text{cm}$ 时的加速度 a_1 和速度 $v=10\text{cm}\cdot\text{s}^{-1}$ 时的加速度 a_2．（答：$a_1=v\text{d}v/\text{d}x=-48.05\text{cm}\cdot\text{s}^{-2}$，$a_2=-35.6\text{cm}\cdot\text{s}^{-2}$）

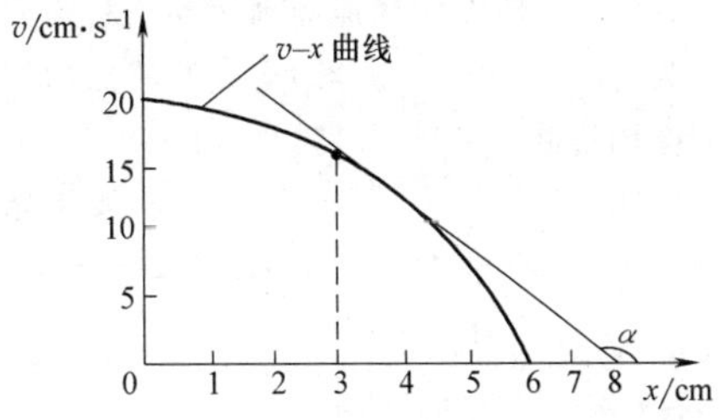

习题 1-7 图

1-8 湖中行驶的小艇，在发动机关闭后，做直线减速运动，其加速度 a 与速度 v 的二次方成正比，即 $a=-kv^2$（负号表示 a 与 v 反向），(比例系数 k 为一恒量)，并设发动机关闭时的速度为 v_0．求：(1) 在发动机关闭后的 t 时刻的速度；(2) 在发动机关闭后的时间 t 内行驶的距离；(3) 在发动机关闭后行驶 x 距离时的速度．［答：(1) $v=[(1/v_0)+kt]^{-1}$；(2) $x=\dfrac{1}{k}\ln(v_0kt+1)$；(3) $v=v_0e^{-kx}$］

1-9 如习题 1-9 图所示，小球 A 以速度 $v=1\text{m}\cdot\text{s}^{-1}$ 沿倾角为 30°的斜面匀速下滑，斜面以匀速 $v'=3\text{m}\cdot\text{s}^{-1}$ 向右沿平地做直线运动．开始时小球 A 在斜面顶端，经过 4s 后，求小球 A 相对于地面的位移大小．（答：$|\boldsymbol{r}|=15.59\text{m}$）

1-10 如习题 1-10 图所示，岸边有人用长 $l=40\text{m}$ 的绳，跨过湖面上方高度为 $h=20\text{m}$ 处的定滑轮，拉动湖中的小船靠岸．当绳以恒定的速度 $v_0=3\text{m}\cdot\text{s}^{-1}$ 通过滑轮时，求第 5s 末的小船速度 v；并问船是否以匀速靠岸？(提示：$v\neq v_0$) ［答：$\boldsymbol{v}=(-5\text{m}\cdot\text{s}^{-1})\boldsymbol{i}$］

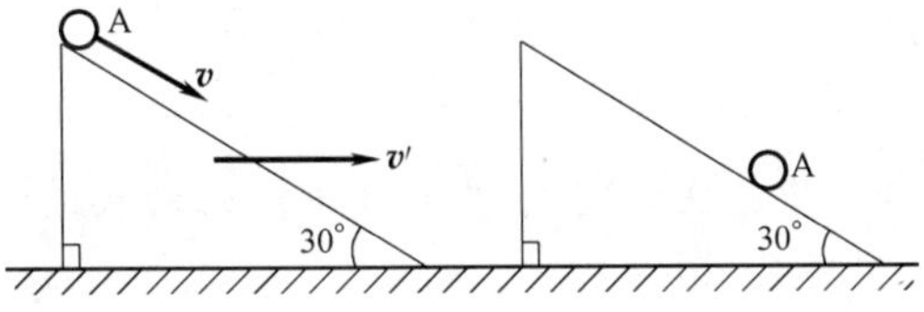

习题 1-9 图

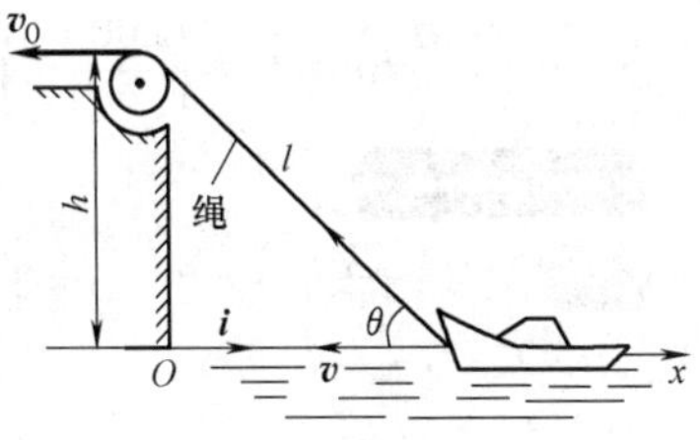

习题 1-10 图

1-11 一长为 l 的细棒用一条细绳竖直悬挂，离棒下端 l 处正下方有一长为 l 的竖直圆管．将绳剪断后，棒恰好从管内穿过．求棒穿过管内所需的时间．［答：$(\sqrt{6}-\sqrt{2})\sqrt{l/g}$］

1-12 一乘客坐在以匀速 $v_1=40\text{km}\cdot\text{h}^{-1}$ 行驶于平直轨道上的火车车厢里，看到与之平行的轨道上迎面驶来的列车从其身旁驶过，已知列车全长 $l=150\text{m}$，以匀速 $v_2=35\text{km}\cdot\text{h}^{-1}$ 行驶．求此乘客看到列车经过他身旁的时间有多长？(答：7.2s)

1-13 在抗洪救灾时，停在空中的直升飞机向下投抛救灾物资袋，其运动函数近似地可表示为 $y=50(t+5e^{-0.2t})-230$ (SI)．求物资袋降落 10s 时的速度和加速度．［答：$50(1-e^{-0.2t})\text{m}\cdot\text{s}^{-1}$，$10e^{-0.2t}\text{m}\cdot\text{s}^{-1}$］

1-14 一小车沿平直轨道运动，沿轨道取 Ox 轴，小车的运动函数为 $x=3t-t^2$ (SI)．求小车在 $t=1\text{s}$ 到 2s 内的位移和路程．(答：$\Delta x=0$，$\Delta s=0.5\text{m}$)

1-15 从平地上斜抛一颗石子，其射高 h 与射程 H 相等，求抛射角 θ．(答：76°)

1-16 如习题 1-16 图所示，在平地上 O 点以仰角 α 发射一颗炮弹，初速为 $v_0=260\text{m}\cdot\text{s}^{-1}$，不计空气阻力，求击中山顶上一个军事目标 B 所需的炮弹飞行时间．已知山顶的高度为 600m，与发射处 O 相距

4000m.（答：47.26s 或 17.33s）

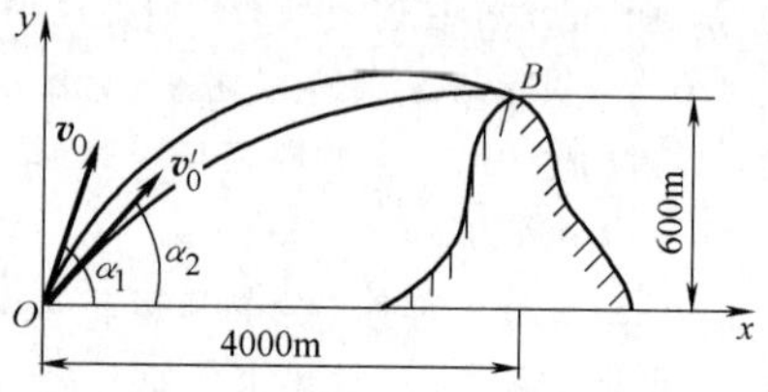

习题 1-16 图

1-17 一质点做变速圆周运动，其路程 s 随时间 t 的变化规律为 $s=t^3+3t$（SI）；当 $t=2s$ 时质点的加速度为 $15m \cdot s^{-2}$. 求此圆周轨道的半径.（答：$R=25m$）

1-18 设电风扇叶片尖端的切向加速度为法向加速度的 3 倍. 求：当风扇转速由 ω_0 转变到 ω 时所需的时间 t. $\left[\text{答：} t=\frac{1}{3}\left(\frac{1}{\omega_0}-\frac{1}{\omega}\right)\right]$

1-19 一汽车通过半径 $R=400m$ 的一段圆弧形弯道，已知汽车的切向加速度 $a_t=0.25m \cdot s^{-2}$，求当汽车拐弯时速度大小为 $v=36km \cdot h^{-1}$ 的这一瞬间，它的法向加速度和总加速度.（答：$a_n=0.25m \cdot s^{-2}$；$a=0.35m \cdot s^{-2}$，$\varphi=45°$）

1-20 一质点沿半径为 0.1m 的圆周运动，其角坐标 θ 与时间 t 的关系为 $\theta=2+4t^3$（SI）. 求：（1）$t=2s$ 时质点的法向加速度和切向加速度；（2）当角坐标 θ 多大时，质点的加速度与半径成 45°角？［答：（1）$230.4m \cdot s^{-2}$，$4.8m \cdot s^{-2}$；（2）2.67rad］

本章“问题”选解

问题 1-3（2）

解 如问题 1-3（2）解答图所示，汽车的路程为

$$s=\overline{OB}+\overline{BC}=2000m+(2000/2)m=3000m$$

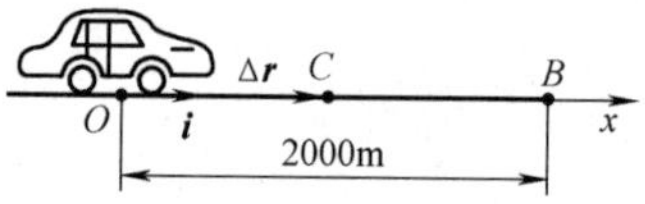

问题 1-3（2）解答图

汽车的位移为

$$\Delta r=\overrightarrow{OC}=\left(\frac{2000}{2}m\right)\boldsymbol{i}=(1000m)\boldsymbol{i}$$

问题 1-4

解 按题设，$x=2t$，$y=3-8t^2$（SI），从这两式中消去时间 t，即得小艇运动的轨道方程为 $y=3-2x^2$

即小艇在坐标系 Oxy 中沿一条抛物线轨道在运动.

问题 1-5

解 按题设 $\boldsymbol{r}=(\cos\pi t)\ \boldsymbol{i}+(\sin\pi t)\ \boldsymbol{j}$，从中消去时间参量 t 得

$$x^2+y^2=1 \quad (SI)$$

即滚珠在竖直平面内绕位于坐标系原点 O 做半径为 $R=1m$ 的圆圆运动.

当 $t_0=0$ 时，$\boldsymbol{r}_0=\boldsymbol{i}$；$t_1=1s$ 时，$\boldsymbol{r}_1=-\boldsymbol{i}$，则在 $t_0=0$ 到 $t_1=1s$ 之间滚珠的位移为

$$\Delta\boldsymbol{r}=\boldsymbol{r}_1-\boldsymbol{r}_0=(-1m)\boldsymbol{i}-(1m)\boldsymbol{i}=(-2m)\boldsymbol{i}$$

问题 1-6（2）

答 正确说法应是：汽车的速率可达 $110km \cdot h^{-1}$；而它的速度应是向东以 $75km \cdot h^{-1}$ 行驶.

问题 1-6（3）

答 按定义，有

$$|\boldsymbol{v}|=(v_x^2+v_y^2)^{1/2}=[(dx/dt)^2+(dy/dt)^2]^{1/2}$$

$$v=\frac{ds}{dt}=\left(\frac{1}{dt}\right)[(dx)^2+(dy)^2]^{1/2}=\left[\left(\frac{dx}{dt}\right)^2+\left(\frac{dy}{dt}\right)^2\right]^{1/2}$$

$$|\bar{\boldsymbol{v}}|=\left|\frac{\Delta \boldsymbol{r}}{\Delta t}\right|=\frac{1}{\Delta t}[(\Delta x)^2+(\Delta y)^2]^{1/2}=\left[\left(\frac{\Delta x}{\Delta t}\right)^2+\left(\frac{\Delta y}{\Delta t}\right)^2\right]^{1/2}\neq\frac{\Delta s}{\Delta t}=\bar{v}$$

所以 $|\boldsymbol{v}|=v$，$|\bar{\boldsymbol{v}}|\neq\bar{v}$. 应选 C.

问题 1-7

解 (1) 沿路面取 Ox 轴向右为正方向，如问题 1-7 (1) 解答图所示，设 A、B、C 三车在地面的实际速度（即绝对速度）分别为 $\boldsymbol{v}_A$、$\boldsymbol{v}_B$ 和 $\boldsymbol{v}_C$，以 B 车为运动参考系，即 v_B 为牵连速率，按相对运动的速度合成公式，对 A 车和 C 车，分别有

$$\boldsymbol{v}_A=\boldsymbol{v}_B+\boldsymbol{v}_{AB},\ -\boldsymbol{v}_C=\boldsymbol{v}_B+\boldsymbol{v}_{CB}$$

$\boldsymbol{v}_{AB}$ 为 A 车相对于 B 车的速度，$\boldsymbol{v}_{CB}$ 为 C 车相对 B 车的速度. 因而

$$v_{AB}=v_A-v_B<v_A,\ v_{CB}=-v_C-v_B>-v_C$$

所以 B 车中的人看到后面的 A 车变慢，迎面驶来的 C 车变快（沿 Ox 轴反向）.

(2) 在车上的人看到此球做竖直的自由落体运动；在地面上的人看到此球向东做平抛运动，读者可自行解释.

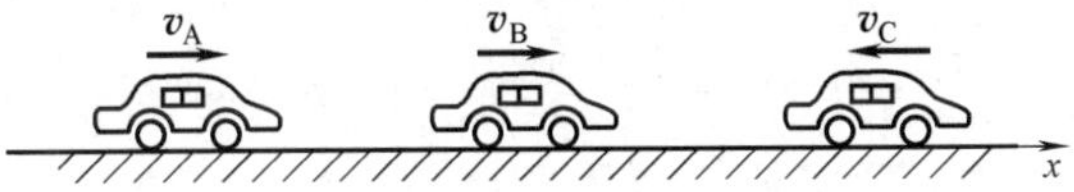

问题 1-7 (1) 解答图

又如问题 1-7 (2) 解答图所示，以地面为基本参考系，观察到雨滴竖直下落的速度 $\boldsymbol{v}$ 为绝对速度，以火车为运动参考系，设它沿水平轨道向西运动，其速度 $\boldsymbol{v}_0$ 为牵连速度，则坐在车中的人观察到雨点相对于火车的速度，即为相对速度 $\boldsymbol{v}_r$，按速度合成定理的表达式

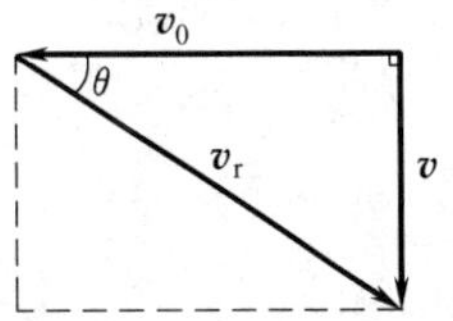

问题 1-7 (2) 解答图

$$\boldsymbol{v}=\boldsymbol{v}_0+\boldsymbol{v}_r$$

作矢量图，如问题 1-7 (2) 解答图所示，可见雨滴是向后以倾斜角 $\theta=\arctan\dfrac{v}{v_0}$ 洒落在车窗上的.

问题 1-8

答 (1) $d\boldsymbol{v}/dt$ 是速度矢量 $\boldsymbol{v}$ 对时间 t 的变化率，定义为加速度 $\boldsymbol{a}$，即 $\boldsymbol{a}=d\boldsymbol{v}/dt$；而 dv/dt 是速率 v（即速度大小）对时间 t 的变化率.

(2) 若某一时刻的物体速度 $\boldsymbol{v}=\boldsymbol{0}$，其加速度 $\boldsymbol{a}=d\boldsymbol{v}/dt$ 不一定为零. 例如，竖直上抛的物体到达最高点时，$\boldsymbol{v}=\boldsymbol{0}$，但 $\boldsymbol{a}=-\boldsymbol{g}\neq\boldsymbol{0}$（$\boldsymbol{a}$ 的方向竖直向下）.

若加速度为零，即 $\boldsymbol{a}=d\boldsymbol{v}/dt=\boldsymbol{0}$，则 $\boldsymbol{v}$ 为恒量，即 $\boldsymbol{v}$ 不一定为零，若 $\boldsymbol{v}\neq\boldsymbol{0}$，物体做匀速直线运动；若 $\boldsymbol{v}=\boldsymbol{0}$，物体保持静止.

若物体的速度 $\boldsymbol{v}$ 很大，它的变化率 $d\boldsymbol{v}/dt$ 不见得很大. 例如，一物体高速运动时，如果运动过程中 $\boldsymbol{v}$ 改变很小，接近匀速运动情况，则其加速度 $\boldsymbol{a}$ 是很小的.

若物体的加速度 $\boldsymbol{a}$ 很大，速度 $\boldsymbol{v}$ 不一定很大. 例如，一个做初速为零的匀加速直线运动

的物体，由$\boldsymbol{v}=\boldsymbol{a}t$ 可知，即使它有很大的加速度，但如果运动的时间很短，则$\boldsymbol{v}$ 不一定很大，只有当运动的时间足够长，它的速度才能达到很大的值.

问题 1-9

答 (A)，(B)，(D).

问题 1-10 (2)

答 物体在静止时，速度大小 $v=0$，加速度大小 $a=0$. 物体做匀速直线运动时，速度大小 v= 恒量，加速度大小 $a=\mathrm{d}v/\mathrm{d}t=0$.

问题 1-11

答 在问题 1-11 解答图 a、b 中，质点的速度$\boldsymbol{v}$ 的方向（即运动方向）皆沿 Ox 轴负向. 在问题 1-11 图 a 中的加速度 $\boldsymbol{a}$ 与速度$\boldsymbol{v}$ 同方向，故沿 Ox 轴负向做加速直线运动，在问题 1-11 解答图 b 中，加速度 $\boldsymbol{a}$ 与速度$\boldsymbol{v}$ 反向，故沿 Ox 轴负向做减速直线运动.

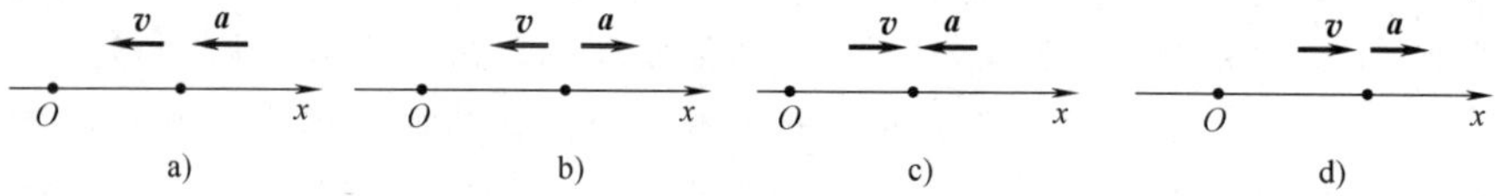

问题 1-11 解答图

在问题 1-11 解答图 c、d 中，速度$\boldsymbol{v}$ 的方向（即运动方向）皆沿 Ox 轴正向. 在问题 1-11 图 c 中，$\boldsymbol{v}$ 与 $\boldsymbol{a}$ 反向，即沿 Ox 轴正向做减速直线运动；在问题 1-11 图 d 中，$\boldsymbol{v}$ 与 $\boldsymbol{a}$ 同向，即沿 Ox 轴正向做加速直线运动.

问题 1-12

解 已知木块的运动函数为

$$x=4t^2\mathrm{m}$$

其速度为
$$v=\frac{\mathrm{d}x}{\mathrm{d}t}=\frac{\mathrm{d}}{\mathrm{d}t}(4t^2)=8t\mathrm{m}\cdot\mathrm{s}^{-1}$$

其加速度为
$$a=\frac{\mathrm{d}v}{\mathrm{d}t}=\frac{\mathrm{d}}{\mathrm{d}t}(8t)=8\mathrm{m}\cdot\mathrm{s}^{-2}$$

按上述三式分别绘出 x-t 图、v-t 图和 a-t 图，如问题 1-12 解答图所示，其中，x-t 图是通过原点 O、且位于第一象限的一条抛物线；v-t 图是通过原点 O 的一条斜率为 $a=\mathrm{d}v/\mathrm{d}t=8\mathrm{m}\cdot\mathrm{s}^{-2}$= 恒量的一条斜线；$a$-$t$ 图是平行于 t 轴、且位于 t 轴上方（因 $a>0$）的一条直线.

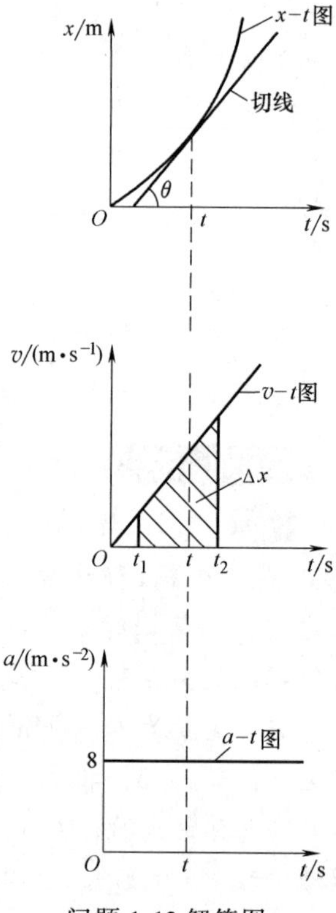

问题 1-12 解答图

说明 从本题不难看出，在质点的直线运动中，根据导数的几何意义，按速度定义式 $v=\mathrm{d}x/\mathrm{d}t$，$v$-$t$ 图线上任一时刻 t 的速度 v，乃等于 x-t 图线上相应于该时刻的切线斜率；按加速度定义式 $a=\mathrm{d}v/\mathrm{d}t$，$a$-$t$ 图线上任一时刻 t 的加速度 a 等于 v-t 图线上相应于该时刻的切线斜率. 因此，根据 x-t 图线上各点的切线斜率可以绘制出 v-t 图；根据 v-t 图上各点的切线斜率可以绘制出 a-t 图.

根据定积分的概念，我们尚可借 v-t 图求出质点在一段时间

$[t_1, t_2]$ 内的位移，其值为 v-t 图线与 t 轴在区间 $[t_1, t_2]$ 内所围的面积（见问题 1-12 解答图），即

$$\Delta x = x_2 - x_1 = \int_{t_1}^{t_2} v(t)\,\mathrm{d}t$$

由此，还可求平均速度，即

$$\bar{v} = \frac{\Delta x}{\Delta t} = \frac{1}{t_2 - t_1}\int_{t_1}^{t_2} v(t)\,\mathrm{d}t$$

问题 1-13（2）

解 如问题 1-13（2）解答图所示，取入射孔 S 为原点 O 的直角坐标系 Oxy，则由平抛运动的轨道方程，有

$$y = -\frac{1}{2}\left(\frac{g}{v^2}\right)x^2$$

以 $y=-l$，$x=d$ 代入，得子弹的速度大小为

$$v = \sqrt{\frac{gd^2}{2l}}$$

因而，测定 l 和 d 的值，就可算出子弹的速度大小.

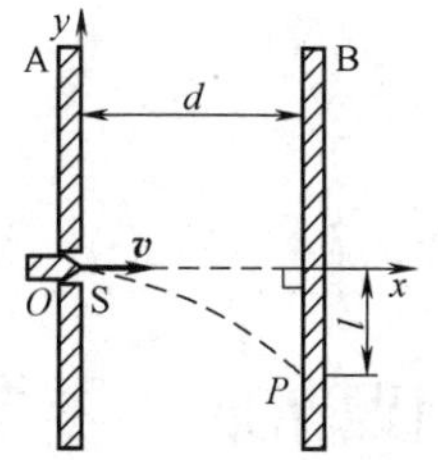

问题 1-13（2）解答图

问题 1-14

证
$$\tan\alpha = \frac{y}{x} = \frac{(v_0\sin\theta)t - \frac{1}{2}gt^2}{(v_0\cos\theta)t} = \tan\theta - \frac{gt}{2v_0\cos\theta} \quad ⓐ$$

$$\tan\beta = \frac{v_y}{v_x} = \frac{v_0\sin\theta - gt}{v_0\cos\theta} = \tan\theta - \frac{gt}{v_0\cos\theta} \quad ⓑ$$

式ⓐ×2−式ⓑ，得

$$2\tan\alpha - \tan\beta = \tan\theta$$

问题 1-15（3）

解 如问题 1-15（3）解答图所示，飞机在竖直平面内做匀速率圆周运动，它只受向心加速度，而其值最大为 $9g = 9\times 9.8\mathrm{m\cdot s^{-2}}$，则有

$$\frac{v^2}{R} = 9g$$

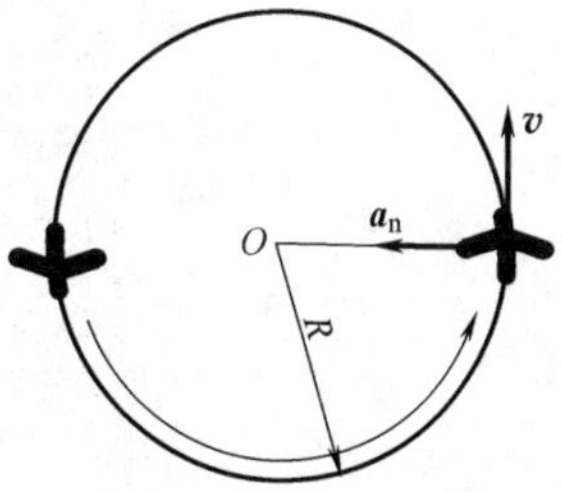

问题 1-15（3）解答图

由此得飞机沿圆周轨道俯冲时的最小半径为

$$R_{\min} = \frac{v^2}{9g} = \frac{(770\times 10^3/3600)^2}{9\times 9.8}\mathrm{m} = 519\mathrm{m}$$

问题 1-16

证 （1）按角加速度定义，$\alpha = \mathrm{d}\omega/\mathrm{d}t$，则由此积分，有

$$\int_{\omega_0}^{\omega}\mathrm{d}\omega = \int_0^t \alpha\,\mathrm{d}t$$

即得
$$\omega = \omega_0 + \alpha t \quad ⓐ$$

（2）又按角速度定义，$\omega = \mathrm{d}\theta/\mathrm{d}t$，积分之，

$$\int_0^t \omega \mathrm{d}t = \int_0^\theta \mathrm{d}\theta$$

将式ⓐ代入，并积分上式，得

$$\theta = \omega_0 t + \frac{1}{2}\alpha t^2 \tag{ⓑ}$$

（3）由 $\alpha = \mathrm{d}\omega/\mathrm{d}t = (\mathrm{d}\omega/\mathrm{d}\theta)(\mathrm{d}\theta/\mathrm{d}t) = \omega\mathrm{d}\omega/\mathrm{d}\theta$，即 $\alpha\mathrm{d}\theta = \omega\mathrm{d}\omega$，积分之

$$\int_0^\theta \alpha \mathrm{d}\theta = \int_{\omega_0}^\omega \omega \mathrm{d}\omega$$

得

$$\omega^2 - \omega_0^2 = 2\alpha\theta \tag{ⓒ}$$

读者试自行将式ⓐ、式ⓑ、式ⓒ与匀变速直线运动的三个公式相比较.

“问题拓展”参考答案

1-1

解 如问题拓展 1-1 解答图所示，由题给条件可知速度分量：$v_x(0) = 4.1\mathrm{m/s}$，$v_y(0) = -1.1\mathrm{m/s}$；加速度分量：$a_x = a\cos\theta$，$a_y = a\sin\theta$. 由图知 $\theta = 15°$.

根据加速度的定义式（1-21）：$\boldsymbol{a} = \dfrac{\mathrm{d}\boldsymbol{v}}{\mathrm{d}t}$可得

$$\boldsymbol{a} = \frac{\mathrm{d}\boldsymbol{v}}{\mathrm{d}t} = a_x\boldsymbol{i} + a_y\boldsymbol{j} = \frac{\mathrm{d}v_x}{\mathrm{d}t}\boldsymbol{i} + \frac{\mathrm{d}v_y}{\mathrm{d}t}\boldsymbol{j}$$

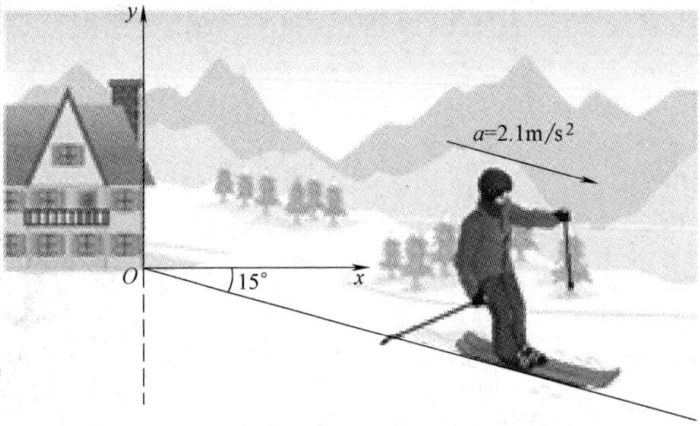

问题拓展 1-1 解答图

进而得到：

$$a_x = \frac{\mathrm{d}v_x}{\mathrm{d}t},\ a_y = \frac{\mathrm{d}v_y}{\mathrm{d}t}$$

分别对上式积分即可得到速度的 x 分量和 y 分量随时间的变化关系

$$v_x(t) = \int_0^t a_x \mathrm{d}t + v_x(0) = \int_0^t a\cos\theta \mathrm{d}t + v_x(0) = 2.0t + 4.1\ (\mathrm{m/s})$$

$$v_y(t) = \int_0^t a_y \mathrm{d}t + v_y(0) = -\int_0^t a\sin\theta \mathrm{d}t + v_y(0) = -0.54t - 1.1\ (\mathrm{m/s})$$

同理，根据速度的定义式（1-13）：$\boldsymbol{v}=\frac{\mathrm{d}\boldsymbol{r}}{\mathrm{d}t}$可得

$$\boldsymbol{v}=\frac{\mathrm{d}\boldsymbol{r}}{\mathrm{d}t}=v_x\boldsymbol{i}+v_y\boldsymbol{j}=\frac{\mathrm{d}x}{\mathrm{d}t}\boldsymbol{i}+\frac{\mathrm{d}y}{\mathrm{d}t}\boldsymbol{j}$$

进而得到

$$v_x=\frac{\mathrm{d}x}{\mathrm{d}t},\ v_y=\frac{\mathrm{d}y}{\mathrm{d}t}$$

分别对上式积分即可得到位置矢量的 x 分量和 y 分量随时间的变化关系

$$x(t)=\int_0^t v_x\mathrm{d}t+x(0)=\int_0^t(2.0t+4.1)\mathrm{d}t+x(0)=t^2+4.1t+75.0\ (\mathrm{m})$$

$$y(t)=\int_0^t v_y\mathrm{d}t+y(0)=\int_0^t(-0.54t-1.1)\mathrm{d}t+y(0)=-0.27t^2-1.1t+50.0\ (\mathrm{m})$$

1-2

答　(1) 如问题拓展1-2解答图所示，由题给条件可知光盘音轨区域的内半径 $R_1=2.2\mathrm{cm}=22\mathrm{mm}$，外半径 $R_2=5.6\mathrm{cm}=56\mathrm{mm}$；径向音轨密度为 $N=650$ 条/mm.

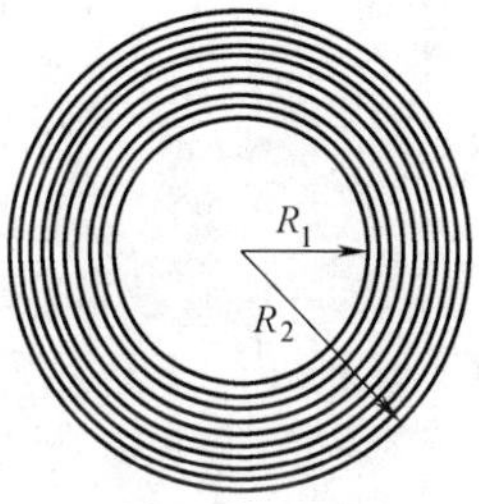

问题拓展1-2解答图

已知光盘每转一圈，激光头沿径向向外移动一条音轨，所以光盘上音轨总长度为

$$L=\int_{R_1}^{R_2}2\pi rN\mathrm{d}r=2\pi N\int_{R_1}^{R_2}r\mathrm{d}r=\pi Nr^2\Big|_{22}^{56}$$
$$=5415477.4\mathrm{mm}=5415.5\mathrm{m}$$

又知激光束相对光盘是以恒定线速度 $v=1.3\mathrm{m/s}$ 运动，因此全部放音时间

$$t=\frac{L}{v}=\frac{5415.5\mathrm{m}}{1.3\mathrm{m/s}}=4165.8\mathrm{s}=69.4\mathrm{min}$$

(2) 根据式（1-41），可得到角速度

$$\omega=\frac{v}{R}=\frac{1.3\mathrm{m/s}}{5\times10^{-2}\mathrm{m}}=26\mathrm{rad/s}$$

根据式（1-40），可得到角加速度

$$\alpha=\frac{\mathrm{d}\omega}{\mathrm{d}t}=\frac{\mathrm{d}\left(\frac{v}{R}\right)}{\mathrm{d}t}=\frac{\frac{\mathrm{d}v}{\mathrm{d}t}R-\frac{\mathrm{d}R}{\mathrm{d}t}v}{R^2}=-\frac{v}{R^2}\frac{\mathrm{d}R}{\mathrm{d}t}=-\frac{v}{R^2}\frac{1/N}{2\pi/\omega}$$
$$=-\frac{v}{R^2}\frac{\omega}{2\pi N}=-\frac{1.3\mathrm{m/s}}{(5\times10^{-2})^2\mathrm{m}^2}\times\frac{26\mathrm{rad/s}}{2\pi\times650\times10^3/\mathrm{m}}=-3.31\times10^{-3}\mathrm{rad/s^2}$$

“思维拓展”参考答案

1-1

答　因为水龙头中流出的水在重力作用下做落体运动，速度会越来越快. 而每一高度上的横截面上单位时间通过的水量总是相等的，所以越往下，水下落的速度越快，水流就

越细.

1-2

答 假设河流本来是直的，然而自然界存在某些偶然因素（例如土质的松软程度不同），会使河流变得稍微弯曲. 在此稍微弯曲的河道，河水做曲线运动，加速度方向总指向曲线的凹侧，因此河水总是受到凸侧岸的作用力，也就是说河水冲刷凸侧岸总是更加厉害. 河流会变得越来越弯，久而久之，便形成人们看到的弯曲的河道.

第2章 质点动力学

章前问题?

设想你在太空，远离所有天体，所以引力可以忽略不计. 你面前有两块大小、形状完全相同的金属，一块是铝、一块是铅. 如何区分它们? 请设计一种方法确定它们各自是什么.

再考虑轮船甲板上用来拉拽绳索的绞盘的工作原理? 如上图所示，绞盘是竖直安装在轮船甲板上用来拉拽绳索的机械装置. 上图是早期绞盘的图片. 它的最简单的一种使用形式如下图所示. 假设倾斜平面上有一重物 M，在重力的作用下下滑，用一固定在重物上的绳索，通过在铁柱上缠绕几圈，就可以把很重的重物用很小的力 $\boldsymbol{F}$ 拽住. 它的原理是什么呢?

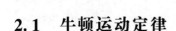

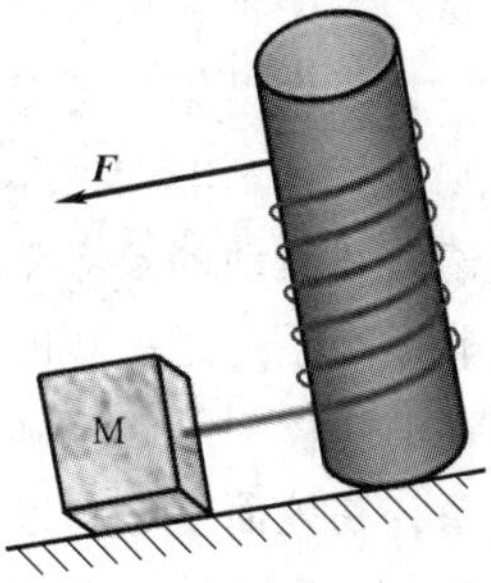

要弄清上述问题，必须先了解质点所遵从的动力学规律，即质点动力学.

上一章从几何观点描述了质点的运动，但并未涉及引起运动和运动改变的原因. 质点动力学则是研究物体（可视作质点）之间相互作用，以及这种相互作用和物体本身属性两者所引起的物体运动状态的改变.

1687 年，英国物理学家牛顿（Newton，1642—1727）分析概括了意大利科学家伽利略（Galileo，1564—1642）等人对力学的研究成果，又根据本人的实验和观察，奠定了动力学的基础. 尔后，经过许多科学家的努力，把质点动力学的基本规律总结成三条定律，总称为**牛顿运动定律**. 在此基础上，从宏观上可进一步推导出许多力学规律，从而形成了一个完整的理论体系，通常称为**牛顿力学**或**经典力学**.

2.1 牛顿运动定律

2.1.1 牛顿第一定律

牛顿第一定律的表述：**任何物体都保持静止或匀速直线运动状态，直至其他物体所作用**

的力迫使它改变这种状态为止.

（1）这条定律表明，物体在不受外力作用时，保持静止状态或匀速直线运动状态. 可见，保持静止状态或匀速直线运动状态必然是物体自身某种固有性质的反映. 这种性质称为物体的**惯性**.

物体仅在惯性支配下所做的匀速直线运动，叫作**惯性运动**. 无论是静止或匀速直线运动状态，都意味着速度$\boldsymbol{v}$是恒矢量，即其大小和方向皆不变，或者说没有加速度. 牛顿第一定律也称为**惯性定律**，可表示为

$$\boldsymbol{v}=\text{恒矢量} \tag{2-1}$$

（2）人们不禁要问：惯性运动究竟是相对于哪个参考系而言的？这个参考系是否像运动学中那样可以任意选取？

事实上，牛顿第一定律是一条经验定律，它的正确性是以地面上观察到的大量实验事实为依据的. 因此，定律中所说的静止或匀速直线运动显然皆相对于地面而言的. 亦即，选地球为参考系，牛顿第一定律所表述的结论可以认为是正确的. 例如，当汽车紧急制动时，静坐在车中的乘客会向前倾倒. 站在地面上的观察者（即以地面为参考系）认为，在未制动前，乘客随着汽车以相同的速度前进；在紧急制动时，乘客由于惯性还保持着自己原来的运动状态，但汽车已减速，因而乘客的上半身向前倾倒. 这一例子以及许多事实都表明，物体相对于地面的运动表现出惯性，牛顿第一定律成立.

但是，若以汽车为参考系，坐着的乘客相对于汽车原是静止的，在汽车紧急制动时，乘客突然前倾，故乘客相对于汽车并不保持静止状态，亦即并不表现出惯性. 也就是说，以紧急制动的汽车为参考系，乘客的运动并不服从牛顿第一定律. 可见，牛顿第一定律并非在任何参考系中都适用.

如果牛顿第一定律在某个参考系中适用，则这种参考系称为**惯性参考系**，简称**惯性系**；否则，就称为**非惯性参考系**，简称**非惯性系**. 观察和理论指出，**凡是相对于惯性系静止或做匀速直线运动的参考系也都是惯性系**. 反之，相对于任一惯性系做加速运动的参考系，一定是非惯性系. 进一步的实验发现，**地球仅是一个近似的惯性系**；不过实践表明，相对于地球运动的物体都足够精确地遵守牛顿第一定律. 因此，**地球或静止在地面上的物体都可看作惯性系，在地面上做匀速直线运动的物体也可看作惯性系**. 我们平常观察和研究物体运动时，大都是立足于地面上的，实际上是以地球作为参考系. 因此，应用牛顿第一定律所得的结果总是近似正确的.

（3）若物体相对于惯性系不保持静止，也不做匀速直线运动，则牛顿第一定律断言，物体必受到力的作用. 因此，牛顿第一定律在惯性系概念业已建立的基础上，定性地提出了力的定义：**力是物体在惯性系中运动状态发生变化的一个原因.**

至于什么叫作“没有力的作用”？这是经验事实的理想化，事实上，自然界不存在不受任何力作用的物体. 然而迄今为止，人们发现所有的力都是随着物体间距离的增大而衰减的. 因而，不妨认为，远离其他物体的**孤立物体**是不受力作用的. 所以，上述这种理想化与实际情况没有抵触.

（4）牛顿第一定律中的物体都是指质点，不能视作质点的物体是不符合这个定律的. 例如一个转动的砂轮，纵然不受外界驱动作用，它也将不断地匀速转动，而绝不会处于静止

或匀速直线运动状态.

(5) 总而言之，牛顿第一定律仅定性地指出在惯性系中力与质点运动状态改变的关系.

2.1.2　牛顿第二定律

牛顿第二定律在牛顿第一定律的基础上，进一步说明物体在外力作用下运动状态的改变情况，并给出力、质量（惯性的量度）和加速度三者之间的定量关系. 现在，我们将根据实验结果归纳出第二定律的内容.

(1) 加速度与力的关系：通常，力的大小可用测力计（例如弹簧秤）测定. 若用**不同大小的力**相继作用于任一物体，实验证明：同一物体所获得的加速度 a 的大小与它所受外力 F 的大小成正比，加速度的方向与外力作用的方向一致，即

$$a \propto F \tag{ⓐ}$$

(2) 加速度与质量的关系：如果我们用各种**不同物体**来做实验，将会发现，在相同的外力作用下，惯性越大的物体越不容易改变其原有的运动状态，其加速度越小. 量度惯性大小的量，称为物体的**惯性质量**，简称**质量**，以 m 表示. 在国际单位制中，质量是基本量，它的单位是 kg（千克）. 实验证明：在**相等的外力**作用下，各物体获得的加速度的大小与它自身的质量成反比，即

> 切莫把质量误解为"物质的量". 应当指出，当前在 SI 中，"物质的量"是七个基本物理量之一，其单位是 mol（摩尔）.

$$a \propto \frac{1}{m} \tag{ⓑ}$$

(3) 把式ⓐ、式ⓑ合并，可得关系式 $a \propto F/m$，或

$$F = kma \tag{ⓒ}$$

式中，比例系数 k 取决于力、质量和加速度的单位.

在国际单位制（SI）中，我们规定：**以质量为 1kg 的物体产生 $1\mathrm{m \cdot s^{-2}}$ 的加速度所需的力作为力的量度单位，即为 1N（牛顿，简称牛）**. 因此，把这些选定的单位代入式ⓒ，有

$$1\mathrm{N} = k(1\mathrm{kg})(1\mathrm{m \cdot s^{-2}})$$

从上式两边的数值上来看，$k=1$；从等式两边的单位来看，有

$$1\mathrm{N} = 1\mathrm{kg \cdot m \cdot s^{-2}}$$

按各量的单位确定比例系数 $k=1$ 后，则式ⓒ成为

$$F = ma \tag{ⓓ}$$

(4) 根据式ⓓ可计算力 F 的大小；但要确认力是矢量，还得证明力的合成符合平行四边形法则. 为此，尚需补充一条**力的独立作用原理："由几个力作用于物体上所产生的加速度，等于其中每个力分别作用于该物体时所产生的加速度之矢量和"**. 亦即，这些力各自对同一物体产生自己的加速度而互不影响. 这是一个由实验所证实的经验性原理. 据此，设有一组力 $\boldsymbol{F}_1$，$\boldsymbol{F}_2$，…，$\boldsymbol{F}_i$，…，$\boldsymbol{F}_n$ 同时作用于一个质量为 m 的质点上，则其中任一力 $\boldsymbol{F}_i$ 将和其他力无关、而独自对该质点产生加速度 $\boldsymbol{a}_i$，且 $\boldsymbol{F}_i$ 与 $\boldsymbol{a}_i$ 同方向，即有 $\boldsymbol{F}_i = m\boldsymbol{a}_i$. 这样，质点将同时分别获得加速度

$$\boldsymbol{a}_1=\frac{\boldsymbol{F}_1}{m},\quad \boldsymbol{a}_2=\frac{\boldsymbol{F}_2}{m},\quad \cdots,\quad \boldsymbol{a}_n=\frac{\boldsymbol{F}_n}{m}$$

由于质点所获得的总加速度 $\boldsymbol{a}$ 是按照矢量的平行四边形合成法则相加的，即

$$\boldsymbol{a}=\sum_{i}^{n}\boldsymbol{a}_i=\frac{1}{m}\sum_{i=1}^{n}\boldsymbol{F}_i \tag{ⓔ}$$

可见质点宛如仅受到一个单力 $\boldsymbol{F}$，它等于力 $\boldsymbol{F}_1$，$\boldsymbol{F}_2$，…，$\boldsymbol{F}_n$ 的矢量和，即

$$\boldsymbol{F}=\sum_{i=1}^{n}\boldsymbol{F}_i \tag{ⓕ}$$

这就表明，**力也是服从矢量相加的平行四边形法则的**，即**力确实是矢量**，而 $\boldsymbol{F}$ 就称为质点所受的**合外力**.

(5) 由式ⓔ、式ⓕ，得

$$\boldsymbol{F}=m\boldsymbol{a} \tag{2-2}$$

这就是牛顿第二定律的数学表达式，可陈述如下：**质点所获得的加速度大小与合外力的大小成正比，与质点的质量成反比；加速度与合外力两者方向相同**.

(6) 对牛顿第二定律的几点说明：

1) 式 (2-2) 是**质点动力学的基本方程**，亦称**质点的运动方程**，它只适用于质点的运动. 今后，如果未指出要考虑物体的形状和大小，一般，我们都把物体看成质点.

2) 从式 (2-2) 可知，对于质量 m 一定的物体来说，若合外力 $\boldsymbol{F}$ 不变，则 $\boldsymbol{a}$ 也不变，可见匀加速运动是物体在恒力作用下的运动；若物体不受外力或所受合外力 $\boldsymbol{F}$ 为零，则 $\boldsymbol{a}$ 也为零，物体处于**平衡状态**. 这时，物体将做匀速直线运动，或者处于静止状态（亦称**静平衡**）.

3) 式 (2-2) 表明加速度 $\boldsymbol{a}$ 只与合外力 $\boldsymbol{F}$ 同方向，但不一定与其中某个外力同方向.

4) 牛顿第二定律只是说明瞬时关系，如 $\boldsymbol{a}$ 表示某时刻的加速度，则 $\boldsymbol{F}$ 表示该时刻物体所受的合外力. 在另一时刻，合外力一旦改变了，加速度也将同时改变.

5) 前面说过，牛顿第一定律适用于惯性参考系，并在惯性系概念业已建立的基础上定义了力，即力是物体在惯性系中运动状态改变（即有加速度）的一个原因. 牛顿第二定律则在牛顿第一定律的基础上定量地给出一物体所受外力与加速度的关系，显然，这个加速度也是相对于惯性系而言的. 因此，**牛顿第二定律也只适用于惯性参考系**. 这也是观察和理论所证实的. 今后我们应用牛顿第一、第二定律时，如未明确指出参考系，就认为以地球作为惯性系了.

6) 式 (2-2) 是矢量式，按照此式具体求解力学问题时，可利用它的正交分量式，把矢量运算转化为标量运算. 通常，在选定的直角坐标系 $Oxyz$ 中，将合外力 $\boldsymbol{F}$ 分别沿各坐标轴 Ox、Oy 和 Oz 分解，便可得三个正交分量 F_x、F_y、F_z；加速度 $\boldsymbol{a}$ 也可相应地分解为三个正交分量 a_x、a_y 和 a_z. 并令 $\boldsymbol{i}$、$\boldsymbol{j}$、$\boldsymbol{k}$ 分别为沿 Ox、Oy、Oz 轴的单位矢量，则式 (2-2) 成为

$$F_x\boldsymbol{i}+F_y\boldsymbol{j}+F_z\boldsymbol{k}=m(a_x\boldsymbol{i}+a_y\boldsymbol{j}+a_z\boldsymbol{k})$$

移项、合并同类项后，可得

$$(F_x-ma_x)\boldsymbol{i}+(F_y-ma_y)\boldsymbol{j}+(F_z-ma_z)\boldsymbol{k}=0$$

因 $|\boldsymbol{i}|=|\boldsymbol{j}|=|\boldsymbol{k}|=1\neq0$，故要求上式成立，意味着：

$$F_x-ma_x=0,\quad F_y-ma_y=0,\quad F_z-ma_z=0$$

于是，在直角坐标系 $Oxyz$ 中，就得到了与矢量式 $\boldsymbol{F}=m\boldsymbol{a}$ 等价的一组分量式，即

$$\left.\begin{aligned}F_x&=ma_x\\F_y&=ma_y\\F_z&=ma_z\end{aligned}\right\}\tag{2-3}$$

实际上，根据力的独立作用原理，上式相当于物体同时沿三个正交方向做直线运动的牛顿第二定律的标量表达式.

需要注意，分量式（2-3）中的 F_x 是物体所受各外力的合力 $\boldsymbol{F}$ 在 Ox 轴上的分量，它等于各个外力在 Ox 轴上的分量之代数和. 至于各外力在 Ox 轴上的正、负，则视它们的方向与规定的 Ox 轴正方向一致与否而定. 同理，对分量式中的 $\boldsymbol{F}_y$、$\boldsymbol{F}_z$ 也可以做类似的理解. 同时，对于加速度 $\boldsymbol{a}$ 的各分量，凡与相应坐标轴正方向一致者，取正值；反之，取负值.

在物体做圆周运动的情况下，我们也可以对式（2-2）写出相应的切向分量式和法向分量式，即

$$\left.\begin{aligned}F_{\mathrm{t}}&=m\frac{\mathrm{d}v}{\mathrm{d}t}\\F_{\mathrm{n}}&=m\frac{v^2}{R}\end{aligned}\right\}\tag{2-4}$$

7）顺便指出，在合外力为零的情况下，牛顿第二定律归结为牛顿第一定律，即牛顿第一定律似乎是牛顿第二定律的特例. 这从形式上来理解，似是正确的. 但从本源上讲，没有牛顿第一定律，就没有惯性参考系和力这些概念，牛顿第二定律也就无从说起. 牛顿第一定律乃是牛顿第二定律的前奏，并不仅仅是牛顿第二定律的特例.

章前问题解答

由于两块金属的密度不同，因而质量也不同，根据牛顿第二定律，在同样大小力的作用下，物体的质量与所获得的加速度成反比，所以可以用锤子以相同大小的力分别敲打两块金属，移动较慢的是铅块；移动较快的则是铝块.

2.1.3 牛顿第三定律

我们讲过，力是物体间的相互作用. 事实上，任何一个物体所受的力一定来自其他物体，施力者与受力者不可能是同一个物体. **牛顿第三定律**在于进一步说明物体间相互作用的关系，可陈述如下：**当物体 A 以力 $\boldsymbol{F}_2$ 作用在物体 B 上时，物体 B 同时也以力 $\boldsymbol{F}_1$ 作用在物体 A 上，$\boldsymbol{F}_1$ 与 $\boldsymbol{F}_2$ 在一条直线上，大小相等而方向相反**（见图 2-1），即

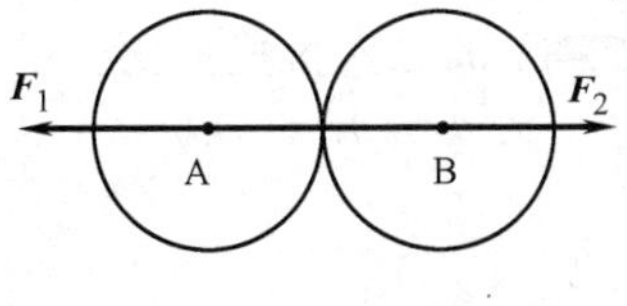

图 2-1 作用力与反作用力

$$\boldsymbol{F}_1=-\boldsymbol{F}_2\tag{2-5}$$

现在来说明牛顿第三定律的含义：

（1）牛顿第三定律指出物体间的作用是相互的，即力是成对出现的. 如果把物体 A 作用在物体 B 上的力称为**作用力**，那么，物体 B 作用在物体 A 上的力就称为**反作用力**；反之亦然.

(2) **作用力和反作用力同时存在、同时消失**；当它们存在的时候，不论在哪一时刻，一定沿同一条直线，而且大小相等、方向相反. 必须特别注意，**作用力和反作用力是作用在不同物体上的**，因此一个物体所受的作用力决不能和这个力的反作用力互相抵消. 当物体 B 受到物体 A 的作用力时，可获得相应的加速度；与此同时，物体 A 受到物体 B 的反作用力，也可获得相应的加速度.

(3) 力是按它在惯性系中产生的效应来定义的，作用力和反作用力当然也是如此，所以牛顿第三定律也只适用于惯性系.

(4) **作用力和反作用力是属于同一性质的力**. 例如，作用力是弹性力，或摩擦力，那么反作用力也一定相应地是弹性力，或摩擦力.

问题 2-1 正确完备地叙述牛顿运动定律. 在国际单位制中，力的单位是怎样规定的？

问题 2-2 (填空)

(1) 力是物体之间的一种__________. 改变物体运动状态依靠______；维持物体运动状态凭借______.

(2) 如果质点所受合外力的方向与质点运动方向相同，则质点的加速度与速度的方向______，于是，质点做______运动；如果质点所受合外力的方向与质点的运动方向相反，则质点的加速度与速度的方向______，于是，质点做______运动.

(3) 质点做变速圆周运动时，其法向力 $F_n=$______，切向力 $F_t=$______，法向力改变质点的__________，切向力改变质点的__________.

(4) 如果质点所受合外力等于非零的恒矢量，则质点做______运动；如果这个合外力为零，则质点的加速度为______，质点处于______或做__________.

2.2　力学中常见的力

2.2.1　万有引力　重力

1680 年，牛顿发表了著名的万有引力定律，它是针对两个质点之间存在相互吸引力而言的，可表述为：**在自然界中，任何两个质点之间都存在引力，引力的大小与两个质点的质量 m_1、m_2 之乘积成正比，与两个质点间的距离 r 的二次方成反比；引力的方向在两个质点的连线上**（见图 2-2）. 万有引力 $\boldsymbol{F}$（或 $\boldsymbol{F}'$）的大小可表示为

$$F=G\frac{m_1m_2}{r^2} \tag{2-6}$$

式中，G 是一个普适常量，对任何物体都适用，称为**引力常量**，其值可由实验测得，通常取其近似值为

$$G=6.672\times10^{-11}\,\mathrm{N\cdot m^2\cdot kg^{-2}}$$

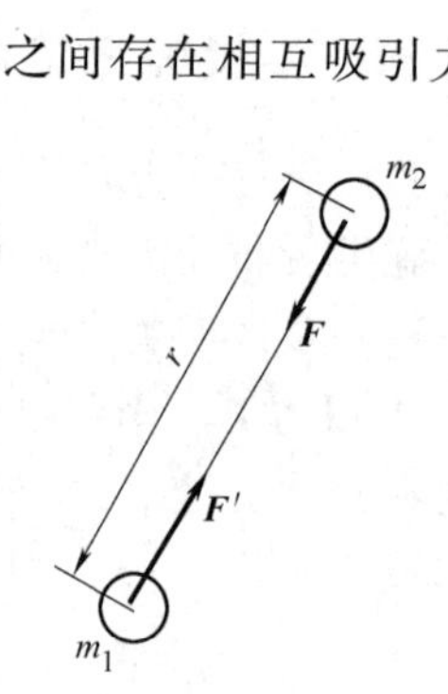

图 2-2　万有引力

需要指出，在万有引力定律中出现的质量是反映物体和其他物体之间引力强弱的一种定量描述，称为**引力质量**，它不涉及惯性；而牛顿第二定律 $\boldsymbol{F}=m\boldsymbol{a}$ 中的质量是指**惯性质量**，

它反映质点保持其运动状态不变的顽强程度，而不涉及引力．引力质量和惯性质量是物体的两种不同属性．近代的精密实验证明，惯性质量等于引力质量．因此，以后两者不加区分，统称为**质量**．

通常，我们把**地球对地面附近物体所作用的万有引力**，称为物体所受的**重力**，记作 $\boldsymbol{W}$，重力的大小亦称为物体的**重量**，重力的方向可认为竖直向下而指向地球中心．在重力作用下，物体获得重力加速度 $\boldsymbol{g}$，其方向与重力 $\boldsymbol{W}$ 方向相同．按式（2-2），质量为 m 的物体所受重力为

$$\boldsymbol{W}=m\boldsymbol{g} \tag{2-7}$$

设物体离开地面的高度为 h，地球的半径为 r_e，地球的质量为 m_e，则质量为 m 的物体在地面附近（即 $h \ll r_e$）的重力大小为

$$F=G\frac{mm_e}{(r_e+h)^2}=m\frac{Gm_e}{(r_e+h)^2}=mg$$

> 计算时需用的 G、r_e、m_e 等物理常量的大小可在书末附录A中查取．

式中，将 $(r_e+h)^{-2}$ 按泰勒公式展开，且因 $h \ll r_e$，可得 g 的近似值为

$$g=\frac{Gm_e}{(r_e+h)^2}\approx\frac{Gm_e}{r_e^2}\left(1-2\frac{h}{r_e}\right)\approx\frac{Gm_e}{r_e^2}$$

可见重力加速度 g 随离地面高度 h 的增大而减小．当 $h/r_e \ll 1$ 时可取

$$g=\frac{Gm_e}{r_e^2} \tag{2-8}$$

g 近似为一常量，可按 G、m_e、r_e 等值算出 $g=9.82\text{m}\cdot\text{s}^{-2}$，在通常计算时，可取 $g=9.80\text{m}\cdot\text{s}^{-2}$．

前面说过，万有引力定律只适用于计算两个质点之间的引力，因而在上述计算地球对它附近的物体的引力时，不应把地球视作质点而直接应用式（2-6）．不过，如果地球内部质量均匀分布并具有球对称性，则可以证明（从略），**一个均匀球体（或球壳）对球外一个质点的万有引力，等于整个球体（或球壳）的质量集中于球心时对球外这个质点的引力**．因此，我们在上述求地球附近物体所受的地球引力时，就可以把地球近似看作质量集中于球心的一个质点．

近代物理指出，只有相互接触的物体之间才能够相互作用．那么，读者也许会进一步考问：任何物体之间若并未直接接触，为何存在万有引力呢？牛顿时代的有些人认为，任何物体并不需要直接接触，就可凭借无限大的速度瞬时地超越时空来传递万有引力．这就是所谓**超距作用**．这一观点是无法被近代物理学所接受的．

近代物理学指出，任何具有质量 m 的物体，在它周围空间都存在着某种特殊形式的物质㊀，这种物质称为**引力场**．当质量 m_2 的物体进入 m_1 的引力场内时，由于与该引力场接触，就在接触处受到 m_1 的引力场对它所作用的引力；与此同时，在 m_2 周围的空间也存在着引力场，物体 m_1 在 m_2 的引力场内，也要接触 m_2 的引力场而受到对它所作用的引力，而

㊀ 引力场、电磁场等都是客观存在的物质，场与实物粒子是宇宙间的两类基本物质．场的观点是近代物理学中最基本的观点之一．

m_1 与 m_2 所受引力的反作用力应是 m_1 和 m_2 分别对引力场所作用的. 所以 m_1 与 m_2 的所受的引力作用，是通过它们周围的引力场来实现的.

由此看来，两质点之间的这一对引力并不能认为是一对作用力与反作用力. 可是，当两质点静止时，它们互施的这一对引力是等值、反向、共线的，因此，可以认为牛顿第三定律仍是成立的；并且近代物理指出，当这两质点相距甚远、且两个质点低速运动时，牛顿第三定律对这一对引力仍近似适用.

地球在其地面附近的引力场称为**重力场**. 今后，我们在研究地面附近的物体运动时，必须考虑它所受的重力.

问题 2-3 （1）若两个质量都为 100kg 的均匀球体，球心相距 1m，求此两球之间的引力大小.（2）质量为 1kg 的物体在地面附近，它受地球的引力为多大？（将地球看作均匀球体；已知地球的赤道半径 $r_e=6370\text{km}$，地球质量 $m_e=5.977\times10^{24}\text{kg}$.）

2.2.2 弹性力

物体在外力作用下发生形变（即改变形状或大小）时，由于物体具有弹性，产生企图恢复原来形状的力，这就是**弹性力**. 它的方向要根据物体形变的情况来决定. **弹性力产生在直接接触的物体之间，并以物体的形变为先决条件**. 下面介绍几种常见的弹性力.

1. 弹簧的弹性力

弹簧在外力作用下要发生形变（伸长或压缩），与此同时，弹簧反抗形变而对施力物体有力作用，这个力就是**弹簧的弹性力**. 如图 2-3 所示，把一条不计重力的轻弹簧的一端固定，另一端联结一个放置在水平面上的物体. O 点为弹簧处于**原长**（即没有伸长或压缩）时物体的位置，称为**平衡位置**. 以平衡位置 O 为原点，并取向右为 Ox 轴的正方向，则当物体自 O 点向右移动而将弹簧稍微拉长时，弹簧对物体作用的弹性力 $\boldsymbol{F}$ 指向左方；当物体自 O 点向左移动而稍微压缩弹簧时，$\boldsymbol{F}$ 就指向右方. 实验表明，**在弹簧的形变（伸长或压缩）甚小，而处于弹簧的弹性限度内时，弹性力为**

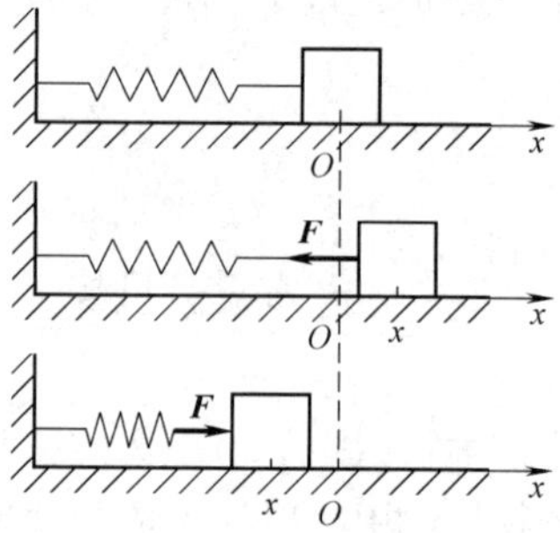

图 2-3 弹簧的弹性力

$$F=-kx \tag{2-9}$$

式中，x 是**物体相对于平衡位置**（原点 O）的位移，其大小（绝对值）即为弹簧的伸长（或压缩）量；k 是一个正的恒量，称为弹簧的**劲度系数**，它表征弹簧的力学性能，即弹簧发生单位伸长量（或压缩量）时弹性力的大小，k 的单位是 $\text{N}\cdot\text{m}^{-1}$（牛·米$^{-1}$）. 式（2-9）中的负号表示弹性力的方向，即当 $x>0$ 时，$F<0$，弹性力 $\boldsymbol{F}$ 指向 Ox 轴负向；当 $x<0$ 时，$F>0$，$\boldsymbol{F}$ 指向 Ox 轴正向.

2. 物体间相互挤压而引起的弹性力

这种弹性力是由于彼此挤压的物体发生形变所引起的；其形变一般极为微小，肉眼不易觉察. 例如，屋架压在柱子上，柱子因压缩形变而产生向上的弹性力，托住屋架；又如，物体压在支承面（如斜面、地面等）上，物体与支承面之间因相互挤压也要产生弹性力. 如

图 2-4 所示，一重物放置在桌面上，桌面受重物挤压而发生形变，它要力图恢复原状，对重物作用一个向上的弹性力 $\boldsymbol{F}_N$，这就是桌面对重物的**支承力**；与此同时，重物受桌面挤压而发生形变，也要力图恢复原状而对支承的桌面作用一个向下的弹性力 $\boldsymbol{F}'_N$，即重物对桌面的**压力**.

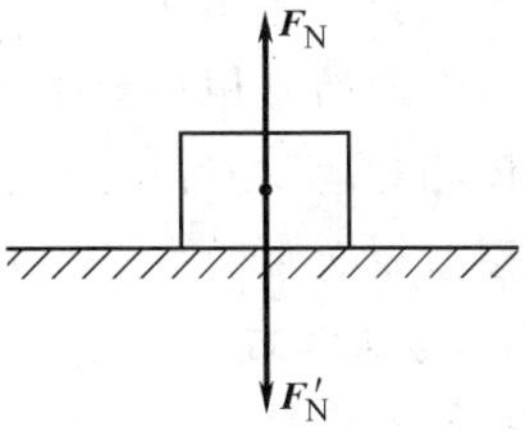

图 2-4 挤压弹性力

上述这种挤压弹性力总是垂直于物体间的接触面或接触点的公切面， 故亦称为**法向力**.

3. 绳子的拉力

一根杆在外界作用下，在一定程度上具有抵抗拉伸、压缩、弯曲和扭转的性能，但是，对一条柔软的绳子来说，它毫无抵抗弯曲、扭转的性能，也不能沿绳子方向受外界的推压，**而只能与相接触的物体沿绳子方向互施拉力**. 这种拉力也是一种弹性力，它是在绳子受拉而发生拉伸形变（一般也很微小）时所引起的.

现在讨论绳子产生拉力时绳内的张力问题. 如图 2-5 所示，手对绳施加一水平拉力 $\boldsymbol{F}$，拖动一质量为 m 的物体沿水平面以加速度 $\boldsymbol{a}$ 运动（见图 2-5a）. 这时，绳子几乎被近水平地拉直而发生拉伸形变，绳子内部相邻各段之间便产生弹性力，这种弹性力称为**张力**. 一般而言，绳内各处的张力是不相等的. 设想把绳子分成数段，取其中任一段质量为 Δm 的绳子 CD，它要受前、后方相邻绳段的张力 $\boldsymbol{F}_{T1}$ 和 $\boldsymbol{F}_{T2}$ 作用. 当绳子和物体一起以加速度 $\boldsymbol{a}$ 前进时，沿绳长取 Ox 轴正向，如图 2-5b 所示，则对绳段 CD 而言，按牛顿第二定律的分量式（2-3）有 $F_x = ma_x$，即

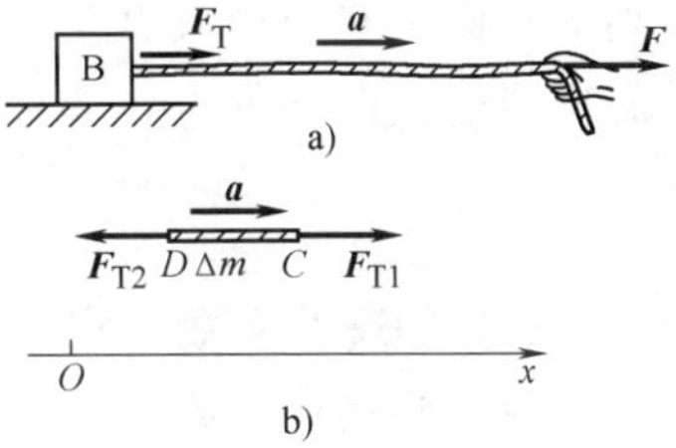

图 2-5 绳子的拉力

$$F_{T1} - F_{T2} = \Delta m a$$

可知，张力大小 $F_{T1} \neq F_{T2}$，并可推断绳中各处的张力大小也是不相等的. 但是，如果绳子是一条质量可以忽略不计（即 $m \approx 0$）的细线（或轻绳），则绳子各段的质量 $\Delta m = 0$；或者绳子质量不能忽略（$m \neq 0$），而处于匀速运动或静止状态（$a = 0$），在这两种情况下，由上式可得出，绳中各处的张力大小处处相等，且与拉重物的外力大小相等. 于是，手拉绳子的力 $\boldsymbol{F}$ 和绳拉物体的力 $\boldsymbol{F}_T$ 大小相等，亦即，拉力 $\boldsymbol{F}$ 的大小可以不变地传递到绳的另一端.

> **注意：** 今后凡是讲到“细绳”或“轻绳”，都是指绳的质量可以忽略不计. 对于“轻杆”或“细杆”“轻弹簧”或“轻滑轮”等也都可做同样的理解.

类似地，当杆受拉伸或压缩时，其内部各处的内力情况也可仿此说明. 不过，在受压时，杆中任何一点的内力是相向的一对作用力与反作用力，即**压力**. 对轻杆而言，其中任何一点的压力的大小都相等，外力的大小也可以沿杆不变地传递.

2.2.3 摩擦力

两个彼此接触而相互挤压的物体，当存在着相对运动或相对运动趋势时[⊖]，在两者的接

触面上就会引起相互作用的摩擦力．**摩擦力产生在直接接触的物体之间**，并以两物体之间是否有相对运动或相对运动的趋势为先决条件．摩擦力的方向沿两物体接触面的切线方向，并与物体相对运动或相对运动趋势的方向相反．粗略地说，产生摩擦力的原因通常是由于两物体的接触表面粗糙不平．

1. 静摩擦力

一物体静置在平地上，这时，它与支承的地面之间没有相对运动或相对运动趋势，两者的接触面之间就不存在摩擦力．若用不大的力 $\boldsymbol{F}$ 去拉该物体（见图 2-6），物体虽相对于支承面有滑动趋势，但并不开始运动，这是由于物体与支承面之间出现了摩擦力，它与力 $\boldsymbol{F}$ 相互平衡，所以，物体相对于支承面仍为静止，这个摩擦力叫作**静摩擦力**，以 $\boldsymbol{F}_{f0}$ 表示．$\boldsymbol{F}_{f0}$ 的大小与物体所受的其他外力有关，需由力学方程求解，**$\boldsymbol{F}_{f0}$ 的方向总是与相对滑动趋势的方向相反**．

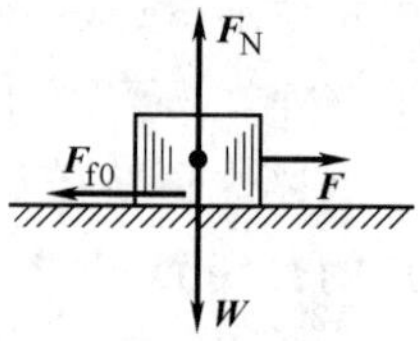

图 2-6　静摩擦力

当拉力 $\boldsymbol{F}$ 逐渐增大到一定程度时，物体将要开始滑动，这表明静摩擦力并非可以无限度地增大，而是有一最大限度，称为**最大静摩擦力**．根据实验，最大静摩擦力的大小 F_{fmax} 与接触面间的法向支承力（亦称**正压力**）的大小 F_N 成正比，即

$$F_{fmax}=\mu' F_N \tag{2-10}$$

式中，μ'称为**静摩擦系数**，它与两物体接触面的材料性质、粗糙程度、干湿情况等因素有关，通常由实验测定，或查阅有关物理手册．

显然，静摩擦力的大小介于零与最大静摩擦力之间，即

$$0<F_{f0}\leqslant F_{fmax} \tag{2-11}$$

在许多场合下，静摩擦力可以是一种驱动力．例如，汽车行驶的驱动力就是凭借驱动轮轮胎与地面之间的静摩擦力；人们走路，就是依靠脚底与地面之间的静摩擦力．否则将寸步难移．

2. 滑动摩擦力

当作用于上述物体的力 $\boldsymbol{F}$ 超过最大静摩擦力而发生相对运动时，两接触面之间的摩擦力称为**滑动摩擦力**．滑动摩擦力的方向与两物体之间相对滑动的方向相反；滑动摩擦力的大小 F_f 也与法向支承力的大小 F_N 成正比，即

$$F_f=\mu F_N \tag{2-12}$$

式中，μ 称为**动摩擦系数**，通常它比静摩擦系数稍小一些，计算时，一般可不加区别，近似地认为 $\mu=\mu'$．

㊀ 读者特别要注意“相对”两字．这里是指彼此接触的两个物体中的任一个物体相对于另一个物体存在着运动或运动趋势．例如，汽车相对于地面朝前运动，这是指观察者立足于地面所看到的；如果观察者站在汽车上，他就可以说，地面相对于汽车同时在后退，这就是地面与汽车存在着相对运动的情况．若汽车静止在地面上，则两者虽有接触，但无相对运动．如果用一外力推汽车，汽车未动，这是由于地面对汽车存在着阻碍相对运动的摩擦力；而不能说外力对改变汽车运动状态的效应消失了．因此，这时汽车与地面虽无相对运动，但彼此相对运动的趋势还是存在的．亦即，假想没有摩擦力的话，汽车在推力作用下，将相对于地面运动了，其运动方向，即为汽车沿地面的相对运动趋势的方向；同时，地面相对于汽车则存在着与之相反的相对运动趋势．

至于滑动摩擦力的方向，总是与物体相对运动的方向相反．读者仍需注意“相对”两字．例如，自行车的前轮是被动轮，当自行车后轮受地面作用的静摩擦力 $\boldsymbol{F}_{f1}$ 而前进时（见图 2-7），就推动前轮相对于地面的接触点向前滚动，从而地面对它作用着向后的滑动摩擦力 $\boldsymbol{F}_{f2}$．

图 2-7　自行车轮所受的摩擦力

3．黏滞阻力

以上所说的仅是固体之间的摩擦力．另外，当固体在流体（液体、气体等）中运动时，或流体内部的各部分之间存在相对运动时，流体与固体之间或流体内部相互之间也存在着一种摩擦力，称为**黏滞阻力**，记作 $\boldsymbol{F}_r$．黏滞阻力的大小主要取决于固体或流体的速度，但也与固体的形状、流体的性质等因素有关．本书中如不特别指出，均不考虑这种阻力，例如空气阻力等．

问题 2-4　（1）“摩擦力是阻碍物体运动的力”或“摩擦力总是与物体运动的方向相反”，这种说法为什么是不妥当的？你如何理解“相对滑动”和“相对滑动趋势”？如何判断静摩擦力和滑动摩擦力的方向？它们的大小如何决定？如何判断究竟真正发生了滑动还是仅仅有滑动趋势？

（2）重力为 98N 的物体静置在平地上，物体与地面间的静摩擦系数 $\mu'=0.5$．今以水平向右的力 $F=0.1\text{N}$ 推物体，问地面对物体作用的摩擦力的方向如何？摩擦力的大小是否为 $F_{f0}=\mu' F_N=0.5\times98\text{N}=49\text{N}$？如果是的话，物体将会朝什么方向运动？不然的话，物体受到的摩擦力应为多大？

问题 2-5　人推小车时，小车也推人．结果，小车向前行而人不向后退，这是为什么？试分析一下人和小车各受哪些力的作用．小车向前行而人不向后退的情况，是否仅由小车与人之间的相互作用力所决定的？

问题 2-6　根据下述题设，检查物体 A 的示力图中有无错误．如有错误，试重新绘图订正．

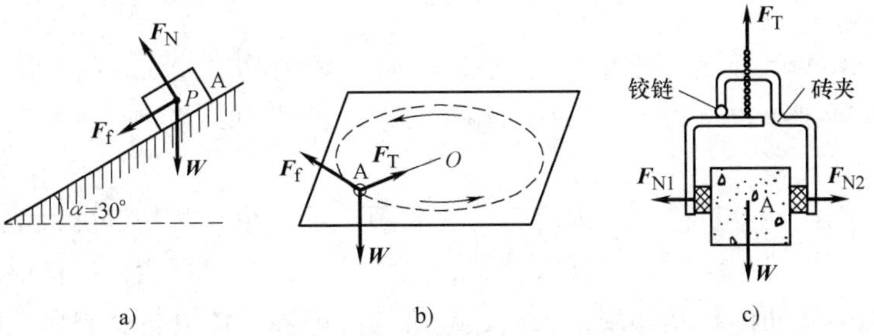

问题 2-6 图

（a）已知物体 A 与斜面之间的摩擦因数为 $\mu=0.64$，物体 A 以初速 $v_0=25\text{m}\cdot\text{s}^{-1}$ 沿斜面上滑到最高点 P．

（b）绳拉一个小木块 A 绕 O 点在平地上循逆时针转向做圆周运动．

(c) 砖夹在提升力 $\boldsymbol{F}_T$ 作用下，夹起一块混凝土砌块 A 上升.

问题拓展图

问题拓展

如问题拓展图所示，用一根绳悬挂一重物，并且重物下系着机械强度相同的绳子. 用手拉重物下方的绳子，

(1) 持续缓慢地增加拉力，哪根绳子容易断?

(2) 突然施加很大的拉力，哪根绳子容易断? 为什么?

2.3 牛顿运动定律应用示例

应用牛顿运动定律求解质点动力学问题，都是以牛顿第二定律为核心而展开的. 大致有下述两类问题：

(1) 已知质点运动函数，对其求导，可得加速度；再由 $\boldsymbol{F}=m\boldsymbol{a}$，就可求质点所受的合外力；

(2) 已知质点所受的合外力，求质点的运动规律. 若质点所受的是变力，则把 $\boldsymbol{F}=m\boldsymbol{a}$ 写成微分方程 $\boldsymbol{F}=m\mathrm{d}\boldsymbol{v}/\mathrm{d}t$ 或 $\boldsymbol{F}=m\mathrm{d}^2\boldsymbol{r}/\mathrm{d}t^2$，结合初始条件，进行积分，就可解得质点运动函数.

应用牛顿第二定律求解问题的一般步骤如下：

(1) 根据题设条件和需求，有目的地选取一个或几个物体，以此作为研究对象分别隔离出来，称为**隔离体**.

(2) 选定可以作为惯性系的参考系.

(3) 分析隔离体的受力情况，画**示力图**，并标示出其运动情况.

(4) 按牛顿第二定律的表达式 $\boldsymbol{F}=m\boldsymbol{a}$ [(式2-2)] 列出质点运动方程 (矢量式).

(5) 在惯性参考系中建立合适的坐标轴，对上述矢量形式的质点运动方程，写出它沿各坐标轴的分量式 [参阅式 (2-3) 或式 (2-4)].

> 读者亦可不列出矢量形式的质点运动方程，直接按所选定的坐标轴列出与之等价的一组运动方程分量(标量)式，在本书中有时就是这样做的.

(6) 解出用字母表示的所求结果 (代数式)；如题中给出已知量的具体数据，应将各量统一换算成用国际制单位来表示，再代入用字母表示的式中，算出具体答案. 必要时，还要对所得结果进行讨论.

其中，正确无误地分析隔离体的受力情况和画出示力图，乃是解决力学问题的关键性一步. 否则，按照不准确的示力图去列式计算，是徒劳无益的，只能得出错误的答案.

鉴于力是物体之间的相互作用，因此，对所选定的隔离体分析受力情况时，除了重力和已知外力可先在示力图上画出外，接下来应无遗漏地逐一考察该隔离体与哪些物体存在着相互接触或联系，经过判断，如果它们在接触或联系处对该隔离体有弹性力或摩擦力等作用，亦在示力图上逐个画出，并标出各力的方向.

例题 2-1 质量为 m 的小艇在靠岸时关闭发动机，此时的船速为 v_0. 设水对小艇的

阻力 $\boldsymbol{F}_r$ 正比于船速 $\boldsymbol{v}$，其大小为 $F_r = kv$（系数 k 为正的恒量），求小艇在关闭发动机后还能前进多远？

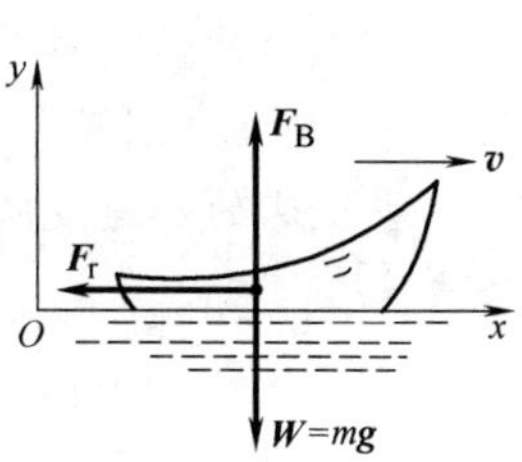

例题 2-1 图

解 小艇受重力 $\boldsymbol{W}=m\boldsymbol{g}$、水对它的浮力 $\boldsymbol{F}_B$ 和阻力 $\boldsymbol{F}_r$ 三力，其方向如例题 2-1 图所示.

按牛顿第二定律，小艇的运动方程为

$$\boldsymbol{W}+\boldsymbol{F}_B+\boldsymbol{F}_r=m\boldsymbol{a}$$

小艇的运动方程在所取坐标系 Oxy 中沿 Ox 轴、Oy 轴方向的分量式分别为

$$-F_r = ma_x \quad ⓐ$$

$$F_B - mg = ma_y \quad ⓑ$$

式中，由于沿 Oy 轴方向水对小艇的浮力 $\boldsymbol{F}_B$ 和重力 $\boldsymbol{W}$ 平衡，故 $a_y=0$；阻力 $F_r=kv$. 今设小艇沿水面上的 Ox 轴运动时的速度大小为 v，则 $a_x=\mathrm{d}v/\mathrm{d}t=(\mathrm{d}v/\mathrm{d}x)(\mathrm{d}x/\mathrm{d}t)=v(\mathrm{d}v/\mathrm{d}x)$. 将这些量代入式ⓐ，化简得

$$\frac{\mathrm{d}v}{\mathrm{d}x}=-\frac{k}{m}$$

当 $x=0$ 时，$v=v_0$，积分上式，有

$$\int_{v_0}^{v}\mathrm{d}v=-\int_0^x\left(\frac{k}{m}\right)\mathrm{d}x$$

即

$$v=v_0-\frac{kx}{m}$$

当 $v=0$ 时，由上式可得小艇前进的距离为

$$x=\frac{mv_0}{k}$$

说明 从本题的要求来说，式ⓑ无助于求解，故亦可不列出此式.

例题 2-2 试计算一质量为 m 的小球在阻尼介质（水、空气或油等，这里是指水）中竖直沉降的速度. 已知：水对小球的浮力为 $\boldsymbol{B}$，水对小球运动的黏性阻力为 $\boldsymbol{F}_r$，其大小为 $F_r=\gamma v$. 式中，v 为小球在水中运动的速度，γ 是与小球的半径、水的黏性等有关的一个恒量.

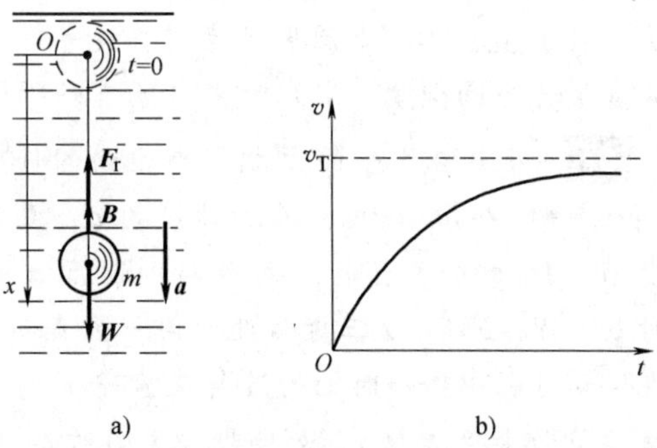

例题 2-2 图

解 小球受重力 $\boldsymbol{W}=m\boldsymbol{g}$、浮力 $\boldsymbol{B}$ 和黏性阻力 $\boldsymbol{F}_r$ 作用，各力方向如例题 2-2 图 a 所示. 按牛顿第二定律，有

$$\boldsymbol{W}+\boldsymbol{B}+\boldsymbol{F}_r=m\boldsymbol{a}$$

取 Ox 轴方向竖直向下，并将小球开始下落处取为 Ox 轴的原点 O，列出上述运动方程沿 Ox 轴的分量式为

$$mg-B-\gamma v=ma \quad ⓐ$$

显然，当小球开始下落时，即 $t=0$ 时，$x=0$，$v=0$，则由上式可知，这时，加速度却具有最大值 $a=g-B/m$. 继而，沉降速度 v 逐渐增加，黏性阻力也随之增大，小球的加速度就逐渐减小. 当小球的加速度减小到零时，其速度称为**收尾速度**，记作 v_T，由式ⓐ可得小球的收尾速度为

$$v_T=\frac{mg-B}{\gamma} \tag{b}$$

这时，小球所受的重力 $\boldsymbol{W}$、浮力 $\boldsymbol{B}$ 和黏性阻力 $\boldsymbol{F}_r$ 三者达到平衡；此后，小球将以收尾速度 v_T 匀速地沉降. 由式ⓑ得 $\gamma v_T=mg-B$，并代入式ⓐ，有

$$\gamma(v_T-v)=m\frac{dv}{dt}$$

分离变量，并积分之，有

$$\int_0^v \frac{dv}{v_T-v}=\int_0^t \frac{\gamma}{m}dt$$

可解得

$$v=v_T(1-e^{-\frac{\gamma}{m}t}) \tag{c}$$

上述 v 与 t 的关系曲线如例题 2-2 图 b 所示

说明　利用收尾速度的概念，可解释许多常见的现象. 例如，轮船的速度不能无限制地增大. 这是由于黏性阻力随速度而变，当船速达到收尾速度 v_T 后，阻力已增大到与轮船推进力相平衡，即推进力已全部用于克服阻力，故不可能再加速，而以匀速行驶. 又如，飞行员的跳伞、江河中的泥沙沉降和空气中的尘粒或雨滴降落等，当达到重力、阻力与浮力三者平衡时，亦以收尾速度下降.

从式ⓒ还可看出，小球在阻尼介质中的沉降速度 v 与 γ 有关，而实验表明，γ 又与小球的半径有关. 这样，大小不同的小球在同一介质中将具有不同的沉降速度. 据此，在工农业生产中（例如选矿、净化颗粒等）常可用来分离不同粒径的球状微粒.

例题 2-3　如例题 2-3 图所示，一长为 l 的细绳，上端固定于 O'点，下端拴一质量为 m 的小球. 当小球在水平面上以匀角速 ω 绕竖直轴 OO'做圆周运动时，绳子将画出一圆锥面，故这种装置被称为**圆锥摆**. 求此时绳与竖直轴所成的夹角 θ.

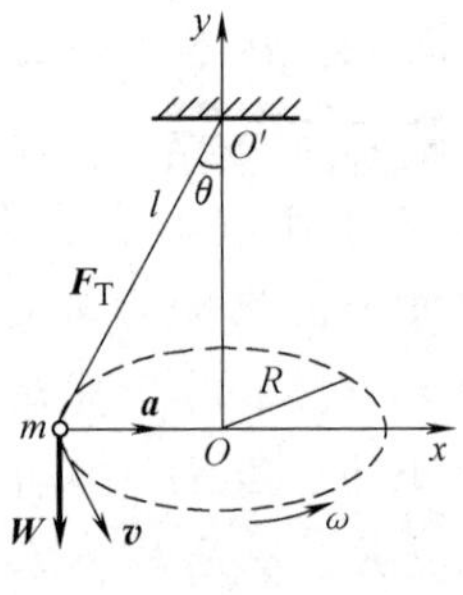

例题 2-3 图

解　小球在水平面上做圆周运动的任一时刻，受重力 $\boldsymbol{W}=m\boldsymbol{g}$ 和绳的拉力 $\boldsymbol{F}_T$ 作用，其加速度为 $\boldsymbol{a}$，且恒指向圆心 O；小球所受 $\boldsymbol{W}$、$\boldsymbol{F}_T$ 的合力，其方向应与加速度 $\boldsymbol{a}$ 的方向一致. 故在任一时刻，$\boldsymbol{W}$、$\boldsymbol{F}_T$ 与 $\boldsymbol{a}$ 三者必处于同一竖直面内. 据此，我们就可以在运动过程中任一时刻的这样竖直平面内，建立一个与地面相连结的平面坐标系 Oxy，如例题 2-3 图所示. 于是，也可直接写出沿 Ox、Oy 轴方向的分量式，即

$$\left.\begin{aligned}F_T\sin\theta&=ma_x\\-W+F_T\cos\theta&=ma_y\end{aligned}\right\}$$

由于小球在竖直方向无运动，即 $a_y=0$；而 $a_x=R\omega^2=(l\sin\theta)\omega^2$ 为小球向心加速度，代入上两式，可求得

$$\theta=\arccos\frac{g}{l\omega^2}$$

讨论　由上式可知，若角速度 ω 与绳长 l 已定，则 θ 也就一定. 若角速度 ω 增大，$\cos\theta$ 就减小，θ 便增大，因而 $R=l\sin\theta$ 也随之增大；反之亦然. 工厂里常见的离心调速器就是根据圆锥摆的这一原理做成的.

例题 2-4　质量分别为 $m_1=5\text{kg}$、$m_2=3\text{kg}$ 的两物体 A、B 在水平桌面上靠置在一起，如例题 2-4 图 a 所示. 在物体 A 上作用一水平向左的推力 $F=10\text{N}$，不计摩擦力，求：(1) 两物体的加速度及其相互作用力；(2) 桌面作用于两物体上的支承力.

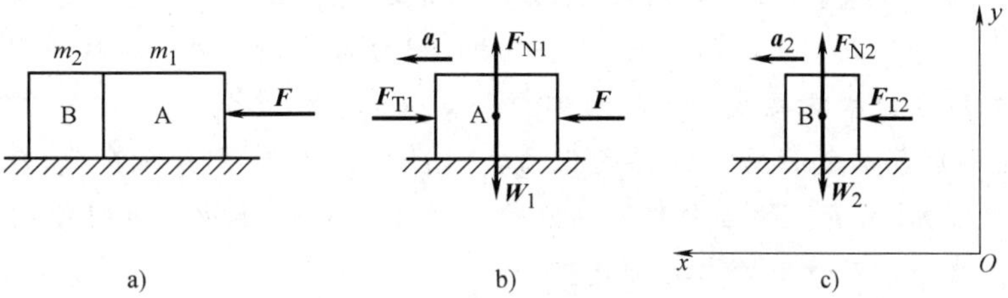

例题 2-4 图

分析　本题要研究的对象不止一个物体；并且还要求解物体间的相互作用力，因此在求解时，必须分别取物体 A 和 B 为隔离体.

解　(1) 分别选取物体 A 和 B 为隔离体.

(2) 以地面为惯性系，按题意分析物体 A 和 B 的受力和运动情况.

物体 A 受四个力作用：已知的外力 $\boldsymbol{F}$、重力 $\boldsymbol{W}_1=m_1\boldsymbol{g}$、桌面的支承力 $\boldsymbol{F}_{\text{N1}}$ 和物体 B 对它的作用力 $\boldsymbol{F}_{\text{T1}}$（这是由于在推力 $\boldsymbol{F}$ 作用下，物体 A、B 间相互挤压而引起的弹性力），它们的方向如例题 2-4b 所示. 设物体 A 的加速度为 $\boldsymbol{a}_1$.

物体 B 受三个力作用：重力 $\boldsymbol{W}_2=m_2\boldsymbol{g}$，桌面的支承力 $\boldsymbol{F}_{\text{N2}}$ 和物体 A 对它的作用力 $\boldsymbol{F}_{\text{T2}}$，方向如例题 2-4 图 c 所示. 设物体 B 的加速度为 $\boldsymbol{a}_2$.

(3) 按牛顿第二定律，分别列出物体 A 和 B 的运动方程：

物体 A　$$\boldsymbol{W}_1+\boldsymbol{F}+\boldsymbol{F}_{\text{N1}}+\boldsymbol{F}_{\text{T1}}=m_1\boldsymbol{a}_1 \tag{a}$$

物体 B　$$\boldsymbol{W}_2+\boldsymbol{F}_{\text{N2}}+\boldsymbol{F}_{\text{T2}}=m_2\boldsymbol{a}_2$$

(4) 选取坐标系，给出上述运动方程的分量式. 初看起来，两物体都在做水平运动，只要取水平的 Ox 轴就行了；但题中还要求竖直方向的支承力，因而还得取 Oy 轴. 今选取 Oy 轴方向竖直向上，Ox 轴方向水平向左，则物体 A、B 的运动方程沿 Ox 轴、Oy 轴的分量式分别为

$$\text{物体 A}\quad\begin{cases}F-F_{\text{T1}}=m_1a_1\\ F_{\text{N1}}-m_1g=0\end{cases},\qquad \text{物体 B}\quad\begin{cases}F_{\text{T2}}=m_2a_2\\ F_{\text{N2}}-m_2g=0\end{cases} \tag{b}$$

(5) 求解. 由于两物体在外力 $\boldsymbol{F}$ 作用下紧靠在一起运动，它们的加速度必相同，其大小以 a 表示，即 $a_1=a_2=a$，又因物体 A、B 间的相互作用力 F_{T1}、F_{T2} 是一对作用力与反作用力，大小相等，以 F_{T} 表示，即 $F_{\text{T1}}=F_{\text{T2}}=F_{\text{T}}$，则由式ⓑ解得

$$F_{\text{T}}=\frac{m_2}{m_1+m_2}F,\qquad a=\frac{F}{m_1+m_2} \tag{c}$$

$$F_{N1}=m_1g,\qquad F_{N2}=m_2g \tag{d}$$

(6) 计算. 将 $m_1=5\text{kg}$、$m_2=3\text{kg}$、$F=10\text{N}=10\text{kg}\cdot\text{m}\cdot\text{s}^{-2}$ 代入式ⓒ、式ⓓ中的各式，读者可自行算出物体的加速度、两物体之间的相互作用力和桌面对物体 A、B 的支承力分别为

$$a=1.25\text{m}\cdot\text{s}^{-2},\quad F_T=3.75\text{N},\quad F_{N1}=49\text{N},\quad F_{N2}=29.4\text{N}$$

讨论 在式ⓒ中，$m_2/(m_1+m_2)<1$，所以 $F_T<F$. 如果 $m_1\gg m_2$，则两物体间的相互作用力 $F_T\approx 0$；若 $m_1\ll m_2$，则 $F_T\approx F$，这相当于外力 $\boldsymbol{F}$ 的大小通过物体 A 不变地传递到物体 B.

说明 如果本例中的物体 A、B 不是独立的两个物体，而是一个物体不可分割的两部分，则 F_{T1}、F_{T2} 就是这物体内相邻两部分的交界面之间的相互作用力，它们都称为物体的**内力**. 物体的内力总是成对出现的，它们是一对作用力与反作用力，服从牛顿第三定律.

设想用一截面将物体隔离成 A、B 两部分，如果 A、B 在截面处相互作用的内力 $\boldsymbol{F}_{T1}$、$\boldsymbol{F}_{T2}$ 的方向都是分别朝向截面的，这样的内力叫作**压力**，本例图示的 $\boldsymbol{F}_{T1}$、$\boldsymbol{F}_{T2}$ 两力就是压力；如果这对内力 $\boldsymbol{F}_{T1}$、$\boldsymbol{F}_{T2}$ 的方向都是分别背离截面的，这样的内力叫作**张力**. 如杆件或绳索受拉时，其内部相互作用的内力就是张力.

在材料力学、结构力学和流体力学中，对内力的分析是极其重要的. 分析内力的方法，通常就是利用隔离体法，即在物体（固体或流体）内部取一截面，将物体假想分割成为两部分，以暴露出这两部分间相互作用的内力，然后再根据力学方法求出内力. 所以，隔离体法不仅可用在上述由几个物体组成的分立的物体系统上，也可以用在连续的物体系统（如流体、固体等）上.

例题 2-5 如例题 2-5 图 a 所示，质量分别为 m_1、m_2 的物体 B_1 和 B_2，分别放置在倾角为 α 和 β 的斜面上，通过一跨过轻滑轮 P 的细绳相连接，设此两物体与斜面的摩擦因数皆为 μ. 求物体的加速度.

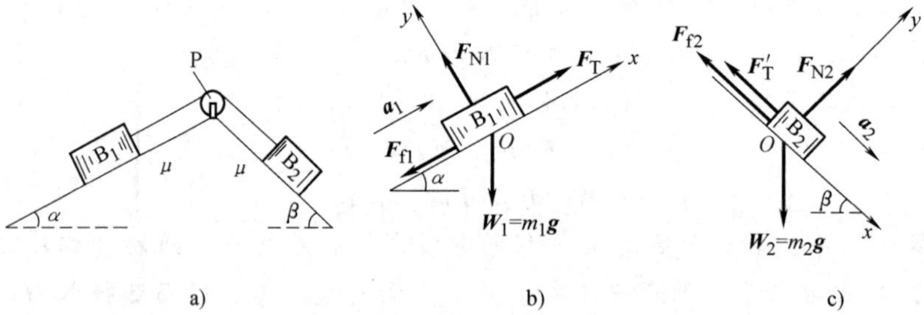

例题 2-5 图

解 取物体 B_1 和 B_2 为隔离体，它们的受力情况如例题 2-5 图 b 和 c 所示. 设物体 B_1 上滑，物体 B_2 下滑，则按牛顿第二定律，物体 B_1 和 B_2 的运动方程分别为

$$\boldsymbol{W}_1+\boldsymbol{F}_{N1}+\boldsymbol{F}_T+\boldsymbol{F}_{f1}=m_1\boldsymbol{a}_1$$

$$\boldsymbol{W}_2+\boldsymbol{F}_{N2}+\boldsymbol{F}'_T+\boldsymbol{F}_{f2}=m_2\boldsymbol{a}_2$$

选取图示的 Ox 轴和 Oy 轴，则上两式沿 Ox、Oy 轴的分量式分别为

$$F_T-m_1g\sin\alpha-F_{f1}=m_1a_1 \tag{a}$$

$$F_{N1}-m_1g\cos\alpha=0 \tag{b}$$

$$m_2 g\sin\beta - F'_T - F_{f2} = m_2 a_2 \quad ⓒ$$

$$F_{N2} - m_2 g\cos\beta = 0 \quad ⓓ$$

且

$$F_T = F'_T \quad ⓔ$$

$$F_{f1} = \mu F_{N1} \quad ⓕ$$

$$F_{f2} = \mu F_{N2} \quad ⓖ$$

因为 $a_1 = a_2 = a$，联立求解式ⓐ～式ⓖ，得物体的加速度

$$a = \frac{m_2 g(\sin\beta - \mu\cos\beta) - m_1 g(\sin\alpha + \mu\cos\alpha)}{m_1 + m_2}$$

讨论 ① 当 $m_2 g(\sin\beta - \mu\cos\beta) - m_1 g(\sin\alpha + \mu\cos\alpha) > 0$，即 $\frac{m_2}{m_1} > \frac{\sin\alpha + \mu\cos\alpha}{\sin\beta - \mu\cos\beta}$ 时，$a>0$，则物体 B_1 上滑，物体 B_2 下滑.

② 当 $\frac{m_2}{m_1} = \frac{\sin\alpha + \mu\cos\alpha}{\sin\beta - \mu\cos\beta}$ 时，$a=0$，则物体 B_1 与 B_2 皆静止或以初速沿斜面做匀速运动.

③ 同理，设物体 B_2 上滑、物体 B_1 下滑，这时，除摩擦力 $\boldsymbol{F}_{f1}$、$\boldsymbol{F}_{f2}$ 的方向改变以外，其他情况皆相同，读者可自行求出此时物体的加速度.

章前问题解答

为解析绞盘的工作原理，设绞盘为圆柱形、绳索为忽略质量的细绳. 设细绳与圆柱表面间的静摩擦系数为 μ'，绳与柱面相接触的一段 AB 弧的张角为 θ. 当绳在柱面上沿章前问题图 a 所示的箭头方向将要滑动时，求绳两端张力 $\boldsymbol{F}_{TA}$ 与 $\boldsymbol{F}_{TB}$ 的大小之比.

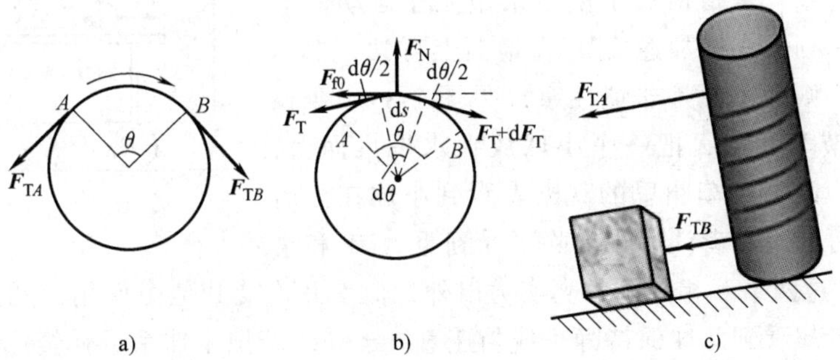

章前问题图

解 在绕于柱面的绳 AB 上取一长为 ds 的微小绳段为隔离体，其所张的角为 $\mathrm{d}\theta$. ds 段的两端与绳的其余部分相联结，沿两端的切向分别受张力 $\boldsymbol{F}_T$ 和 $\boldsymbol{F}_T + \mathrm{d}\boldsymbol{F}_T$（见章前问题图 b），绳段还受圆柱面对它的法向支承力 $\boldsymbol{F}_N$，沿半径向外；柱面对绳段的静摩擦力 $\boldsymbol{F}_{f0}$ 沿柱面的切向向左，且当绳段即将滑动时，它应是最大静摩擦力，即 $\boldsymbol{F}_{f0} = \boldsymbol{F}_{fmax} = \mu' \boldsymbol{F}_N$. 由于绳段尚未滑动，则按牛顿第二定律，绳段的运动方程为

$$(\boldsymbol{F}_T + \mathrm{d}\boldsymbol{F}_T) + \boldsymbol{F}_T + \boldsymbol{F}_N + \boldsymbol{F}_{fmax} = \boldsymbol{0}$$

其切向和法向的分量式分别为

$$(F_T + \mathrm{d}F_T)\cos\frac{\mathrm{d}\theta}{2} - F_T\cos\frac{\mathrm{d}\theta}{2} - \mu' F_N = 0 \quad ⓐ$$

$$(F_T+dF_T)\sin\frac{d\theta}{2}+F_T\frac{\sin d\theta}{2}-F_N=0 \quad ⓑ$$

因 $d\theta$ 甚小，$\sin(d\theta/2)\approx d\theta/2$，$\cos(d\theta/2)\approx 1$，并略去二阶小量 $d\theta dF_T$，则由式ⓐ、式ⓑ可得绳段 ds 两端张力之差 dF_T，改写后，积分之，得

$$\int_{F_{TA}}^{F_{TB}}\frac{dF_T}{F_T}=\int_0^{\theta}\mu' d\theta$$

绕于圆柱面的绳子 AB 两端的拉力大小之比为

$$\frac{F_{TB}}{F_{TA}}=e^{\mu'\theta} \quad ⓒ$$

即拉力之比随 θ 角的增大而按指数规律迅速递增. 例如，用钢丝绳吊质量为 1t 的机器（见章前问题图 c)，如果将绳在横梁上绕 3 圈，设绳与梁之间的摩擦系数 $\mu'=0.3$，则只需用 $\boldsymbol{F}_{TA}=\boldsymbol{F}_{TB}e^{-\mu'\theta}=10^3\times 9.8e^{-0.3\times 3(2\pi)}$ N $=34.3$N 的力拉住就行了，这相当于用手提质量为 3.5kg 的一桶水，其差额完全由摩擦力承担了. 把缆绳放在岸边的桩上绕几圈，就能将一艘巨轮系住，也是这个道理.

从式ⓒ可知，若细绳与圆柱面之间的摩擦因数甚小，即 $\mu'\approx 0$，则 $\boldsymbol{F}_{TB}=\boldsymbol{F}_{TA}$. 这时，跨过圆柱（例如滑轮）的绳内张力处处相等.

*2.4 非惯性参考系 惯性力

我们通常都是在惯性系中讨论物体的运动. 但是，有时为了方便起见，也可以在非惯性系中观察和研究物体的运动. 这时，牛顿定律便不适用.

所谓非惯性系，是指相对于惯性系做变速运动的参考系. 例如，一列火车以加速度 $\boldsymbol{a}_i$ 在地面上行驶，把地面看作惯性系，则列车便是非惯性系（见图 2-8). 今在这列火车的一节车厢里，把一个小球放在水平桌面上，不计一切摩擦，则坐在车厢里的观察者看到小球在往后做加速运动. 可是观察者认为小球除了受到重力 $\boldsymbol{W}$ 和桌面的支承力 $\boldsymbol{F}_N$ 这两个互相平衡的真实力以外，似乎并不受其他力作用，感到难以理解；而地面上的观察者却看到此球保持静止或匀速直线运动. 若把小球系于弹簧秤的一端，另一端则固定于桌面上. 小球跟着弹簧秤一起运动，秤上则会显示出某一读数. 地面上的观察者看到小球在弹簧秤的拉力作用下做加速运动，列车内的观察者却看到小球受到弹簧秤的拉力而保持静止不动.

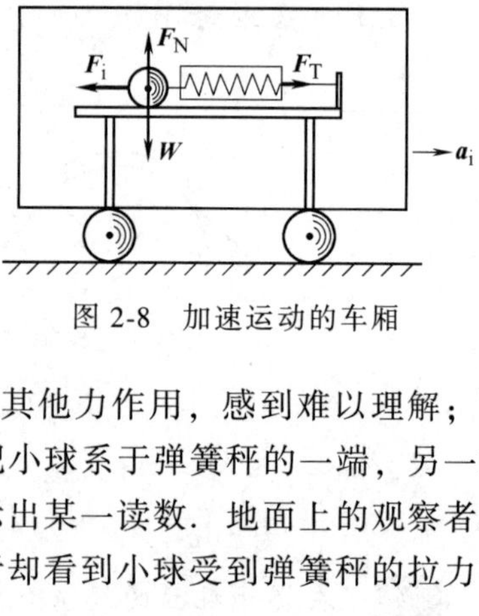

图 2-8 加速运动的车厢

地面上的观察者处于惯性系，他观察到小球的运动遵从牛顿第二定律. 列车中的观察者处于非惯性系，他感到小球的运动并不遵从牛顿第二定律. 不过，倘若小球除了受到各种真实力作用外，还加上一个假想的力 $\boldsymbol{F}_i=-m\boldsymbol{a}_i$，则在非惯性系中物体的运动也遵从牛顿第二定律了. 这个在非惯性系中假想的力称为**惯性力**. 它的大小为 $|\boldsymbol{F}_i|=ma_i$，方向与 $\boldsymbol{a}_i$ 相反.

当汽车起动时，车上的人会感到一个向后的附加力；制动时，会感到一个向前的附加力；拐弯时，身体会感到一个向外的附加力；……这是由于汽车起动或制动时是一个非惯性系，它相对于惯性系的加速度为 $\boldsymbol{a}_i$，因而人会受到一个附加的惯性力 $\boldsymbol{F}_i=-m\boldsymbol{a}_i$.

所以，在非惯性系中，若物体所受的真实力的合力为 $\boldsymbol{F}$，物体对非惯性系的加速度为 $\boldsymbol{a}'$，而此非惯性系对惯性系的加速度为 $\boldsymbol{a}_i$，则牛顿第二定律的表达式（2-2）应修改为

$$\boldsymbol{F}+\boldsymbol{F}_i=m\boldsymbol{a}' \tag{2-13}$$

式中，$\boldsymbol{F}$ 是实际所受的合外力，即真实力；$\boldsymbol{F}_i$ 是惯性力. 惯性力不是物体间相互作用的真实力，所以也没有反作用力，而是一种虚拟力；它来源于参考系的非惯性性质. 因此，对于非惯性系来说，牛顿第三定律不再适用.

例题 2-6 如例题 2-6 图所示，某大楼内的升降机自静止开始在 5s 内加速上升，其运动函数为 $z=0.125t^3/6$（式中，z 以 m 计，t 以 s 计），求 $t=4$s 时，站在升降机中质量 $m=60$kg 的人对地板的压力.

解 选上升的升降机为参考系，它在 $t=4$s 时的加速度为

$$a_0=\frac{\mathrm{d}v_z}{\mathrm{d}t}=\frac{\mathrm{d}^2z}{\mathrm{d}t^2}=\frac{\mathrm{d}^2}{\mathrm{d}t^2}\left(\frac{0.125t^3}{6}\right)$$

$$=0.125t=(0.125\times4)\mathrm{m}\cdot\mathrm{s}^{-2}=0.50\mathrm{m}\cdot\mathrm{s}^{-2}$$

例题 2-6 图

相应的惯性力为 $\boldsymbol{F}_i=-m\boldsymbol{a}_0$. 从升降机中看，人受重力 $\boldsymbol{W}$ 和地板对他的支承力 $\boldsymbol{F}_N$，还要另加一个惯性力 $\boldsymbol{F}_i$，方向如例题 2-6 图所示. 此人相对于升降机是静止的，即 $a'=0$. 则由牛顿第二定律，有

$$F_N-W-F_i=m\cdot0=0$$

由此得

$$F_N=W+F_i=mg+ma_0=(60\mathrm{kg})(9.80+0.50)\mathrm{m}\cdot\mathrm{s}^{-2}=618\mathrm{N}$$

按牛顿第三定律，在 $t=4$s 这一时刻，人对地板的向下压力为

$$F'_N=F_N=618\mathrm{N}$$

可见，当升降机加速上升时，人对地板的压力大于人的重量，这就是所谓“超重”现象. 读者不难自行解出，当升降机加速下降时，人对地板的压力小于人的重量，这就是所谓“失重”现象. 尤其是当升降机自由落下时，$\boldsymbol{a}=\boldsymbol{g}$，这时，人对地板的压力 $F_N=0$，显然，升降机也就不用托住人了. 人造地球卫星中的物体（如放置于卫星中的仪器设备等），在随卫星绕地球转动时，物体在卫星轨道上的加速度就是地球引力所产生的加速度（$\approx\boldsymbol{g}$），所以，卫星中的物体因完全失重而不再需要任何支承力. 但要注意，在失重现象中，失去压力并不意味着失去重力. 物体始终受有地球对它的吸引力——重力.

*2.5 宇宙速度

发射人造星体，必须具有足够大的速率，才能使其在空间运行.

2.5.1 第一宇宙速度

要使人造地球卫星在距地面高度为 h 处环绕地球运行而不落下，必须使卫星所受地球的万有引力正好等于卫星绕地球运行的向心力. 假设卫星沿圆周轨道运转，则有

$$G\frac{m_em}{r^2}=m\frac{v^2}{r}$$

式中，r 为人造卫星与地心的距离，即轨道半径，$r=r_e+h$；m_e、r_e 分别为地球的质量和半径；m、v 分别为人造卫星的质量和运动速率．由上式得

$$v=\sqrt{Gm_e/r}$$

这就是人造卫星沿半径为 r 的圆周轨道绕地球运转时所需的速率．今借关系式（2-8），即 $g=Gm_e/r_e^2$，由上式可得

$$v=\sqrt{r_e^2g/r}$$

若 $h \ll r_e$，则 $r=r_e+h\approx r_e$，于是，由上式可算出从地面上发射出去的人造卫星绕地球运转所需的最小速度，称为**第一宇宙速度**，记作 v_{I}，即

$$v_{\mathrm{I}}=\sqrt{r_e g} \tag{2-14}$$

以 $g=9.80\mathrm{m\cdot s^{-2}}$、$r_e=6.37\times10^6\mathrm{m}$ 代入上式，可算得 $v_{\mathrm{I}}=7.9\mathrm{km\cdot s^{-1}}$.

2.5.2　第二宇宙速度

从地球上发射出去的物体，能脱离地球的引力而不再回到地球上来，所需的最小发射速度，称为**第二宇宙速度**，记作 v_{II}.

设质量为 m 的宇宙飞船从地面上竖直向上发射，初速为 $\boldsymbol{v}_0$．取地心 O 为原点、Oy 轴竖直向上的坐标系（见图 2-9）．设飞船（视作质点）在运动过程中只受地球引力，其大小为

$$F=\frac{Gmm_e}{y^2}$$

方向竖直向下．由关系式（2-8）有 $Gm_e=gr_e^2$，代入上式，则有

$$F=\frac{gr_e^2m}{y^2}$$

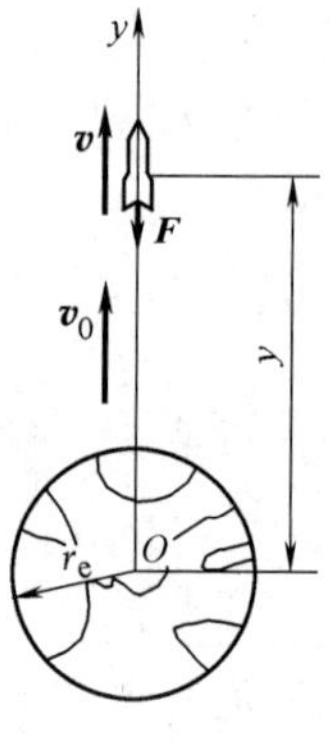

图 2-9　发射宇宙飞船

按牛顿第二定律，列出飞船运动方程沿 Oy 轴方向的分量式：

$$-\frac{gr_e^2m}{y^2}=ma_y=m\frac{\mathrm{d}v_y}{\mathrm{d}t}=m\frac{\mathrm{d}v_y}{\mathrm{d}y}\frac{\mathrm{d}y}{\mathrm{d}t}=mv_y\frac{\mathrm{d}v_y}{\mathrm{d}y}$$

即

$$-\frac{gr_e^2}{y^2}=v_y\frac{\mathrm{d}v_y}{\mathrm{d}y}$$

或

$$-gr_e^2\frac{\mathrm{d}y}{y^2}=v_y\mathrm{d}v_y$$

已知 $y=r_e$（即在地面上）时，$v_y=v_0$；又设飞船抵达高度 y 时的速度为 $\boldsymbol{v}$．根据这些条件，对上式进行积分

$$-gr_e^2\int_{r_e}^{y}\frac{\mathrm{d}y}{y^2}=\int_{v_0}^{v}v_y\mathrm{d}v_y$$

得

$$v^2=v_0^2-2gr_e^2\left(\frac{1}{r_e}-\frac{1}{y}\right) \tag{2-15}$$

在上式中，如果 $y\to\infty$，$v\geqslant0$，则飞船就有可能脱离地球的引力范围，不再返回地球．飞船

脱离地球引力作用的空间范围，所需的最小发射速度即为**第二宇宙速度** v_{II}. 这时，$v_0=v_{\mathrm{II}}$，它可从上式中取 $y\to\infty$ 和 $v=0$ 而得到，即

$$\begin{aligned}v_{\mathrm{II}}&=\sqrt{2gr_e}\\&=\sqrt{2\times9.80\mathrm{m}\cdot\mathrm{s}^{-2}\times6370\times10^3\mathrm{m}}\\&=11.2\mathrm{km}\cdot\mathrm{s}^{-1}\end{aligned}$$

当发射速度$\boldsymbol{v}_0$的大小为 $v_{\mathrm{I}}<v_0<v_{\mathrm{II}}$ 时，飞船不能脱离地球引力的束缚，只能成为绕地球运转的人造卫星；当 $v_0>v_{\mathrm{II}}$ 时，发射的飞船虽能脱离地球引力，但仍受太阳引力的作用，这样，就成为太阳系的人造行星.

2.5.3 第三宇宙速度

从地面发射的物体，不仅能脱离地球引力，而且还能脱离太阳引力（即逃出太阳系），这时所需的最小发射速度，称为**第三宇宙速度**，记作 v_{III}. 理论计算得出（从略）：

$$v_{\mathrm{III}}=16.7\mathrm{km}\cdot\mathrm{s}^{-1}$$

上述高速发射问题中的三种宇宙速度，在航天工业中，具有重要意义.

本章小结

本章讨论了质点动力学，即讨论在什么条件下物体将进行这样或那样的运动. 质点动力学的基础是牛顿三定律. 因此，本章首先介绍了牛顿三定律及与其相联系的概念，如力、质量等，然后详细讨论了利用它们分析解决问题的方法. 此外，在第 1 章提到的运动是可以选择参考系进行描述的，但是牛顿定律只在惯性参考系中成立. 本章除了介绍惯性参考系外，还介绍了如何在非惯性系中利用牛顿定律来分析解决问题，为此引入了惯性力的概念.

本章主要内容框图：

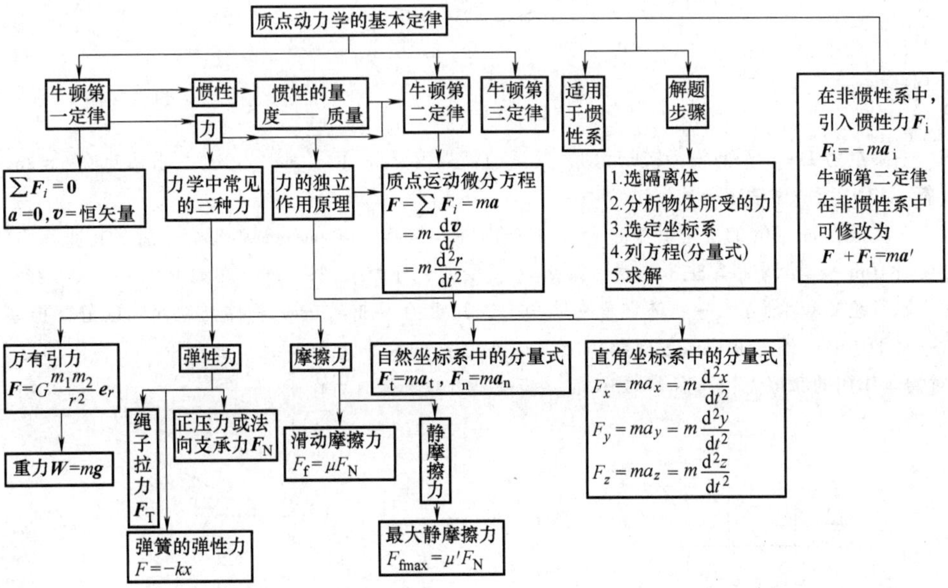

习 题 2

2-1 为了确定混凝土块与木板之间的摩擦系数，把一立方体的混凝土试块放在平板上，渐渐抬高板的一端. 当板的倾角达到30°时，试块开始滑动，求静摩擦系数. 当试块开始滑动后，恰好在4s内匀加速滑下4.0m的距离，求动摩擦系数.（答：0.58；0.52）

2-2 一气球的总质量为m，以大小为a的加速度竖直下降，今欲使它以大小为a的加速度竖直上升，则需从气球中抛掉压舱沙袋的质量为多大？设气球在升降时的空气阻力不计，而空气浮力则不变.［答：$2ma/(a+g)$］

2-3 如习题2-3图所示，重物的质量$m'=50\text{kg}$，人的质量$m=60\text{kg}$，倘若此人没有把绳握牢，而是相对于地面以加速度$g/18$下降，如果不计绳子和滑轮的质量以及它们之间的摩擦，求重物的加速度$\boldsymbol{a}$.（答：$a=2g/15$，↑）

2-4 如习题2-4图所示，质量$m=3.0\text{t}$的货车驶过丘陵地带的一座半径为$R_1=20\text{m}$的圆弧形小山，求货车驶过山顶而仍能保持与山顶接触的最大速率$v_{\max}$；若货车保持此最大速率接着驶入一半径为$R_2=500\text{m}$的圆弧形低洼路段，求货车驶到路面最低点处时，路面对货车的支承力和货车对路面的压力各为多大？［答：$14\text{m}\cdot\text{s}^{-1}$；$3.06\times10^4\text{N}$（↑），$3.06\times10^4\text{N}$（↓）］

2-5 如习题2-5图所示，单摆的摆长为l，摆锤的质量为m. 当单摆在摆动过程中，摆锤相对于平衡位置O的路程s随时间t的变化规律为$s=s_0\sin(\sqrt{g/l})t$（式中s_0为正的恒量）. 求摆锤经过最低点O时，摆线对摆锤的拉力.［答：$F_{\text{T}}=mg(1+s_0^2/l^2)$］

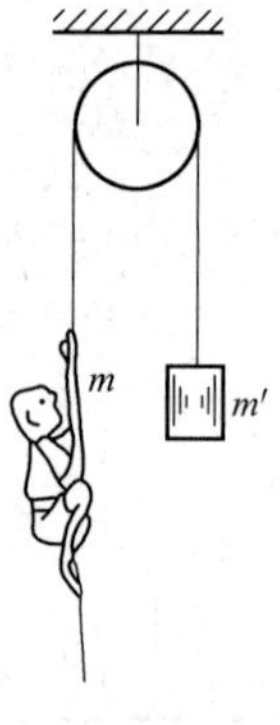

习题2-3图

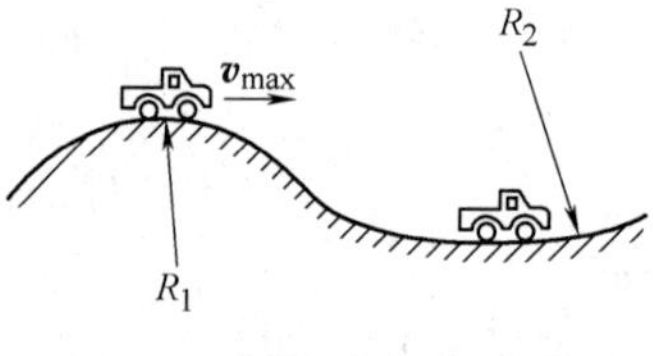

习题2-4图

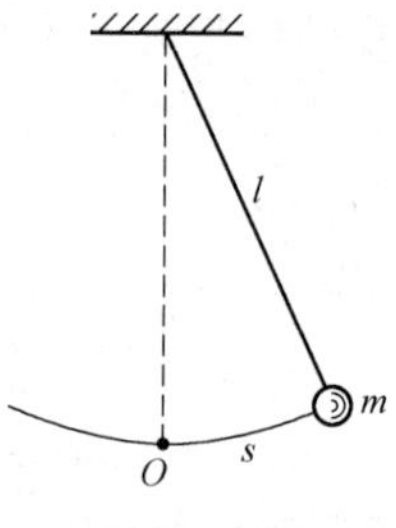

习题2-5图

2-6 一质量为1kg的质点沿Ox轴运动，其运动函数为$x=3(\text{e}^{-2t}+\text{e}^{2t})$(SI). 求质点在$x=8\text{m}$处所受的力.（答：32N，沿$Ox$轴正向）

2-7 一质量为$m=30\text{t}$的机车以$20\text{m}\cdot\text{s}^{-1}$的速率驶入半径为400m的圆弧形弯道后，其速率均匀减小，在5s内减到$10\text{m}\cdot\text{s}^{-1}$. 求机车进入弯道后第2s末所受的合外力.（答：$F=6.3\times10^4\text{N}$，$\theta=-72.26°$）

2-8 如习题2-8图所示，一物体靠置在墙角上，其重力为$W=30\text{N}$，物体与地面间的静摩擦系数$\mu'=0.5$. 若一水平向右的外力$\boldsymbol{F}$作用于此物体上，在外力$\boldsymbol{F}$的大小为10N时，试分析：①物体的受力情况；②地面对物体作用的摩擦力；③当$F=25\text{N}$时，墙壁是否对物体有力作用？

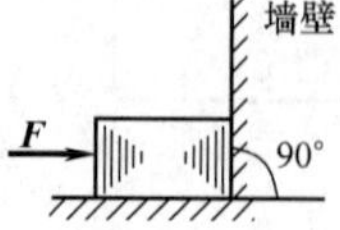

习题2-8图

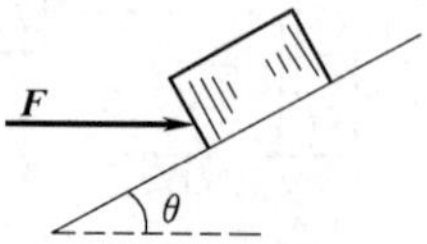

习题2-9图

2-9　一个重力为 W 的物体放在倾角为 θ 的斜面上，受水平力 F 作用（如习题2-9图所示），设斜面的静摩擦系数 $\mu'=\tan\beta$，且 $\theta>\beta$. 求证：欲防止物体下滑或上滑，则此水平力 F 的大小应满足 $W\tan(\theta-\beta)<F<W\tan(\theta+\beta)$.

2-10　如习题2-10图所示，一人坐在小车上，为了把自己拉上倾角为 $\theta=21°$ 的斜坡，对绳子需施加350N的拉力，若人与车的总质量为120kg，绳子和滑轮的质量及一切摩擦皆不计，拉车上坡时各段绳子均保持与斜坡平行. 求车的加速度.（**答**：$5.16\text{m}\cdot\text{s}^{-2}$）

2-11　在顶角为 2α 的圆锥顶点 O 系一弹簧（弹簧质量不计），其劲度系数为 k，原长为 l_0，今在弹簧的另一端挂一质量为 m 的物体，使它停留在圆锥面上绕竖直的圆锥轴线 Oz 做圆周运动.（1）试沿如习题2-11图所示的 $O'x$、$O'y$ 轴列出物体运动方程的分量式；（2）求出恰使物体离开圆锥面的角速度 ω 和此时弹簧的长度 l.（圆锥面与物体间摩擦力不计）｛**答**：（2）$\omega=[kg/(kl_0\cos\alpha+mg)]^{1/2}$，$l=l_0+mg/(k\cos x)$｝

2-12　如习题2-12图所示，两圆环A、B可以在水平杆上滑动，环与杆之间的静摩擦系数为 μ，环的质量不计，用长为 a 的细线将两环连接起来，并在线的中点 C 悬挂一重量为 W 的物体，试证：在平衡时，两环之间最大可能的距离为 $l=\mu a/\sqrt{1+\mu^2}$.

习题2-10图

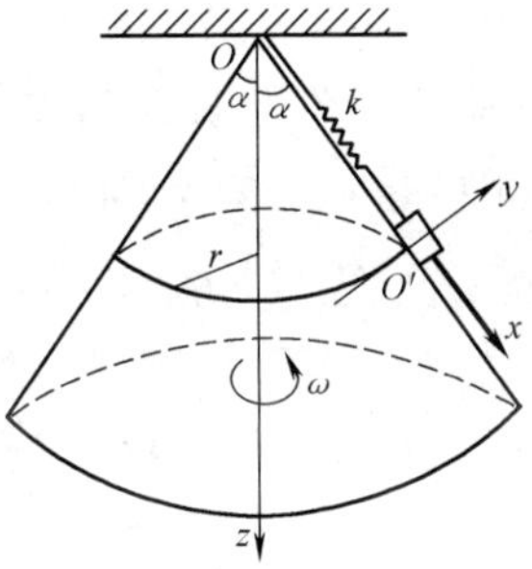

习题2-11图

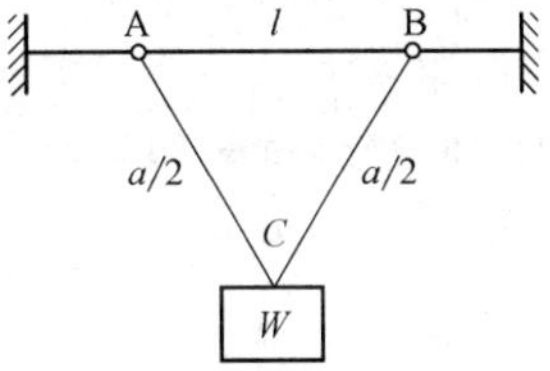

习题2-12图

2-13　如习题2-13图所示，在光滑水平面上放置一块质量为5kg的铁块A，继而，在A上又放置一块质量为4kg的铁块B. 为了使铁块B在A上滑动时铁块A保持不动（利用外界对A施力来维持），必须对铁块B施加12N的水平力，试求：（1）使两铁块一起运动时，在铁块A上最多能施加多大的水平力 F？（2）两铁块一起运动时的加速度多大？［**答**：（1）27N；（2）$3.0\text{m}\cdot\text{s}^{-2}$］

2-14　一水平圆台以角速度 $\omega=10\text{rad}\cdot\text{s}^{-1}$ 做匀速率转动（见习题2-14图）. 一根长度为3m的细绳的一端连接于转台的竖直轴上. 在细绳上，每隔1m连接一小球. 三个小球 A、B、C 放在转台平面上和转台一起运动. 小球的质量均为 $m=0.1\text{kg}$. 问绳子的 BC 段、AB 段和 OA 段各受张力多大？不计一切摩擦.（**答**：30N，50N，60N）

2-15　如习题2-15图所示，升降机以加速度 $\boldsymbol{a}$ 向下运动，跨过滑轮的物体A和B的质量分别为 m_1、m_2，且 $m_1>m_2$，不计绳和滑轮的质量，忽略一切阻力，求物体A和B相对于升降机的加速度和绳中的张力.［**答**：$(m_1-m_2)(g-a)/(m_1+m_2)$，$2m_1m_2(g-a)/(m_1+m_2)$］

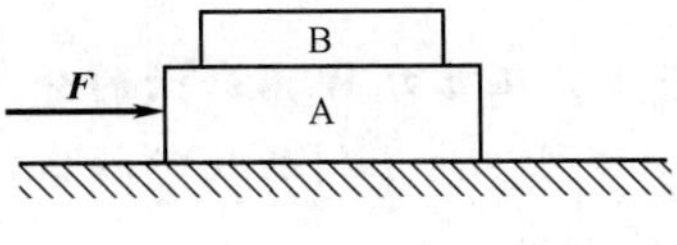

习题2-13图

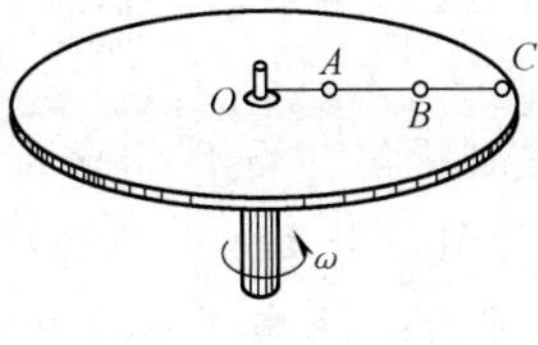

习题2-14图

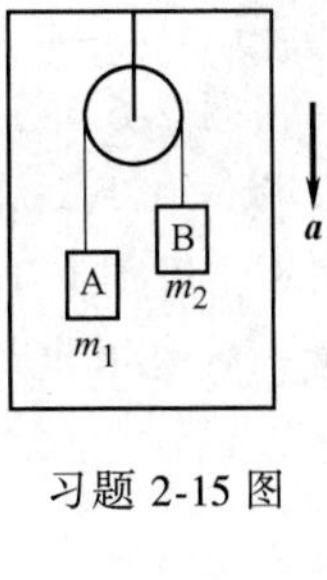

习题2-15图

本章“问题”选解

问题 2-2 （填空）

答 (1) 相互作用，力，惯性.

(2) 相同，加速，相反，减速.

(3) mv^2/R，$m\mathrm{d}v/\mathrm{d}t$，速度方向，速度大小.

(4) 匀变速，零，静止，匀速直线运动.

问题 2-3

解 (1) 由式（2-6）可求得两个球体之间的引力大小为

$$F=G\frac{m_1m_2}{r^2}=6.6730\times10^{-11}\mathrm{N}\cdot\mathrm{m}^2\cdot\mathrm{kg}^{-2}\times\frac{(100\mathrm{kg})^2}{(1\mathrm{m})^2}=6.673\times10^{-7}\mathrm{N}$$

可见，由于引力常量 G 很小，故一般物体间的引力微不足道，可忽略不计.

(2) 将地球近似视作一均匀球体，便可当作一质量集中于地球中心的质点；而地面附近物体的大小与它到地球中心的距离 r 相比甚小，也可视作质点；并且，地面附近的物体与地球中心的距离 r 差不多等于地球的半径 r_e，即 $r\approx r_e$. 故可利用式（2-6）算得地面附近的质量为 1kg 的物体所受的地球引力大小为

$$F=G\frac{m_em}{r_e^2}=6.6730\times10^{-11}\mathrm{N}\cdot\mathrm{m}^2\cdot\mathrm{kg}^{-2}\times\frac{5.977\times10^{24}\mathrm{kg}\times1\mathrm{kg}}{(6.370\times10^6\mathrm{m})^2}=9.80\mathrm{N}$$

这个力就不能忽视了！

问题 2-4 (2)

答 此时静摩擦力的方向向左，大小为 0.1N. 题中用公式 $F_{f0}=\mu' F_N$ 算得的 49N 是最大静摩擦力的大小。

问题 2-5

答 引起物体运动状态改变（如小车向前行或人往后退）的原因，不是物体所受各力中的某一个力，而是该物体所受的合外力，人推小车，小车受人的向前推力；同时，人受小车的向后推力，这是一对作用力与反作用力，但决定小车沿水平方向前进的力是人的推力和小车所受的向后摩擦力，当此推力大于最大静摩擦力时，车就前进；当地面对人的向前的最大静摩擦力大于车对人的向后推力时，人就不会后退，这里，因人和车在铅直方向所受的外力（如重力、地面支承力等）平衡，故我们未加考虑.

问题 2-6

答 订正后的示力图如问题 2-6 解答图所示.

对问题 2-6 解答图 a 的说明：

在物体 A 到达最高点 P 的这一瞬间，处于 $v=0$ 的静止状态，且在重力 $\boldsymbol{W}$ 沿斜面的分力 $W\sin\alpha$ 的作用下有下滑趋势，故受到沿斜面向上的静摩擦力 F_{f0} 作用，为了判断此时物体能否下滑，需先求出最大静摩擦力 F_{fmax}，又由于 $F_N=W\cos\alpha$，则可求出

$$F_{fmax}=\mu f_N=\mu W\cos30°=\left(0.64\times\frac{\sqrt{3}}{2}\right)W=0.55W$$

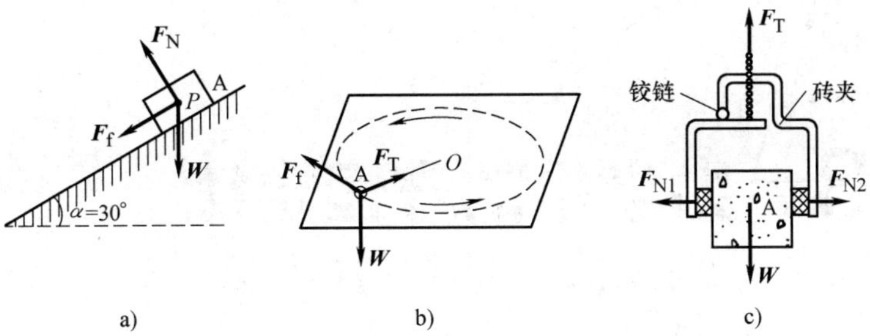

问题 2-6 解答图

即

$$F_{fmax} > W\sin30° = 0.5W$$

由上式可知，物体就停在 P 点而不会下滑.

“问题拓展”参考答案

答　(1) 缓慢拉重物下面的绳子，上面悬挂重物的绳子将承受重物的重力与手的拉力的和，因此上面的绳先断；(2) 如果突然用力，重物由于惯性将试图保持静止状态，因此下面的绳先断.

第3章 力学中的守恒定律

章前问题？

驾驶证考试需要考虑的重要问题就是安全. 若汽车以 50km/h 的速度行驶，制动后的最小滑行距离为 15m. 那么，以 100km/h 的速度行驶，最小滑行距离是多少呢？是 30m 吗？如果考虑到驾驶员和制动装置的响应时间，驾驶员发现危险后还需要大约 1s 才能开始对汽车进行制动，那么以 100km/h 的速度行驶的汽车应与前车保持多远的距离才安全呢？你能解答这个问题吗？

在古代，航海使用的是帆船，那么水手是如何使帆船逆风行驶的呢？你能解释其中的物理原理吗？

要弄清上述问题，必须先了解质点所遵从的力学规律，如能量、动量、冲量等，即力在空间（或时间）上的累积效应.

牛顿运动定律阐明了力及其对物体所产生加速度的瞬时效应. 可是，物体在某时刻具有加速度，只能说明物体在该时刻的运动状态（速度）要发生改变. 所以，欲使物体运动状态发生有限的改变，就得探究在力的持续作用下，经过一段空间（或时间）过程所发生的累积效应，并由此进一步给出相应的守恒定律.

守恒定律，即在自然界中某种物理量的值恒定不变的规律. 力学中的守恒定律不仅适用于力学所研究的机械运动，而且还可应用于牛顿定律所不能讨论的其他运动形式，因此具有比牛顿定律更普遍、更基本的意义. 同时，也为求解力学问题提供了另一些途径.

本章将先讨论力的空间累积效应；然后再讨论力和力矩的时间累积效应.

3.1 功　动能定理

为了研究作用在物体上的力持续地经历一段位移（空间）过程的累积效应，引入功的概念. 进而研究功与物体运动状态变化的关系.

3.1.1 功　功率

设物体（可视作质点）在恒力 $\boldsymbol{F}$ 作用下做直线运动，其位移为 $\Delta\boldsymbol{r}$，力与位移的夹角为 θ（见图 3-1），则**力 $\boldsymbol{F}$ 对物体所做的功**定义为

$$A = F\,|\Delta\boldsymbol{r}|\cos\theta = \boldsymbol{F}\cdot\Delta\boldsymbol{r} \tag{3-1}$$

即恒力对物体所做的功，等于力 $\boldsymbol{F}$ 在物体位移方向的分量（$F\cos\theta$）**和位移大小 $|\Delta\boldsymbol{r}|$ 的乘积**，因而也可写成 $\boldsymbol{F}$ 与 $\Delta\boldsymbol{r}$ 的标量积 $\boldsymbol{F}\cdot\Delta\boldsymbol{r}$，所以功是标量. 当 $0\leqslant\theta\leqslant\pi/2$ 时，功是正值，表示外力对物体做功；当 $\pi/2<\theta\leqslant\pi$ 时，功是负值，称为物体对外界做功. 或者说，物体反抗外力做正功.

如果物体受一变力 $\boldsymbol{F}$ 作用，沿曲线 l 从 a 点移动到 b 点（见图 3-2）. 我们可先求力 $\boldsymbol{F}$ 在曲线上一段位移元 $\mathrm{d}\boldsymbol{r}$ 上所做的功，叫作**元功**. 在位移元 $\mathrm{d}\boldsymbol{r}$ 上，可以认为力 $\boldsymbol{F}$ 的大小和方向变化不大，可当作恒力；$\mathrm{d}\boldsymbol{r}$ 所对应的实际路径上的一段曲线元近似为与 $\mathrm{d}\boldsymbol{r}$ 重合的直线路程，其长度为 $\mathrm{d}s=|\mathrm{d}\boldsymbol{r}|$. 因此，力 $\boldsymbol{F}$ 在这段位移元 $\mathrm{d}\boldsymbol{r}$ 上所做的元功为 $\mathrm{d}A=\boldsymbol{F}\cdot\mathrm{d}\boldsymbol{r}=F|\mathrm{d}\boldsymbol{r}|\cos\theta=F\mathrm{d}s\cos\theta$. **在物体从 a 点沿曲线路径 l 移到 b 点的全过程中，力 $\boldsymbol{F}$ 所做的功等于所有位移元上该力所做元功之总和.** 从而可给出功的一般定义式为

$$A=\int_a^b\boldsymbol{F}\cdot\mathrm{d}\boldsymbol{r}=\int_l F\cos\theta\mathrm{d}s \tag{3-2}$$

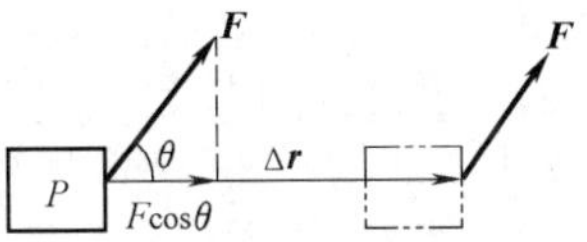

图 3-1　恒力做功

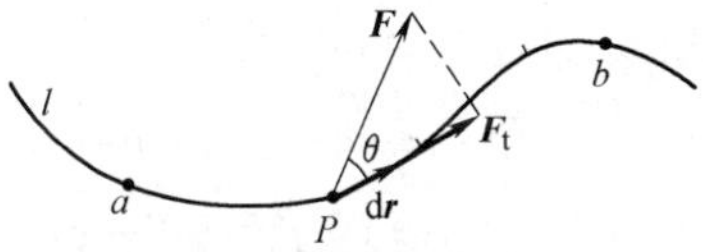

图 3-2　变力沿曲线所做的功

如果物体同时受到 n 个力 $\boldsymbol{F}_1$，$\boldsymbol{F}_2$，…，$\boldsymbol{F}_n$ 的作用，其合力为 $\boldsymbol{F}=\boldsymbol{F}_1+\boldsymbol{F}_2+\cdots+\boldsymbol{F}_n$，则按标量积的分配律，合力 $\boldsymbol{F}$ 对物体所做的功为

$$\begin{aligned}A&=\int_a^b\boldsymbol{F}\cdot\mathrm{d}\boldsymbol{r}=\int_a^b(\boldsymbol{F}_1+\boldsymbol{F}_2+\cdots+\boldsymbol{F}_n)\cdot\mathrm{d}\boldsymbol{r}\\&=\int_a^b\boldsymbol{F}_1\cdot\mathrm{d}\boldsymbol{r}+\int_a^b\boldsymbol{F}_2\cdot\mathrm{d}\boldsymbol{r}+\cdots+\int_a^b\boldsymbol{F}_n\cdot\mathrm{d}\boldsymbol{r}\end{aligned}$$

即

$$A=A_1+A_2+\cdots+A_n=\sum_{i=1}^{n}A_i$$

亦即，**合力对物体所做的功等于其中各个力分别对该物体所做功之代数和.**

为了表征各种机械（如发动机、机床等）或工人的做功快慢，还可引入**功率**的概念. 设在 Δt 时间内完成 ΔA 的功，那么在这段时间内的**平均功率**是

$$\overline{N}=\frac{\Delta A}{\Delta t} \tag{3-3}$$

当 Δt 趋近于零时，$\Delta A/\Delta t$ 的极限称为在某时刻的**瞬时功率**. 即

$$N=\lim_{\Delta t\to 0}\frac{\Delta A}{\Delta t}=\frac{\mathrm{d}A}{\mathrm{d}t} \tag{3-4}$$

若将 $\Delta A=F\cos\theta\Delta s$ 代入上式，则有

$$N=\lim_{\Delta t\to 0}\left(F\cos\theta\frac{\Delta s}{\Delta t}\right)=F\cos\theta\frac{\mathrm{d}s}{\mathrm{d}t}=Fv\cos\theta=\boldsymbol{F}\cdot\boldsymbol{v} \tag{3-5}$$

从式（3-5）可知，一辆功率一定的汽车，在上坡时，为了增大牵引力 $\boldsymbol{F}$，必须放慢汽车的速率 v.

功的单位是 J（焦耳），功率的单位是 W（瓦），$1\mathrm{W}=1\mathrm{J}\cdot\mathrm{s}^{-1}$；$1\mathrm{kW}=10^3\mathrm{W}$.

问题 3-1　(1) 试述功和功率的定义，功的正负如何确定？列出功与功率的常用单位及其规定方法.

(2) 一人将质量为 10kg 的物体提高 1m，问他对物体做了多少功？重力对物体做了多少功？此后，若将物体提着不动，他是否需要继续做功？

(3) 汽车发动机的功率是恒定的，为什么汽车在载货时比空载时跑得慢？

例题 3-1　如例题 3-1 图所示，一单摆，摆球质量为 m，摆线长为 l，今有一水平力 $\boldsymbol{F}$ 将摆球从最低位置很缓慢地拉起，使摆线与竖直方向成 θ_0 角. 计算此过程中 $\boldsymbol{F}$ 对摆球所做的功.

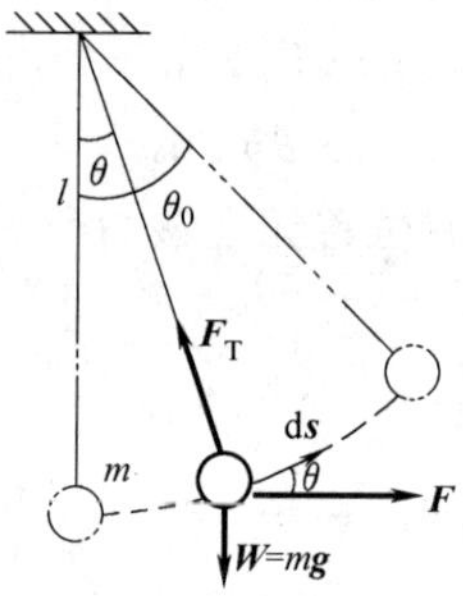

例题 3-1 图

解　按题意，力 $\boldsymbol{F}$ 拉动小球的过程进行得很缓慢，这可理解为对任一微小位移 ds，摆球都近似处于 $\boldsymbol{F}$、$\boldsymbol{F}_T$ 和 $\boldsymbol{W}=m\boldsymbol{g}$ 三力平衡状态. 这样沿水平和竖直方向的合外力皆为零. 当摆球被拉到其摆线与竖直方向成 θ 角时，有

$$F-F_T\sin\theta=0,\quad F_T\cos\theta-mg=0$$

由此得

$$F=mg\tan\theta$$

摆球从 $\theta=0°$ 到 $\theta=\theta_0$ 的拉动过程中，$\boldsymbol{F}$ 经历的位移元为 $l\mathrm{d}\theta$，则 $\boldsymbol{F}$ 对摆球所做的功为

$$A=\int_l \boldsymbol{F}\cdot \mathrm{d}\boldsymbol{s}=\int_0^{\theta_0}(mg\tan\theta)(\cos\theta)l\mathrm{d}\theta=mgl(1-\cos\theta_0)$$

例题 3-2　在丘陵地区建筑工地的斜坡（$\alpha=25°$）线路上，用绞车及牵引索拉运一辆装土方的小车，如例题 3-2 图 a 所示. 车上装土 2 方（每方土的质量为 1.9t）. 如果当放松牵引索（即此时索中拉力为零）时，小车能以匀速自行滑下. 而当绞车在电动机驱动下卷绕牵引索时，小车以 $3\mathrm{m}\cdot\mathrm{s}^{-1}$ 的匀速被拉上. 求所配置的电动机至少具有多少功率？设滑轮与牵引索之间的摩擦不计，小车和滑轮的质量亦不计.

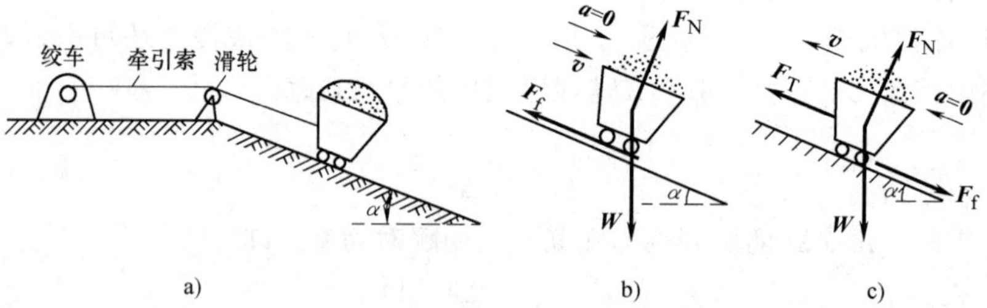

例题 3-2 图

解　如例题 3-2 图 b 所示，当小车匀速下滑时，按牛顿第二定律，沿斜面方向的分量式为

$$mg\sin\alpha-F_f=m\cdot 0=0$$

则滑动摩擦力为

$$F_f=mg\sin\alpha \qquad ⓐ$$

当绞车对小车施加牵引力 $\boldsymbol{F}_{\mathrm{T}}$ 匀速上滑时（见例题 3-2 图 c），沿斜面方向，有

$$F_{\mathrm{T}}-mg\sin\alpha-F_{\mathrm{f}}=m\cdot 0=0 \qquad ⓑ$$

将式ⓐ代入式ⓑ，得绞车牵引力为

$$F_{\mathrm{T}}=mg\sin\alpha+mg\sin\alpha=2mg\sin\alpha$$

按题设 $m=2\times1.9\times10^{3}\mathrm{kg}=3.8\times10^{3}\mathrm{kg}$，则小车以匀速 $v=3\mathrm{m}\cdot\mathrm{s}^{-1}$ 上滑时，绞车的功率为

$$N=\boldsymbol{F}_{\mathrm{T}}\cdot\boldsymbol{v}=F_{\mathrm{T}}v\cos 0°=2mgv\sin\alpha=2\times(3.8\times10^{3}\mathrm{kg})\times(9.80\mathrm{m}\cdot\mathrm{s}^{-2})\times(3\mathrm{m}\cdot\mathrm{s}^{-1})\times\sin25°$$

$$=94.43\times10^{3}\mathrm{N}\cdot\mathrm{m}\cdot\mathrm{s}^{-1}=94.43\times10^{3}\mathrm{J}\cdot\mathrm{s}^{-1}=94.43\times10^{3}\mathrm{W}=94.43\mathrm{kW}$$

3.1.2 质点的动能定理

外力对物体做功过程中所产生的空间累积效应，使物体的运动状态改变．上面讲过，在合外力是变力的情况下，物体做曲线运动时，功的定义式是

$$A=\int_a^b F\cos\theta \mathrm{d}s$$

式中，$F\cos\theta$ 是合外力 $\boldsymbol{F}$ 沿物体运动轨道切线方向的分力（见图 3-2），即切向力 F_{t}（另一分力——法向力处处与运动轨道垂直，不做功）．根据牛顿第二定律的分量式（2-4），有 $F_{\mathrm{t}}=ma_{\mathrm{t}}=m\mathrm{d}v/\mathrm{d}t$，把它代入上式，又因 $\mathrm{d}s/\mathrm{d}t=v$，并设物体在起点 a 和终点 b 时的速度大小分别为 v_1 和 v_2，则可得

$$A=\int_a^b F\cos\theta\mathrm{d}s=\int_a^b m\frac{\mathrm{d}v}{\mathrm{d}t}\mathrm{d}s=\int_a^b m\frac{\mathrm{d}v}{\mathrm{d}s}\frac{\mathrm{d}s}{\mathrm{d}t}\mathrm{d}s=\int_{v_1}^{v_2}mv\mathrm{d}v=\frac{1}{2}mv_2^2-\frac{1}{2}mv_1^2 \qquad (3\text{-}6)$$

式（3-6）表明合外力对物体做功的效应要引起$\frac{1}{2}mv^2$ 这个量的改变．$\frac{1}{2}mv^2$ 是物体速率的函数，它是表征物体运动状态的一个新的物理量，叫作物体的**动能**，记作 E_{k}；而 $\Delta E_{\mathrm{k}}=E_{\mathrm{k2}}-E_{\mathrm{k1}}=\frac{1}{2}mv_2^2-\frac{1}{2}mv_1^2$ 是物体在合外力作用过程中末态与始态的动能之差，即动能的增量．因此，式（3-6）可写成

$$A=E_{\mathrm{k2}}-E_{\mathrm{k1}} \qquad (3\text{-}7)$$

即**合外力对物体所做的功等于物体动能的增量**．这个结论称为**质点的动能定理**．它表述了做功与物体运动状态改变（即动能的增量）之间的关系．

按照质点的动能定理的表达式(3-7）可知，若合外力对物体做正功（$A>0$），使物体增加或获得动能；反之，若合外力对物体做负功（$A<0$），这时物体反抗合外力做功，或者说，物体克服施力物体的作用力做了正功，使物体减少或付出动能．如此看来，我们也可以把动能看作运动物体所拥有的做功本领．并且，从数值上说，合外力的功恰好等于动能的改变值（增量）．所以，**物体动能的改变可用功来量度**．动能是标量，其单位与功的单位相同，也是 J（焦耳）．

动能是反映物体运动状态的物理量，是一种**状态量**．亦即，物体在某时刻（或相应的位置）处于一定的运动状态，就相应地拥有一定的动能．而功则涉及受力物体所经历的位移过程，它是一个与空间过程有关的**过程量**．我们说物体在某一时刻或某一位置拥有多少功，是没有任何意义的．

问题 3-2 （1）试述质点的动能定理．阐明功与动能的区别和联系．

(2) 若物体所受的恒力 $\boldsymbol{F}$ 与水平的 Ox 轴成 θ 角，试导出这时的质点动能定理的表达式为

$$F\Delta x\cos\theta=\frac{1}{2}mv_2^2-\frac{1}{2}mv_1^2$$

式中，$\Delta x=x_2-x_1$ 是物体的位移.

(3) 若将行星绕太阳的运动近似看作匀速率圆周运动，那么太阳对行星的引力是否做功？行星的动能是否不变？

例题 3-3 质量为 m 的物体沿 Ox 轴方向运动，试求在沿 Ox 轴方向的合外力 $F=-k/x^2$ 的作用下，从 $x=x_0$ 处自静止开始而到达 x 处的速度.

解 由题设，按质点动能定理，有

$$\int_{x_0}^{x}(-k/x^2)\,\mathrm{d}x=mv^2/2-0$$

即

$$k/x\,\Big|_{x_0}^{x}=mv^2/2$$

由此得速度为

$$v=[(2k/m)(1/x-1/x_0)]^{1/2}$$

章前问题解答

解 设汽车制动前的速度为 v，地面对汽车的摩擦阻力为 f，若汽车以 $v_1=50\text{km/h}$ 的速度行驶，其最小滑行距离为 $s_1=15\text{m}$，若汽车以 $v_2=100\text{km/h}$ 的速度行驶，其最小滑行距离为 s_2，根据动能定理得到

$$fs_1=\frac{1}{2}mv_1^2-0 \qquad ⓐ$$

$$fs_2=\frac{1}{2}mv_2^2-0 \qquad ⓑ$$

由式ⓐ和式ⓑ，得到

$$s_2=s_1\frac{v_2^2}{v_1^2}=15\text{m}\times\frac{100^2}{50^2}=60\text{m}$$

因此，当汽车的行驶速度为 100km/h 的时候，制动需要的最短距离为 60m. 如果再考虑上大约 1s 的响应时间（在 1s 时间内，汽车将继续行驶大约 30m），和最短制动距离加起来，是 90m. 那么以 100km/h 的速度行驶的汽车应与前车保持的安全距离不应小于 90m. 而在驾驶证科目一考试中，关于安全车距的题目的正确答案是，行驶速度为 100km/h 时的安全车距应保持在 100m.

3.1.3 系统的动能定理

在研究力学问题时，我们往往根据需要将若干个互有联系的物体作为一个整体来加以研究. 通常把**这些物体所组成的总体或物体组**称为**系统**. 如果组成系统的各物体都可认为是质点的话，则称为**质点系**.

系统内各物体间所存在的相互作用力，称为系统的**内力**；至于**系统外的其他物体对系统**

内的物体的作用力，都称为系统的**外力**.

我们知道，系统内质点间相互作用的内力都是成对地以作用力和反作用力的形式出现的. 这一对内力的矢量和虽然为零，可是这一对内力的两个受力质点的位移不一定相同，因而它们做功的代数和就不一定为零. 例如，炸弹在爆炸过程中发生动能的突变，就是由于内力做功的结果.

现在我们讨论系统的动能定理.

设系统由 n 个物体所组成，对其中每个物体（可视为质点），按质点动能定理，有

$$A_1=\frac{1}{2}m_1v_{12}^2-\frac{1}{2}m_1v_{11}^2$$

$$A_2=\frac{1}{2}m_2v_{22}^2-\frac{1}{2}m_2v_{21}^2$$

$$\vdots$$

$$A_i=\frac{1}{2}m_iv_{i2}^2-\frac{1}{2}m_iv_{i1}^2$$

$$\vdots$$

$$A_n=\frac{1}{2}m_nv_{n2}^2-\frac{1}{2}m_nv_{n1}^2$$

式中，A_i 表示系统运动过程中作用于第 i 个物体上的合力所做的功，v_{i1} 和 v_{i2} 分别表示第 i 个物体在起始和末了时的速率，把以上各式相加，得

$$A_1+A_2+\cdots+A_i+\cdots+A_n=\left(\frac{1}{2}m_1v_{12}^2+\frac{1}{2}m_2v_{22}^2+\cdots+\frac{1}{2}m_iv_{i2}^2+\cdots+\frac{1}{2}m_nv_{n2}^2\right)-\left(\frac{1}{2}m_1v_{11}^2+\frac{1}{2}m_2v_{21}^2+\cdots+\frac{1}{2}m_iv_{i1}^2+\cdots+\frac{1}{2}m_nv_{n1}^2\right)$$

用求和号把上式的左端记作 $\sum\limits_{i=1}^{n}A_i$，右端前、后两项分别记作 $\sum\limits_{i=1}^{n}E_{\mathrm{k}i2}$、$\sum\limits_{i=1}^{n}E_{\mathrm{k}i1}$，则

$$\sum_{i=1}^{n}A_i=\sum_{i=1}^{n}E_{\mathrm{k}i2}-\sum_{i=1}^{n}E_{\mathrm{k}i1}$$

式中，$\sum\limits_{i=1}^{n}A_i$ 表示作用于系统内各个物体上一切力做功的代数和. 对系统内每个物体来说，既可能受到系统以外的物体对它作用的外力，又存在着系统内其他物体对它作用的内力，因而，可将 $\sum\limits_{i=1}^{n}A_i$ 分为两部分：所有外力做功之和 $\sum\limits_{i=1}^{n}A_{外i}$ 与所有内力做功之和 $\sum\limits_{i=1}^{n}A_{内i}$；其次，我们把**系统内各物体的动能之和**称为**系统的动能**，则上式右端的 $\sum\limits_{i=1}^{n}E_{\mathrm{k}i2}$、$\sum\limits_{i=1}^{n}E_{\mathrm{k}i1}$ 分别是系统的末动能和初动能. 这样，上式成为

$$\sum_{i=1}^{n}A_{外i}+\sum_{i=1}^{n}A_{内i}=\sum_{i=1}^{n}E_{\mathrm{k}i2}-\sum_{i=1}^{n}E_{\mathrm{k}i1} \tag{3-8}$$

即一切外力对系统所做的功与系统内各物体间一切内力所做的功之代数和，等于该系统的动

能之增量，这就是**系统的动能定理**.

问题 3-3 试导出系统的动能定理，并阐明其意义.

问题 3-4 如问题 3-4 图所示，物体 B_1、B_2 用跨过轻滑轮 P 的细绳连接，当物体 B_1 在水平恒力 $\boldsymbol{F}$ 拉动下，物体 B_1、B_2 分别在高差为 h 的平台上运动，不计一切摩擦，今将物体 B_1、B_2 和细绳各自所受的力都已画在图上. 若把这三者视作一系统时，试指出哪些力是系统的外力？哪些是系统的内力？

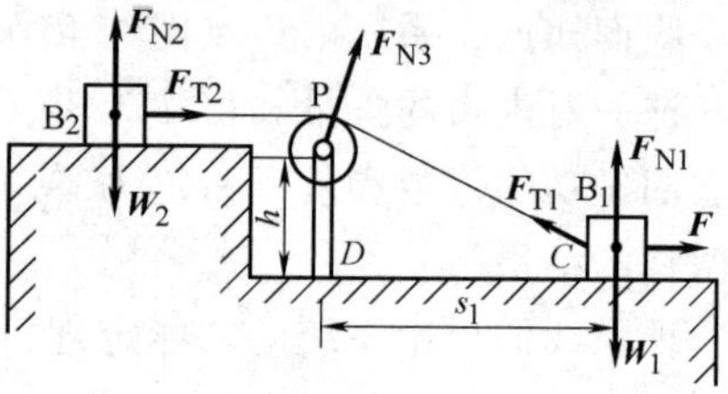

问题 3-4 图

例题 3-4 水平桌面上放置一质量为 $m'=1\text{kg}$ 的厚木块，其初速 $V_1=0$. 一质量为 $m=20\text{g}$ 的子弹以 $v_1=200\text{m}\cdot\text{s}^{-1}$ 的速度水平地射入木块，穿出木块后的速度为 $v_2=100\text{m}\cdot\text{s}^{-1}$，并使木块获得 $V_2=2\text{m}\cdot\text{s}^{-1}$ 的速度. 求子弹穿透木块过程中阻力所做的功（木块与桌面间的摩擦不计）.

分析 在子弹射穿木块的过程中，纵然可以断定子弹与木块两者在阻力相互作用下各自发生了位移，怎奈阻力和位移的情况皆无从获悉，故无法直接求出阻力的功. 联想到功与能的关系，读者自然可以对子弹和木块分别运用质点动能定理求解本题. 然而，考虑到子弹穿透木块过程的内情不详，可能甚为复杂，不如用系统的动能定理求解，更为合适，亦较简便.

解 以子弹与木块所组成的系统作为研究对象. 分析系统的受力情况：子弹和木块分别受地球作用的重力 $\boldsymbol{W}_1$ 和 $\boldsymbol{W}_2$、桌面对木块的支承力 $\boldsymbol{F}_\text{N}$、木块与子弹相互作用的阻力 $\boldsymbol{F}_\text{f}$ 与 $\boldsymbol{F}'_\text{f}$（互为作用与反作用）. 显然，$\boldsymbol{W}_1$、$\boldsymbol{W}_2$ 和 $\boldsymbol{F}_\text{N}$ 都是系统的外力，且皆垂直于桌面，故它们在子弹射穿木块而使木块发生水平位移的过程中皆不做功；阻力 $\boldsymbol{F}_\text{f}$、$\boldsymbol{F}'_\text{f}$ 为系统的内力，设其做功之和为 $A_{阻}$. 则按系统的动能定理，有

$$(A_{W_1}+A_{W_2}+A_{F_\text{N}})+A_{阻}=\left(\frac{1}{2}m'V_2^2+\frac{1}{2}mv_2^2\right)-\left(\frac{1}{2}m'V_1^2+\frac{1}{2}mv_1^2\right)$$

按题设和以上所述，$A_{W_1}=A_{W_2}=A_{F_\text{N}}=0$，$m'=1\text{kg}$，$m=20\text{g}=0.02\text{kg}$，$V_1=0$，$V_2=2\text{m}\cdot\text{s}^{-1}$，$v_1=200\text{m}\cdot\text{s}^{-1}$，$v_2=100\text{m}\cdot\text{s}^{-1}$，代入上式，可算得阻力所做的功

$$A_{阻}=\left[\frac{1}{2}\times(1\text{kg})\times(2\text{m}\cdot\text{s}^{-1})^2+\frac{1}{2}\times(0.02\text{kg})\times(100\text{m}\cdot\text{s}^{-1})^2\right]-$$

$$\left[0+\frac{1}{2}\times(0.02\text{kg})\times(200\text{m}\cdot\text{s}^{-1})^2\right]=-298\text{J}$$

负号表示子弹与木块间相互作用的阻力做负功. 亦即，子弹以消耗自身的动能为代价，用于克服阻力做功，并使木块获得了动能 $E_\text{k}=m'V_2^2/2=(1\text{kg})(2\text{m}\cdot\text{s}^{-1})^2/2=2\text{J}$.

说明 像本例中的阻力这一类内力的功，一般是很难求出的. 对于这类问题应用功与能的关系来求解，就方便多了.

3.2 保守力 系统的势能

能量是物质的基本属性之一，它普遍依存于自然界的各种物质运动形式. 在机械运动中，涉及的能量包括动能和势能. 上节讲过，动能是运动物体所拥有的做功本领，可用合外力所做的功来量度. 而势能则是由物体之间相互作用和相对位置改变而拥有的做功本领，它是与保守力相关联的. 常见的保守力有万有引力、重力和弹性力等. 本节先引述这三种保守力所做的功及其特点；继而再相应地讨论引力势能、重力势能和弹性势能.

3.2.1 保守力做功的特点

1. 万有引力做的功

如图 3-3 所示，一质量为 m_0 的均质球体，其中心为 O，球外有一质量为 m 的质点. 在讨论均质球体和球外质点之间的引力时，可以认为球体是固定不动、且其质量 m_0 集中于中心 O 的一个质点.

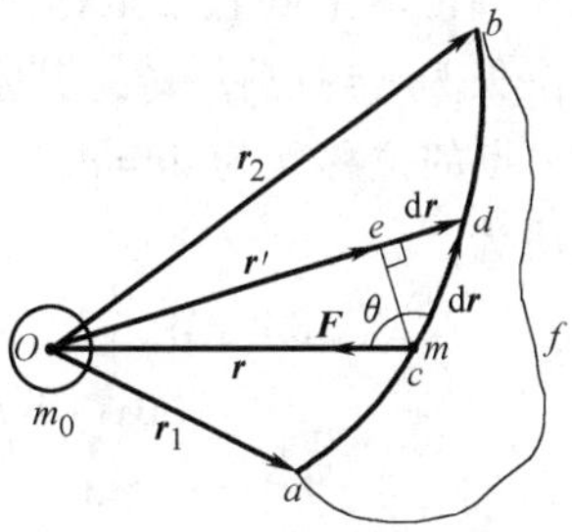

图 3-3 万有引力做功

当质点处于球体的引力场内，从 a 点沿任意路径运动到 b 点的过程中，在 c 点经过位移元 d$\boldsymbol{r}$ 时，万有引力 $\boldsymbol{F}$ 对它所做的元功为

$$\mathrm{d}A=\boldsymbol{F}\cdot\mathrm{d}\boldsymbol{r}=\frac{Gmm_0}{r^2}|\mathrm{d}\boldsymbol{r}|\cos\theta$$

式中，θ 为 $\boldsymbol{F}$ 与 d$\boldsymbol{r}$ 之间小于 180°的夹角；若 c、d 点相对于 O 点的位矢分别为 $\boldsymbol{r}$ 和 $\boldsymbol{r}'$，作 $ce\perp Od$，则位矢 $\boldsymbol{r}$ 与 $\boldsymbol{r}'$大小的增量为 $\mathrm{d}r=ed=|\boldsymbol{r}'|-|\boldsymbol{r}|$，由于 $\boldsymbol{r}'$与 $\boldsymbol{r}$ 的夹角甚小，故 $\angle Oce\approx 90°$，从而 $|\mathrm{d}\boldsymbol{r}|\sin(\theta-90°)=\mathrm{d}r$ 或 $-|\mathrm{d}\boldsymbol{r}|\cos\theta=\mathrm{d}r$，于是，上式可化为

$$\mathrm{d}A=-G\frac{mm_0}{r^2}\mathrm{d}r$$

在质点从点 a 沿任意路径到达点 b 的过程中，设始、末位置 a 与 b 相对于 O 点的位矢分别为 $\boldsymbol{r}_1$ 和 $\boldsymbol{r}_2$，则对上式积分，便得万有引力所做的功为

$$A_{ab}=\int_{r_1}^{r_2}-G\frac{mm_0}{r^2}\mathrm{d}r=-\left[\left(-\frac{Gmm_0}{r_2}\right)-\left(-\frac{Gmm_0}{r_1}\right)\right] \tag{3-9}$$

式（3-9）表明，**当质点的质量 m_0 和 m 给定时，万有引力所做的功只与质点的始、末位置（用 r_1、r_2 表示）有关，而与所经历的路径无关**. 具有这种特点的力称为**保守力**. 万有引力既然是一种保守力，那么，读者不妨以 b 点为起始位置，经历另一条任取的路径 bfa，回到末了位置 a，则按式（3-9），计算万有引力的功，有

$$A_{ba}=-\left[\left(-\frac{Gmm_0}{r_1}\right)-\left(-\frac{Gmm_0}{r_2}\right)\right]$$

这样，质点沿任一闭合路径 $acbfa$ 绕行一周，万有引力所做的功为

$$\oint_l \boldsymbol{F}\cdot\mathrm{d}\boldsymbol{r}=A_{acb}+A_{bfa}=0 \tag{3-9a}$$

即**质点绕行闭合路径一周保守力 $\boldsymbol{F}$ 所做的功为零**. $\oint_l \boldsymbol{F}\cdot \mathrm{d}\boldsymbol{r}$ 称为**保守力的环流**. 式（3-9a）表明**保守力的环流为零**. 显然，式（3-9a）与式（3-9）是等价的. 而环流不为零的力则称为**非保守力**或**耗散力**，例如摩擦力、磁场力等.

2. 重力做的功

如前所述，在地球表面附近的空间内，质量为 m 的物体所受的万有引力即为物体的重力 $\boldsymbol{W}=m\boldsymbol{g}$，此空间就是**重力场**. 如图 3-4 所示，在地平面上取空间直角坐标系 $Oxyz$，物体在任一点 c 的位矢为 $\boldsymbol{r}=x\boldsymbol{i}+y\boldsymbol{j}+z\boldsymbol{k}$，其重力为 $\boldsymbol{W}=-mg\boldsymbol{k}$，物体在 c 点的位移元为 $\mathrm{d}\boldsymbol{r}=\mathrm{d}x\boldsymbol{i}+\mathrm{d}y\boldsymbol{j}+\mathrm{d}z\boldsymbol{k}$，则重力所做的元功为

$$\mathrm{d}A=\boldsymbol{W}\cdot\mathrm{d}\boldsymbol{r}=(-mg\boldsymbol{k})\cdot(\mathrm{d}x\boldsymbol{i}+\mathrm{d}y\boldsymbol{j}+\mathrm{d}z\boldsymbol{k})=-mg\mathrm{d}z$$

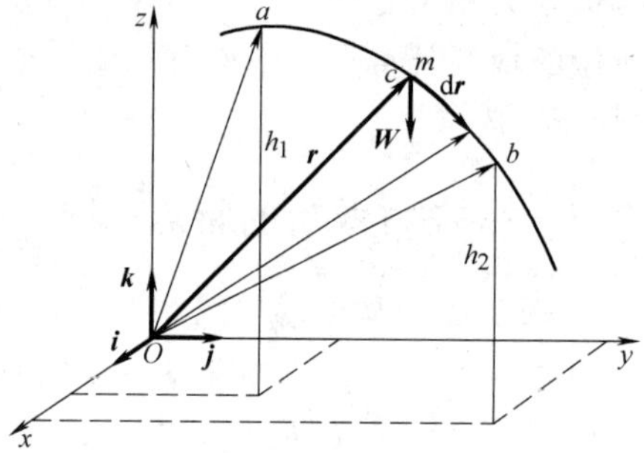

图 3-4　重力做功

设物体从 a 点沿任意路径 acb 运动到 b 点，其在 a、b 点的高度分别为 $z_a=h_1$ 和 $z_b=h_2$，则在此过程中重力所做的功为

$$A_{ab}=\int_{z_a}^{z_b}\mathrm{d}A=\int_{h_1}^{h_2}-mg\mathrm{d}z=-(mgh_2-mgh_1) \tag{3-10}$$

显然，**重力做功也与路径无关，只由始、末位置决定**. 因而**重力是保守力**.

3. 弹簧的弹性力做的功

如图 3-5 所示，一劲度系数为 k 的水平轻弹簧，一端固定，另一端连接一物体，以弹簧处于原长时的平衡位置 O 为原点，取 Ox 轴正向向右，相应的单位矢量为 $\boldsymbol{i}$. 在弹簧伸长（或缩短）甚小而处于弹性限度内的情况下，让它经历一个向右拉伸的过程，其间在伸长量为 x 的一点处移过一段位移元 $\mathrm{d}\boldsymbol{r}=\mathrm{d}x\boldsymbol{i}$，则弹簧弹性力 $\boldsymbol{F}=-kx\boldsymbol{i}$ 所做的元功为 $\mathrm{d}A=\boldsymbol{F}\cdot\mathrm{d}\boldsymbol{r}=(-kx\boldsymbol{i})\cdot(\mathrm{d}x\boldsymbol{i})=-kx\mathrm{d}x$. 当物体从弹簧伸长量为 x_1 的 a 点，移到伸长量为 x_2 的 b 点，在这个过程中，弹性力做功为

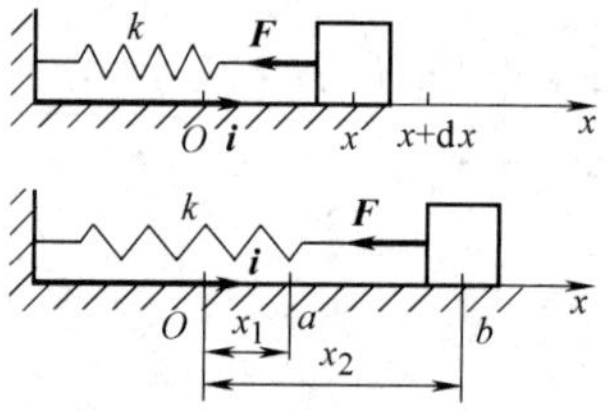

图 3-5　弹性力做功

$$A_{ab}=\int_a^b\mathrm{d}A=\int_{x_1}^{x_2}-kx\mathrm{d}x=-\left(\frac{1}{2}kx_2-\frac{1}{2}kx_1\right) \tag{3-11}$$

显然，弹性力的功也与路径无关，只由始、末位置决定，因而**弹性力是保守力**.

问题 3-5　（1）举例说明保守力和非保守力的区别.

（2）甲将弹簧拉伸 0.05m 后，乙又继续再将弹簧拉伸 0.03m，甲、乙二人谁做功多些？

3.2.2　势能

我们已知，重力、弹性力和万有引力等都是保守力，而保守力做功只与始、末位置有关. 由于做功是能量变化的量度，则由式（3-9）、式（3-10）和式（3-11）可以看出，相应

于保守力做功所引起的能量变化表现为一种位置函数之差，这种位置函数分明是一种能量，称为**势能**[⊖]，亦称**位能**，用 E_p 表示．这样，我们从上述三式中，可以分别给出如下的三种势能，即

$$\left.\begin{aligned}&\text{重力势能}\quad E_p=mgh\\&\text{弹性势能}\quad E_p=\frac{1}{2}kx^2\\&\text{引力势能}\quad E_p=-G\frac{m_0m}{r^2}\end{aligned}\right\}\tag{3-12}$$

于是，我们可把前述的式（3-9）、式（3-10）和式（3-11）三式统一表示为

$$A_{保}=-(E_{p2}-E_{p1})=-\Delta E_p\tag{3-13}$$

式中，E_{p1}、E_{p2} 为系统在始、末状态时的势能，而 $\Delta E_p=E_{p2}-E_{p1}$ 表示系统势能的增量．上式表明，**保守力所做的功等于相应势能增量的负值**（或者说，**等于相应势能之差**）．

显然，势能也是一个标量，势能的单位与功的单位相同．其次，由于保守力做功与路径无关，因此，只要知道系统在始、末状态的势能之差，按式（3-13）便可求出相应的保守力所做的功．这就简化了保守力做功的计算．

式（3-13）所表述的是保守力做功只能确定始、末位置的势能之差．为了表述某一位置的势能，通常可以选择一个位置作为基准，将这一位置的势能人为地指定为零，这个基准位置称为**势能零点**，那么，其他位置的势能就有确定的数值了．如以保守力做功过程中的末了位置作为势能零点，则由式（3-13），因 $E_{p2}=0$，故在起始位置处，相应于该保守力的势能为

$$E_{p1}=A_{保}\tag{3-14}$$

即某一位置的势能在数值上等于保守力从该位置到势能零点所做的功；然而，这个“某一位置的势能”实质上仍是该位置相对于势能零点的势能之差．也就是说，势能只有相对意义，客观上并不存在某一位置的绝对势能．我们对前面所述的重力势能和弹性势能也应做这样的理解．例如，若**选定地面作为重力势能零点**（即将地面的高度 h 看作零），则相对于地面位于高度 h 处的重力势能就有确定的值 mgh；**对于弹簧的弹性势能零点，一般选在弹簧处于原长**（其伸长或压缩量 $x=0$）**时的平衡位置**，则弹簧在伸长（或压缩）量为 x 时，弹性势能就有确定的值 $kx^2/2$.

对引力势能来说，由式（3-12）可见，引力势能是负值，这是因为我们规定了无限远处的引力势能为零的缘故．不难看出，质点在从无限远处移到 r 处的过程中，引力做正功，这功等于引力势能的减少，势能减少到比无限远处的零值还要小，那自然是负值．反之，在将质点 m 从距球心为 r 的位置移到无限远处时，外力反抗引力所做的功（或者说引力做的负功）为 $-Gm_0m/r$，使系统的引力势能从负值增大到零．

⊖ 例如打桩机的桩锤、水库中的水均处于重力场中，当它们位于高处时，就存在着这种潜在的能量，即重力势能 mgh．当这种能量减少时重力就做功．按动能定理，这个功使物体（如桩锤、水库中的水）获得动能，凭借所获得的动能就能对外做功．例如桩锤下落打桩，使桩克服地面阻力做功而埋入土层；水库中的水流过水轮机时，水的一部分动能就驱动水轮机做功，进行水力发电．

由于重力是地球对物体的万有引力，因此，重力势能就是引力势能．已知地球的质量为m_e、半径为r_e，则质量为m的物体在离地面高h处与在地面$h=0$处的引力势能之差为

$$\Delta E_p=\left(-G\frac{m_e m}{r_e+h}\right)-\left(-G\frac{m_e m}{r_e}\right)=G\frac{m_e m}{r_e(r_e+h)}h$$

由于$h \ll r_e$，且由式（2-8）有$g=Gm_e/r_e^2$，则

$$\Delta E_p=G\frac{m_e m}{r_e^2}h=mgh$$

我们选地面的重力势能为零，则重力势能为$E_p=mgh$，可见E_p与上述ΔE_p一致，即

$$E_p=\Delta E_p=mgh$$

最后，必须强调，势能是属于参与保守力相互作用的物体所组成的系统的，而不是属于其中个别物体的．例如，重力势能是属于地球与受重力作用的物体所组成的系统．对弹簧的弹性势能来说也是如此，它是属于弹簧各质元所组成的弹性系统．但为了叙述方便，常常把系统等字省去，说成“物体的势能”．

问题 3-6　试述系统的保守性内力做功与其相应势能的关系．如何选择重力势能和弹性势能的零点？如问题 3-6 图所示，若分别选B点和D点为重力势能零点，试求质量为m的物体处于位置A、B、D点时的重力势能和A、D两点之间的重力势能之差．

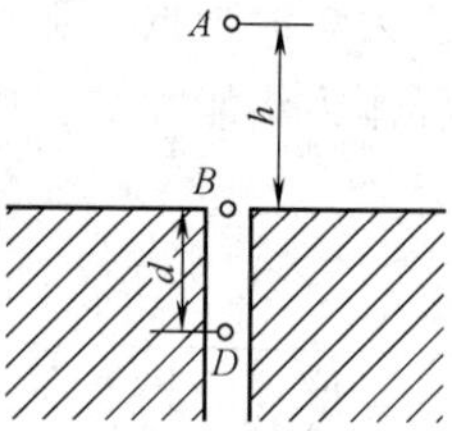

问题 3-6 图

问题 3-7　山区的一座小型水电站，每秒钟有 50kg 的水自 100m 高处流下而驱动发电机组的水轮机，水经水轮机流出时的速度很小，可忽略不计．水轮发电机组的效率为 75%．问此水电站的发电量为多大？一年发电多少千瓦小时？

例题 3-5　如例题 3-5 图所示，一根劲度系数为k的竖直轻弹簧，上端O固定，下端挂一质量为m的小球．将球托起，使弹簧处于原长，然后放手，并给小球以向下的初速度$\boldsymbol{v}_0$．求小球所能下降的最大距离s．

解　选取小球、弹簧和地球为一系统，因弹簧上端O固定不动，O点处顶壁对弹簧的支承力（外力）$\boldsymbol{F}_N$不做功．设弹簧为原长时，小球位于A点，经最大位移s后，小球位于B点．在此过程中，小球受重力$\boldsymbol{W}=m\boldsymbol{g}$和弹簧的弹性力$\boldsymbol{F}$作用，两者都是保守性内力，而保守力做功等于相应势能的减小．今设小球在B点的重力势能为零，弹簧为原长时的弹性势能为零，则重力和弹簧弹性力所做的功分别为

$$A_W=mgs-0=mgs$$

$$A_F=0-\frac{1}{2}ks^2=-\frac{1}{2}ks^2$$

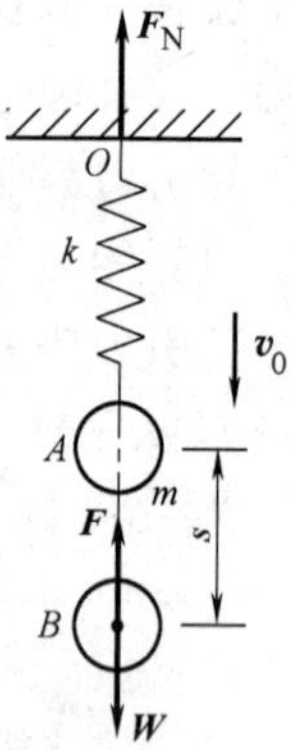

例题 3-5 图

小球在A点时速度为$\boldsymbol{v}_0$，到达B点时速度为零．故按系统动能定理，有

$$mgs-\frac{1}{2}ks^2=0-\frac{1}{2}mv_0^2$$㊀

化简后，上式成为关于 s 的一元二次方程，即

$$ks^2-2mgs-mv_0^2=0$$

求解这个方程，并在解的根式前取正号（为什么?），得小球下降的最大距离为

$$s=\frac{mg+\sqrt{(mg)^2+kmv_0^2}}{k}$$

3.3　系统的功能定理　机械能守恒定律　能量守恒定律

3.3.1　系统的功能定理

系统的内力一般可区分为保守性内力和非保守性内力，若用 $\sum_{i=1}^{n} A_{保内i}$ 和 $\sum_{i=1}^{n} A_{非保内i}$ 分别表示该系统所有保守性内力和非保守性内力的功，则系统内一切内力所做的功可写成 $\sum_{i=1}^{n} A_{内i}=\sum_{i=1}^{n} A_{保内i}+\sum_{i=1}^{n} A_{非保内i}$. 这样，便可将系统的动能定理表达式（3-8）改写成

$$\sum_{i=1}^{n} A_{外i}+\sum_{i=1}^{n} A_{保内i}+\sum_{i=1}^{n} A_{非保内i}=\sum_{i=1}^{n} E_{ki2}-\sum_{i=1}^{n} E_{ki1} \tag{3-15}$$

按式（3-15），某种保守力的功 $A_{保}$，乃是相应于该保守力的势能之增量的负值. 若对系统内所存在的各种保守性内力的功求和，则得

$$\sum_{i=1}^{n} A_{保内i}=-\left(\sum_{i=1}^{n} E_{pi2}-\sum_{i=1}^{n} E_{pi1}\right) \tag{3-16}$$

式中，$\sum_{i=1}^{n} E_{pi1}$、$\sum_{i=1}^{n} E_{pi2}$ 分别表示系统处于始、末位置状态时相应于各种保守性内力的势能之和. 把上式（3-16）代入式（3-15），并移项，得

$$\sum_{i=1}^{n} A_{外i}+\sum_{i=1}^{n} A_{非保内i}=\left(\sum_{i=1}^{n} E_{ki2}+\sum_{i=1}^{n} E_{pi2}\right)-\left(\sum_{i=1}^{n} E_{ki1}+\sum_{i=1}^{n} E_{pi1}\right) \tag{3-17}$$

我们把**系统中各物体的动能与势能之总和**称为**系统的机械能**，常用 E 表示；而 $\left(\sum_{i=1}^{n} E_{ki1}+\sum_{i=1}^{n} E_{pi1}\right)$、$\left(\sum_{i=1}^{n} E_{ki2}+\sum_{i=1}^{n} E_{pi2}\right)$ 就分别为系统在始、末状态的机械能. 于是，式（3-17）表明，**系统的机械能的增量等于它所受的一切外力和非保守性内力两者做功之代数和**. 这就是**系统的功能定理**，它全面地表达了力学中的**功能关系**.

㊀ 若系统内包括地球与弹簧，则对地球来说，由于其质量巨大，它在各种内力和外力作用下所引起的加速度甚小而可忽略不计，故可认为地球的速率不变，相应的动能变化为零；对弹簧来说，通常都是指质量可忽略不计的轻弹簧，故弹簧在运动时，其动能总是为零. 因此，在计算系统的动能时，对系统中所包括的地球和轻弹簧，可不予考虑其本身动能的改变.

必须注意，利用功能定理求解力学问题时，只需要计算系统外力所做的功 $\sum_{i=1}^{n} A_{外i}$ 和系统的非保守性内力所做的功 $\sum_{i=1}^{n} A_{非保内i}$. 对保守性内力（重力、弹性力等）所做的功无须计算，因为它们所做的功已用相应的势能的减少所置换了.

问题 3-8 （1）试按系统的动能定理导出系统的功能定理.

（2）如问题 3-8 图所示，某火车站的自动扶梯以匀速 $v=0.42\text{m}\cdot\text{s}^{-1}$ 每小时将 8000 位旅客自底楼输送到高度 $h=5\text{m}$ 的楼上. 设每位旅客的平均质量为 55kg，不计机械传动过程中的一切能量损失，求电动机所需提供的平均功率（**提示**：先求每位旅客机械能的改变）.

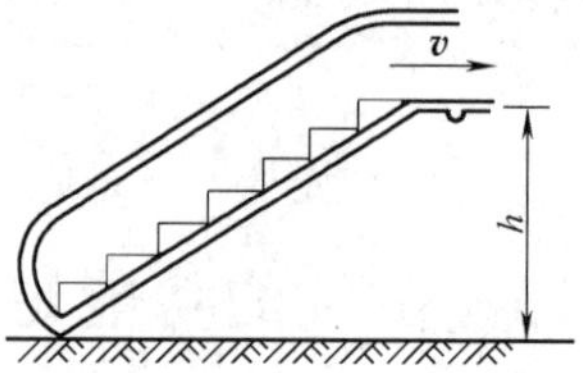

问题 3-8 图

问题 3-9 雪橇从高 20m 覆盖着冰的山上沿一缓坡滑下，滑到没有冰的平地以后继续滑行 50m 而停止，若雪橇与冰之间的摩擦力可以不计. 试利用系统的功能定理，求雪橇与地面之间的摩擦系数.

3.3.2 机械能守恒定律

若在一个力学过程中，外力和非保守性内力都不做功，即

$$\sum_{i=1}^{n} A_{外i}=0,\quad \sum_{i=1}^{n} A_{非保内i}=0 \tag{3-18}$$

则式（3-17）成为

$$\sum_{i=1}^{n} E_{ki2}+\sum_{i=1}^{n} E_{pi2}=\sum_{i=1}^{n} E_{ki1}+\sum_{i=1}^{n} E_{pi1}$$

或

$$\sum_{i=1}^{n} E_{ki}+\sum_{i=1}^{n} E_{pi}=\text{恒量} \tag{3-19}$$

式（3-19）表明，**如果一系统的所有外力和非保守性内力都不做功，则系统的机械能总是保持为一恒量**. 这个结论称为系统的**机械能守恒定律**. 式（3-18）**是机械能守恒定律的适用条件**. 在满足这一条件的情况下，如果系统内有保守力做功，那么，也只能使系统内的动能与势能相互转换，而不致引起系统机械能的改变.

我们经常考察地球附近一个物体的运动过程. 这时，把地球与物体看作一个系统，除重力这个保守性内力外，若所有外力和非保守性内力都不做功，则这个系统的机械能守恒. 对该系统运动过程中任意取定的始、末两状态，设其相应的速度和位置分别为 $\boldsymbol{v}_1$、$\boldsymbol{v}_2$ 和 h_1、h_2，则式（3-19）可以具体地写作

$$\frac{1}{2}mv_2^2+mgh_2=\frac{1}{2}mv_1^2+mgh_1 \tag{3-20}$$

如果在上述系统内尚包括弹簧，还存在着弹性力这种保守性内力，则类似地可得它的机械能守恒定律具体表达式为

$$\frac{1}{2}mv_2^2+mgh_2+\frac{1}{2}kx_2^2=\frac{1}{2}mv_1^2+mgh_1+\frac{1}{2}kx_1^2 \tag{3-21}$$

即在满足机械能守恒的条件下，对地球、物体和弹簧这一系统来说，动能、重力势能和弹性势能可以相互转换，但它们之和是守恒的．亦即，在过程中的任一时刻，系统的机械能 E（即动能和各种势能之和）为一恒量，或者说 $dE/dt=0$.

问题 3-10 （1）试由系统的功能定理导出系统的机械能守恒定律．

（2）起重机将一集装箱竖直地匀速上吊，以此集装箱与地球作为一系统，此系统的机械能是否守恒？

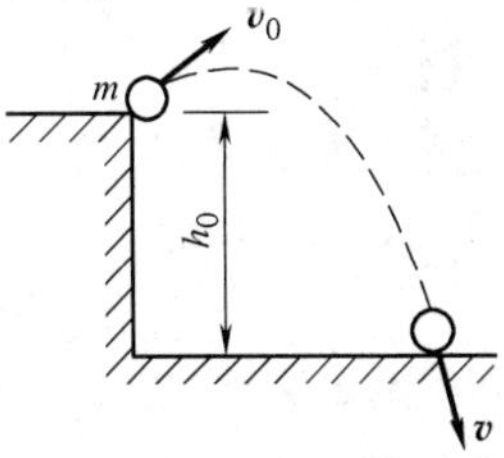

例题 3-6 图

例题 3-6 在高 $h_0=20\text{m}$ 处以初速 $v_0=18\text{m}\cdot\text{s}^{-1}$ 倾斜地向地面上方抛出一石块（见例题 3-6 图），（1）若空气阻力忽略不计，求石块达到地面时的速率．（2）如果考虑空气阻力，而石块落地时速率变成 $v=20\text{m}\cdot\text{s}^{-1}$．求空气阻力所做的功．已知石块的质量为 $m=50\text{g}$.

解 （1）先分析力．在抛出后，如果不计空气阻力，则石块只受重力（保守力）作用，别无外力，所以对石块和地球组成的系统而言，机械能守恒．在地面上，取重力势能零点，并设 v 为石块到达地面时的速率．则按机械能守恒定律，对抛出点和落地点，有

$$\frac{1}{2}mv_0^2+mgh_0=\frac{1}{2}mv^2+0 \tag{a}$$

解得 $$v=\sqrt{v_0^2+2gh_0}=\sqrt{(18\text{m}\cdot\text{s}^{-1})^2+2\times(9.8\text{m}\cdot\text{s}^{-2})\times 20\text{m}}=26.76\text{m}\cdot\text{s}^{-1}$$

（2）仍把石块和地球看作一个系统，在抛出后，除重力（内力）外，还有外力——空气阻力做功 $A_{阻}$，因此机械能不守恒．这时，可应用系统功能定理［式（3-17）］，即外力做功等于系统机械能的增量，仍取地面为重力势能零点，得

$$A_{阻}=\left(\frac{1}{2}mv^2+0\right)-\left(\frac{1}{2}mv_0^2+mgh_0\right) \tag{b}$$

代入题给数据，读者可自行求得空气阻力所做负功为

$$A_{阻}=-7.91\text{J}$$

说明 如果在一个力学问题中，涉及物体在力的作用下经历一段位移过程，这时，我们通常可运用以上各节所述的有关功、能的定理或定律去求解，会简捷得多．读者今后通过学习，将会逐步体察到从功、能观点出发，审视和解决物理学和其他科学、技术问题的重要性．

问题 3-11 如问题 3-11 图所示，在倾角为 α 的斜面上放置一劲度系数为 k 的轻弹簧，其下端固定，上端连接一质量为 m 的物体，若物体在弹簧为原长时的位置自静止开始下滑，试分别对斜面与物体间的摩擦系数为 $\mu=0$ 和 $\mu\neq0$ 这两种情况求出物体下滑的最大距离．

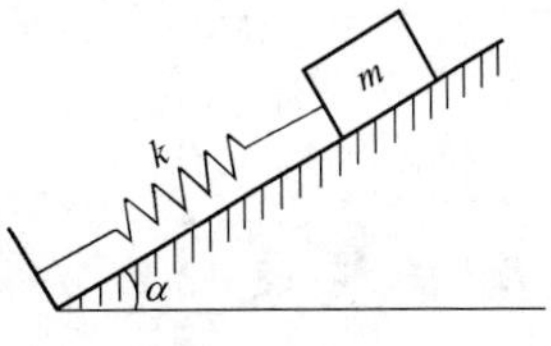

问题 3-11 图

例题 3-7 如例题 3-7 图所示，一个质量为 $m=0.1\text{kg}$ 的小球被压缩的水平轻弹簧弹出后，沿着水平轨道 AB 和铅直的半圆形轨道 BB' 运动，当小球达到 D 点时，刚好脱离轨道．设半圆轨道的半径 $R=1.5\text{m}$，D 点离水平轨道的高度 $H=2.4\text{m}$，弹簧的劲度系数 $k=500\text{N}\cdot\text{m}^{-1}$，并不计一切摩擦，求弹簧原先被压缩的长度．

分析 根据在运动全过程中受力情况的不同，可分为三个过程来考虑，即：小球被弹簧弹出的过程、弹出后沿水平轨道运动的过程，以及小球进入半圆形轨道运动的过程.

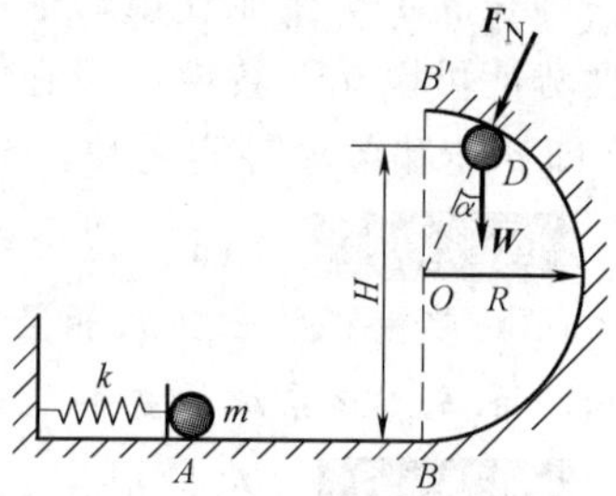

例题 3-7 图

解 在小球被弹簧弹出的过程中，以小球和弹簧为系统，其外力有重力、弹簧固定端和水平轨道的支承力，它们皆不做功，即 $\sum_{i=1}^{n} A_{外i} = 0$；又因不计摩擦，$\sum_{i=1}^{n} A_{非保内i} = 0$，故系统的机械能守恒. 由于系统内仅有保守性内力——弹簧的弹性力，则由式（3-21），取弹簧原长时作为弹性势能零点，便可列出

$$0+0+\frac{1}{2}kx^2=\frac{1}{2}mv^2+0+0$$

或

$$\frac{1}{2}kx^2=\frac{1}{2}mv^2 \qquad ⓐ$$

而今，小球被弹出时的速度$\boldsymbol{v}$不知道，故不能由上式求弹簧原先的压缩量 x；且此后沿水平轨道运动的过程中，小球以弹出时的速度$\boldsymbol{v}$保持匀速前进（为什么?），无助于求速度$\boldsymbol{v}$. 为此，只得再考察小球进入半圆形轨道 BD 段的运动过程：把小球和地球视作一系统，轨道的法向支承力 $\boldsymbol{F}_\mathrm{N}$ 为系统的唯一外力，但它处处垂直于小球的位移，故不做功. 因而，系统的机械能守恒. 在系统内力仅有保守力——重力 $\boldsymbol{W}=m\boldsymbol{g}$ 的情况下，按机械能守恒定律的表达式（3-20），取此过程中的最低点作为重力势能零点，便可列出

$$\frac{1}{2}mv^2+0=\frac{1}{2}mv_D^2+mgH \qquad ⓑ$$

式中，v_D 为小球在 D 点的速率. 相应于小球在 D 点的瞬时，按牛顿第二定律，列出小球运动方程的法向分量式，即

$$F_\mathrm{N}+mg\cos\alpha=m\frac{v_D^2}{R} \qquad ⓒ$$

式中，$\cos\alpha=(H-R)/R$. 按题意，在 D 点处，小球开始脱离轨道，故 $F_\mathrm{N}=0$，则由式ⓐ、式ⓑ、式ⓒ联立求解，并代入已知数据，可解算出弹簧原先的压缩量为

$$x=\sqrt{\frac{mg(3H-R)}{k}}=\sqrt{\frac{(0.1\mathrm{kg})(9.80\mathrm{m}\cdot\mathrm{s}^{-2})(3\times2.4\mathrm{m}-1.5\mathrm{m})}{500\mathrm{N}\cdot\mathrm{m}^{-1}}}=0.106\mathrm{m}$$

问题拓展

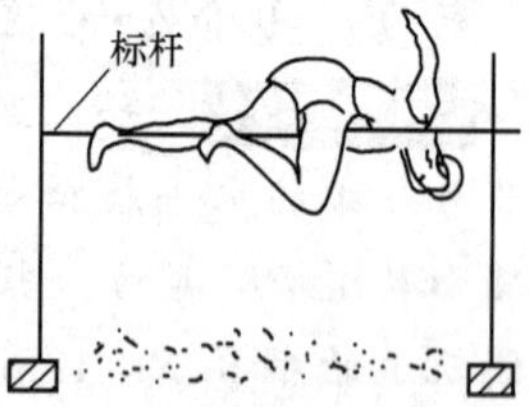

问题拓展 3-1 图

3-1 一个身高 1.8m 的跳高运动员，竖直起跳后横身越过高度为 2.1m 的标杆（见问题拓展 3-1 图），不计空气阻力，并设其身体重心在身高的一半处. 你能估算他纵身起跳时竖直向

上的速度吗？(提示：跳高越杆，实际上是利用竖直上跃时的动能以提升运动员自身重心的高度、增大重力势能的过程.)

3.3.3 能量守恒定律

如果系统存在着非保守性内力，并且这种非保守性内力（例如摩擦力）做负功，则系统的机械能将减少. 但是大量事实证明，在机械能减少的同时，必然有其他形式的能量增加. 例如，因克服摩擦力做功而机械能减少时，必然有“热”产生，“热”也是一种能量(即平常所说的“**热量**”). 不过，它是一种超出机械能范围的另一种形式的能量. 而且大量实验事实证明，在外力不做功的条件下，系统的机械能和其他形式的能量之总和仍是一恒量. 这就是说，**在自然界中，任何系统都具有能量，能量有各种不同的形式，可以从一种形式转换为另一种形式或从一个物体（或系统）传递给另一个物体（或系统），在转换和传递的过程中，能量不会消失，也不能创造**. 这一结论称为**能量守恒定律**. 它是自然界的一条普通规律.

能量守恒定律能使我们更深刻地理解功的意义. 按能量守恒定律，当一个物体或系统的能量发生变化时，必然有另一个物体或系统的能量同时也发生变化. 所以，当外界用做功的方式（也可以用传递热量等其他方式）使一个系统的能量变化时，其实质是这个系统和另一个系统（指外界）之间发生了能量的交换，而所交换的能量在数量上就等于功（或传递的热量等）. 因此，从本质上说，**做功是能量交换或转化的一种形式**；从数量上说，**功是能量交换或转化的一种量度**. 还可以说，功率是单位时间内的能量转换的量度.

再次重申，**功是一个过程量，它总是和能量变化或交换的过程相联系的；而能量只决定于系统的状态，系统在一定状态时，就具有一定的能量，所以，能量是一种状态量**. 例如，对一个在重力场中运动的物体，当它在一定的运动状态（在一定位置，具有一定的速度）时，它就具有一定量值的机械能（动能和重力势能）. 所以我们说，**能量是系统状态的单值函数**.

问题 3-12 试述能量守恒定律；并问功与能有何区别和联系？利用晚上用电低谷时的电能来做功，用于压缩一硬弹簧，使它获得弹性势能而成为**储能器**；白天时，将它储存的弹性势能释放出来，对外做功（例如驱动车辆行驶或使物体移位），这一设想是否可行？

3.4 冲量与动量 质点的动量定理

现在，我们讨论力对物体持续地作用一段时间过程所产生的累积效应，并用冲量这一概念来描述；它所引起的物体运动状态的改变表现为物体动量的改变. 动量定理则表述了合外力的冲量与物体的动量改变之间的关系.

为了研究力的时间累积效应，我们把牛顿第二定律的表达式改写成

$$\boldsymbol{F}=m\boldsymbol{a}=m\frac{\mathrm{d}\boldsymbol{v}}{\mathrm{d}t}=\frac{\mathrm{d}(m\boldsymbol{v})}{\mathrm{d}t}=\frac{\mathrm{d}\boldsymbol{p}}{\mathrm{d}t} \tag{3-22}$$

在经典力学中，认为物体质量 m 是恒量，故可把它移到微分号内. 式中，$\boldsymbol{p}=m\boldsymbol{v}$ 是**物体（视作质点）的质量 m 与速度 $\boldsymbol{v}$ 之乘积**，称为**物体的动量**，**记作 $\boldsymbol{p}$. 动量 $\boldsymbol{p}$ 是矢量，其方向就是速度 $\boldsymbol{v}$ 的方向**. 我们知道，速度 $\boldsymbol{v}$ 是从运动学角度描述物体运动状态的一个物理量；显然，动量 $m\boldsymbol{v}$ 则是从动力学意义上全面描述物体运动状态的一个物理量. 现把式（3-22）两边乘以时间 $\mathrm{d}t$，即得

> 牛顿最初就是以 $\boldsymbol{F}=\mathrm{d}\boldsymbol{p}/\mathrm{d}t$ 的形式来表述牛顿第二定律的，即**质点所受的合外力等于质点动量对时间的变化率**. 表达式 $\boldsymbol{F}=\mathrm{d}\boldsymbol{p}/\mathrm{d}t$ 比 $\boldsymbol{F}=m\boldsymbol{a}$ 更具有普遍意义. 在相对论力学中，$\boldsymbol{F}=m\boldsymbol{a}$ 不再适用，而 $\boldsymbol{F}=\mathrm{d}\boldsymbol{p}/\mathrm{d}t$ 仍然成立.

$$\boldsymbol{F}\mathrm{d}t=\mathrm{d}\boldsymbol{p} \tag{3-23}$$

其中，质点所受合外力 $\boldsymbol{F}$ 与作用时间 $\mathrm{d}t$ 之乘积 $\boldsymbol{F}\mathrm{d}t$，称为**合外力 $\boldsymbol{F}$ 的元冲量**，它描述合外力 $\boldsymbol{F}$ 在极短时间 $\mathrm{d}t$ 内的累积效应. **$\boldsymbol{F}\mathrm{d}t$ 是矢量，其方向与合外力的方向相同**. 上式表明，**质点所受合外力 $\boldsymbol{F}$ 在 $\mathrm{d}t$ 时间内的元冲量等于质点在同一时间 $\mathrm{d}t$ 内的动量之增量 $\mathrm{d}\boldsymbol{p}$**，这一结论称为**质点的动量定理**. 式（3-22）和式（3-23）都是它的微分表达式. 对式（3-23）两边积分，即得质点动量定理的积分表达式为

$$\int_{t_1}^{t_2}\boldsymbol{F}\mathrm{d}t=\int_{\boldsymbol{p}_1}^{\boldsymbol{p}_2}\mathrm{d}\boldsymbol{p}=\boldsymbol{p}_2-\boldsymbol{p}_1 \tag{3-24}$$

或

$$\int_{t_1}^{t_2}\boldsymbol{F}\mathrm{d}t=m\boldsymbol{v}_2-m\boldsymbol{v}_1 \tag{3-25}$$

上式左端是合外力 $\boldsymbol{F}$ 在有限时间 $\Delta t=t_2-t_1$ 内的冲量，记作 $\boldsymbol{I}$，即 $\boldsymbol{I}=\int_{t_1}^{t_2}\boldsymbol{F}\mathrm{d}t$，这个累积效应导致质点在 Δt 时间内发生运动状态的改变，即 $m\boldsymbol{v}_2-m\boldsymbol{v}_1$.

动量定理的表达式（3-25）是矢量式，为此，在具体计算时，可以建立一个合适的坐标系，把它化成等效的一组分量式. 这样，就便于用标量进行运算了. 例如，在质点的平面运动中，可取坐标系 Oxy，则式（3-25）的分量式为

$$\begin{cases}\displaystyle\int_{t_1}^{t_2}F_x\mathrm{d}t=mv_{2x}-mv_{1x}\\[2ex]\displaystyle\int_{t_1}^{t_2}F_y\mathrm{d}t=mv_{2y}-mv_{1y}\end{cases} \tag{3-26}$$

这些分量式说明：**任何冲量分量等于在它自己方向上的动量分量的增量**，即任何冲量分量只能改变其相应方向的动量分量，而不改变在其垂直方向的动量分量. 在应用分量式时，应注意各分量的正、负号与各坐标轴方向的关系.

对动量定理还应注意：

（1）动量定理表明，合外力冲量的方向与动量增量的方向一致. 不要误以为合外力冲量的方向就是动量的方向.

（2）在处理碰撞、打击等问题时，由于作用力变化情况甚为复杂，不易求出其冲量；但若知道始、末动量，就可由动量定理求出冲量；如果能够进一步测出碰撞时间 $\Delta t=t_2-t_1$，则还可算出这段时间内的平均冲力 $\overline{\boldsymbol{F}}$，这样，式（3-25）的左端成为

$$\int_{t_1}^{t_2}F\mathrm{d}t=\overline{\boldsymbol{F}}\int_{t_1}^{t_2}\mathrm{d}t=\overline{\boldsymbol{F}}(t_2-t_1)=\overline{\boldsymbol{F}}\Delta t$$

则由式（3-25）便可得平均冲力为

$$\overline{\boldsymbol{F}}=\frac{m\boldsymbol{v}_2-m\boldsymbol{v}_1}{\Delta t} \tag{3-27}$$

从式（3-27）可知，碰撞时的冲力不仅取决于动量的改变，而且也与作用的时间有关．若作用时间 Δt 越短，动量改变越大，则碰撞时的冲力也越大．例如，工厂中的冲压机械就是利用锤头在极短时间内所发生的动量变化，以提供巨大的冲击力，用来冲压锻件；又如，当人从高处跳下时，因做落体加速运动，所以在与地板碰撞前的一刹那，速度较大，而在碰撞地板的极短时间内，由于人受到地板向上的作用冲力，碰撞后的速度几乎变成零，于是在极短时间内动量改变很大，故地板对人的冲力就颇大．为了减小这个冲力，我们可以在地板上铺一些富有弹性的软垫，使人慢慢地停下来，以延长碰撞的时间 Δt，这样，就可减小地板对人的冲力．与此同时，根据作用与反作用的关系，人对地板也有一个反作用冲力，相应地使地板受到的撞击有所减弱．

（3）值得指出，由于冲力作用的时间极短，所以质点的位置变动一般都很小，在整个冲击时间内可以认为质点的位置几乎没有改变．这样，质点的位移就体现不出来，也就无从计算冲力的功，难以从功、能关系去考察和处理这类力学问题．于是，我们就不得不转而从力的时间累积效应入手，使用动量定理去解决碰撞之类的问题．

（4）还要说明，由于冲力极大，在冲击过程中，作用在质点上其他有限大小的力（如重力等）与冲力相比，往往也可忽略不计．

（5）冲量的单位是 N·s（牛·秒），动量的单位是 $\mathrm{kg\cdot m\cdot s^{-1}}$（千克·米·秒$^{-1}$）．其实，两者的单位在量纲上是一致的．

（6）功和冲量都是过程量，它们分别量度力对空间和时间的累积效应．如果物体虽受外力作用而不发生位移，则力对物体就没有空间累积效应（即不做功），就不致引起物体动能的改变；可是，物体受外力作用总是会存在时间累积效应的（即具有冲量），这就必然要引起其动量的改变．

（7）动量和动能都是描述质点运动状态的物理量．但是，动能是标量，动量是矢量．因此，两者不能混淆．

问题 3-13　（1）试述物体的动量和所受外力的冲量之间的关系．（2）在装瓷器或精密仪器的木箱中为什么要填塞很多泡沫塑料或棉花？（3）为什么在起重机的钢丝绳和吊钩之间装设缓冲弹簧后，就可以防止开始起吊时拉断钢丝绳？（4）所谓“以卵击石”，是说拿蛋去碰撞石头，必碎无疑；但是若蛋落于棉絮中，则可能不碎．这是为什么？

问题 3-14　动能与动量有什么区别？质量为 m 的物体，它的速度是 $\boldsymbol{v}$，其动能是 $mv^2/2$，其动量是否是 mv？若物体的动量发生改变，它的动能是否也一定会发生改变？试举例说明．

例题 3-8　当质量为 m 的物体沿水平的 Ox 轴方向运动时，它所受的水平力为 $F=\mu mg(1-kt)$，式中，μ、k 为恒量．设物体在 $t=0$ 时的速度为 v_0，求此物体在时刻 t 的速度．

解　按题意，$F_x=F$，则按式（3-26）的第一个分量式，有

$$\int_0^t F_x\mathrm{d}t = mv_x - mv_{x_0} = mv - mv_0$$

而
$$\int_0^t F_x \mathrm{d}t = \int_0^t \mu mg(1 - kt)\mathrm{d}t = \mu mg(t - kt^2/2)$$

由以上两式，可求出物体在时刻 t 的速度为

$$v=v_0+\mu g(2t-kt^2)/2$$

例题 3-9 氢分子的质量 $m=3.3\times10^{-27}\mathrm{kg}$，它在碰撞容器器壁前、后的速度大小不变，均为 $v=1.6\times10^3\mathrm{m\cdot s^{-1}}$，而碰撞前、后的方向分别与垂直于器壁的法线成 $\varphi=60°$ 角（见例题 3-9 图），碰撞时间是 $10^{-13}\mathrm{s}$. 求氢分子碰撞容器器壁的平均作用力.

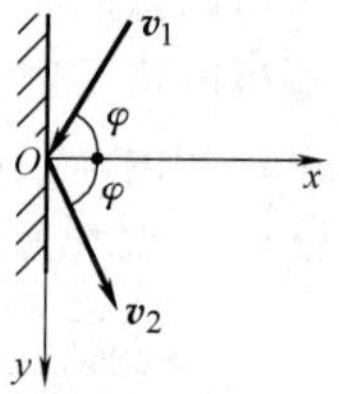

例题 3-9 图

解 设器壁对氢分子的平均冲力为 $\overline{\boldsymbol{F}}$，氢分子在碰撞前、后的速度分别为 $\boldsymbol{v}_1$ 和 $\boldsymbol{v}_2$，按质点动量定理，有

$$\overline{\boldsymbol{F}}\Delta t=m\,\boldsymbol{v}_2-m\,\boldsymbol{v}_1$$

取垂直和平行于器壁的 Ox 和 Oy 轴正向如图所示，将冲量和动量沿 Ox、Oy 轴分解，其分量式为

$$\overline{F}_x\Delta t=mv_{2x}-mv_{1x}$$

$$\overline{F}_y\Delta t=mv_{2y}-mv_{1y}$$

根据氢分子碰撞前、后的速度 $\boldsymbol{v}_1$ 和 $\boldsymbol{v}_2$ 的方向，从图可知，它们沿 Ox、Oy 轴的分量分别为 $v_{1x}=-v\cos\varphi$，$v_{2x}=v\cos\varphi$，$v_{1y}=v\sin\varphi$，$v_{2y}=v\sin\varphi$，代入上两式，得

$$\overline{F}_x\Delta t=mv\cos\varphi-m(-v\cos\varphi)=2mv\cos\varphi$$

$$\overline{F}_y\Delta t=mv\sin\varphi-mv\sin\varphi=0$$

由此得
$$\overline{F}_x=\frac{2mv\cos\varphi}{\Delta t},\ \overline{F}_y=0$$

这里，$\Delta t\neq0$. 上式表明，器壁对氢分子的平均作用力为 $\overline{F}=\overline{F}_x$，其方向沿器壁的法线，与 Ox 轴的正向相同. 代入题给数据，得平均作用力的大小为

$$\overline{F}=\overline{F}_x=\frac{2\times3.3\times10^{-27}\mathrm{kg}\times1.6\times10^3\mathrm{m\cdot s^{-1}}\times\cos60°}{10^{-13}\mathrm{s}}=5.28\times10^{-11}\mathrm{N}$$

按牛顿第三定律，氢分子对器壁的平均作用力和这个力等值、反向、共线，即垂直地指向器壁.

章前问题解答

解 根据动量定理，定性分析如何实现逆风行船.

"好船家会使八面风"，船借风力，逆风航行. 如章前问题解答图 a 所示，图中实线为船帆，虚线为风速方向. 帆船的行进方向需要和风向有一个夹角，这样通过调整船帆的方向，使得风掠过船帆，风速由 $\boldsymbol{v}_1$ 转变为 $\boldsymbol{v}_2$. 取风的任意质元作为研究对象（见章前问题解答图 a 中小圆点），该质元掠过船帆前后的动量变化方向指向船行进方向的右后方，$\boldsymbol{f}_{船对风}\cdot\Delta t=\boldsymbol{p}_2-\boldsymbol{p}_1=\Delta\boldsymbol{p}$，如章前问题解答图 b 所示. 根据动量定理，帆会给风一个冲量，即帆给风一个冲击力 $\boldsymbol{f}_{船对风}$，其方向指向船行进方向的右后方；根据牛顿第三定律，风也给帆一个同样

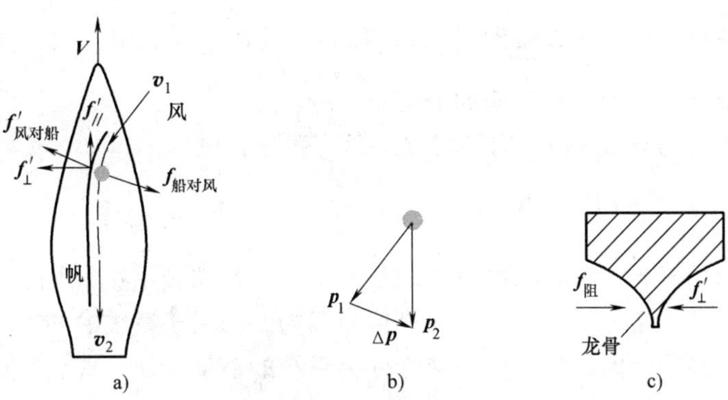

章前问题解答图

大小的冲击力 $\boldsymbol{f}'_{风对船}$($\boldsymbol{f}'_{风对船}=-\boldsymbol{f}_{船对风}$)，即船将受到指向左前方的风力，如章前问题解答图 a 所示. $\boldsymbol{f}'_{风对船}$ 可分解成两个分力：沿船行进方向的力 $\boldsymbol{f}'_{//}$ 和垂直行进方向的力 $\boldsymbol{f}'_{\perp}$. 而由于船底的龙骨结构，如章前问题解答图 c 所示，风力指向左方的分力被水的阻力平衡，指向前方的分力则推动帆船前行.

3.5　系统的动量定理　动量守恒定律

3.5.1　系统的动量定理

如图 3-6 所示，设质量分别为 m_1、m_2 的两个质点，在时刻 t_0 开始发生相互作用，其速度分别为 $\boldsymbol{v}_{10}$、$\boldsymbol{v}_{20}$；在时刻 t，相互作用结束时，速度分别为 $\boldsymbol{v}_1$、$\boldsymbol{v}_2$. 在相互作用的一段时间 $\Delta t=t-t_0$ 内，这两个质点可视作一个系统，它们除相互间作用的内力 $\boldsymbol{F}'_1$、$\boldsymbol{F}'_2$ 外，还分别受合外力 $\boldsymbol{F}_1$、$\boldsymbol{F}_2$ 的作用. 对系统内每一物体应用质点动量定理［式 (3-22)］，得

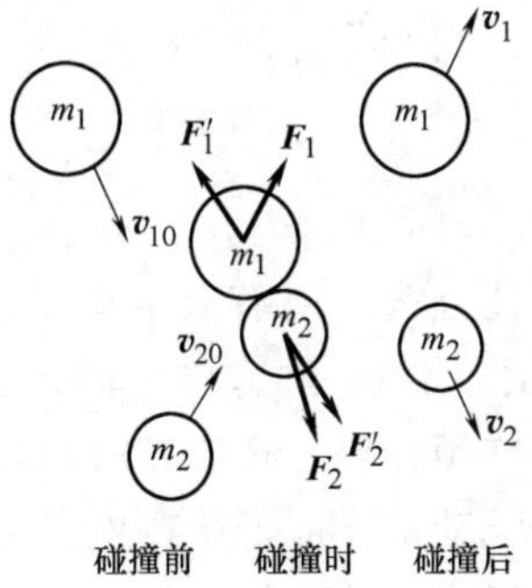

图 3-6　两个质点的相互作用

$$\boldsymbol{F}_1+\boldsymbol{F}'_1=\frac{\mathrm{d}\boldsymbol{p}_1}{\mathrm{d}t}$$

$$\boldsymbol{F}_2+\boldsymbol{F}'_2=\frac{\mathrm{d}\boldsymbol{p}_2}{\mathrm{d}t}$$

将上两式相加，按牛顿第三定律，$\boldsymbol{F}'_1=-\boldsymbol{F}'_2$，故对整个系统而言，内力的矢量和为零，即 $\boldsymbol{F}'_1+\boldsymbol{F}'_2=\boldsymbol{0}$，从而得

$$\boldsymbol{F}_1+\boldsymbol{F}_2=\frac{\mathrm{d}\boldsymbol{p}_1}{\mathrm{d}t}+\frac{\mathrm{d}\boldsymbol{p}_2}{\mathrm{d}t}=\frac{\mathrm{d}}{\mathrm{d}t}(\boldsymbol{p}_1+\boldsymbol{p}_2)$$

将上式推广到由 n 个物体所组成的系统，有

$$\boldsymbol{F}_1+\boldsymbol{F}_2+\cdots+\boldsymbol{F}_n=\frac{\mathrm{d}}{\mathrm{d}t}(\boldsymbol{p}_1+\boldsymbol{p}_2+\cdots+\boldsymbol{p}_n)$$

得

$$\sum_{i=1}^{n}\boldsymbol{F}_{外i}=\frac{\mathrm{d}}{\mathrm{d}t}\sum_{i=1}^{n}\boldsymbol{p}_i=\frac{\mathrm{d}}{\mathrm{d}t}\left(\sum_{i=1}^{n}m_i\boldsymbol{v}_i\right)\tag{3-28}$$

我们把**系统内各质点的动量之矢量和** $\sum_{i=1}^{n} m_i \boldsymbol{v}_i$ 称为**系统的动量**，则式（3-28）表明，**系统所受外力的矢量和等于系统动量对时间的变化率**.

已知外力作用时间自 t_0 到 t，则将式（3-28）积分，得

$$\int_{t_0}^{t}\left(\sum_{i=1}^{n} \boldsymbol{F}_{外i}\right)\mathrm{d}t = \sum_{i=1}^{n} m_i \boldsymbol{v}_i - \sum_{i=1}^{n} m_i \boldsymbol{v}_{i0} \tag{3-29}$$

式中，右端表示相应于始、末状态的系统动量的增量；左端表示在 t_0 到 t 这段时间过程中系统所受外力矢量和的冲量. 上式表明，**在一段时间内，作用于系统的外力的矢量和在该段时间内的冲量等于系统动量的增量**. 这一结论称为**系统的动量定理**. 式（3-28）可称为**系统动量定理的微分形式**.

3.5.2 系统的动量守恒定律

若在一定的过程中，系统所受外力之矢量和等于零，即

$$\sum_{i=1}^{n} \boldsymbol{F}_{外i} = \boldsymbol{0} \tag{3-30}$$

则由式（3-29），有如下的矢量式：

$$m_1 \boldsymbol{v}_1 + m_2 \boldsymbol{v}_2 + \cdots + m_n \boldsymbol{v}_n = m_1 \boldsymbol{v}_{10} + m_2 \boldsymbol{v}_{20} + \cdots + m_n \boldsymbol{v}_{n0} \tag{3-31}$$

上式表明，**如果系统所受外力的矢量和为零，那么，系统的总动量保持不变**. 这一结论称为**动量守恒定律**. 式（3-30）**是动量守恒定律的适用条件**.

动量守恒定律的表达式（3-31）是一个矢量式，若系统内各物体都在同一平面内运动，可在该平面内选取直角坐标系 Oxy，则可用下列分量式进行代数运算. 即系统在一定过程中，它所受合外力满足 $\sum_{i=1}^{n} F_{外ix} = 0$ 和 $\sum_{i=1}^{n} F_{外iy} = 0$ 的条件，则分别有

$$m_1 v_{1x} + m_2 v_{2x} + \cdots + m_n v_{nx} = m_1 v_{1x0} + m_2 v_{2x0} + \cdots + m_n v_{nx0} \tag{3-32}$$

$$m_1 v_{1y} + m_2 v_{2y} + \cdots + m_n v_{ny} = m_1 v_{1y0} + m_2 v_{2y0} + \cdots + m_n v_{ny0} \tag{3-33}$$

上述分量式还有着重要的物理意义：**有时系统所受的合外力虽不为零，但外力在某方向（例如沿 Ox 轴方向）的分量之代数和为零（沿其他方向则不为零），这时，尽管系统的动量不守恒，但它在该方向的分量却是守恒的**，这一结论称为**沿某一方向的动量守恒定律**.

动量守恒定律在生产实践和科学实验中的应用非常广泛，它不仅适用于由大量分子、原子组成的宏观物体，也适用于原子、原子核等微观粒子之间的相互作用过程. 在原子、原子核等微观领域中，牛顿定律虽不适用，但动量守恒定律仍是适用的. 因此，动量守恒定律与能量守恒定律一样，乃是自然界的一条普遍定律.

问题 3-15 （1）试述系统的动量定理，并由此给出动量守恒定律及其适用条件.

（2）汽车停在马路上，车上的乘客们纷纷用力推车，无法使车获得动量而前进. 大家下车后站在路上用力推车，车就动了，这是何故？

（3）在地面的上空停着一气球，气球下面吊着软梯，梯上站有一人. 当这人沿着软梯往上爬时，气球是否运动？

（4）如果系统所受外力之矢量和的冲量等于零，即 $\int_{t_1}^{t_2}\left(\sum_{i=1}^{n} \boldsymbol{F}_{外i}\right)\mathrm{d}t = 0$，为什么系统的

动量不一定守恒？

例题 3-10　水平地面上有一质量为 m_0 的大炮，炮身与水平方向成 θ 角时射出一颗质量为 m 的炮弹，设炮弹相对于炮身的出口速度为$\boldsymbol{v}$，试求炮车的反冲速度$\boldsymbol{u}$．炮车和地面间的摩擦力可以忽略不计．

分析　（1）动量守恒定律中各物体的速度都是对同一惯性系来说的．炮车的反冲速度 $\boldsymbol{u}$ 是对地面而言的，所以，炮弹的速度也应换成相对于地面的速度$\boldsymbol{v}'$．由于在开炮的这一瞬间，炮车以水平速度 $\boldsymbol{u}$ 后退，所以，炮弹出口时兼有速度$\boldsymbol{v}$和 $\boldsymbol{u}$，其合速度为$\boldsymbol{v}'=\boldsymbol{v}+\boldsymbol{u}$，例题 3-10 图 b 说明了它们之间的关系．由此图可以看出，沿水平方向，有

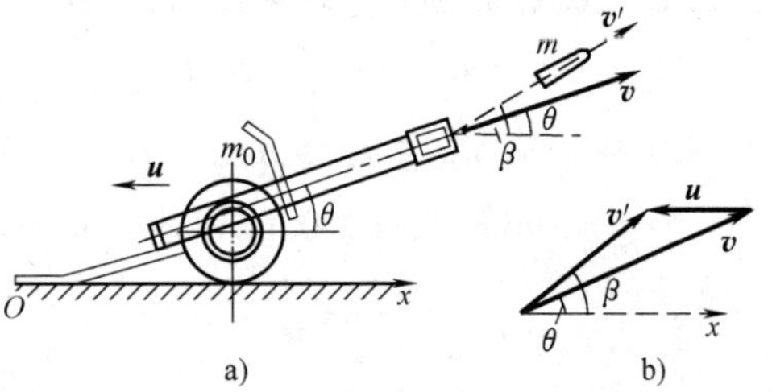

例题 3-10 图

$$v'\cos\beta=v\cos\theta-u \tag{a}$$

（2）在炮弹发射过程中，炮车和炮弹可看成一个系统．此系统所受外力有摩擦力（水平方向）、重力和地面的支承力（这两者都是沿竖直方向）．其中，摩擦力可忽略，重力是恒量，而支承力是变力，开炮时，炮身受到向下的冲力，此时支承力（向上）必须与冲力和重力相平衡，其值大于重力，不能忽略不计，所以，系统的动量不守恒，但系统沿水平方向的动量却是守恒的．

解　由于发射前炮车和炮弹都是静止的，系统沿水平方向的动量为零，所以发射后的一瞬间系统沿水平方向的动量仍为零．今取水平向右为 Ox 轴，假定炮车发射时向左运动，则根据式（3-32），有

$$mv'\cos\beta-m_0u=0+0 \tag{b}$$

将上面的式ⓐ代入式ⓑ，化简，得

$$u=(mv\cos\alpha)(m_0+m)^{-1}$$

若 $m\ll m_0$，则

$$u=\frac{mv\cos\alpha}{m_0}$$

u 为正值，表明其方向与假设的方向相同，即炮车沿 Ox 轴负向运动．

例题 3-11　炮弹在抛物线轨道的顶点分裂成质量相等的两块碎片，一块碎片自由落下，落地处离发射炮弹处的水平距离 $L=1\text{km}$．轨道顶点离地面的高度 $h=196\text{m}$，若不计空气阻力，求另一块碎片落地处离发射处的水平距离．

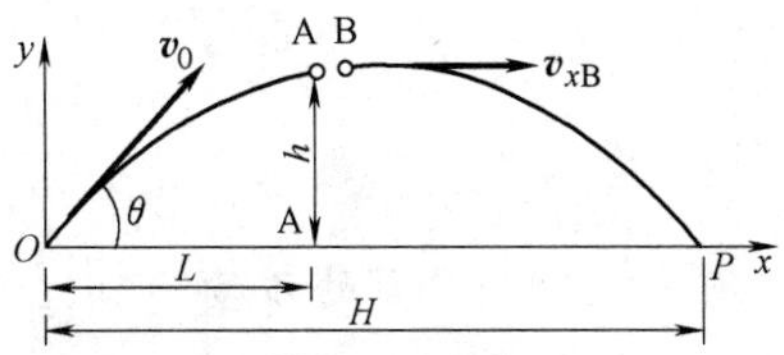

例题 3-11 图

解　按题意，画示意图，并选定如例题 3-11 图所示的坐标系 Oxy．设质量为 m 的炮弹在最高点分裂为质量各为 $m/2$ 的两块碎片 A、B．在最高点上，把碎片 A、B 视作一个系统，考虑到这时在水平方向上系统不受外力作用，故系统在水平方向的动量守恒．分裂前，炮弹的水平速度为 v_x；分裂后，碎片 A 在水平方向的速度为 $v_{xA}=0$，设碎片 B 沿水平方向的速度为 v_{xB}，则

$$mv_x=(m/2)v_{xB}+(m/2)\cdot 0$$

即

$$v_{xB}=2v_x \quad ⓐ$$

因碎片自由落下，由 $h=gt^2/2$，故碎片 A 落地时间为 $t=\sqrt{2h/g}$；与此同时，碎片 B 落于 P 点，设它与发射处的水平距离为 H，则

$$H-L=v_{xB}t=v_{xB}\sqrt{2h/g}=2v_x\sqrt{2h/g} \quad ⓑ$$

设炮弹以仰角 θ 发射的初速为 v_0，则由 $h=v_0^2\sin^2\theta/(2g)$ 和 $L=v_0^2\sin\theta\cos\theta/g$，可得 $\tan\theta=2h/L$；将 $h=196\text{m}$、$L=1000\text{m}$ 代入，便可算出 $\theta=21.4°$ 以及 $v_0=170\text{m}\cdot\text{s}^{-1}$. 于是由式ⓑ，可解算出

$$H=L+2v_x\sqrt{\frac{2h}{g}}=L+2v_0\cos\theta\sqrt{\frac{2h}{g}}$$

$$=1000\text{m}+2\times170\text{m}\cdot\text{s}^{-1}\times\cos21.4°\times\sqrt{\frac{2\times196\text{m}}{9.8\text{m}\cdot\text{s}^{-2}}}\approx3002\text{m}$$

原理应用

火箭是利用燃料燃烧时产生的大量高温、高压气体，从尾部以高速朝后喷出，使火箭获得反冲力而向前飞行的. 因此，火箭不需依赖外力而可以在空气稀薄的高空甚至宇宙空间飞行. 而今，我们来求火箭的飞行速度.

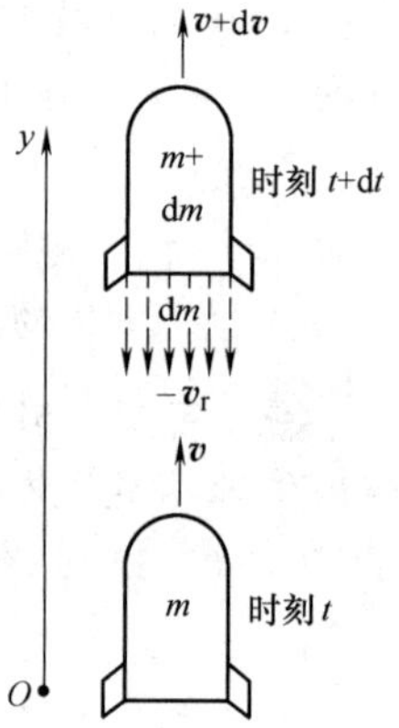

原理应用图

解　选地面为惯性参考系，并沿火箭飞行方向取 Oy 轴，如原理应用图所示. 以火箭（包括壳体、装备、燃料和人造卫星、弹头等负载）和喷出的气体作为一系统.

在火箭飞行的某时刻 t，它的总质量为 m，速度为 $\boldsymbol{v}$，在 $\mathrm{d}t$ 时间内，它喷出质量为 $-\mathrm{d}m$ 的气体，相对于火箭的喷气速度为 $\boldsymbol{v}_\mathrm{r}$；这时，火箭的速度增至 $\boldsymbol{v}+\mathrm{d}\boldsymbol{v}$. 由于不计火箭与喷出气体的重力和阻力等外力，所以系统沿 Oy 轴的动量守恒，有

$$[m-(-\mathrm{d}m)](v+\mathrm{d}v)+(-\mathrm{d}m)(v+\mathrm{d}v-v_\mathrm{r})=mv$$

化简后，得

$$\mathrm{d}v=-v_\mathrm{r}\frac{\mathrm{d}m}{m}$$

设开始点火时，火箭的质量为 m_1，初速度为 v_1；燃料烧尽后，火箭质量为 m_2，末速度为 v_2. 于是将上式积分，有

$$\int_{v_1}^{v_2}\mathrm{d}v=-v_\mathrm{r}\int_{m_1}^{m_2}\frac{\mathrm{d}m}{m}$$

得

$$v_2-v_1=v_\mathrm{r}\ln\frac{m_1}{m_2}$$

说明　上式表明，火箭在喷气终了时所增加的速度和喷气速度成正比，也和火箭的始、

末质量比的自然对数成正比. 显然，提高火箭速度的途径是提高喷射速度和质量比. 但由于许多实际条件的限制，这两者并不能无限制地提高. 据估算，利用单级火箭发射人造卫星，它所能达到的最大速度远低于第一宇宙速度（$v_1=7.9\text{km}\cdot\text{s}^{-1}$），不可能将人造卫星送上天空. 为了使火箭能够运载人造卫星、宇宙飞船升空，并经制导后，进入预定轨道按一定的速度运行，一般是利用由几个单级火箭组合而成的多级火箭，以达到所需的速度.

应用拓展

在生产实践和日常生活中，我们有时需要利用冲力，如锻锤所产生的冲力可以使铁块变形；利用火药的推力可将射钉枪中的钉子射入水泥墙上；水力冲击煤层可以使煤破碎等.

3.6　质心　质心运动定理

3.6.1　质心

为了便于研究系统的运动，我们引入质心的概念.

设由 n 个质点组成的一个系统，各质点的质量分别为 m_1，m_2，…，m_i，…，m_n，它们对某一坐标系 $Oxyz$ 的原点 O 的位矢分别为 $\boldsymbol{r}_1$，$\boldsymbol{r}_2$，…，$\boldsymbol{r}_i$，…，$\boldsymbol{r}_n$，如图 3-7 所示. **质心**的位矢定义为

$$\boldsymbol{r}_C=\frac{\sum_{i=1}^{n}m_i\boldsymbol{r}_i}{\sum_{i=1}^{n}m_i}=\frac{\sum_{i=1}^{n}m_i\boldsymbol{r}_i}{m} \tag{3-34}$$

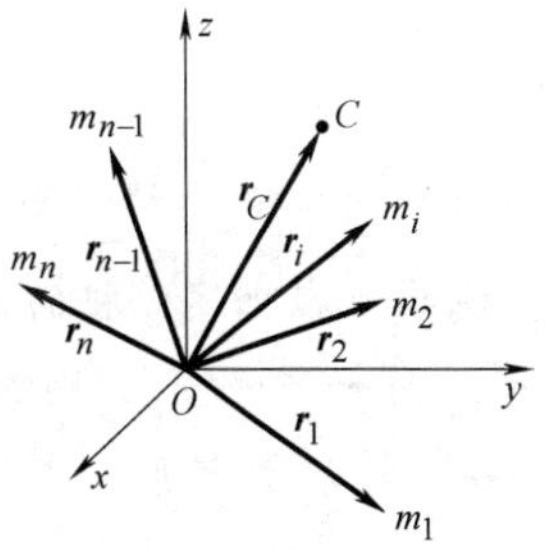

图 3-7　质心的位矢

式中，$m=\sum_{i=1}^{n}m_i$ 为系统的总质量. 质心的位置与坐标系的选择有关，但与质心相对于系统内各质点的相对位置的选取无关. 具体计算 $\boldsymbol{r}_C$ 时，可用选定的直角坐标系 $Oxyz$ 中的质心位矢的分量式，即

$$\left.\begin{aligned}x_C&=\frac{\sum_{i=1}^{n}m_ix_i}{m}\\y_C&=\frac{\sum_{i=1}^{n}m_iy_i}{m}\\z_C&=\frac{\sum_{i=1}^{n}m_iz_i}{m}\end{aligned}\right\} \tag{3-34a}$$

对一个连续组成的物体（即所谓**连续介质**）而言，可把它视作由许多质元组成. 设其中任一质元的质量为 $\mathrm{d}m$，其位矢为 $\boldsymbol{r}$，则物体的质心的位矢及其沿各坐标轴的相应分量

式为

$$\boldsymbol{r}_C=\frac{\iiint_V \boldsymbol{r}\mathrm{d}m}{m},\quad \begin{cases} x_C=\dfrac{\iiint_V x\mathrm{d}m}{m} \\ y_C=\dfrac{\iiint_V y\mathrm{d}m}{m} \\ z_C=\dfrac{\iiint_V z\mathrm{d}m}{m} \end{cases} \tag{3-34b}$$

例题 3-12 求证：一均质杆的质心位置 C 在杆的中点.

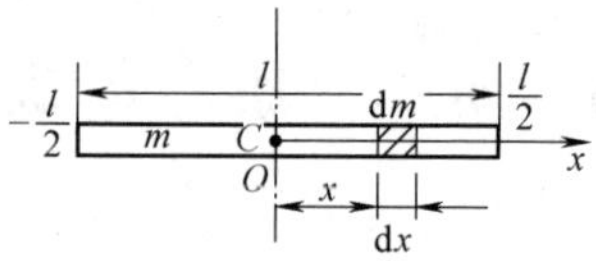

例题 3-12 图

证明 设杆长为 l，质量为 m，因杆为均质，即杆的质量均匀分布，每单位长度的质量为 $\rho=m/l$，ρ 称为**质量线密度**.

如例题 3-12 图所示，沿杆长取 Ox 轴，原点 O 选在杆的中点. 在坐标为 x 处取长为 $\mathrm{d}x$ 的质元，其质量为 $\mathrm{d}m=\rho\mathrm{d}x=(m/l)\mathrm{d}x$. 按式 (3-34b)，得

$$x_C=\frac{1}{m}\int_l x\mathrm{d}m=\frac{1}{m}\int_{-\frac{l}{2}}^{+\frac{l}{2}}\frac{m}{l}x\mathrm{d}x=\frac{0}{l}=0$$

即均质杆的质心在杆的中点.

说明 在上述以杆的中心 O 为原点的坐标系中，若将杆分成许多质量相等的质元，在坐标 x_1 处有一质元 m_1，则由于对称，在坐标为 $-x_1$ 处必有一个质量相同的质元 m_1，因而在式 (3-34a) 的分子中求和时，相应两项之和 $m_1x_1+m_1(-x_1)=0$，其他每一对的对称质元都是如此，则总和 $\sum\limits_{i=1}^{n}m_ix_i=0$，故有 $x_C=\sum\limits_{i=1}^{n}m_ix_i/m=0$.

根据这种"对称性"分析的方法可以证明，**质量均匀分布、形状对称的物体，其质心必在几何中心上**. 例如，均质圆环或圆盘的质心在圆心上，均质矩形板的质心在矩形板对角线的交点上.

值得指出，在地球表面附近的均质物体，如其体积不过分大，可以证明，物体的质心位置与其重心位置是重合的. 因此，也可用确定重心的实验方法（参阅中学物理教材），求出质心的位置.

由于物体各部分都受重力作用，而整个物体所受的重力可以等效地看成作用于重心上. 如果物体远离地球而不受重力作用（例如，宇宙飞船脱离地球引力范围），就无重心可言，重心失去意义；但物体的质心依然存在，并且其运动仍服从质心运动定理. 可见，质心比重心更具有普遍意义.

3.6.2 质心运动定理

按系统动量定理的微分形式 (3-28)，将 $\boldsymbol{v}_i=\mathrm{d}\boldsymbol{r}_i/\mathrm{d}t$ 代入之，得

$$\sum_{i=1}^{n} \boldsymbol{F}_{外i}=\frac{\mathrm{d}\left(\sum_{i=1}^{n} m_i \boldsymbol{v}_i\right)}{\mathrm{d}t}=\sum_{i=1}^{n}\frac{\mathrm{d}(m_i\boldsymbol{v}_i)}{\mathrm{d}t}=\frac{\mathrm{d}^2}{\mathrm{d}t^2}\left(\sum_{i=1}^{n} m_i\boldsymbol{r}_i\right)$$

且由式（3-34）有 $\sum_{i=1}^{n} m_i\boldsymbol{r}_i = m\boldsymbol{r}_C$，则上式成为

$$\sum_{i=1}^{n} \boldsymbol{F}_{外i}=\frac{\mathrm{d}^2}{\mathrm{d}t^2}(m\boldsymbol{r}_C)=m\frac{\mathrm{d}^2\boldsymbol{r}_C}{\mathrm{d}t^2}$$

上式中，$a_C=\mathrm{d}^2\boldsymbol{r}_C/\mathrm{d}t^2$ 为质心的加速度，于是，得

$$\sum_{i=1}^{n} \boldsymbol{F}_{外i}=m\boldsymbol{a}_C \tag{3-35}$$

式（3-35）表明，**系统所受外力的矢量和，等于整个系统的质量与质心加速度之积，称为系统的质心运动定理**. 此定理酷似牛顿第二定律，我们可以把外力的矢量和对系统的作用等效于对一个质点的作用，此质点的质量 m 等于系统中所有质点的质量之和 $\sum_i m_i$，质点的位置就是系统的质心. 当系统所受外力之矢量和 $\sum_{i=1}^{n}\boldsymbol{F}_{外i}\neq\boldsymbol{0}$ 时，质心具有加速度 $\boldsymbol{a}_C$；当 $\sum_{i=1}^{n}\boldsymbol{F}_{外i}=\boldsymbol{0}$ 时，$\boldsymbol{a}_C=\boldsymbol{0}$，质心保持静止或匀速直线运动. 实际上，这是系统的动量守恒定律的另一种表述. 总之，不论系统所受外力之矢量和是否为零，对系统内各个质点在内力彼此作用下仍以某一速度或加速度在运动. 因而质心运动定理只反映系统的整体运动，却未能反映系统内每个质点的运动状况. 例如，斜向发射一枚炮弹，若不计空气阻力，炮弹将在重力作用下沿抛物线运动（见图 3-8）. 当炮弹在空中爆炸时，碎片四溅，但因爆炸力是内力，不影响质心的运动，而由全部碎片组成的系统，它所受外力之矢量和仍等于原来炮弹的重力. 所以，在未有一个碎片碰到其他物体（如地面）而受另外的外力作用之前，这一系统（炮弹）的质心仍沿未爆炸前的抛物线轨道运动.

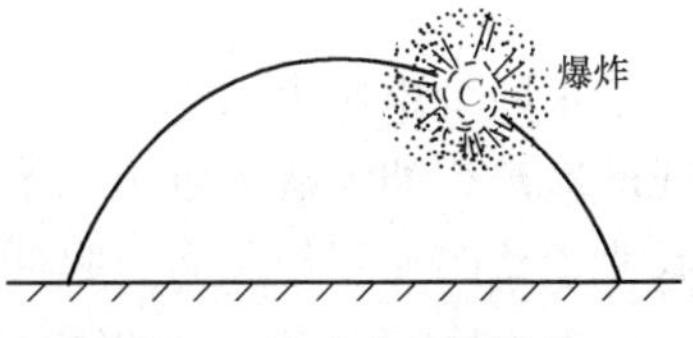

图 3-8 炮弹在空中爆炸

例题 3-13 如例题 3-13 图所示，一质量为 $m=60\mathrm{kg}$ 的人站在浮于静水面的船之左端，船的质量为 $m_{船}=300\mathrm{kg}$，船的长度为 $l=8\mathrm{m}$. 当此人走到船的右端时，船相对于地面移动了多少距离？

解 对人与船组成的系统来说，当人在船上行走时，人受重力 $\boldsymbol{W}_1=m\boldsymbol{g}$，船受重力 $\boldsymbol{W}_2=m_{船}\boldsymbol{g}$ 和水的浮力 $\boldsymbol{F}_B$，船对人作用的摩擦力（方向向前）和向上的支承力，人对船作用的向下压力和摩擦力（方向向后）等. 其中，$\boldsymbol{W}_1$、$\boldsymbol{W}_2$ 和 $\boldsymbol{F}_B$ 为系统所受的外力，其余为人与船之间的相互作用力，皆为内力. 系统所受的外力沿水平方向没有分力，所以系统在水平方向的动量守恒.

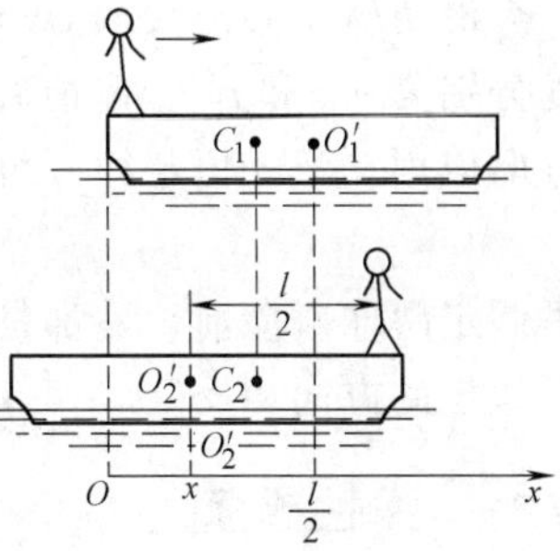

例题 3-13 图

如图所示，选取水平向右作为 Ox 轴正向，坐标原点 O 取人在开始走动时的位置，船长为 l.

人开始走时，位于 $x=0$ 处，船中心 O_1' 位于 $x=l/2$ 处，设系统的质心位于 x_{C_1} 处，则

$$x_{C_1}=\frac{m_{船}\left(\frac{l}{2}\right)+m\cdot 0}{m_{船}+m}=\frac{m_{船}\frac{l}{2}}{m_{船}+m}$$

人走到右端时，若船中心 O_2' 位于 x 处，则人位于 $x+l/2$ 处，设此时系统的质心位于 x_{C_2} 处，则

$$x_{C_2}=\frac{m_{船}x+m\left(x+\frac{l}{2}\right)}{m_{船}+m}$$

由于系统的动量守恒，质心保持静止，即 $x_{C_1}=x_{C_2}$，于是有

$$m_{船}\frac{l}{2}=m_{船}x+m\left(x+\frac{l}{2}\right)$$

从而得

$$x=\frac{(m_{船}-m)l}{2(m_{船}+m)}$$

这样，船相对于地面的位移 Δx 为

$$\Delta x=x-\frac{l}{2}=-\frac{ml}{m_{船}+m}=-\frac{60\times 8}{300+60}\text{m}=-1.33\text{m}$$

3.7 碰撞

如果两个或两个以上的物体因相遇而发生短暂的相互作用，这种相遇就是**碰撞**. 一般物体间的撞击，如人跳上电车、子弹打入墙壁、锻铁、打桩等现象，以及物质内部的分子、原子或原子核的相互作用而引起分裂或衰变过程等都是碰撞. 因为参与碰撞的物体相互作用的时间很短，相互作用的内力很大，一般的外力与系统内相互作用的内力比较，可以忽略不计，所以**在碰撞过程的前、后，可认为参与碰撞的物体系统，其总动量保持不变**. 碰撞的情况是多种多样的，作为示例，我们应用动量守恒定律和机械能守恒定律来讨论两球的**对心碰撞**（见图 3-9）. 所谓对心碰撞，乃是两球碰撞前后的速度在同一直线上.

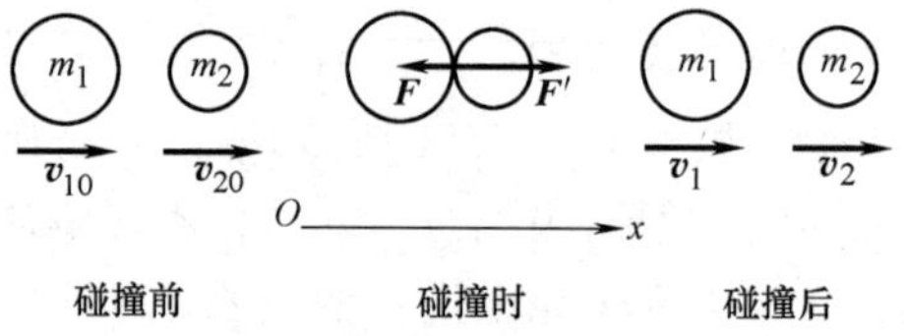

图 3-9 两球的对心碰撞

今沿两球中心连线取 Ox 轴，正向向右. 设质量分别为 m_1 和 m_2 的两球在对心碰撞前的速度分别为 v_{10} 和 v_{20}，碰撞后的速度分别为 v_1 和 v_2，则以碰撞时两球所组成的系统，沿 Ox 轴方向应用动量守恒定律，可得

$$m_1v_{10}+m_2v_{20}=m_1v_1+m_2v_2 \quad ⓐ$$

这里假定两球碰撞前、后都是往右运动，如果计算结果得到的速度是负值，表示运动的速度与所假定的方向相反.

3.7.1 弹性碰撞

当两个小球做对心碰撞时，相互作用的内力仅是弹性力 $\boldsymbol{F}$ 和 $\boldsymbol{F}'$，并设 $\boldsymbol{F}$ 和 $\boldsymbol{F}'$ 在弹性限

度内，使得碰撞过程中因相互挤压而产生的弹性形变在碰撞结束时完全消失，两球恢复原状，因而在碰撞前、后，由两球组成的系统，其动能完全没有损失，这种理想的情形，就是**弹性碰撞**．实际上，碰撞总是或多或少伴随着热能、声能的散逸，动能难免有所损失．但是，用优质钢、象牙、玻璃等材料制成的小球，它们在碰撞时可近似看作弹性碰撞．微观粒子在一定条件下的碰撞则是严格的弹性碰撞，如低能电子与原子的碰撞等．因此，在弹性碰撞过程中两球系统不仅按式ⓐ服从动量守恒，而且碰撞前、后的动能也是相等的，即

$$\frac{1}{2}m_1v_{10}^2+\frac{1}{2}m_2v_{20}^2=\frac{1}{2}m_1v_1^2+\frac{1}{2}m_2v_2^2 \tag{ⓑ}$$

从式ⓐ和式ⓑ，可解出碰撞后两球的速度分别为

$$\begin{cases} v_1=\dfrac{(m_1-m_2)v_{10}+2m_2v_{20}}{m_1+m_2} \\ v_2=\dfrac{(m_2-m_1)v_{20}+2m_1v_{10}}{m_1+m_2} \end{cases} \tag{3-36}$$

（1）如果两球的质量相等，即 $m_1=m_2$，代入上式，得

$$v_1=v_{20},\ v_2=v_{10}$$

即两球在碰撞时交换速度．

（2）如果质量为 m_2 的物体在碰撞前静止不动，即 $v_{20}=0$，且 $m_2\gg m_1$，所以，v_1 和 v_2 的近似值是

$$v_1\approx -v_{10},\ v_2\approx 0$$

即质量甚大且原来静止的物体在碰撞后仍静止不动，质量极小的运动物体在碰撞前、后的速度等值反向．橡皮球在与墙壁或地面碰撞时就近似地是这种情形．

3.7.2　完全非弹性碰撞

当两球发生这种碰撞时，在它们相互压缩以后，完全不能恢复原状，这时就宛如连同在一起，**以相同的速度运动**，如黏土、油灰等物体的碰撞就是如此．由于在压缩以后完全不能恢复原状，所以在压缩过程中，所减少的动能不再复原，而是转变为热能，从而碰撞后的总动能就比碰撞前的少．

在完全非弹性碰撞中，两球碰撞后以相同的速度运动，这时 $v_2=v_1=v$，据此，只需从式ⓐ就可以解出碰撞后的速度为

$$v=\frac{m_1v_{10}+m_2v_{20}}{m_1+m_2} \tag{3-37}$$

利用式（3-37），可以算出在完全非弹性碰撞中机械能的损失为

$$\Delta E=\left(\frac{1}{2}m_1v_{10}^2+\frac{1}{2}m_2v_{20}^2\right)-\frac{1}{2}(m_1+m_2)v^2=\frac{m_1m_2(v_{10}-v_{20})^2}{2(m_1+m_2)}$$

例题 3-14　原子核在衰变过程中是一种弹性碰撞．今有一个开始为静止的放射性原子核N，在衰变过程中放射出一个电子e和一个中微子 ν，放射出来的电子和中微子的速度互相垂直，如例题3-14图所示．电子的动量大小为 $p_1=1.2\times10^{-22}\mathrm{kg\cdot m\cdot s^{-1}}$，中微子的动量大小为 $p_2=6.4\times10^{-23}\mathrm{kg\cdot m\cdot s^{-1}}$．求原子核衰变后的反冲动量的大小和方向．

解　按题设，原子核开始为静止，在衰变过程中放射出一个电子 e 和一个中微子 ν，其动量分别为 $\boldsymbol{p}_1$、$\boldsymbol{p}_2$，且 $p_1=1.2\times10^{-22}\mathrm{kg\cdot m\cdot s^{-1}}$，$p_2=6.4\times10^{-23}\mathrm{kg\cdot m\cdot s^{-1}}$. 设衰变后的核 N 的动量为 $\boldsymbol{p}$，则由于 e、ν、N 三者在衰变过程中动量守恒，有

$$\boldsymbol{0}=\boldsymbol{p}_1+\boldsymbol{p}_2+\boldsymbol{p}$$

即

$$\boldsymbol{p}=-(\boldsymbol{p}_1+\boldsymbol{p}_2)$$

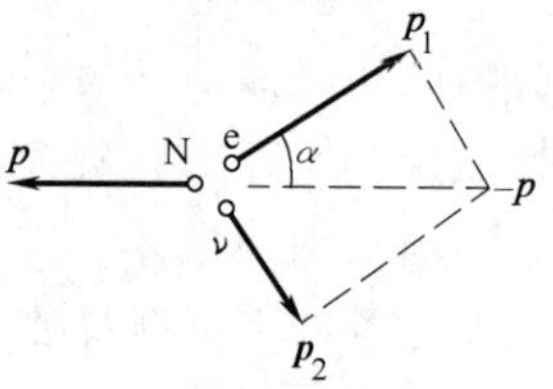

例题 3-14 图

上述矢量关系如例题 3-14 图所示，即三者共面. 由此可求出原子核衰变后的反冲动量 $\boldsymbol{p}$ 的大小和方向分别为

$$p=\sqrt{p_1^2+p_2^2}=\sqrt{(1.2\times10^{-22}\mathrm{kg\cdot m\cdot s^{-1}})^2+(0.64\times10^{-22}\mathrm{kg\cdot m\cdot s^{-1}})^2}$$
$$=1.36\times10^{-22}\mathrm{kg\cdot m\cdot s^{-1}}$$

$$\alpha=\arctan\frac{p_2}{p_1}=\arctan\frac{6.4\times10^{-23}\mathrm{kg\cdot m\cdot s^{-1}}}{1.2\times10^{-22}\mathrm{kg\cdot m\cdot s^{-1}}}=28.0°$$

即 $\boldsymbol{p}$ 与电子的速度方向成 180°−28.0°=152°.

例题 3-15　如例题 3-15 所示，一质量为 m 的子弹沿水平方向以速度 $\boldsymbol{v}_0$ 射入竖直悬挂的靶内，设靶的质量为 m_0，求子弹射入靶后，与靶一起摆动的最大高度 h.

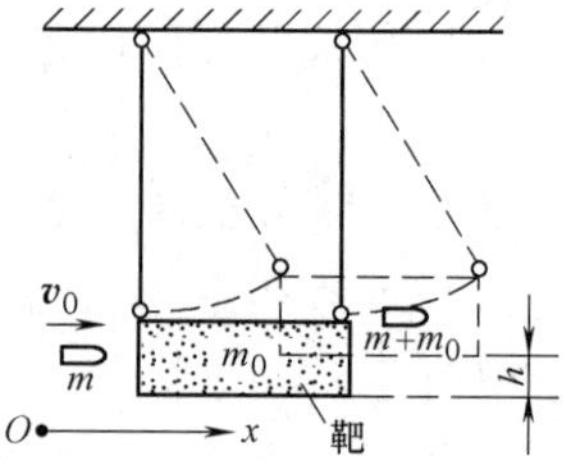

例题 3-15 图

解　本题应分为两个过程来考虑：

一是从子弹开始射入靶内，直至子弹与靶即将开始一起摆动，这是一个完全非弹性碰撞过程. 由于子弹进入靶内时，须反抗摩擦阻力（内力）而做功，因此，对于子弹与靶所组成的系统来说，机械能不守恒. 又由于这一阶段的时间非常短暂，靶虽受冲击但还来不及发生显著的移动，而可视为仍处于竖直悬挂状态，因而靶所受外力（即悬线拉力与重力）的冲量在水平方向的分量可不计，于是，在这阶段中，子弹与靶所组成的系统，在水平方向的动量是守恒的. 取 Ox 轴为水平向右，设子弹与靶一起运动时的速度是 v，则得

$$mv_0=(m+m_0)v \qquad ⓐ$$

二是从子弹与靶一起摆动，经历一段位移过程，直至摆到最高位置. 在摆动的过程中，对于子弹与靶所组成的系统来说，有外力（悬线的拉力和重力）不断的作用，因此动量是不守恒的. 但由于摆动过程中，悬线拉靶的一端沿圆弧轨道运动，故悬线的拉力处处恒与圆弧路径垂直，因此拉力不做功，所以，对地球和靶（包括子弹）组成的系统，机械能是守恒的，即

$$\frac{1}{2}(m+m_0)v^2=(m+m_0)gh \qquad ⓑ$$

由式ⓐ和式ⓑ可求得靶与子弹摆动的最大高度为

$$h=\frac{v_0^2}{2g}\left(\frac{m}{m+m_0}\right)^2$$

上述装置称为**冲击摆**，可以用来测定子弹的速率. 其方法是测定靶摆动的高度 h，则可按上式求出子弹的速率 v_0；且因子弹质量远小于靶的质量，即 $m\ll m_0$，因而近似地有

$$v_0 = \frac{m+m_0}{m}\sqrt{2gh} \approx \frac{m_0}{m}\sqrt{2gh}$$

问题拓展

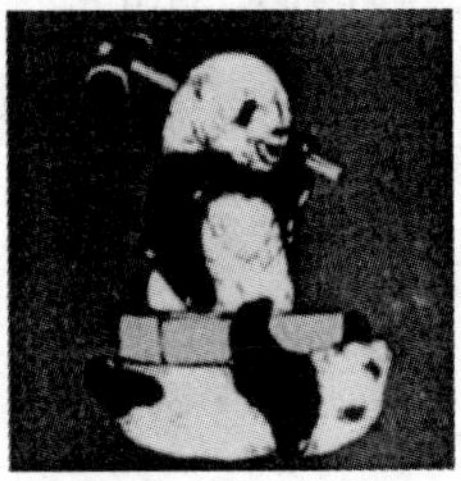

问题拓展 3-2 图

3-2 在胸口碎大石的表演中（见问题拓展 3-2 图），为什么石头被敲碎而下面的熊猫不会受到的伤害（切勿模仿，需要专业人员才能进行此表演）.

思维拓展

假设一个正在滑雪的小孩将要撞到你身上，这个小孩的质量和速度可能有两种情况，一是较小的质量和较快的速度，另一种情况是质量是前者的两倍，而速度减半. 你选择哪种？

3.8　角动量　力矩　质点的角动量守恒定律

为了便于描述物体具有转动特征的运动状态，有时尚需引用一个新的物理量——**角动量**.

在日常经验中，我们不难体察到，物体在外力作用下，不仅可以平动，还可以转动；而转动则与力的作用点有关. 为了考察力的不同作用点对物体转动状态的影响，还得引入**力矩**这一物理量. 正是由于力矩的时间累积效应，将引起物体角动量的改变.

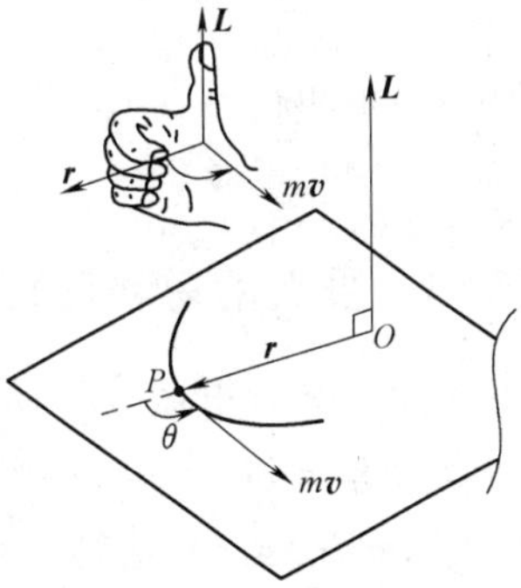

图 3-10　角动量 $\boldsymbol{L}$ 的方向

3.8.1　质点的角动量

如图 3-10 所示，在某时刻，设一质量为 m 的质点位于 P 点时，相对于惯性系中给定的参考点 O，其位矢为 $\boldsymbol{r}$，速度为 $\boldsymbol{v}$，动量为$m\boldsymbol{v}$，**则质点位矢 $\boldsymbol{r}$ 与其动量 $m\boldsymbol{v}$ 的矢量积称为质点对定点 O 的角动量**（亦称**动量矩**），显然，它是描述质点运动状态（$\boldsymbol{r}$，$m\boldsymbol{v}$）的函数，用 $\boldsymbol{L}$ 表示，即

$$\boldsymbol{L} = \boldsymbol{r} \times m\boldsymbol{v} \tag{3-38}$$

$\boldsymbol{L}$ 是一个矢量，按矢量积定义，$\boldsymbol{L}$ 的方向垂直于位矢 $\boldsymbol{r}$ 与动量 $m\boldsymbol{v}$ 所构成的平面（显然，此平面必通过参考点 O），并按右手螺旋法则确定其指向，如图 3-10 所示；$\boldsymbol{L}$ 的大小为

$$L = |\boldsymbol{L}| = mvr\sin\theta \tag{3-38a}$$

θ 为 $\boldsymbol{r}$ 与 $m\boldsymbol{v}$（或$\boldsymbol{v}$）之间小于 180°的夹角，通常将角动量矢量 $\boldsymbol{L}$ 的始端画在参考点 O 上. 角动量的单位是 $\mathrm{kg \cdot m^2 \cdot s^{-1}}$（千克 · 米^2 · 秒$^{-1}$）.

值得注意，由于位矢 $\boldsymbol{r}$ 总是相对于参考点而言的，因而质点的角动量（包括大小和方向）一般随所选参考点位置的不同而异. 所以，在谈到角动量时，必须指明是以哪一点作为参考点的角动量.

3.8.2 力矩

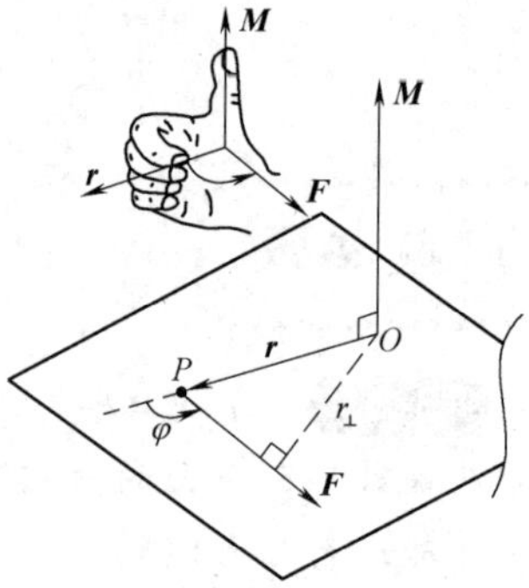

图 3-11 力矩的定义

如图 3-11 所示，设力 $\boldsymbol{F}$ 的作用点 P 相对于惯性系中给定参考点 O 的位矢为 $\boldsymbol{r}$，则定义这个**力 $\boldsymbol{F}$ 相对于参考点 O 的力矩为**

$$\boldsymbol{M}=\boldsymbol{r}\times\boldsymbol{F} \tag{3-39}$$

力矩是矢量，不仅与力的大小和方向有关，还与其作用点的位置有关. 其大小为

$$M=|\boldsymbol{M}|=rF\sin\varphi \tag{3-39a}$$

式中，φ 是 $\boldsymbol{r}$ 与 $\boldsymbol{F}$ 之间小于 180°的夹角，$r\sin\varphi=r_\perp$ 是垂直于力 $\boldsymbol{F}$ 的位矢分量，亦称**力臂**. 因此，**力矩的大小等于力乘力臂**. 力矩的方向按右手螺旋法则确定.

经验表明，只有垂直于位矢的分力 $F\sin\varphi$ 才能形成力矩. 当 $\varphi=0$ 或 180°时，力的作用线通过参考点 O，它对参考点 O 的力矩 $\boldsymbol{M}=\boldsymbol{0}$.

如果质点受 n 个力 $\boldsymbol{F}_1$，$\boldsymbol{F}_2$，…，$\boldsymbol{F}_n$ 作用，这些共点力对参考点 O 的力矩分别为 $\boldsymbol{M}_1=\boldsymbol{r}\times\boldsymbol{F}_1$，$\boldsymbol{M}_2=\boldsymbol{r}\times\boldsymbol{F}_2$，…，$\boldsymbol{M}_n=\boldsymbol{r}\times\boldsymbol{F}_n$，则对参考点 O 的力矩 $\boldsymbol{M}$ 等于其合力 $\boldsymbol{F}$ 对同一参考点 O 的合力矩. 即

$$\begin{aligned}\boldsymbol{M}&=\boldsymbol{r}\times\boldsymbol{F}_1+\boldsymbol{r}\times\boldsymbol{F}_2+\cdots+\boldsymbol{r}\times\boldsymbol{F}_n\\&=\boldsymbol{r}\times(\boldsymbol{F}_1+\boldsymbol{F}_2+\cdots+\boldsymbol{F}_n)\\&=\boldsymbol{r}\times\sum_{i=1}^{n}\boldsymbol{F}_i=\boldsymbol{r}\times\boldsymbol{F}\end{aligned} \tag{3-40}$$

力矩的单位是 N·m（牛·米）或 $\mathrm{kg\cdot m^2\cdot s^{-2}}$（千克·米^2·秒$^{-2}$）. 它绝不能用功和能的专门名称的单位——焦耳来表示.

3.8.3 质点的角动量定理

当质点相对于参考点 O 运动时，其位矢 $\boldsymbol{r}$ 和动量 $m\boldsymbol{v}$ 都可能随时间 t 而改变，因而质点对 O 点的角动量 $\boldsymbol{L}=\boldsymbol{r}\times m\boldsymbol{v}$ 也随时间而改变，现在我们来研究质点角动量随时间的变化率 $\mathrm{d}\boldsymbol{L}/\mathrm{d}t$. 按矢量积的求导法则，有

$$\frac{\mathrm{d}\boldsymbol{L}}{\mathrm{d}t}=\frac{\mathrm{d}}{\mathrm{d}t}(\boldsymbol{r}\times m\boldsymbol{v})=\frac{\mathrm{d}\boldsymbol{r}}{\mathrm{d}t}\times(m\boldsymbol{v})+\boldsymbol{r}\times\frac{\mathrm{d}}{\mathrm{d}t}(m\boldsymbol{v})$$

因 $\mathrm{d}\boldsymbol{r}/\mathrm{d}t=\boldsymbol{v}$，它与 $m\boldsymbol{v}$ 是共线矢量，故其矢量积 $\boldsymbol{v}\times m\boldsymbol{v}=\boldsymbol{0}$；又因 $\mathrm{d}(m\boldsymbol{v})/\mathrm{d}t=m\boldsymbol{a}=\boldsymbol{F}$，而 $\boldsymbol{r}\times\boldsymbol{F}$ 就是合力 $\boldsymbol{F}$ 对 $\boldsymbol{O}$ 点的力矩 $\boldsymbol{M}$. 于是，上式可写作

$$\boldsymbol{M}=\frac{\mathrm{d}\boldsymbol{L}}{\mathrm{d}t} \tag{3-41}$$

即质点所受合力对任一参考点的力矩等于该质点对同一参考点的角动量随时间的变化率. 这一结论就是**质点的角动量定理**. 式（3-41）与质点动量定理的微分表达式（3-22），即 $\boldsymbol{F}=\mathrm{d}\boldsymbol{p}/\mathrm{d}t$ 相对应，力矩 $\boldsymbol{M}$ 与力 $\boldsymbol{F}$ 相对应、角动量 $\boldsymbol{L}$ 与动量 $\boldsymbol{p}$ 相对应.

我们对式（3-41）在一段时间 $\Delta t=t_2-t_1$ 内进行积分，得

$$\int_{t_1}^{t_2} \boldsymbol{M} \mathrm{d}t = \boldsymbol{L}_2 - \boldsymbol{L}_1 \tag{3-42}$$

式中，$\int_{t_1}^{t_2} \boldsymbol{M} \mathrm{d}t$ 称为质点在时间 Δt 内相对于参考点 O 所受合外力的**冲量矩**，它表示合力矩对质点持续作用一段时间的累积效应；由此引起了该段时间内质点运动状态的改变，即角动量的增量 $\boldsymbol{L}_2-\boldsymbol{L}_1$，$\boldsymbol{L}_1$ 和 $\boldsymbol{L}_2$ 分别为质点在时刻 t_1 和 t_2 相对于同一参考点的始、末角动量. 式（3-42）是质点角动量定理的积分形式，可表述为：**相对于同一参考点，质点所受合外力的冲量矩等于质点角动量的增量**. 而式（3-41）则为质点角动量定理的微分表达式.

3.8.4　质点的角动量守恒定律

在质点运动过程中，若所受合外力 $\boldsymbol{F}$ 对某一点 O 的力矩为零，即 $\boldsymbol{M}=\boldsymbol{0}$，则由式（3-41），得 $\mathrm{d}\boldsymbol{L}/\mathrm{d}t=\boldsymbol{0}$，或

$$\boldsymbol{L} = \boldsymbol{r} \times m\boldsymbol{v} = \text{恒矢量} \tag{3-43}$$

上式表明，**如果作用于质点上的合力对参考点的力矩等于零，则质点对该参考点的角动量始终保持不变**. 这就是**质点的角动量守恒定律**[⊖]. 它在天体力学和原子物理学中有重要应用. 例如，当一颗行星 P（如地球）在太阳的万有引力 $\boldsymbol{F}$ 作用下绕太阳沿椭圆轨道运动时（见图 3-12），它的动量是不守恒的；但是，由于万有引力 $\boldsymbol{F}$ 的作用线恒指向太阳中心 O，它与行星相对于太阳中心 O（看作固定不动的参考点）的位矢 $\boldsymbol{r}$ 共线，即 $\boldsymbol{M}=\boldsymbol{r}\times\boldsymbol{F}=\boldsymbol{0}$，所以行星相对于太阳的角动量 $\boldsymbol{L}=\boldsymbol{r}\times m\boldsymbol{v}$ 守恒. 又如原子中带负电的电子在带正电的原子核的静电吸力（即库仑力）作用下绕原子核转动时，相对于原子核的力矩恒等于零，所以电子相对于原子核的角动量是一恒量.

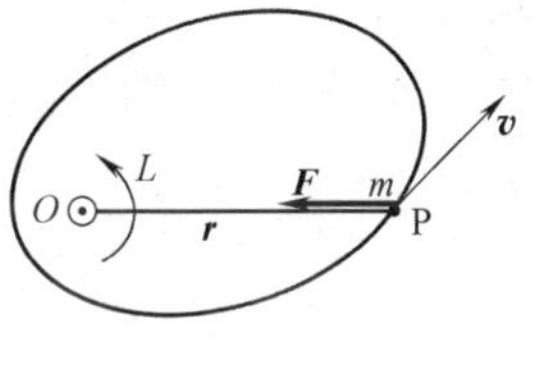

图 3-12　行星绕太阳沿椭圆轨道运动

问题 3-16　（1）质点对一点的角动量和力对一点的力矩是如何定义的？导出质点的角动量定理和角动量守恒定律.

（2）当小球在水平面上绕圆心 O 做匀速率圆周运动时，其速率为 v. 问：小球的机械能和动量是否都守恒？对 O 点的角动量是否守恒？为什么？

例题 3-16　如例题 3-16 图所示，质量为 m 的小球拴在细绳的一端，绳的另一端穿过水平桌面上的小孔 O 而下垂，先使小球在桌面上以速度 $\boldsymbol{v}_1$ 沿半径为 r_1 的圆周匀速转动，然后非常缓慢地将绳向下拉，使圆的半径减小到 r_2，设小球与桌面的摩擦不计，求此时小球的速度 $\boldsymbol{v}_2$ 以及在此过程中绳子拉力 $\boldsymbol{F}_\mathrm{T}$ 所做的功.

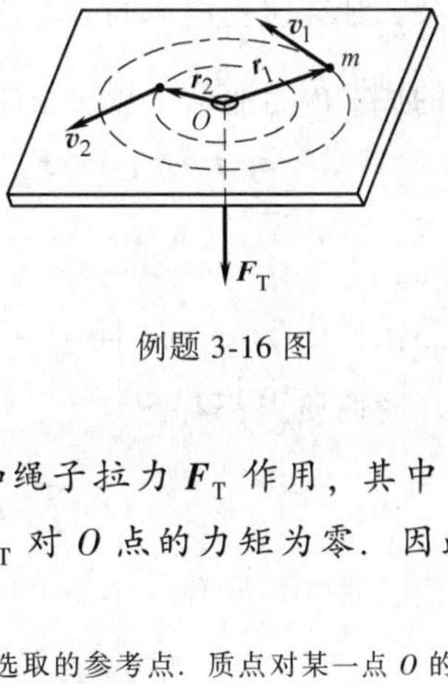

例题 3-16 图

解　小球在运动过程中受重力 $\boldsymbol{W}=m\boldsymbol{g}$、桌面支承力 $\boldsymbol{F}_\mathrm{N}$ 和绳子拉力 $\boldsymbol{F}_\mathrm{T}$ 作用，其中 $\boldsymbol{W}$ 与 $\boldsymbol{F}_\mathrm{N}$ 相互平衡，绳子拉力 $\boldsymbol{F}_\mathrm{T}$ 的作用线恒通过 O 点，故拉力 $\boldsymbol{F}_\mathrm{T}$ 对 O 点的力矩为零. 因此

⊖ 由于力矩与参考点的选择有关，因而，质点的角动量守恒与否，取决于所选取的参考点. 质点对某一点 O 的合外力矩为零，而对另一点 O'不为零，则质点对 O 点的角动量守恒，而对 O'点的角动量不守恒.

小球对 O 点的角动量守恒. 按矢量积的右手螺旋法则可以判断，始、末角动量 $\boldsymbol{r}_1\times m\boldsymbol{v}_1$、$\boldsymbol{r}_2\times m\boldsymbol{v}_2$ 均垂直于水平桌面，指向朝上，及是两个同方向的矢量，因而均可按标量处理；又由于缓慢拉绳，小球沿绳方向的速度甚小，可略去不计，故 $\boldsymbol{v}_1\perp\boldsymbol{r}_1$，$\boldsymbol{v}_2\perp\boldsymbol{r}_2$. 于是，有

$$mv_1r_1=mv_2r_2$$

得

$$v_2=v_1\frac{r_1}{r_2}$$

因 $r_1>r_2$，故 $v_2>v_1$，即小球速率随半径的减小而增大.

按质点动能定理，绳子拉力对小球所做的功 A 等于小球动能的改变，即

$$A=\frac{1}{2}mv_2^2-\frac{1}{2}mv_1^2=\frac{1}{2}mv_1^2\left[\left(\frac{r_1}{r_2}\right)^2-1\right]$$

*3.9　系统的角动量守恒定律

对 n 个质点组成的系统而言，列出其中每个质点相对于给定参考点 O 的角动量定理表达式为

$$\boldsymbol{r}_1\times\boldsymbol{F}_1=\frac{\mathrm{d}}{\mathrm{d}t}(\boldsymbol{r}_1\times m\,\boldsymbol{v}_1)$$
$$\boldsymbol{r}_2\times\boldsymbol{F}_2=\frac{\mathrm{d}}{\mathrm{d}t}(\boldsymbol{r}_2\times m\,\boldsymbol{v}_2)$$
$$\vdots$$
$$\boldsymbol{r}_i\times\boldsymbol{F}_i=\frac{\mathrm{d}}{\mathrm{d}t}(\boldsymbol{r}_i\times m\,\boldsymbol{v}_i)$$
$$\vdots$$

对整个系统内的所有质点按上述各式求和，得

$$\sum_{i=1}^{n}\boldsymbol{r}_i\times\boldsymbol{F}_i=\sum_{i=1}^{n}\frac{\mathrm{d}}{\mathrm{d}t}(\boldsymbol{r}_i\times m\,\boldsymbol{v}_i)\tag{ⓐ}$$

把作用于系统上任一质点所受的力 $\boldsymbol{F}_i$ 区分为系统的内力 $\boldsymbol{F}_{i内}$ 和外力 $\boldsymbol{F}_{i外}$，则

$$\sum_{i=1}^{n}\boldsymbol{r}_i\times\boldsymbol{F}_i=\sum_{i=1}^{n}\boldsymbol{r}_i\times(\boldsymbol{F}_{i内}+\boldsymbol{F}_{i外})=\sum_{i=1}^{n}\boldsymbol{r}_i\times\boldsymbol{F}_{i内}+\sum_{i=1}^{n}\boldsymbol{r}_i\times\boldsymbol{F}_{i外}$$

如今，计算所受内力的力矩之和 $\sum\limits_{i=1}^{n}\boldsymbol{r}_i\times\boldsymbol{F}_{i内}$. 在系统内任取第 i 个和第 j 个质点，它们相互作用的成对内力服从牛顿第三定律，即$\boldsymbol{F}_{ij}=-\boldsymbol{F}_{ji}$，如图 3-13 所示，两者对参考点 O 的力矩为

$$\begin{aligned}\boldsymbol{r}_i\times\boldsymbol{F}_{ij}+\boldsymbol{r}_j\times\boldsymbol{F}_{ji}&=\boldsymbol{r}_i\times\boldsymbol{F}_{ij}+\boldsymbol{r}_j\times(-\boldsymbol{F}_{ij})\\&=(\boldsymbol{r}_i-\boldsymbol{r}_j)\times\boldsymbol{F}_{ij}\\&=\boldsymbol{r}_{ij}\times\boldsymbol{F}_{ij}=\boldsymbol{0}\end{aligned}$$

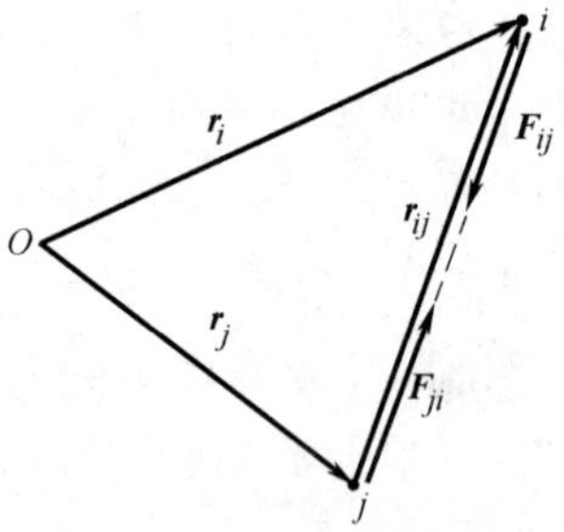

图 3-13　系统内第 i 个和第 j 个质点的受力

上式中，因 $\boldsymbol{r}_{ij}$ 与 $\boldsymbol{F}_{ij}$ 两者共线，其矢量积为零. 对整个系统中任意两质点都有此结果，所以

$$\sum_{i=1}^{n}\boldsymbol{r}_i\times\boldsymbol{F}_{i内}=0$$

从而，式ⓐ可写作

$$\sum_{i=1}^{n}\boldsymbol{r}_i\times\boldsymbol{F}_{i外}=\frac{\mathrm{d}}{\mathrm{d}t}\sum_{i=1}^{n}\boldsymbol{r}_i\times m_i\,\boldsymbol{v}_i\tag{ⓑ}$$

上式右端 $\sum_{i=1}^{n}\boldsymbol{r}_i\times m_i\boldsymbol{v}_i$ 是系统内各质点对参考点 O 的角动量之矢量和，称为**系统的角动量**，记作 $\boldsymbol{L}$；而 $\sum_{i=1}^{n}\boldsymbol{r}_i\times\boldsymbol{F}_{i外}$ 是作用于系统内各质点的外力对参考点 O 的力矩（即**外力矩**）之矢量和，记作 $\boldsymbol{M}$. 于是，式ⓑ可写作

$$\boldsymbol{M}=\frac{\mathrm{d}\boldsymbol{L}}{\mathrm{d}t} \tag{3-44}$$

上式表明，**相对于惯性系中一个给定参考点，作用于系统内各质点上的外力矩之矢量和，等于该系统对同一参考点的角动量随时间 t 的变化率**. 这一结论称为**系统的角动量定理**，式（3-44）即为此定理的数学表达式. 若

$$\boldsymbol{M}=\boldsymbol{0} \tag{3-45}$$

则由式（3-44），即得**系统角动量守恒定律**的表达式，即

$$\boldsymbol{L}=\sum_{i=1}^{n}\boldsymbol{r}_i\times m_i\boldsymbol{v}_i=\text{恒矢量} \tag{3-46}$$

这个定律表明，**若外力对参考点 O 的力矩之矢量和等于零，则系统对同一参考点的角动量守恒**. 式（3-45）就是**系统角动量守恒定律的适用条件**.

值得注意，系统的内力矩可以改变系统内各质点的角动量，但并不能改变整个系统的角动量. 其次，式（3-45）是系统角动量守恒的条件，它要求系统所受的外力矩之矢量和为零，但并不要求系统所受的外力之矢量和必须为零. 这意味着系统的角动量守恒时，系统的动量不一定守恒；反之，即使外力的矢量和为零，但由于各个外力可能有不同的作用点，对同一参考点的外力矩之矢量和也不一定为零，因而系统的动量守恒，系统的角动量也不见得一定守恒.

例题 3-17　如例题 3-17 图所示，跨过定滑的细绳的两端各有一人，其质量相等，若他们自静止开始进行爬绳比赛，求证两人同时爬到最高点.

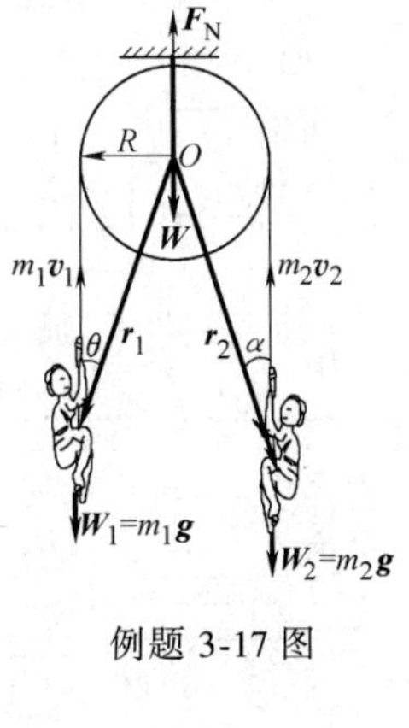

例题 3-17 图

证　以定滑轮、两人和绳子作为一系统，系统所受外力有滑轮的重力 $\boldsymbol{W}$、支承力 $\boldsymbol{F}_N$ 和两人的重力 $\boldsymbol{W}_1$ 和 $\boldsymbol{W}_2$. 以滑轮轴上的 O 点为参考点，则 $\boldsymbol{W}$ 和 $\boldsymbol{F}_N$ 皆通过滑轮轴 O 点，其力矩均为零. 令两人对 O 点的位矢分别为 $\boldsymbol{r}_1$ 和 $\boldsymbol{r}_2$，则左方的人，其重力 $m_1\boldsymbol{g}$ 对 O 点的力矩为 $\boldsymbol{r}_1\times m_1\boldsymbol{g}$，大小为 $r_1m_1g\sin\theta=m_1gR$，方向垂直纸面向外；右方的人，其重力 $m_2\boldsymbol{g}$ 对 O 点的力矩为 $\boldsymbol{r}_2\times m_2\boldsymbol{g}$，大小为 $r_2m_2g\sin\alpha=m_2gR$，方向垂直纸面向里. 由题设 $m_1=m_2$，则系统对 O 点的合外力矩

$$\sum\boldsymbol{r}_i\times\boldsymbol{F}_{i外}=m_1\boldsymbol{g}R-m_2\boldsymbol{g}R=m\boldsymbol{g}R-m\boldsymbol{g}R=\boldsymbol{0}$$

因而系统对 O 点的角动量守恒. 设左、右方两人相对于地面的速度分别为 $\boldsymbol{v}_1$ 和 $\boldsymbol{v}_2$，m_1 对 O 点的角动量为 $\boldsymbol{r}_1\times m_1\boldsymbol{v}_1$，其大小为 m_1v_1R，方向垂直纸面向里；而 m_2 对 O 点的角动量为 $\boldsymbol{r}_2\times m_2\boldsymbol{v}_2$，其大小为 m_2v_2R，方向垂直纸面向外，并以此方向取作正方向，则系统的角动量

$$0+0=m_2v_2R-m_1v_1R$$

即

$$=mv_2R-mv_1R$$

从而得

$$v_1=v_2$$

可见两人对地的上爬速度相同，两人同时爬到最高点.

问题 3-17 跨过定滑轮的细绳两端分别拴一个重物和一只猴子，且两者的质量相等，开始时都静止不动. 不计滑轮的质量及滑轮与细绳之间的摩擦，当猴子相对于绳子以速度$\boldsymbol{v}_0$攀绳上爬时，求证：重物相对于地面的速度为$\boldsymbol{v}=\boldsymbol{v}_0/2$.

本章小结

本章重点研究了质点系统的过程问题. 对于系统内发生的各种过程，如果某物理量始终保持不变，该物理量就叫作守恒量. 本章着重研究了动量守恒、能量守恒和角动量守恒. 这三个守恒定律具有比牛顿运动定律更普遍的适用性，自然界至今还没有发现违反它们的事例. 因此，守恒定律是对自然规律最深刻、最简洁的陈述，它比物理学的其他定律（例如牛顿运动定律）更重要、更基本.

首先，定义功为力的空间累积效应，由功的定义引出动能的定义和动能定理. 另一方面，根据做功的性质引出保守力的概念，并引入势能. 在此基础上介绍了功能原理和机械能守恒，并从宏观运动的角度总结出能量守恒原理.

然后，从牛顿第二定律引入冲量的概念、动量定理和动量守恒定律. 在此基础上引入了质点系统和一般物体的质心的概念，并研究得出系统的质心的运动规律——质心运动定理.

最后，引入了描述质点转动运动状态的物理量——角动量，并基于牛顿定律给出质点和质点系的角动量定理和角动量守恒定律.

本章主要内容框图：

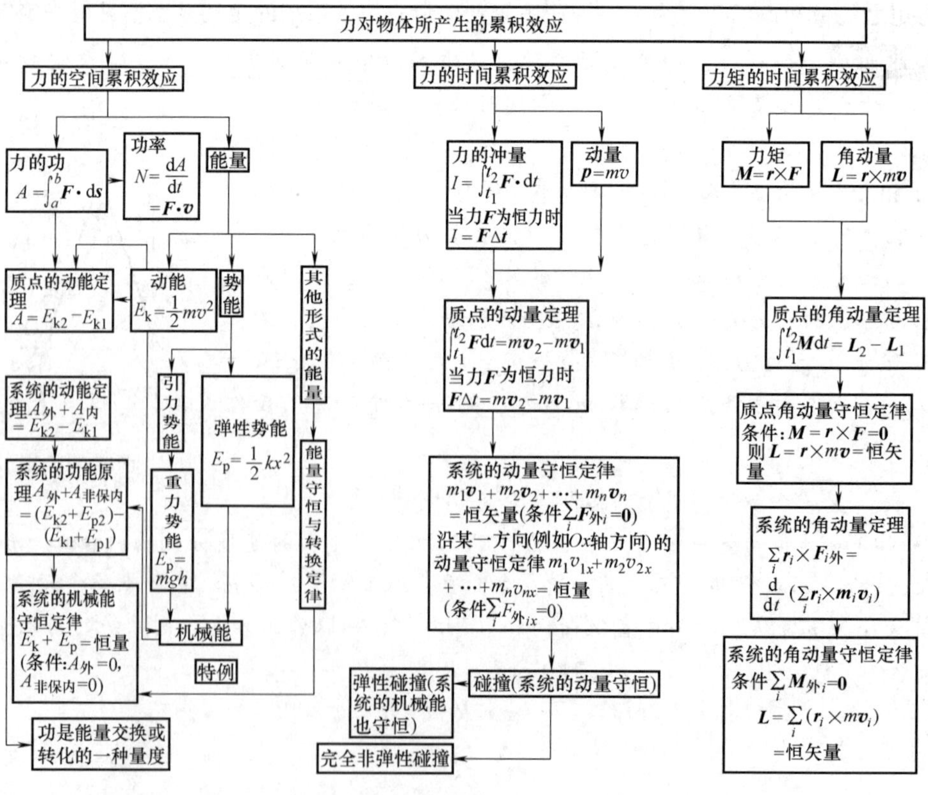

习 题 3

3-1 如习题 3-1 图所示，在寒冷的森林地区，一钢制滑板的雪橇满载木材，总质量 $m=5\text{t}$，当雪橇在倾角 $\varphi=10°$的斜坡冰道上从高度 $h=10\text{m}$ 的 A 点滑下时，平顺地通过坡底 B，设雪橇与冰道间的摩擦系数为 $\mu=0.03$，求雪橇沿斜坡下滑到坡底 B 的过程中各力所做的功和合外力的功.（**答**：$A_W=4.9\times10^5\text{J}$，$A_{F_N}=0$，$A_{F_f}=-8.34\times10^4\text{J}$，$A_{合}=4.07\times10^5\text{J}$）

3-2 如习题 3-2 图所示，用跨过轻滑轮的细绳，以大小不变的拉力 $F=1600\text{N}$ 牵引一台质量 $m=200\text{kg}$ 的机器，使之沿倾角 $\theta=30°$的斜面运动. 求机器从静止开始自位置 A 移到位置 B 的过程中重力和拉力所做的功. 已知机器在 A 和 B 处时绳子与斜面分别成 $\alpha_1=45°$、$\alpha_2=60°$角，滑轮的大小不计，它离机器的垂直距离 $h=6\text{m}$.（**答**：$-2.49\times10^3\text{J}$；$2.49\times10^3\text{J}$）

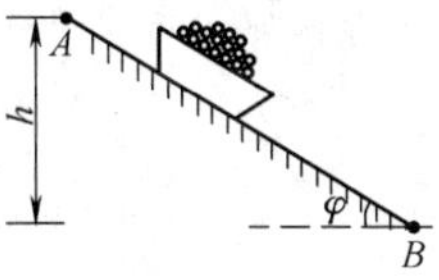

习题 3-1 图

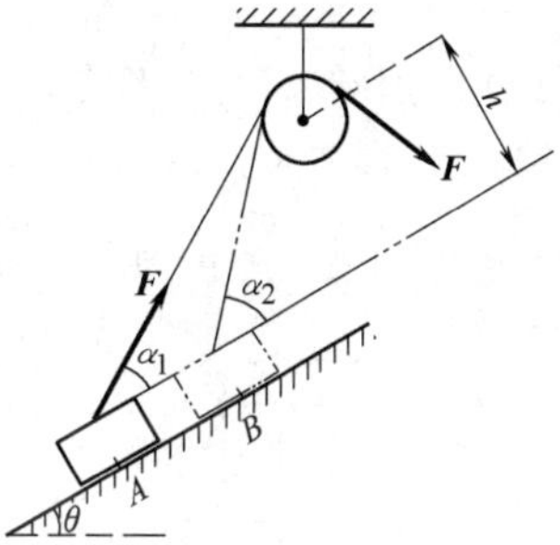

习题 3-2 图

3-3 设小车受 Ox 轴方向的力 $F=kx-c$ 作用，从 $x_a=0.5\text{m}$ 运动到 $x_b=6\text{m}$，已知 $k=8\text{N}\cdot\text{m}^{-1}$，$c=12\text{N}$.（1）求力在此过程中所做的功；（2）以 x 为横坐标，F 为纵坐标，绘出 F 与 x 的关系图线（称为**示功图**）；并直接计算示功图在 x_a 到 x_b 范围内的面积，以验证你在（1）中求出的答案.

3-4 一质量为 1.5t 的汽车在关闭发动机后，以 $30\text{km}\cdot\text{h}^{-1}$ 的匀速沿一段斜度（斜度=斜面高/斜面的底边长）为 5/100 的公路下滑. 若令此车以同样的速度向上行驶，求发动机的功率多大?（**答**：14.7kW）

3-5 一质量为 10g、速度为 $200\text{m}\cdot\text{s}^{-1}$ 的子弹水平地射入墙壁内 10cm 后而停止运动. 若墙的阻力是一恒量，求子弹射入墙壁内 5cm 时的速率.（**答**：$141.42\text{m}\cdot\text{s}^{-1}$）

3-6 如习题 3-6 图所示，打捞船借电动机 M 拖动一卷扬机，以吊起沉于海面下 36.5m、质量为 2t 的一台机器. 已知机器刚离开海面时的速度为 $6.1\text{m}\cdot\text{s}^{-1}$，设海水对机器运动的阻力恒定，等于机器重量的 20%. 求机器达到海面时，卷扬机所做的功.（机器在海水中所受浮力不计）（**答**：$8.96\times10^5\text{J}$）

3-7 如习题 3-7 图所示，$\overset{\frown}{AB}$ 为半径 $R=1.5\text{m}$ 的 1/4 圆周的运料滑道. BC 为水平滑道. 一块质量为

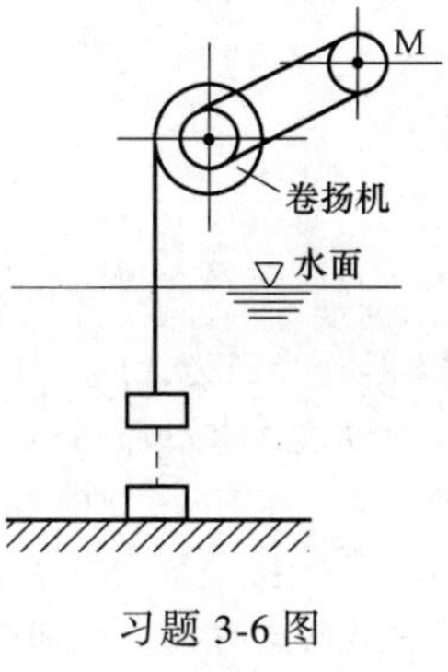

习题 3-6 图

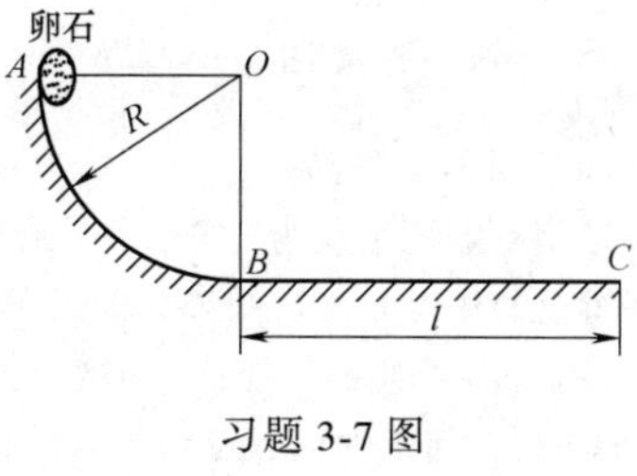

习题 3-7 图

2kg 的卵石从 A 处自静止开始下滑，滑到 C 点停止．设滑到 B 点的速度为 $4\mathrm{m}\cdot\mathrm{s}^{-1}$，$B$、$C$ 间距离为 $l=3\mathrm{m}$．求卵石自 A 点滑到 B 点克服摩擦力所做的功；并求 BC 段水平滑道的滑动摩擦系数．（答：$A_f=13.4\mathrm{J}$；$\mu=0.27$）

3-8　如习题 3-8 图所示，传送带沿斜面向上运行的速度为 $v=1\mathrm{m}\cdot\mathrm{s}^{-1}$，设物料无初速地每秒钟落到传送带下端的质量为 $Q=50\mathrm{kg}\cdot\mathrm{s}^{-1}$，并被输送到高度 $h=5\mathrm{m}$ 处．求配置的电动机所需功率．不计传送机各部件间的摩擦和物料落到传送带上因碰撞所引起的能量损失．（答：$N\approx2.5\mathrm{kW}$）

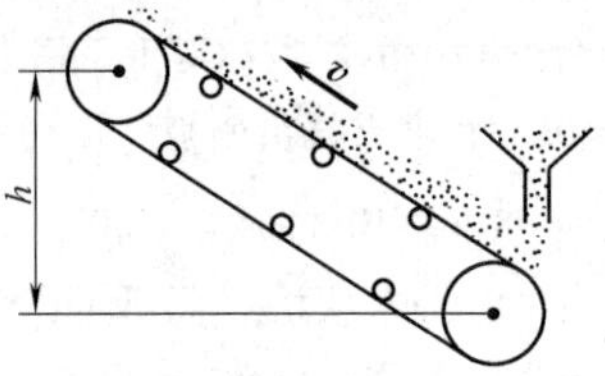

习题 3-8 图

3-9　一质量 $m_1=0.1\mathrm{kg}$ 的物块 B 与质量 $m_0=0.8\mathrm{kg}$ 的物体 A，用跨过轻滑轮的细绳连接，如习题 3-9 图所示．滑轮与绳间的摩擦不计．物块 B 上另放一质量为 $m_2=0.1\mathrm{kg}$ 的物块 C，物体 A 放在水平桌面上．它们均由静止开始运动，物块 B 下降一段距离 $h_1=50\mathrm{cm}$ 后，通过圆环 D，将物块 C 卸去，又下降一段距离 $h_2=30\mathrm{cm}$，速度变为零．试求物体 A 与水平桌面间的滑动摩擦系数．（提示：将物体 A、B、C 及绳子视作一系统）（答：$\mu=0.2$）

3-10　如习题 3-10 图所示，一质量为 m 的物体，在倾角为 α 的斜面上系于一劲度系数为 k 的轻弹簧一端，弹簧的另一端固定，设物体在弹簧处于原长时的动能为 E_{k1}，且不计物体与斜面间的摩擦，试求物体在弹簧伸长 x 时的速率．（答：$v=[(2E_{k1}+2mgx\sin\alpha-kx^2)/m]^{\frac{1}{2}}$）

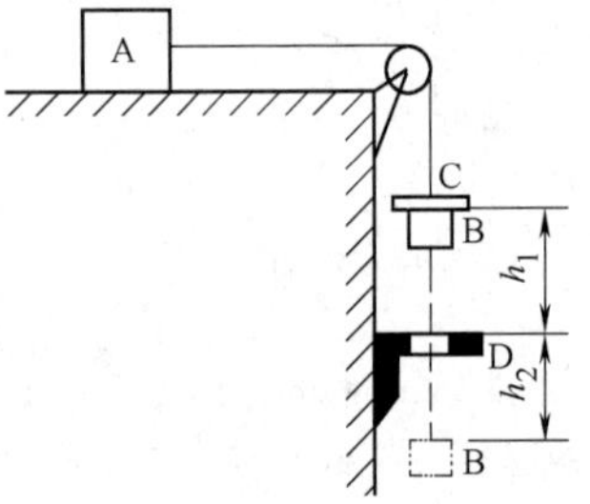

习题 3-9 图

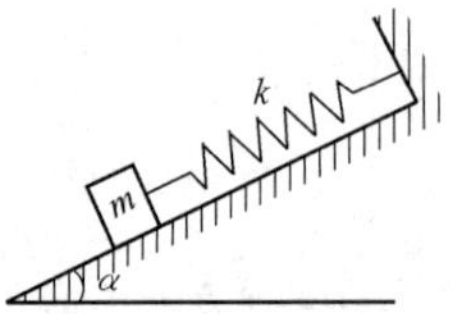

习题 3-10 图

3-11　如习题 3-11 图所示，劲度系数分别为 k_1、k_2 的轻弹簧 A、B 串联后，在弹簧 B 下端挂一物体 C．求证此两弹簧的弹性势能之比为 $E_{p_A}/E_{p_B}=k_2/k_1$．

3-12　如习题 3-12 图所示，一劲度系数为 k 的轻弹簧，两端分别固定于 A、B 处，当弹簧处于水平位置时恰为原长 $2l$．今在弹簧的中点 O 悬挂一质量为 m 的仪器，则仪器无初速地开始下降到 O 点以下 h 处的速度为多大？（答：$v=[2gh-(2k/m)(\sqrt{l^2+h^2}-l)^2]^{1/2}$）

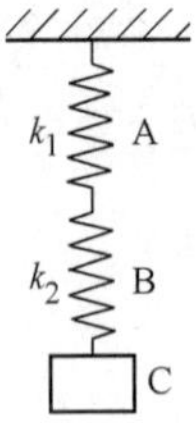

习题 3-11 图

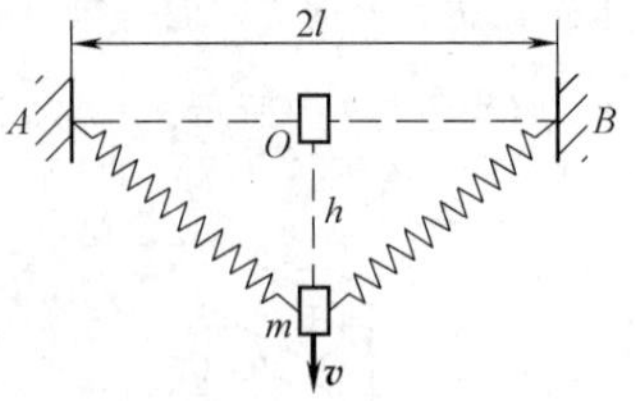

习题 3-12 图

3-13　如习题 3-13 图所示，一质量为 m 的滑环可沿竖直平面内的半圆形（半径为 R）曲杆 ABC 滑动，不计摩擦．若滑环与压缩量为 l 的水平轻弹簧一端相接触，然后自静止开始释放，求滑环到达高度为 R 的 B 点时曲杆对它的作用力（已知弹簧的另一端固定于 A 处，且其劲度系数为 k）．（答：$kl^2/R-2mg$）

3-14　一长为 l 的细绳所能承受的最大拉力为 11.8N，上端系于 O 点，下端挂质量 m 为 0.6kg 的重物（见习题 3-14 图），问重物应当拉到什么位置，然后放手，就会使重物回到最低点 B 时悬线即断（不计一

切摩擦)？(答：60°)

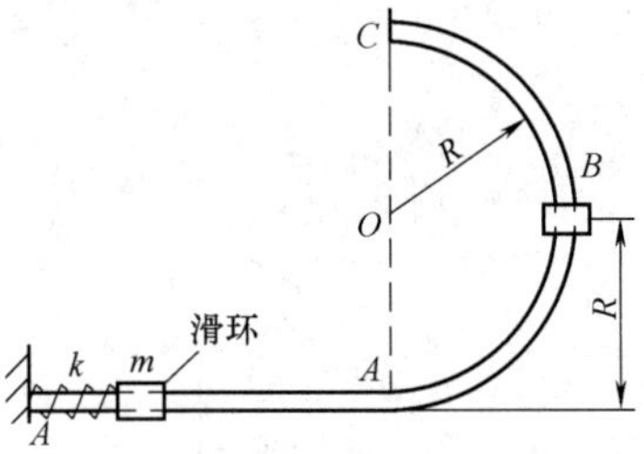

习题 3-13 图

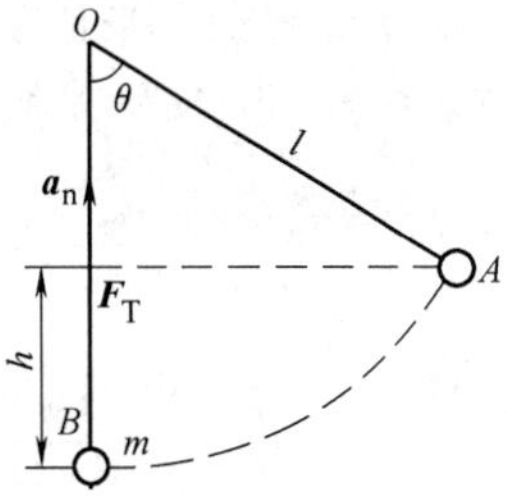

习题 3-14 图

3-15　如习题 3-15 图所示，在电动机驱动下，倾角为 $\alpha=30°$ 的传送带以保持不变的速度 $v_0=3\text{m}\cdot\text{s}^{-1}$ 运行．今把一质量为 $m=20\text{kg}$ 的货箱无初速地放在传送带底端，并被运送到高度 $h=2.5\text{m}$ 处．已知货箱与传送带之间的摩擦系数为 $\mu=\sqrt{3}/2$，其他损耗不计．求传送带运送货箱过程中产生的热能和电动机消耗的电能．(答：$E_f=270.5\text{J}$，$E_e=850.5\text{J}$)

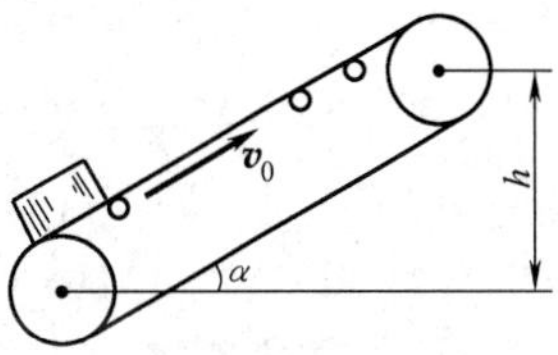

习题 3-15 图

3-16　一质量为 700g 的足球从 $h_1=5\text{m}$ 的高处自由落下．试求：(1) 它以多大的速度撞击地面？此时它的动量是多大？(2) 如果反跳到 $h_2=3.2\text{m}$ 的高处，那么反跳而离开地面的瞬时，其动量为多大？(3) 在撞击的极短过程中动量的变化如何？球受地面的冲量为多大？(4) 若球与地面的接触时间是 0.02s，那么，球对地面的平均作用力为多大？[答：(1) $7\text{kg}\cdot\text{m}\cdot\text{s}^{-1}\downarrow$，(2) $5.6\text{kg}\cdot\text{m}\cdot\text{s}^{-1}\uparrow$，(3) $12.6\text{kg}\cdot\text{m}\cdot\text{s}^{-1}\uparrow$，(4) 630N↓]

3-17　速度为 $820\text{m}\cdot\text{s}^{-1}$，质量为 96g 的子弹，垂直地穿过墙壁后，速度变为 $722\text{m}\cdot\text{s}^{-1}$，穿过墙壁历时 $2.0\times10^{-5}\text{s}$，求墙壁对子弹的平均阻力．(答：$-4.7\times10^5\text{N}$，负号表示阻力的方向与子弹的运动方向相反)

3-18　一消防队员自高度为 $h=2.5\text{m}$ 的墙顶自由地跳落到地面，若他的脚底与地面接触后，经 1.6s，身体才完全站定，则地面沿竖直方向作用于脚上的平均冲力是他体重的几倍．(答：约 1.4 倍)

3-19　如习题 3-19 图所示，某风景区的索道运客车厢以 $2.80\text{m}\cdot\text{s}^{-1}$ 的速度沿着索道向上运动，倘若系于车厢 C 处的操纵绳索突然断掉，求自断掉后车厢沿索道向下运动的速度达到 $0.65\text{m}\cdot\text{s}^{-1}$ 时所需的时间．不计摩擦，设索道的倾角 $\alpha=12.5°$．(答：$t=1.63\text{s}$)

3-20　如习题 3-20 图所示，传送带沿水平方向以速度 $v=1.5\text{m}\cdot\text{s}^{-1}$ 匀速传送煤炭，从送料斗中每小时竖直地落到传送带上的煤炭质量为 72t．求传送带对煤炭的水平拖动力．(假设煤炭落到传送带时不影响传送带的运行速度)(答：30N)

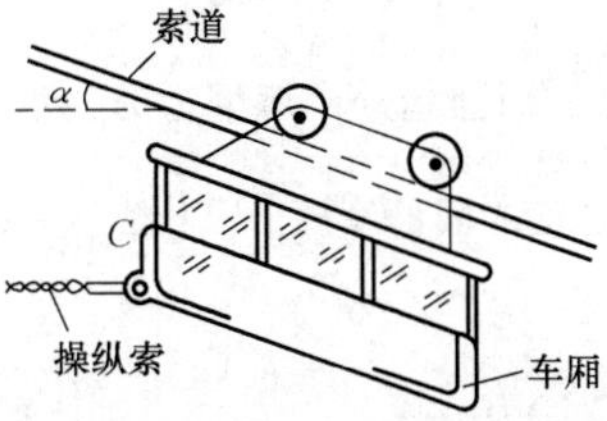

习题 3-19 图

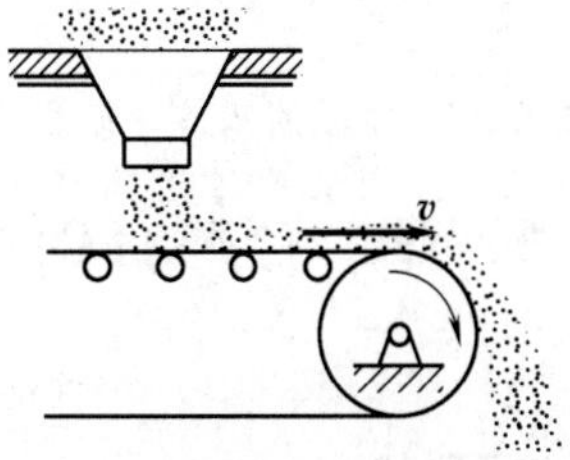

习题 3-20 图

3-21　一质量为 m 的质点，在水平面上以匀角速 ω 绕圆心 O 做半径为 R 的圆周运动．求从点 P_1 转过 90°而到达点 P_2 的过程中，质点所受向心力的冲量（按习题 3-21 图所示的坐标系 Oxy 计算）．(答：$\boldsymbol{I}=-mR\omega\boldsymbol{i}-mR\omega\boldsymbol{j}$，即 $I=\sqrt{2}mR\omega$，方向与 Ox 轴成 225°角)

3-22　如习题 3-22 图所示，一质量为 m_0 的楔块，其斜面 AB 的长度为 l，倾角为 α，楔块底面 BC 可沿水平地面移动．设一质量为 m 的物体从斜面顶端自静止开始下滑，不计一切摩擦，求物体在下滑到斜面底端的过程中，楔块沿水平地面滑行的总位移．［**答：**$ml\cos\theta/(m_0+m)$］

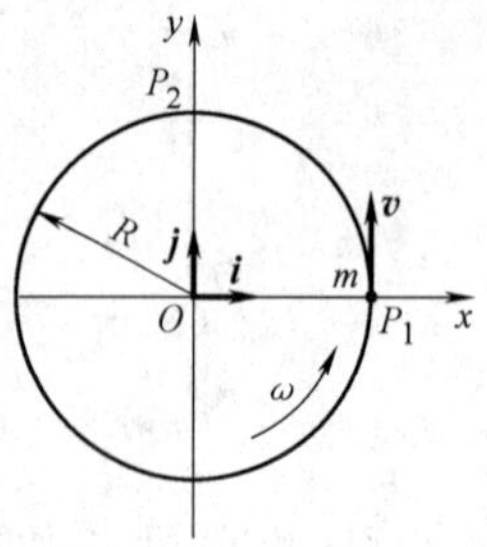

习题 3-21 图

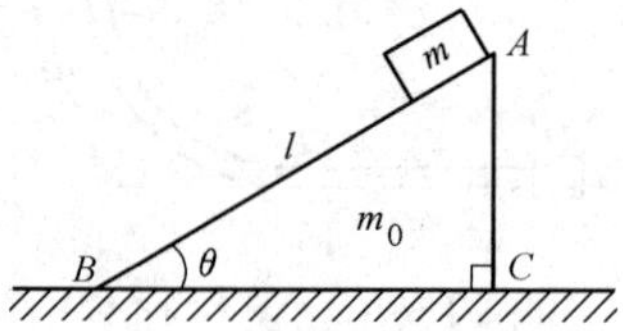

习题 3-22 图

3-23　质量为 60kg 的人以 $2\mathrm{m}\cdot\mathrm{s}^{-1}$ 的速度从后面跳上质量为 80kg 的小车，小车原来沿平直轨道前进的速度为 $1\mathrm{m}\cdot\mathrm{s}^{-1}$．试问：（1）小车运动速度变为多少？（2）如果此人迎面跳上这辆小车，小车的速度又变为多少？［**答：**（1）$1.43\mathrm{m}\cdot\mathrm{s}^{-1}$；（2）$-0.29\mathrm{m}\cdot\mathrm{s}^{-1}$］

3-24　一辆质量为 30t 的车厢，在平直铁轨上以 $2\mathrm{m}\cdot\mathrm{s}^{-1}$ 的速度和它前面的一辆质量为 50t、以 $1\mathrm{m}\cdot\mathrm{s}^{-1}$ 的速度沿相同方向前进的机车挂接，挂接后它们以同一速度前进．试求：（1）挂接后的速度；（2）机车受到的冲量．［**答：**（1）$1.38\mathrm{m}\cdot\mathrm{s}^{-1}$，→；（2）$1.90\times10^4\mathrm{N}\cdot\mathrm{s}$，方向沿 Ox 轴正向］

3-25　如习题 3-25 图所示，在溜冰场中，一质量为 $m_1=75\mathrm{kg}$ 的溜冰员以速度 $v_1=1.5\mathrm{m}\cdot\mathrm{s}^{-1}$ 朝东滑行，另一个质量为 $m_2=60\mathrm{kg}$ 的溜冰员以速度 $v_2=2.0\mathrm{m}\cdot\mathrm{s}^{-1}$ 朝南滑行，它们在 O 点相遇而拥抱在一起滑行．求两人相遇后的速度．（**答：**$v=1.22\mathrm{m}\cdot\mathrm{s}^{-1}$，东偏南 46.9°角）

3-26　如习题 3-26 图所示，由传送带将矿砂竖直地卸落在沿平直轨道行驶着的列车的一节车厢中，每秒钟卸入的矿砂重量为 w，车厢空载时车身重量为 W_0、初速为 $\boldsymbol{v}_0$，忽略轨道阻力，求车厢在加载过程中某一时刻 t 的速度和加速度．［**答：**$v=W_0v_0/(W_0+wt)$；$a=-W_0wv_0/(W_0+wt)^2$］

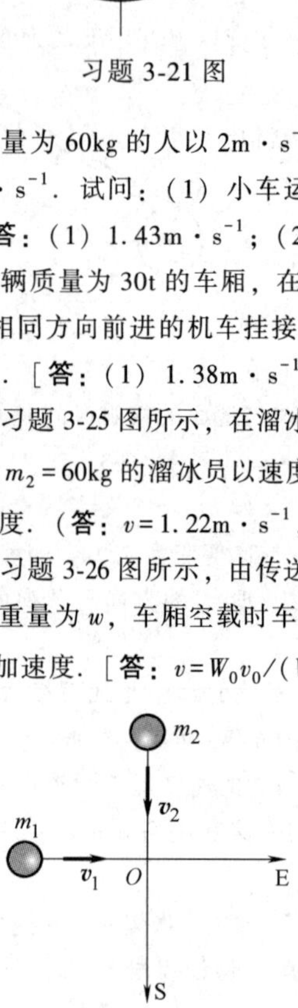

习题 3-25 图

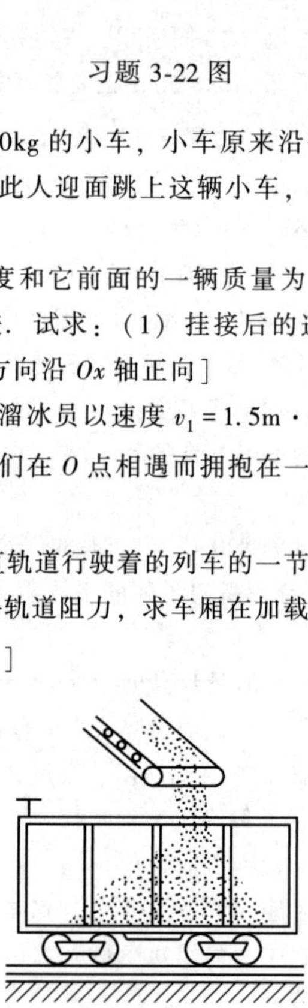

习题 3-26 图

3-27　如习题 3-27 图所示，一质量为 m 的平板车以速度 $\boldsymbol{v}_0$ 沿平直轨道运动．质量为 m_0 的人以相对于车的速度 $\boldsymbol{v}_r$ 从车的后端向前行走．求此时平板车的速度．不计车与轨道之间的摩擦力．$\left(\text{答：} v=v_0-\dfrac{m_0v_r}{m_0+m}\right)$

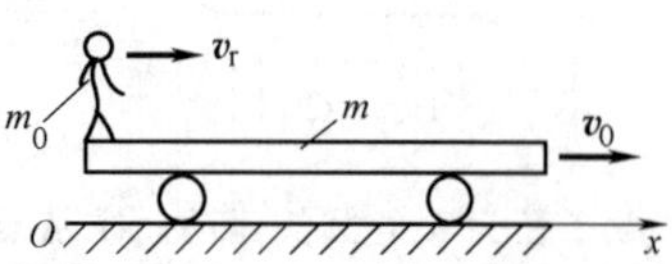

习题 3-27 图

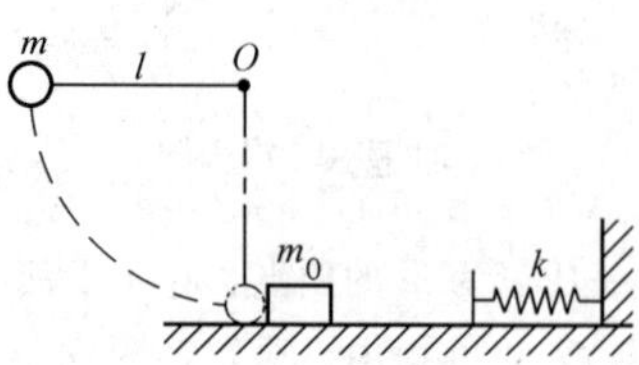

习题 3-28 图

3-28 一质量 $m=1\text{kg}$ 的钢球，拴于长 $l=1\text{m}$ 的细绳的一端，绳的另一端固定于 O 点. 在绳处于水平拉直的静止状态时将球释放（见习题 3-28 图），球经过 1/4 的圆弧路径而到达最低点，对心地撞击一质量 $m_0=5\text{kg}$ 的静止钢块. 设碰撞是弹性的，碰撞后钢块沿水平面滑行，与一劲度系数 $k=2000\text{N}\cdot\text{m}^{-1}$ 的水平轻弹簧相碰撞而将弹簧压紧. 不计一切摩擦，求弹簧的压缩量.（答：0.0738m）

3-29 在氢原子中，设想电子绕原子核做半径为 $r=0.5\times10^{-11}\text{m}$ 的匀速圆周运动. 若电子对原子核的角动量为 $\frac{h}{2\pi}$（h 为普朗克常量，$h=6.63\times10^{-34}\text{J}\cdot\text{s}$），求它的角速度. 已知电子的质量为 $9.11\times10^{-31}\text{kg}$.（答：$4.63\times10^{18}\text{rad}\cdot\text{s}^{-1}$）

本章“问题”选解

问题 3-1（3）

答 汽车的驱动力 F 的大小是其后轮的最大静摩擦力，即 $F=F_{\text{fmax}}=\mu F_{\text{N}}$，当载货时，支承力 F_{N} 增大，则由功率的公式 $N=Fv\cos0^\circ=Fv$ 可知，F 增大. 由于发动机功率 N 恒定，势必要使 v 减小，为此驾驶员要车行驶得慢些.

问题 3-2（3）

答 行星 P 绕太阳 S 做匀速率圆周运动，则速率 v 不变，故行星的动能 $mv^2/2$ 不变；如问题 3-2（3）解答图所示，太阳 S 对行星 P 的引力 $\boldsymbol{F}_{\text{n}}$ 不做功，这是因为引力与行星位移处处相垂直，因而太阳对行星做功 $A=\int_l \boldsymbol{F}_n\cdot\text{d}\boldsymbol{l}=0$.

问题 3-4

答 如问题 3-4 解答图所示，将物体 B_1、B_2 和细绳三者视作一个系统，则此系统所受外力为 $\boldsymbol{F}$、$\boldsymbol{F}_{\text{N1}}$、$W_1$、$\boldsymbol{F}_{\text{N3}}$、$\boldsymbol{F}_{\text{N2}}$、$\boldsymbol{W}_2$，所受内力为 $\boldsymbol{F}_{\text{T1}}$ 和 $\boldsymbol{F}_{\text{T2}}$.

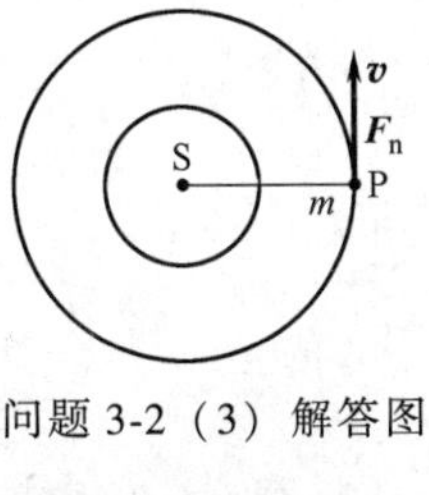

问题 3-2（3）解答图

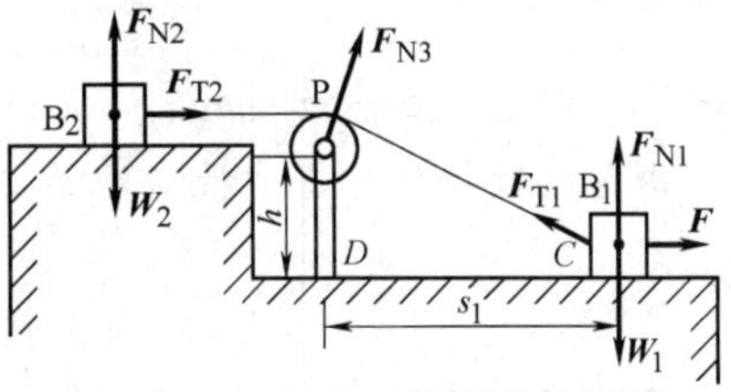

问题 3-4 解答图

问题 3-5（2）

解 设弹簧的劲度系数为 k，则按题设，甲和乙所做的功分别为

$$A_{甲}=E_1-E_0=\frac{1}{2}kx_1^2-0=\frac{1}{2}k(5\times10^{-2})^2\text{J}=12.5\times10^{-4}k\text{J}$$

$$A_{乙}=E_2-E_1=\frac{1}{2}k(x_1+x_2)^2-\frac{1}{2}k(x_1)^2=kx_1x_2+\frac{1}{2}kx_2^2$$

$$=k(5\times10^{-2}\times3\times10^{-2}+0.5\times9\times10^{-4})\text{J}=19.5\times10^{-4}k\text{J}$$

所以 $A_{乙}>A_{甲}$.

问题 3-7

解 发电量（即功率）为

$$N=\eta mgh/t=0.75\times50\times9.8\times100\text{J}\cdot\text{s}^{-1}=36.75\text{kW}$$

一年发出的电能为

$$E=Nt=36.75\times365\times24\text{kW}\cdot\text{h}=3.22\times10^5\text{kW}\cdot\text{h}$$

问题 3-8（2）

解 如问题 3-8（2）解答图所示，每位旅客从自动扶梯获得的机械能为

$$E=mgh+\frac{1}{2}mv^2$$

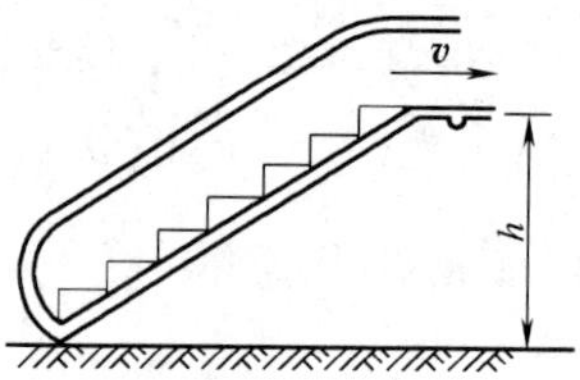

问题 3-8（2）解答图

每小时 n 位旅客获得的机械能为

$$\sum_i E_i=\left(mgh+\frac{1}{2}mv^2\right)n$$

电动机提供的平均功率为

$$N=\frac{\sum_i E_i}{t}=\frac{\left(mgh+\frac{1}{2}mv^2\right)n}{t}=\frac{\left[55\times9.80\times5+\frac{1}{2}\times55\times(0.42)^2\right]\times8000}{3600}\text{W}$$

$$=5999.668\text{W}\approx6\text{kW}$$

问题 3-9

解 如问题 3-9 解答图所示，在雪橇滑行全过程中，仅 BC 段有外力（摩擦力）$\boldsymbol{F}_\text{f}$ 做功，由系统的功能定理，有

$$A=\left(\frac{1}{2}mv_2^2+mgh_2\right)-\left(\frac{1}{2}mv_1^2+mgh_1\right) \quad ⓐ$$

其中，$A=F_\text{f}s_2\cos180°$，而 $F_\text{f}=\mu F_{\text{N}2}=\mu mg$，故 $A=-\mu mgs_2$；又 $v_1=v_2=0$，$h_2=0$，代入式ⓐ，有

$$-\mu mgs_2=-mgh_1$$

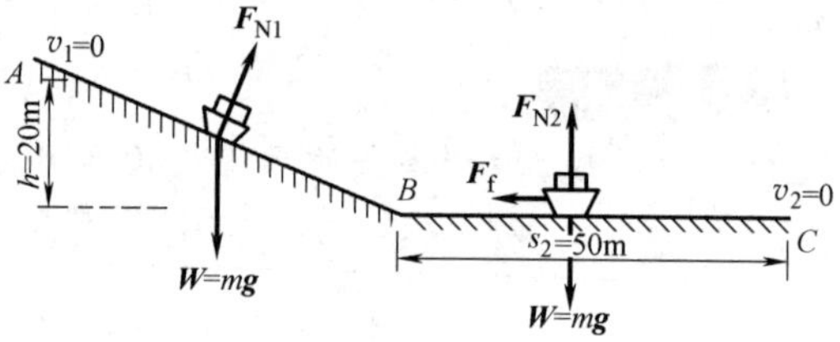

问题 3-9 解答图

由题设数据可算得雪橇与地面之间的摩擦系数为

$$\mu=\frac{h_1}{s_2}=\frac{h}{s_2}=\frac{20\text{m}}{50\text{m}}=0.4$$

问题 3-10（2）

答 起重机起吊集装箱的拉力 $\boldsymbol{F}_\text{T}$ 为系统的外力，此力做功 $A_{外}\neq0$，所以系统的机械能不守恒.

问题 3-11

解 如问题 3-11 解答图所示，将物体、弹簧和地球视作一系统. 若 $\mu=0$，则 $A_{外}=0$，$A_{非保}=0$，因而系统机械能守恒. 设物体开始时在斜面上距斜面下端为 l_1，下滑的最大距离为 l_2，则有

$$mgl_1\sin\alpha+0+0=mgl_2\sin\alpha+\frac{1}{2}k(l_1-l_2)^2+0$$

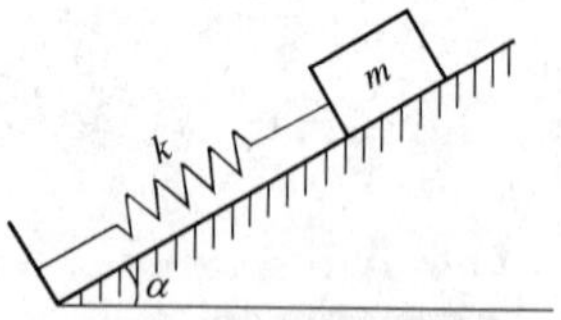

问题 3-11 解答图

从而得物体下滑的最大距离为

$$l_1-l_2=2mg\sin\alpha/k$$

若$\mu \neq 0$，则$A_{非保} \neq 0$，系统的机械能不守恒，可由系统的功能定理求解，即

$$-\mu mg(l_1-l_2)\cos\alpha=\left[0+\frac{k}{2}(l_1-l_2)^2+mgl_2\sin\alpha\right]-(0+0+mgl_1\sin\alpha)$$

从而得物体下滑的最大距离为

$$l_1-l_2=\frac{2mg(\sin\alpha-\mu\cos\alpha)}{k}$$

问题 3-13

答　(1) 外力的冲量$\int_{t_1}^{t_2}\boldsymbol{F}\mathrm{d}t$表述外力对物体的时间累积效应，它使物体的动量$m\boldsymbol{v}$发生变化．$m\boldsymbol{v}$表征物体的运动状态．因而，可给出如下的关系，即质点动量定理的表达式

$$\int_{t_1}^{t_2}\boldsymbol{F}\mathrm{d}t=m\boldsymbol{v}_2-m\boldsymbol{v}_1$$

由上式还可得到平均冲力的表达式为

$$\overline{\boldsymbol{F}}=\frac{1}{t_2-t_1}\int_{t_1}^{t_2}\boldsymbol{F}\mathrm{d}t=\frac{m\boldsymbol{v}_2-m\boldsymbol{v}_1}{t_2-t_1} \qquad ⓐ$$

(2) 装瓷器或精密仪器的木箱，一旦受外力冲击，将使其动量发生变化，若填塞泡沫塑料或棉花等，就能延缓外力的作用时间（t_2-t_1），由式ⓐ可知，将削弱冲力对仪器的作用，以保护仪器无虞．

(3) 起重机开始起吊重物时，使重物在甚短时间内由静止改变为速度$v\neq 0$，即发生较大的加速度，与此同时，起吊重物的钢丝绳将产生很大的拉力F_T，若在吊钩与钢丝绳之间串接一缓冲弹簧，就可使起吊时间（t_2-t_1）延长，从而减小钢丝绳的拉力，不致引起钢丝绳的断裂．

(4) 若蛋落在棉絮中，可延缓棉絮对蛋作用力的时间，由式ⓐ可知，蛋受到的冲力将被削弱而有可能不被碰碎．

问题 3-14

答　动能与动量都是描述物体运动状态的物理量．动能是标量，动量是矢量．若物体的动能为$mv^2/2$，则其动量为$m\boldsymbol{v}$．

物体的动量发生改变，其动能也可能不发生改变．例如一物体在水平桌面上做匀速圆周运动时，其速度$\boldsymbol{v}$的大小虽然不变，但其运动方向却随时发生改变，故动量$m\boldsymbol{v}$在不断改变，但动能$mv^2/2$却为一恒量．

问题 3-15（3）

答　如问题3-15（3）解答图所示，将人与气球看作一系统，开始时，系统静止不动，系统所受重力与向上的浮力相互平衡，则系统在竖直方向所受的合外力为零，所以系统在竖直方向的动量守恒．设人相对于地面的速度为$v_人$，人相对于梯的速度为$\boldsymbol{v}$，气球相对于地面的速度为$\boldsymbol{u}$，则

$$\boldsymbol{v}_人=\boldsymbol{v}+\boldsymbol{u} \qquad ⓐ$$

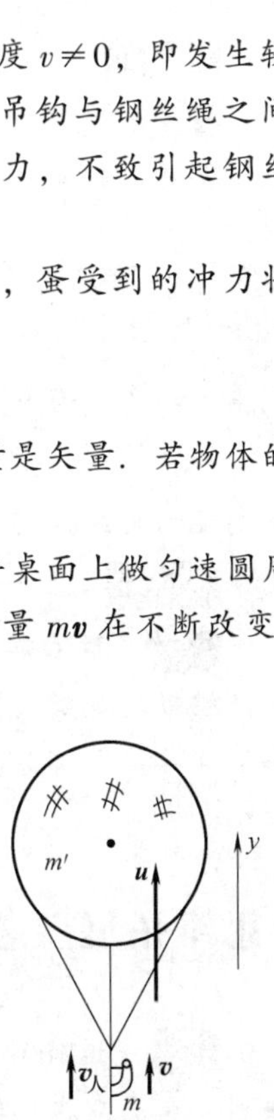

问题3-15（3）解答图

并设人与气球的质量分别为m和m'，则按动量守恒定律，沿如问题3-15（3）解答图所示竖直的y轴的分量式为

$$0+0=mv_{人}+m'u \qquad ⓑ$$

由式ⓐ、式ⓑ，得气球的速度为

$$u=\frac{-mv}{m+m'} \quad (负号表示气球向下运动)$$

问题 3-16 (2)

解 按题意，如问题3-16（2）解答图所示，小球A绕圆心O做匀速率圆周运动时，它与地球组成的系统中，其合外力即为法向力$\boldsymbol{F}_n$，它与位移处处垂直，即$\sum_i A_{外i}=0$，因小球做匀速率圆周运动，只受法向力$\boldsymbol{F}_n$，因而$A_{非保内}$必为零，即$\sum_i A_{非保内i}=0$，所以，小球的机械能守恒，即$E=E_k=mv^2/2=$恒量．由于速度是矢量，在匀速率圆周运动中，速率虽不变，但方向在不断变化，因此，动量$m\boldsymbol{v}$也随时在变而不守恒．考虑到小球所受的合外力即为法向力$\boldsymbol{F}_n$，它通过圆心O，力臂为零，即合外力矩$\boldsymbol{M}=0$，所以小球对O点的角动量守恒．

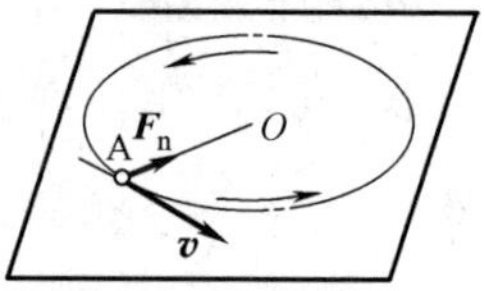

问题3-16（2）解答图

“问题拓展”参考答案

3-1

解 由于跳高运动员在起跳前只受重力作用，因此他与地球组成的系统机械能守恒，取运动员身体重心处为重力势能的零点，设跳高运动员纵身起跳时竖直向上的速度为v，则有：

$$\frac{1}{2}mv^2=mgh$$

式中$h=(2.1-0.9)\mathrm{m}$，则得

$$v=\sqrt{2gh}=\sqrt{2\times9.8\times(2.1-0.9)}=4.85\mathrm{m\cdot s^{-1}}$$

跳高运动员纵身起跳时竖直向上的速度为$4.85\mathrm{m\cdot s^{-1}}$．

3-2

答 胸口碎大石表演中的石头必须质量很大、易碎．这样当石头受到锤头的猛击时，才能够吸收足够大的冲量，而不至于传导到下面的熊猫身上造成伤害，而且，石头的破裂将会消耗掉绝大部分锤头的动能．如果选用质量小且不易碎的石头，下面的熊猫反而会凶多吉少．

“思维拓展”参考答案

答 选择后一种．因为两者的动量是相等的．但是前者的动能是后者的两倍．小孩撞到成人基本上比较接近完全非弹性碰撞的情况，动能大的情况撞击时造成的危害更大．

第4章 刚体力学简介

章前问题?

当我们每天出门或回到家时，都要先打开房门. 大家一定是用手去推或拉房门，让门通过绕门轴转动的方式打开，而不是向别的方向用力. 这是为什么呢? 你思考过其中的原因吗? 而且我们推或拉房门的位置一般都是门的边缘，也就是离门轴最远的位置. 如果我们在门轴附近去推或拉门，就需要花费更大的力气才能把门打开，这又是为什么呢?

此外，高空走钢丝的演员为什么手里要拿一根长杆?

要弄清上述问题，必须先了解刚体绕轴转动所遵从的力学规律.

在前几章中，我们研究物体的运动时，根据具体情况，可以把物体看作质点，即忽略了物体的形状和大小. 但在有些情况下，物体的形状和大小是不能忽略的. 例如，在研究机床上的传动轮绕轴转动时，轮子上各点的运动情况不尽相同；并且在力的作用下还会引起轮子的微小形变. 因此，当我们进一步研究物体的转动时，或在讨论物体受力而引起形变的问题时，就不能再将物体简化为质点了.

倘若根据问题的性质和要求，物体在外力作用下所引起的形变甚小，可以不予考虑，即把物体的形状和大小视作不变，那么，我们就将这种**在外力作用下形状和大小保持不变的物体称为刚体**. 其实，刚体也是从实际物体抽象出来的一种理想模型.

我们在研究刚体运动时，可以将刚体看成由无数个拥有质量 dm 的刚性微小体积元 dV、一个挨一个地连续组成的系统，这种体积元称为刚体的**质元**. 由于刚体的形状和大小在运动过程中始终保持不变，因而这种系统具有如下的基本特征：**刚体内任何两个质元之间的距离，在运动过程中始终保持不变**. 在研究刚体力学时，我们需要随时考虑到刚体的这一特征.

基于上述观点，我们能够把构成刚体的全部质元的运动加以综合，给出刚体的整体运动所具有的规律.

问题

4-1 为什么说刚体是物体的一种理想模型？刚体这种模型具有什么特征？在什么条件下，实际物体可当作刚体进行？

4.1 刚体的基本运动形式

一般来说，刚体的运动较为复杂. 平动和转动是刚体的两种最基本的运动形式. 本章主要研究刚体的定轴转动.

4.1.1 刚体的平动

当刚体运动时，如果**刚体中任意一条直线始终保持平行移动**，则这种运动称为**平动**，如图 4-1 所示. 由于刚体上任意一条直线（如 AB、AC、AD 等）在刚体平动过程中始终保持平行移动，则直线上所有的点在任何一段时间内的位移和任一时刻的速度和加速度皆应完全相等. 况且该直线又是任意的. 因而，刚体在平动时，其上各点的运动情况是完全相同的，刚体内任一点的运动皆能代表整个刚体的运动. 因此，我们也可以用前述的质点运动规律来描述刚体的平动.

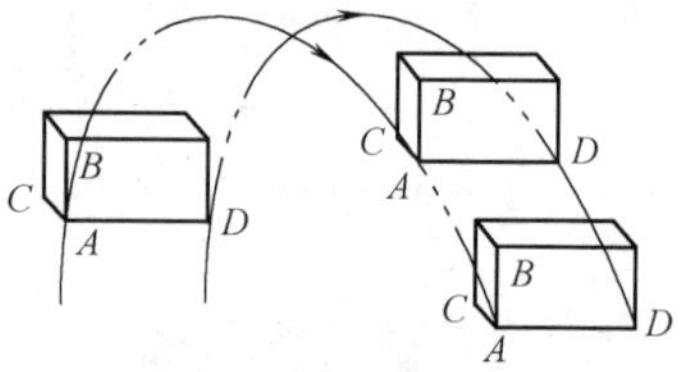

图 4-1 刚体的平动

问题拓展

4-1 为什么驾驶大货车的难度要比驾驶小汽车大得多？

例题 4-1 如例题 4-1 图 a 所示，一曲柄连杆机构[⊖]的曲柄 OA 长为 r，连杆 AB 长为 l. 连杆 AB 的一端用销子 A 与曲柄 OA 相联结，另一端以销子 B 与活塞相联结. 当曲柄以匀角速 ω 绕轴 O 做逆时针旋转时，通过连杆将带动活塞在气缸内往复运动，试求活塞的运动函数.

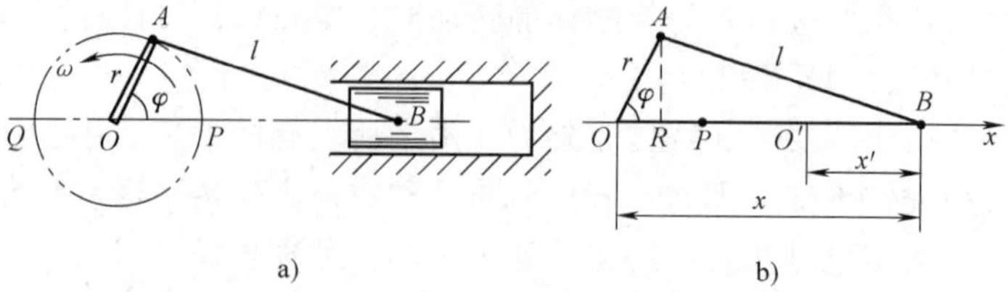

例题 4-1 图

⊖ 曲柄连杆机构在机械工程中应用广泛. 它可将圆周运动变为直线运动（如本例情况），反之，也可将直线运动变为圆周运动. 例如，热机（蒸汽机、内燃机等）气缸中的活塞在缸内气体压力驱动下，做往复的直线运动，通过此机构可带动曲柄轴转动，与曲柄轴联结的动力机（发电机等）的转子也就跟着转动.

分析 实际上，与活塞自身大小相比，它局限在气缸内的运动空间并不大，因而不能把活塞视作质点；但由于它在气缸内做平动，所以活塞运动可按质点运动学方法来处理.

解 取 O 为原点，水平向右为 Ox 轴正向（见例题 4-1 图 b）；并设开始时，曲柄销 A 在 Ox 轴上的 P 点. 当曲柄以匀角速 ω 做逆时针转动时，在 t 时刻曲柄的角坐标为 $\varphi=\omega t$，这时活塞的位置相应地为 $x=OR+RB$. 即

$$x=r\cos\omega t+\sqrt{l^2-r^2\sin^2\omega t} \tag{a}$$

这就是活塞的运动函数. 由于式中含有 $\cos\omega t$ 和 $\sin\omega t$，其值均随时间 t 呈周期性变化，因此活塞在两个极端位置 $x_{右}=l+r$ 与 $x_{左}=l-r$ 之间，沿 Ox 轴来回运动.

我们把式ⓐ右端的平方根式按泰勒级数展开为

$$\sqrt{l^2-r^2\sin^2\omega t}=l\left[1-\left(\frac{r}{l}\right)^2\sin^2\omega t\right]^{1/2}=l\left[1-\frac{1}{2}\left(\frac{r}{l}\right)^2\sin^2\omega t+\cdots\right] \tag{b}$$

由于在实际的曲柄连杆机构中，$r/l<1/3.5$，因此可略去 $(r/l)^4\sin^4\omega t$ 以上的高阶小量；又因 $\sin^2\omega t=(1-\cos2\omega t)/2$，于是，式ⓐ可写成

$$x=l\left[1-\frac{1}{4}\left(\frac{r}{l}\right)^2+\frac{r}{l}\cos\omega t+\frac{1}{4}\left(\frac{r}{l}^2\right)\cos2\omega t\right] \tag{c}$$

或

$$x-l\left[1-\frac{1}{4}\left(\frac{r}{l}\right)^2\right]=r\cos\omega t+\frac{1}{4}l\left(\frac{r}{l}^2\right)\cos2\omega t \tag{d}$$

令 $x'=x-l[1-(r/l)^2/4]$，即将坐标原点从 O 点移到坐标为 $l[1-(r/l)^2/4]$ 的 O'点，从而可得，活塞以 O'为原点、以 x'为位置坐标的运动函数为

$$x'=r\cos\omega t+\frac{1}{4}l\left(\frac{r}{l}\right)^2\cos2\omega t \tag{e}$$

若 $l\gg r$，读者试分析活塞的运动，并由式ⓔ试求活塞的速度和加速度.

4.1.2 刚体的定轴转动

刚体运动时，如果从几何上来看，**刚体内各点都绕同一直线做圆周运动**，这种运动称为刚体的**转动**；该直线称为**轴**（见图 4-2）. 例如机器上飞轮的转动，电动机的转子绕轴旋转，旋转式门窗的开、关，地球的自转等都是转动. 如果轴相对于我们所取的参考系（如地面等）是固定不动的，称为刚体**绕固定轴的转动**，简称**定轴转动**.

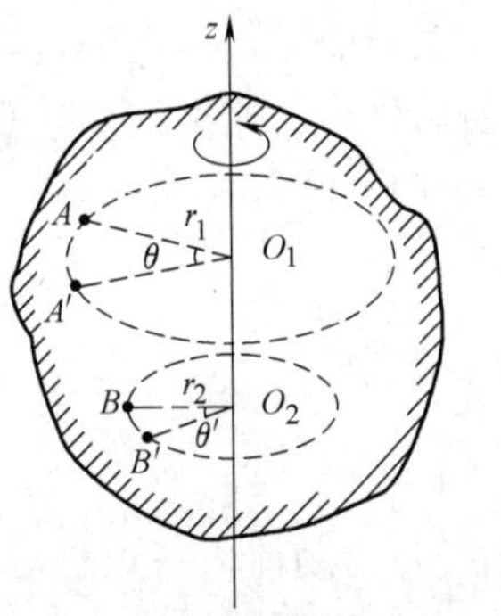

图 4-2 刚体绕定轴的转动

当刚体做定轴转动时，如图 4-2 所示，刚体内不在转轴 z 上的任一点，都在垂直于转轴、且通过该点的平面上做圆周运动. 这个平面就是该点的**转动平面**，它与转轴的交点（如图中的 O_1 和 O_2）就是该点在此平面上做圆周运动的圆心. 半径就是该点与轴的垂直距离. 当刚体转动时，其内各点因位置不同（即半径不同），在同一段时间内通过的圆弧路程 $\overset{\frown}{AA'}$、$\overset{\frown}{BB'}$等也不相同. 但由于刚体内各点之间相对位置不变，其中某点的半径在其转动平面内扫过多大的中心角，所有其他的点也在各自的转动平面内一

起扫过同样大小的中心角（如图 4-2 中的 θ 角）；并且，各点都具有相同的角位移、角速度和角加速度. 这样，刚体在同一段时间内也必定以与上述相同的角位移、角速度和角加速度等角量绕定轴转动. 因而我们可用任一点在其转动平面内做圆周运动的角量来描述整个刚体的定轴转动. 这样，刚体定轴转动的角坐标 θ 随时间 t 的变化规律（运动函数）、角位移 $\Delta\theta$、角速度 ω、角加速度 α 便可用角量分别表示成

$$\theta=\theta(t) \tag{4-1}$$

$$\Delta\theta=\theta(t+\Delta t)-\theta(t) \tag{4-2}$$

$$\omega=\frac{d\theta}{dt} \tag{4-3}$$

$$\alpha=\frac{d\omega}{dt}=\frac{d^2\omega}{dt^2} \tag{4-4}$$

按上述各个角量的定义式，相应地可给出它们的单位. 其中角坐标、角位移的单位是 rad，时间的单位是 s，因此，角速度的单位是 $rad\cdot s^{-1}$（弧度·秒$^{-1}$），读作“弧度每秒”. 工程上，机器的角速度常用 $r\cdot min^{-1}$（每分钟的转数）作为单位. 因为 1 转相当于 $2\pi rad$，故每分钟 n 转相当于

$$\omega=\frac{2\pi n}{60}rad\cdot s^{-1}=\frac{\pi n}{30}rad\cdot s^{-1} \tag{4-5}$$

角加速度的单位是 $rad\cdot s^{-2}$（弧度·秒$^{-2}$），读作“弧度每二次方秒”.

若已知刚体转动的初始条件：$t=0$ 时，$\theta=\theta_0$，$\omega=\omega_0$，按上述各个定义式，利用积分法，也可导出**刚体绕定轴做匀变速转动**（即 $\alpha=$恒量）的三个公式（它们类似于匀变速直线运动的公式）：

$$\omega=\omega_0+\alpha t \tag{4-6}$$

$$\theta=\theta_0+\omega_0 t+\frac{1}{2}\alpha t^2 \tag{4-7}$$

$$\omega^2-\omega_0^2=2\alpha(\theta-\theta_0) \tag{4-8}$$

至于描述刚体定轴转动的这些角量，它们与刚体内各个点运动的位移、速度和加速度等线量的关系（见图 4-3）仍可依照式（1-41）、式（1-42）和式（1-43）表示成

$$v=r\omega \tag{4-9}$$

$$a_n=\frac{v^2}{r}=r\omega^2 \tag{4-10}$$

$$a_t=r\alpha \tag{4-11}$$

式中，r 为刚体内一点相对于转轴的位矢 $\boldsymbol{r}$ 的大小.

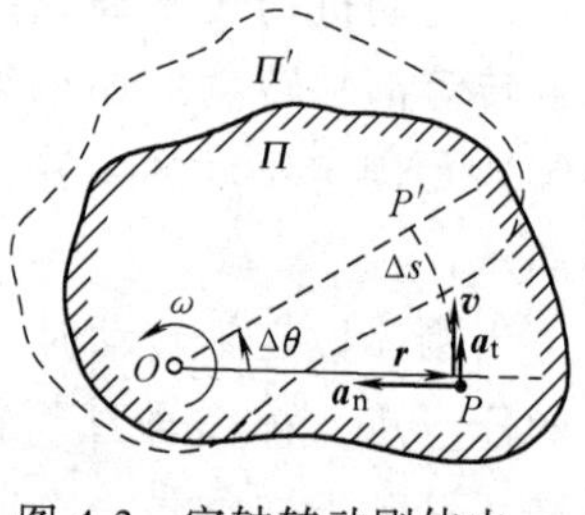

图 4-3　定轴转动刚体内一点的运动的线量描述

考虑到刚体的定轴转动只有逆时针和顺时针两种转向，一般规定：俯视转轴 z 所规定的正向时，刚体循逆时针转动，则角量 θ、$\Delta\theta$、ω 和 α 皆取正值，而循顺时针转动，则皆取负值. 当然，这也并非绝对的，有时根据问题的情况和需要，也可取顺时针转向的各角量为正值. 于是，在计算时，我们就可把描述刚体定轴转动的这些角量都视作标量（代数量）. 例如，当刚体加速转动时，α 与 ω 同号；减速转动时，α 与 ω

异号.

综上所述，刚体平动时，可借用质点运动规律来处理；刚体定轴转动时，其整体运动可用角量来描述.

问题 4-2 刚体的平动具有什么特征？

问题 4-3 (1) 试述刚体定轴转动的特征. 刚体定轴转动的角坐标、角位移、角速度和角加速度等角量是如何表述的？并由此导出刚体绕定轴做匀变速转动的三个运动学公式.

(2) 若以逆时针转向为正，则下列各组不等式 $\theta>0$，$\omega<0$；$\theta<0$，$\omega>0$；$\omega>0$，$\alpha<0$；$\omega<0$，$\alpha<0$；$\omega<0$，$\alpha>0$ 分别表示刚体的什么运动情况？

(3) 当刚体以角速度 ω 角加速度 α 绕定轴转动时，刚体上距轴 r 处的一点，其加速度的大小和方向如何确定？

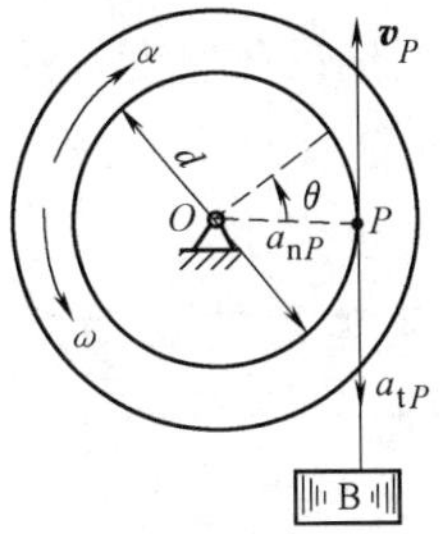

例题 4-2 图

例题 4-2 如例题 4-2 图所示，卷扬机转筒的直径为 $d=40\text{cm}$，在制动的 2s 内，鼓轮的运动函数为 $\theta=-t^2+4t$. 式中，θ 以 rad 为单位，t 以 s 为单位. 绳端悬挂一重物 B，绳上方与鼓轮边缘相切于 P 点；且绳与鼓轮之间无相对滑动. 求 $t=1\text{s}$ 时轮缘上 P 点及重物 B 的速度和加速度.

解 按题设，鼓轮在制动过程中的角速度和角加速度分别为

$$\omega=\frac{\mathrm{d}\theta}{\mathrm{d}t}=\frac{\mathrm{d}}{\mathrm{d}t}(-t^2+4t)=-2t+4\text{rad}\cdot\text{s}^{-1}$$

$$\alpha=\frac{\mathrm{d}\omega}{\mathrm{d}t}=\frac{\mathrm{d}}{\mathrm{d}t}(-2t+4)=-2\text{rad}\cdot\text{s}^{-2}$$

当 $t=1\text{s}$ 时，由上两式可算得

$$\omega=2\text{rad}\cdot\text{s}^{-1},\alpha=-2\text{rad}\cdot\text{s}^{-2}$$

ω 与 α 异号，且 α 为恒量，表明转筒做匀减速转动，此时 P 点的速度、切向和法向加速度的大小分别为

$$v_P=r\omega=[(0.4/2)\text{m}](2\text{rad}\cdot\text{s}^{-1})=0.4\text{m}\cdot\text{s}^{-1}$$

$$a_{tP}=r\alpha=[(0.4/2)\text{m}](-2\text{rad}\cdot\text{s}^{-2})=-0.4\text{m}\cdot\text{s}^{-2}$$

$$a_{nP}=r\omega^2=[(0.4/2)\text{m}](2\text{rad}\cdot\text{s}^{-1})^2=0.8\text{m}\cdot\text{s}^{-2}$$

P 点的加速度大小为

$$a_P=\sqrt{a_{tP}^2+a_{nP}^2}=\sqrt{(-0.4\text{m}\cdot\text{s}^{-2})^2+(0.8\text{m}\cdot\text{s}^{-2})^2}$$
$$=0.894\text{m}\cdot\text{s}^{-2}$$

方向可用与速度 $\boldsymbol{v}_P$ 所成的夹角 φ 表示，即

$$\varphi=\arctan\frac{a_{nP}}{a_{tP}}=\arctan\frac{r\omega^2}{r\alpha}=\arctan\frac{\omega^2}{|\alpha|}$$
$$=\arctan\frac{(2\text{s}^{-1})^2}{2\text{s}^{-2}}=\arctan 2=63.5°$$

由于绳与鼓轮之间无相对滑动，因此，绳在 P 点的速度和加速度，必定等于鼓轮轮缘上与 P

点相接触的那点的速度和加速度，并因绳无伸缩，因而重物 B 的速度和加速度分别等于轮缘上 P 点的速度和切向加速度，即

$$v_B = v_P = 0.4\text{m}\cdot\text{s}^{-1},\quad a_B = a_{tP} = -0.4\text{m}\cdot\text{s}^{-2}$$

4.2 刚体定轴转动的转动动能 转动惯量

4.2.1 刚体定轴转动的转动动能

刚体以角速度 ω 绕定轴 O 转动时，体内各质元具有不同的线速度. 如图 4-4 所示，设其中第 i 个质元的质量为 m_i，离转轴 O 的垂直距离为 r_i，其线速度大小 $v_i = r_i\omega$，相应的动能为 $m_i v_i^2/2 = m_i r_i^2\omega^2/2$. **整个刚体的转动动能**就是**刚体内所有质元的动能之和**，即

$$E_k = \frac{1}{2}m_1 r_1^2\omega^2 + \frac{1}{2}m_2 r_2^2\omega^2 + \cdots$$
$$= \frac{1}{2}(m_1 r_1^2 + m_2 r_2^2 + \cdots)\omega^2$$
$$= \frac{1}{2}(\sum_i m_i r_i^2)\omega^2$$

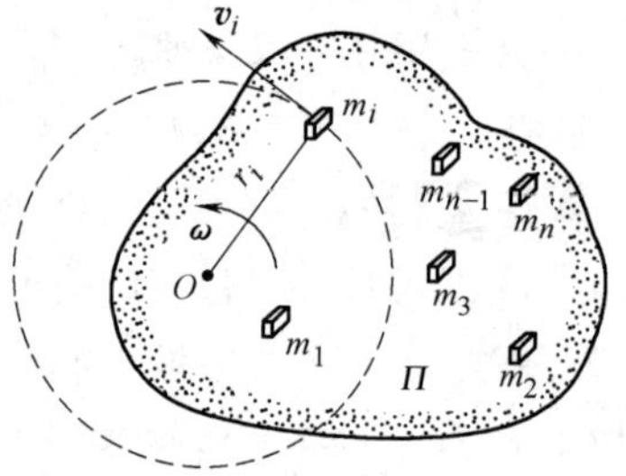

图 4-4 刚体定轴转动的转动动能计算用图

式中，$\sum_i m_i r_i^2$ 称为**刚体对给定轴的转动惯量** J，故上式可写成

$$E_k = \frac{1}{2}J\omega^2 \tag{4-12}$$

即刚体绕定轴的转动动能等于刚体对此轴的转动惯量与角速度平方的乘积的二分之一. 将物体转动动能 $J\omega^2/2$ 与物体的平动动能 $mv^2/2$ 相比较，也可发现物体的转动惯量 J 与物体平动时的质量 m 相对应.

4.2.2 刚体的转动惯量

从上述转动惯量的定义

$$J = \sum m_i r_i^2 = m_1 r_1^2 + m_2 r_2^2 + \cdots + m_i r_i^2 + \cdots \tag{4-13}$$

可知，**刚体对某一轴的转动惯量** J **等于构成此刚体的各质元的质量和它们分别到该轴距离的平方的乘积之总和**，其单位为 $\text{kg}\cdot\text{m}^2$（千克·米^2）.

一般刚体的质量可以认为是连续分布的，式（4-13）可写成积分形式

$$J = \iiint_m r^2 \text{d}m \tag{4-14}$$

几何形状简单、密度均匀（均质）的几种物体对不同转轴的转动惯量，见表 4-1.

表 4-1　几种常见物体对不同转轴的转动惯量

薄圆环

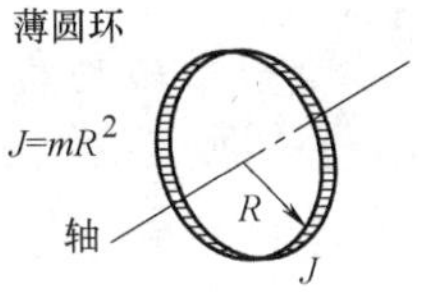

轴线通过中心、与环面垂直

圆环

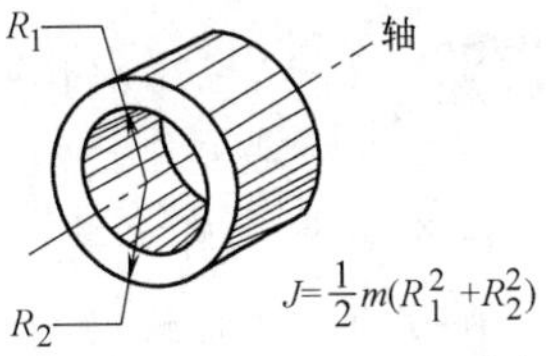

轴线通过中心、与环面垂直

薄圆盘或圆柱

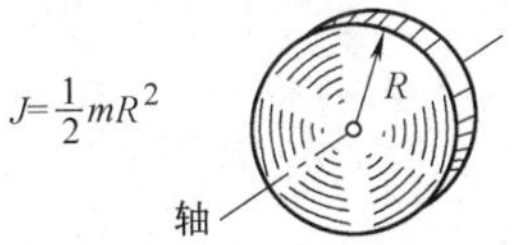

轴线通过中心，与盘面(或圆柱横截面)垂直

球体

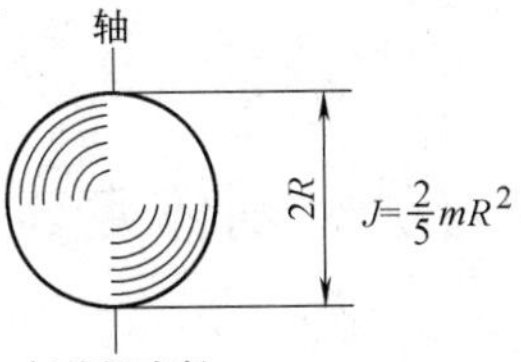

轴线沿直径

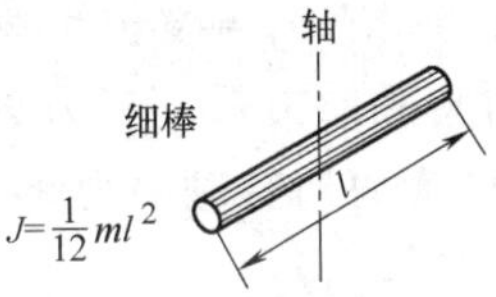

轴线通过中心、与棒垂直

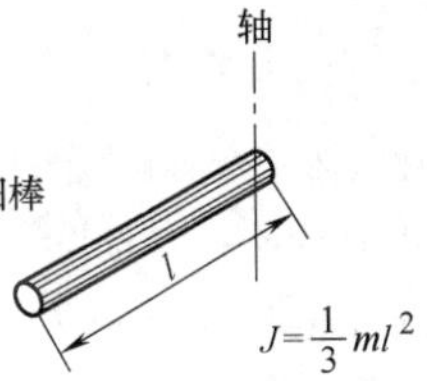

轴线通过端点、与棒垂直

从表 4-1 所列的公式可知，物体的转动惯量除与轴的位置有关以外，还与刚体的质量 m 有关；在质量一定的情况下，转动惯量又与质量的分布有关，亦即与刚体的形状、大小和各部分的密度有关. 例如，同质料的质量相等的空心圆柱体和实心圆柱体，对中心轴来说，前者的转动惯量比后者为大. 这是因为物体的质量分布离轴越远，即 r 越大，它的转动惯量也就越大. 所以制造飞轮时，常做成大而厚的边缘，借以增大飞轮的转动惯量，使飞轮转动得较为稳定.

应用拓展

4-1 刚体的转动惯量与刚体各质元到转轴的距离的二次方成正比. 运用这一定理，花样滑冰运动员、芭蕾舞演员在转动过程中往往会收起手臂，减小自己的转动惯量. 在角动量不变的情况下，转动角速度会增大，从而延长自己的旋转时间.

在工程上，相应于刚体转轴的转动惯量 J，还定义刚体对转轴的**回转半径**，记作 r_G，即

$$r_G=\sqrt{\frac{J}{m}} \tag{4-15}$$

式中，m 为整个刚体的质量. 例如，半径为 R、质量为 m 的均质圆盘，其转轴通过圆盘中心且垂直于盘面，则查表 4-1 知，圆盘对此轴的转动惯量为 $J=\frac{1}{2}mR^2$，其回转半径为

$$r_G=\sqrt{\frac{J}{m}}=\sqrt{\frac{mR^2/2}{m}}=\frac{R}{\sqrt{2}}$$

问题 4-4 (1) 试述刚体转动惯量的含义和计算方法. 对于一个给定的刚体, 它的转动惯量的大小是否一定?

(2) 设有两个圆盘是用密度不同的金属制成的, 但重量和厚度都相同. 对通过盘心且垂直于盘面的轴而言, 试讨论哪个圆盘具有较大的转动惯量?

问题 4-5 一根长为 l 的刚性杆, 在杆的两端和中心分别固定一个相同质量 m 的小物体. 如果取轴和杆垂直, 并通过与杆一端相距为 $l/4$ 的一点. 求这个系统对该轴的转动惯量和回转半径. 杆的质量不计.

4.3 力矩的功 刚体定轴转动的动能定理

4.3.1 力矩

如图 4-5a 所示, 设刚体所受外力 $\boldsymbol{F}$ 在转动平面 Π 内, 其作用点 P 与转轴相距为 r (相应的位矢为 $\boldsymbol{r}$), 力的作用线与转轴的垂直距离为 d, 叫作**力对转轴的力臂**. 若力 $\boldsymbol{F}$ 与位矢 $\boldsymbol{r}$ 的夹角为 φ, 则 $d=r\sin\varphi$. 我们定义: 力的大小与力臂之乘积称为**力对转轴的力矩**, 记作 M, 则

$$M=Fd=Fr\sin\varphi \tag{4-16}$$

力矩是改变物体转动状态的一个物理量. 因此, 开关门窗的把手总是安装在离转轴尽可能远的地方. 如果作用力的方向平行于转轴或通过转轴, 纵然用很大的力也难以开、关门窗. 只有在转动平面内、且与转轴不相交的力才能改变物体的转动状态. 如果力 $\boldsymbol{F}$ 不在转动平面 Π 内 (见图 4-5b), 我们可把 $\boldsymbol{F}$ 分解为两个分力: 一个是平行于转轴的分力 $\boldsymbol{F}_{/\!/}$, 它对刚体的转动不起作用; 另一个是垂直于转轴而在转动平面内的分力 $\boldsymbol{F}_{\perp}$, 它对刚体的转动有影响. 这时, 在计算力 $\boldsymbol{F}$ 对转轴的力矩公式 (4-16) 中, F 应理解为 $F_{\perp}$.

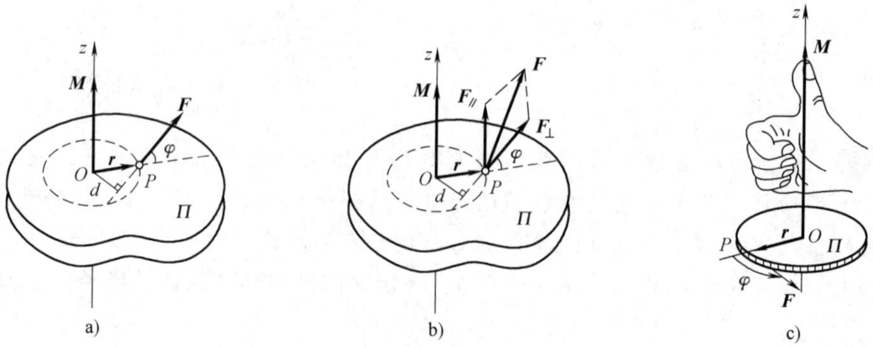

图 4-5 力对转轴的力矩

a) 力矩 b) 力矩的计算 c) 力矩矢量

力矩不仅有大小, 也有方向, 是一个矢量, 记作 $\boldsymbol{M}$. 它的方向可用右手螺旋法则确定,

即右手四指自 $\boldsymbol{r}$ 循小于 180°角转向力 $\boldsymbol{F}$ 的方向时（见图 4-5c），大拇指的指向就是 $\boldsymbol{M}$ 的方向. 按矢积定义，便可将式（4-16）表示成矢量形式，即

$$\boldsymbol{M}=\boldsymbol{r}\times\boldsymbol{F} \tag{4-17}$$

对定轴转动的刚体而言，力矩 $\boldsymbol{M}$ 的方向可画在转轴上. 由于沿转轴只有两个可能的方向，通常规定：若按右手螺旋法则判定的方向沿转轴 Oz 的正向，$\boldsymbol{M}$ 取正值；反之，取负值. 这时，力矩便可作为标量处理.

当有几个力同时作用于定轴转动的刚体上时（见图 4-6），它们对转轴的力矩可以用效果相同的一个对同轴的力矩来代替，这个力矩称为这几个力的**合力矩**. **由于力对定轴的力矩是标量，故对同一定轴而言，合力矩等于这几个力的力矩之代数和**.

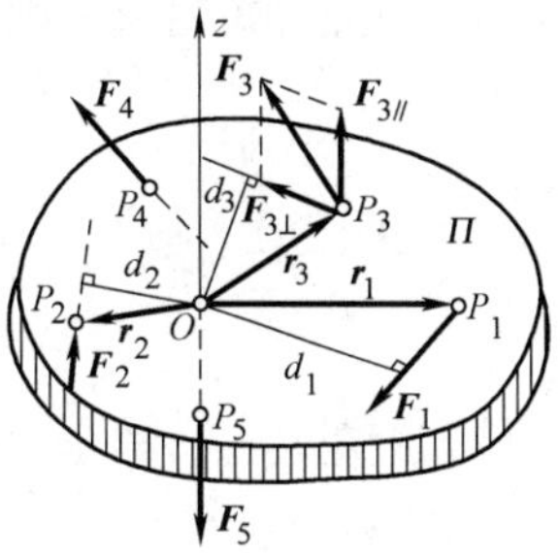

图 4-6　几个力的合力矩

如图 4-6 所示，读者可按力对轴的力矩定义式（4-16），求出刚体所受外力 $\boldsymbol{F}_1$、$\boldsymbol{F}_2$、$\boldsymbol{F}_3$、$\boldsymbol{F}_4$、$\boldsymbol{F}_5$ 对 Oz 轴的力矩以及合外力矩为

$$\begin{aligned}M&=M_1+M_2+M_3+M_4+M_5\\&=-M_1-M_2+M_3+0+0\\&=-F_1d_1-F_2d_2+F_{3\perp}d_3\end{aligned}$$

章前问题解答

我们开门就是用到了刚体定轴转动的思想. 把门看成一个刚体，开门的过程就是刚体的定轴转动，门绕门轴转动. 为了让门绕门轴转动，我们要对其施加一个力矩，根据式（4-16），推门或拉门时，作用在门上的力的方向垂直于门面，力矩最大，因此，力作用在离门轴最远的位置最省力.

4.3.2　力矩的功

如图 4-7 所示，刚体在垂直于 Oz 轴的外力 $\boldsymbol{F}$ 作用下转动. 力 $\boldsymbol{F}$ 的作用点 P 离开轴的距离 $OP=r$（相应的位矢为 $\boldsymbol{r}$）. 经时间 $\mathrm{d}t$ 后，刚体的角位移为 $\mathrm{d}\theta$，位矢 $\boldsymbol{r}$ 也随之扫过 $\mathrm{d}\theta$ 角，使 P 点发生位移 $\mathrm{d}\boldsymbol{r}$. 由于时间 $\mathrm{d}t$ 很小，位移 $\mathrm{d}\boldsymbol{r}$ 与 P 点沿圆周轨道移过的路程相重合，故位移 $\mathrm{d}\boldsymbol{r}$ 的大小 $|\mathrm{d}\boldsymbol{r}|=\mathrm{d}s=r\mathrm{d}\theta$，位移 $\mathrm{d}\boldsymbol{r}$ 的方向与 OP 相垂直. 按功的定义，力 $\boldsymbol{F}$ 在这段位移中所做的**元功**为

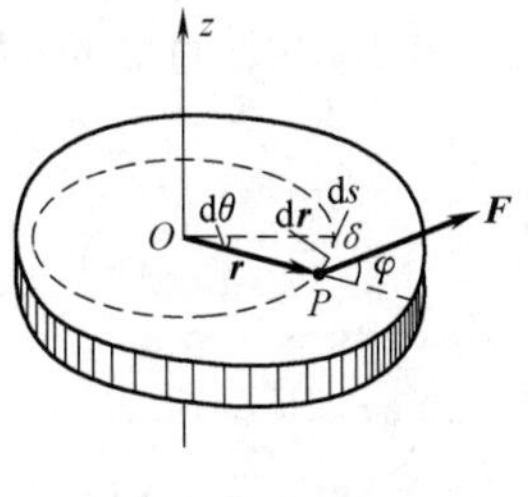

图 4-7　力矩所做的功

$$\begin{aligned}\mathrm{d}A&=\boldsymbol{F}\cdot\mathrm{d}\boldsymbol{r}=F|\mathrm{d}\boldsymbol{r}|\cos\delta=F\cos\delta\mathrm{d}s\\&=F\cos(90°-\varphi)r\mathrm{d}\theta=Fr\sin\varphi\mathrm{d}\theta\end{aligned}$$

式中，φ 为 $\boldsymbol{F}$ 与 $\boldsymbol{r}$ 的正方向之间小于 180°的夹角；而 $Fr\sin\varphi$ 是作用于点 P 的力 $\boldsymbol{F}$ 对 Oz 轴的力矩 M，故上式可写成

$$\mathrm{d}A=M\mathrm{d}\theta \tag{4-18}$$

若刚体受到许多外力作用，这些外力在转动平面上的分力分别为 $\boldsymbol{F}_1$，$\boldsymbol{F}_2$，…，$\boldsymbol{F}_n$，当

刚体转过角位移 $d\theta$ 时，各力作用点的位矢皆扫过 $d\theta$ 角，而各外力的力矩做功之代数和就等于这些外力的合力矩所做的元功，即

$$dA=\sum_i dA_i=\sum_i M_i d\theta=\left(\sum_i M_i\right)d\theta=Md\theta$$

式中，$M=\sum_i M_i=M_1+M_2+\cdots+M_n$ 为作用于刚体的合外力矩．若刚体在合外力矩作用下转过 θ 角，则此力矩对刚体做功为

$$A=\int_0^\theta dA=\int_0^\theta Md\theta \tag{4-19}$$

设力矩 M 是恒定的，则上式成为

$$A=\int_0^\theta Md\theta=M\int_0^\theta d\theta=M\theta \tag{4-20}$$

由功率的定义，可给出**力矩的瞬时功率**（简称**功率**）为

$$P=\frac{dA}{dt}=M\frac{d\theta}{dt}=M\omega \tag{4-21}$$

式（4-21）表明，**力矩对刚体定轴转动所做的功，其功率等于力矩与角速度之乘积**．

力矩所做的功，实质上仍是力所做的功．只是在刚体转动的情况下，这个功在形式上表现为力矩与角速度的乘积而已．力矩的功，其单位仍是 J.

4.3.3 刚体定轴转动的动能定理

我们说过，刚体是由无数个质元所组成的系统．设在合外力矩 M 作用下，刚体绕定轴转动的角速度自 ω_1 变为 ω_2．在此过程中，按系统的动能定理，外力对系统做功之和加系统内力做功之和等于系统动能的增量。考虑到刚体内质元之间保持距离不变，一对内力做功和为零，因此所有内力做功和为零。对定轴转动刚体来说，外力做功实质上就是外力矩所做的功，动能应为绕定轴转动的转动动能，于是，刚体在定轴转过角位移 $d\theta$ 的元过程中应有如下的关系，即

$$dA=dE_k \tag{4-22}$$

当刚体在转过 θ 角的过程中，角速度自 ω_1 变到 ω_2，积分式（4-22），有

$$A=\int_\theta dA=\int_{\omega_1}^{\omega_2} d\left(\frac{1}{2}J\omega^2\right)$$

即

$$A=\frac{1}{2}J\omega_2^2-\frac{1}{2}J\omega_1^2 \tag{4-23}$$

式（4-23）表明，**合外力矩对刚体所做的功等于刚体转动动能的增量**．称为**刚体定轴转动的动能定理**．

当定轴转动的刚体受到阻力矩的作用时，由于阻力矩与角位移的转向相反，阻力矩做负功，由式（4-23）可知，转动动能的增量为负值；或者说，定轴转动的刚体克服阻力矩做功，它的转动动能就减少．在这种情况下，刚体的转动角速度也就逐渐减慢下来，最终停止转动．

上述对单个刚体定轴转动的动能定理可推广到定轴转动的刚体与其他质点所组成的系统，这时，式（4-23）可写成

$$A=E_{k2}-E_{k1} \tag{4-24}$$

其中，A 表示作用于系统所有外力（及外力矩）做功之代数和；E_{k1} 和 E_{k2} 分别表示系统在始、末状态的总功能（即系统内所有的刚体转动动能和质点平动动能之和）.

问题拓展

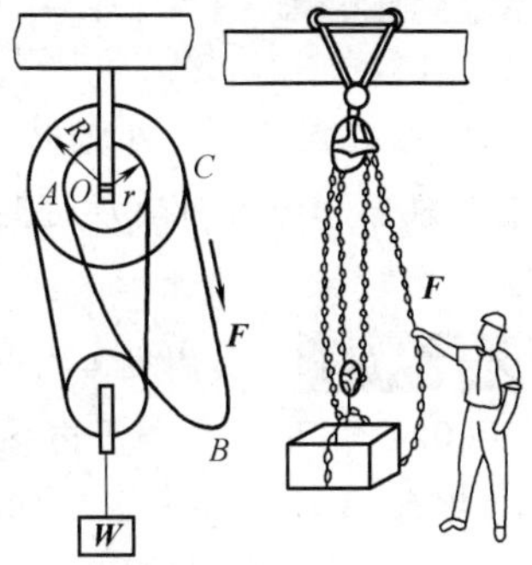

问题拓展 4-2 图

4-2　如问题拓展 4-2 图所示，在工厂车间或建筑工地中，为了省力，起重时常使用差动滑轮（俗称"神仙葫芦"），首尾环接的链条嵌在半径为 R 和 r 的共轴定滑轮周缘的齿上. AB 段自由下垂，不着力. 工人若想拉住重量为 $\boldsymbol{W}$ 的重物，需在 CB 段的链条上施加多大的拉力呢？（动滑轮及链条的质量、轴承与滑轮间的摩擦均不计.）

4-3　合外力和合外力矩之间的关系？是否其中之一为零时，另一个也为零？合外力做功和合外力矩做功分别改变的是什么？

例题 4-3　如例题 4-3 图所示，一根质量为 m、长为 l 的均质直杆 OA，可绕通过其一端的轴 O 在竖直平面内转动，杆在轴承处的摩擦不计. 若让杆自水平位置自由释放，求直杆转到竖直位置时杆端 A 的速度.

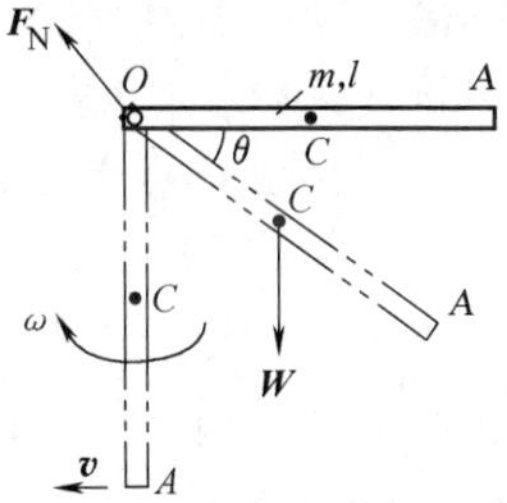

例题 4-3 图

解　首先，分析杆 OA 所受之力. 均质直杆受有重力 $\boldsymbol{W}=m\boldsymbol{g}$，作用于杆的重心（即中点 C），方向竖直向下；轴与杆之间由题设不计摩擦力，轴对杆的支承力 $\boldsymbol{F}_N$ 作用于杆和轴的接触面且通过 O 点. 在杆的下落过程中，支承力 $\boldsymbol{F}_N$ 的大小和方向是随时改变的，但对轴的力矩等于零，对杆不做功. 由于在杆下落的过程中，重力 $\boldsymbol{W}$ 的力臂是变化的，所以重力的力矩是一个变力矩，由于它的大小等于 $mg(l/2)\cos\theta$，则杆转过一微小角位移 $\mathrm{d}\theta$ 时，重力矩所做的元功为

$$\mathrm{d}A=mg\frac{l}{2}\cos\theta\mathrm{d}\theta$$

而在杆从水平位置下落到竖直位置的过程中，重力矩所做的功为

$$A=\int_0^{\frac{\pi}{2}}\mathrm{d}A=\int_0^{\frac{\pi}{2}}mg\frac{l}{2}\cos\theta\mathrm{d}\theta=mg\frac{l}{2}$$

按题意，杆的初角速度 $\omega_1=0$，设杆转到竖直位置时的角速度为 $\omega_2=\omega$，根据刚体定轴转动的动能定理［式（4-23）］，有

$$mg\frac{l}{2}=\frac{1}{2}J\omega^2-0$$

式中，$J=\dfrac{1}{3}ml^2$（查表 4-1）. 于是由上式解得杆转到竖直位置时的角速度为 $\omega=\sqrt{3g/l}$，这时，杆端速度的方向向左，大小为

$$v=l\omega=l\sqrt{\frac{3g}{l}}=\sqrt{3gl}$$

问题 4-6 (1) 比较力和力矩所做的功和功率的表达式. 试导出刚体定轴转动的动能定理.

(2) 一直径为 d、厚度为 h、密度为 ρ 的均质砂轮，在电动机驱动下由静止开始做匀变速转动，在第 t 秒时角速度达到 ω，若不计一切摩擦，求该时刻砂轮的动能 E_k 和电动机的功率 P.

例题 4-4 如例题 4-4 图所示，压力机上装配一质量为 1000kg 的飞轮. 今用转速为 $900\text{r}\cdot\text{min}^{-1}$ 的电动机借带传动来驱动此飞轮，已知电动机的传动轴直径为 10cm. 求：(1) 飞轮的转动动能；(2) 若压力机冲断 0.5mm 厚的薄钢片需用冲力 $9.80\times10^4\text{N}$，并且所消耗的能量全部由飞轮提供，求冲断钢片后飞轮的转速变为多大？

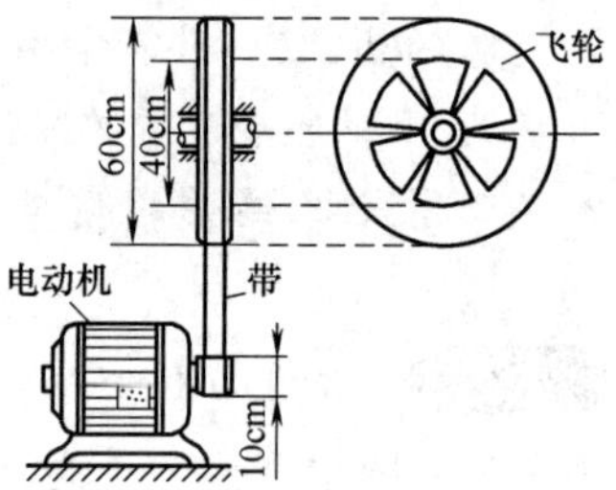

例题 4-4 图

解 (1) 为了求飞轮的转动动能，需先求出飞轮的转动惯量 J 和转速 ω. 由于飞轮的质量大部分分布在轮缘上，故可按图示尺寸，近似用圆筒的转动惯量公式（查表 4-1）来求，即

$$J=\frac{m}{2}(r_1^2+r_2^2)=\frac{1}{2}\times1000\text{kg}\times\left[\left(\frac{0.6}{2}\text{m}\right)^2+\left(\frac{0.4}{2}\text{m}\right)^2\right]=65\text{kg}\cdot\text{m}^2$$

在带传动机构中，电动机的传动轴是主动轮，飞轮是从动轮. 设两轮与带间无相对滑动，则两轮的转速 $n_{主}$、$n_{从}$ 与它们的直径 $d_{主}$、$d_{从}$ 成反比（为什么？），即飞轮的转速为

$$n_{从}=n_{主}\frac{d_{主}}{d_{从}}=(900\text{r}\cdot\text{min}^{-1})\times\frac{10\text{cm}}{60\text{cm}}=150\text{r}\cdot\text{min}^{-1}$$

由此得飞轮的角速度

$$\omega=\frac{2\pi n_{从}}{60}=\frac{2\times3.14\text{rad}\cdot\text{r}^{-1}}{60\text{s}\cdot\text{min}^{-1}}\times150\text{r}\cdot\text{min}^{-1}=15.7\text{rad}\cdot\text{s}^{-1}$$

于是，得飞轮的转动动能

$$E_k=\frac{1}{2}J\omega^2=\frac{1}{2}\times65\text{kg}\cdot\text{m}^2\times(15.7\text{rad}\cdot\text{s}^{-1})^2=8011\text{J}$$

(2) 在冲断钢片过程中，冲力 $\boldsymbol{F}$ 所做的功为

$$A=Fd=9.80\times10^4\text{N}\times0.5\times10^{-3}\text{m}=49\text{J}$$

这也是飞轮所消耗的能量. 此后，飞轮的能量变为

$$E_k'=E_k-A$$

这时飞轮的角速度 ω' 可由

$$\omega'=\sqrt{\frac{2E_k'}{I}}=\sqrt{\frac{2(E_k-A)}{I}}$$

决定；因而飞轮的转速变为

$$n'_{从}=\frac{60}{2\pi}\omega'=\frac{60}{2\pi}\sqrt{\frac{2(E_k-A)}{I}}$$

$$=\frac{30}{\pi}\sqrt{\frac{2\times(8011-49)\text{J}}{65\text{kg}\cdot\text{m}^2}}$$

$$=149.5\text{r}\cdot\text{min}^{-1}$$

计算表明，冲断钢片后飞轮的转速变化很小. 尔后，飞轮借带在电动机传动下，仍可很快达到额定转速，从而保证冲床连续平稳地工作.

冲床在冲制钢板时，冲力有时可高达本例所给数据的数十倍甚至上百倍，若由电动机直接带动冲头，电动机是无法承受如此巨大负荷的. 中间配置飞轮的目的，就在于使运转的飞轮把能量以转动动能 $J\omega^2/2$ 的形式储存起来. 在冲制时，由飞轮带动冲头向下对钢板冲孔做功，把所储存能量的一部分释放出来，结果，可以极大减少电动机的负荷，使冲床能平稳地工作.

4.4 刚体定轴转动定律

在刚体定轴转动时，由式（4-22)，将合外力矩对刚体所做的元功和刚体动能的增量代入，有

$$M\mathrm{d}\theta=\mathrm{d}\left(\frac{1}{2}J\omega^2\right)=J\omega\mathrm{d}\omega$$

对上式两边同除以 dt，且因 $\mathrm{d}\theta/\mathrm{d}t=\omega$，$\mathrm{d}\omega/\mathrm{d}t=\alpha$，则

$$M=J\alpha \tag{4-25}$$

式（4-25）表明，**刚体绕定轴转动时，所受的合外力矩等于刚体对该轴的转动惯量与刚体在此合外力矩作用下所获得的角加速度之乘积**. 这一结论称为**刚体的定轴转动定律**. 与牛顿第二定律 $\boldsymbol{F}=m\boldsymbol{a}$ 相对照：力矩 $\boldsymbol{M}$ 对应于力 $\boldsymbol{F}$，它是刚体定轴转动状态变化的一个原因；转动惯量 J 对应于质量 m，反映了改变转动状态的难易程度；角加速度 α 对应于线加速度 $\boldsymbol{a}$，体现了力矩对刚体作用所产生的瞬时转动效果. 式（4-25）表述了刚体定轴转动的基本规律. 需要注意以下事项：

(1) 在刚体定轴转动中，角加速度 α 的方向沿着轴向，并恒与合外力矩 $\boldsymbol{M}$ 的方向一致，因此，式（4-25）为标量式.

(2) 式（4-25）中的 M、J、α 都是对同一转轴而言的.

(3) 由式（4-25）得 $J=M/\alpha$，即刚体所受合外力矩 M 一定时，J 越大，α 越小，越难改变其角速度，从而越能保持其原来的转动状态；反之亦然. 这就是说，转动惯量 J 是量度刚体转动惯性的物理量.

> 若将角加速度 α 看作矢量，则按右手螺旋法则，α 沿轴向.

(4) 转动定律表明了刚体在合外力矩作用下绕定轴转动的瞬时效应，即某时刻的合外力矩将引起该时刻刚体转动状态的改变，亦即使刚体获得角加速度. 当合外力矩为零时，角加速度也为零，则刚体处于静止或匀角速转动状态. 若合外力矩为一恒量，则刚体做匀角加速转动.

问题 4-7 (1) 试述刚体定轴转动定律，并回答，下列各种叙述中哪个是正确的？

(A) 刚体受力作用必有力矩；

(B) 刚体受力越大，此力对刚体定轴的力矩也越大；

(C) 如果刚体绕定轴转动，则一定受到力矩的作用；

(D) 刚体绕定轴的转动定律表述了对轴的合外力矩与角加速度两者的瞬时关系.

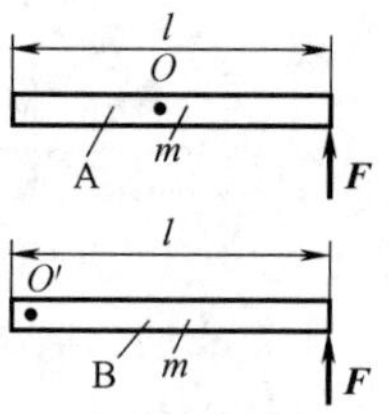

问题 4-7 图

(2) 如问题 4-7 图所示，两条质量和长度皆相同的直棒 A、B，可分别绕通过中点 O 和左端 O' 的水平轴转动，设它们在右端都受到一个垂直于棒的力 $\boldsymbol{F}$ 作用，则它们绕各自转轴的角加速度 α_A 与 α_B 的关系为

(A) $\alpha_A=\alpha_B$；　　(B) $\alpha_A>\alpha_B$；

(C) $\alpha_A<\alpha_B$；　　(D) 不能确定.

例题 4-5 一细绳绕在质量为 m_0、半径为 R 的定滑轮（可视作均质圆盘）边缘，绳的下端挂一质量为 m 的重物 A. 今将重物 A 自静止开始释放并带动滑轮绕轴 O 转动，这时，轴对滑轮的摩擦阻力矩为 M_f. 求重物下降的角加速度.

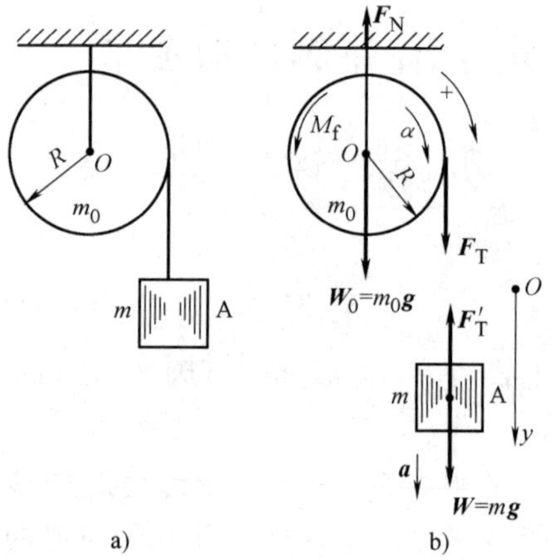

例题 4-5 图

分析 重物 A 下降时，绳的张力 $\boldsymbol{F}_T$ 对定轴 O 的力矩 $M=F_TR$ 将带动滑轮旋转，其角加速度 α 可用转动定律来求；而重物在下降时做平动，可用质点力学规律来处理.

解 以地面为惯性参考系，考察本题中重物和滑轮的运动情况，为便于讨论，不妨选顺时针的转向和竖直向下的 Oy 轴作为正向.

滑轮的角加速度 α 为未知值，可设它沿顺时针转向，并设沿顺时针转向为正.

滑轮受重力 $\boldsymbol{W}_0=m_0\boldsymbol{g}$ 和转轴对它的支承力 $\boldsymbol{F}_N$，均作用于滑轮中心 O 处，对转轴的力矩皆为零. 滑轮还受到转轴对它作用的摩擦阻力矩 $\boldsymbol{M}_f$，它与滑轮的角加速度 α 反向；至于绳子对滑轮作用的拉力 $\boldsymbol{F}_T$，其方向向下.

重物 A 在重力 $\boldsymbol{W}=m\boldsymbol{g}$ 和绳子拉力 $\boldsymbol{F}'_T$ 作用下，竖直向下运动，设其加速度 a 的方向沿 Oy 轴正向，竖直向下.

据上所述，绘出以滑轮和重物 A 为隔离体的受力图（见例题 4-5 图 b)，按牛顿第二定律和转动定律，列出重物 A 和滑轮的运动方程为

$$-F'_T+mg=ma \tag{a}$$

$$F_TR-M_f=J\alpha \tag{b}$$

上两式中，有 F'_T、F_T、a 和 α 四个未知量，为此还需要列出两个方程，才能求解. 按牛顿第三定律和考虑到滑轮定轴转动的角量与线量的关系，在大小上有

$$F'_T=F_T,\quad a=R\alpha \tag{c}$$

联立式ⓐ、式ⓑ和式ⓒ，便可解出

$$\alpha=\frac{mgR-M_{\mathrm{f}}}{J+mR^2}$$

查表4-1，把 $J=m_0R^2/2$ 代入上式，得滑轮绕定轴 O 的角加速度为

$$\alpha=\frac{2(mgR-M_{\mathrm{f}})}{(m_0+2m)R^2}$$

问题 4-8　在例题4-5中，若绳的下端不挂重物，而代之以用手拉绳．手的拉力大小 $F_{\mathrm{T}}=mg$，且不计摩擦力矩．求这时定滑轮的角加速度 α'．

例题 4-6　如例题4-6图a所示，一细绳跨过质量为 $m_{轮}$、半径为 R 的均质定滑轮，一端与劲度系数为 k 的竖直轻弹簧相连，另一端与质量为 m 的物块B相连，物块B置于倾角为 θ 的斜面上．开始时滑轮与物块B皆静止，而弹簧处于原长．求物块B释放后沿斜面下滑距离 l 时的速度．不计物块B与斜面间和滑轮与轴承间的摩擦．

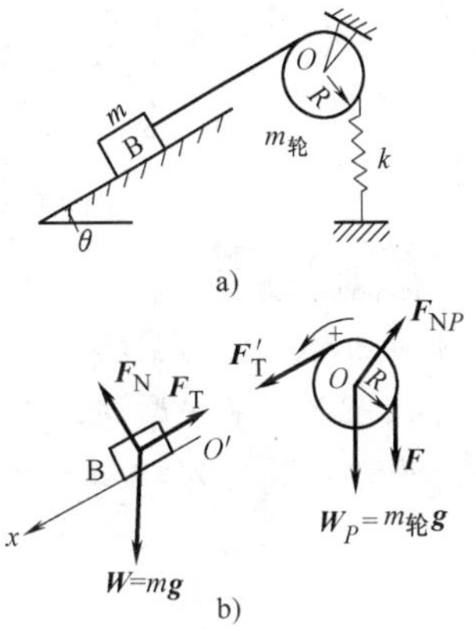

例题4-6图

解一　分析滑轮和物块B的受力情况，并分别规定正的转向和 $O'x$ 轴正向，如例题4-6图b所示．按转动定律和牛顿第二定律沿 $O'x$ 轴的分量式，分别对滑轮和物块B列出运动方程

$$F'_{\mathrm{T}}R-kxR=J\alpha \qquad ⓐ$$

$$mg\sin\theta-F_{\mathrm{T}}=ma \qquad ⓑ$$

及

$$a=R\alpha \qquad ⓒ$$

且

$$F_{\mathrm{T}}=F'_{\mathrm{T}} \qquad ⓓ$$

其中，滑轮对轴的转动惯量为 $J=m_{轮}R^2/2$，弹性力 $\boldsymbol{F}$ 的大小为 $F=|-kx|$（x 为弹簧伸长量），对上述方程组ⓐ～ⓓ联立求解，得

$$a=\frac{2(mg\sin\theta-kx)}{m_{轮}+2m}$$

式中，$a=\mathrm{d}v/\mathrm{d}t=(\mathrm{d}v/\mathrm{d}x)(\mathrm{d}x/\mathrm{d}t)=v\mathrm{d}v/\mathrm{d}x$，代入上式，并分离变量然后积分，得

$$\int_0^v v\mathrm{d}v=\frac{2}{m_{轮}+2m}\int_0^l(mg\sin\theta-kx)\mathrm{d}x$$

由此可求出滑块的速度为

$$v=\left[\frac{4(mgl\sin\theta-0.5kl^2)}{m_{轮}+2m}\right]^{1/2}$$

解二　在物块B下滑距离 l 的过程中，按题意，应用质点动能定理，有

$$mgl\sin\theta+\int_0^l F_{\mathrm{T}}\mathrm{d}x\cos180^\circ=\frac{1}{2}mv^2-0 \qquad ⓐ$$

上式左端为物块重力与绳子拉力做功之代数和．当物块B下滑距离 x 时，滑轮转过角 $\beta=x/R$，故 $\mathrm{d}x=R\mathrm{d}\beta$；对滑轮转过角 β 的过程而言，重力 $\boldsymbol{W}_P$ 和轴承支承力 F_{N_P} 通过中心 O，对滑轮的力矩为零，未做功；绳子拉力 $\boldsymbol{F}'_{\mathrm{T}}$ 和弹簧弹性力 $\boldsymbol{F}$ 对滑轮所做的功分别为

$$A_{F'_T}=\int_0^{\beta}F'_TR\mathrm{d}\beta=\int_0^{l}F'_T\mathrm{d}x$$

$$A_F=\int_0^{\beta}(kx)(R\mathrm{d}\beta)\cos180°=-\int_0^{l}kx\mathrm{d}x=-\frac{1}{2}kl^2$$

对滑轮应用定轴转动的动能定理，有

$$\int_0^{l}F'_T\mathrm{d}x+\left(-\frac{1}{2}kl^2\right)=\frac{1}{2}J\omega^2-0 \qquad ⓑ$$

把式ⓐ和式ⓑ相加，且因 $F_T=F'_T$，$J=m_{轮}R^2/2$，$R\omega=v$，化简后，得

$$v=\left[\frac{4(mgl\sin\theta-0.5kl^2)}{m_{轮}+2m}\right]^{1/2}$$

例题 4-7 一质量为 $m_0=60\mathrm{kg}$、半径为 $R=15\mathrm{cm}$ 的圆柱状均质鼓轮 A，往下运送一质量为 $m=40\mathrm{kg}$ 的重物 B（见例题 4-7 图 a）. 重物以匀速率 $v=0.8\mathrm{m\cdot s^{-1}}$ 向下运动. 为了使重物停止，用一摩擦式制动器 K 以正压力 $F_N=1962\mathrm{N}$ 作用在轮缘上，制动器 K 与轮缘之间的摩擦系数为 $\mu=0.4$. 求制动开始后，重物的下降距离 h（不计其他摩擦）.

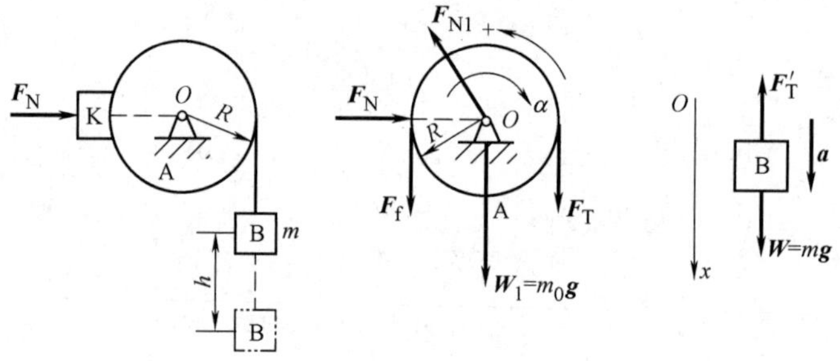

例题 4-7 图

解 取鼓轮 A 为隔离体，它受重力 $\boldsymbol{W}_1=m_0\boldsymbol{g}$、轴的支承力 $\boldsymbol{F}_{N1}$、制动器 K 的正压力 $\boldsymbol{F}_N$ 与摩擦力 $\boldsymbol{F}_f$、绳的拉力 $\boldsymbol{F}_T$ 等五个力作用，设其角加速度为 α，如例题 4-7 图 b 所示. 若规定逆时针转向为正，则按刚体的定轴转动定律，可列出鼓轮的转动方程为

$$-F_TR+F_fR=J(-\alpha) \qquad ⓐ$$

重物 B 受重力 $\boldsymbol{W}=m\boldsymbol{g}$ 和绳的拉力 $\boldsymbol{F}'_T$（$F'_T=F_T$）作用，设其加速度为 $\boldsymbol{a}$，按所取的 Ox 轴正向（见例题 4-7 图 c），由牛顿第二定律，可列出物体的运动方程为

$$mg-F'_T=ma \qquad ⓑ$$

再考虑刚体定轴转动的角加速度 α 与重物的平动加速度 a 的运动学关系

$$a=R\alpha \qquad ⓒ$$

又因

$$F_f=\mu F_N \qquad ⓓ$$

将 $J=MR^2/2$ 和 $F_f=\mu F_N$ 代入式ⓐ，联立求解式ⓐ～式ⓓ，可得

$$a=\frac{mg-\mu F_{\mathrm{N}}}{0.5m_0+m}$$

代入题给数据，可算出 $a=-5.61\mathrm{m}\cdot\mathrm{s}^{-2}$；又由 $v^2-v_0^2=2ah$，且因 $v=0$，$v_0=0.8\mathrm{m}\cdot\mathrm{s}^{-1}$，便可解算出重物的下降距离为

$$h=\frac{-v_0^2}{2a}=\frac{-(0.8\mathrm{m}\cdot\mathrm{s}^{-1})^2}{2\times(-5.61\mathrm{m}\cdot\mathrm{s}^{-2})}=0.057\mathrm{m}$$

4.5 刚体定轴转动的角动量定理 角动量守恒定律

刚体的定轴转动定律 $M=J\alpha$ 表示出合外力矩对刚体作用的瞬时效应. 现在我们讨论合外力矩在一段时间内的累积效应.

4.5.1 角动量 冲量矩 角动量定理

把刚体定轴转动定律 $M=J\alpha=J\dfrac{\mathrm{d}\omega}{\mathrm{d}t}$改写为

$$M=\frac{\mathrm{d}(J\omega)}{\mathrm{d}t} \tag{4-26}$$

设刚体在定轴转动的过程中，相应于时刻 t_1、t_2 的角速度分别为 ω_1 和 ω_2，则对式（4-26）积分，得

$$\int_{t_1}^{t_2} M\mathrm{d}t = J\omega_2 - J\omega_1 \tag{4-27}$$

式中，$\int_{t_1}^{t_2} M\mathrm{d}t$ 称为刚体在 $\Delta t=t_2-t_1$ 时间内所受的**冲量矩**；$J\omega$ 称为**刚体对转轴的角动量**，它是描述刚体定轴转动状态的一个物理量，记作 L. 式（4-27）表明，**作用于定轴转动刚体上的冲量矩，等于在作用时间内刚体对同一转轴的角动量之增量**. 这一结论称为**刚体定轴转动的角动量定理**. 这一定理反映了作用于定轴转动的刚体所受合外力矩对时间的累积效应——冲量矩引起刚体角动量的改变.

在定轴转动情况下，角动量和冲量矩都是标量. 角动量的正、负取决于角速度的正、负；当力矩为恒量时，冲量矩 $\int_{t_1}^{t_2} M\mathrm{d}t = M(t_2 - t_1)$，即其正、负与力矩的正、负相同.

角动量的单位是 $\mathrm{kg}\cdot\mathrm{m}^2\cdot\mathrm{s}^{-1}$（千克·米^2·秒$^{-1}$），冲量矩的单位为 $\mathrm{N}\cdot\mathrm{m}\cdot\mathrm{s}$（牛顿·米·秒）.

4.5.2 角动量守恒定律

根据刚体定轴转动的角动量定理，若**刚体绕定轴转动时所受的合外力矩为零**，即

$$M=0 \tag{4-28}$$

则由式（4-26），有$\dfrac{\mathrm{d}(J\omega)}{\mathrm{d}t}=0$，或

$$J\omega = \text{恒量} \tag{4-29}$$

由式（4-29）可知，**在刚体做定轴转动时，如果它所受外力对轴的合外力矩为零（或不受外力矩作用），则刚体对同轴的角动量保持不变**．这就是**刚体定轴转动的角动量守恒定律**．式（4-28）是这条定律的适用条件．

应用角动量守恒定律的几种情形如下：

（1）由于单个刚体对定轴的转动惯量 J 保持不变，若所受外力对同轴的合外力矩 M 为零，则该刚体对同轴的角动量是守恒的，即任一时刻的角动量 $J\omega$ 应等于初始时刻的角动量 $J\omega_0$，亦即 $J\omega = J\omega_0$，因而 $\omega = \omega_0$．这时，物体对定轴做匀角速转动．

（2）当物体定轴转动时，如果它对轴的转动惯量是可变的，则在满足角动量守恒的条件下，变化前、后的角动量之间的关系满足 $J\omega = J_0\omega_0$．遂得 $\omega = (J_0/J)\omega_0$，因此，物体的角速度 ω 随转动惯量 J 的改变而变，但二者之乘积 $J\omega$ 却保持不变．当 J 变大时，ω 变小；J 变小时，ω 变大．例如，芭蕾舞演员表演时，如欲在原地绕其自身飞快旋转，需先伸开两臂以增大转动惯量 J_0，使其初始角速度 ω_0 较小；然后再将两臂突然收拢，使转动惯量 J 尽量减小，由于演员的重力和地面支承力沿竖直方相互抵消，对轴的合外力矩为零，故演员的角动量守恒，从而获得较大的旋转角速度 ω．

（3）若由几个物体（其中除了可视作刚体的物体外，也包括可视作质点的物体）所组成的系统绕一条公共的固定轴转动，则因系统的内力总是成对、共线的作用力和反作用力，它们对轴的合力矩之代数和为零，不影响系统整体的转动状态，因而在系统所受外力对公共轴的合外力矩为零的条件下，该系统对此轴的总角动量也守恒．这时，将式（4-29）推广，可得**系统绕定轴转动的角动量守恒定律**的表达式为

$$\sum_i J_i\omega_i = \text{恒量} \tag{4-30}$$

应用拓展

4-2　航天器上安装的导航装置——陀螺回转仪利用的就是刚体的角动量守恒定律．如应用拓展 4-2 图所示，由于回转仪中的转轴通过陀螺的质心，所以陀螺受到的外力矩为零，从而保证其角动量守恒．根据角动量守恒定律，陀螺的角动量大小和方向都保持不变，从而其转轴方向指向初始时刻设定的方向且保持不变．

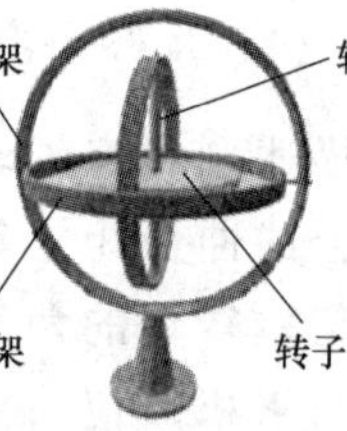

应用拓展 4-2 图

例题 4-8　如例题 4-8 图所示，一水平均质圆形转台，质量为 $m_{台}$，半径为 R，绕铅直的中心轴 Oz 转动．质量为 m 的人相对于地面以不变的速度 u 在转台上行走，且与 Oz 轴的距离始终保持为 r，开始时，转台与人均静止．问转台以多大的角速度 ω 绕轴转动？

分析　可将人和转台看作一个系统．人行走时，人作用于转台的力和转台对人的反作用力都是系统的内力；系统所受的外力有：人和转台的重力 $W_{人}$ 和 $W_{台}$ 以及竖直轴对转台的支承力 $\boldsymbol{F}_{\mathrm{N}}$，这些力的方向均与竖直轴平行，对轴的力矩均为零．故该系统不受外力矩作用，它对 Oz 轴的角动量守恒．

解 以地面为参考系，取逆时针转向为正. 转台的角速度$\omega_{台}$是未知的，但其转向可假定为正（如计算结果为负，表明其实际转向与所假定的相反）；人到 Oz 轴的距离为 r，沿转台行走的速度，是相对于地面而言的，因此，人（可视作质点）相对于地面的角速度为 $\omega_{人}=u/r$，设转台相对于地面转动的角速度为 ω. 按题设，走动前 $\omega_{人0}=\omega_{台0}=0$. 于是，按系统绕定轴转动的角动量守恒定律，有

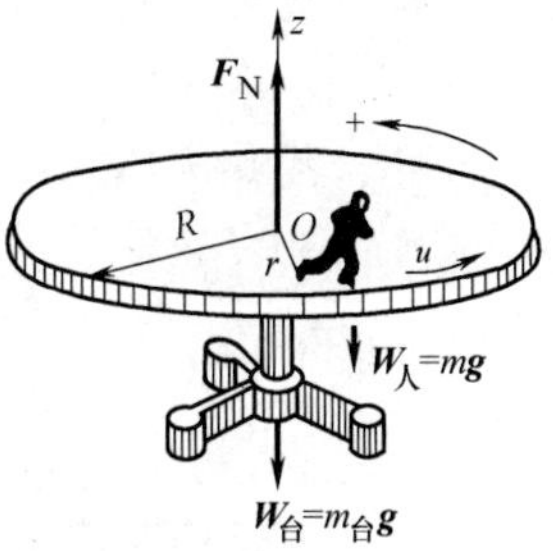

例题 4-8 图

$$0+0=\frac{1}{2}m_{台}R^2\omega+mr^2\frac{u}{r}$$

由此可求得转台的角速度为 $$\omega=-\frac{2mru}{m_{台}R^2}$$

负号表示转台的转动方向与假定的正方向相反.

例题 4-9 如例题 4-9 图所示，两轮 A、B 分别绕通过其中心的垂直轴同向转动，且此两轮的中心轴共线. 角速度分别为 $\omega_A=50\text{rad}\cdot\text{s}^{-1}$，$\omega_B=200\text{rad}\cdot\text{s}^{-1}$. 已知两轮的半径与质量分别为 $r_A=0.2\text{m}$，$r_B=0.1\text{m}$，$m_A=2\text{kg}$，$m_B=4\text{kg}$. 试求两轮对心衔接（即啮合）后的角速度 ω.

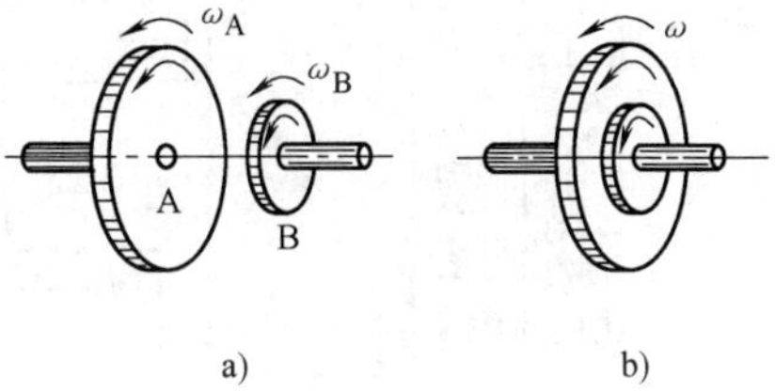

例题 4-9 图
a）衔接前 b）衔接后

解 在衔接过程中，对转轴无外力矩作用，故由两轮构成的系统的角动量守恒，即衔接前两轮的角动量之和等于衔接后两轮的角动量之和. 可得

$$J_A\omega_A+J_B\omega_B=(J_A+J_B)\omega$$

得

$$\omega=\frac{J_A\omega_A+J_B\omega_B}{J_A+J_B}=\frac{m_Ar_A^2\omega_A/2+m_Br_B^2\omega_B/2}{m_Ar_A^2/2+m_Br_B^2/2}$$

$$=\frac{0.04\times50+0.02\times200}{0.04+0.02}\text{rad}\cdot\text{s}^{-1}=100\text{rad}\cdot\text{s}^{-1}$$

问题 4-9 （1）试导出刚体定轴转动的角动量守恒定律，角动量守恒的条件是什么？并讨论系统绕定轴转动的角动量守恒定律.（2）有人将握着哑铃的两手伸开，坐在以一定角速度 ω 转动着的转椅上，摩擦不计. 如果此人把手缩回，使转动惯量减为原来的一半. 试问：角速度变为多少？

本章小结

本章重点研究了刚体绕定轴转动问题. 对比质点的研究方法，给出了刚体定轴转动的运动学规律、动力学基本定律——转动定律，以及定轴转动中的功能关系、角动量定理和角动量守恒定律. 具体思路如下：

首先，建立刚体的理想物理模型，引入角量（如角位置 θ、角速度 ω、角加速度 α）描

述刚体转动的运动学规律；将其类比于质点的变速直线运动，给出刚体绕定轴做匀变速转动的基本公式，以及刚体上任一点运动时角量与线量的关系.

然后，基于刚体是由多个质元组成的特殊系统，研究系统整体的运动规律.

本章主要内容框图：

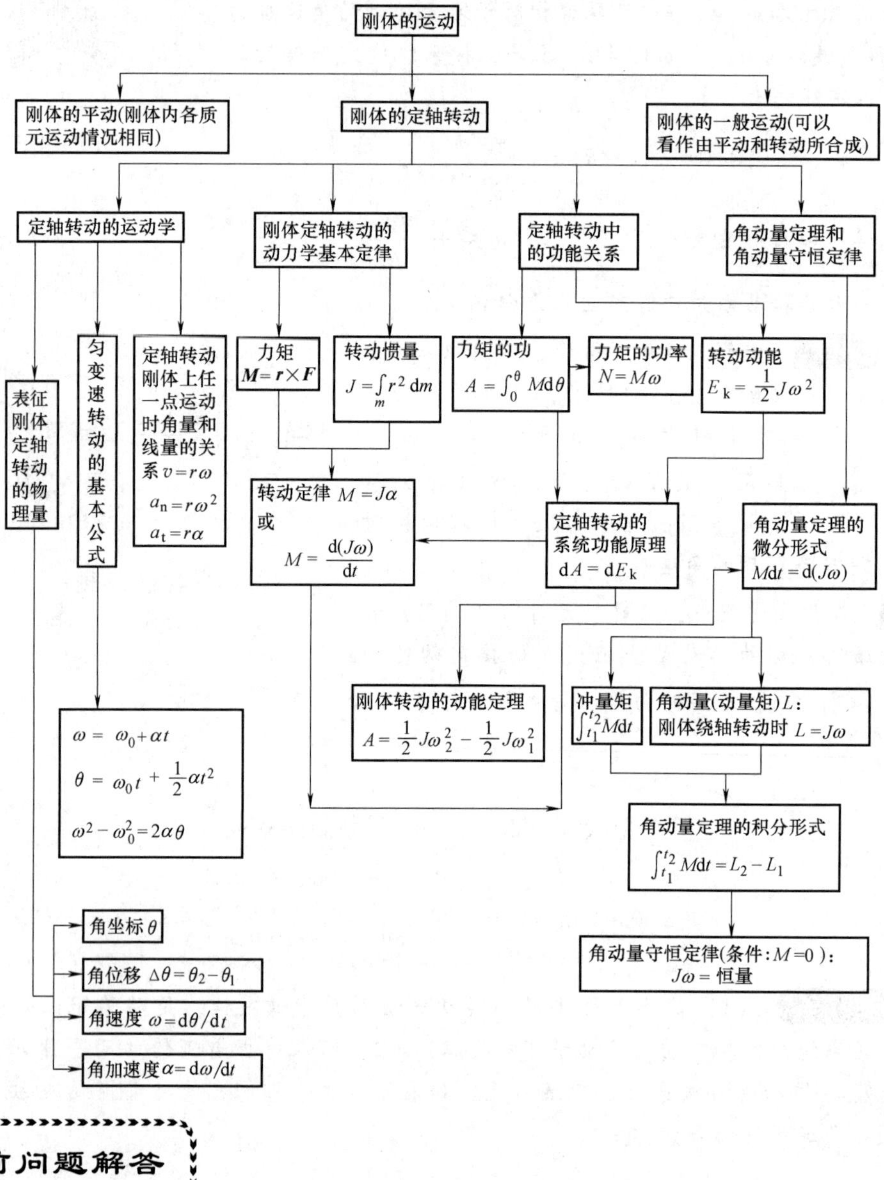

章前问题解答

高空走钢丝的演员和他两手中紧握的长杆构成了一个动力学系统，向前行走时角动量守恒. 当他身体微微向左手边倾斜时，只要将右手稍为向下，左手将长杆稍为抬高，即转动长杆产生一个相反方向的角动量，使系统角动量保持不变就能维持平衡状态. 然后，再将长杆反向稍为转动，同时将身体恢复到直立状态.

习 题 4

4-1 一砂轮在电动机驱动下，以 $1800\mathrm{r}\cdot\mathrm{min}^{-1}$ 的转速绕定轴做逆时针转动，如习题 4-1 图所示. 关闭电源后，砂轮均匀地减速，经时间 $t=15\mathrm{s}$ 而停止转动. 求：（1）砂轮的角加速度 α；（2）到停止转动时，砂轮已转过的转数；（3）关闭电源后 $t=10\mathrm{s}$ 时，砂轮的角速度 ω 以及此时砂轮边缘上一点的速度和加速度. 设砂轮的半径为 $r=250\mathrm{mm}$.（提示：先选定循逆时针转向的角量取正值）［**答**：（1）$-12.57\mathrm{rad}\cdot\mathrm{s}^{-2}$；（2）225r；（3）$\omega=62.8\mathrm{rad}\cdot\mathrm{s}^{-1}$，$v=15.7\mathrm{m}\cdot\mathrm{s}^{-1}$，$a=9.88\times10^{2}\mathrm{m}\cdot\mathrm{s}^{-2}$，$\boldsymbol{a}$ 与 $\boldsymbol{v}$ 成夹角 $\varphi=90.18°$］

4-2 如习题 4-2 图所示，发电机的带轮 A 被汽轮机的带轮 B 带动. 已知 A 轮和 B 轮的半径分别为 $r_1=30\mathrm{cm}$、$r_2=75\mathrm{cm}$. 若汽轮机在起动后以恒定的角加速度 $0.8\pi\mathrm{rad}\cdot\mathrm{s}^{-2}$ 转动，且两轮与带间均无相对滑动发生. 问汽轮机起动后经几秒钟发电机做 600r/min 的转动？（**答**：10s）

4-3 如习题 4-3 图所示，一磁带分别绕过半径为 $r_1=3\mathrm{cm}$ 和 $r_2=5\mathrm{cm}$ 的鼓轮Ⅰ、Ⅱ，磁带移动的速度在 2s 内自 $v_1=0.60\mathrm{m}\cdot\mathrm{s}^{-1}$ 匀加速地变为 $v_2=1.80\mathrm{m}\cdot\mathrm{s}^{-1}$，若磁带与鼓轮之间无相对滑动，求鼓轮Ⅱ的角加速度及鼓轮Ⅰ在 2s 内的转数.（**答**：$\alpha_{\mathrm{II}}=12\mathrm{rad}\cdot\mathrm{s}^{-2}$；$n_{\mathrm{I}}=12.73\mathrm{r}$）

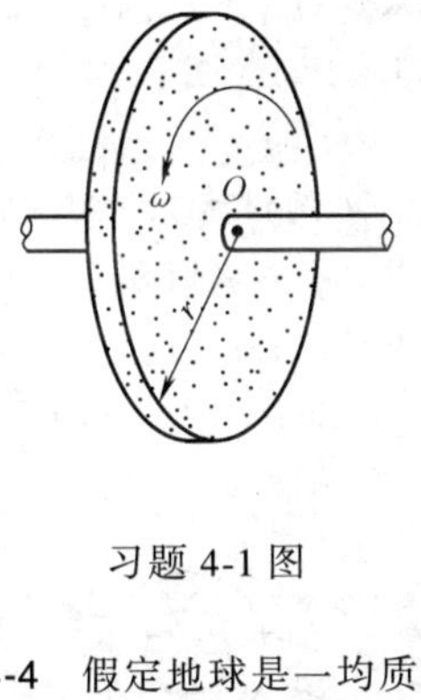

习题 4-1 图

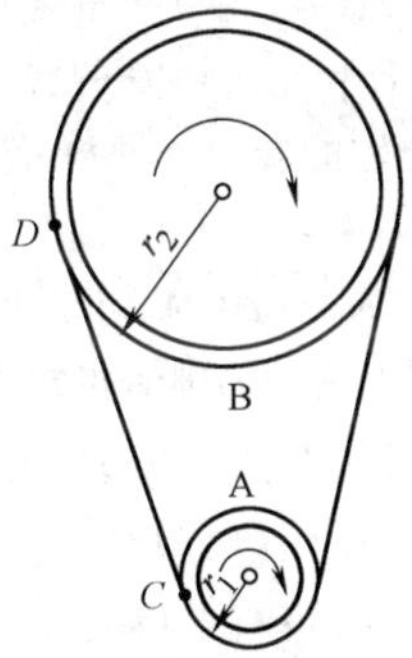

习题 4-2 图

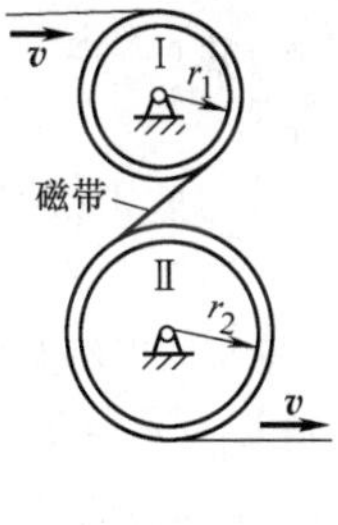

习题 4-3 图

4-4 假定地球是一均质球体，取地球半径为 $6.4\times10^{6}\mathrm{m}$，质量为 $6.0\times10^{24}\mathrm{kg}$. 求地球绕自转轴的转动动能.（球体绕自转轴的转动惯量可查表 4-1）（**答**：$E_\mathrm{k}\approx2.6\times10^{29}\mathrm{J}$）

4-5 如习题 4-5 图所示，假设直升飞机的主螺旋桨可看成是由四根质量皆为 36kg、长皆为 3m 的细长杆组成，求它对中心轴 Oz 的转动惯量.（**答**：$I=432\mathrm{kg}\cdot\mathrm{m}^2$）

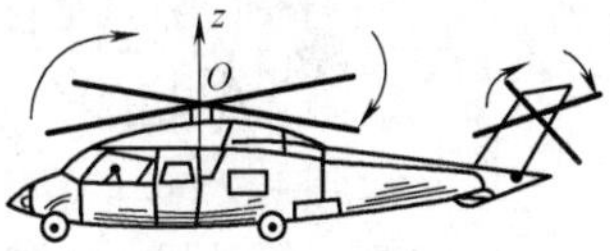

习题 4-5 图

4-6 一长为 a、宽为 b 的均质矩形薄平板，质量为 m，试证：

（1）对通过平板中心并与长边平行的轴的转动惯量为 $mb^2/12$；

（2）对与平板一条长边重合的轴的转动惯量为 $mb^2/3$.

4-7 如习题 4-7 图所示，半径为 R 的主动轮Ⅰ对轴 O_1 的转动惯量为 J_1，半径为 r 的从动轮Ⅱ对轴 O_2 的转动惯量为 J_2，两轮通过带传动. 若不计带的质量和一切摩擦，当主动轮Ⅰ以角速度 ω 转动时，试求整个系统的动能.（**答**：$E_\mathrm{k}=[J_1+J_2(R/r)^2]\omega^2/2$）

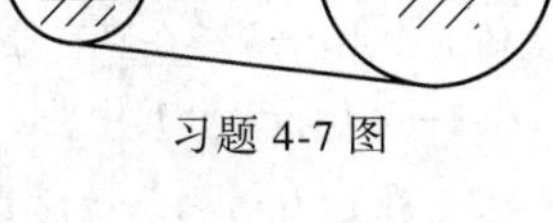

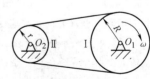

习题 4-7 图

4-8 一根长为 l、质量为 m 的均质细棒，其一端通过水平轴，竖直悬挂并可绕此轴在竖直平面内自由转动. 今推动它一下，若它在经过竖直位置时的角速度为 ω. 试求在摆动过程中，重心能升高多少？［**答**：$\Delta h=\omega^2l^2/(6g)$］

4-9 如习题 4-9 图所示，传送机支承轮Ⅰ、Ⅱ的半径均为 r，质量均为 m，可视作均质圆柱. 在传送带上放置一袋质量为 m 的水泥. 今由电动机向支承轮Ⅰ提供一不变的力矩 M，使传送带自静止开始向上运动. 设传送带的倾角为 θ，并认为传送带与支承轮之间无相对滑动，其质量可不计. 求证：这袋水泥移动距离 l 时的速度为 $v=[l(M-mgr\sin\theta)/(mr)]^{1/2}$.

4-10 一螺旋桨在发动机驱动下，以转速 $1200\text{r}\cdot\text{min}^{-1}$ 做匀速转动，所受的阻力矩为 $8000\text{N}\cdot\text{m}$. 为了保持螺旋桨正常运转，求发动机克服此阻力矩所需提供的功率.（答：1005kW）

4-11 如习题 4-11 图所示，长为 l 的均质细杆左端与墙用铰链 A 相连接，右端用一铅直细绳 B 悬挂，杆处于水平静止状态. 若绳 B 被突然烧断，求杆右端的加速度.（答：$3g/2$）

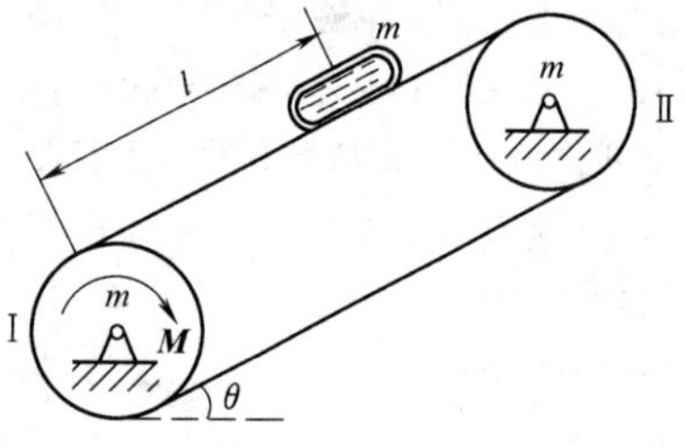

习题 4-9 图

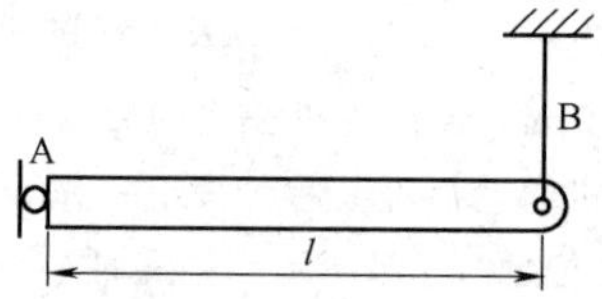

习题 4-11 图

4-12 如习题 4-12 图所示，轴流式通风机的叶轮以初角速 ω_0 绕轴 O 转动. 所受的空气阻力矩 M_r 与角速度 ω 成正比，即 $M_r=k\omega$，k 为比例恒量. 若叶轮对轴 O 的转动惯量为 J，试求经过多长时间叶轮的角速度减为初角速度的一半？并求这段时间内叶轮的转数. 轴与叶轮间的摩擦忽略不计. ［答：$t=(J\ln 2)/k$，$n=J\omega_0/(4\pi k)$］

4-13 如习题 4-13 图所示，质量均为 m 的两物体 A、B，其中 A 放在倾角为 θ 的斜面上，并与半径为 r_2 的小轮上的细绳相连接；B 与半径为 r_1 的大轮上的细绳相连接. 大轮和小轮共轴，两者对轴 O 的总转动惯量为 J. 轮与细绳间无相对滑动，忽略所有摩擦力，当物体 B 下降时，求各条绳子的张力和物体 A 的加速度.（答：$a_A=(r_1-r_2\sin\theta)r_2g/(J/m+r_1^2+r_2^2)$；$F_{T2}=[(r_1/r_2)^2+J/(mr_2^2)+(r_1/r_2)^2\sin\theta]mg/[J/(mr_1^2)+(r_1/r_2)^2+1]$；$F_{T1}=[(r_1/r_2)^2+(r_2/r_1)\sin\theta+J/(mr_1^2)]mg/[J/(mr_1^2)+(r_2/r_1)^2+1]$）

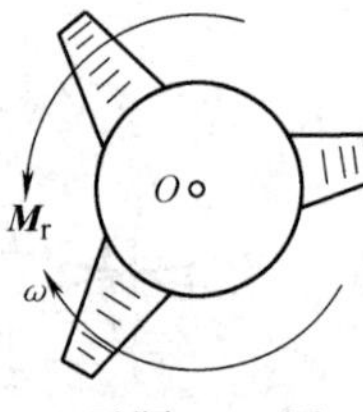

习题 4-12 图

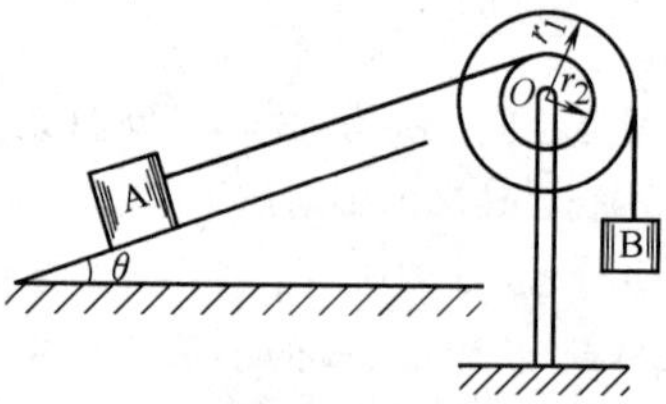

习题 4-13 图

4-14 如习题 4-14 图所示，两均质轮的半径分别为 R_1、R_2，质量分别为 m_1、m_2，两轮用张紧的带（质量不计）连接. 若在主动轮 A 上作用一外力矩 M，在被动轮 B 上具有摩擦力矩 M_f，并设带与轮之间无相对滑动. 求 A 轮的角加速度.（答：$2(MR_2-M_fR_1)/[(m_1+m_2)R_1^2R_2]$）

4-15 如习题 4-15 图所示，一长为 $2l$ 的棒 AB，其质量不计，它的两端牢固地连接着质量各为 m 的小球，棒的中点 O 焊结在竖直轴 Oz 上，并且棒与 Oz 轴成 α 角. 若棒绕 Oz 轴（正向为铅直向上）以角速度 $\omega=\omega_0(1-e^{-t})$ 转动，其中，ω_0 为恒量，t 为时间. 求：（1）棒与两球构成的系统在时刻 t 对 Oz 轴的角动量；（2）在 $t=0$ 时刻系统所受外力对 z 轴的合外力矩. ［答：（1）$L=2ml^2\omega_0(1-e^{-t})\sin^2\alpha$；（2）$M=2ml^2\omega_0\sin^2\alpha$］

4-16 如习题 4-16 图所示，一水平均质圆形转台的质量 $m_{盘}=200\text{kg}$、半径 $r=2\text{m}$，可绕经过中心的竖直轴转动. 质量 $m=60\text{kg}$ 的人站在转台边缘. 开始时，人和转台皆静止. 如果人在台上以 $1.2\text{m}\cdot\text{s}^{-1}$ 的速率沿转台边缘循逆时针转向奔跑，求此时转台转动的角速度. 设轴承对转台的摩擦力矩不计.（答：

$-0.225\text{rad}\cdot\text{s}^{-1}$)

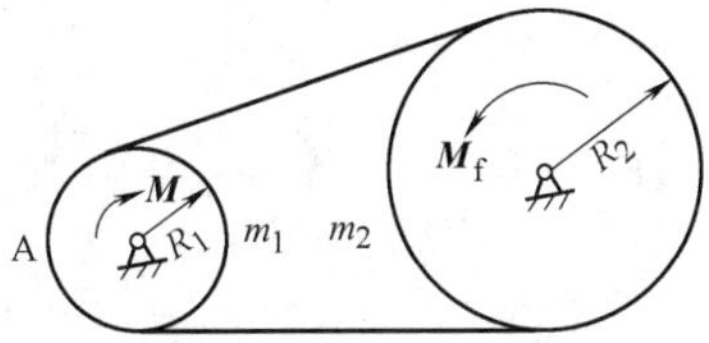

习题 4-14 图

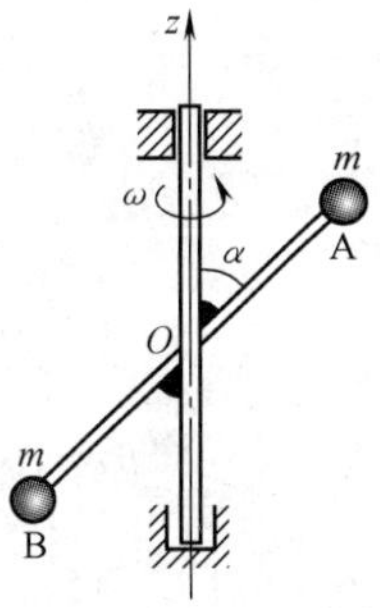

习题 4-15 图

4-17　如习题 4-17 图所示，一长为 $l=0.40\text{m}$、质量为 $m'=1\text{kg}$ 的均质杆，竖直悬挂．试求：当质量为 $m=8\times10^{-3}\text{kg}$ 的子弹以水平速度 $v=200\text{m}\cdot\text{s}^{-1}$ 在距转轴 O 为 $3l/4$ 处射入杆内时，此杆的角速度．（**答**：$\omega=8.88\text{rad}\cdot\text{s}^{-1}$）

4-18　如习题 4-18 图所示，均质水平钢管 OP 的质量为 m_0，长为 $2l$．在管内的中点放置一质量为 m 的钢珠 B，用长为 l 的细线连接于管端 O．设钢管与钢珠一起以匀角速度 ω_0 绕通过 O 端的竖直轴 Oz 在水平面内转动，若细线在某一时刻断掉，求钢珠飞离到管端 P 时钢管的角速度．［**答**：$\omega=(m_0+0.75m)\omega_0/(3m_0+m)$］

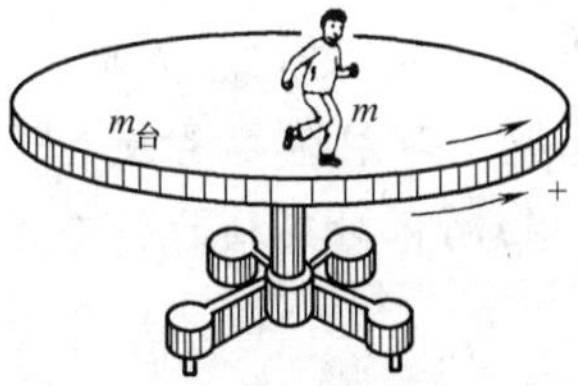

习题 4-16 图

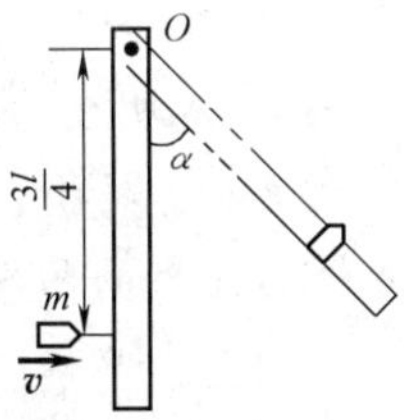

习题 4-17 图

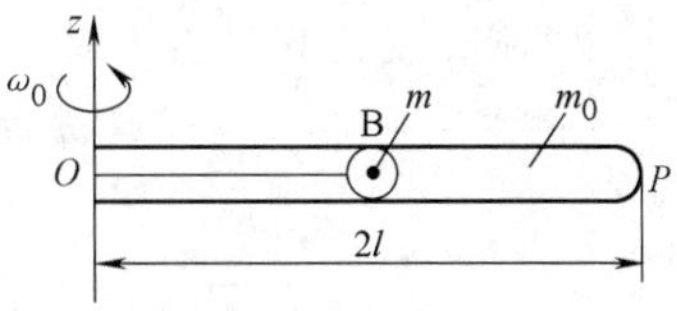

习题 4-18 图

4-19　设某恒星绕自转轴每 45 天转一周，其内核半径为 $2\times10^7\text{m}$，由于星体内大量物质喷入星际空间而使其内核坍缩成半径仅为 $6\times10^3\text{m}$ 的**中子星**．求中子星的自转角速度．设恒星在星际空间中所受外力矩可忽略不计，恒星坍缩前、后的内核皆可视作均质圆球．（**答**：$0.65\times10^{12}\text{rad}\cdot\text{s}^{-1}$）

本章“问题”选解

问题 4-3（1）

解　刚体绕定轴做匀变速转动时，角加速度 α 为恒量，由角加速度的定义，有

$$\alpha=\frac{d\omega}{dt}$$

得

$$d\omega=\alpha dt$$

$$\omega=\int\alpha dt=\alpha t+C_1$$

若设 $t=0$ 时，$\omega=\omega_0$，则 $C_1=\omega_0$，因而

$$\omega=\omega_0+\alpha t \tag{a}$$

再由角速度定义，有

$$\omega=\frac{\mathrm{d}\theta}{\mathrm{d}t}$$

得

$$\mathrm{d}\theta=\omega\mathrm{d}t$$

即

$$\theta=\int\omega\mathrm{d}t=\int(\omega_0+\alpha t)\mathrm{d}t=\omega_0 t+\frac{1}{2}\alpha t^2+C_2$$

设 $t=0$ 时，$\theta=\theta_0$，则 $C_2=\theta_0$，因而

$$\theta=\theta_0+\omega_0 t+\frac{1}{2}\alpha t^2 \tag{b}$$

设 $\theta=\theta_0$ 时，$\omega=\omega_0$，试自行导出

$$\omega^2-\omega_0^2=2\alpha\theta \tag{c}$$

问题 4-3 (2)

解 若规定逆时针转向为正，则 $\theta>0$，而 $\omega<0$，表示刚体处于角坐标 θ 为正，且沿顺时针转动；$\theta<0$，而 $\omega>0$，表示刚体处于角坐标为负，且沿逆时针方向转动；$\omega>0$，而 $\alpha<0$，表示刚体沿逆时针做减速转动；$\omega<0$，而 $\alpha<0$，表示刚体沿顺时针做加速转动；$\omega<0$，而 $\alpha>0$，表示刚体沿顺时针做减速转动.

问题 4-4 (1)

答 按转动定律，有 $J=M/\alpha$. 由此可见，当刚体所受合外力矩 M 一定时，J 越大，α 就越小，即刚体越能保持其原来的转动状态；反之，J 越小，α 越大，即刚体越易改变其原来的转动状态. 所以，转动惯量 J 是量度刚体转动惯性的物理量，由刚体对某轴的转动惯量的定义

$$J=\sum_i \Delta m_i r_i^2=\Delta m_1 r_1^2+\Delta m_2 r_2^2+\cdots+\Delta m_i r_i^2+\cdots$$

可知，刚体对某轴的转动惯量 J 等于此刚体所有各质元的质量与它们分别到该轴距离平方的乘积之总和，一般刚体的质量可以认为是连续分布的，所以上式也可改写成积分形式，即

$$J=\int_m r^2\mathrm{d}m$$

对于一个给定的刚体，其转动惯量不仅取决于刚体的质量，还与转轴的位置有关；并且在质量一定的情况下，转动惯量还与质量的分布有关，亦即与刚体的形状、大小和各部分的密度有关.

问题 4-4 (2)

答 设两圆盘 A、B 的密度分别为 ρ_1 和 ρ_2，且 $\rho_1\neq\rho_2$；又二者的重量 $W_1=W_2$，厚度 $t_1=t_2$，则由 $W_1=W_2$，有

$$\rho_1(\pi R_1^2 t)g=\rho_2(\pi R_2^2 t)g\Rightarrow\rho_1 R_1^2=\rho_2 R_2^2 \tag{a}$$

式中，R_1 和 R_2 分别为圆盘 A、B 的半径，又由题意，此两圆盘 A、B 对通过盘心且垂直于盘面的轴的转动惯量分别为

$$J_1=\frac{1}{2}mR_1^2=\frac{1}{2}\ \frac{W_1}{g}R_1^2,\ J_2=\frac{1}{2}mR_2^2=\frac{1}{2}\ \frac{W_2}{g}R_2^2=\frac{1}{2}\ \frac{W_1}{g}R_2^2 \quad ⓑ$$

由式ⓐ，若圆盘A的密度 ρ_1 大于圆盘B的密度 ρ_2，则 $R_1^2<R_2^2$. 于是，由式ⓑ可得 $J_1<J_2$，即圆盘B具有较大的转动惯量.

问题 4-5

解 如问题4-5解答图所示，按转动惯量定义. 系统对 Oz 轴的转动惯量为

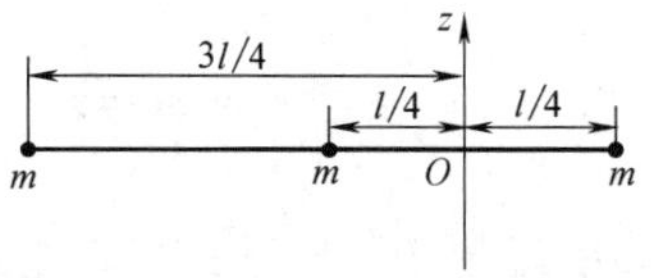

问题4-5解答图

$$J=m\left(\frac{3}{4}l\right)^2+m\left(\frac{1}{4}l\right)^2+m\left(\frac{1}{4}l\right)^2=\frac{11}{16}ml^2$$

按回转半径定义，有

$$r_G=\sqrt{\frac{J}{m}}=\sqrt{\frac{11}{16}ml^2/(3m)}=\sqrt{\frac{11}{48}}l=0.48l$$

问题 4-7

答 (1) 按力矩定义，有

$$M=Fd=Fr\sin\varphi$$

若 $d=0$，则 $M=0$；若 F 甚大，但 d 甚小或为零，则 M 也就甚小以致为零. 又由刚体绕定轴转动定律 $M=J\alpha$，若 $M=0$，则 $\alpha=0$，这时刚体虽不受力矩作用，但仍可绕刚体定轴做 $\alpha=0$ 的匀角速转动，所以（A）、（B）、（C）不正确，而（D）是正确的.

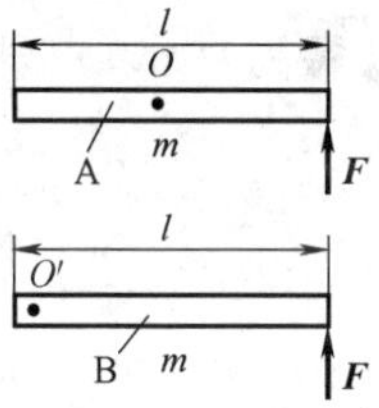

问题4-7（2）解答图

(2) 如问题4-7（2）解答图所示，查表4-1，按 $M=J\alpha$，对A棒有

$$Fl/2=\frac{1}{12}ml^2\alpha_A$$

对B棒，有

$$Fl=\frac{1}{3}ml^2\alpha_B$$

由以上两式，得

$$\alpha_A=6F/(ml),\ \alpha_B=3F/(ml)$$

即

$$\alpha_A>\alpha_B$$

应选（B）.

问题 4-8

解 已知 $F_T=mg$，由受力图（见问题4-8解答图），可按刚体定轴转动定律，有

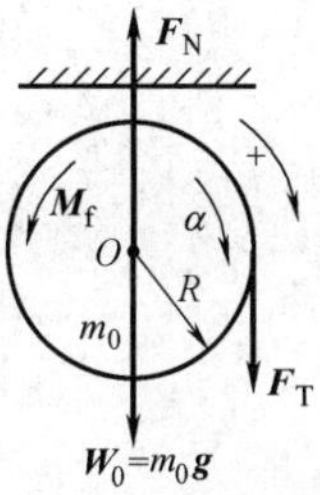

问题4-8解答图

$$F_TR-M_f=J\alpha'$$

代入题设条件，上式成为

$$mgR-M_f=\frac{1}{2}m_0R^2\alpha'$$

解得定滑轮的角加速度为

$$\alpha' = 2(mgR - M_f)/(m_0 R^2)$$

问题 4-9（2）

解 当人坐在转椅上绕转轴以角速度 ω 转动时，人、哑铃和转椅所受的重力 $\boldsymbol{W}$ 和地面对转椅的支承力 $\boldsymbol{F}_N$ 均沿转轴方向，对转轴的合外力矩为零．因此，上述系统的角动量守恒．设原来的转动惯量为 J_0，末了的转动惯量为 $J = J_0/2$，则有

$$J_0\omega = (J_0/2)\omega'$$

即末了的角速度变为 $\omega' = 2\omega$.

"问题拓展"参考答案

4-1

答 因为改变较大刚体的平动轨迹比较困难，俗语"船小好掉头"也是基于相同的原因，所以我们乘坐的火车就会分成很多节车厢，而不是很长的一节车厢.

4-2

解 如问题拓展 4-2 解答图所示，各段链条中的张力的大小有如下关系：

$$F_1 = F_1' = F_2 = F_2'$$

而

$$F_2 = F_2' = W/2$$

且

$$F_3 = 0$$

按题意，系统处于对轴 O 的力矩平衡状态，取正转向如图所示，则

$$FR + F_2 r = F_1 R$$

从而得

$$F = W(R - r)/(2R)$$

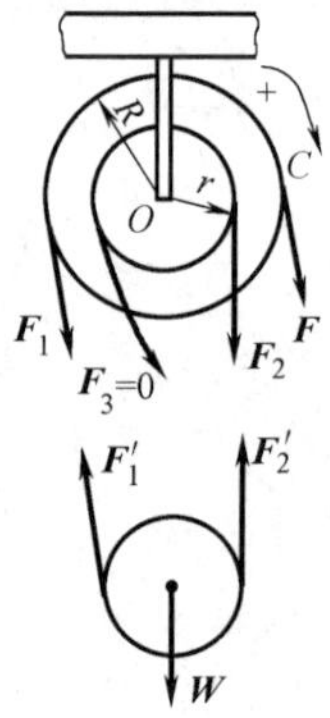

问题拓展 4-2 解答图

4-3

答 合外力是作用物体上的外力之和，即

$$\boldsymbol{F}_{合外} = \boldsymbol{F}_1 + \boldsymbol{F}_2 + \boldsymbol{F}_3 + \boldsymbol{F}_4 + \cdots$$

而合外力矩是作用物体上的外力矩之和，即

$$\begin{aligned}\boldsymbol{M}_{合外} &= \boldsymbol{r}_1 \times \boldsymbol{F}_1 + \boldsymbol{r}_2 \times \boldsymbol{F}_2 + \boldsymbol{r}_3 \times \boldsymbol{F}_3 + \boldsymbol{r}_4 \times \boldsymbol{F}_4 + \cdots \\ &= \boldsymbol{M}_1 + \boldsymbol{M}_2 + \boldsymbol{M}_3 + \boldsymbol{M}_4 + \cdots\end{aligned}$$

合外力为零时，合外力矩不一定为零．如问题拓展 4-3 解答图所示．反之，若合外力矩为零时，合外力也不一定为零.

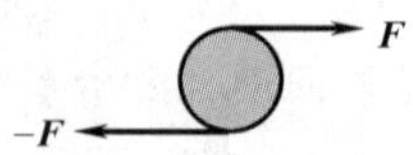

$\Sigma \boldsymbol{F}_i = \boldsymbol{0}$ ，$\Sigma \boldsymbol{M}_i \neq \boldsymbol{0}$

问题拓展 4-3 解答图

第5章 狭义相对论

章前问题?

小时候，我们常常会对自己所生活的这个奇妙世界产生各种奇思妙想. 我们生活在一个三维的立体空间内，而时间在我们身边悄无声息地流逝着. 我们是否有机会抓住时间，不让它溜走呢? 如果我们跑得再快一点，能否让时间走得慢一点呢?

前面各章，根据牛顿力学（或经典力学）的概念和理论，对解决宏观物体在惯性参考系（简称惯性系）中的低速㊀运动问题，卓有成效.

到19世纪末，随着电磁学和光学的发展，人们在研究电磁波的传播速度（如光速）与参考系之间的关系时，做了大量实验和理论研究，发现在电磁（光）现象和高速运动问题中，应用经典力学，其结果与实验事实竟不相容. 正是在该历史背景下，爱因斯坦在1905年提出了时间和空间的新观念以及在惯性系中高速运动问题的理论，创建了**狭义相对论**；1915年又把它拓展到非惯性系中去，继而创建了**广义相对论**.

狭义相对论研究在高速情况下的运动相对性问题. 它集中体现在惯性系之间的时间和空间的相对性上，由此给出的运动规律更具有普遍性，既适用于高速运动也适用于低速运动的情况；而牛顿力学只不过是相对论在低速情况下的近似.

狭义相对论的观念虽然很难用人们的日常经验去领会，但是它在物理学上却是如此地合理、和谐，并且已为实验所证实.

5.1 经典力学的相对性原理 伽利略变换

如前所述，牛顿运动定律所适用的参考系，称为惯性系；而相对于某一惯性系做匀速直线运动的一切参考系，牛顿运动定律皆同样适用，因而也都是惯性系. 这就表明，**对一切惯性系而言，力学现象都服从同样的规律**. 这就是经典**力学的相对性原理**，它是在力学范围内根据大量实验事实总结出来的一条普遍规律. 按照这一原理，我们在研究一个力学现象时，不论取哪一个惯性系，对这一现象的描述都是没有丝毫区别的. 因此，我们也可将力学相对

㊀ 请读者注意，今后所说的“低速”是指物体的速度$\boldsymbol{v}$的大小$v \ll c$的情况；而“高速”是指物体的速度$\boldsymbol{v}$的大小可与c相比较的情况. 其中，c为真空中的光速，其值取$c=3\times10^{8}\mathrm{m\cdot s^{-1}}$.

性原理表述为：**一切惯性系都是等价的**．例如，静坐在匀速直线运动的轮船内的旅客，如果把船舱四周的窗帘拉上，而且船身又不摇晃，旅客就不会感觉到船在前进，这时，竖直向上抛掷一件东西，仍将落回原处；人向后走动并没有感到比向前走动来得困难．由此可知，在船上与在地面上发生的任一力学现象并没有什么两样，选择轮船还是选择地面为参考系来描述运动，是完全一样的．如上所述，在匀速直线运动的轮船上，旅客既然觉察不到船上所发生的力学现象与在地面上时有何区别，因而，船上的旅客也就不能通过任何力学现象（或任何力学实验）来判断轮船究竟相对于地面是静止的，还是在匀速直线行驶．

所以，力学的相对性原理要求：**力学定律从一个惯性系转换到另一个惯性系时，定律的表述形式保持不变**．而下述的伽利略变换正是表达了惯性系之间的这种换算关系．

设有一惯性参考系 K′（例如，以飞机作为这一参考系）以速度 $\boldsymbol{u}$ 相对于惯性参考系 K（例如地面，它近似为一惯性系）做匀速直线运动（即平动）．在 K 和 K′系中分别安置时钟（已按同样标准校准过）和选取坐标系 $Oxyz$、$O'x'y'z'$，并将 Ox 和 $O'x'$轴取在沿速度方向 $\boldsymbol{u}$ 的同一直线上，其他相应的坐标轴始终各自平行（见图 5-1）．在时刻 $t=0$，设 K 和 K′系的原点 O、O'相重合．

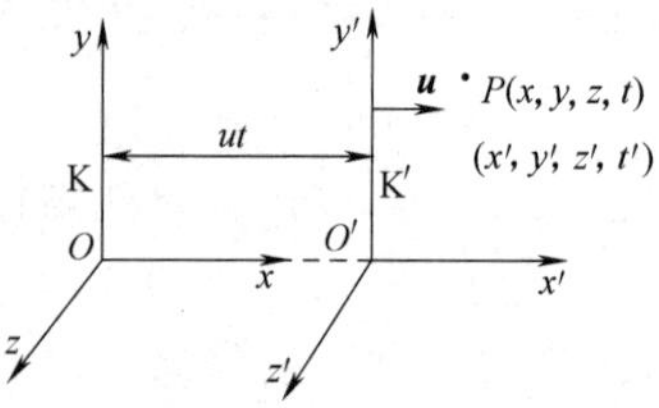

图 5-1 伽利略变换

今后，我们对设置在两个惯性系 K 和 K′上的坐标系的安排和计时零点的选取，如不另做说明，都采取这种考虑和如图 5-1 所示的布设．

我们在 K 和 K′系中观测同一质点 P 的运动．在 K 系中测得质点 P 在时刻 t 的位置为 $(x,\ y,\ z)$，在 K′系测得相应的时刻为 t'、位置为 $(x',\ y',\ z')$．牛顿力学认为，从不同的惯性参考系中去测量同一段时间间隔，所测得的大小总是相同的；并且认为，从不同的参考系中去测量同一个空间间隔，所测得的长短也总是相同的．或者说，**时空的测量与参考系以及它们之间的相对运动状态无关**．这就是牛顿的**绝对时空观**．从这一前提出发，在上述两个惯性系 K、K′中测得的时刻是相同的，即 $t=t'$；y、z 轴方向的坐标也是相同的，x 轴方向的坐标相差一段 $\overline{OO'}=ut$．因此，这两组坐标、时间之间的变换关系为

$$\begin{cases} x'=x-ut \\ y'=y \\ z'=z \\ t'=t \end{cases} \quad \text{或} \quad \begin{cases} x=x'+ut \\ y=y' \\ z=z' \\ t=t' \end{cases} \tag{5-1}$$

以上两列式是互逆的，皆称为**伽利略变换式**．

章前问题解答

根据经典力学的相对性原理，时间和空间是彼此独立的，而且时间和空间都与物体的运

动状态无关. 所以不管我们是静止不动还是努力奔跑, 时间都是一样在流逝的.

为了描述质点 P 的运动情况, 将式 (5-1) 的位置坐标对时间求导, 从而得出**伽利略的速度变换公式**

$$\begin{cases}\dfrac{\mathrm{d}x'}{\mathrm{d}t'}=\dfrac{\mathrm{d}x}{\mathrm{d}t}-u\\ \dfrac{\mathrm{d}y'}{\mathrm{d}t'}=\dfrac{\mathrm{d}y}{\mathrm{d}t}\\ \dfrac{\mathrm{d}z'}{\mathrm{d}t'}=\dfrac{\mathrm{d}z}{\mathrm{d}t}\end{cases}\quad 即 \quad \begin{cases}v_x'=v_x-u\\ v_y'=v_y\\ v_z'=v_z\end{cases} \tag{5-2}$$

写成矢量式, 即为

$$\boldsymbol{v}'=\boldsymbol{v}-\boldsymbol{u}$$

或

$$\boldsymbol{v}=\boldsymbol{v}'+\boldsymbol{u} \tag{5-3}$$

在所述的惯性系 K 和 K′做相对平动的情况下, 将上式对时间再求导一次, 因 $\boldsymbol{u}$ 为恒量, 故 $\mathrm{d}\boldsymbol{u}/\mathrm{d}t=\boldsymbol{0}$, 则

$$\boldsymbol{a}=\boldsymbol{a}' \tag{5-4}$$

因而按伽利略变换, **在不同惯性系中, 同一质点的加速度是相同的**. 牛顿力学认为, 在不同的参考系中, 物体的质量是不变的. 因此, 在惯性系 K 和 K′中, 质点 P 的质量相同, 即 $m=m'$, 则式 (5-4) 可写成

$$m\boldsymbol{a}=m'\boldsymbol{a}' \tag{5-5}$$

这样, 在惯性系 K 和 K′中, 牛顿第二定律都具有相同的表述形式

在 K 系中,

$$\boldsymbol{F}=m\boldsymbol{a} \tag{5-6}$$

在 K′系中,

$$\boldsymbol{F}'=m\boldsymbol{a}'$$

即牛顿第二定律的表达形式对于伽利略变换是不变的. 由式 (5-6), 可得

$$\boldsymbol{F}=\boldsymbol{F}'$$

即在不同惯性系中, 测得同一物体所受的力都相同. 由于每一个力总是与其反作用力同时存在的, 故表述作用力与反作用力关系的牛顿第三定律, 在不同惯性系中也都具有相同的表述形式.

综上所述, 通过伽利略变换, 牛顿运动三定律在一切惯性系中都保持相同的表述形式. 由于牛顿运动三定律是牛顿力学的基本规律, 故可广而言之, **在伽利略变换下, 牛顿力学的一切规律在所有惯性系中都保持相同的表述形式**, 这正是经典力学相对性原理所要求的. 但应指出, 当物体在高速运动的场合下, 伽利略变换不再适合所述的力学的相对性原理, 牛顿力学就得改造, 才能给出符合实际的结果.

问题 5-1 (1) 试阐明力学的相对性原理.

(2) 简述牛顿的绝对时空观; 并在这一前提下导出伽利略变换.

(3) 为什么说, 牛顿力学的规律都符合力学的相对性原理?

(4) 试由伽利略变换判断时间间隔、空间间隔、速度和加速度等物理量中, 哪些是不变量? 在牛顿力学中, 物体质量是与参考系之间相对运动无关的不变量吗?

5.2 狭义相对论的基本原理 洛伦兹变换

5.2.1 狭义相对论的基本原理

上节所讲的伽利略变换和牛顿力学的相对性原理，在相对论创建以前，一直被人们确信无疑. 但是，把它应用到高速运动物体的力学问题，特别是推广到电磁现象和光学现象中时，则与实验事实存在着不可调和的矛盾. 从而导致狭义相对论的诞生.

现在我们以光的传播速度问题为例，指出按伽利略变换所给出的结果与实验事实之间的矛盾. 设想一高速飞行的火箭，它相对于地面（近似为一惯性系）以速度 $\boldsymbol{u}$ 做匀速直线运动，则火箭亦为一惯性系. 以地面和火箭分别作为参考系 K、K′，建立坐标系 $Oxyz$ 和 $O'x'y'z'$，并使 Ox、$O'x'$轴沿火箭运动方向，如图 5-1 所示. 开始时，两坐标系的原点 O、O'重合，这时 $t=t'=0$. 当 $t=0$ 时，火箭沿飞行方向发出一次闪光（即一个光脉冲），它沿 $O'x'$轴以真空中的光速 c 传播. 按伽利略速度变换公式（5-3），光相对于地面的观察者来说，其传播速度应为 $v=c+u$；如果上述光脉冲发出的方向与火箭飞行方向相反，则光相对地面的传播速度应为 $v=c-u$；如果上述光脉冲沿其他各个方向发出，则光相对于地面的传播速度也可按伽利略速度变换公式算出，其大小和方向将各不相同. 这就是说，在做相对运动的不同惯性系中，所测得的光速是不同的.

但是，根据麦克斯韦电磁场理论和有关光速测量的实验都证实，不论在哪个惯性系中，沿任何方向去测定真空中的光速，结果都相同，其大小都等于常量 c，与光源和观察者的运动情况无关. 这显然与上述伽利略速度变换公式所预期的结果相矛盾.

由于伽利略速度变换公式来源于伽利略变换，因而以上所述，也表明伽利略变换在电磁现象（包括光学现象）中是不成立的. 尽管那时有些物理学家做了许多实验，例如，最著名的是迈克耳孙（A. A. Michelson，1852—1931）-莫雷（E. W. Morey，1838—1923）实验㊀，但由于因袭了绝对的时空观念，并企图在维持伽利略变换的前提下解释上述矛盾，结果都无一例外地归于失败. 这样，就从根本上动摇了牛顿力学的绝对时空观. 正是在这样的历史背景下，1905 年，爱因斯坦断然摆脱绝对时空观的束缚，科学地提出了两条假说，作为狭义相对论的两条基本原理：

（1）**狭义相对论的相对性原理　在所有惯性系中，物理定律都具有相同的表达形式.**

这条原理是力学相对性原理的推广，它不仅仅适合于力学定律，乃至适合于电磁学、光学等所有物理定律，其表达形式在不同惯性系中都保持不变，即一切惯性系都是等价的. 人们不论在哪个惯性系中做任何物理实验（不仅仅是力学实验），都不能确定该惯性系是静止的还是在做匀速直线运动.

（2）**光速不变原理　在所有惯性系中，测得真空中的光速都等于 $\boldsymbol{c}$.** 而光速 c 是一切速度大小的上限，与光源（即发光体）的运动情况无关.

按照伽利略速度变换公式，光速与观察者和光源之间的相对运动有关，因此光速不变原理实际上是否定了伽利略变换.

㊀ 有关迈克耳孙-莫雷实验的详细介绍可参阅有关参考书.

这样，我们必须放弃伽利略变换，从光速不变原理出发，寻找一个新的时空变换关系，并使得任何物理定律在这一新的变换下保持表述形式上的不变. 这一变换就是下述的洛伦兹变换.

5.2.2 洛伦兹变换

按照狭义相对论两条基本原理的要求，对图5-1所示的情况做进一步的讨论，可以导出惯性系K、K′之间新的时空变换关系为（推导从略）

$$\begin{cases} x=\dfrac{x'+ut'}{\sqrt{1-(u/c)^2}} \\ y=y' \\ z=z' \\ t=\dfrac{t'+(u/c^2)x'}{\sqrt{1-(u/c)^2}} \end{cases} \quad \text{或} \quad \begin{cases} x'=\dfrac{x-ut}{\sqrt{1-(u/c)^2}} \\ y'=y \\ z'=z \\ t'=\dfrac{t-(u/c^2)x}{\sqrt{1-(u/c)^2}} \end{cases} \tag{5-7}$$

式中，c为真空中的光速. 式（5-7）称为**洛伦兹**（H. A. Lorentz，1853—1928）**变换**.

式（5-7）中，当$u \ll c$时，洛伦兹变换就退化成伽利略变换. 可见，伽利略变换是洛伦兹变换在低速情况下的一种近似. 其次，在洛伦兹变换中，时间的变换是与坐标的变换相联系的，这说明时间与空间是不可分割的.

并且，考虑到x'和t'都应是实数，这就要求$1-u^2/c^2 \geqslant 0$，即速度值u必须满足

$$u \leqslant c \tag{5-8}$$

这就表明，**任何物体的运动速度都不能大于真空中的光速**c，亦即**真空中的光速**c**是物体运动的极限速度**.

思维拓展

5-1 如果物体的运动速度超过光速，那么回到过去、时空穿梭这些科幻电影里的情节是否能够成为现实呢？但目前的各种理论和实验都证明，光速是物体运动速度的极限，并且光速不随惯性系的变化而变化.

例题5-1 若以地球作为惯性系K，观察到$x=4.0\times10^6$m处在$t=0.02$s时刻开始发生闪光. 试求：在相对于地球以匀速$u=0.5c$沿Ox轴正方向运动的飞船中（作为K′系），观察到的闪光开始发生的地点和时刻.

解 按洛伦兹变换式（5-7），由题给数据可分别算出：

$$x'=\frac{x-ut}{\sqrt{1-(u/c)^2}}=\frac{4.0\times10^6\,\text{m}-(0.5\times3\times10^8\,\text{m}\cdot\text{s}^{-1})(0.02\text{s})}{\sqrt{1-(0.5)^2}}$$
$$=1.15\times10^6\,\text{m}$$

$$t'=\frac{t-ux/c^2}{\sqrt{1-(u/c)^2}}=\frac{0.02\text{s}-\dfrac{(0.5)(4.0\times10^6\,\text{m})}{3\times10^8\,\text{m}\cdot\text{s}^{-1}}}{\sqrt{1-(0.5)^2}}=0.015\text{s}$$

牛顿力学的时空观认为，在不同的惯性系中观察到同一事件开始发生的地点和时间应是相同的，而相对论的时空观则认为是不同的.

问题 5-2 (1) 试述狭义相对论的两条基本原理.

(2) 试从洛伦兹变换式 (5-7) 给出当 $u \ll c$ 时的伽利略变换式.

5.2.3 洛伦兹速度变换公式

根据洛伦兹变换，可以导出洛伦兹速度变换公式.

设惯性系 K、K′及其相对运动情况和计时零点的规定仍如图 5-1 所示，今在 K、K′系中分别考察质点 P 的运动速度$\boldsymbol{v}$ 和$\boldsymbol{v}'$. 先对洛伦兹变换式 (5-7) 右侧的变换式求微分，有

$$\mathrm{d}x'=\frac{\mathrm{d}x-u\mathrm{d}t}{\sqrt{1-(u/c)^2}},\quad \mathrm{d}y'=\mathrm{d}y,\quad \mathrm{d}z'=\mathrm{d}z,\quad \mathrm{d}t'=\frac{\mathrm{d}t-(u/c^2)\mathrm{d}x}{\sqrt{1-(u/c)^2}}$$

用上式中的 $\mathrm{d}t'$与前三式相除，得质点 P 在 K′系中坐标为 (x', y', z') 处的速度$\boldsymbol{v}'$沿 Ox'、Oy'、Oz'轴方向的分量分别为

$$v_x'=\frac{\mathrm{d}x'}{\mathrm{d}t'}=\frac{\mathrm{d}x-u\mathrm{d}t}{\mathrm{d}t-(u/c^2)\mathrm{d}x}$$

$$v_y'=\frac{\mathrm{d}y'}{\mathrm{d}t'}=\frac{\sqrt{1-(u/c^2)}\,\mathrm{d}y}{\mathrm{d}t-(u/c^2)\mathrm{d}x}$$

$$v_z'=\frac{\mathrm{d}z'}{\mathrm{d}t'}=\frac{\sqrt{1-(u/c^2)}\,\mathrm{d}z}{\mathrm{d}t-u/c^2\mathrm{d}x}$$

将以上各式右端的分子和分母同除以 $\mathrm{d}t$，其中 $\mathrm{d}x/\mathrm{d}t=v_x$、$\mathrm{d}y/\mathrm{d}t=v_y$、$\mathrm{d}z/\mathrm{d}t=v_z$，即为质点 P 在 K 系中坐标为 (x, y, z) 处的速度$\boldsymbol{v}$沿 Ox、Oy、Oz 轴方向的分量. 于是，得**洛伦兹速度变换公式及其逆变换公式**（下式右侧）为

$$\begin{cases} v_x'=\dfrac{v_x-u}{1-(u/c^2)v_x} \\ v_y'=\dfrac{\sqrt{1-(u/c)^2}\;v_y}{1-(u/c^2)v_x} \\ v_z'=\dfrac{\sqrt{1-(u/c)^2}\;v_z}{1-(u/c^2)v_x} \end{cases} \quad 或 \quad \begin{cases} v_x=\dfrac{v_x'+u}{1+(u/c^2)v_x'} \\ v_y=\dfrac{\sqrt{1-(u/c)^2}\;v_y'}{1+(u/c^2)v_x'} \\ v_z=\dfrac{\sqrt{1-(u/c)^2}\;v_z'}{1+(u/c^2)v_x'} \end{cases} \tag{5-9}$$

现在，我们可根据上述结果来讨论真空中的光速. 设在 K 系中有一束光沿某一方向（取 Ox 轴方向）以速度 c 传播，即 $v_x=c$，则按洛伦兹速度变换公式 (5-9)，此光束在 K′系中的传播速度为

$$v_x'=\frac{v_x-u}{1-\dfrac{v_xu}{c^2}}=\frac{c-u}{1-\dfrac{cu}{c^2}}=c \tag{5-10}$$

亦即，在别的惯性系中观察到真空中的光速亦为 c，这符合光速不变原理.

问题 5-3　试由洛伦兹变换导出洛伦兹速度变换公式. 试证它在 $u \ll c$ 时转化成为式(5-2).

5.3　相对论的时空观

相对论突破了牛顿的绝对时空观，提出了一种新的时空观，认为时空的量度是相对的，不是绝对的. 而洛伦兹变换则集中反映了相对论的时空观，由该变换可以推出如下的一些结论.

5.3.1　同时的相对性

同时是指：相对于某一惯性系来说，两个事件发生于同一时刻. 例如，分别从南京和杭州开来的两列列车于19点30分这一时刻同时到达上海火车站，对站在月台上（作为惯性系）的观察者来说，上述发生在**同一地点**的两个事件是**同时**的. 又如，岸上的哨所和大海中匀速航行的军舰同时侦察到敌机入侵，这是说**两个不同地点**观察到一事件的发生是**同时的**.

从牛顿力学的绝对时空观来说，在同一惯性系K中观察到的是同时发生的事件，在另一惯性系K′中，按伽利略变换 $t=t'$，也应观察到是同时发生的. 但是，相对论认为时间不是绝对的，因而同时性也不是绝对的. 在K系观察到是同时的两个事件，一般而言，在K′系观察到的并不是同时的.

设在惯性系K′中观测到不同地点同时发生的两个事件，其时空坐标分别为（x_1'，y_1'，z_1'，t'）和（x_2'，y_2'，z_2'，t'），按洛伦兹变换式（5-7），在惯性系K中观测到这两个事件发生的时刻分别为

$$t_1=\frac{t'+ux_1'/c^2}{\sqrt{1-(u/c)^2}},\quad t_2=\frac{t'+ux_2'/c^2}{\sqrt{1-(u/c)^2}}$$

其中，u 为K′系相对于K系的运动速度. 由上两式可得

$$t_2-t_1=\frac{(x_2'-x_1')u/c^2}{\sqrt{1-(u/c)^2}} \tag{5-11}$$

这就表明，如果在K′系中观测到的两个同时事件发生于不同地点，即 $x_1'\neq x_2'$，则在K系中观测到的这两个事件并非同时，而是有先有后，其相隔的时间 $\Delta t=t_2-t_1$ 取决于式（5-11）. 如果这两个事件发生在同一地点，即 $x_1'=x_2'$，则在K系观测到的这两个事件才是同时发生的.

上述由洛伦兹变换导出的同时的相对性，可用一个理想实验来说明. 如图5-2所示，在一节长为 L 的列车车厢的两端，分别安装一只光信号接收器A′和B′. 当车厢的中点 P' 与地面上的点 P 对齐时，从点 P' 发出一次闪光，向车厢的前、后端传播. 若分别以地面和车厢作为参考系K、K′，且车厢以速度 $\boldsymbol{u}$

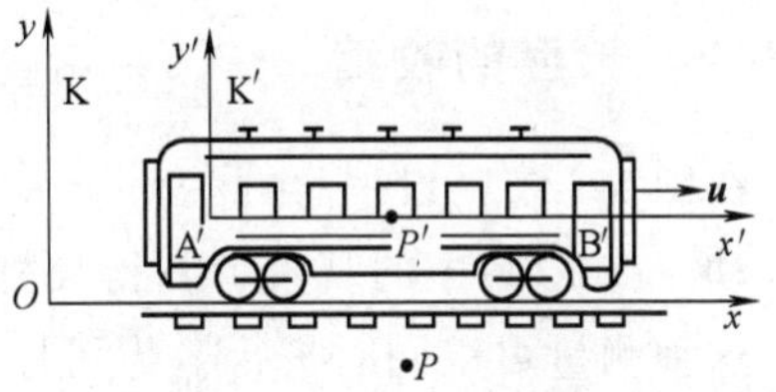

图5-2　同时的相对性理想实验

沿着 K 系的 Ox 轴方向匀速前进，则在车厢中的观察者认为，该闪光分别传播到 A′和 B′处所经过的距离相等，皆为 $L/2$，按光速不变原理，A′和 B′应同时接收到该光信号；可是，在地面上的观察者认为，当光信号经过时间 t 传到 B′时，由于在这段时间 t 内车厢相对于点 P 向前移过了距离 ut，所以这时 B′相对于点 P 的距离为 $L/2+ut$，而 A′相对于点 P 的距离为 $L/2-ut$，即这两段距离不相等；又因光速相等，故当光信号传到 A′处时，却尚未传到 B′处. 亦即，对 K 系中的观察者来说，A′和 B′处分别接收到光信号这两个事件并非同时发生. 由此可知，在车厢内同时发生、但发生地点不同的两个事件，在地面上看来，是先后发生的，并非同时. 这就说明了同时的相对性，即**"同时"只是相对于某个参考系而言的，没有绝对意义.**

问题 5-4 （1）何谓同时性？试阐明同时的相对性.

（2）站在地面上的人看到两个闪电同时分别击中一列以匀速 $u=70\text{km}\cdot\text{h}^{-1}$ 行驶的火车前端 P 和后端 Q. 试问车上的一个观察者测得该两个闪电是否同时发生？他在车上测出这列火车全长为 600m.（答：$t'_Q-t'_P=0.13\times10^{-12}\text{s}$，后端 Q 比前端 P 迟发生闪电）

例题 5-2 甲、乙两人分别静止于惯性系 K 和 K′中，设 K′系相对于 K 系沿 Ox 轴正向以匀速度 $\boldsymbol{u}$ 运动（见图 5-1）. 若甲测得在同一地点发生的两事件的时间间隔为 4s，而乙测得这两事件发生的时间间隔为 5s. 求：（1）速度 $\boldsymbol{u}$；（2）乙测得这两事件发生地点的距离.

解 （1）按洛伦兹变换式，由于两事件在 K 系中发生于同一地点，即 $x_1=x_2$，则有

$$t'_2-t'_1=\frac{t_2-(u/c^2)x_2}{\sqrt{1-(u/c)^2}}-\frac{t_1-(u/c^2)x_1}{\sqrt{1-(u/c)^2)}}=\frac{t_2-t_1}{\sqrt{1-(u/c)^2}}$$

解得

$$\begin{aligned}u&=[1-(t_2-t_1)^2(t'_2-t'_1)^{-2}]^{½}c\\&=[1-(4\text{s})^2(5\text{s})^{-2}]^{½}\times(3\times10^8\text{m}\cdot\text{s}^{-1})\\&=1.8\times10^8\text{m}\cdot\text{s}^{-1}\end{aligned}$$

（2）因 $x_1=x_2$，按洛伦兹变换式，有

$$x'_1-x'_2=\frac{x_1-ut_1}{\sqrt{1-(u/c)^2}}-\frac{x_2-ut_2}{\sqrt{1-(u/c)^2}}=\frac{u(t_2-t_1)}{\sqrt{1-(u/c)^2}}$$

以 $u=1.8\times10^8\text{m}\cdot\text{s}^{-1}$，$t_2-t_1=4\text{s}$，代入上式，可算出

$$x'_1-x'_2=9\times10^8\text{m}$$

说明 本例指出，K 系中同一地点（$x_1=x_2$）、不同时（$t_2\neq t_1$）发生的两事件，它们在 K′系中发生于不同地点和不同时间，这就是同时的相对性.

5.3.2 长度的收缩

在图 5-3 中，设一尺杆相对于 K′系为静止，且随同 K′系相对于 K 系以速度 $\boldsymbol{u}$ 沿 Ox 轴方向运动. 在 K′系中的观察者测得尺杆两端的坐标分别为 x'_1、x'_2，由于尺杆相对于 K′系为静止，这种测量可以同时进行，也可以先后进行，不会影响所测到的长度，即 $x'_2-x'_1=L'_0$ 为尺杆相对于 K′系静止时的长度，称为**固有长度**. 在 K 系中的观察者，要获悉其长度，对尺杆

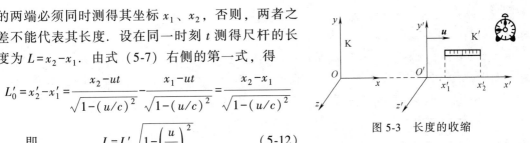

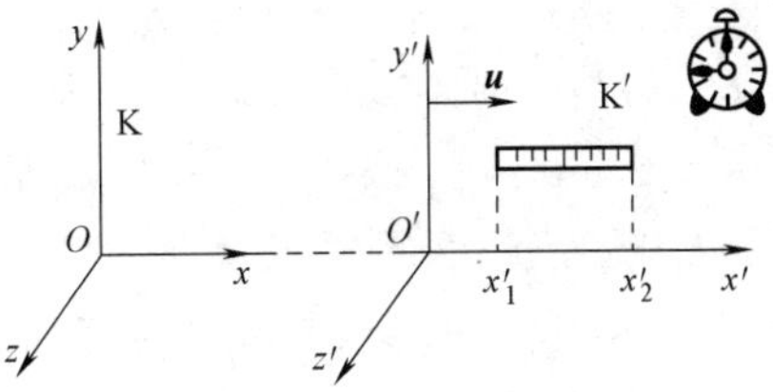

图 5-3　长度的收缩

的两端必须同时测得其坐标 x_1、x_2，否则，两者之差不能代表其长度. 设在同一时刻 t 测得尺杆的长度为 $L=x_2-x_1$. 由式（5-7）右侧的第一式，得

$$L_0'=x_2'-x_1'=\frac{x_2-ut}{\sqrt{1-(u/c)^2}}-\frac{x_1-ut}{\sqrt{1-(u/c)^2}}=\frac{x_2-x_1}{\sqrt{1-(u/c)^2}}$$

即
$$L=L_0'\sqrt{1-\left(\frac{u}{c}\right)^2} \tag{5-12}$$

即尺杆相对于观察者运动时，观察者沿运动方向测得尺杆的长度 L 要比尺杆的固有长度 L_0' 短一些.

反之，如果尺杆在 K 系中是静止的，这时尺杆的固有长度可表示为 $L_0=x_2-x_1$，而 K 系相对于 K′系以速度 $-\boldsymbol{u}$ 运动，则由式（5-7）左侧的第一式，得

$$L_0=x_2-x_1=\frac{x_2'+ut'}{\sqrt{1-(u/c)^2}}-\frac{x_1'+ut'}{\sqrt{1-(u/c)^2}}$$
$$=\frac{x_2'-x_1'}{\sqrt{1-(u/c)^2}}$$

其中 $L'=x_2'-x_1'$ 为 K′系中在同一时刻 t' 测得的杆长，即

$$L'=L_0\sqrt{1-\frac{u^2}{c^2}} \tag{5-12a}$$

即在 K′系看起来，尺杆的长度同样也要缩短.

总之，在**某一惯性系中静止的物体，在相对于该惯性系以匀速 u 运动的其他惯性系中来量度时，长度在其运动方向上有了收缩. 但在与 u 垂直的方向（y、z 方向），物体的长度没有收缩**.

问题 5-5　(1) 试述长度收缩效应（亦称“尺缩效应”）；何谓固有长度？在低速情形下，即 $u \ll c$，试由式（5-1）证明 $L=L_0'$，即与牛顿力学中空间量度的结论相一致.

(2) 宇航员坐在宇宙飞船中，拿着一个正方体木块. 设飞船以接近光速的速度从地球匀速地飞向一恒星，且木块的一棱边平行于飞船运动方向. 试分析在地球上和飞船上所观察到的木块形状.

思维拓展

5-2　在一个相对运动速度接近光速的参考系里观测另一个参考系，神话故事里的“缩地成寸”就有可能实现.

例题 5-3　如例题 5-3 图所示，设惯性系 K′相对于惯性系 K 以匀速 $u=c/2$ 沿 Ox 轴方向运动. 在 K′系的 $x'O'y'$ 平面内静置一长为 1.5m 且与 $O'x'$ 轴成 $\theta'=30°$ 角的棒. 试问：在 K 系中观察到此棒的长度和棒与 Ox 轴的夹角为多大？

解 在K′系中，棒的长度在$O'x'$、$O'y'$轴上的投影L'_{0x}、L'_{0y}分别为

$$L'_{0x}=L'_0\cos\theta',\qquad L'_{0y}=L'_0\sin\theta'$$

式中，L'_0为K′系中测得的棒长，即固有长度1.5m. 由于K和K′系仅在沿Ox轴方向有相对运动，故在K系中，棒在Ox轴方向的投影L_x有收缩，而在Oy轴方向的投影则没有改变，即

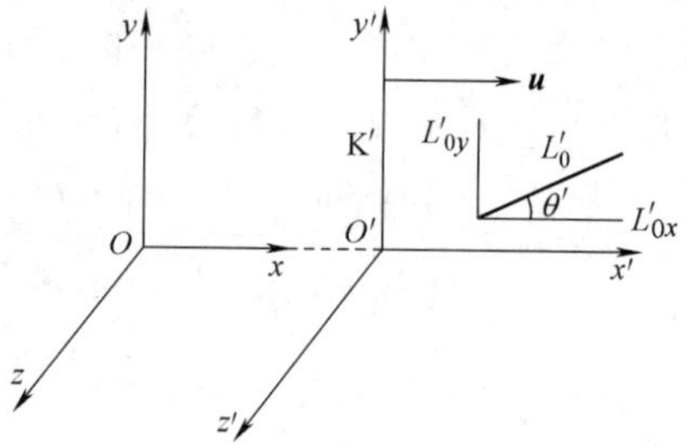

例题 5-3 图

$$L_x=L'_{0x}\sqrt{1-(u/c)^2}=L'_0\cos\theta'\sqrt{1-(u/c)^2},\qquad L_y=L'_{0y}=L'_0\sin\theta'$$

因此，在K系中，观察到棒的长度L及杆与Ox轴的夹角θ分别为

$$L=\sqrt{L_x^2+L_y^2}=L'_0\sqrt{1-(u/c)^2\cos^2\theta'}$$

$$\theta=\arctan\frac{L_y}{L_x}=\arctan\left[\frac{L'_0\sin\theta'}{L'_0\cos\theta'}\frac{1}{\sqrt{1-(u/c)^2}}\right]=\arctan\frac{\tan\theta'}{\sqrt{1-(u/c)^2}}$$

在上两式中，代入题给的数据，读者不难自行算出$L=1.35\text{m}$，$\theta=33.669°$. 可见，在K系中观察到这条高速运动的棒，不仅长度缩短，其空间方位亦有改变.

问题拓展

一列火车的静止长度为800m，通过一条长度为900m的长直隧道. 当这列火车以假想速度0.8c穿行隧道时，若在地面上测量，列车从前端进入隧道到尾端驶出隧道需要多长时间？

5.3.3 时间的延缓

首先说明什么是固有时间. 如果相对于某一惯性系静止的观察者，用一只时钟分别测定两个事件A和B在同一地点发生的时刻为t_A和t_B，则在与这两事件发生地点相对静止的该惯性系中，测得的时间间隔$\Delta t=t_B-t_A$，就称为**固有时间**.

若在K′系内装置一时钟，如图5-3所示. 设时钟随着K′系相对于K系以速度$\boldsymbol{u}$沿Ox轴方向运动，在K′系中测得两个事件发生的时间间隔为$t'_2-t'_1$[⊖]，这就是固有时间，记作$\Delta t'_0$. 由于时钟随K′系一起运动，两个事件发生在同一地点，即x'不变，则在K系中的观察者测得该两个同地事件发生的时间间隔$\Delta t=t_2-t_1$，可由式（5-7）左侧的第四式求出，即

$$t_2-t_1=\frac{t'_2+(u/c^2)x'}{\sqrt{1-(u/c)^2}}-\frac{t'_1+(u/c^2)x'}{\sqrt{1-(u/c)^2}}=\frac{t'_2-t'_1}{\sqrt{1-(u/c)^2}}$$

因$\Delta t'_0=t'_2-t'_1$，则上式成为

⊖ 例如，一人坐在飞机中看书，开始看书是一个事件，看书结束又是一个事件. 如果他从手表上发现已读书两个小时，则这两事件之间的固有时间就是两个小时.

$$\Delta t=\frac{\Delta t_0'}{\sqrt{1-(u/c)^2}} \tag{5-13}$$

可见 $\Delta t>\Delta t_0'$，即在 K 系中的观察者（相对于时钟在运动）测得的该两事件的时间间隔，比 K′系中的观察者（相对于时钟为静止）测得的固有时间要长些.

反之亦然，如果时钟设置于 K 系内，而 K 系则相对于 K′系以 $-\boldsymbol{u}$ 运动，若在 K 系中测得的固有时间为 $\Delta t_0=t_2-t_1$，则按式（5-7）右侧的第四式，在 K′系中测得两个同地事件的时间间隔 $\Delta t'=t_2'-t_1'$，比在 K 系中测得的固有时间 $\Delta t_0=t_2-t_1$ 要长，即

$$\Delta t'=\frac{\Delta t_0}{\sqrt{1-(u/c)^2}} \tag{5-13a}$$

总之，**静止在某一惯性系内的时钟所指示的时间间隔．在其他以相对速度 $\boldsymbol{u}$ 运动的惯性系内观测时，时间有了延长．**

章前问题解答

根据狭义相对论的时间延缓效应，如果我们的奔跑速度能够接近光速，那么在地面上静止的朋友看来，我们这个运动系统的时间流逝变慢了．但在我们自身来看，时间的流逝却一如往常．

最后我们指出，对于上述长度缩短和时间变慢的现象，仅当低速时才与牛顿力学时空观的结论相一致．这时，$u\ll c$，$\sqrt{1-(u/c)^2}\approx 1$，由式（5-12）、式（5-13）得到

$$L=L_0',\quad \Delta t=\Delta t_0'$$

由于人们在日常生活中接触到的现象，u 都远比 c 小，因此上述“相对论效应”几乎是观测不到的．在这些情况下，牛顿力学的时空观和伽利略变换都是适用的．应该指出，相对论的时空观直接或间接地已为实验所证实．

问题 5-6　（1）何谓固有时间？试述时间延缓效应（亦称“钟慢效应”）．

（2）两只经校准的时钟甲、乙做相对运动，从甲钟所在的惯性系中观察，哪只钟走得快？

例题 5-4　静止的 μ 子的平均寿命[㊀] $\tau_0=2\times10^{-6}$s．今在 8km 的高度，由于 τ 介子的衰变产生了一个 μ 子，它相对于地面以速度 $u=0.998c$（c 为真空中的光速）向地面飞行着．试论证这个 μ 子有无可能到达地面：①按经典理论；②考虑相对论效应．

解　① 按经典理论，以地面为参考系，μ 子飞行的距离为 $s_1=u\tau_0=0.998\,c\tau_0=0.998\times3\times10^8\mathrm{m\cdot s^{-1}}\times2\times10^{-6}\mathrm{s}=598.8\mathrm{m}$，$s_1$ 远小于 8km，故 μ 子在平均寿命期间，根本不可能到达地面．

㊀ 高能物理学指出，π 介子、μ 子等都是原子核内的不稳定粒子，它们存在一段时间后，将自动地衰变成其他粒子．在粒子自身的惯性系中，测得粒子生存的时间称为**固有寿命**，记作 $\Delta t_0'$；当被测的粒子以速度 $\boldsymbol{u}$ 相对于实验室（可作为另一惯性系）高速飞行时，在实验室参考系中测得的粒子生存时间，称为**平均寿命**，记作 Δt.

② 由于μ子的飞行速度接近于光速c，必须考虑相对论效应. 以地面为参考系，μ子的平均寿命为

$$\tau=\frac{\tau_0}{\sqrt{1-(u/c)^2}}=\frac{2\times10^{-6}\mathrm{s}}{\sqrt{1-[(0.998c)/c]^2}}=31.6\times10^{-6}\mathrm{s}$$

则μ子的平均飞行距离为

$$\begin{aligned}s_2&=u\tau=0.988c\tau\\&=(0.998\times3\times10^8\mathrm{m\cdot s^{-1}})\times(31.6\times10^{-6}\mathrm{s})=9.46\mathrm{km}\end{aligned}$$

μ子飞行距离$s_2=9.46\mathrm{km}>8\mathrm{km}$，故有可能达到地面.

5.4 狭义相对论的动力学基础

5.4.1 质量与速率的关系

我们说过，牛顿第二定律$\boldsymbol{F}=m\boldsymbol{a}$作为经典力学的基本定律，在伽利略变换下具有不变性；但是在洛伦兹变换下，它将不再具有不变性. 因而，在狭义相对论中，牛顿第二定律的数学表达形式需做合理修改.

倘若不把$\boldsymbol{F}=m\boldsymbol{a}$的表达形式加以改造，那么，质点在有限的恒力$\boldsymbol{F}$作用下，将沿此力的方向做匀加速（$a=F/m=$恒量）直线运动，从牛顿力学来看，物体质量为一恒量，与物体的速率㊀无关，则按公式$v=v_0+at$，质点的速度将随时间t可以无限地增加，于是，经过足够长时间，总可使其速度超过光速c. 这显然与相对论中运动速度不能超过光速c这一论断相抵触. 究其根源，在于把物体质量看作与速率无关. 倘若认为物体在高速运动时，其质量随速率而俱增，亦即速率越大，越难加速，则就有可能实现速率的极限不超过光速. 因此，在狭义相对论中，认为物体的质量并非恒量，而是随速率而变化的，并可根据相对性原理来探讨质量与速率的变化关系.

考虑到动量守恒定律是一条普遍规律，在相对论中也是成立的，亦即，根据相对性原理，如果在一个惯性系中，系统的动量守恒，则经过洛伦兹变换，在另一个惯性系中，动量仍是守恒的. 因而从动量守恒定律出发，可以推导（从略）出运动物体的质量m与其速率v的关系（简称"质速关系"）为

$$m=\frac{m_0}{\sqrt{1-\left(\frac{v}{c}\right)^2}} \tag{5-14}$$

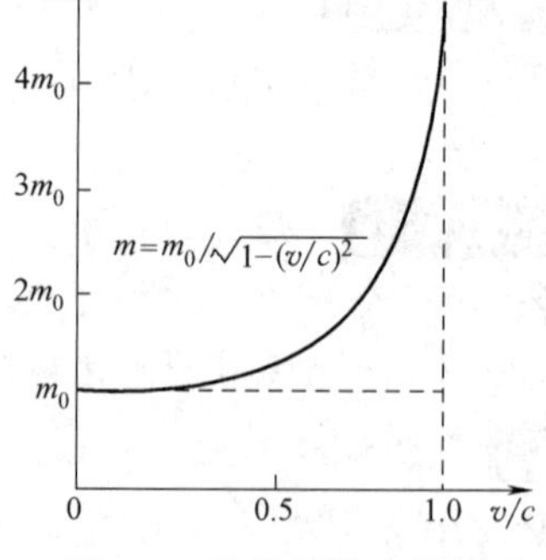

图 5-4 物体质量m随其速率v的变化关系

式中，m_0是物体在静止（即$v=0$）时的质量，称为**静止质量**. 图 5-4 绘出的曲线给出了物体的质量m随其速

㊀ 由于物体的质量不具有方向性，在考虑质量与速度$\boldsymbol{v}$的关系时，不涉及$\boldsymbol{v}$的方向问题，只需考虑速度的大小，即速率.

率 v 的变化关系. 从图中看出，仅当物体速率 v 与光速 c 可比较时，其质量 m 与**静止质量** m_0 才存在显著差别；当速率接近于 c 时，其质量将迅剧增大到无限大，即愈难加速. 这就是物体的速率 v 以光速 c 为极限的动力学根源.

低速物体的质量变化很难观测. 例如，地球公转的速率虽高达 $v=30\mathrm{km\cdot s^{-1}}=30\times10^3\mathrm{m\cdot s^{-1}}$，但与光速 $c=3\times10^8\mathrm{m\cdot s^{-1}}$ 相比仍然甚小，这时质量的变化极其微小. 即

$$m=\frac{m_0}{\sqrt{1-\frac{v^2}{c^2}}}=\frac{m_0}{\sqrt{1-\left(\frac{30\times10^3\mathrm{m\cdot s^{-1}}}{3\times10^8\mathrm{m\cdot s^{-1}}}\right)^2}}=\frac{m_0}{\sqrt{1-\frac{1}{10^8}}}$$
$$=1.000000005m_0$$

但是对电子等微观粒子，我们则可以比较容易地使它加速到接近于光速的情形，其质量的变化就非常显著. 不难证明，速度 $v=2.7\times10^8\mathrm{m\cdot s^{-1}}$ 的快速电子，其质量竟变到 $m=2.3m_0$.

某些基本粒子（如光子等）的速率等于光速 c，按质量与速率的关系式（5-14），粒子的静止质量 m_0 必须等于零. 否则，粒子的质量将变成无限大，没有实际意义.

现在我们利用式（5-14）修正牛顿第二定律. 应该指出，牛顿最初所提出的运动方程，原是用动量 $\boldsymbol{p}=m\boldsymbol{v}$ 来描述的，即

$$\boldsymbol{F}=\frac{\mathrm{d}(m\boldsymbol{v})}{\mathrm{d}t}=\frac{\mathrm{d}\boldsymbol{p}}{\mathrm{d}t} \tag{5-15}$$

但由于牛顿力学认为物体的质量 m 与速率无关，是一个恒量，故式（5-15）才可写成经典力学中熟知的形式，即

$$\boldsymbol{F}=\frac{\mathrm{d}(m\boldsymbol{v})}{\mathrm{d}t}=m\frac{\mathrm{d}\boldsymbol{v}}{\mathrm{d}t}=m\boldsymbol{a}$$

而在相对论力学中，质量随速度而变，不是恒量，将运动方程表述成式（5-15），就具有更普遍的意义了.

相对论中的动量应该写作

$$\boldsymbol{p}=m\boldsymbol{v}=\left(\frac{m_0}{\sqrt{1-\left(\frac{v}{c}\right)^2}}\right)\boldsymbol{v} \tag{5-16}$$

在相对论中，力学的运动方程就必须改造成如下形式

$$\boldsymbol{F}=\frac{\mathrm{d}}{\mathrm{d}t}\left(\frac{m_0}{\sqrt{1-\left(\frac{v}{c}\right)^2}}\boldsymbol{v}\right) \tag{5-17}$$

上式是相对论力学的运动方程. 它的数学表达形式在洛伦兹变换下具有不变性. 显然，当 $v\ll c$ 时，质量才可认为不变，即 $m=m_0$. 于是，上述方程就退化到牛顿力学的运动方程形式 $\boldsymbol{F}=m_0\boldsymbol{a}$，所以它是狭义相对论的一个特例.

问题 5-7 （1）试述狭义相对论中物体的质量与速率的关系.
（2）写出狭义相对论中的动量表示式和牛顿运动方程.

5.4.2 质量与能量的关系

根据相对论力学的运动方程式（5-17），可以推导出相对论中的动能表达式；由此可得

到相对论中质量与能量之间的一个重要关系式.

在牛顿力学中，动能定理表述为：物体动能的增量（微分）$\mathrm{d}E_{\mathrm{k}}$ 等于合外力对它所做的元功 $\mathrm{d}A$. 这一关系也适用于相对论. 为简单起见，我们研究物体沿 Ox 轴方向的运动. 设物体在 $x=x_1$ 处自静止开始，在 Ox 轴方向的合外力 $\boldsymbol{F}$ 作用下运动到 $x=x_2$ 处，其速度为$\boldsymbol{v}$，相应的始、末动能分别为 0 和 E_{k}，则按功的定义，有

$$\mathrm{d}E_{\mathrm{k}}=\mathrm{d}A=\boldsymbol{F}\cdot\mathrm{d}\boldsymbol{r}=F\mathrm{d}x\cos0°=F\mathrm{d}x$$

将 $F=\mathrm{d}(mv)/\mathrm{d}t$ 和 $\mathrm{d}x=v\mathrm{d}t$ 代入上式，得

$$\mathrm{d}E_{\mathrm{k}}=F\mathrm{d}x=\frac{\mathrm{d}(mv)}{\mathrm{d}t}v\mathrm{d}t=v\mathrm{d}(mv)$$

再将式（5-14）代入，并积分，得

$$\int_0^{E_{\mathrm{k}}}\mathrm{d}E_{\mathrm{k}}=\int_0^v v\mathrm{d}\left(\frac{m_0v}{\sqrt{1-(v/c)^2}}\right)$$

式中，m_0 为物体的静止质量. 对上式积分，其右端利用分部积分法，就可得到相对论动能的表达式为

$$\begin{aligned}E_{\mathrm{k}}&=\left.\frac{m_0v^2}{\sqrt{1-(v/c)^2}}\right|_0^v-\int_0^v\frac{m_0v\mathrm{d}v}{\sqrt{1-(v/c)^2}}\\&=\frac{m_0v^2}{\sqrt{1-(v/c)^2}}+m_0c^2\sqrt{1-(v/c)^2}\,\Bigg|_0^v\\&=mc^2-m_0c^2\end{aligned}\tag{5-18}$$

其中，$m=m_0/\sqrt{1-(v/c)^2}$是物体以速率 v 运动时的质量. 由式（5-18）可知，当物体以低速（$v\ll c$）运动时，将式（5-18）的第一项利用二项式定理展开后，成为

$$\begin{aligned}E_{\mathrm{k}}&=\frac{m_0c^2}{\sqrt{1-(v/c)^2}}-m_0c^2=m_0c^2\left\{\left[1+\frac{1}{2}\left(\frac{v}{c}\right)^2+\frac{3}{8}\left(\frac{v}{c}\right)^4+\cdots\right]-1\right\}\\&=m_0c^2\left[\frac{1}{2}\left(\frac{v}{c}\right)^2+\frac{3}{8}\left(\frac{v}{c}\right)^4+\cdots\right]\end{aligned}$$

忽略高次项，近似可得

$$E_{\mathrm{k}}=\frac{1}{2}m_0v^2$$

这就是牛顿力学的动能表达式. 所以从能量角度来看，牛顿力学也是相对论力学的近似.

按式（5-18），由于物体的动能 E_{k} 等于 mc^2 与 m_0c^2 之差，故 mc^2 和 m_0c^2 也是能量. 如果把 mc^2 看成是物体的总能量 E. 即 $E=mc^2$，则当物体静止时，即使动能 $E_{\mathrm{k}}=0$，但仍有能量 m_0c^2. 因而将 m_0c^2 叫作静止质量为 m_0 的物体所具有的**静能**，以 E_0 表示. 式（5-18）可写作

$$E=E_k+E_0=mc^2 \tag{5-19}$$

即物体的总能量等于其动能与静能之和.

在式（5-19）中，c 为真空中的光速，乃是一常量. 所以，狭义相对论指出，物体的质量和能量是相互联系的，即

$$E=mc^2 \tag{5-20}$$

这就是狭义相对论的**质量与能量的关系**（简称“质能关系”）. 它反映了任何物质客体都具有质量和相对应的能量，从而揭示了能量和质量的不可分割性. 式（5-20）只表述了质量与能量的联系，但并不是说，质量和能量可以相互转化. 对此，读者切莫误解.

我们知道，质量和能量都是物质的重要属性. 质量可以通过物体的惯性和万有引力现象显示出来，能量则通过物质系统状态变化时对外做功、传递热量等形式显示出来. 能量与质量虽然在表现方式上有所不同，但两者是不可分割的，任何质量的改变，都伴有相应的能量改变. 事实上，如果一物体的速率由 v 增大到 $v+\Delta v$，相应地它的质量就由 m 增加到 $m+\Delta m$，它的总能量由 E 增加到 $E+\Delta E$，由式（5-20），有

$$E+\Delta E=(m+\Delta m)c^2$$

与式（5-19）相减，得

$$\Delta E=c^2\Delta m \tag{5-21}$$

反之，任何能量的改变，也伴有质量的改变. 这可由下式表述：

$$\Delta m=\frac{\Delta E}{c^2} \tag{5-22}$$

由此可知，对一个系统来说，如果它的能量守恒（即 $\Delta E=0$），则它的质量也必定守恒（即 $\Delta m=0$）. 因此，在相对论中，能量守恒意味着质量守恒.

应用拓展

由式（5-21）可以看出，微小的质量改变能够带来巨大的能量改变. 利用这种性质，人们进行核反应来获取大量的能量. 例如铀核裂变以后产生碎片，所有这些碎片的质量加起来少于裂变以前的铀核质量，即铀核质量在裂变前后发生了变化，相应能量的改变可由公式 $\Delta E=c^2\Delta m$ 来表示，称之为原子能，即：能量等于光速的平方乘以质量. 由于光速是个很大的数字（$c=3\times10^8\,\mathrm{m/s}$），所以这种能量的改变是一个非常巨大的数量. 质能关系奠定了原子能理论的基础.

值得指出，在历史上，能量守恒和质量守恒是分别发现的两条相互独立的自然规律；而今，则在相对论中被统一起来了. 至于历史上发现的质量守恒和式（5-22）给出的结果是有区别的. 它只涉及粒子的静止质量，它是相对论质量守恒在质点能量变化很小时的近似. 正如爱因斯坦所说：“就一个粒子来说，如果由于自身内部的过程使它的能量减小了，它的质量也将相应地减小”；并指出“用那些所含能量是高度可变的物体（例如用镭盐）来验证这个理论，不是不可能成功的”. 事实上，正如他所预料的那样，在放射性蜕变、原子核反应和高能粒子实验中，都证明了式（5-20）所表达的质能关系的正确性，显示出它们之间深刻的内在联系，从而催动着原子能时代的到来.

问题 5-8 （1）试导出相对论中物体动能的表达式.

(2) 何谓物体的总能量？何谓物体的静能？试求 1g 质量的任何物质所含的静能. (**答**: 9×10^{13}J)

(3) 试阐述相对论中的质量与能量的关系.

5.4.3 能量与动量的关系

设粒子的静止质量为 m_0、速度为$\boldsymbol{v}$，则其动量和能量分别为

$$p=mv=\frac{m_0 v}{\sqrt{1-(v/c)^2}} \quad ⓐ$$

$$E=mc^2=\frac{m_0 c^2}{\sqrt{1-(v/c)^2}} \quad ⓑ$$

将上两式平方相除，有

$$v^2=p^2c^4/E^2 \quad ⓒ$$

再将式ⓒ代入式ⓑ中，便得相对论中的**能量与动量的关系式**，即

$$E^2=m_0^2c^4+p^2c^2$$

或

$$E^2=E_0^2+(pc)^2 \tag{5-23}$$

在高能物理中，当粒子的总能量已知时，利用式（5-23）可求其动量；反之亦然. 借图 5-5 中的直角三角形，有助于记忆狭义相对论中的总能量、动量和静能三者之间的关系.

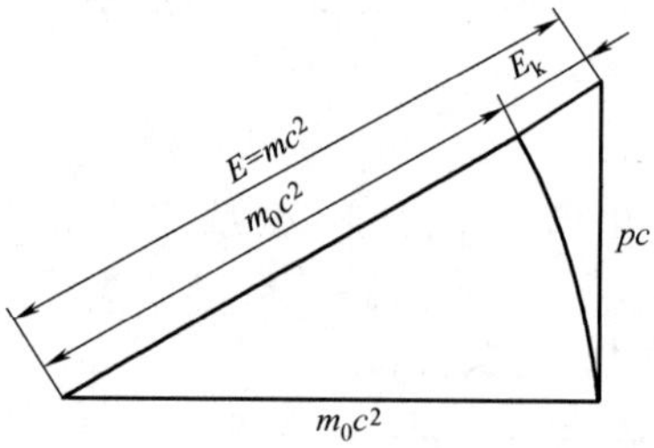

图 5-5 狭义相对论中总能量、动量和静能三者之间的关系

顺便指出，光子是以光速 c 运动的粒子，即 $v=c$，由关系式 $v^2=p^2c^4/E^2$，便可得**光子的能量与动量的关系式**，即

$$E=pc \tag{5-24}$$

由于光子的运动速率为 c，根据式（5-14），光子的静止质量必须等于零，即$m_0=0$，这又说明一切静止质量 $m_0\neq0$ 的物体，不可能以光速运动，光速是所有静止质量不为零的物体运动速度的极限.

问题 5-9 试导出相对论的能量与质量的关系.

本章小结

本章重点研究了物体在高速情况下，运动的相对性问题. 给出了惯性系之间的时间和空间的更具有普遍性的相对运动规律；给出了物体的质量与速度和能量的关系，揭示了原子能的来源，奠定了原子能理论的基础.

狭义相对论把时间、空间以及物体的运动联系起来. 它告诉我们，时间和空间是紧密联系的. 这是人类对自然界认识过程中的一次飞跃.

本章主要内容框图：

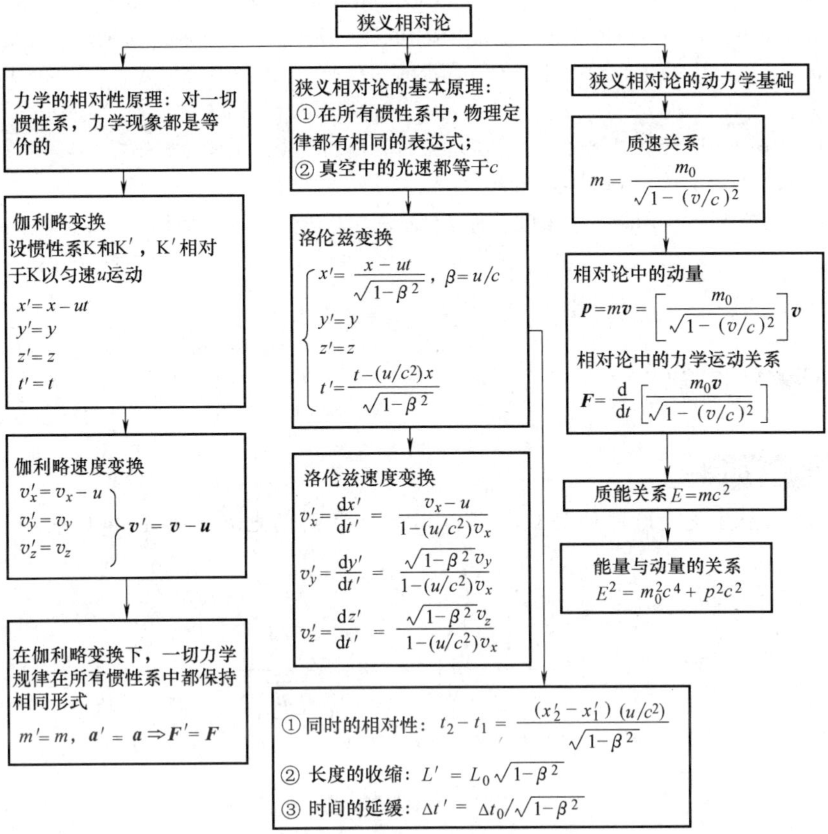

习　题　5

5-1　甲、乙两人所乘的飞船沿 Ox 轴飞行，甲测得两个事件的时空坐标为 $x_1=6.0\times10^4\text{m}$，$y_1=z_1=0$，$t_1=2.0\times10^{-4}\text{s}$；$x_2=12.0\times10^4\text{m}$，$y_2=z_2=0$，$t_2=1.0\times10^{-4}\text{s}$. 而乙测得这两个事件发生于同时. 求乙相对于甲的运动速度和乙测得两个事件的空间间隔.
（**答**：$u=-c/2$，　$x_2'-x_1'=5.2\times10^4\text{m}$）

5-2　一汽车以 $108\text{km}\cdot\text{h}^{-1}$ 的速度沿一长直的高速公路行驶，试求站在路旁的人观察到该汽车长度缩短了多少？已知此汽车停在路旁时，测得其长度为 3m.（**答**：$1.5\times10^{-14}\text{m}$，这个缩短量实际上察觉不到.）

5-3　假设一宇宙飞船以速度 $0.8c$ 匀速地飞向一恒星. 在地球上测得地球与该恒星相距 $5.1\times10^{16}\text{m}$，求飞船中旅客觉察到旅程缩短为多少？（**答**：$3.06\times10^{16}\text{m}$，尺缩效应显著！即对高速运动而言，必须用相对论理论来处理.）

5-4　一飞船在静止时的长度为 100m. 问：假设飞船以（1）$u=30\text{m}\cdot\text{s}^{-1}$，（2）$u=2.7\times10^8\text{m}\cdot\text{s}^{-1}$ 的速度做匀速直线运动时，对地面的观察者来说，它的长度各是多少？[**答**：（1）100m；（2）43.6m，长度收缩极为显著！]

5-5　设想一宇航员到距地球 5 光年[㊀]的星球去旅行，若他所乘的飞船以匀速飞行. 如果宇航员希望他把这路程缩短为 3 光年，则他所乘的飞船相对于地球的速度 v 应为多大？（**答**：$2.4\times10^8\text{m}\cdot\text{s}^{-1}$）

㊀ "光年"是长度的单位，即光在 1 年内所传播的距离.

5-6 在1966—1972年期间，欧洲原子核研究中心（CERN）对储存环中沿圆周运动的μ粒子的平均寿命进行多次实测，μ粒子固有寿命的实验值为2.197×10^{-6}s，当μ粒子的速度为$0.9965c$时，测得其平均寿命为26.17×10^{-6}s. 试比较相对论预期的结果与实验值的符合程度.（答：$\Delta t'_0=2.188\times10^{-6}$s；相对偏差≈0.4%）

5-7 求1kg的纯水从0℃加热到100℃时所增加的能量和质量.（水的比热容为$4.186\times10^{3}\mathrm{J\cdot kg^{-1}\cdot K^{-1}}$）（答：$\Delta E=4.186\times10^{5}$J，$\Delta m=4.65\times10^{-12}$kg）

5-8 一电子的动能为3.0MeV，求该电子的静止能量、总能量和动量的大小，以及电子的速率. 已知电子的静止质量为9.11×10^{-31}kg.（答：$E_0=0.51$MeV，$E=3.51$MeV，$p=1.85\times10^{-21}\mathrm{kg\cdot m\cdot s^{-1}}$，$v=2.965\times10^{8}\mathrm{m\cdot s^{-1}}$）

本章"问题"选解

问题 5-4（2）

答 按洛伦兹关于时间的逆变换式，车上观察到闪电在前端P和后端Q发生的时刻分别为

$$t'_P=\frac{t_P-\left(\dfrac{u}{c^2}\right)x_P}{\sqrt{1-\left(\dfrac{u}{c}\right)^2}},\quad t'_Q=\frac{t_Q-\left(\dfrac{u}{c^2}\right)x_Q}{\sqrt{1-\left(\dfrac{u}{c}\right)^2}}$$

则

$$t'_P-t'_Q=\frac{(t_P-t_Q)-\dfrac{u}{c^2}(x_P-x_Q)}{\sqrt{1-\left(\dfrac{u}{c}\right)^2}}$$

由题设，$t_P=t_Q$，$x_P-x_Q=600$m，$u=70\mathrm{km\cdot h^{-1}}=19.4\mathrm{m\cdot s^{-1}}$，$u/c=19.4\mathrm{m\cdot s^{-1}}/(3\times10^{8}\mathrm{m\cdot s^{-1}})\approx0$，则可算出$t'_P-t'_Q=-0.13\times10^{-12}$s. 计算表明，火车后端$Q$比前端$P$迟发生闪电.

问题 5-8（2）

答 由$E_k=mc^2-m_0c^2$，把mc^2看作物体的总能量E，则当物体静止时，尽管动能$E_k=0$，但仍有能量m_0c^2. 因而，就将m_0c^2叫作静止质量为m_0的物体所具有的静能，记作E_0，则有

$$E=E_k+E_0=mc^2$$

当$E_k=0$时，按题设，静能为

$$E_0=m_0c^2=1\times10^{-3}\times(3\times10^{8})^2\mathrm{J}=9\times10^{13}\mathrm{J}$$

"问题拓展"参考答案

解 由题意，列车的固有长度为$l_0=800$m，按长度收缩公式，列车相对于地面以速度$v=0.8c$运动时，其长度为

$$l_T=\sqrt{1-(u/c)^2}\,l_0=\sqrt{1-(0.8c/c)^2}\times800\mathrm{m}=480\mathrm{m}$$

已知隧道固有长度 $l_c=900\text{m}$，则在地面上测得列车前端进入隧道到其尾端驶出隧道所需时间为

$$t=\frac{l_T+l_c}{0.8c}=\frac{480+900}{0.8\times3\times10^8}\text{s}=0.575\times10^{-5}\text{s}$$

专题选讲Ⅱ　全球卫星导航系统

1. 概述

全球导航卫星系统（Global Navigation Satellite System，GNSS），也称为全球卫星导航系统，是能在地球表面或近地空间的任何地点为用户提供全天候、高精度、实时性和连续性的三维坐标和速度，以及时间信息的空基无线电导航定位系统．目前广泛应用于汽车、船舶、移动设备等领域，并在国家安全、经济及社会发展中发挥着愈加显著的作用，世界各主要大国竞相发展独立自主的卫星导航系统．

目前全世界主要有四大卫星定位系统：中国的北斗卫星导航系统（Bei Dou Satellite Navigation System，BDS）、美国的全球定位系统（Global Positioning System，GPS）、欧洲的伽利略卫星导航系统（GALILEO）、俄罗斯的格洛纳斯卫星导航系统（GLONASS）．

美国的全球定位系统（GPS）是由美国陆、海、空三军联合研制的，主要目的是为陆、海、空三大领域提供实时性、全球性、全天候的导航服务，并用于情报收集、核爆检测和应急通信等军事目的，是美国独霸全球战略的重要组成部分．到目前为止GPS已广泛应用于军事和日常生活的方方面面．成为当今世界上最实用，也是应用最广泛的全球精密导航、指挥和调度系统．其定位精度可以达到10m左右．

俄罗斯的格洛纳斯卫星导航系统（GLONASS）开发于苏联时期，是苏联国防部独立研制和控制的第二代军用卫星导航系统，后由俄罗斯继续该计划的研发．该系统是继GPS后的第二个全球卫星导航系统．GLONASS系统由卫星、地面测控站和用户设备三部分组成，系统由21颗工作星和3颗备份星组成．GLONASS系统起步虽早，但受政治格局的影响在20世纪发展相当缓慢，与同期的GPS有较大差距．但基于俄罗斯逐渐好转的经济情况，于21世纪初重新开启了GLONASS系统，计划在2020年完成全面部署，届时可满足特殊和民用用户以及国际上对俄罗斯卫星导航技术的需求．从目前看，GLONASS和GPS的导航性能旗鼓相当，但GLONASS的应用普及度远不及GPS．这主要是由于俄罗斯长期以来不够重视开发民用市场．不过，这种状况正在有所改善，中兴、华为、小米等部分（手机）机型已经支持GLONASS和GPS双系统定位，相信在不远的将来，GLONASS也将和GPS一样得到广泛应用．

欧洲的伽利略卫星导航系统（GALILEO）是由欧盟研制和建立的全球卫星导航定位系统，该系统由30颗卫星组成，其中27颗卫星为工作星，3颗为后备卫星．目前该系统在欧盟内部使用，可以初步实现地面精确定位的功能．GALILEO系统是世界上第一个基于民用的全球导航卫星定位系统，投入运行后，全球的用户将使用多制式的接收机，获得更多的导航定位卫星的信号，这将在无形中极大地提高导航定位的精度．“伽利略”计划的推出，刺激了美国和俄罗斯加快技术方面的更新．美国正在积极建设第三代GPS，计划于2030年投入使用．与现有GPS相比，第三代GPS的信号发射功率可提高100倍，定位精度提高到

0.2~0.5m. 俄罗斯新一代“格洛纳斯-K”也逐渐投入使用，在定位精度等技术指标方面也均反超“伽利略”. 世界各国卫星导航系统呈现出你追我赶的激烈竞争局面.

中国的北斗卫星导航系统（BDS，以下简称北斗） 是我国自主研发、独立运行，并与世界其他卫星导航系统兼容共用的全球卫星导航系统，是继美国的 GPS 和俄罗斯的 GLONASS 之后第三个成熟的卫星导航系统. 北斗卫星导航系统计划在 2020 年完成设计的 35 颗卫星的发射和使用，包括 5 颗静止轨道卫星、27 颗地球轨道卫星、3 颗倾斜同步卫星. 北斗卫星导航系统可在全球范围内全天候、全天时为各类用户提供高精度、高可靠的定位、导航、授时服务. 北斗与 GPS、GALILEO 和 GLONASS 相比，优势在于短信服务和导航结合，增加了通信功能，指挥机可与用户机之间进行点名通信或信息群发，集团内用户也可以实时点对点通信而不受距离限制. 北斗能够实现全天候快速定位，组网完成以后，通信盲区极少，精度与 GPS 相当.

卫星导航系统是覆盖全球的自主地理空间定位的卫星系统，允许小巧的电子接收器确定它所在的位置（经度、维度和高度），并且经由卫星广播沿着视线方向传送的时间信号精确到 10m 的范围内. 卫星导航系统是重要的空间基础设施，为人类带来了巨大的社会和经济效益，对民生和国防产生深远的影响.

虽然目前全球的这 4 套卫星导航系统各有其特点和侧重点，但这些系统的组成元素都类似，主要由三部分构成，一是地面控制部分，由主控站、地面天线、监控站及通信辅助系统组成. 二是空间部分，由多颗卫星组成，分布在不同的轨道平面. 三是用户装置部分，由接收机和卫星天线组成，如图Ⅱ-1 所示.

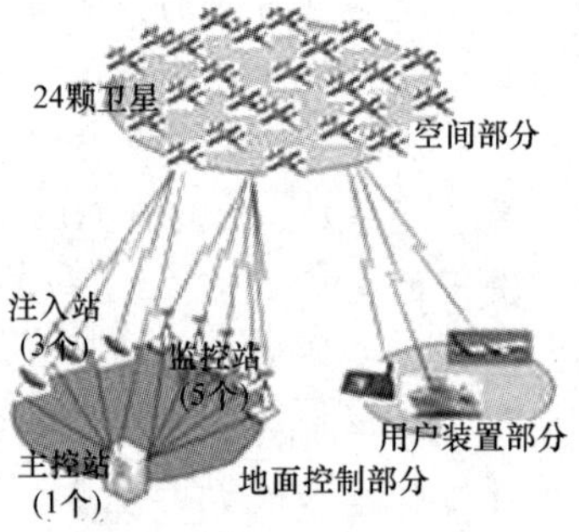

图Ⅱ-1 导航系统的组成

下面以 GPS 为例介绍 GNSS 的工作原理.

2. 原理

全球卫星导航系统的基本原理是测量出已知位置的卫星到用户接收机之间的距离，然后综合多颗卫星的数据就可以知道接收机的具体位置. 要达到这一目的，卫星的位置可以根据星载时钟（原子钟）所记录的时间在卫星星历㊀中查出. 而用户到卫星的距离则可以通过记录卫星信号传播到用户所经历的时间，再将其乘以光速得到. 由于大气层中电离层的干扰，这一距离并不是用户与卫星之间的真实距离，而是伪距. 为了计算用户的三维位置和接收机时钟偏差，伪距测量要求至少接收来自 4 颗卫星的信号，如图Ⅱ-2 所示. 其他全球卫星导航系统的定位原理大体一致.

GPS 的定位卫星分布形式使得在地球上的每个位置都可以同时观测到 4 颗及以上的卫星，假设地面接收机的位置为 P，到某一卫星的距离为 D_0，某卫星的三维坐标为（X_0，Y_0，Z_0）. 不考虑测量距离的误差，可由下式求解地面坐标：

$$D_0=\sqrt{(X_0-x)^2+(Y_0-y)^2+(Z_0-z)^2}$$

㊀ 星历是指在 GPS 测量中，天体运行随时间而变的精确位置或轨迹表，它是时间的函数. 将星历注入到接收机，接收机就可以通过星历来确定卫星的准确位置.

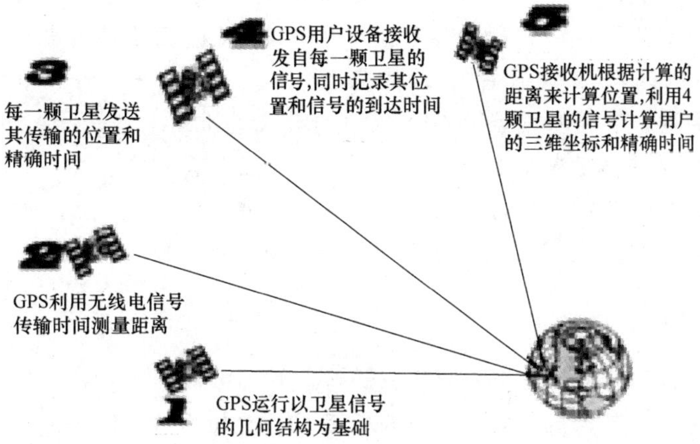

图Ⅱ-2 GPS的定位原理

GPS的卫星部分的作用就是不断地发射导航电文．然而，由于用户接收机使用的时钟与卫星星载时钟不可能总是同步，所以除了用户的三维坐标 x、y、z 外，还要引进一个 Δt（即卫星与接收机之间的时间差）作为未知数，然后用4个方程将这4个未知数解出来，就得到接收机的位置．

GPS分为单点定位和相对定位（差分定位）．单点定位就是根据一台接收机的观测数据来确定接收机位置的方式，它只能采用伪距观测量，可用于车船等的概略导航定位．相对定位（差分定位）是根据两台以上接收机的观测数据来确定观测点之间的相对位置的方法，它既可采用伪距观测量也可采用相位观测量，大地测量或工程测量均应采用相位观测值进行相对定位．

对于导航定位来说，GPS卫星是一动态已知点．星的位置是依据卫星发射的星历所描述的卫星运动及其轨道参数算得的．每颗GPS卫星所播发的星历，是由地面监控系统提供的．卫星上的各种设备是否正常工作，以及卫星是否一直沿着预定轨道运行，都要由地面设备进行监测和控制．地面监控系统的另一个重要作用是保持各颗卫星处于同一时间标准（GPS时间系统）．这就需要地面站监测各颗卫星的时间，求出钟差．然后由地面站发给卫星，再由卫星将导航电文发给用户设备．GPS工作卫星的地面监控系统包括1个主控站、3个注入站和5个监控站．

GPS接收机对收到的卫星信号进行变换、放大和处理，以便测量出信号从卫星到接收机天线的传播时间，利用GPS卫星在轨的已知位置，解算出接收机天线所在位置的三维坐标．这是对所接收到的GPS信号进行静态定位．而动态定位则是用GPS接收机测定一个运动物体的运行轨迹．GPS信号接收机所在的运动物体叫作载体（如航行中的船舰、空中的飞机、行走的车辆等）．载体上的GPS接收机天线在跟踪GPS卫星的过程中相对地球而运动，接收机用GPS信号实时地测得运动载体的状态参数（瞬间三维位置和三维速度）．

GPS卫星的定时信号能够提供纬度、经度和高度的信息，精确的距离测量需要精确的时钟．因此精确的GPS接收机就要用到相对论效应．如果不考虑相对论效应，卫星上的时钟就和地球的时钟不同步．狭义相对论认为快速移动物体随时间的流逝比静止的要慢．每个GPS卫星每小时跨过大约14000km的路程，这意味着它的星载原子钟每天要比地球上的钟慢 7μs. 而广义相对论认为，引力强的地方时间的流逝要比引力弱的地方的慢. 大约 20000km 的高空，GPS 卫星经受到的引力拉力大约相当于地面上的四分之一，星载时钟每天快 45μs，两者综合，GPS 要计入共 38μs 的偏差.

为提高定位精度，普遍采用差分 GPS 技术，建立基准站（差分台）进行 GPS 观测，利用已知的基准站精确坐标与观测值进行比较，从而得出一修正数，并对外发布. 接收机收到该修正数后，与自身的观测值进行比较，消去大部分误差，从而得到一个比较准确的位置. 实验表明，利用差分 GPS 定位可将精度提高到 5m.

3. 应用

全球卫星导航系统的应用主要有以下三个方面：

(1) 陆地应用　主要包括车辆导航、应急反应、大气物理观测、地球物理资源勘探、工程测量、变形监测、地壳运动监测、市政规划控制等.

如在工程测量方面，应用全球卫星导航系统的静态相对定位技术，布设精密工程控制网，用于城市和矿区油田地面沉降监测、大坝变形监测、高层建筑变形监测、隧道贯通测量等精密工程. 再如，在地球物理资源勘探方面，全球卫星导航系统用于全球板块运动监测和区域板块运动监测. 我国已开始用全球卫星导航系统监测南极洲板块运动、青藏高原地壳运动、四川鲜水河地壳断裂运动，建立了中国地壳形变观测网、三峡库区形变观测网、首都圈 GNSS 形变监测网等.

(2) 海洋应用　包括远洋船最佳航程航线测定、船只实时调度与导航、海洋救援、海洋探宝、水文地质测量，以及海洋平台定位、海平面升降监测等.

(3) 航空航天应用　包括飞机导航、航空遥感姿态控制、低轨卫星定轨、导弹制导、航空救援和载人航天器防护探测等. 在航空摄影测量方面，我国测绘工作者也应用全球卫星导航系统进行航测外业控制测量、航摄飞行导航、机载 GPS 航测等.

4. 发展

目前，全球主要四大卫星定位系统，已经建成并投入全球完全服务的有美国的 GPS 和俄罗斯的 GLONASS，正在建设并且计划在 2020 年投入全球完全服务的我国的北斗和欧洲的 GALILEO.

全球卫星导航的国际竞争已从系统研发转变为市场开拓，导航系统的众多应用已深入到国计民生的各个角落，实现无所不在的服务，在航天技术中是绝无仅有的. 预计至 2020 年，全世界导航卫星应用终端的社会持有率有望超过 80 亿台.

近年来，各大国也非常注重星际导航的合作与兼容. 2017 年 11 月 29 日，中国与美国签署了《北斗与 GPS 信号兼容与互操作联合声明》，标志着北斗与 GPS 在信号领域实现射频兼容. 届时，用户可以根据不同需要切换到不同卫星导航系统，充分体现不同卫星导航系统的互补性，也能为系统的精度和可用性带来更好的改善. 下一步，北斗与 GLONASS 的合作与兼容也已列入议程. 可以预见，全球三大卫星定位导航系统的融合，全球超过 100 颗通信卫星组成的庞大定位网络，将给终端用户提供更为可靠的定位服务.

展望未来，世界各地的星际导航服务将呈现出全时空、全区域、无盲区、高精度的特点，应用也将无所不在，满足各种类型的导航和定位需求.

电磁学篇

电磁学是研究电磁运动及其规律的一门学科．电磁运动是物质运动的一种基本形式，电磁相互作用是自然界已知的四种基本相互作用之一．电磁学是人类深入认识世界必不可少的基础理论．科学家对电磁运动的规律和物质的带电结构做了大量的理论研究和实验，由此所总结出的经典电磁学理论，在工程技术和自然科学领域具有十分广泛的应用．

电磁学包括静电学、恒定电流的稳恒磁场、电磁相互作用三部分内容．

第6章 静电学

章前问题？

问题1：在凉爽干燥的秋天，我们用梳子梳头，当梳子和头发远离的时候，能够感受到头发被梳子吸引而飘了起来，如左图所示．我们知道这是由于静电作用的缘故．那么这些静电是我们创造出来的吗？为什么相距一段距离的电荷之间会有相互作用呢？电荷间相互作用力的大小又和哪些因素有关？

问题2：我们脱下毛衣时的静电有时候就会让我们感觉到疼痛．但法拉第曾经将自己关在一个金属笼中，然后在笼外进行强大的静电放电，如右图所示，而笼子里面的法拉第却毫发无伤，这又是为什么呢？

要弄清上述问题，必须先了解电荷之间相互作用所服从的规律，如电场力、电场力做功，以及导体和电介质在电场中所满足的规律等．

本章将从静止电荷之间存在着作用力这一事实出发，引述静电场的两个基本概念（即电场强度和电势）以及两者之间的关联，并由此总结出静电场的基本规律，为学习以后几章打好基础．

6.1 电荷 库仑定律

6.1.1 电荷 电荷守恒定律

实验表明，两个不同材质的物体（例如丝绸和玻璃棒）相互摩擦后，都能吸引羽毛或纸屑等轻小物体．这时，显示出这两种物体都拥有**电**或**电荷**，即它们都处于**带电状态**，我们就把这两种物体都称为**带电体**．今后，我们也往往把**带电体本身简称为电荷**（如运动电荷、自由电荷等）．

其实，自然界并不存在脱离物质而单独存在的电或电荷．**电或电荷乃是物质的一种固有属性**．并且，实验证明，**自然界只存在两种不同性质的电荷；正（+）电荷和负（-）电荷．同种电荷互相排斥，异种电荷互相吸引**．这种相互作用的斥力或吸力便是**电性力**．

通常可用验电器来检验物体是否带电．检验结果表明，当一个带电体增加同种电荷时，这个带电体的电荷为二者之和；当一个带电体增加异种电荷时，则一种电荷消失，另一种电荷也减小，甚至两种电荷都消失．因此，我们可以用代数中的正和负来区别这两种电荷，至于何者为正，何者为负，我们一直沿袭历史上美国物理学富兰克林（B. Franklin，1709—1799）的规定，即在室温下，凡与被丝绸摩擦过的玻璃棒上所带电荷同种的电荷，称为**正电荷**；凡与被毛皮摩擦过的硬橡胶棒所带电荷同种的电荷，称为**负电荷**．

通常用**电荷量**（简称电荷）表示物体所带电荷的多少．在国际单位制（SI）中，电荷量的单位是C（库仑，简称库）．不过，我们在叙述时，往往对电荷和电荷量不加区分，且皆用q或Q表示．对正、负电荷而言，可分别表示为$q>0$和$q<0$．这样，如果将存在等量异种电荷的物体相互接触，它们所带的正、负电荷之代数和为零，表现为对外的电效应互相抵消，在宏观上宛如不带电一样，它们呈现**电中性**．这种现象叫作**放电**或**电中和**．并且，在放电时还可发现闪光的火花．

我们知道，宏观物体（固体、液体、气体等）都是由分子、原子组成的．任何化学元素的原子，都含有一个带正电的原子核和若干个在原子核周围运动的带负电的电子．原子核中含有带正电荷的质子和不带电的中子，原子核所带的正电就是核内全部质子所带正电之总和．一个质子所带的电荷量和一个电子所带的电荷量的大小相等，都用e表示．据测定，$e \approx 1.60 \times 10^{-19}$C.

由此可见，任何物体都是一个拥有大量正、负电荷的集合体．在正常状态下，原子核外电子的数目等于原子核内质子的数目，亦即每个原子里电子所带的负电荷和原子核所带的正电荷都相等，原子内的**净电荷**为零（即正、负电荷的代数和为零），因而，每个原子都呈**电中性**．这时，整个物体对外界不显示电性．换句话说，在一切不带电的中性物体中，并非其固有的属性——电消失了，而总是有等量的正、负电荷同时存在．

然而，两种不同质料的中性物体通过相互摩擦或借其他方式而起电的过程，会使每个物体中都有一些电子摆脱了带正电荷的原子核的束缚而转移到另一个物体上去．虽然不同材质的物体，彼此向对方转移的电子个数往往不相等，但其结果必然是，一个物体因失去一部分电子而带正电，另一个物体则得到这部分电子而带负电．所以，在起电时，两个物体总是同时带异种而等量的电荷．

总而言之，一切起电过程其实都是使物体上正、负电荷分离或转移的过程，在这一过程中，电荷既不能消灭，也不能创生，只能使原有的电荷重新分布．由此可以总结出**电荷守恒定律：一个孤立系统的总电荷（即系统中所有正、负电荷的代数和）在任何物理过程中始终保持不变**，即

$$\sum_i q_i = \text{恒量} \tag{6-1}$$

这里所指的孤立系统，就是它与外界没有电荷的交换．电荷守恒定律也是自然界中一条基本的守恒定律，在宏观和微观领域中普遍适用．

还要指出，在不同的惯性系中观测物体所带电荷的多少是相同的，即电荷不随物体的运动速度而改变．亦即，同一电荷在所有惯性系中皆取同样的量值．这就是**电荷不变性原理**．

读者应区别不变量和守恒量：前者是指在特定的坐标变换下不改变的量；而后者是指不随时间而变化的量。

最后，我们指出，电荷是量子化的．自然界中有许多事物是**量子化**的，例如动植物的个数，珍珠的粒数，台阶的高度……；另一些事物是可以**连续变化**的，如时间的流逝、空间的长度、质量的大小、速率的大小、力的强弱等．

然而，人们起初意想不到的是，电荷竟是不连续的．目前认为，电子是自然界具有最小电荷的带电粒子．任一带电体所拥有的电荷量都是电子所带电荷量 e 的整数倍，这就是说，**e 是电荷的一个基本单元**．当带电体的电荷发生改变时，它只能按 e 的整数倍改变其大小，不能进行连续的任意改变．这种电荷只能一份一份地取分立的、不连续的量值的性质，叫作**电荷的量子化**．**电荷的量子就是** e．不过，常见的宏观带电体所带的电荷远大于元电荷 e，在一般灵敏度的电学测试仪器中，电荷的量子性是显示不出来的．因此，在分析带电情况时，可以认为电荷是连续变化的．这正像人们看到不尽长江滚滚流时，认为水流总是连续的，而并不觉得水是由一个个分子、原子等微观粒子组成的一样．

问题 6-1 （1）何谓电荷的量子化？试述电荷守恒定律．

（2）在干燥的冬天，人在地毯上走动时，为什么鞋和地毯都有可能带电？人在夜里脱掉化纤衣服时，为什么衣服上会出现闪光的火花？

6.1.2 库仑定律 静电力叠加原理

带电体之间存在着作用力，它与带电体的大小、形状、电荷分布、相互间的距离等因素有关．当带电体之间的距离远大于它们自身的几何线度时，上述因素所导致的影响可以忽略不计．这时，就可把带电体视作"**点电荷**"．可见，点电荷这个概念和力学中的"质点"概念相仿，只有相对的意义．例如，有两个带电体，其线度皆为 d，若两者相距为 r，则只有在 $r \gg d$ 的情况下，才能把它们当作点电荷来处理．

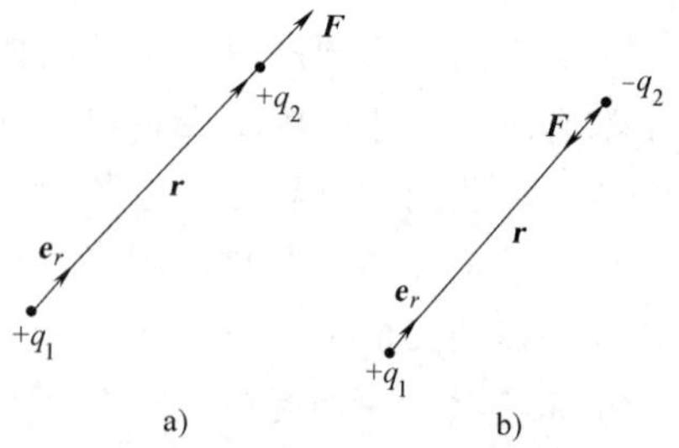

图 6-1 q_1 对 q_2 的作用力

a）q_1、q_2 同种 b）q_1、q_2 异种

下面讨论真空中两个静止点电荷之间的作用力．假定这两个点电荷的电荷量分别为 q_1 和 q_2，它们相距为 r（见图 6-1）．实验表明，**两个静止的点电荷之间存在着作用力 $\boldsymbol{F}$，其大小与两个点电荷的电荷量之乘积成正比，与两个点电荷之间的距离的平方成反比；作用力的方向沿着两个点电荷的连线；同号电荷相斥，异号电荷相吸**．这就是**真空中的库仑定律**，它是库仑（C. A. Coulomb，1736—1806）从实验中总结出来的静电学基本定律．今设从 q_1 指向 q_2 的单位矢量为 $\boldsymbol{e}_r$，则如图 6-1 所示，电荷 q_2 受到电荷 q_1 的作用力 $\boldsymbol{F}$ 可表示为

$$F=\frac{1}{4\pi\varepsilon_0}\frac{q_1q_2}{r^2}e_r \tag{6-2}$$

若 $\boldsymbol{r}$ 为 q_1 指向 q_2 的位矢，则自 q_1 指向 q_2 的单位矢量 $\boldsymbol{e}_r=\boldsymbol{r}/r$ 标志了位矢 $\boldsymbol{r}$ 的方向.

式中，比例常量 $\frac{1}{4\pi\varepsilon_0}=8.987776\times10^9\mathrm{N\cdot m^2\cdot C^{-2}}\approx9\times10^9\mathrm{N\cdot m^2\cdot C^{-2}}$（计算时取近似值）；其中 ε_0 称为**真空电容率**（习惯上亦称**真空介电常数**），它表征真空的电学特性. $\varepsilon_0=8.85\times10^{-12}\mathrm{C^2\cdot N^{-1}\cdot m^{-2}}$.

静电力 $\boldsymbol{F}$ 通常又称为**库仑力**. 当 q_1、q_2 为同种电荷时，$\boldsymbol{F}$ 与 $\boldsymbol{e}_r$ 同方向，两者之间表现为斥力；当 q_1、q_2 为异种电荷时，$\boldsymbol{F}$ 与 $\boldsymbol{e}_r$ 反方向，两者之间表现为引力.

在一般情况下，对于两个以上的点电荷，实验证明：**其中每个点电荷所受的总静电力，等于其他点电荷单独存在时作用于该点电荷上的静电力的矢量和**. 这就是**静电力叠加原理**. 也就是说，不管周围有无其他电荷存在，两个点电荷之间的作用力总是符合库仑定律的. 设 $\boldsymbol{F}_1$，$\boldsymbol{F}_2$，…，$\boldsymbol{F}_n$ 分别为点电荷 q_1，q_2，…，q_n 单独存在时对点电荷 q_0 作用的静电力，则 q_0 所受静电力的合力 $\boldsymbol{F}$（矢量和）为

$$\boldsymbol{F}=\boldsymbol{F}_1+\boldsymbol{F}_2+\cdots+\boldsymbol{F}_n=\sum_{i=1}^{n}\boldsymbol{F}_i \tag{6-2a}$$

式（6-2a）即为静电力叠加原理的表达式.

问题 6-2 （1）试述库仑定律及其比例常量. 什么是点电荷？在库仑定律中，按正文中图 6-1 所示的 $\boldsymbol{e}_r$ 方向的规定，试按式（6-2）写出电荷 q_2 对电荷 q_1 的作用力 $\boldsymbol{F}'$ 的表达式. 倘若令 $r\to0$，则库仑力 $F\to\infty$，显然没有意义. 试对此做出解释.

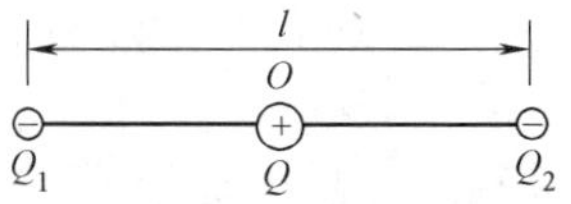

问题 6-2 图

（2）试述静电力叠加原理. 如问题 6-2 图所示，两个带负电的静止点电荷，在其电荷量 $|Q_1|$ 和 $|Q_2|$ 相等或不相等的各种情况下，相距为 l，一个正的点电荷 Q 放在两者连线的中点 O，试分别讨论电荷 Q 所受静电力的合力方向.

例题 6-1 计算氢原子内电子和原子核之间的库仑力与万有引力之比值（注意，氢原子的核外只有一个带 $-e$ 的电子，核内只有一个带 $+e$ 的质子）.

解 设氢原子里电子与原子核相距为 r，且因电子和原子核所带的电荷等量异种，电荷大小均为 e，故电子与原子核之间的库仑力（吸引力）大小为

$$F_\mathrm{e}=\frac{1}{4\pi\varepsilon_0}\frac{e^2}{r^2}$$

今后，凡对电荷周围介质的情况未加任何说明时，均指真空.

设电子质量为 m_1、原子核质量为 m_2，则电子与原子核之间的万有引力大小为

$$F_\mathrm{m}=G\frac{m_1m_2}{r^2}$$

式中，G 为引力常量. 把以上两式相比，有

$$\frac{F_\mathrm{e}}{F_\mathrm{m}}=\frac{1}{4\pi\varepsilon_0G}\frac{e^2}{m_1m_2}$$

查书末附录 A，$e=1.60\times10^{-19}\mathrm{C}$，$m_1=9.11\times10^{-31}\mathrm{kg}$，$m_2=1840m_1$；常量 $1/(4\pi\varepsilon_0)=9\times10^9\ \mathrm{N\cdot m^2\cdot C^{-2}}$，$G=6.67\times10^{-11}\mathrm{N\cdot m^2\cdot kg^{-2}}$，将它们代入上式，可算出库仑力与万有引力的比值为

$$\frac{F_e}{F_m}=\frac{(9\times10^9\mathrm{N\cdot m^2\cdot C^{-2}})\times(1.60\times10^{-19}\mathrm{C})^2}{(6.67\times10^{-11}\mathrm{N\cdot m^2\cdot kg^{-2}})\times1840\times(9.11\times10^{-31}\mathrm{kg})^2}$$

$$=2.26\times10^{39}$$

显然，在微观粒子之间的作用力中，万有引力远小于静电力，可略去不计. 然而，在讨论宇宙中的行星、恒星、星系等大型天体之间的作用力时，则主要考虑万有引力. 因为这些星体也是由带正电和带负电的粒子所组成的，可是它们相距是如此遥远，其正电与正电之间的斥力、负电与负电之间的斥力和正电和负电之间的引力的合力为零，所以其静电作用力表现不出来，而可视作中性的.

例题 6-2 如例题 6-2 图所示，两个相等的正点电荷 q，相距为 $2l$. 若一个点电荷 q_0 放在上述两电荷连线的中垂线上. 问：欲使 q_0 受力最大，q_0 到两电荷连线中点的距离 r 为多大？

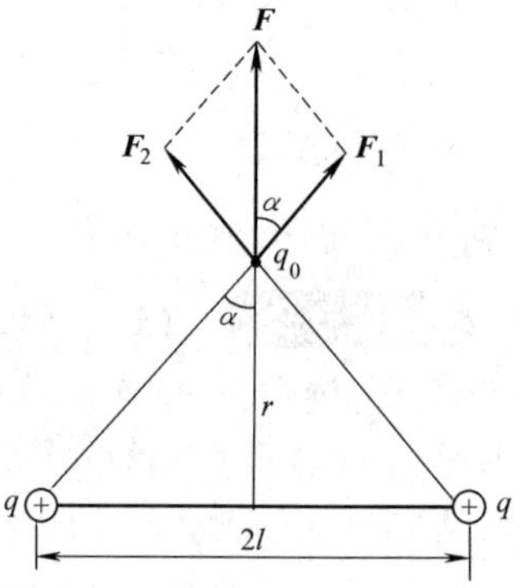

例题 6-2 图

解 由库仑定律和静电力叠加原理可知，电荷 q_0 受两个电荷 q 的静电力分别为 $\boldsymbol{F}_1$ 和 $\boldsymbol{F}_2$，合力为 $\boldsymbol{F}$，其值随 r 而变. 当 r 较大时，q_0 与 q 之间的距离较大，合力随这个距离的增加而减小；当 r 较小时，q_0 受 q 的力增大，但所受两个力之间的夹角 2α 变大，合力仍是减小. 因此，当 r 为某一定值时，q_0 所受的合力有最大值. 相应的 r 值可用求极值方法算出. 由于 $F_1=F_2$，则合力为

$$F=2F_1\cos\alpha=\frac{2q_0q}{4\pi\varepsilon_0(l^2+r^2)}\frac{r}{(l^2+r^2)^{\frac{1}{2}}}$$

$$=\frac{q_0qr}{2\pi\varepsilon_0\sqrt{(l^2+r^2)^3}}$$

> 由于两个点电荷 q 相对于中垂线对称，故中垂线上任一点的静电力 $\boldsymbol{F}_1$ 和 $\boldsymbol{F}_2$，其水平分量 $F_1\sin\alpha=F_2\sin\alpha$，等值反向共线，互相抵消. 因此，合力 $\boldsymbol{F}$ 的大小等于 $F_1\cos\alpha+F_2\cos\alpha=2F_2\cos\alpha$.

且
$$\frac{\mathrm{d}F}{\mathrm{d}r}=\frac{q_0q}{2\pi\varepsilon_0}\left[\frac{\sqrt{(l^2+r^2)^3}-3\sqrt{l^2+r^2}\,r^2}{(l^2+r^2)^3}\right]$$

令 $\frac{\mathrm{d}F}{\mathrm{d}r}=0$，则化简后，得

$$r=\frac{l}{\sqrt{2}}$$

又可求出 $\left.\frac{\mathrm{d}^2F}{\mathrm{d}r^2}\right|_{r=\frac{l}{\sqrt{2}}}<0$. 因此，当 $r=\frac{l}{\sqrt{2}}$ 时，F 具有极大值.

6.2　电场　电场强度

6.2.1　电场

库仑定律给出了两个点电荷之间作用力的定量关系，但并未阐明电荷之间的作用是如何实现的．过去，人们一直认为，这种作用不必通过中间的介质物质，也不需要传递的时间，而可以从一个带电体直接作用到另一个带电体．这种所谓“超距作用”的观点随着近代物理学的发展而被摒弃，新的观点认为，在带电体的周围空间存在着电场，当其他带电体处于此电场中时，所受到的作用力是由该电场所施加的，称为**电场力**．那么，此力的反作用力，也就应该作用在电场上了．因此，电荷之间的作用力是通过电场来传递的．可表示为

$$\text{电荷 A}\underset{\text{作用于}}{\overset{\text{激发}}{\rightleftharpoons}}\text{电场}\underset{\text{激发}}{\overset{\text{作用于}}{\rightleftharpoons}}\text{电荷 B}$$

理论和实验都已证明，后一种观点是正确的．电场与由分子、原子等组成的实物一样，也具有能量、动量和质量，所以电场也是物质的一种形态．不过，场与实物的一个重要区别，就是同一个空间不能同时被两个实物所占据，但可以存在两个以上的场；如果是同一性质的场，还可以在同一空间内叠加．我们在本章只研究由静止电荷所激发的电场，称为**静电场**．这里所说的“静止”，当然也是相对于惯性参考系而言的．静电场对外的表现主要有如下三个特征：

（1）引入电场中的任何带电体，都将受到电场力的作用．

（2）当带电体在电场中移动时，电场力将对带电体做功，这意味着电场拥有能量．

（3）电场能使导体中的电荷重新分布，能使电介质极化．

问题拓展

6-1　除了电场外，我们还知道有哪些“场”的存在？这些场的作用原理都一样吗？

6.2.2　电场强度　电场强度叠加原理

由于电场对电荷有力的作用，因此可以利用电荷作为检测电场的工具．用于判断电场的存在与否和电场强弱的电荷称为**试探电荷**，记作 q_0．通常将激发电场的电荷称为**场源电荷**．场源电荷可以是若干个点电荷或具有某种电荷分布和任意形状的带电体．试探电荷则应满足下列两个条件：首先，试探电荷的电荷量 q_0 应足够小，不会因 q_0 引入电场而导致场源电荷激发的电场分布发生显著的变化；其次，试探电荷的几何线度应足够小，可视作点电荷，以能确切地探测电场内每一点（即**场点**）的电场强弱和方向．这样，我们就可借试探电荷 q_0 对空间各点电场的强弱和方向进行检测和探究．

实验表明，对于场源电荷及其分布给定的电场，在其中任一确定场点 P_1 上放置试探电荷 q_0；适当改变 q_0 的大小，q_0 所受电场力 $\boldsymbol{F}$ 将随之改变，但其比值 $\boldsymbol{F}/q_0$ 却不变；如果任意选择电场中不同的场点 P_1，P_2，…，P_n，重复上述实验，比值 $\boldsymbol{F}/q_0$ 只随地点不同而异，而与试探电荷 q_0 大小无关．因此，可用比值 $\boldsymbol{F}/q_0$ 描述电场中各点电场的强弱和方向．$\boldsymbol{F}/q_0$

称为**电场强度**，它是一个矢量，既有大小，又有方向. 通常用 $\boldsymbol{E}$ 表示电场强度矢量，即

$$\boldsymbol{E}=\frac{\boldsymbol{F}}{q_0} \tag{6-3}$$

在上式中，取 $q_0=+1$，则 $\boldsymbol{E}=\boldsymbol{F}$. 这就是说，**电场中任一点的电场强度在量值上等于一个单位正电荷在该点所受到的电场力，电场强度的方向规定为正电荷在该点所受电场力的方向**.

在 SI 中，力的单位是 N，电荷的单位是 C，则按式（6-3），电场强度的单位应是 $\mathrm{N\cdot C^{-1}}$（牛顿·库仑$^{-1}$），也可写作 $\mathrm{V\cdot m^{-1}}$（伏特·米$^{-1}$）.

如果电场中各点的电场强度的大小都相同，方向也都相同，这样的电场称为**均匀**（或**匀强**）**电场**.

若已知电场中任一点的电场强度，则放在该点的电荷所受的电场力为

$$\boldsymbol{F}=q\boldsymbol{E} \tag{6-4}$$

显然，放在该点的电荷 q 为正，则 $\boldsymbol{F}$ 与 $\boldsymbol{E}$ 同方向；反之，若此电荷 q 为负，则 $\boldsymbol{F}$ 与 $\boldsymbol{E}$ 反方向.

值得指出，电场对电荷的作用力与电场强度是两个不同的概念. 前者是指电场与电荷的相互作用，它取决于电场与引入场中的电荷；后者则是描述电场中各场点的强弱和方向，仅与场源电荷有关.

若电场是由一组场源电荷 q_1，q_2，…，q_n 所激发的，为了计算它们周围空间某一点的电场强度，仍可把试探电荷 q_0 放在该点，从它的受力情况来计算电场强度. 设 $\boldsymbol{F}_1$，$\boldsymbol{F}_2$，…，$\boldsymbol{F}_n$ 分别表示点电荷 q_1，q_2，…，q_n 单独存在时对 q_0 的作用力，则按静电力叠加原理式（6-2a），q_0 所受的合力为

$$\boldsymbol{F}=\boldsymbol{F}_1+\boldsymbol{F}_2+\cdots+\boldsymbol{F}_n$$

将上式两边同除以 q_0，得

$$\boldsymbol{E}=\boldsymbol{E}_1+\boldsymbol{E}_2+\cdots+\boldsymbol{E}_n=\sum_i \boldsymbol{E}_i \tag{6-5}$$

式（6-5）表明，**电场中某点的总电场强度等于各个点电荷单独存在时在该点的电场强度之矢量和**. 这就是**电场强度叠加原理**. 利用这个原理，我们可以计算任意的**点电荷系**或带电体的电场强度.

问题 6-3 （1）试述电场强度的定义，并说明它的单位是怎样规定的.

（2）在一个带正电的大导体附近的一点 P，放置一个试探电荷 q_0（$q_0>0$），实际测得它所受力的大小为 F. 若电荷 q_0 不是足够小，则 F/q_0 的值比点 P 原来的电场强度 E 来得大还是小？若大导体带负电，情况又将如何？

（3）有人问："对于电场中的某定点，电场强度的大小 $E=F/q_0$，不是与试探电荷 q_0 成反比吗？为何却说 E 与 q_0 无关？"你能回答这个问题吗？

6.3 电场强度和电场力的计算

本节将根据电场强度的定义和电场强度叠加原理，推导出几种典型分布电荷在真空中激发的电场内各点电场强度的表达式，供读者在阅读教材和解题计算时作为公式，直接引用.

6.3.1 点电荷电场中的电场强度

如图6-2所示，在真空中有一个静止的点电荷 q，在与它相距为 r 的场点 P 上，设想放一个试探电荷 q_0（$q_0>0$），按库仑定律，试探电荷 q_0 所受的力为

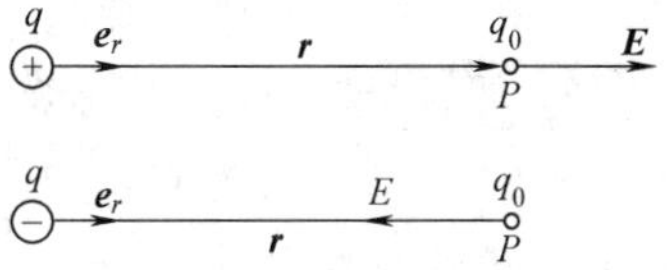

图6-2 点电荷电场中的电场强度

$$F=\frac{1}{4\pi\varepsilon_0}\frac{qq_0}{r^2}e_r$$

式中，e_r 是单位矢量，用来标示点 P 相对于场源点电荷 q 的位矢 r 的方向. 按电场强度的定义，$E=F/q_0$，由上式即得点 P 的电场强度为

$$E=\frac{1}{4\pi\varepsilon_0}\frac{q}{r^2}e_r \tag{6-6}$$

即在点电荷 q 的电场中，任一点 P 的电场强度大小为 $E=|q|/(4\pi\varepsilon_0 r^2)$，其值与场源电荷的大小 $|q|$ 成正比，并与点电荷 q 到该点距离 r 的平方成反比，且当 $r\to\infty$ 时，电场强度大小 $E\to 0$；电场强度 E 的方位沿场源电荷 q 和点 P 的连线，其指向取决于场源电荷 q 的正、负（见图6-2）：若 q 为正电荷（$q>0$），其方向与 e_r 的方向相同，即沿 e_r 而背离 q；若 q 为负电荷（$q<0$），其方向与 e_r 的方向相反，而指向 q.

显然，在点电荷 q 的电场中，以点电荷 q 为中心、以 r 为半径的球面上各点的电场强度大小均相同，电场强度的方向皆分别沿半径向外（若 $q>0$）（见图6-3）或指向中心（若 $q<0$），通常说，具有这样特点的电场是**球对称**的.

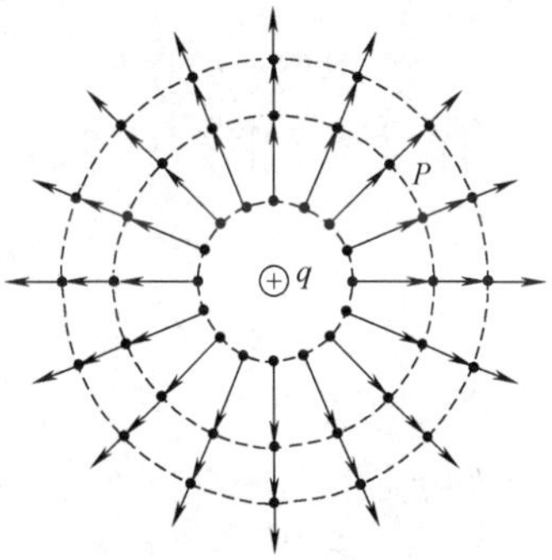

图6-3 点电荷的电场是球对称的

章前问题1解答

我们可以看到，梳子和头发相互吸引的电荷间相互作用力是与电荷的带电量成正比，与两者间距离的平方成反比. 所以梳子在头发上摩擦的越用力，带电量越大，则二者间吸引力越强；而当梳子和头发离得越远时，吸引力越弱，所以当梳子离得较远时，头发就垂下来了. 读者不妨试一下.

6.3.2 点电荷系电场中的电场强度

设电场是由一组点电荷 q_1，q_2，…，q_n 所构成的**点电荷系**共同激发的，而场点 P 与各个点电荷的距离分别为 r_1，r_2，…，r_n（相应的位矢为 $\boldsymbol{r}_1$，$\boldsymbol{r}_2$，…，$\boldsymbol{r}_n$），则各个点电荷激发的电场在点 P 的电场强度按式（6-6）分别为

$$E_1=\frac{q_1}{4\pi\varepsilon_0 r_1^2}e_{r1},\quad E_2=\frac{q_2}{4\pi\varepsilon_0 r_2^2}e_{r2},\quad \cdots,\quad E_n=\frac{q_n}{4\pi\varepsilon_0 r_n^2}e_{rn}$$

式中，e_{r1}，e_{r2}，…，e_{rn} 分别是场点 P 相对于场源电荷 q_1，q_2，…，q_n 的位矢 $\boldsymbol{r}_1$，$\boldsymbol{r}_2$，…，

$\boldsymbol{r}_n$ 方向上的单位矢量，按照电场强度叠加原理［式（6-5）］，这些点电荷各自在点 P 激发的电场强度之矢量和，等于点 P 的总电场强度 $\boldsymbol{E}$，即

$$\boldsymbol{E}=\boldsymbol{E}_1+\boldsymbol{E}_2+\cdots+\boldsymbol{E}_n=\sum_i \boldsymbol{E}_i=\sum_i \frac{q_i}{4\pi\varepsilon_0 r_i^2}\boldsymbol{e}_{ri} \tag{6-7}$$

问题 6-4 试述电场强度叠加原理．在如问题 6-4 图 a、b 所示的静电场中，试绘出 P 点和 P' 点电场强度 $\boldsymbol{E}$ 的方向．其中 $+q$、$-q$ 为场源点电荷．

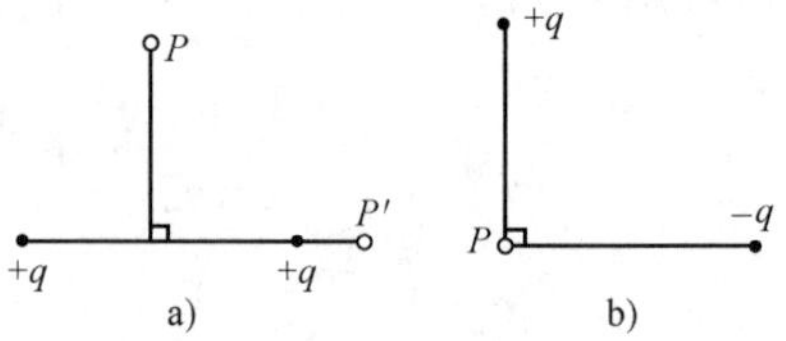

问题 6-4 图

例题 6-3 如例题 6-3 图所示，有一对相距为 l 的等量异种点电荷 $+q$ 和 $-q$，试求这两个点电荷连线的延长线上一点 P 的电场强度．设 P 点离这两个点电荷连线的中点 O 的距离为 r．

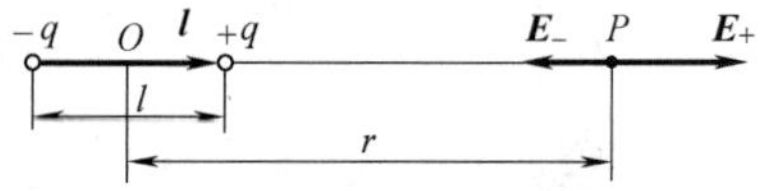

例题 6-3 图

解 这两个点电荷 $+q$ 和 $-q$ 在 P 点所激发的电场强度大小分别为

$$E_+=\frac{q}{4\pi\varepsilon_0\left(r-\frac{l}{2}\right)^2},\quad E_-=\frac{q}{4\pi\varepsilon_0\left(r+\frac{l}{2}\right)^2}$$

由于共线矢量 $\boldsymbol{E}_+$ 和 $\boldsymbol{E}_-$ 方向相反，所以，根据电场强度叠加原理，P 点处的电场强度 $\boldsymbol{E}$ 的大小为

$$E_P=E_+-E_-=\frac{q}{4\pi\varepsilon_0\left(r-\frac{l}{2}\right)^2}-\frac{q}{4\pi\varepsilon_0\left(r+\frac{l}{2}\right)^2}=\frac{2qrl}{4\pi\varepsilon_0\left[r^2-\left(\frac{l}{2}\right)^2\right]^2}$$

$\boldsymbol{E}$ 的方向向右．

当 $r\gg l$ 时，我们将这样一对等量异种电荷称为**电偶极子**．这时，可以用电矩 $\boldsymbol{p}_e=q\boldsymbol{l}$ 来描述电偶极子，其中 $\boldsymbol{l}$ 是从 $-q$ 指向 $+q$ 的矢量．因而电偶极子的电矩是矢量，其方向与 $\boldsymbol{l}$ 的方向相同．由于 $r^2-\left(\frac{l}{2}\right)^2\approx r^2$，故有

$$E_P=\frac{2ql}{4\pi\varepsilon_0 r^3}$$

若用电矩 $\boldsymbol{p}_e$ 表示，则可写成如下的矢量式，即

$$\boldsymbol{E}_P=\frac{2\boldsymbol{p}_e}{4\pi\varepsilon_0 r^3} \tag{6-8}$$

有时，我们要用到电偶极子的概念．例如，由于无线电台的发射天线里电子的运动，而在其两端交替地带正、负电荷时，就可以把天线看作是一个振荡电偶极子；又如在研究电介质的极化时，其中每个分子等效于一个电偶极子．

顺便指出，如果 $l=0$，则 $+q$ 与 $-q$ 将重合在一起，点 P 的电场强度为零，即

$$E_P=\frac{q}{4\pi\varepsilon_0 r^2}+\frac{(-q)}{4\pi\varepsilon_0 r^2}=0$$

这就是**电中和**的意义．所谓等量异种电荷的中和，并不是说这些电荷消失了，也就不激发电场了，而是指它们聚集在一起，对外所激发的电场相互抵消．

6.3.3 连续分布电荷电场中的电场强度

如果场源电荷在空间某一范围内是连续分布的，则在计算该电荷系所激发的电场时，一般可将全部电荷看成许多微小的电荷元 dq 的集合，每个电荷元 dq 在空间任一点所激发的电场强度，与点电荷在同一点激发的电场强度相同，即按式（6-6），可表示为

$$\mathrm{d}\boldsymbol{E}=\frac{1}{4\pi\varepsilon_0}\frac{\mathrm{d}q}{r^2}\boldsymbol{e}_r \tag{6-9}$$

式中，$\boldsymbol{e}_r$ 为场点 P 相对于电荷元 dq 的位矢 $\boldsymbol{r}$ 方向上的单位矢量．然后，根据电场强度叠加原理，求各电荷元在点 P 的电场强度之矢量和（即求矢量积分），就可得到电荷系在点 P 的电场强度为

$$\boldsymbol{E}=\iiint_V \mathrm{d}\boldsymbol{E}=\iiint_V \frac{1}{4\pi\varepsilon_0}\frac{\mathrm{d}q}{r^2}\boldsymbol{e}_r \tag{6-10}$$

其中，积分号下的 V 表示对场源电荷的集合在整个分布范围求积分．上式是一个矢量积分，具体计算时要利用分量式转化为标量积分．

问题 6-5 （1）试写出电荷在电场中所受电场力的公式．

（2）如问题 6-5 图 a~d 所示，在点电荷 $+q$（或 $-q$）的电场中，请绘出 P 点电场强度 $\boldsymbol{E}$ 的方向；若在 P 点放置一个点电荷 $+q_0$（或 $-q_0$），试绘出它所受电场力的方向．

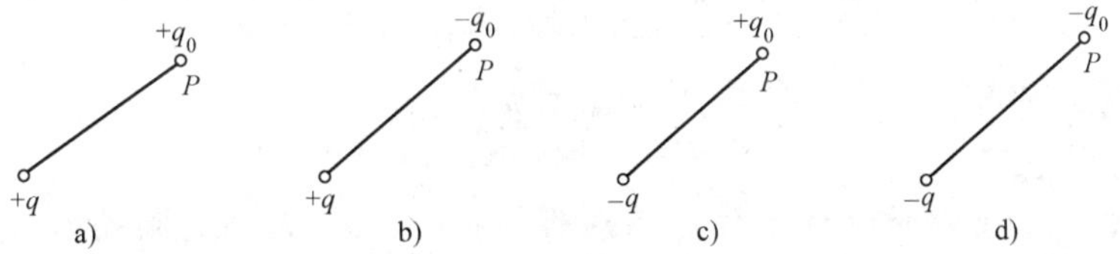

问题 6-5 图

（3）如何计算连续分布电荷的电场？

例题 6-4 如例题 6-4 图 a 所示，设一长为 L 的均匀带电细棒，带电荷 Q（$Q>0$），求棒的中垂线上一点 P 的电场强度．

解 以棒的中点 O 为原点，建立坐标系 Oxy，在棒上坐标为 x 处取一线元 dx，其上带电荷为 dq．按题设，细棒均匀带电，则电荷线密度 $\lambda=Q/L$ 为一恒量，因此电荷元为 $\mathrm{d}q=\lambda\mathrm{d}x$，它在场点 P 激发的电场强度为

$$\mathrm{d}E=\frac{1}{4\pi\varepsilon_0}\frac{\lambda\mathrm{d}x}{x^2+r^2}$$

其方向如图所示．上式中的 r 为中垂线上的场点 P 与棒的中点 O 的距离．

将 dE 分解成 dE_x 和 dE_y 两个分矢量，由于电荷对中垂线为对称分布，应有 $\int_L \mathrm{d}E_x=0$（读者可自行分析），而 dE_y 的分量为

$$\mathrm{d}E_y=\mathrm{d}E\sin\alpha=\frac{1}{4\pi\varepsilon_0}\frac{\lambda\mathrm{d}x}{x^2+r^2}\frac{r}{\sqrt{x^2+r^2}}$$

因而，P 点的总电场强度为

$$E=E_y=\int_L \mathrm{d}E_y=\int_{-\frac{L}{2}}^{\frac{L}{2}}\frac{\lambda r\mathrm{d}x}{4\pi\varepsilon_0\sqrt{(x^2+r^2)^3}}=\frac{\lambda r}{4\pi\varepsilon_0}\frac{x}{r^2\sqrt{x^2+r^2}}\Bigg|_{-\frac{L}{2}}^{\frac{L}{2}}$$

$$=\frac{\lambda rL}{4\pi\varepsilon_0 r^2\sqrt{\frac{L^2}{4}+r^2}}=\frac{Q}{4\pi\varepsilon_0 r\sqrt{\frac{L^2}{4}+r^2}}$$

$\boldsymbol{E}$ 沿 Oy 轴正方向，当 $r\ll L$ 时，将 $\sqrt{\frac{L^2}{4}+r^2}$ 按泰勒级数展开，近似为 $L/2$，则上式成为

$$E=\frac{\lambda}{2\pi\varepsilon_0 r} \tag{6-11}$$

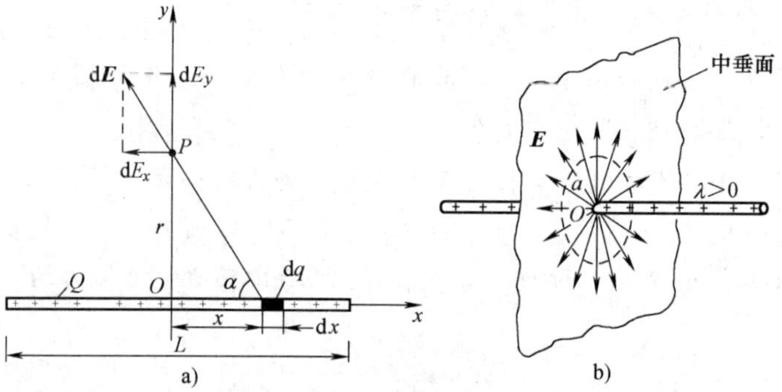

例题 6-4 图

此时，相对于距离 r，可将该细棒看作“无限长”，而上式就是与**无限长均匀带电细棒**相距为 r 处的电场强度 E 的公式. $\boldsymbol{E}$ 的方向垂直细棒向外（如棒带负电，即 $Q<0$，则 $\boldsymbol{E}$ 的方向垂直地指向细棒).

在细棒为无限长的情况下，棒上任一点都可当作中点，任何垂直于细棒的平面都可看成是中垂面，那么，按式（6-11)，无限长均匀带电细棒的中垂面上的电场强度分布情况如例题 6-4 图 b 所示. **并且，在垂直于它的任一平面上其电场强度分布情况都是相同的**，亦即都和例题 6-4 图 b 所示的情况一样. 我们说，具有这种特点的电场是轴对称的.

值得指出，无限长的带电棒是不存在的，实际上都是有限长的，但如果我们研究棒的中央附近而又离棒很近的区域内的电场，就可以近似地把棒看成是无限长的.

例题 6-5 如例题 6-5 图所示，求垂直于均匀带电细圆环的轴线上任一场点 P 的电场强度. 设圆环半径为 R，带电量为 Q. 环心 O 与场点 P 相距为 x.

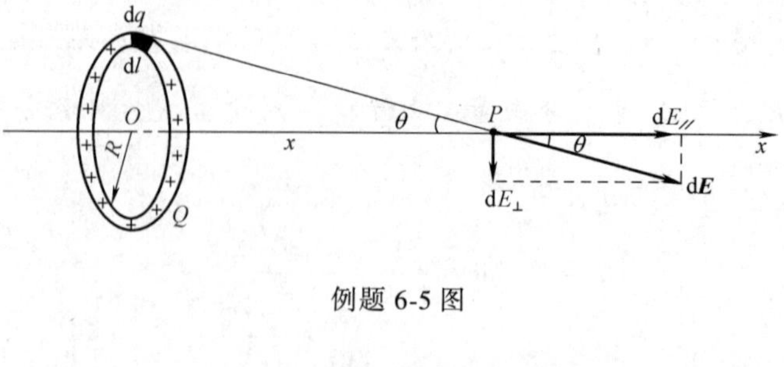

例题 6-5 图

解 设 P 点在圆环右侧的轴线上，以此轴线为坐标轴 Ox，按题设，圆环均匀带电，其电荷线密度为 $\lambda=Q/(2\pi R)$．任取一电荷元 $\mathrm{d}q$，长为 $\mathrm{d}l$，它所带的电量为 $\mathrm{d}q=\lambda\mathrm{d}l$，电荷元在 P 点的电场强度为 $\mathrm{d}\boldsymbol{E}$，其方向如图所示，大小为

$$\mathrm{d}E=\frac{\mathrm{d}q}{4\pi\varepsilon_0 r^2}=\frac{\lambda\mathrm{d}l}{4\pi\varepsilon_0(R^2+x^2)}$$

将 $\mathrm{d}\boldsymbol{E}$ 分解为沿 Ox 轴的分量 $\mathrm{d}E_{/\!/}$和垂直于 Ox 轴的分量 $\mathrm{d}E_{\perp}$，由于相对于轴线而言，电荷分布具有对称性，则 $\int_L \mathrm{d}E_{\perp}=0$，于是 P 点的总电场强度为

$$E=\int_L \mathrm{d}E_{/\!/}=\int_L \mathrm{d}E\cos\theta=\int_0^{2\pi R}\frac{\lambda\mathrm{d}l}{4\pi\varepsilon_0(R^2+x^2)}\frac{x}{\sqrt{R^2+x^2}}$$

$$=\frac{\lambda(2\pi R)x}{4\pi\varepsilon_0\sqrt{(R^2+x^2)^3}}=\frac{Qx}{4\pi\varepsilon_0\sqrt{(R^2+x^2)^3}} \tag{6-12}$$

上式即为均匀带电圆环中心轴线上一点的电场强度．若 $Q>0$，$\boldsymbol{E}$ 沿 Ox 轴正向；若 $Q<0$，$\boldsymbol{E}$ 沿 Ox 轴负向．

当 $x\gg R$ 时，$E=\frac{Qx}{4\pi\varepsilon_0x^3}=\frac{Q}{4\pi\varepsilon_0x^2}$，与点电荷的电场强度公式相同．

同理，沿圆环左侧的 Ox 轴负向，亦可同样给出式（6-12），但当 $Q>0$ 时，$\boldsymbol{E}$ 的方向则沿 Ox 轴负向；$Q<0$ 时，$\boldsymbol{E}$ 沿 Ox 轴正向．所以，在垂直于均匀带电圆环的轴线上，其两侧的电场强度是对称分布的．

说明 从以上各例可以看到，利用电场强度叠加原理求各点的电场强度时，由于电场强度是矢量，具体运算时，需将矢量的叠加转化为各分量（标量）的叠加；并且在计算时，关于电场强度的对称性的分析也是不可忽视的，在某些情形下，它往往能使我们立即看出矢量 $\boldsymbol{E}$ 的某些分量相互抵消而等于零，使计算大为简化．

例题 6-6 如例题 6-6 图所示，一半径为 R 的均匀带电圆平面 S 上，电荷面密度为 σ（即单位面积所带电荷，其单位为 $\mathrm{C\cdot m^{-2}}$），设圆平面带正电，即$\sigma>0$，求垂直于圆平面的轴上任一场点 P 的电场强度．

分析 按题设，S 为一均匀带电圆平面，因而电荷面密度 σ 为一恒量．求解时，可将均匀带电圆平面视作由许多不同半径的同心带电圆环所组成，每一圆环在轴上任一场点的电场强度 $\mathrm{d}\boldsymbol{E}$ 可借上例的结果［式（6-12）］给出，再按电场强度叠加原理，通过积分，就可以求出整个带电圆平面在点 P 的电场强度 $\boldsymbol{E}$．

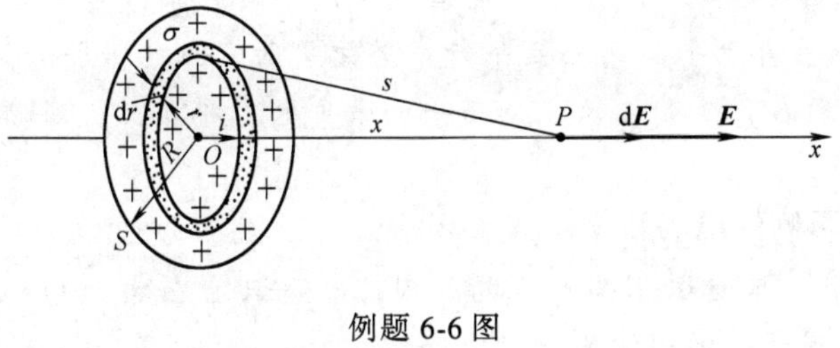

例题 6-6 图

> 正如上例所说，垂直于圆平面的轴上各点电场强度相对于圆平面是左、右对称的．为此，这里只对右侧的场点进行讨论．

解 如例题6-6图所示，在圆平面上距中心 O 为 r 处取宽度 $\mathrm{d}r$ 的圆环，在这个圆环上带有电荷 $\mathrm{d}q=\sigma(2\pi r\mathrm{d}r)$，利用式（6-12）. 它在沿垂直于圆平面的 Ox 轴上（其单位矢量为 $\boldsymbol{i}$）的点 P，其电场强度为

$$\mathrm{d}\boldsymbol{E}=\frac{1}{4\pi\varepsilon_0}\frac{(\mathrm{d}q)x}{(x^2+r^2)^{3/2}}\boldsymbol{i}=\frac{2\pi r\sigma x\mathrm{d}r}{4\pi\varepsilon_0(x^2+r^2)^{3/2}}\boldsymbol{i}=\frac{\sigma x}{2\varepsilon_0}\frac{r\mathrm{d}r}{(x^2+r^2)^{3/2}}\boldsymbol{i}$$

由于各带电同心圆环在 P 点的电场强度 $\mathrm{d}\boldsymbol{E}$ 方向相同，所以对上式只需进行标量积分，可得整个带电圆平面在轴上一点 P（x 为定值）的电场强度为

$$\boldsymbol{E}=\iint_S \mathrm{d}\boldsymbol{E}=\left[\frac{\sigma x}{2\varepsilon_0}\int_0^R\frac{r\mathrm{d}r}{(x^2+r^2)^{3/2}}\right]\boldsymbol{i}$$

即

$$\boldsymbol{E}=\frac{\sigma}{2\varepsilon_0}\left(1-\frac{x}{\sqrt{x^2+R^2}}\right)\boldsymbol{i} \tag{6-13}$$

由于所述均匀带电圆平面两侧沿 Ox 轴的电场分布也是对称的，所以在圆平面左侧沿 Ox 轴负向的电场强度亦与式（6-13）相同，但其方向则沿 Ox 轴负向.

例题 6-7 设有一很大的、电荷面密度为 σ 的均匀带电平面. 在靠近平面的中部而且离开平面的距离比平面的几何线度小得多的区域内的电场，称为“无限大”均匀带电平面的电场. 试证此带电平面两侧的电场都是均匀电场.

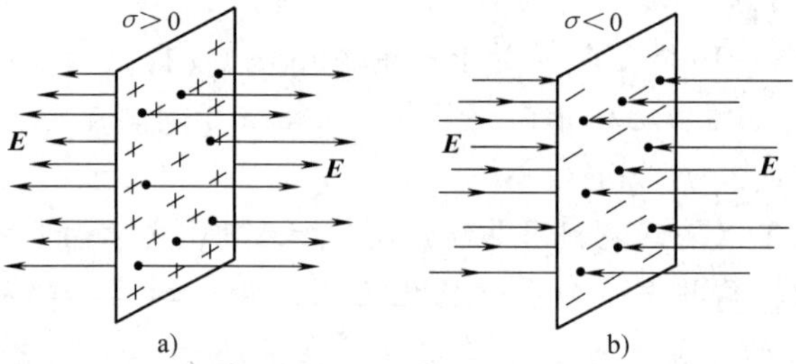

例题 6-7 图

证明 在上例中，若 $x\ll R$，则均匀带电圆平面就可视作无限大的均匀带电平面；对无限大的平面而言，凡是 $x\ll R$ 的点都处于本例中所述的区域内. 因此，由式（6-13），可得无限大均匀带电平面的电场中各点电场强度 $\boldsymbol{E}$ 的大小为

$$E=\frac{\sigma}{2\varepsilon_0} \tag{6-14}$$

可见，在上述电场区域内，各点电场强度 $\boldsymbol{E}$ 的大小相等，且与上述区域内各点离开平面的距离无关，也与平面的形状和线度无关. 至于电场强度 $\boldsymbol{E}$ 的方向，理应沿着垂直于该平面的中心轴，由于平面为“无限大”，所以在上述区域内，任一条垂直于该平面的轴线都可视作中心轴，因而各点电场强度 $\boldsymbol{E}$ 的方向都垂直于平面而相互平行；若该平面带正电，即 $\sigma>0$，则电场强度 $\boldsymbol{E}$ 的方向背离平面（见例题6-7图a），反之，若平面带负电，即 $\sigma<0$，则电场强度 $\boldsymbol{E}$ 的方向指向平面（见例题6-7图b）.

综上所述，**“无限大”均匀带电平面两侧的电场皆是均匀电场**.

说明 实际上，任何一个带电平面，其大小总是有限的. 因此，也只有在靠近平面中部附近的区域，电场才是均匀的，而相对于平面边缘附近的点而言，就不能将平面看作是

无限大的，该处的电场也是不均匀的，这就是所谓**边缘效应**．因此，对该处而言，式(6-14)不再适用．

例题 6-8 设有两个平行平面 A 和 B，两平面的线度比它们的间隔要大得多，则两平面皆可视作无限大平面．平面 A 均匀地带正电，平面 B 均匀地带负电，电荷面密度分别为 $\sigma>0$ 和 $\sigma<0$（见例题 6-8 图 a)．求该两个带电平面所激发的电场．

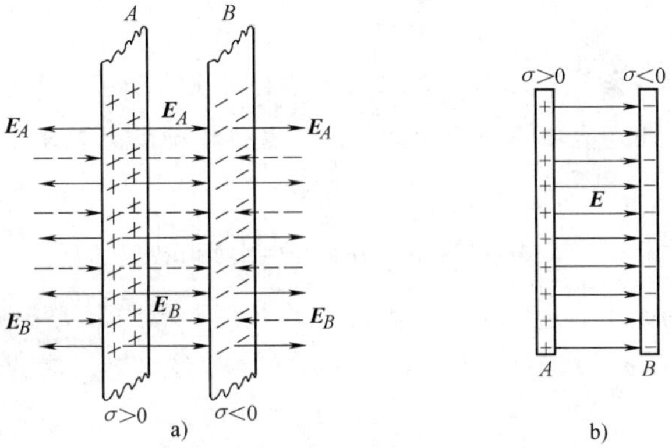

例题 6-8 图

解 根据电场强度叠加原理，两个带电平面在任一场点所激发的电场强度 $\boldsymbol{E}$，是每个带电平面分别在该点激发的电场强度 $\boldsymbol{E}_A$ 和 $\boldsymbol{E}_B$ 之矢量和，即

$$\boldsymbol{E}=\boldsymbol{E}_A+\boldsymbol{E}_B$$

除两平面边缘的附近处以外，$\boldsymbol{E}_A$ 和 $\boldsymbol{E}_B$ 分别是“无限大”均匀带电平面 A 和 B 所激发的电场强度，由上例可知，其大小皆为$\dfrac{\sigma}{2\varepsilon_0}$，方向分别如例题 6-8 图 a 中的实线和虚线所示．

在两平面之间的区域内，$\boldsymbol{E}_A$ 和 $\boldsymbol{E}_B$ 的方向相同，都从 A 面指向 B 面，其大小均为$\dfrac{\sigma}{2\varepsilon_0}$，所以总电场强度的方向是从电荷面密度为 $\sigma>0$ 的 A 面指向电荷面密度为 $\sigma<0$ 的 B 面，显而易见，其大小为 $E=E_A+E_B=\dfrac{\sigma}{2\varepsilon_0}+\dfrac{\sigma}{2\varepsilon_0}$，即

$$E=\frac{\sigma}{\varepsilon_0} \tag{6-15}$$

在两平面的外侧区域，$\boldsymbol{E}_A$ 和 $\boldsymbol{E}_B$ 的方向相反、大小相等，所以总电场强度的大小为

$$\boldsymbol{E}=\boldsymbol{E}_A-\boldsymbol{E}_B=\boldsymbol{0}$$

因此，均匀地分别带上等量正、负电荷的两个无限大平行平面（即电荷面密度的大小相同），当平面的线度远大于两平面的间距时，除了边缘附近为非均匀电场而存在边缘效应外，电场全部集中于两平面之间（见例题 6-8 图 b)，**而且是均匀电场**．局限于上述区域内的电场，称为**“无限大”均匀带电平行平面的电场**．

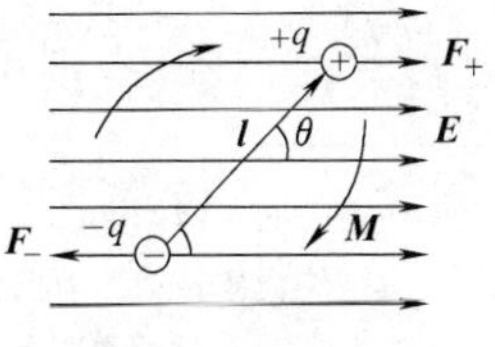

例题 6-9 图

6.3.4 电荷在电场中所受的力

例题 6-9 求电偶极子在均匀电场中所受的作用.

解 如例题6-9图所示，设电偶极子处于电场强度为 $\boldsymbol{E}$ 的均匀电场中，$\boldsymbol{l}$ 表示从 $-q$ 指向 $+q$ 的矢量，电偶极子的电矩 $\boldsymbol{p}_e=q\boldsymbol{l}$ 方向与 $\boldsymbol{E}$ 之间的夹角为 θ. 作用于电偶极子正、负电荷上的电场力分别为 $\boldsymbol{F}_+$ 和 $\boldsymbol{F}_-$，其大小相等，按式（6-4），有

$$F=|\boldsymbol{F}_+|=|\boldsymbol{F}_-|=qE$$

其方向相反，因此两力的矢量和为零，电偶极子不会发生平动；但由于电场力 $\boldsymbol{F}_+$ 和 $\boldsymbol{F}_-$ 的作用线不在同一直线上，此两力组成一个力偶[⊖]，使电偶极子发生转动. 电偶极子所受力偶矩的大小为

$$M=Fl\sin\theta=qEl\sin\theta=p_eE\sin\theta \tag{ⓐ}$$

式中，$l\sin\theta$ 为力偶矩的力臂，$p_e=ql$ 为电偶极子的电矩大小. 上式表明，当 $\boldsymbol{p}_e\perp\boldsymbol{E}$（$\theta=\pi/2$）时，力偶矩最大；当 $\boldsymbol{p}_e/\!/\boldsymbol{E}$（$\theta=0°$ 或 π）时，力偶矩等于零. 在力偶矩作用下，电偶极子发生转动，即其电矩 $\boldsymbol{p}_e$ 将转到与外电场 $\boldsymbol{E}$ 一致的方向上去.

综上所述，我们也可将式ⓐ表示成矢量式（$\boldsymbol{p}_e$ 与 $\boldsymbol{E}$ 的矢积），即

$$\boldsymbol{M}=\boldsymbol{p}_e\times\boldsymbol{E} \tag{6-16}$$

例题 6-10 压碎的某种磷酸盐矿石是磷酸盐和石英颗粒的混合体，在通过输送器 A 时将它们振动，引起摩擦带电，使磷酸盐带正电，石英带负电，尔后从两块平行带电平板（可视作无限大均匀带电平行平面）之间的中央落入，设其间的电场强度大小为 $E=0.5\times10^5\ \mathrm{N\cdot C^{-1}}$，方向如例题6-10图所示，它们所带电荷的大小均为每千克 10^{-5}C. 为了使磷酸盐能分离出来，两种粒子必须至少分开 10cm. 求：（1）粒子在两板间至少通过多少距离？（2）板上的电荷面密度大小.

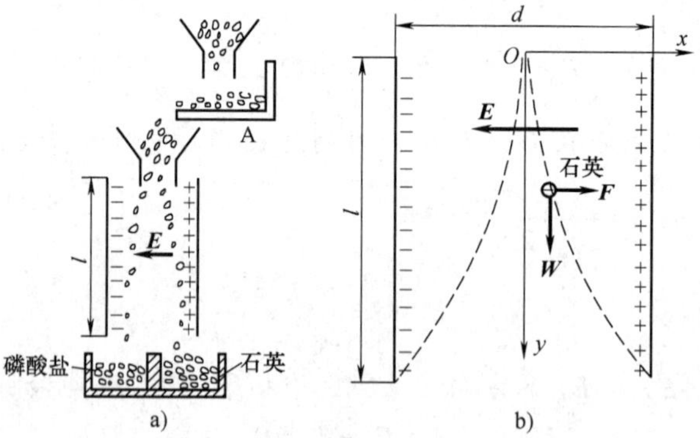

例题 6-10 图

⊖ 作用于同一物体上的大小相等、指向相反而不在同一直线上的两个平行力，称为**力偶**. 力偶对物体所产生的效应是使物体转动，力偶作用的强弱决定于力偶的力矩（简称**力偶矩**）. 此力矩的大小 M 等于力偶中任何一个力的大小 $\boldsymbol{F}$ 和这两个平行力之间的垂直距离 d（称为力臂）之乘积. 即力偶矩为 $M=Fd$. 如果力偶矩为零，则原来静止的物体不会转动，原来转动的物体做匀角速转动.

解 (1) 石英颗粒带负电$q=-10^{-5}\mathrm{C}\cdot\mathrm{g}^{-1}$，进入电场强度$E=0.5\times10^{5}\mathrm{N}\cdot\mathrm{C}^{-1}$的平行带电平板之间的中央时，受水平向右的电场力$\boldsymbol{F}$（$F=|q|E$）和竖直向下的重力$\boldsymbol{W}=m\boldsymbol{g}$作用. 在图示的坐标系$Oxy$中，按牛顿第二定律，粒子运动方程沿$Ox$、$Oy$轴方向的分量式分别为

$$|q|E=ma_x,\quad mg=ma_y$$

设$m=1\mathrm{kg}$，则上两式成为

$$a_x=|q|E,\quad a_y=g$$

对上两式进行两次积分，并根据初始条件：$t=0$时$x=0$，$v_x=v_y=0$，则得

$$x=\frac{1}{2}|q|Et^2,\quad y=\frac{1}{2}gt^2$$

因粒子从中央进入，即$x=d/2$，$d=10\mathrm{cm}$；并设粒子通过的距离为l，即$y=l$，代入上两式，得

$$l=\frac{gd}{2|q|E}$$

代入题设数据，可算出$l=0.98\mathrm{m}$.

(2) 由$E=\sigma/\varepsilon_0$，得平板上的电荷面密度大小为

$$\sigma=\varepsilon_0E=(8.85\times10^{-12}\mathrm{C}^2\cdot\mathrm{N}^{-1}\cdot\mathrm{m}^{-2})\times(0.5\times10^{5}\mathrm{N}\cdot\mathrm{C}^{-1})=4.43\times10^{-7}\mathrm{C}\cdot\mathrm{m}^{-2}$$

应用拓展

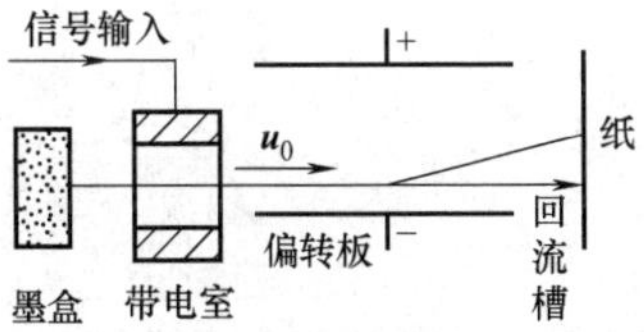

应用拓展 6-1 图

如应用拓展6-1图所示的喷墨打印机，其墨盒所射出墨滴微粒的直径约$10^{-5}\mathrm{m}$，墨滴进入带电室时被带上负电，所带电荷量由计算机按字体笔画高低输入信号加以控制. 带电后的墨滴以一定的初速u_0通过偏转电场而发生偏转后，打在纸上，显示出相应的字体. 无信号输入时，墨滴微粒不带电，径直通过偏转板而注入回流槽，流回墨盒.

问题 6-6 (1) 如问题6-6图所示，三个场源电荷在点$P(x,y,z)$激发的电场强度分别为

$$\boldsymbol{E}_1=(-10\mathrm{N}\cdot\mathrm{C}^{-1})\boldsymbol{i}+(-5\mathrm{N}\cdot\mathrm{C}^{-1})\boldsymbol{j}+(12\mathrm{N}\cdot\mathrm{C}^{-1})\boldsymbol{k};$$

$$\boldsymbol{E}_2=(5\mathrm{N}\cdot\mathrm{C}^{-1})\boldsymbol{i}+(3\mathrm{N}\cdot\mathrm{C}^{-1})\boldsymbol{j}+(9\mathrm{N}\cdot\mathrm{C}^{-1})\boldsymbol{k};$$

$$\boldsymbol{E}_3=(2\mathrm{N}\cdot\mathrm{C}^{-1})\boldsymbol{i}+(-4\mathrm{N}\cdot\mathrm{C}^{-1})\boldsymbol{j}+(-7\mathrm{N}\cdot\mathrm{C}^{-1})\boldsymbol{k}$$

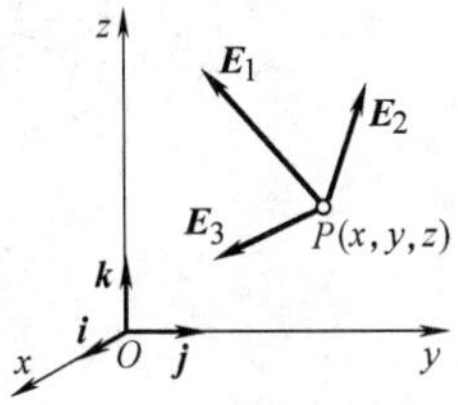

问题 6-6 图

求点P的电场强度$\boldsymbol{E}$的大小和方向（用三个方向余弦表示）.

(2) 一竖直无限大平板的一侧表面上均匀带电，它的电荷面密度为$\sigma=0.33\times10^{-4}\mathrm{C}\cdot\mathrm{m}^{-2}$. 一条长$l=5\mathrm{cm}$的棉线，一端固定于该平板上，另一端悬挂有质量$m=1\mathrm{g}$的带正电小球，若线与竖直方向成$\varphi=30°$角而达到平衡，求球上的电荷$q$.

(3) 求均匀带电细圆环的环心O点的电场强度，并根据电场强度的对称性分布阐释所得结果.

6.4　电通量　真空中的高斯定理

6.4.1　电场线

为了形象地描述电场的分布，引入电场线的概念．**在电场中画出一系列有指向的曲线，使这些曲线上的每一点的切线方向和该点的电场强度方向一致**．这样的曲线就叫作**电场线**．

为了使电场线不仅能表示电场强度的方向，而且又能表示电场强度的大小，我们规定：**在电场中任一点附近，通过该处垂直于电场强度 $\boldsymbol{E}$ 方向的单位面积的电场线条数 ΔN 等于该点电场强度 $\boldsymbol{E}$ 的大小**，即 $\Delta N/\Delta S_{\perp}=E$．这样，就可以看到，在电场中电场强度较大的地方，电场线较密；电场强度较小的地方，电场线较疏．图 6-4 表示几种典型电场的电场线分布．从图中可以看出，静电场的电场线有以下两个性质：电场线总是起始于正电荷，终止于负电荷，不会形成闭合曲线，也不会在没有电荷的地方中断；任何两条电场线都不会相交．

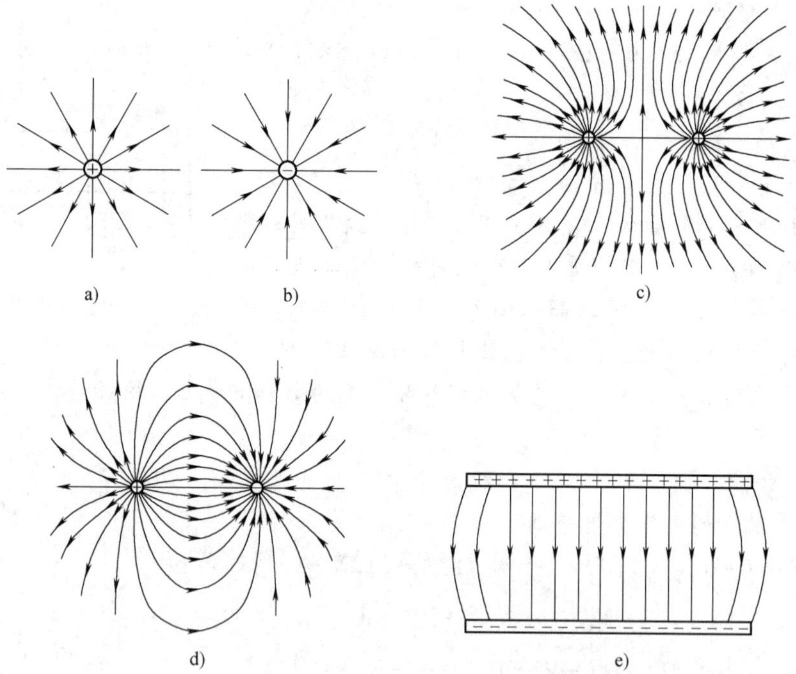

图 6-4　几种典型电场的电场线分布图形

a）正点电荷　b）负点电荷　c）一对等量同种点电荷

d）一对等量异种点电荷　e）均匀带异种电荷的平行板

问题 6-7　什么叫电场线？电场线有什么性质？试用电场线大致表示点电荷和电偶极子的电场．为什么均匀电场的电场线是一系列疏密均匀的同方向平行直线？

6.4.2 电通量

在电场中任一点处，取一块面积元 $\Delta S_{\perp}$，与该点电场强度 $\boldsymbol{E}$ 的方向相垂直，我们把**电场强度的大小 E 与面积元 $\Delta S_{\perp}$ 之乘积**，称为穿过该面积元 $\Delta S_{\perp}$ 的**电通量**，用 $\Delta \Phi_e$ 表示，即

$$\Delta \Phi_e = E\Delta S_{\perp} \tag{6-17}$$

另一方面，由上面有关电场线的描述，可得 $\Delta N = E\Delta S_{\perp}$. 这样，我们就可以把穿过电场中任一个给定面积 S 的电通量 Φ_e 用通过该面积的电场线条数来表述.

在均匀电场中，电场线是一系列均匀分布的同方向平行直线（见图 6-5a）. 想象一个面积为 S 的平面，它与电场强度 $\boldsymbol{E}$ 的方向相垂直. 由于在均匀电场中，电场强度的大小 E 处处相等，这样，根据式（6-17），穿过 S 面的电通量为

$$\Phi_e = ES \quad ⓐ$$

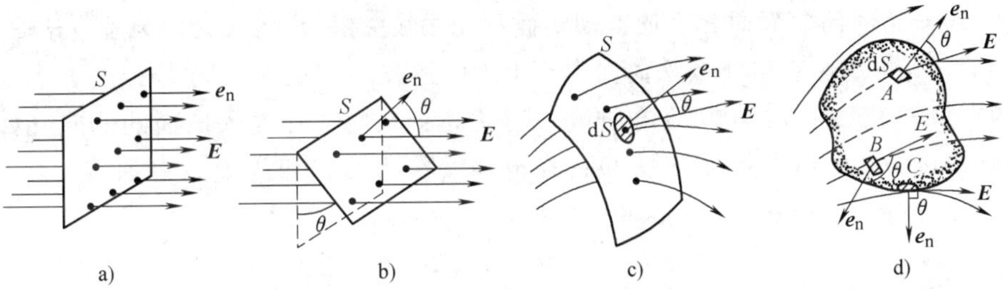

图 6-5 计算电通量用图

如果在均匀电场中，平面 S 与电场强度 $\boldsymbol{E}$ 不相垂直，我们可以用平面的**法线矢量 $\boldsymbol{e}_n$**[⊖]来标示平面 S 在空间的方位. 设 $\boldsymbol{e}_n$ 与 $\boldsymbol{E}$ 的方向成 θ 角（见图 6-5b），这时可先求出平面 S 在垂直于 $\boldsymbol{E}$ 的平面上的投影面积 $S_{\perp}$，即 $S_{\perp} = S\cos\theta$. 由图可见，通过面积 $S_{\perp}$ 的电场线必定全部穿过面积 S. 按式ⓐ，通过 $S_{\perp}$ 的电场线条数等于 $ES_{\perp} = ES\cos\theta$，所以穿过倾斜面积 S 的电通量也应该是

$$\Phi_e = ES\cos\theta \quad ⓑ$$

即穿过给定平面的电通量 Φ_e，等于电场强度 $\boldsymbol{E}$ 在该平面上的法向分量 $E\cos\theta$ 与面积 S 之乘积. 显然，穿过给定面积的电通量是一个标量，其正、负取决于这个面的法线矢量 $\boldsymbol{e}_n$ 和电场强度 $\boldsymbol{E}$ 两者方向之间的夹角 θ.

如果是非均匀电场，并且 S 也不是平面，而是一个任意曲面（见图 6-5c），那么，可以先把曲面分成无限多个面积元 $\mathrm{d}S$，每个面积元 $\mathrm{d}S$ 都可视作平面，而且在面积元 $\mathrm{d}S$ 的微小

⊖ 平面的法线矢量 $\boldsymbol{e}_n$ 是指垂直于平面的一个单位矢量. 它的指向可以背离平面（或曲面）向外或朝向平面（或曲面），可由我们任意选定. 对下面将要讲到的闭合曲面来说，一点的法线矢量 $\boldsymbol{e}_n$ 垂直于过该点的切平面. 数学上规定，其指向朝着闭合曲面的外侧；或者说，$\boldsymbol{e}_n$ **沿闭合曲面的外法线方向**.

区域上，各点的电场强度 $\boldsymbol{E}$ 也可视作相等，则由式ⓑ，穿过面积元 $\mathrm{d}S$ 上的电通量为

$$\mathrm{d}\Phi_e = E\mathrm{d}S\cos\theta \qquad ⓒ$$

其中，θ 为面积元的法线矢量 $\boldsymbol{e}_n$ 与该处电场强度 $\boldsymbol{E}$ 之间的夹角. 通过整个曲面 S 的电通量为

$$\Phi_e = \iint_S \mathrm{d}\Phi_e = \iint_S E\cos\theta\mathrm{d}S = \iint_S \boldsymbol{E}\cdot\mathrm{d}\boldsymbol{S} \qquad ⓓ$$

式中，$\mathrm{d}\boldsymbol{S}$ 为**面积元矢量**，其大小为 $\mathrm{d}S$，方向用法线矢量 $\boldsymbol{e}_n$（$\boldsymbol{e}_n$ 的大小是1）表示，可写作 $\mathrm{d}\boldsymbol{S}=\mathrm{d}S\boldsymbol{e}_n$.

对电场中的一个封闭曲面来说，所通过的电通量为

$$\Phi_e = \oint\!\!\!\oint_S \mathrm{d}\Phi_e = \oint\!\!\!\oint_S \boldsymbol{E}\cdot\mathrm{d}\boldsymbol{S} = \oint\!\!\!\oint_S E\cos\theta\mathrm{d}S \qquad (6\text{-}18)$$

> “$\oint\!\!\!\oint_S$”表示对整个闭合曲面求积分.

值得注意，**对一个封闭曲面而言，通常规定面积元法线矢量 e_n 的正方向为垂直于曲面向外**. 因而，由图6-5d可见，在电场线从曲面内穿出来的地方（如点 A），电场强度 $\boldsymbol{E}$ 和曲面法线矢量 $\boldsymbol{e}_n$ 的夹角 $\theta<90°$，$\cos\theta>0$，故电通量 $\mathrm{d}\Phi_e$ 为正；在电场线穿入曲面的地方（如点 B），$180°>\theta>90°$，$\cos\theta<0$，电通量 $\mathrm{d}\Phi_e$ 为负；在电场线与曲面相切的地方（如点 C），$\theta=90°$，$\cos 90°=0$，电通量 $\mathrm{d}\Phi_e=0$.

应用拓展

电通量的概念是为了描述电场的分布而引入的，但在工程上，人们通过测量混凝土试件的电通量值来确定混凝土的抗氯离子渗透性能，以此来评价混凝土的密实程度. 具体做法：先将待测试件通过真空饱水法处理，然后在试件两端施加直流电压，在电场作用下使处于试件负极一侧的负电荷向正极移动. 通过测量一定时间内流过混凝土的电通量值，来快速评价混凝土的渗透性高低或密实程度.

问题6-8　（1）何谓电通量？试根据它的定义，自行推出其单位为 $\mathrm{N\cdot m^2\cdot C^{-1}}$.
（2）在电场中，通过一平面、曲面或闭合曲面的电通量如何计算？

6.4.3 高斯定理及其应用

从电通量的概念出发，可以引证真空中静电场的**高斯定理**.

首先，我们讨论点电荷的静电场. 设在真空中有一个正的点电荷 q，则在其周围存在着静电场. 以点电荷 q 的所在处为中心，取任意长度 r 为半径，作一个闭合球面，包围这个点电荷（见图6-6a）. 显然，点电荷 q 的电场具有球对称性，球面上任一点电场强度 $\boldsymbol{E}$ 的大小都是 $q/(4\pi\varepsilon_0 r^2)$，方向都是以点电荷 q 为中心，对称地沿着半径方向呈辐射状，并且处处与球面垂直. 在此闭合球面上任取一面积元矢量 $\mathrm{d}\boldsymbol{S}$，其方向也沿半径向外，与电场强度 $\boldsymbol{E}$ 的夹角 $\theta=0°$. 按式（6-18），穿过整个闭合球面的电通量为

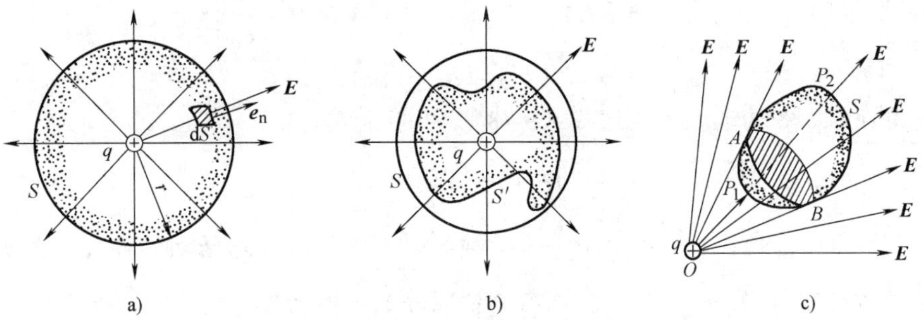

图 6-6 证明高斯定理用图

a）从点电荷发出的电场线穿过球面 b）从点电荷发出的电场线穿过任意闭合曲面 c）点电荷在闭合曲面之外

$$\Phi_e = \oint_S \mathrm{d}\Phi_e = \oint_S \boldsymbol{E}\cdot \mathrm{d}\boldsymbol{S} = \oint_S \frac{q}{4\pi\varepsilon_0 r^2}\cos 0^\circ \mathrm{d}S$$

$$= \frac{q}{4\pi\varepsilon_0 r^2}\oint_S \mathrm{d}S = \frac{q}{4\pi\varepsilon_0 r^2}(4\pi r^2) = \frac{q}{\varepsilon_0} \qquad ⓐ$$

即穿过此球面的电通量 Φ_e 只与被球面所包围的点电荷 q 有关，而与半径 r 无关. 上式中的 q 是正的，因此 $\Phi_e>0$，这表示电场线从正电荷处发出，并穿出球面；若 q 为负，读者同样可以推出上述结果，但这时 $\Phi_e<0$，表示电场线穿入球面，并终止于负电荷.

然后，我们来讨论穿过包围点电荷 q（设 $q>0$）的任意闭合曲面 S'的电通量. 如图 6-6b 所示，在 S'的外面作一个以点电荷 q 为中心的球面 S，S 和 S'包围同一个点电荷 q，S 和 S'之间并无其他电荷，故电场线不会中断，穿过闭合曲面 S'和穿过球面 S 的电场线条数是相等的. 由式ⓐ可知，穿过球面 S 的电通量等于 q/ε_0，因此穿过任意闭合曲面 S'的电通量 Φ_e 也应等于 q/ε_0. 并且在电场中作包围点电荷 q 的无限多个形状和大小不一的闭合曲面，我们不用计算就能断定，穿过每一闭合曲面的电通量 Φ_e 也都等于 q/ε_0.

如果点电荷 q 在闭合曲面 S 之外（见图 6-6c），则只有与闭合曲面相切的锥体 AOB 范围内的电场线才能通过此闭合曲面，而且每一条电场线从某处穿入曲面（如图中 P_1 处），必从另一处穿出曲面（如图中 P_2 处）. 按照规定，电场线从曲面穿入，电通量为负，电场线从曲面穿出，电通量为正，一进一出，正负相消. 这样，从这一曲面穿入和穿出的电场线条数是相等的，即穿过这一闭合曲面的电通量之代数和为零，有

$$\oint_S \boldsymbol{E}\cdot \mathrm{d}\boldsymbol{S} = 0 \qquad ⓑ$$

以上我们只讨论了单个点电荷的电场中，穿过任一闭合面的电通量. 现在，将上述结果推广到点电荷系 q_1，q_2，…，q_n，q_{n+1}，…，q_s 的电场中去. 今作一任意闭合面 S，它包围了 n 个点电荷 q_1，q_2，…，q_n，对其中每个点电荷来说，由式ⓐ，有 $\Phi_{e_1}=q_1/\varepsilon_0$，$\Phi_{e_2}=q_2/\varepsilon_0$，…，$\Phi_{e_n}=q_n/\varepsilon_0$；而对于在闭合面 S 以外的点电荷 q_{n+1}，…，q_s，由式ⓑ，它们对闭合面 S 上电通量的贡献分别为零. 于是，穿过闭合面 S 的电通量合计为

$$\Phi_e = \frac{q_1}{\varepsilon_0} + \frac{q_2}{\varepsilon_0} + \cdots + \frac{q_n}{\varepsilon_0} + 0 + \cdots + 0 = \frac{1}{\varepsilon_0}\sum_i q_i$$

$$(i = 1, 2, 3, \cdots, n)$$

根据穿过闭合曲面 S 的电通量表达式（6-18），可将上式写成

$$\oiint_S \boldsymbol{E} \cdot \mathrm{d}\boldsymbol{S} = \frac{1}{\varepsilon_0}\sum_i q_i \tag{6-19}$$

上式表明，**穿过静电场中任一闭合面的电通量 Φ_e，等于包围在该闭合面 S（称为高斯面）内所有电荷之代数和 $\sum_i q_i$ 的 $1/\varepsilon_0$，而与闭合面外的电荷无关**. 这一结论称为真空中静电场的**高斯定理**.

请读者注意，高斯定理指出了通过闭合面的电通量只与该面所包围的总电荷（净电荷）有关；而闭合面上任意一点的电场强度则是由激发该电场的所有场源电荷（包括闭合面内、外所有的电荷）共同决定的，并非只由闭合曲面所包围的电荷激发的.

前面说过，电场线起自正电荷、终止于负电荷，其实，这是高斯定理的必然结果. 所以，高斯定理是一条反映静电场基本性质的普遍定理，即**静电场是有源场**. 激发电场的电荷则为该电场的“源头”. 或者形象地说，正电荷是电场的“源头”，每单位正电荷向四周发出 $1/\varepsilon_0$ 条电场线；负电荷是电场的“尾闾”，每单位负电荷有 $1/\varepsilon_0$ 条电场线向它会聚（或终止）.

高斯定理是一条反映静电场规律的普遍定理，在进一步研究电学时，这条定理很重要. 在这里，我们只是应用它来计算某些具有对称分布的电场.

思维拓展

高斯定理并不是只能应用于电场中. 根据数学公式上的相似性，高斯定理也可以应用于其他由平方反比律决定的物理量上，比如辐照度、引力等.

问题 6-9 试证真空中静电场的高斯定理；并据以阐明静电场的一个基本性质.

例题 6-11 （1）电荷 q（>0）均匀分布在半径为 R 的球面上；（2）一半径为 R、电荷体密度为 ρ（即单位体积所带的电荷，其单位为 $\mathrm{C \cdot m^{-3}}$）的均匀带电球体. 试求上述球面和球体外的电场分布.

分析 应用高斯定理求电场强度时，首先要分析电场分布的对称性. 如例题 6-11 图 b 所示，我们以带电球面为例，来考虑球面外与球心 O 相距 r 的任一场点 P，点 P 和球心 O 的连线 OP 沿半径方向. 由于电荷均匀分布在球面上，故对球面上任一电荷元 $\mathrm{d}q_1$，总可在球面上找到等量的另一电荷元 $\mathrm{d}q_2$，两者对连线 OP 是完全对称的，故 $\mathrm{d}q_1$、$\mathrm{d}q_2$ 与点 P 的距离相等. 即 $r_1 = r_2$，因而，在点 P 的电场强度 $\mathrm{d}E_1 = \mathrm{d}q_1/(4\pi\varepsilon_0 r_1^2)$ 和 $\mathrm{d}E_2 = \mathrm{d}q_2/(4\pi\varepsilon_0 r_2^2)$，大小相等，且与 OP 成等角，即对称于连线 OP. 显然，它们的矢量和 $\mathrm{d}\boldsymbol{E} = \mathrm{d}\boldsymbol{E}_1 + \mathrm{d}\boldsymbol{E}_2$ 是沿着连线 OP 的. 将整个带电球面上的每一

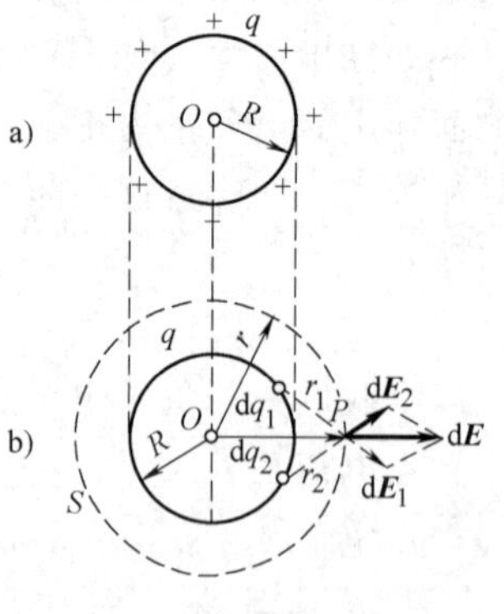

例题 6-11 图

对的对称电荷元在点 P 的电场强度叠加，所得的总电场强度 $\boldsymbol{E}$ 也必定沿连线 OP，即沿半径方向.

同理，分析通过点 P、并与带电球面同心的球面（图中的虚线球面）上各点的电场强度，其方向各自沿所在点的半径指向球外，即整个电场的电场线呈辐射状；其大小都和点 P 的相同. 所以，**均匀带电球面的电场分布是球对称的**.

解 （1）既然电场是球对称的，我们就以通过点 P 的同心球面作为高斯面 S（如虚线所示），在 S 面上各点的电场强度 $\boldsymbol{E}$ 的大小处处都和点 P 的电场强度 E 相同；方向各沿其半径而指向球外，与球面上所在点的外法线方向一致，因而处处有 $\theta=0°$，$\cos\theta=1$，通过此高斯面（球面）S 的电通量为

$$\Phi_e = \oiint_S \boldsymbol{E}\cdot \mathrm{d}\boldsymbol{S} = \oiint_S E\cos\theta \mathrm{d}S = E\oiint_S \mathrm{d}S = E(4\pi r^2)$$

其中 $r=OP$，是球面 S 的半径.

由于所取场点 P 在带电球面外（$r>R$），则高斯面所包围的电荷 $\sum_i q_i$ 即为球面上所带电荷 q. 于是，按高斯定理，有

$$4\pi r^2 E = \frac{q}{\varepsilon_0}$$

故在球面外的场点 P，其电场强度为

$$E = \frac{1}{4\pi\varepsilon_0}\frac{q}{r^2} \quad (r>R) \tag{6-20}$$

E 的方向沿半径指向球外（若 $q<0$，则沿半径指向球内），因而可用沿径向的单位矢量 $\boldsymbol{e}_r$ 标示，则式（6-20）可表示为矢量式

$$\boldsymbol{E} = \frac{1}{4\pi\varepsilon_0}\frac{q}{r^2}\boldsymbol{e}_r \quad (r>R) \tag{6-21}$$

（2）计算均匀带电球体外的电场分布. 由于电荷的分布对球心 O 是对称的，因此电场分布也具有球对称性，即以 O 为圆心的同心球面上，各点电场强度大小均相等，方向皆分别沿半径指向球外.

为了计算球外离球心为 r 处的电场强度，以 O 为圆心、$r>R$ 为半径作一球形高斯面，则高斯面内的电荷为 $\sum_i q_i = \rho(4\pi R^3/3)$，按高斯定理，由于高斯面上各点处处有 $\boldsymbol{E}\perp \mathrm{d}\boldsymbol{S}$ 的关系，且高斯面上各点 E 相等，则

$$\oiint_S \boldsymbol{E}\cdot \mathrm{d}\,\boldsymbol{S} = \oiint_S E\cos 0 \mathrm{d}S = E\oiint_S \mathrm{d}S = E(4\pi r^2)$$

从而有

$$E(4\pi r^2) = \frac{1}{\varepsilon_0}\rho\left(\frac{4}{3}\pi R^3\right)$$

得

$$E = \frac{1}{4\pi\varepsilon_0}\frac{q}{r^2} \quad (r>R)$$

同理，可用矢量式表示为

$$\boldsymbol{E} = \frac{1}{4\pi\varepsilon_0}\frac{q}{r^2}\boldsymbol{e}_r \quad (r>R) \tag{6-22}$$

综上所述，可得如下结论：**均匀带电球面（或球体）外的电场强度分布，与球面（或球体）上电荷全部集中于球心的点电荷所激发的电场强度分布相同.**

问题 6-10 试导出均匀带电的球面和球体在球内空间（$r<R$，R 为球面或球体的半径）的电场强度.

6.5 静电场的环路定理 电势

在前几节中，我们从电荷在电场中受电场力作用这一事实出发，引入了电场强度等概念，研究了描述静电场性质的一条基本定理——高斯定理. 现在从电场力对电荷做功这一角度，将推出描述静电场性质的另一条基本定理. 并由此从功能观点引入电势等概念.

6.5.1 静电力的功

如图 6-7 所示，在点电荷 q 的电场中，场点 a 和 b 到点电荷 q 的距离分别为 r_a 和 r_b，C 为从 a 点到 b 点的任意路径 l 上的任一点，C 点到 q 的距离为 r，C 点处的电场强度大小为

$$E=\frac{1}{4\pi\varepsilon_0}\frac{q}{r^2}$$

当试探电荷 q_0 沿路径 l 自 C 点经历位移元 $\mathrm{d}\boldsymbol{l}$ 时，电场力 $\boldsymbol{F}=q\boldsymbol{E}$ 所做的元功为

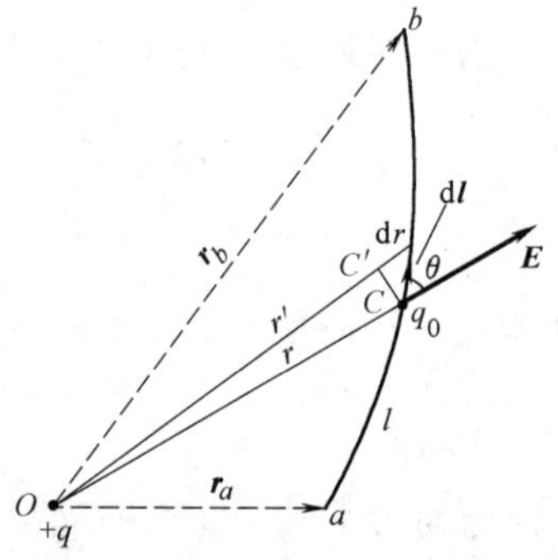

图 6-7 静电场力所做的功

$$\mathrm{d}A=\boldsymbol{F}\cdot\mathrm{d}\boldsymbol{l}=q_0\boldsymbol{E}\cdot\mathrm{d}\boldsymbol{l}=q_0E\cos\theta\mathrm{d}l=q_0E\mathrm{d}r \qquad ⓐ$$

式中，θ 为电场强度 $\boldsymbol{E}$ 与位移元 $\mathrm{d}\boldsymbol{l}$ 之间的夹角；$\mathrm{d}r$ 为位移元 $\mathrm{d}\boldsymbol{r}$ 沿电场强度 $\boldsymbol{E}$ 方向的分量. 当试探电荷 q_0 从 a 点移到 b 点时，电场力所做的功为

$$A=\int_a^b\mathrm{d}A=\int_{r_a}^{r_b}q_0E\mathrm{d}r=\frac{q_0}{4\pi\varepsilon_0}\int_{r_a}^{r_b}\frac{q\mathrm{d}r}{r^2}=\frac{q_0q}{4\pi\varepsilon_0}\left(\frac{1}{r_a}-\frac{1}{r_b}\right) \qquad (6\text{-}23)$$

上式表明，试探电荷 q_0 在静止点电荷 q 的电场中移动时，静电场力所做的功只与始点和终点的位置以及试探电荷的量值 q_0 有关，而与试探电荷在电场中所经历的路径无关.

上述结论对于任何静电场皆适用. 考虑到任何静电场都可看作由点电荷系所激发的，根据电场强度叠加原理，其电场强度 $\boldsymbol{E}$ 是各个点电荷 q_1，q_2，…，q_i，…，q_n 单独存在时的电场强度 $\boldsymbol{E}_1$，$\boldsymbol{E}_2$，…，$\boldsymbol{E}_i$，…，$\boldsymbol{E}_n$ 之矢量和，即

$$\boldsymbol{E}=\boldsymbol{E}_1+\boldsymbol{E}_2+\cdots+\boldsymbol{E}_i+\cdots+\boldsymbol{E}_n$$

当试探电荷 q_0 在电场中从场点 a 沿任意路径 l 移动到场点 b 时，由式ⓐ，按矢量标积的分配律，电场力所做的功为

$$\begin{aligned}A_{ab}&=q_0\int_a^b\boldsymbol{E}\cdot\mathrm{d}\boldsymbol{l}=q_0\int_a^b(\boldsymbol{E}_1+\boldsymbol{E}_2+\cdots+\boldsymbol{E}_i+\cdots+\boldsymbol{E}_n)\cdot\mathrm{d}\boldsymbol{l}\\&=q_0\int_a^b\boldsymbol{E}_1\cdot\mathrm{d}\boldsymbol{l}+q_0\int_a^b\boldsymbol{E}_2\cdot\mathrm{d}\boldsymbol{l}+\cdots+q_0\int_a^b\boldsymbol{E}_i\cdot\mathrm{d}\boldsymbol{l}+\cdots+q_0\int_a^b\boldsymbol{E}_n\cdot\mathrm{d}\boldsymbol{l}\end{aligned}$$

或
$$A_{ab} = A_1 + A_2 + \cdots + A_i + \cdots + A_n = \sum_i A_i \tag{6-24}$$

即静电场力所做的功等于各个场源点电荷 q_i 对试探电荷 q_0 所施电场力做功之代数和. 由于每一个场源点电荷施于试探电荷 q_0 的电场力所做的功, 都与路径无关 [见式 (6-23)], 那么, 这些功之代数和也与路径无关, 故得结论: **试探电荷在任何静电场中移动时, 静电场力所做的功, 仅与试探电荷以及始点和终点的位置有关, 而与所经历的路径无关**.

6.5.2 静电场的环路定理

上述静电场力做功与路径无关的结论, 还可换成另一种说法: **静电场力沿任何闭合路径所做的功等于零**. 如图 6-8 所示, 设试探电荷 q_0 在静电场中从某点 a 出发, 沿任意闭合路径 l 绕行一周, 又回到原来的点 a, 即始点与终点重合. 为了计算沿闭合路径 l 所做的功, 设想在 l 上再任取一点 c, 将 l 分成 l_1 和 l_2 两段, 则沿闭合路径 l 绕行一周, 电场力对试探电荷 q_0 所做的功为

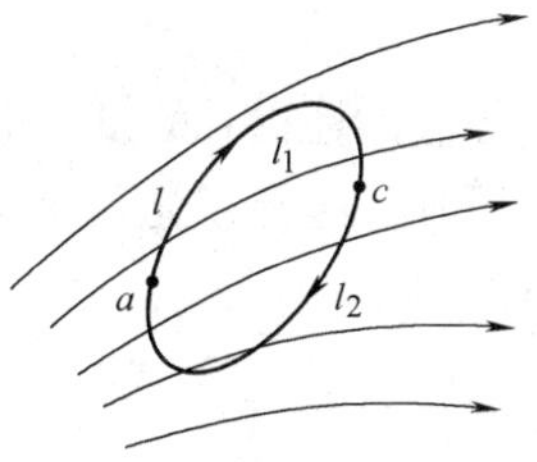

图 6-8 静电场中电场强度的环流等于零

$$q_0 \oint_l \boldsymbol{E} \cdot \mathrm{d}\boldsymbol{l} = q_0 \int_{(l_1)a}^{c} \boldsymbol{E} \cdot \mathrm{d}\boldsymbol{l} + q_0 \int_{(l_2)c}^{a} \boldsymbol{E} \cdot \mathrm{d}\boldsymbol{l} = q_0 \int_{(l_1)a}^{c} \boldsymbol{E} \cdot \mathrm{d}\boldsymbol{l} - q_0 \int_{(l_2)a}^{c} \boldsymbol{E} \cdot \mathrm{d}\boldsymbol{l} \tag{ⓑ}$$

由于电场力做功与路径无关, 对相同的始点和终点而言, 有

$$q_0 \int_{(l_1)a}^{c} \boldsymbol{E} \cdot \mathrm{d}\boldsymbol{l} = q_0 \int_{(l_2)a}^{c} \boldsymbol{E} \cdot \mathrm{d}\boldsymbol{l} \tag{ⓒ}$$

将式ⓒ代入式ⓑ, 并因 $q_0 \neq 0$, 故可证得

$$\oint_l \boldsymbol{E} \cdot \mathrm{d}\boldsymbol{l} = 0 \tag{6-25}$$

式中, $\oint_l \boldsymbol{E} \cdot \mathrm{d}\boldsymbol{l}$ 是电场强度 $\boldsymbol{E}$ 沿闭合路径 l 的线积分, 称为电场强度 $\boldsymbol{E}$ 的**环流**. 上式表示, **静电场中电场强度 $\boldsymbol{E}$ 的环流恒等于零**. 这一结论是电场力做功与路径无关的必然结果, 称为**静电场的环路定理**. 它是描述静电场性质的另一条重要定理.

> 静电场中电场强度 $\boldsymbol{E}$ 的环流为零, 表明静电场是**无旋场**. 数学上可以证明: 无旋场必是**有势场**.

静电场力做功与路径无关这一特性, 表明静电场是保守力场, 因此, 是一种有势场, 亦即静电场力和重力相类同, 也是一种保守力.

静电场的高斯定理和环路定理是描述静电场性质的两条基本定理. **高斯定理指出静电场是有源的; 环路定理指出静电场是有势的, 是一种保守力场**. 因此, 要完全地描述一个静电场, 必须联合运用这两条定理.

问题 6-11 证明电荷在静电场中移动时, 电场力做功与路径无关. 并由此导出静电场环路定理. 试问环路定理说明了静电场的什么性质?

6.5.3 电势能

对于每一种保守力，都可以引入相应的势能. 正如重力与重力势能的关系一样，静电场力也有与之相关的势能——静电势能（简称**电势能**）. 由保守力做功与势能改变的关系可知，**静电场力做的功等于电势能的减少**. 如以 W_a 和 W_b 分别表示试探电荷 q_0 在电场中始点 a 和终点 b 处的电势能，则试探电荷从 a 点移到 b 点，静电场力对它做的功为

$$A_{ab} = q_0\int_a^b \boldsymbol{E} \cdot \mathrm{d}\boldsymbol{l} = W_a - W_b \tag{6-26}$$

势能都是相对的量，电势能也是如此，其量值与势能零点的选择有关. 当电荷分布在有限区域时，通常规定无限远处的电势能为零. 这样，若令上式中的 b 点在无限远处，则 $W_b = W_\infty = 0$，于是

$$W_a = q_0\int_a^\infty \boldsymbol{E} \cdot \mathrm{d}\boldsymbol{l} \tag{6-27}$$

即，试探电荷 q_0 在电场中 a 点的电势能，在量值上等于把它从 a 点移到势能零点处静电场力所做的功. 一般地说，这个功有正（例如斥力场中）有负（例如引力场中），电势能也有正有负. 式（6-27）所表示的试探电荷 q_0 的电势能，乃是对形成那个电场的场源电荷而言的，实际上是由于试探电荷 q_0 与这一场源电荷间存在着电场力这种保守力而具有的. 因此，电势能是属于场源电荷和引入电场中的电荷所组成的带电系统的. 电势能的单位为 J（焦耳）.

问题 6-12 电势能是如何规定的？试将其与重力势能相比较，说明负的试探电荷在正电荷的电场中移动时所做的功和相应电势能的增减情况.

6.5.4 电势 电势差

静电势能不仅与给定点的位置有关，而且与试探电荷 q_0 的大小有关，尚不能用来反映电场的做功本领，而比值 W_a/q_0 却与 q_0 无关，只取决于给定点 a 的位置，故可用来表征电场在一点所拥有的做功本领，我们把这个比值称为 a 点的**电势**，记为 V_a，由式（6-27）可得

$$V_a = \int_a^\infty \boldsymbol{E} \cdot \mathrm{d}\boldsymbol{l} \tag{6-28}$$

上式说明，**电场中某点的电势在量值上等于单位正电荷放在该点时所具有的电势能，也等于单位正电荷从该点经过任意路径移到无穷远处时静电场力所做的功**. 电势是标量，有正或负的量值.

在静电场中，任意两点 a 和 b 的电势之差，叫作**该两点间的电势差**，也叫作**电压**，用符号 U_{ab} 表示. 依定义

$$U_{ab} = V_a - V_b = \int_a^b \boldsymbol{E} \cdot \mathrm{d}\boldsymbol{l} \tag{6-29}$$

这就是说，**静电场中 a、b 两点的电势差（或电压），在数值上等于单位正电荷从 a 点经任意路径移到 b 点时，静电场力所做的功**. 因此，当试探电荷 q_0 在电场中从 a 点移到 b 点时，静电场力所做的功可用电势差表示为

$$A_{ab}=q_0(V_a-V_b) \tag{6-30}$$

和电势能一样，电势也是一个相对量，电势零点可以任意选择. 当研究有限大小的带电体时，一般选无限远处电势为零. 在实际中，往往选取地球（或接地的电器外壳）的电势为零.

在 SI 中，电势的单位是 V（**伏特**，简称**伏**），$1V=1J\cdot C^{-1}$. 电势差（或电压）的单位也是 V（伏）. 在电势（或电势差）较大或较小的情形下，有时也用 kV（千伏）或 mV（毫伏）作为单位，其换算关系为

$$1kV=10^3V,\quad 1mV=10^{-3}V$$

已知电子电荷 e 等于 $1.60\times10^{-19}C$，当电子在电场中经过电势差为 1V 的两点时，所增加（或减少）的能量称为**电子伏特**，简称**电子伏**，符号为 eV. 电子伏是近代物理学中常用的一种能量单位，它与焦耳的换算关系为

$$1eV=1.60\times10^{-19}C\times1V=1.60\times10^{-19}J$$

有时用电子伏作为单位显得太小，而常用 MeV（兆电子伏）作为单位，$1MeV=10^6eV$.

应用拓展

作为生命活动的基本单位，生物体的每个细胞都被细胞膜所包围，细胞膜内外的液体中都溶有一定量的电解质，而细胞膜则充当离子透过膜的通道. 由于膜两边的离子会有选择性地穿过细胞膜，细胞膜两边离子的浓度不等，从而引起电势差即膜电势. 由于膜电势的存在，相当于细胞的两层膜上的双电层形成偶极分子. 当我们的心脏跳动时，心肌细胞膜的电势会不断变化，从而导致心脏周围的电场也在不断变化. 心电图就是利用这一原理实现的，通过检测心脏电势差随时间变化的情况来判断心脏是否在正常工作.

问题 6-13 （1）为什么不用电势能而用电势来描述电场？电势和电势差及其单位是如何规定的？如何根据电势差计算电场力所做的功？

（2）设在一直线上的两点 a 和 b 分别距点电荷 $+q$ 为 r_a 和 r_b（$r_a<r_b$）. 将一试探电荷 $-q_0$ 从点 a 移到点 b，试决定电场力做功的正负和大小？a、b 两点哪一点电势较高？

（3）当场源电荷分布在有限区域内时，通常取无限远处的电势为零，这样，电场中各点的电势是否一定为正？如果我们把地球的电势不取为零，而取为 10V，可以吗？这对测量电势的数值和测量电势差的数值是否都有影响？

（4）在电子器件的维修技术中，有时将整机的机壳作为电势零点. 若机壳未接地，能否说因为机壳电势为零，人站在地上就可以任意接触机壳？若机壳接地，则又如何？

6.5.5 电势的计算

点电荷电场中某一点的电势可由式（6-28）和式（6-23）求得. 设在点电荷 q 的电场中有一点 a，a 点距点电荷 q 的距离为 r，则可得 a 点的电势为

$$V_a=\int_a^\infty \boldsymbol{E}\cdot d\boldsymbol{l}=\frac{q}{4\pi\varepsilon_0}\left(\frac{1}{r}-\frac{1}{r_\infty}\right)=\frac{q}{4\pi\varepsilon_0 r} \tag{6-31}$$

上式表明，在选取无限远处的电势为零后，正点电荷电场中各点的电势值总是正的，负点电荷电场中各点的电势值总是负的.

设在有限空间内分布着 n 个点电荷 q_1，q_2，…，q_n. 为了求这个点电荷系电场中一点 a 的电势 V_a，按电场强度叠加原理和矢量标积的分配律，有

$$V_a = \int_a^\infty \boldsymbol{E} \cdot \mathrm{d}\boldsymbol{l} = \int_a^\infty (\boldsymbol{E}_1 + \boldsymbol{E}_2 + \cdots + \boldsymbol{E}_i + \cdots + \boldsymbol{E}_n) \cdot \mathrm{d}\boldsymbol{l}$$

$$= \int_a^\infty \boldsymbol{E}_1 \cdot \mathrm{d}\boldsymbol{l} + \int_a^\infty \boldsymbol{E}_2 \cdot \mathrm{d}\boldsymbol{l} + \cdots + \int_a^\infty \boldsymbol{E}_i \cdot \mathrm{d}\boldsymbol{l} + \cdots + \int_a^\infty \boldsymbol{E}_n \cdot \mathrm{d}\boldsymbol{l}$$

即

$$V_a = \sum_{i=1}^{n} \int_a^\infty \boldsymbol{E}_i \cdot \mathrm{d}\boldsymbol{l} = \sum_{i=1}^{n} V_i = \sum_{i=1}^{n} \frac{1}{4\pi\varepsilon_0} \frac{q_i}{r_i} = \frac{1}{4\pi\varepsilon_0} \sum_{i=1}^{n} \frac{q_i}{r_i} \tag{6-32}$$

式中，E_i 和 V_i 分别为第 i 个点电荷 q_i 单独在与之相距为 r_i 的 P 点激发的电场强度和电势. 上式表明，**在点电荷系的电场中，任意一点的电势等于各个点电荷在该点激发的电势之代数和**. 这一结论称为**电势的叠加原理**.

欲求连续分布电荷电场中任意一点的电势，可根据连续带电体上的电荷分布情况，分别引用体电荷密度 ρ、面电荷密度 σ 和线电荷密度 λ，将式（6-32）分别写成

$$V_a = \frac{1}{4\pi\varepsilon_0} \iiint_\tau \frac{\rho \mathrm{d}\tau}{r}, \quad V_a = \frac{1}{4\pi\varepsilon_0} \iint_S \frac{\sigma \mathrm{d}S}{r}, \quad V_a = \frac{1}{4\pi\varepsilon_0} \int_l \frac{\lambda \mathrm{d}l}{r} \tag{6-33}$$

例题 6-12 两个点电荷相距 20cm，电荷分别为 $q_1 = -10\times10^{-9}\mathrm{C}$ 和 $q_2 = 30\times10^{-9}\mathrm{C}$，求连线中点 O 处的电场强度和电势.

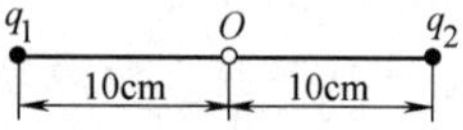

例题 6-12 图

分析 将两个点电荷分别在点 O 处激发的电场强度和电势叠加，即得所求结果.

电场强度是矢量，为此需要分别求出它们的大小（绝对值）和方向，再求矢量和. 电势是标量，所以只要求出它们的代数和就可以了.

解 在点电荷 q_1、q_2 的电场中，点 O 处的电场强度大小和方向分别为

$$E_1 = \frac{1}{4\pi\varepsilon_0} \frac{|q_1|}{r^2} = 9\times10^9 \times \frac{10\times10^{-9}}{(0.1)^2} \mathrm{N \cdot C^{-1}} = 9.0\times10^3 \mathrm{N \cdot C^{-1}} \quad \text{(方向沿着连线向左)}$$

$$E_2 = \frac{1}{4\pi\varepsilon_0} \frac{q_2}{r^2} = 9\times10^9 \times \frac{30\times10^{-9}}{(0.1)^2} \mathrm{N \cdot C^{-1}} = 27.0\times10^3 \mathrm{N \cdot C^{-1}} \quad \text{(方向沿着连线向左)}$$

由于电场强度 $\boldsymbol{E}_1$、$\boldsymbol{E}_2$ 是同方向的两个矢量，故可按标量求和法则，算得 O 点的总电场强度 $\boldsymbol{E}$ 为

$$E = \boldsymbol{E}_2 + \boldsymbol{E}_1 = (27.0+9.0)\times10^3 \mathrm{N \cdot C^{-1}} = 36.0\times10^3 \mathrm{N \cdot C^{-1}} \quad \text{(方向沿着连线向左)}$$

在点电荷 q_1、q_2 的电场中，点 O 处的电势分别为

$$V_1 = \frac{1}{4\pi\varepsilon_0} \frac{q_1}{r} = 9\times10^9 \times \left(-\frac{10\times10^{-9}}{0.1}\right) \mathrm{V} = -0.9\times10^3 \mathrm{V}$$

$$V_2 = \frac{1}{4\pi\varepsilon_0} \frac{q_2}{r} = 9\times10^9 \times \frac{30\times10^{-9}}{0.1} \mathrm{V} = 2.7\times10^3 \mathrm{V}$$

故 O 点的总电势 V 为

$$V = V_1 + V_2 = -0.9\times10^3 \mathrm{V} + 2.7\times10^3 \mathrm{V}$$

$$= 1.8\times10^3 \mathrm{V}$$

例题 6-13 一半径为 R 的细圆环连续均匀地带有电荷 q. 求：(1) 垂直于环面的轴上一点 A 的电势，已知点 A 与环面相距为 x; (2) 环心的电势.

解 (1) 点 A 的电势是环上所有电荷元在该点的电势之代数和. 由于电荷在环上是连续均匀分布的，则环上的线电荷密度为 $\lambda=q/(2\pi R)$. 现在我们在环上任取一电荷元 $\mathrm{d}q=\lambda\mathrm{d}l=\lambda R\mathrm{d}\alpha$ ($\mathrm{d}\alpha$ 是弧长 $\mathrm{d}l$ 所对应的中心角，见例题 6-13 图). 则根据式 (6-33) 中的第三式，得点 A 的电势为

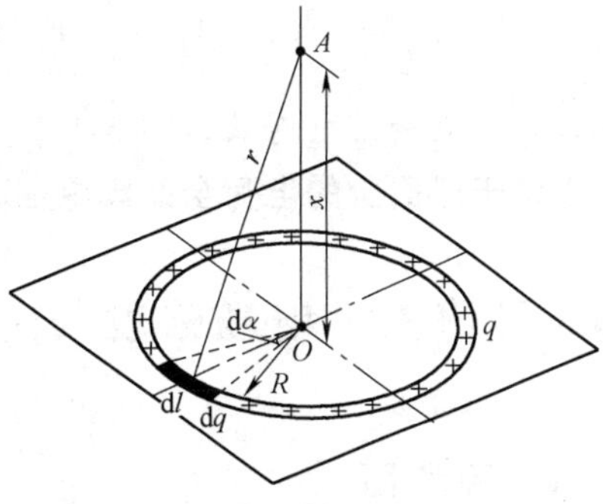

例题 6-13 图

$$V_A=\int_l\frac{\mathrm{d}q}{4\pi\varepsilon_0 r}=\int_0^{2\pi}\frac{1}{4\pi\varepsilon_0}\frac{\lambda R\mathrm{d}\alpha}{\sqrt{R^2+x^2}}=\frac{1}{4\pi\varepsilon_0}\frac{\lambda R}{\sqrt{R^2+x^2}}\int_0^{2\pi}\mathrm{d}\alpha$$
$$=\frac{1}{4\pi\varepsilon_0}\frac{\lambda 2\pi R}{\sqrt{R^2+x^2}}=\frac{1}{4\pi\varepsilon_0}\frac{q}{\sqrt{R^2+x^2}}\tag{6-34}$$

(2) 令上式中的 $x=0$，即得环心的电势为

$$V_O=\frac{q}{4\pi\varepsilon_0 R}\tag{6-34a}$$

如点 A 远离环心，即 $x\gg R$，读者试求点 A 的电势 V.

例题 6-14 如例题 6-14 图所示，一半径为 R 的均匀带电球面，电荷为 q，求球外、球面及球内各点的电势.

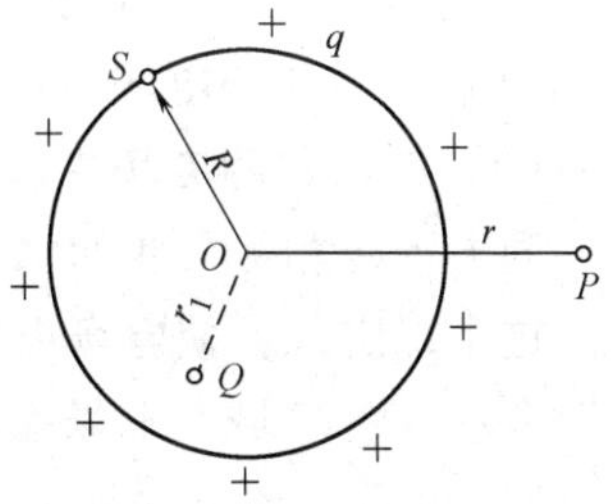

例题 6-14 图

分析 不必细说，读者可以根据高斯定理很容易地求出均匀带电球面内、外的电场强度：$E_{内}=0$，$E_{外}=q/(4\pi\varepsilon_0 r^2)$. 因此在本例已知电场强度分布的情况下，可以直接利用电势的定义式 (6-28) 求解. 同时考虑到均匀带电球面的对称关系，电场强度方向沿径向；又因为电场力做功与路径无关，于是为了计算方便起见，我们常常选择这样的路径：把单位正电荷从该点沿径向移到无限远，这样将使电场强度 $\boldsymbol{E}$ 与位移 $\mathrm{d}\boldsymbol{l}$ 的方向处处一致，即 $\theta=0°$.

解 任取球面内一点 Q，设与球心距离为 r_1，其电势为

$$V_Q=\int_{r_1}^{\infty}E\cos\theta\mathrm{d}r=\int_{r_1}^{\infty}E\cos0°\mathrm{d}r=\int_{r_1}^{R}E_{内}\,\mathrm{d}r+\int_R^{\infty}E_{外}\,\mathrm{d}r$$
$$=\int_{r_1}^{R}0\mathrm{d}r+\int_R^{\infty}\frac{q}{4\pi\varepsilon_0 r^2}\mathrm{d}r=\frac{q}{4\pi\varepsilon_0}\left[-\frac{1}{r}\right]_R^{\infty}=\frac{q}{4\pi\varepsilon_0 R}$$

同理，球面 S 上一点的电势为

$$V_S=\int_R^{\infty}E\cos0°\mathrm{d}r=\int_R^{\infty}\frac{q}{4\pi\varepsilon_0 r^2}\mathrm{d}r=\frac{q}{4\pi\varepsilon_0 R}$$

可见，在球面内和球面上各点的电势均相等，皆等于恒量 $q/(4\pi\varepsilon_0 R)$.

任取球面外一点 P (设与球心相距 r)，其电势同样可求出，即

$$V_p = \int_r^\infty E\cos 0^\circ \mathrm{d}r = \int_r^\infty \frac{q}{4\pi\varepsilon_0 r^2}\mathrm{d}r = \frac{q}{4\pi\varepsilon_0 r}$$

把上式与点电荷的电势公式（6-31）相比较，可见，**表面均匀带电的球面在球外一点的电势，等同于球面上的电荷全部集中在球心的点电荷所激发的电场中该点的电势**.

6.6　等势面　电场强度与电势的关系

6.6.1　等势面

为了描述静电场中各点电势的分布情况，我们**将静电场中电势相等的各点连接成一个面**，叫作**等势面**.

按式（6-29），在静电场中，电势差为 $U_{ab} = \int_a^b E\cos\theta \mathrm{d}l$. 如果单位正电荷沿着某一等势面从点 a 移到点 b 的位移为 $\mathrm{d}\boldsymbol{l}$，因为在等势面上各点电势相等，故 $V_a = V_b$，即 $U_{ab} = V_a - V_b = 0$，所以电场力所做的功 A_{ab} 为零，亦即

$$\int_a^b E\cos\theta \mathrm{d}l = 0$$

但单位正电荷所受的力 $\boldsymbol{E}$ 和位移 $\mathrm{d}\boldsymbol{l}$ 都不等于零，因此必须满足的条件是 $\cos\theta = 0$，即 $\theta = 90°$，或者说，等势面上微小位移 $\mathrm{d}\boldsymbol{l}$ 和该位移 $\mathrm{d}\boldsymbol{l}$ 处的电场强度 $\boldsymbol{E}$ 相互正交. 也就是说，电场强度 $\boldsymbol{E}$ 的方向——电场线的方向必然与等势面正交. 由此得到结论：

（1）**在任何静电场中，沿着等势面移动电荷时，电场力所做的功为零**.

（2）**在任何静电场中，电场线与等势面是互相正交的**.

同电场线相仿，我们也可以对等势面的疏密做一个规定，使它们也能显示出电场的强弱. 这个规定是：**使电场中任何两个相邻等势面的电势差都相等**. 这样，等势面愈密（即间距愈小）的区域，电场强度也愈大.

图 6-9 是按照上述规定画出来的几种电场的等势面（用虚线表示）和电场线图（用实线表示）. 对其中的图 6-9c，读者试解释为什么离带电体越远处的等势面，其形状越近似于一球面？

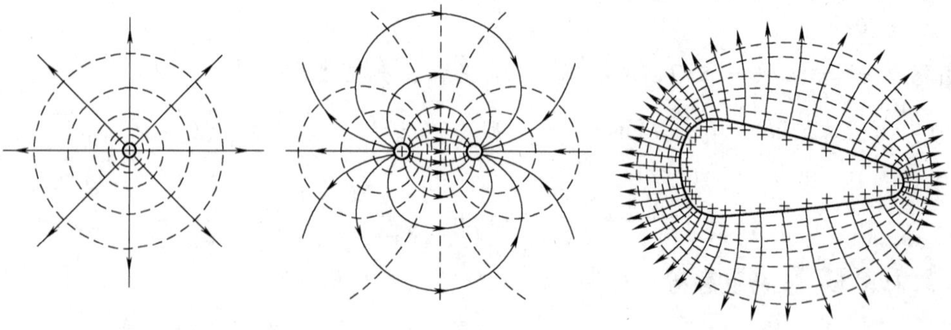

a)　　b)　　c)

图 6-9　几种常见电场的等势面和电场线

a）正点电荷　b）正、负点电荷　c）不规则带电体

问题 6-14　什么叫等势面？它有哪些特征？问在下述情况下，电场力是否做功：①电荷沿同一个等势面移动；② 电荷从一个等势面移到另一个等势面；③电荷沿一条电场线移动.

6.6.2　电场强度与电势的关系

电场强度和电势都是描述电场的物理量，两者之间必有一定的联系. 式（6-28）表述了电场强度与电势之间的积分关系，现在来研究它们之间的微分关系.

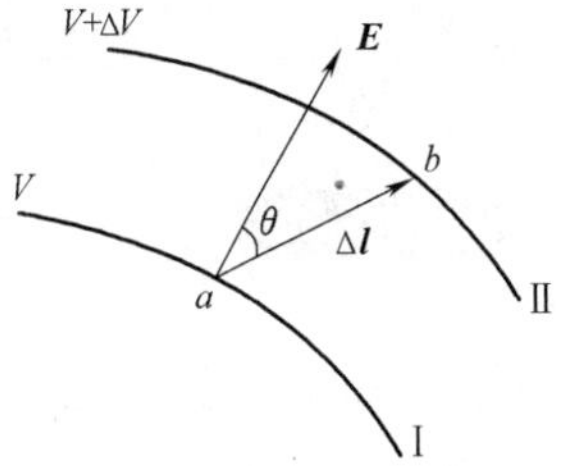

图 6-10　电场强度与电势的关系

如图 6-10 所示，在静电场中两个等势面 I 和 II 靠得很近，其电势分别为 V 和 $V+\Delta V$，且 $\Delta V<0$. 在两个等势面上分别取点 a 和点 b，其间距 $\Delta \boldsymbol{l}$ 很小. 它们之间的电场强度 $\boldsymbol{E}$ 可以认为不变. 设 $\Delta \boldsymbol{l}$ 与 $\boldsymbol{E}$ 之间的夹角为 θ，则将单位正电荷由点 a 移到点 b 时，电场力所做的功为

$$V_a-V_b=\boldsymbol{E}\cdot\Delta\boldsymbol{l}=E\Delta l\cos\theta$$

因电场强度 $\boldsymbol{E}$ 在 $\Delta \boldsymbol{l}$ 上的分量为 $E_l=E\cos\theta$，且 $\Delta V=V_b-V_a=-(V_a-V_b)$，则上式可改写为

$$-\Delta V=E_l\Delta l$$

或

$$E_l=-\frac{\Delta V}{\Delta l} \tag{6-35}$$

式中，$\frac{\Delta V}{\Delta l}$为电势沿 $\Delta \boldsymbol{l}$ 方向的单位长度上电势的变化率. 上式的负号表明，沿电场强度的方向，电势由高到低；逆着电场强度的方向电势由低到高. 当 $\Delta l\to 0$ 时，式（6-35）可写成微分形式，即

$$E_l=-\frac{\partial V}{\partial l} \tag{6-36}$$

上式表示，**电场中给定点的电场强度沿某一方向 $\boldsymbol{l}$ 的分量 E_l，等于电势在这一点沿该方向变化率的负值**. 负号表示电场强度指向电势降落的方向. 从上式可知，在电势不变（V=恒量）的空间内，沿任一方向电势的变化率 $\mathrm{d}V/\mathrm{d}l=0$，因此在空间任一点上，$\boldsymbol{E}$ 沿各方向的分量均为零，即 $E_l=E\cos\theta=0$，故任一点的电场强度必为零. 其次，在电势变化的电场内，电势为零处，该处的电势变化率则不一定为零，因而由上式可知，电场强度 $\boldsymbol{E}$ 不一定为零；反之，电场强度为零处，该处的电势变化率也为零，但该处的电势 V 则不一定为零. 这就是说，电场中一点的电场强度与该点电势的变化率有关；而由一点的电势则不足以确定该点的电场强度.

如果在电场中取定一个直角坐标系 $Oxyz$，并把 Ox、Oy、Oz 轴的正方向分别取作 $\boldsymbol{l}$ 的方向，则按照式（6-36），可分别得到电场强度 $\boldsymbol{E}$ 沿这三个方向的分量 E_x、E_y、E_z 与电势 V 的关系为

$$E_x=-\frac{\partial V}{\partial x},\quad E_y=-\frac{\partial V}{\partial y},\quad E_z=-\frac{\partial V}{\partial z} \tag{6-37}$$

这一关系在电学中非常重要. 当我们计算电场强度 $\boldsymbol{E}$ 时，通常可先求出电势 V，然后再按上式计算 E_x、E_y、E_z，从而就可求出电场强度 $\boldsymbol{E}$. 因为 V 是标量，计算 V 及其导数显然比计

算矢量 **E** 来得方便.

应用拓展

在实际应用中，测量电势要比测量电场强度容易得多．因此人们常常用等势面来研究电场．通过测量电势，可以测绘出等势面，然后再由电场线和等势面的关系就可以画出电场线的分布．人们在设计不同要求的电子仪器，如示波管时，都是先通过实验测绘出等势面的形状和分布，再推知所需设计电极产生电场的情况，从而确定电极的形状、大小和相互位置等.

问题 6-15 （1）电场强度和电势是描写静电场的两个重要概念，它们之间有何联系？

（2）为什么说电场强度为零的点，电势不一定为零；电势为零的点，电场强度不一定为零？一条细铜棒，两端的电势不等，问在棒内是否有电场？沿棒轴的电场强度与两端的电势差有什么关系？电场强度的方向如何？

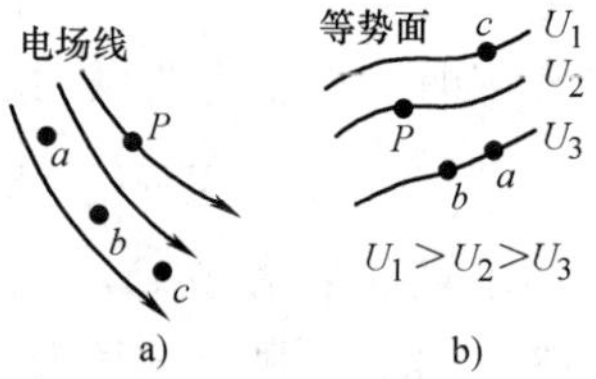

问题 6-15 图

（3）在问题 6-15 图中所示的各静电场中，大致画出 P 点的电场强度方向；判断问题 6-15 图 a、b 中 a、b 两点和 b、c 两点的电势哪一点高？若把负电荷 $-Q$ 从点 a 移到点 b，试判定电场力对它所做功的正负.

（4）由式（6-35）确定出的电场强度的单位为 $\mathrm{V\cdot m^{-1}}$（伏·米$^{-1}$）试证它与前述的单位 $\mathrm{N\cdot C^{-1}}$（牛·库$^{-1}$）等同.

例题 6-15 在例题 6-6 中，求垂直于带电圆面的轴线上任一点的电场强度.

解 设轴线上一点 P 距圆面中心 O 的距离为 x（见例题 6-6 图）．在平面上取半径为 r、宽为 $\mathrm{d}r$ 的圆环，环上所带电荷为 $\mathrm{d}q=\sigma(2\pi r\mathrm{d}r)$．由例题 6-13 可知，它在点 P 的电势为

$$\mathrm{d}V=\frac{\mathrm{d}q}{4\pi\varepsilon_0\sqrt{r^2+x^2}}=\frac{\sigma r\mathrm{d}r}{2\varepsilon_0\sqrt{r^2+x^2}}$$

整个带电圆面在点 P（将 x 看作为定值）的电势为

$$V=\int_S\mathrm{d}V=\int_0^R\frac{\sigma r\mathrm{d}r}{2\varepsilon_0\sqrt{r^2+x^2}}=\frac{\sigma}{2\varepsilon_0}(\sqrt{R^2+x^2}-x)$$

即点 P 的电势 V 仅仅是 x 的函数，故 $E_y=-\partial V/\partial y=0$，$E_z=-\partial V/\partial z=0$，所以点 P 的电场强度 **E** 沿 Ox 轴方向，其大小为

$$E=E_x=-\frac{\partial V}{\partial x}=-\frac{\partial}{\partial x}\left[\frac{\sigma}{2\varepsilon_0}(\sqrt{R^2+x^2}-x)\right]=\frac{\sigma}{2\varepsilon_0}\left(1-\frac{x}{\sqrt{R^2+x^2}}\right)$$

这与例题 6-6 中所得的结果一致，有时，由电势求电场强度比用电场强度叠加原理直接积分求电场强度，更为简便.

6.7 静电场中的金属导体

6.7.1 金属导体的电结构

导体能够很好地导电，乃是由于导体中存在着大量可以自由运动的电荷. 在各种金属导体中，由于原子中最外层的价电子与原子核之间的吸引力很弱，所以很容易摆脱原子的束缚，脱离所属的原子而在金属中自由运动，成为**自由电子**；而组成金属的原子，由于失去了部分价电子，成为带正电的离子. 正离子在金属内按一定的分布规则排列着，形成金属的骨架，称为**晶体点阵**. 因此，从物质的电结构来看，金属导体具有带负电的自由电子和带正电的晶体点阵. 当导体不带电也不受外电场作用时，在导体中任意划分的微小体积元内，自由电子的负电荷和晶体点阵上的正电荷的数目是相等的，整个导体或其中任一部分都不显现电性，而呈中性. 这时两种电荷在导体内均匀分布，都没有宏观移动，或者说，电荷并没有做定向运动.

6.7.2 导体的静电平衡条件

如图 6-11 所示，设在外电场 $\boldsymbol{E}_0$ 中放入一块金属导体. 导体内带负电的自由电子在电场力 $-e\boldsymbol{E}_0$ 作用下，将相对于晶体点阵逆着电场 $\boldsymbol{E}_0$ 的方向做宏观的定向运动（见图 6-11a），从而使导体左、右两侧表面上分别出现了等量的负电荷和正电荷（见图 6-11b）. 导体因受外电场作用而发生上述电荷重新分布的现象，称为**静电感应**. 导体上因静电感应而出现的电荷，称为**感应电荷**.

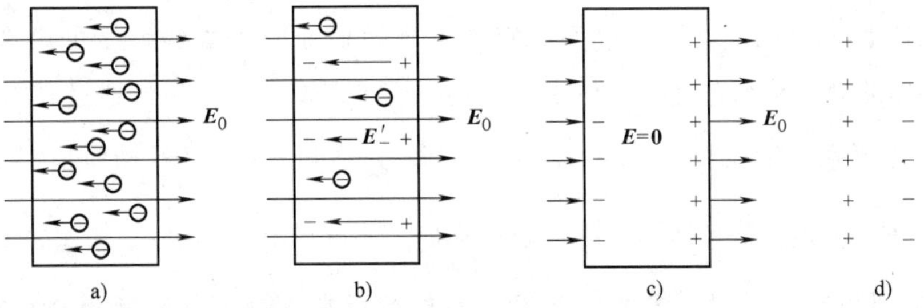

图 6-11 利用导体的静电感应过程讨论静电平衡

当然，这些感应电荷也要激发电场. 其电场强度 $\boldsymbol{E}'$ 与外电场的电场强度 $\boldsymbol{E}_0$ 的方向相反（见图 6-11b）. 导体内部各点的总电场强度应是 $\boldsymbol{E}_0$ 和 $\boldsymbol{E}'$ 的叠加. 起初，$E'<E_0$，导体内各点的总电场强度不等于零，其方向仍与外电场 $\boldsymbol{E}_0$ 相同，就会继续有自由电子逆着外电场 $\boldsymbol{E}_0$ 的方向做定向移动，使两侧的感应电荷继续增多，感应电荷的电场强度 $\boldsymbol{E}'$ 也随之继续增大，经过极短暂的时间，当 $\boldsymbol{E}'$ 在量值上增大到与 $\boldsymbol{E}_0$ 相等时，导体内各点的总电场强度 $\boldsymbol{E}=\boldsymbol{E}_0+\boldsymbol{E}'=\boldsymbol{0}$（见图 6-11c），这时导体内自由电子所受电场力亦为零，定向移动停止，导体两侧的正、负感应电荷也不再增加，于是静电感应的过程就此结束. 我们把**导体上没有电荷做定向运动的状态**，称为**静电平衡状态**. 这时导体两侧的表面上呈现的正、负电荷分布，等效于没有导体时真空中存在着的正、负电荷的分布（见图 6-11d）.

欲使导体处于静电平衡状态，必须满足下述两个条件：

（1）**导体内部任何一点的电场强度都等于零；**

（2）**紧靠导体表面附近任一点的电场强度方向垂直于该点处的表面.**

这是因为：如果导体内部有一点电场强度不为零，该点的自由电子就要在电场力作用下做定向运动，这就不是静电平衡了；再说，若导体表面附近的电场强度 $\boldsymbol{E}$ 不垂直于导体表面，则电场强度将有沿表面的切向分量，使自由电子沿表面运动，整个导体仍无法维持静电平衡.

当导体处于静电平衡时，由于内部电场强度 $\boldsymbol{E}$ 处处为零，故在导体中沿连接任意两点 a、b 的曲线，必有 $\int_a^b E\cos\theta \mathrm{d}l = 0$，由关系式 $U_{ab} = \int_a^b E\cos\theta \mathrm{d}l$，可得该两点的电势差 $U_{ab}=0$，即 $V_a=V_b$. 由于 a、b 是导体中（包括导体表面）任取的两点，**因此，静电平衡时导体内各点和导体表面上各点的电势都相等**. 亦即，**整个导体是一个等势体，导体表面是一个等势面.**

处于静电平衡状态下的导体所具有的电势，称为**导体的电势**. 当电势不同的两个导体相互接触或用另一导体（例如导线）连接时，导体间将出现电势差，引起电荷做宏观的定向运动，使电荷重新分布从而改变原有的电势差，直至各个导体之间的电势相等、建立起新的静电平衡状态为止.

问题 6-16　（1）导体在电结构方面有何特征？什么是金属导体的静电平衡？试分析导体的静电平衡条件.

（2）为什么从导体出发或终止于导体上的电场线都垂直于导体外表面？

6.7.3　静电平衡时导体上的电荷分布

如图 6-12a 所示，在带电导体内部任意作一个高斯面（如虚线所示的闭合曲面 S_1 或 S_2），根据导体的静电平衡条件，导体内的电场强度 $\boldsymbol{E}$ 处处为零，所以通过高斯面的电通量 $\oiint_S \boldsymbol{E}\cdot \mathrm{d}\boldsymbol{S} = 0$. 故按高斯定理 $\oiint_S \boldsymbol{E}\cdot \mathrm{d}\boldsymbol{S} = \sum_i q_i/\varepsilon_0$，得 $\sum_i q_i = 0$. 由于高斯面 S_1 或 S_2 在导体内部是任意选取的，所以，对导体内的任何部分来说，都可得出 $\sum_i q_i = 0$ 的结论. 这就表明，**当带电导体达到静电平衡时，导体内部没有净电荷存在，因而电荷只能分布在导体的表面上.**

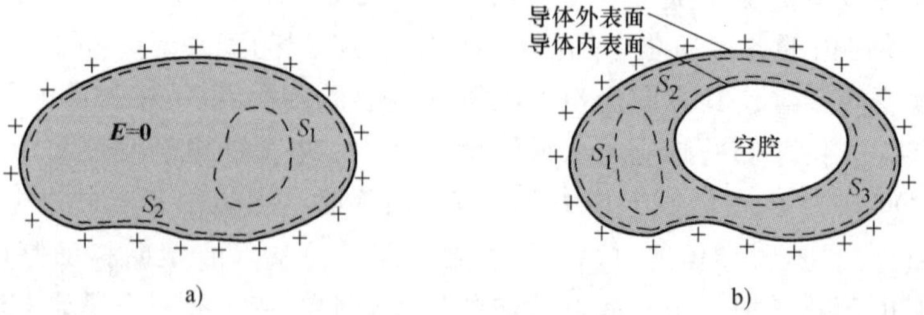

图 6-12　带电导体上的电荷分布

如果带电导体内有空腔，而且腔内没有其他带电物体，如图 6-12b 所示，则在导体内部任取闭合曲面 S_1、贴近导体外表面内侧的闭合曲面 S_2 和包围导体内表面的闭合曲面 S_3，把它们分别作为高斯面，则由于静电平衡的导体内部，电场强度 $\boldsymbol{E}$ 处处为零，同样可用高斯定理证明：导体内部没有净电荷存在，而且在导体的内表面上也不存在净电荷．因此，**带电导体在静电平衡时，电荷只分布在导体的外表面上**．

一般地说，导体外表面各部分的电荷分布是不均匀的，即表面各部分的面电荷密度并不相同，而与相应各部分的表面曲率有关．实验指出，**如果带电导体不受外电场的影响，那么在导体表面曲率愈大处，面电荷密度也愈大**．

孤立导体是指离开其他物体很远而对它的影响可忽略不计的导体．

对于孤立球形带电导体，由于球面上各部分的曲率相同，所以球面上电荷的分布是均匀的，面电荷密度在球面上处处相同．

如上所述，不难推想，带电导体表面任一点附近处的电场强度与该点处的表面带电状况有关．如图 6-13 所示，设在带电导体表面 P 点处取一面积元 $\mathrm{d}S$，此处导体的面电荷密度为 σ，其表面附近的电场强度 $\boldsymbol{E}$ 垂直于 $\mathrm{d}S$，且可视作大小在 $\mathrm{d}S$ 上处处相等．作一柱形高斯面包围此面积元 $\mathrm{d}S$．在导体内部，由于电场强度处处为零，所以通过圆柱形底面的电通量为零．在侧面上，$\boldsymbol{E}$ 不是为零就是与侧面的法线垂直，所以穿过侧面的电通量为零．在外侧的底面上，$\boldsymbol{E}$ 与 $\mathrm{d}S$ 面垂直，通过它的电通量为 $E\mathrm{d}S$．此柱形高斯面所包围的电荷量为 $\sigma\mathrm{d}S$，根据高斯定理，有

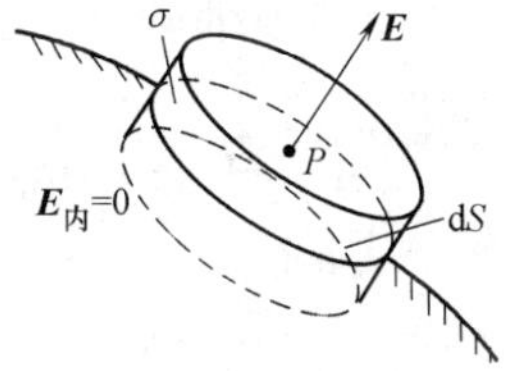

图 6-13　导体表面的电场强度与电荷面密度的关系

$$E\mathrm{d}S=\frac{\sigma\mathrm{d}S}{\varepsilon_0}$$

得

$$E=\frac{\sigma}{\varepsilon_0} \tag{6-38}$$

由上式可见，**处于平衡状态的带电导体外表面上任一点附近的电场强度的大小与该点处的面电荷密度成正比**．

对于形状不规则的孤立带电导体，表面上曲率愈大处（例如尖端部分），面电荷密度愈大，因此单位面积上发出（或聚集）的电场线数目也愈多，附近的电场也愈强（见图 6-9c）．由此可知，在带电导体的尖端附近存在着特别强的电场，导致周围空气中残留的离子在电场力作用下会发生激烈的运动，与尖端上同种电荷的离子，将急速地被排斥而离开尖端，形成“电风”，与尖端上电荷异种的离子，因相吸而趋向尖端，并与尖端的电荷中和，而使尖端上的电荷逐渐漏失；急速运动的离子与中性原子碰撞时，还可能会使原子受激而发光．这些现象称为**尖端放电现象**．

尖端放电现象在高压输电导线附近也可能会发生．有时在晚上或天色阴暗时，可看到高压输电线周围笼罩着一圈光晕，它是带电导线微弱的尖端放电的结果，叫作**电晕放电**．这一现象要消耗电能，能量散逸出去会使空气变热；特别在远距离的输电过程中，电能损耗更大；放电时发生的电磁波，还会干扰电视信号．为了避免这种现象，应采用较粗导线，并使导线表面平滑．又如，为了避免高压电气设备中的电极因尖端放电而发生漏电现象，往往把电极做成光滑的球形．

尖端放电也有可利用之处，避雷针就是一例．雷雨季节，当带电的大块雷雨云接近地面时，由于静电感应，使地面上的物体带上异种电荷，这些电荷较集中地分布在地面上凸出处（高楼、烟囱、大树等），面电荷密度很大，故电场强度很大；且大到一定程度时，足以使空气电离，引起雷雨云与这些物体之间的火花放电，这就是雷击现象．为了防止雷击对建筑物的破坏，可安装比建筑物更高的避雷针[⊖]．当雷雨云接近地面时，在避雷针尖端处的面电荷密度甚大，故电场强度特别大，首先会把其周围空气击穿，使来自地面并集结于避雷针尖端的感应电荷与雷雨云所带电荷持续中和，这样就不至于积累出足以导致雷击的电荷．

6.7.4 静电屏蔽

前面讲过，在导体空腔内无其他带电体的情况下，导体内部和导体的内表面上处处皆无电荷，电荷仅仅分布在导体外表面上．所以腔内的电场强度和导体内部一样，也处处等于零；各点的电势均相等，而且与导体电势相等．因此，如果把空心的导体放在电场中时，电场线将垂直地终止于导体的外表面上，而不能穿过导体进入腔内．这样，**放在导体空腔中的物体，因空腔导体屏蔽了外电场，而不会受到任何外电场的影响**，如图6-14a所示．

另一方面，我们也可以使任何带电体不去影响别的物体．例如，把一个带正电的物体A放在空心的金属盒子B内，如图6-14b所示，则金属盒子的内表面上将产生感应的负电荷，外表面上则产生等量的感应正电荷．电场线的分布如图6-14b所示，电场线不会穿过盒壁（因导体壁内的电场强度为零）．如果再把金属盒子用导线接地，则盒子外表面的正电荷将和来自地上的负电荷中和，盒外的电场线也就消失（见图6-14c）．这样，**金属盒内的带电体就对盒外不发生任何影响**．

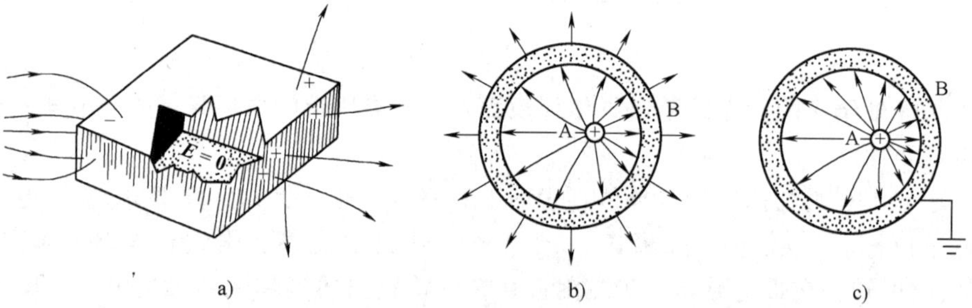

图6-14 静电屏蔽

总之，**一个接地的空心金属导体隔离了放在它内腔中的带电体与外界带电体之间的静电作用**．这就是**静电屏蔽的原理**．这样的一个空心金属导体，我们称它为**静电屏**．

静电屏在实际中应用广泛．例如火药库以及有爆炸危险的建筑物和物体都可用编织得相当密集的金属网蒙蔽起来，再把金属网很好地接地，则可避免由于雷电而引起爆炸．一般电学仪器的金属外壳都是接地的，这也是为了避免外电场的影响．又如，在高压输电线上进行

⊖ 避雷针上端必须尖锐，并将通地一端与深埋地下的铜板相接，保持与大地接触良好．如果接地通路损坏，避雷针不仅不能起到应有作用，反而会使建筑物遭受雷击．

带电操作时，工作人员全身需穿上金属丝网制成的屏蔽服（称为**均压服**），它相当于一个导体壳，以屏蔽外电场对人体的影响，并可使感应出来的交流电通过均压服而不危及人体.

章前问题 2 解答

金属笼中的法拉第之所以完全没有受到静电放电的伤害，是利用了静电屏蔽的原理. 法拉第是事先已经研究明白了静电屏蔽，才敢做这样大胆的尝试的.

问题拓展

6-2 如果给法拉第一个木头做成的笼子,然后进行静电放电，他还敢坐在笼子里面吗?

问题 6-17 （1）何谓尖端放电现象?

（2）将一个带电物体移近一个导体壳，带电体单独在导体空腔内激发的电场是否等于零? 静电屏蔽效应是怎样体现的?

6.7.5 关于导体的计算示例

例题 6-16 如例题 6-16 图所示，一半径 $R_1=1\text{cm}$ 的导体球 A，带有电荷量 $q=1.0\times10^{-10}\text{C}$. 球外有一个内、外半径分别为 $R_2=3\text{cm}$、$R_3=4\text{cm}$ 的同心导体球壳 B，球壳带有电荷 $Q=11\times10^{-10}\text{C}$. 求：（1）球壳 B 的外表面上带电多少;（2）球和球壳的电势 V_A、V_B 以及电势差 V_A-V_B;（3）用导线将球与球壳连接后的电势 V_A 和 V_B.

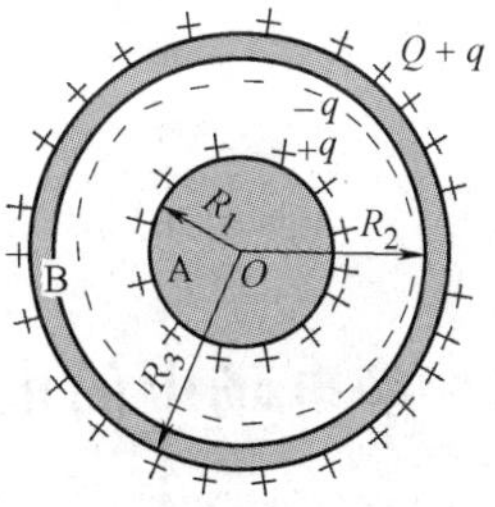

例题 6-16 图

解 （1）先设想球壳 B 不带电. 由于球 A 带电，球壳 B 被静电感应. 由题设，球 A 带正电 $q=1.0\times10^{-10}\text{C}$，从而在球壳 B 的内、外表面分别感应出电荷量 $-1.0\times10^{-10}\text{C}$ 和 $+1.0\times10^{-10}\text{C}$. 当再给球壳 B 带电 $Q=11\times10^{-10}\text{C}$ 时，它将分布在其外表面上（为什么?），这样，球壳 B 外表面共带电 $Q+q=12\times10^{-10}\text{C}$，并且球 A 以及球壳 B 的内、外表面上的电荷是均匀分布的.

（2）球 A 是一等势体，其上各点的电势相同，为此我们只需求出球上任一点的电势即可. 今根据电势定义来求球 A 表面上一点的电势，即

$$V_A=\int_{R_1}^{\infty}\boldsymbol{E}\cdot\mathrm{d}\boldsymbol{r}$$

由于均匀带电的球和球壳共同激发的电场是球对称的，为便于计算，可沿径向积分；又考虑到电场强度 $\boldsymbol{E}$ 在各区域内的分布不同，可按高斯定理求出如下：

$$E=\begin{cases}\dfrac{q}{4\pi\varepsilon_0 r^2} & (R_1\leqslant r\leqslant R_2)\\ 0 & (R_2<r<R_3)\\ \dfrac{Q+q}{4\pi\varepsilon_0 r^2} & (r\geqslant R_3)\end{cases}$$

这就需要分段进行积分. 于是，得球A的电势为

$$V_A=\int_{R_1}^{\infty}\boldsymbol{E}\cdot d\boldsymbol{r}=\int_{R_1}^{R_2}\boldsymbol{E}\cdot d\boldsymbol{r}+\int_{R_2}^{R_3}\boldsymbol{E}\cdot d\boldsymbol{r}+\int_{R_3}^{\infty}\boldsymbol{E}\cdot d\boldsymbol{r}$$

$$=\int_{R_1}^{R_2}\frac{q}{4\pi\varepsilon_0 r^2}\cos 0^\circ dr+\int_{R_2}^{R_3}0\cos 0^\circ dr+\int_{R_3}^{\infty}\frac{Q+q}{4\pi\varepsilon_0 r^2}\cos 0^\circ dr$$

$$=\frac{1}{4\pi\varepsilon_0}\left(\frac{q}{R_1}-\frac{q}{R_2}+\frac{Q+q}{R_3}\right)$$

同理，可求得球壳B的电势为

$$V_B=\int_{R_3}^{\infty}\boldsymbol{E}\cdot d\boldsymbol{r}=\int_{R_3}^{\infty}\frac{Q+q}{4\pi\varepsilon_0 r^2}\cos 0^\circ dr=\frac{Q+q}{4\pi\varepsilon_0 R_3}$$

将上两式相减，即得球与球壳之间的电势差为

$$V_A-V_B=\frac{q}{4\pi\varepsilon_0}\left(\frac{1}{R_1}-\frac{1}{R_2}\right)$$

由题给数据，读者可自行算出：$V_A=330V$，$V_B=270V$，$V_A-V_B=60V$.

(3) 当球A与球壳B用导线相连接后，电荷Q、q将全部分布在球壳外表面上，且球和球壳成为一个等势体，故

$$V_A=V_B=\int_{R_3}^{\infty}\frac{Q+q}{4\pi\varepsilon_0 r^2}dr=\frac{Q+q}{4\pi\varepsilon_0 R_3}$$

显然，$V_A=V_B=270V$.

6.8 静电场中的电介质

6.8.1 电介质的电结构

电介质的主要特征是这样的，它的分子中电子被原子核束缚得很紧，即使在外电场作用下，电子一般只能相对于原子核有一微观的位移，而不像导体中的自由电子那样，能够摆脱所属原子做宏观运动. 因而电介质在宏观上几乎没有自由电荷，其导电性很差，故亦称为**绝缘体**. 并且，在外电场作用下达到静电平衡时，电介质内部的电场强度也可以不等于零.

由于在电介质分子中，带负电的电子和带正电的原子核紧密地束缚在一起，故每个电介质分子都可视作中性. 但其中正、负电荷并不集中于一点，而是分散于分子所占的体积中. 不过，在相对于分子的距离比分子本身线度大得多的地方来观察时，分子中全部正电荷所起的作用可用一等效的正电荷来代替，全部负电荷所起的作用可用一等效的负电荷来代替. 等效的正、负电荷在分子中所处的位置，分别称为该分子的正、负电荷“中心”. 具体说，等效正电荷（或负电荷）等于分子中的全部正电荷（或负电荷）；等效正、负电荷在远处激发的电场，和分子中按原状分布的所有正、负电荷在该处激发的电场大致相同.

从分子内正、负电荷中心的分布情况来看，电介质可分为两类，如图6-15所示.

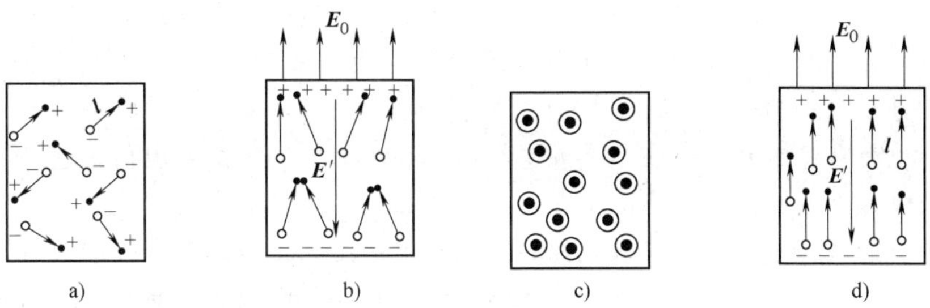

图 6-15 两类电介质及其极化过程

a）有极分子电介质 $\boldsymbol{p}_e=q\boldsymbol{l}\neq\boldsymbol{0}$ b）有极分子电介质处于外电场中极化时，$\sum_i \boldsymbol{p}_{ei}\neq\boldsymbol{0}$，出现束缚电荷

c）无极分子电介质 $\boldsymbol{p}_e=\boldsymbol{0}$ d）无极分子电介质处于外电场中极化时，$\sum_i \boldsymbol{p}_{ei}\neq\boldsymbol{0}$，也出现束缚电荷

（“●”代表正电荷中心，“○”代表负电荷中心）

一类电介质，如氯化氢（HCl）、水（H_2O）、氨（NH_3）、甲醇（CH_3OH）等，分子内正、负电荷的中心不相重合，其间有一定距离，这类分子称为**有极分子**. 设有极分子的正、负电荷的中心相距为 l，分子中全部正（或负）电荷的大小为 q，则每个有极分子都可以等效地看作由一对等量异种点电荷所组成的电偶极子，其电矩为 $\boldsymbol{p}_e=q\boldsymbol{l}$，称为**分子电矩**；整块的有极分子电介质，可以看成无数分子电矩的集合体，如图 6-15a 所示.

> 矢量 $\boldsymbol{l}$ 与 $\boldsymbol{p}_e$ 同方向，（参阅例题 6-3）

另一类电介质，如氦（He）、氢（H_2）、甲烷（CH_4）等，分子内正、负电荷中心是重合的，$l=0$，故分子电矩 $\boldsymbol{p}_e=\boldsymbol{0}$，这类分子称为**无极分子**. 整块的无极分子电介质如图 6-15c 所示.

6.8.2 电介质在外电场中的极化现象

当无极分子处在外电场 $\boldsymbol{E}_0$ 中时，每个分子中的正、负电荷将分别受到相反方向的电场力 $\boldsymbol{F}_+$、$\boldsymbol{F}_-$作用而被拉开，导致正、负电荷中心发生相对位移 $\boldsymbol{l}$. 这时，每个分子等效于一个电偶极子，其电矩 $\boldsymbol{p}_e$ 的方向和外电场 $\boldsymbol{E}_0$ 的方向一致. 外电场越强，每个分子的正、负电荷中心的距离被拉得越开，分子电矩也就越大；反之，则越小. 当外电场撤去后，正、负电荷中心又趋于重合.

对于整块的无极分子电介质来说，如图 6-15d 所示，在外电场 $\boldsymbol{E}_0$ 作用下，由于每个分子都成为一个电偶极子，其电矩方向都沿着外电场的方向，以致在和外电场相垂直的电介质两侧的表面上，分别出现正、负电荷. 这两侧表面上分别出现的正电荷和负电荷是和电介质分子连在一起的，不能在电介质中自由移动，也不能脱离电介质而独立存在，故称为**束缚电荷**或**极化电荷**. 在外电场作用下，电介质出现束缚电荷的这种现象，称为电介质的**极化**.

对于有极分子而言，即使没有外电场，每个分子本来就等效于具有一定电矩的电偶极子；但由于分子无规则的热运动，分子电矩的方向是杂乱无序的（见图 6-15a）. 所以，对于由有极分子组成的电介质的整体或某一部分来说，所有分子电矩之矢量和 $\sum_i \boldsymbol{p}_{ei}$ 的平均结果为零，电介质各部分都是中性的. 当有外电场 $\boldsymbol{E}_0$ 时，每个分子电矩都受到力偶矩作用，要转向外电场的方向（参阅例题 6-9）. 但由于分子热运动的干扰，并不能使各分子电矩都循外电场的方向整齐排列．外电场愈强，分子电矩的排列愈趋向整齐．对整块电介质而言，在垂直于外电场方向的两个表面上也出现束缚电荷（见图 6-15b）．如果撤去外电场，由于分子热运动，分子电矩的排列又将变得杂乱无序，电介质又恢复电中性状态．

但是，也有一些电介质，在撤去外电场后，在表面上仍可留驻电荷，这种电介质称为**驻极体**．驻极体元件或器件，在当前工业和科技领域中应用日渐广泛．

上面所讲的两种电介质，其极化的微观过程虽然不同，但却有同样的宏观效果，即介质极化后，都使得其中所有分子电矩的矢量和 $\sum_i \boldsymbol{p}_{ei} \neq \boldsymbol{0}$，同时在介质上都要出现束缚电荷．因此，在宏观上表征电介质的极化程度和讨论有电介质存在的电场时，就无需把这两类电介质区别开来，而可统一地进行论述．

思维拓展

电介质还有很多奇特的效应，而这些效应是目前研究的热点问题．比如一些晶体在电场作用下会发生形变（伸长或缩短），称电致伸缩，从而可将电场的变化转变为机械振动，我们生活中常见的高音扬声器就是利用这一原理实现的．电致伸缩的逆效应是压电效应，即当一些晶体受外力作用而发生形变时，就会发生电极化现象，并在其上、下表面形成异号电荷．通过测量晶体上、下表面产生的电势差，可以得出晶体所受压力的大小．

问题 6-18 简述电介质的电结构特征，并由此说明电介质分子和电介质的极化现象．

6.9 有电介质时的静电场和高斯定理

6.9.1 有电介质时的静电场

有电荷，就会激发电场．因此，不但在电介质中存在自由电荷所激发的电场 $\boldsymbol{E}_0$，使电介质极化，产生极化电荷，而且电介质中的极化电荷同样也要在它周围空间（无论电介质内部或外部）激发电场 $\boldsymbol{E}'$．故按电场强度叠加原理，在这种有电介质时的电场中，某点的总电场强度 $\boldsymbol{E}$，应等于自由电荷和极化电荷分别在该点激发的电场强度 $\boldsymbol{E}_0$ 和 $\boldsymbol{E}'$ 之矢量和，即

$$\boldsymbol{E}=\boldsymbol{E}_0+\boldsymbol{E}' \tag{6-39}$$

> 通常把不是由极化引起（例如电介质由于摩擦起电）的电荷称为**自由电荷**．

可见，电介质的极化改变了空间的电场强度．从图 6-16b、d 不难判定，极化电荷激发的电场 $\boldsymbol{E}'$ 与外电场 $\boldsymbol{E}_0$ 方向相反，使原来的电场有所削弱．因而

$$E=E_0-E' \tag{6-40}$$

可见，电介质的极化改变了空间的电场强度．E 与 E_0 的关系可写成

$$E=\frac{E_0}{\varepsilon_r} \tag{6-41}$$

式中，$\varepsilon_r>1$，ε_r 称为**电介质的相对电容率**（习惯上亦称**相对介电常数**），是一个纯数，是用来表征电介质性质的一个物性参数，其值可由实验测定．对某些常见的电介质，其值亦可查物理手册．

6.9.2 有电介质时静电场的高斯定理 电位移矢量

现在我们进一步研究电介质中的高斯定理，由于真空中的高斯定理为 $\oint_S \boldsymbol{E}\cdot \mathrm{d}\boldsymbol{S} = \sum_{i=1}^{n} q_i/\varepsilon_0$，式中的 q_i 是自由电荷．当有电介质存在时，电场是由自由电荷和极化电荷共同激发的，q_i 应理解为闭合面内的自由电荷和极化电荷之和，$\boldsymbol{E}$ 应理解为闭合面上面积元所在处的总电场强度：$\boldsymbol{E}=\boldsymbol{E}_0+\boldsymbol{E}'$．今以均匀带电球体周围充满相对介电常数为 ε_r 的无限大均匀电介质的情况为例，来推导有电介质时静电场的高斯定理．

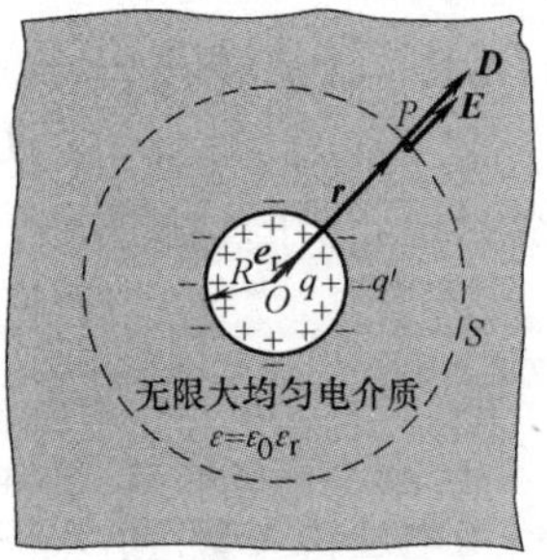

图 6-16 无限大均匀电介质中的带电导体球

如例题 6-11 所述，在没有电介质时，均匀分布在导体球表面上的自由电荷 q 所激发的电场是球对称的；而今在球的周围充满均匀电介质，极化电荷 q' 将均匀分布在与导体球表面相毗邻的介质边界面上，它无异是一个均匀地带异种电荷 q'，且与导体球半径相同的同心球面（见图 6-16），故而它所激发的电场也是球对称的．因此由自由电荷和极化电荷在电介质内共同激发的总电场是球对称的，因而可借助于真空中的高斯定理求解．

设球外一点 P 相对于球心 O 的位矢为 $\boldsymbol{r}$，今作一高斯面，它是以 O 为中心，以 r 为半径，且通过场点 P 的闭合球面 S．按式（6-21），均匀带电球体在球外真空中的电场强度为

$$\boldsymbol{E}_0=\frac{1}{4\pi\varepsilon_0}\frac{q}{r^2}\boldsymbol{e}_r \tag{a}$$

式中，$\boldsymbol{e}_r$ 为球心 O 指向场点 P 的径向单位矢量．而今在电介质中的电场应是自由电荷 q 和极化电荷 q' 共同激发的，其电场强度为

$$\boldsymbol{E}=\boldsymbol{E}_0+\boldsymbol{E}'=\frac{1}{4\pi\varepsilon_0}\frac{q+q'}{r^2}\boldsymbol{e}_r \tag{b}$$

又由式（6-41），有

$$\boldsymbol{E}=\frac{\boldsymbol{E}_0}{\varepsilon_r}=\frac{1}{4\pi\varepsilon_0\varepsilon_r}\frac{q}{r^2}\boldsymbol{e}_r \tag{c}$$

比较式ⓑ和式ⓒ，有

$$q'=-\left(1-\frac{1}{\varepsilon_r}\right)q \tag{d}$$

由于 $\boldsymbol{E}$ 是自由电荷 q 和极化电荷 q' 共同激发的总电场强度，为此，在电介质中取一个包围带电球体的同心球面作为高斯面 S，则高斯定理应是

$$\oint_S \boldsymbol{E}\cdot \mathrm{d}\boldsymbol{S}=\frac{q+q'}{\varepsilon_0} \tag{e}$$

将式ⓓ代入式ⓔ，有

$$\oint\!\!\!\oint_S \boldsymbol{E}\cdot \mathrm{d}\boldsymbol{S}=\frac{q}{\varepsilon_0\varepsilon_{\mathrm{r}}}$$

或

$$\oint\!\!\!\oint_S \varepsilon_0\varepsilon_{\mathrm{r}}\boldsymbol{E}\cdot \mathrm{d}\boldsymbol{S}=q \tag{ⓕ}$$

上式虽然是从式ⓔ得来的，但两者意义不相同. 该式右边只剩自由电荷 q 一项，若引入电介质的**电容率**（习惯上亦称**介电常数**）ε，并令

$$\varepsilon=\varepsilon_0\varepsilon_{\mathrm{r}} \tag{6-42}$$

将它代入式ⓕ，可写作

$$\oint\!\!\!\oint_S \varepsilon\boldsymbol{E}\cdot \mathrm{d}\boldsymbol{S}=q \tag{ⓖ}$$

为了方便，我们引入一个辅助矢量 $\boldsymbol{D}$，定义为

$$\boldsymbol{D}=\varepsilon\boldsymbol{E} \tag{6-43}$$

这就是电介质的**性质方程**. 将它代入式ⓖ，则有

$$\oint\!\!\!\oint_S \boldsymbol{D}\cdot \mathrm{d}\boldsymbol{S}=q \tag{ⓗ}$$

$\boldsymbol{D}$ 称为**电位移矢量**. $\oint\!\!\!\oint_S \boldsymbol{D}\cdot \mathrm{d}\boldsymbol{S}$ 称为**电位移通量**. 式ⓗ的物理意义很简洁，表明**在有电介质时的电场中，通过封闭面 S 的电位移通量等于该封闭面所包围的自由电荷**.

> **注意**：我们所讨论的电介质不仅是均匀的，而且是各向同性的. 否则，对各向异性的电介质，$\boldsymbol{D}$ 和 $\boldsymbol{E}$ 就不可能存在式（6-43）的简单关系，且 $\boldsymbol{D}$ 和 $\boldsymbol{E}$ 一般也将具有不同的方向.

这个结论虽然是由处于无限大均匀电介质中带电球体的情况下得出的，但是可以证明，对于一般情况也是正确的，这一规律称为**有电介质时的静电场的高斯定理**，叙述如下：**在任何电介质存在的电场中，通过任意一个封闭面 S 的电位移通量等于该面所包围的自由电荷的代数和**. 其数学表达式为

$$\oint\!\!\!\oint_S \boldsymbol{D}\cdot \mathrm{d}\boldsymbol{S}=\sum_i q_i \tag{6-44}$$

上式表明，电位移矢量 $\boldsymbol{D}$ 是和自由电荷 q 联系在一起的.

电位移的单位是 $\mathrm{C\cdot m^{-2}}$（库仑每平方米）.

由式（6-43）所定义的 $\boldsymbol{D}$ 矢量，是表述有电介质时电场性质的一个辅助量，在有电介质时的电场中，各点的电场强度 $\boldsymbol{E}$ 都对应着一个电位移 $\boldsymbol{D}$. 因此，在这种电场中，仿照电场线的画法，可以作一系列**电位移线**（或 **$\boldsymbol{D}$ 线**），线上每点的切线方向就是该点电位移矢量的方向，并令垂直于 $\boldsymbol{D}$ 线单位面积上通过的 $\boldsymbol{D}$ 线条数，在数值上等于该点电位移 $\boldsymbol{D}$ 的大小，而 $\boldsymbol{D}\cdot\mathrm{d}\boldsymbol{S}$ 称为通过面积元 $\mathrm{d}\boldsymbol{S}$ 的**电位移通量**.

有电介质时静电场的高斯定理也表明电位移线从正的自由电荷发出，终止于负的自由电荷，如图 6-17a 所示；而不像电场线那样，起迄于包括自由电荷和束缚电荷在内的各种正、负电荷，如图 6-17b 所示. 读者对此务必区别清楚.

问题 6-19 （1）有电介质时静电场与真空中的静电场，其电场强度有何差别？
（2）为什么要引入电位移 $\boldsymbol{D}$ 这个物理量？它与电场强度有何异同？
（3）试述有电介质时静电场的高斯定理.

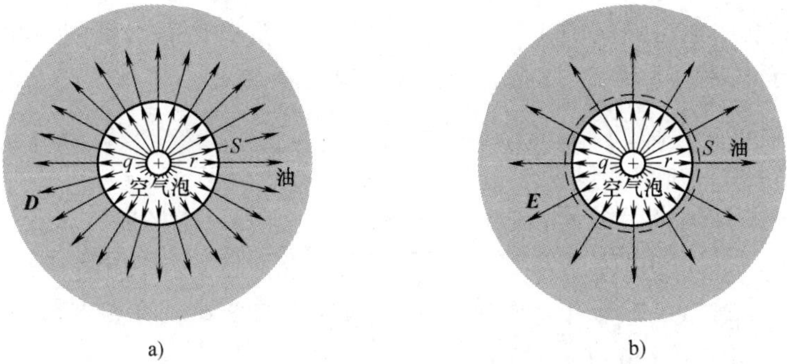

图 6-17 在油和空气两种介质中的电位移线和电场线的分布

a）电位移线在两种介质界面上连续 b）电场线密度在两种介质中不相同

6.9.3 有电介质时静电场高斯定理的应用

利用有电介质时静电场的高斯定理，有时可以较方便地求解有电介质时的电场问题. 当已知自由电荷的分布时，可先由式（6-44）求得 $\boldsymbol{D}$；由于 ε_r 可用实验测定，因而 $\varepsilon=\varepsilon_0\varepsilon_r$ 也是已知的，于是再通过式（6-43），便可求出电介质中的电场强度 $\boldsymbol{E}=\boldsymbol{D}/\varepsilon$[⊖].

根据以上所述，现在我们可以应用有电介质时静电场的高斯定理来求解有电介质时的静电场问题. 我们发现，求解均匀电介质中的静电场问题时，所得结果与真空中的完全类同，只不过把后者式子中出现的 ε_0 换成 ε，就是前者情况下的式子. 对此，为简明起见，不妨仍以图 6-16 所示的情况为例，即对一个半径为 R、电荷为 q 的导体球，求它在周围充满电容率为 ε 的无限大均匀电介质中任一点的电场强度和电势.

设球外一点 P 相对于球心 O 的位矢为 $\boldsymbol{r}$，今作一高斯面，它是以 O 为中心，以 r 为半径，且通过场点 P 的闭合球面 S. 由于 $\boldsymbol{D}$ 是球对称分布的，各场点的 $\boldsymbol{D}$ 均沿径向，故按有电介质时静电场的高斯定理［式（6-44）］，高斯面 S 上的电位移通量为

$$\oiint_S \boldsymbol{D}\cdot \mathrm{d}\boldsymbol{S}=\oiint_S D\cos 0^\circ \mathrm{d}S=D(4\pi r^2)$$

S 面所包围的自由电荷为 $\sum\limits_i q_i=q$，故有

$$D(4\pi r^2)=q$$

则由上式，可求得 D，并将它写成矢量式，即

$$\boldsymbol{D}=\frac{q}{4\pi r^2}\boldsymbol{e}_r \tag{6-45}$$

式中，$\boldsymbol{e}_r$ 为沿位矢 $\boldsymbol{r}$ 方向的单位矢量，由电介质的性质方程 $\boldsymbol{D}=\varepsilon\boldsymbol{E}$，且 $\boldsymbol{E}$ 和 $\boldsymbol{D}$ 的方向相同，得电介质中一点 P 的电场强度为

$$\boldsymbol{E}=\frac{q}{4\pi\varepsilon_0\varepsilon_r r^2}\boldsymbol{e}_r=\frac{q}{4\pi\varepsilon r^2}\boldsymbol{e}_r \tag{6-46}$$

⊖ 在真空中，$\varepsilon=\varepsilon_0$，故由 $\varepsilon=\varepsilon_r\varepsilon_0$ 可知，真空的相对电容率 $\varepsilon_r=1$. 而空气的 $\varepsilon_r=1.000585\approx1$，即非常接近于真空的相对电容率，故空气中的电场可近似地用上一章所述的真空中静电场的规律来研究.

即在相同的自由电荷分布下，与真空中的电场强度 $E_0=q/(4\pi\varepsilon_0 r^2)$ 相比较，电介质中的电场强度只有真空中电场强度的 $1/\varepsilon_r$. 这是由于电介质极化而出现的极化电荷所激发的附加电场 $\boldsymbol{E}'$削弱了原来的电场 $\boldsymbol{E}_0$ 所致，今沿径向取积分路径，则得场点 P 的电势为

$$V=\int_P^\infty \boldsymbol{E}\cdot \mathrm{d}\boldsymbol{l}=\int_r^\infty \frac{q}{4\pi\varepsilon r^2}\cos 0^\circ \mathrm{d}r=\frac{q}{4\pi\varepsilon r} \tag{6-47}$$

若导体球的半径 R 远小于场点 P 至中心 O 的距离 r，则可以将导体球看作点电荷. 在此情形下，式（6-46）、式（6-47）仍成立，即点电荷 q 在无限大均匀电介质中激发的电场是球对称的. 上两式分别是它在场点 P 的电场强度和电势的公式. 将点电荷 q_0 放在点 P，它所受的力可由 $\boldsymbol{F}=q_0\boldsymbol{E}$ 和式（6-46）给出，即

$$\boldsymbol{F}=\frac{1}{4\pi\varepsilon}\frac{qq_0}{r^2}\boldsymbol{e}_r \tag{6-48}$$

上式常称为**无限大均匀电介质中的库仑定律**.

至此，读者不难领会，从式（6-46）和式（6-47）出发，分别利用电场强度和电势的叠加原理，与求解真空中的静电场问题相仿，可以**求解均匀电介质中的电场问题. 所得的结果与真空中的完全类同，只不过轻而易举地将 ε_0 换成 ε** 而已.

例如，将例题 6-8 所述的两个无限大均匀带异种电荷的平行平面，置于电容率为 ε 的均匀电介质中，则按电场强度叠加原理，可导出此两带电平行平面之间的电位移和电场强度分别为

$$D=\sigma,\quad E=\frac{\sigma}{\varepsilon} \tag{6-49}$$

两者方向亦都垂直于两带电平面，且从带正电的平面指向带负电的平面，若沿此方向取单位矢量 $\boldsymbol{i}$，则相应的矢量式为

$$\boldsymbol{D}=\sigma\boldsymbol{i},\quad \boldsymbol{E}=\frac{\sigma}{\varepsilon}\boldsymbol{i} \tag{6-50}$$

读者试将式（6-49）中的电场强度 E 与式（6-15）中的 E 相比较.

问题 6-20 根据有电介质时静电场的高斯定理和电介质的性质方程求解有关静电场问题时，具体步骤如何？

例题 6-17 在无限长直的电缆内，导体圆柱 A 和同轴导体圆柱壳 B 的半径分别分 r_1 和 r_2（$r_1<r_2$），单位长度所带电荷分别为 $+\lambda$ 和 $-\lambda$，内、外导体 A 与 B 之间充满电容率为 ε 的均匀电介质. 求电介质中任一点的电场强度大小及内、外导体间的电势差.

分析 由于内、外导体面上的自由电荷和电介质与内、外导体 A 与 B 的交界面上的

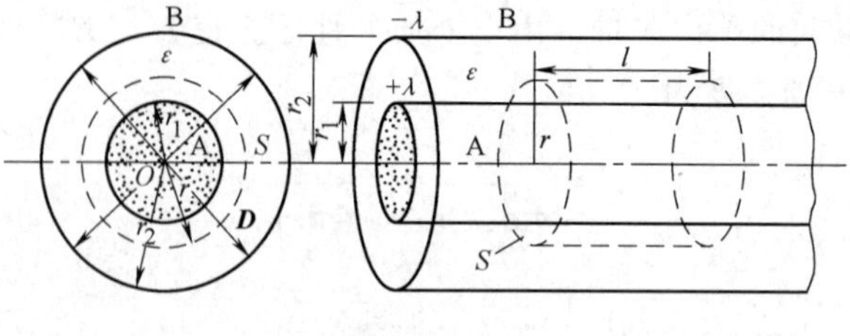

例题 6-17 图

极化电荷都是轴对称分布的，故介质中的电场也是轴对称的.

解 取高斯面，它是半径为 $r(r_1<r<r_2)$、长度为 l 的同轴圆柱形闭合面 S. 左、右两底面与电位移 $\boldsymbol{D}$ 的方向平行，其外法线方向皆与 $\boldsymbol{D}$ 成夹角 $\theta=\pi/2$，故电位移通量为零；柱侧面与 $\boldsymbol{D}$ 的方向垂直，其外法线与 $\boldsymbol{D}$ 同方向，$\theta=0°$，通过侧面的电位移通量为 $D\cos0°(2\pi rl)$. 被闭合面包围的自由电荷为 λl. 按有电介质时静电场的高斯定理［式(6-44)］，有

$$D\cos0°(2\pi rl)=\lambda l$$

即

$$D=\frac{\lambda}{2\pi r}$$

并由于 $\boldsymbol{E}$ 和 $\boldsymbol{D}$ 的方向一致，故由 $\boldsymbol{D}=\varepsilon\boldsymbol{E}$，得所求电场强度的大小为

$$E=\frac{D}{\varepsilon}=\frac{\lambda}{2\pi\varepsilon r}$$

内、外导体间的电势差为

$$V_{\mathrm{A}}-V_{\mathrm{B}}=\int_A^B \boldsymbol{E}\boldsymbol{i}\cdot \mathrm{d}\boldsymbol{l}=\int_{r_1}^{r_2}\frac{\lambda}{2\pi\varepsilon r}\cos0°\mathrm{d}r=\frac{\lambda}{2\pi\varepsilon}\ln\frac{r_2}{r_1}$$

6.10 电容 电容器

6.10.1 孤立导体的电容

电容是导体的一个重要特性. 我们首先讨论孤立导体的电容. 在静电平衡时，电荷量为 q 的孤立导体是一个等势体，具有确定的电势 V. 如果导体所带电荷量从 q 增加到 nq 时，理论和实验都证明，导体的电势就从 V 增加到 nV. 由此可知：如果导体带电，**导体所带的电荷量 q 与相应的电势 V 之比值，是一个与导体所带的电荷量无关的恒量，称为孤立导体的电容**，用符号 C 表示，即

$$C=\frac{q}{V} \tag{6-51}$$

电容 C 是表征导体储电容量的一个物理量，它决定于导体的尺寸和形状，而与 q、V 无关. **在量值上等于该导体的电势为一单位时导体所带的电荷量**. 在一定的电势下，孤立导体所带的电荷量为 $q=CV$，这说明导体的电容 C 越大，能够储存的电荷量越多.

在 SI 中，电容的单位为 F（**法［拉］**）. 如果导体所带的电荷量为 1C，相应的电势为 1V 时，导体的电容即为 1F. 由于法拉这个单位太大，常用 μF（微法）或 pF（皮法）等较小的单位，其换算关系为

$$1\mu\mathrm{F}=10^{-6}\mathrm{F},\ 1\mathrm{pF}=10^{-12}\mathrm{F}$$

6.10.2 电容器的电容

实际使用的都不是孤立导体，一般导体的电容，不仅与导体的大小和几何形状有关，而且还要受周围其他物质的影响. 例如，当带电导体 A 的附近有另一导体 B 时，由于静电感应，B 的两端将出现异种电荷，导体 A 上的电荷也要重新分布，这些都会使导体 A 的电势

发生变化，从而使其电容改变. 因此，为了利用导体来储存电荷（电势能），并便于实际应用，需要设计一个导体组，一方面使其电容较大而体积较小；另一方面使这个导体组的电容一般不受其他物体影响. 电容器就是这种由导体组构成的储存电能的器件. 通常的电容器由两个金属极板和介于其间的电介质所组成. 电容器带电时，常使两极板带上等量异种的电荷（或使一板带电，另一板接地，借感应起电而使另一板带上等量异种电荷）. 电容器的电容定义为**电容器一个极板所带电荷 q（指它的绝对值）和两极板的电势差 V_A-V_B**（不是某一极板的电势）**之比**，即

$$C=\frac{q}{V_A-V_B} \tag{6-52}$$

下面将根据上述定义式计算几种常用电容器的电容.

1. 平行板电容器

设有两平行的金属极板，每板的面积为 S，两板的内表面之间相距为 d，并使板面的线度远大于两板的内表面的间距（见图 6-18）. 设想板 A 带正电，板 B 带等量的负电. 由于板面线度远大于两板的间距，所以除边缘部分以外，两板间的电场可以认为是均匀的，而且电场局限于两板之间. 现在先不考虑介质的影响，即认为两极板间为真空或充满空气. 按式（6-15），两极板间均匀电场的电场强度大小为

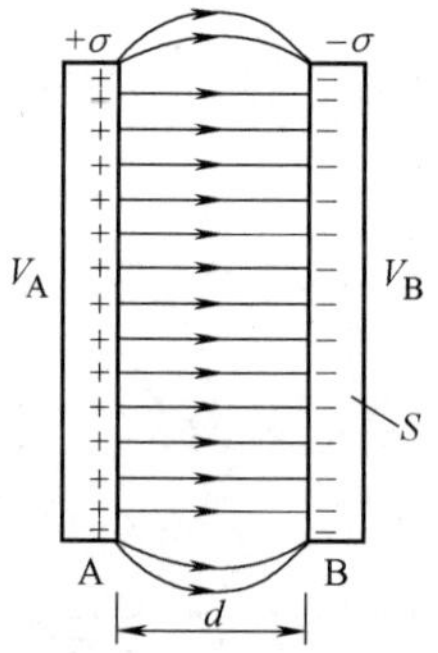

图 6-18 平行板电容器两板之间的电场

$$E=\frac{\sigma}{\varepsilon_0}$$

式中，σ 为任一极板上的面电荷密度（绝对值）. 两极板间的电势差为

$$V_A-V_B=Ed=\frac{\sigma}{\varepsilon_0}d=\frac{qd}{\varepsilon_0 S}$$

其中，$q=\sigma S$ 为任一极板表面上所带的电荷量. 设两极板间为真空时的平行板电容器电容为 C_0，则按电容器电容的定义，得

$$C_0=\frac{q}{V_A-V_B}=\frac{\varepsilon_0 S}{d} \tag{6-53}$$

由上式可知，只要使两极板的间距 d 足够微小，并增大两极板的面积 S，就可获得较大的电容. 但是缩小电容器两极板的间距，毕竟有一定限度；而加大两极板的面积，又势必要增大电容器的体积. 因此，为了制成电容量大、体积小的电容器，通常要在两极板间夹一层适当的电介质，它的电容就会增大. 仿照式（6-53）的导出过程，可以求得平行板电容器在两极板间充满均匀电介质时的电容为

$$C=\frac{\varepsilon S}{d} \tag{6-54}$$

式中，ε 为该电介质的电容率，将式（6-54）与式（6-53）相比，得

$$\frac{C}{C_0}=\frac{\varepsilon}{\varepsilon_0}=\varepsilon_r \tag{6-55}$$

ε_r 即为该电介质的相对电容率（或相对介电常数）．除空气的 ε_r 近似等于1以外，一般电介质的 ε_r 均大于1．故从上式可知，在充入均匀电介质后，平行板电容器的电容 C 将增大为真空情况下的 ε_r 倍．并且对任何电容器来说，当其间充满相对电容率为 ε_r 的均匀电介质后，它的电容亦总是增至 ε_r 倍（证明从略）．

有的材料（如钛酸钡），它的 ε_r 可达数千，用来作为电容器的电介质，就能制成电容大、体积小的电容器．

从式（6-54）可知，当 S、d 和 ε 三者中任一个量发生变化时，都会引起电容 C 的变化．根据这一原理所制成的**电容式传感器**㊀，可用来测量诸如位移、液面高度、压强和流量等非电学量．例如，图6-19所示的**电容测厚仪**，可用来测量塑料带子等的厚度．当被测的带子B置于平行板电容器的两极板之间、并在辊筒K驱动下不断移动过去时，若带子厚度 t 有变化，电容 C 也会随之改变．这样，只需测量电容 C，就能测定带子厚度 t（参阅习题6-27）．

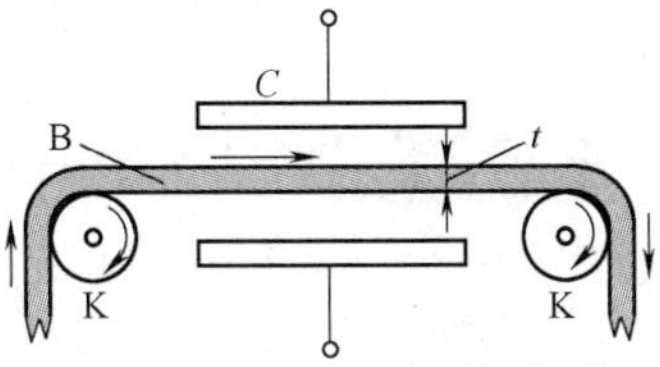

图6-19 电容测厚仪

2. **球形电容器**

球形电容器是由半径分别为 R_A 和 R_B 的两个同心球壳组成的，两球壳中间充满电容率为 ε 的电介质（见图6-20）．

假定内球壳带电荷 $+q$，此电荷将均匀地分布在它的外表面上．同时，在外球壳的内、外两表面上的感应电荷 $-q$ 和 $+q$ 也都是均匀分布的．外球壳的外表面上的正电荷可用接地法消除掉．两球壳之间的电场具有球对称性，可用有介质时的高斯定理求出这电场，它和单独由内球激发的电场相同，即

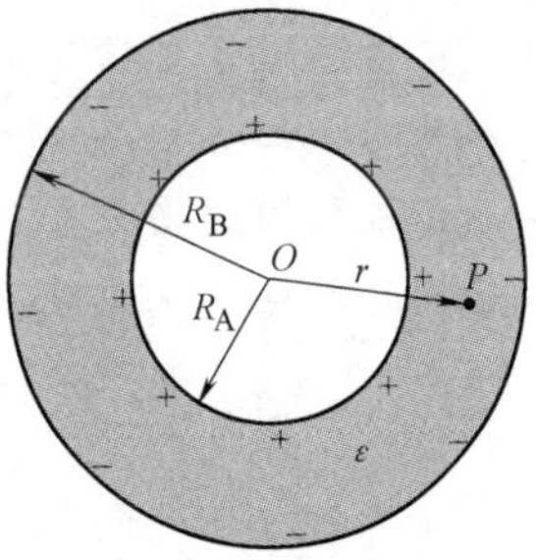

图6-20 球形电容器

$$E=\frac{q}{4\pi\varepsilon r^2}$$

式中，r 为球心 O 到场点 P 的距离．因为 $V_A-V_B=\int_A^B \boldsymbol{E}\cdot \mathrm{d}\boldsymbol{l}$；而今取 $\mathrm{d}\boldsymbol{l}$ 沿径向，则 $\theta=0°$，故

$$V_A-V_B=\int_{R_A}^{R_B}E\cos0°\,\mathrm{d}r=\int_{R_A}^{R_B}\frac{q}{4\pi\varepsilon r^2}\mathrm{d}r=\frac{q}{4\pi\varepsilon}\left(\frac{1}{R_A}-\frac{1}{R_B}\right)$$

所以

$$C=\frac{q}{V_A-V_B}=\frac{q}{\dfrac{q}{4\pi\varepsilon}\left(\dfrac{1}{R_A}-\dfrac{1}{R_B}\right)}=\frac{4\pi\varepsilon R_A R_B}{R_B-R_A} \qquad (6\text{-}56)$$

由式（6-53）、式（6-56）可见，电容器的电容取决于组成电容器的导体的形状、几何尺寸、相对位置以及介质情况，与它是否带电无关．这就表明，**电容器的电容是描述电容器本身容电性质的一个物理量**．

电容器的电容通常也可用交流电桥等电学仪器来测定．

㊀ 传感器是这样一种器件，它能够感受到所需测定的各种非电学量（如力学量、化学量等），把它转换成易于检测、处理、传输和控制的电学量（如电阻、电容、电感等），它一般由敏感元件、转换元件和测量电路三部分组成．传感器在工业自动化和远距离监测等方面有广泛应用．

思维拓展

随着科技的发展，人们制造出越来越多具有更优良性质的电容器，比如超级电容器和薄膜电容器. 超级电容器是由电极和电介质的双层界面构成，既保持了传统电容器快速充放电的特点，又具有电池的储能功能. 薄膜电容器以塑料薄膜为电介质，具有绝缘阻抗高和介质损失率低等优点.

问题 6-21 电容器的电容取决于哪些因素？导出平行板电容器的电容公式.

例题 6-18 设有面积为 S 的平板电容器，两极板间填充两层均匀电介质，电容率分别为 ε_1 和 ε_2（见例题 6-18 图），厚度分别为 d_1 和 d_2，求此电容器的电容.

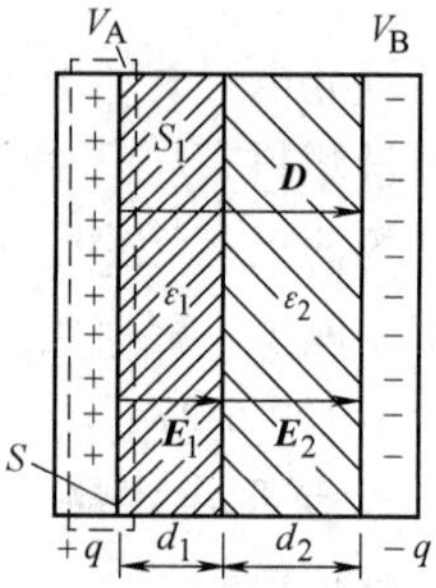

例题 6-18 图

解 设想两极板分别带有电荷$+q$、$-q$，在两层介质中的电场强度分别为 $\boldsymbol{E}_1$ 和 $\boldsymbol{E}_2$.

根据有介质时静电场的高斯定理，由于电位移通量只与自由电荷有关，故可先求电场中的电位移 $\boldsymbol{D}$. 为此，作高斯面，它是长方棱柱形的闭合面 S_1，其右侧表面在电容率为 ε_1 的介质内，左侧表面在导体极板内（图中虚线所示）. 板内的电场强度为零；上、下、前、后面的外法线皆与 $\boldsymbol{D}$ 垂直，其夹角 $\theta=\pi/2$，故 $\boldsymbol{D}\cdot \mathrm{d}\boldsymbol{S}=0$；右侧面的外法线与 $\boldsymbol{D}$ 同方向，$\theta=0°$，即 $\boldsymbol{D}\cdot \mathrm{d}\boldsymbol{S}=D\cos 0° \mathrm{d}S=D\mathrm{d}S$. 则由

$$\oint\!\!\!\oint_{S_1}\boldsymbol{D}\cdot \mathrm{d}\boldsymbol{S}=\sum_i q_i$$

有

$$DS=q$$

再由 $\boldsymbol{D}=\varepsilon\boldsymbol{E}$，并因 $\boldsymbol{D}$ 与 $\boldsymbol{E}$ 同方向，故分别由上式得

$$E_1=\frac{D}{\varepsilon_1}=\frac{q}{\varepsilon_1 S},\qquad E_2=\frac{D}{\varepsilon_2}=\frac{q}{\varepsilon_2 S}$$

两极板间的电势差为

$$V_A-V_B=E_1d_1+E_2d_2=\frac{q}{S}\left(\frac{d_1}{\varepsilon_1}+\frac{d_2}{\varepsilon_2}\right)$$

所求电容为

$$C=\frac{q}{V_A-V_B}=\frac{S}{\left(\dfrac{d_1}{\varepsilon_1}+\dfrac{d_2}{\varepsilon_2}\right)}$$

可见电容和电介质填充的次序无关；而且上述结果可以推广到两极板间含有较多层数的电介质中去.

例题 6-19 设有半径皆为 r 的两条平行的“无限长”直导线 A 和 B，其间相距为 d(d

$\gg r$)，且充满电容率为 ε 的电介质. 求单位长度导线的电容.

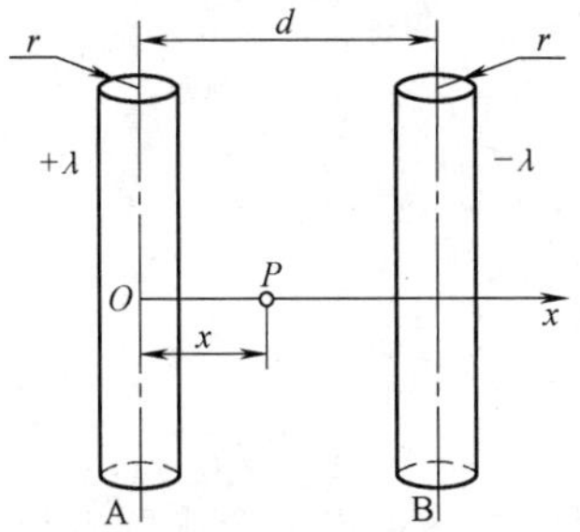

例题 6-19 图

解 先假设两条导线 A、B 均匀带电，线电荷密度分别为+λ 和−λ，沿垂直于两导线的方向取 Ox 轴（见例题 6-19 图），原点 O 取在导线 A 的轴线上. 按有电介质时静电场的高斯定理，可求出这两条"无限长"均匀带电直导线在两导线间的任一点 P 所激发的电场强度，其大小分别为

$$E_A=\frac{1}{2\pi\varepsilon}\frac{\lambda}{x},\quad E_B=\frac{1}{2\pi\varepsilon}\frac{\lambda}{d-x}$$

式中，x 为点 P 的坐标. 由于 $\boldsymbol{E}_A$ 和 $\boldsymbol{E}_B$ 均指向 Ox 轴正方向，故点 P 的总电场强度大小为

$$E=E_A+E_B=\frac{\lambda}{2\pi\varepsilon}\left(\frac{1}{x}+\frac{1}{d-x}\right)$$

两导线 A 和 B 之间的电势差为

$$V_A-V_B=\int_r^{d-r}E\mathrm{d}x=\int_r^{d-r}\frac{\lambda}{2\pi\varepsilon}\left(\frac{1}{x}+\frac{1}{d-x}\right)\mathrm{d}x$$

$$=\frac{\lambda}{2\pi\varepsilon}[\ln x-\ln(d-x)]_r^{d-r}$$

$$=\frac{\lambda}{\pi\varepsilon}\ln\frac{d-r}{r}\approx\frac{\lambda}{\pi\varepsilon}\ln\frac{d}{r}\text{（因为 }d\gg r\text{）}$$

由这两根导线（相当于两极板）构成的电容器，其单位长度的电容为

$$C'=\frac{\lambda}{V_A-V_B}=\frac{\pi\varepsilon}{\ln(d/r)}$$

设 $r=2\text{mm}$，$d=50\text{mm}$；电介质为空气，即 $\varepsilon\approx\varepsilon_0=8.85\times10^{-12}\text{C}^2\cdot\text{N}^{-1}\cdot\text{m}^{-2}$，代入上式，得平行的"无限长"直导线上单位长度的电容为 $C'=8.63\times10^{-12}\text{F}\cdot\text{m}^{-1}$，可见其值甚小.

注意 如本节开头所指出的那样，任何导体之间实际上都存在着电容. 不仅像本例所述的导线与导线之间存在电容，就像导线与电器元件、金属外壳之间也都存在着电容. 这些电容在电子技术和电工学中通常叫作**分布电容**. 一般情形下，分布电容值甚小，可忽略不计（见本例的计算结果）. 但在布设高频设备中的电子线路时，应考虑分布电容的影响.

6.10.3 电容器的串联和并联

在实际应用中，常会遇到手头现有的电容器不适合于我们的需要，例如电容的大小不合用，或者是打算加在电容器上的电势差（电压）超过电容器的耐压程度（即电容器所能承受的电压㊀）等，这时可以把现有的电容器适当地连接起来使用.

两电容器串联如图 6-21 所示，电容器 C_1、C_2 极板上的电荷量相同，电势差（也称电压）分别为 U_{ac} 和 U_{cb}，串联后的**总电容**（亦称**等值电容**）为 C，电势差为 U_{ab}，则 $U_{ab}=U_{ac}+U_{cb}$，而

$$C=\frac{q}{U_{ab}},\ C_1=\frac{q}{U_{ac}},\ C_2=\frac{q}{U_{cb}}$$

从而可得

而

$$\frac{1}{C}=\frac{1}{C_1}+\frac{1}{C_2}$$

推而广之，可得 n 个串联电容器的总电容为

$$\frac{1}{C}=\frac{1}{C_1}+\frac{1}{C_2}+\cdots+\frac{1}{C_n} \tag{6-57}$$

这就是说：**串联电容器组的总电容的倒数，等于各个电容器电容的倒数之和**．这样，电容器串联后，使总电容变小，但每个电容器两极板间的电势差，比欲加的总电压小，因此电容器的耐压程度有了增加．这是串联的优点．

两电容器并联如图 6-22 所示，电容器 C_1、C_2 极板上的电压相同，极板上的电荷为 q_1、q_2，并联的总电容为 C，极板上的电荷为 q，则 $q=q_1+q_2$，而

$$C=\frac{q}{U_{ab}},\ C_1=\frac{q_1}{U_{ab}},\ C_2=\frac{q_2}{U_{ab}}$$

从而可得

$$C=C_1+C_2$$

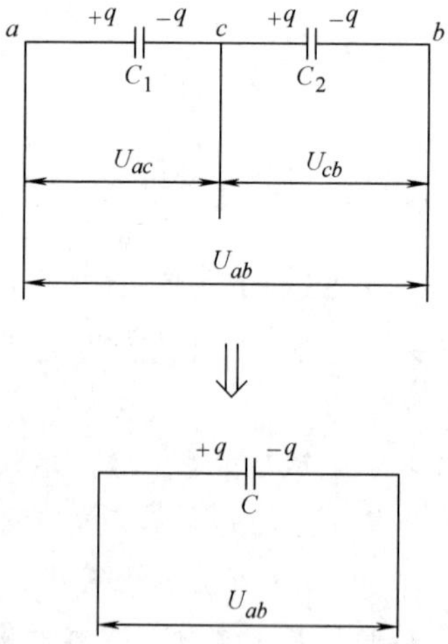

图 6-21　电容器的串联

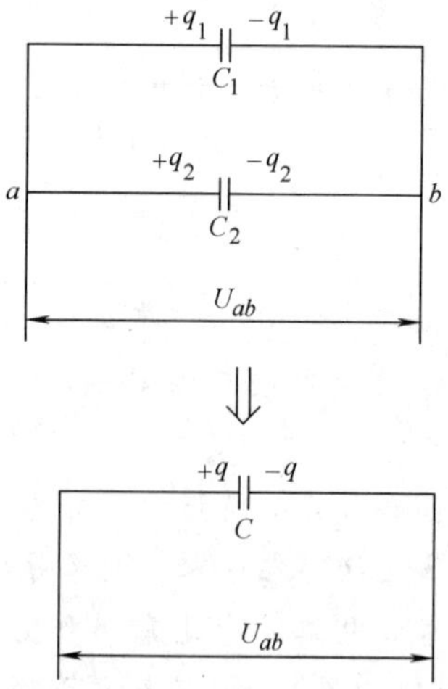

图 6-22　电容器的并联

⊖ 当电容器两极板间的电势差逐渐增加到一定限度时，其间的电场强度会相应地增大到足以使电容器中电介质的绝缘性被破坏，这个电势差的极限，常称为“击穿电压”．相应的电场强度叫作该介质的绝缘强度，读者可从物理手册中查用．

推而广之，可得 n 个并联电容器的总电容为

$$C=C_1+C_2+\cdots+C_n \tag{6-58}$$

所以，**并联电容器组的总电容是各个电容器电容之总和**．这样，总的电容量是增加了，但是每只电容器两极板间的电势差和单独使用时一样，因而耐压程度并没有因并联而改善．

以上是电容器的两种基本连接方法．实际上，还有混合连接法，即串联和并联一起应用，如下面的例题 6-20 所示的情况．

问题 6-22 （1）如何求电容器并联或串联后的总电容？在什么情况下宜用并联？在什么情况下宜用串联？

（2）电容器中的介质击穿是怎样引起的？

例题 6-20 有三个相同的电容器，电容均为 $C_1=6\mu F$，相互连接，如例题 6-20 图所示．今在此电容器组的两端加上电压 $U_{AD}=V_A-V_D=300V$．求：（1）电容器 1 上的电荷；（2）电容器 3 两端的电势差．

解 （1）设 C 为这一组合的等值电容，q_1 为电容器 1 上的电荷，也就是这一组合所储蓄的电荷．图中 A、B、D 各点的电势分别为 V_A、V_B 和 V_D，则

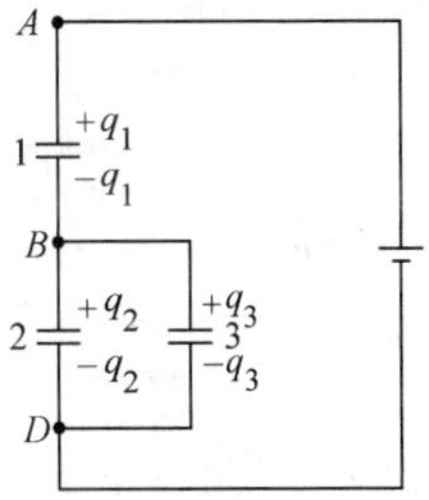

例题 6-20 图

$$q_1=C(V_A-V_D)$$

因

$$C=\frac{C_1\times 2C_1}{C_1+2C_1}=\frac{2}{3}C_1$$

得

$$q_1=\frac{2}{3}C_1(V_A-V_D)=\frac{2}{3}\times 6\times 10^{-6}F\times 300V=1.2\times 10^{-3}C$$

（2）设 q_2 和 q_3 分别为电容器 2 和电容器 3 上所带电荷量，则

$$V_B-V_D=\frac{q_2}{C_1}=\frac{q_3}{C_1}$$

因为 $q_1=q_2+q_3$，而由上式又有 $q_2=q_3$，故 $q_2=q_3=q_1/2$，于是得

$$V_B-V_D=\frac{1}{2}\frac{q_1}{C_1}=\frac{1}{2}\times\frac{1.2\times 10^{-3}C}{6\times 10^{-6}F}=100V$$

6.11 电场的能量

如前所述，任何带电过程都是正、负电荷的分离过程．在带电系统的形成过程中，凭借外界提供的能量，外力必须克服电荷之间相互作用的静电力而做功．带电系统形成后，根据能量守恒定律，外界能源所供给的能量必定转变为该带电系统的电能．电能在量值上等于外力所做的功，所以任何带电系统都具有一定值的能量．

如图 6-23a 所示，若带电系统是一个电容器，它的电容是 C．设想电容器的带电过程是

这样的，即不断地从原来中性的极板 B 上取正电荷移到极板 A 上，而使两极板 A 和 B 所带的电荷分别达到 $+q$ 和 $-q$，这时两板间的电势差 $U_{AB}=V_A-V_B=q/C$（见图 6-23c）. 在上述带电过程中的某一时刻，设两极板已分别带电到 $+q_i$ 和 $-q_i$，且其电势差为 q_i/C（见图 6-23b）. 若从板 B 再将电荷 $+dq_i$ 移到板 A 上，则外力做功为

> 正、负电是同时呈现的. 例如摩擦起电，我们把正、负电荷及其周围伴随激发的电场叫作带电系统.

$$dA=\frac{q_i}{C}dq_i$$

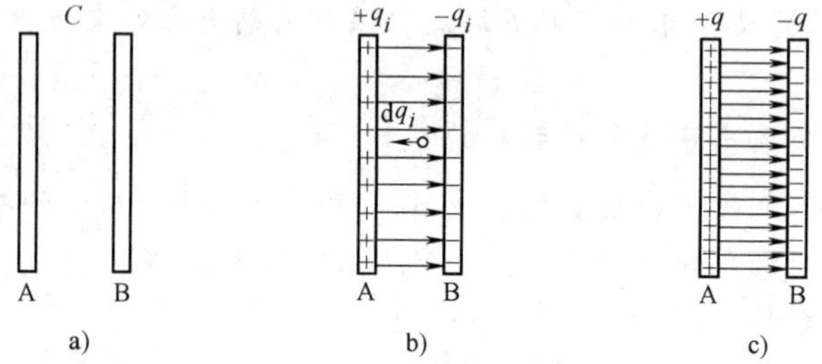

图 6-23　电容器的带电过程

a）$q_0=0$　b）$U_{AB}=q_i/C$　c）$U_{AB}=q/C$

在极板带电从零达到 q 值的整个过程中，外力做功为

$$A=\int_0^q dA=\int_0^q \frac{q_i}{C}dq_i=\frac{1}{2}\frac{q^2}{C}$$

这功便等于带电荷为 q 的电容器所拥有的能量 W_e，即

$$W_e=\frac{1}{2}\frac{q^2}{C} \tag{6-59}$$

根据电容器电容的定义式（6-52），上式也可写成

$$W_e=\frac{1}{2}C(V_A-V_B)^2 \tag{6-59a}$$

或

$$W_e=\frac{1}{2}q(V_A-V_B) \tag{6-59b}$$

现在我们进一步说明这些能量是如何分布的. 实验证明，在电磁现象中，能量能够以电磁波的形式和有限的速度在空间传播，这件事证实了带电系统所储藏的能量分布在它所激发的电场空间之中，即电场具有能量. 电场中单位体积内的能量，称为**电场的能量密度**. 现在以平板电容器为例，导出电场的能量密度公式. 今把 $C=\varepsilon S/d$ 代入式（6-59a）中，即得电场的能量为

$$W_e=\frac{1}{2}\frac{\varepsilon S}{d}(V_A-V_B)^2=\frac{1}{2}\varepsilon Sd\left(\frac{V_A-V_B}{d}\right)^2=\frac{\varepsilon E^2}{2}\tau$$

式中，$(V_A-V_B)/d$ 是电容器两极板间的电场强度 E；$\tau=Sd$ 是两极板间的体积. 由于平行板电容器中的电场是均匀的，所以将电场能量 W_e 除以电场体积 τ，即为电场的能量密度 w_e，故由上式得

$$w_e=\frac{W_e}{\tau}=\frac{\varepsilon E^2}{2}=\frac{DE}{2} \tag{6-60}$$

上述结果虽从均匀电场导出，但可证明它是一个普遍适用的公式．也就是说，在任何非均匀电场中，只要给出场中某点的电容率 ε、电场强度 E（或电位移 $D=\varepsilon E$），那么该点的电场能量密度就可由式（6-60）确定．

因为能量是物质的状态特性之一，所以它是不能和物质分割开来的．电场具有能量，这就证明电场也是一种物质．

问题 6-23 （1）说明带电系统形成过程中的功、能转换关系；在此过程中，系统获得的能量储藏在何处？电场中一点的能量密度如何表述？

（2）电容为 $C=600\mu F$ 的电容器借电源充电而储有能量，这能量通过问题 6-23 图所示的线路放电时，转换成固体激光闪光灯的闪光能量．放电时的火花间隙击穿电压为 2000V．求电容器在一次放电过程中所释放的能量．

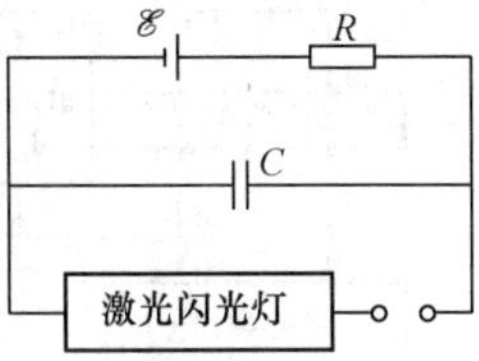

问题 6-23 图

例题 6-21 设半径为 $R=10cm$ 的均匀带电金属球体，带有电荷为 $q=1.0\times10^{-5}C$，位于相对电容率 $\varepsilon_r=2$ 的无限大均匀电介质中．求此带电球体的电场能量．

解 根据有电介质时静电场的高斯定理，可求得在离开球心为 $r(r>R)$ 处的电场强度为

$$E=\frac{q}{4\pi\varepsilon r^2}$$

该处任一点的电场能量密度为

$$w_e=\frac{\varepsilon E^2}{2}=\frac{q^2}{32\pi^2\varepsilon r^4}$$

如例题 6-21 图所示，在该处取一个与金属球同心的球壳层，其厚度为 dr，体积为 $d\tau=4\pi r^2dr$，拥有的能量为 $dW_e=w_e d\tau$，则整个电场的能量可用积分计算：

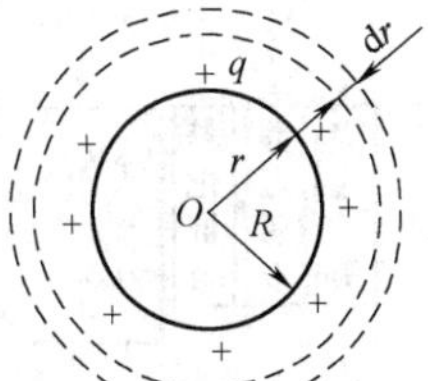

例题 6-21 图

$$W_e=\iiint_\tau w_e d\tau=\int_R^\infty \frac{q^2}{32\pi^2\varepsilon r^4}4\pi r^2 dr=\frac{q^2}{8\pi\varepsilon R}=\frac{1}{4\pi\varepsilon_0}\frac{q^2}{2\varepsilon_r R}$$

按上式，代入题设数据，可自行算出整个电场的能量为 $W_e=2.25J$．

本章小结

本章在库仑定律和静电力叠加原理的基础上定义了电场强度概念．为形象地描述电场的分布，引入电场线的概念，通过对电场线通量的研究，给出了静电场的高斯定理；通过电场力对运动电荷做功情况的研究，给出了静电场的环路定理，揭示了静电场是保守场，从而引入电势能、电势，给出电场强度与电势的关系．还研究了放入静电场中的导体、电介质的性质，由于静电场与导体、电介质的相互影响，导致导体上的电荷重新分配、电介质发生了电极化现象，从而使介质内部的电场发生了变化，引入电位移矢量的概念研究了有电介质时电场的性质．

本章主要内容框图：

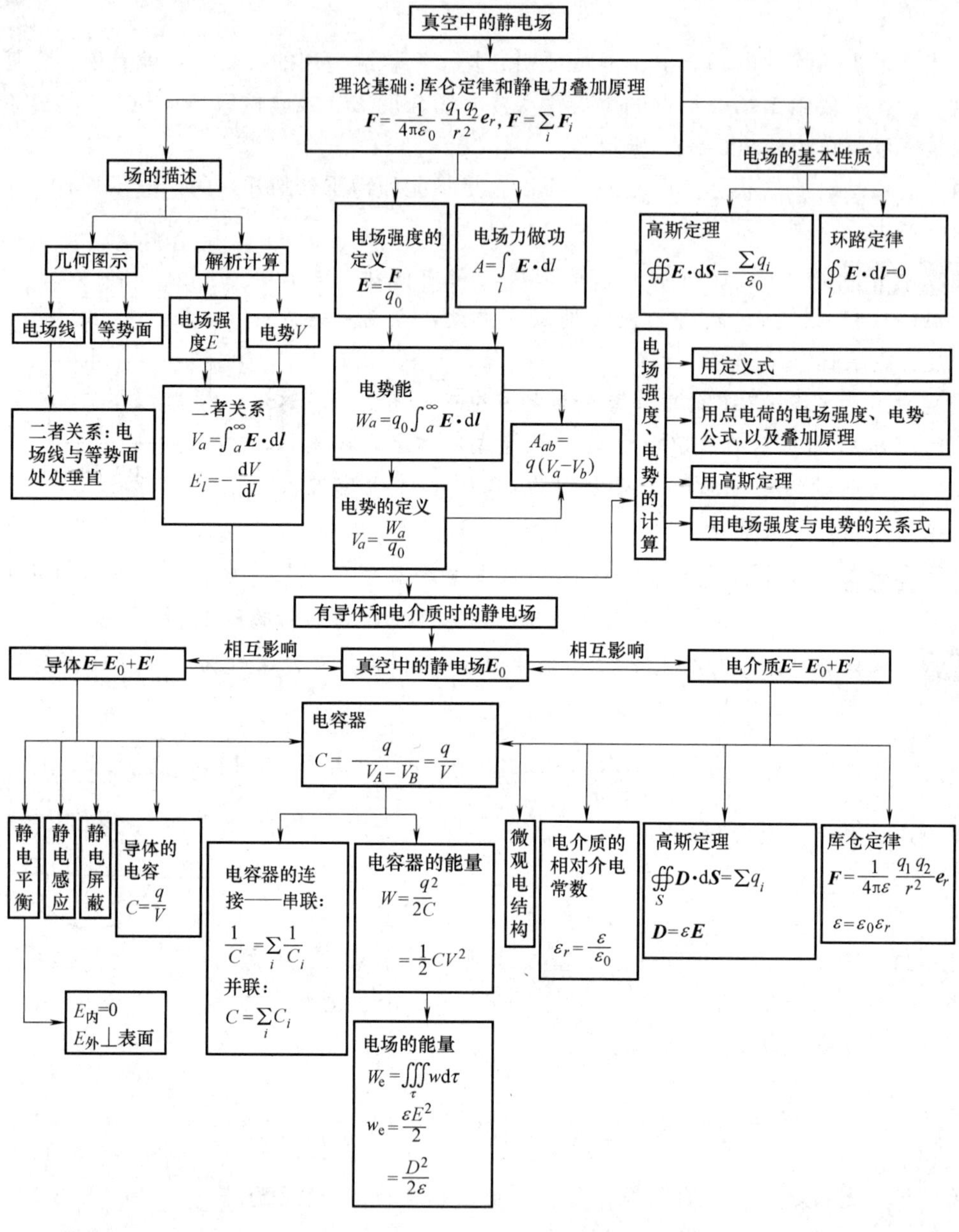

习　题　6

6-1　如习题 6-1 图所示，两个小球 A 和 B 的质量均为 $m=0.1\times10^{-3}$kg，分别用两根长 $l=1.20$m 的塑料细线悬挂于 O 点．当两球带有电荷量相等的同种电荷时，它们相互推斥分开，在彼此相距 $d=5\times10^{-2}$m 处达到平衡．求每个球上所带的电荷量 q．（答：$q=\pm2.38\times10^{-9}$C）

6-2　点电荷 $q_1=+5.0\times10^{-9}$C，置于距离激发电场的点电荷 q 为 10cm 处的一点上时，它所受的力为 30×10^{-5}N，方向则背离 q 向外．求此点的电场强度大小和场源的电荷量 q．（答：6.0×10^4N·C^{-1}；66.7×10^{-9}C）

6-3 氢原子里的原子核外只有一个电子. 设想电子沿圆形轨道绕原子核做匀速率旋转，轨道半径为 0.529×10^{-8}cm，求电子的向心加速度和每秒钟绕核的转数.（答：$9.04\times10^{22}\text{m}\cdot\text{s}^{-2}$；$6.58\times10^{15}\text{r}\cdot\text{s}^{-1}$）

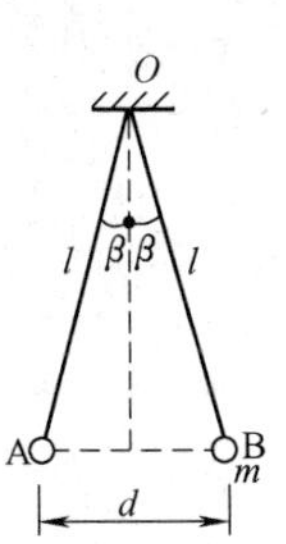

习题 6-1 图

6-4 如习题 6-4 图所示，设有两个点电荷 $q_1=+2.0\times10^{-7}$C、$q_2=-2.0\times10^{-7}$C，它们分别位于斜边长为 $a=0.6$m 的直角三角形的两个顶点上，相距为 $a/2$，求另一顶点 P 处的电场强度.（答：$E=34.3\times10^2\text{N}\cdot\text{C}^{-1}$，方向自行确定）

6-5 求电偶极子在其轴线的中垂线上某点 B 的电场强度 $\boldsymbol{E}_B$. 如习题 6-5 图所示，令该轴线的中垂线上 B 点到电偶极子中心 O 的距离为 r.［答：$\boldsymbol{E}_B=-\boldsymbol{p}_e/(4\pi\varepsilon_0 r^3)$］

6-6 如习题 6-6 图所示，在边长为 a 的正方形四个顶点 A、B、C、D 上，分别有相等的同种电荷 $-e$. 求证：若使各顶点上的电荷所受电场力为零，在正方形中心 O 应放置电荷 $e_O=(2\sqrt{2}+1)e/4$.

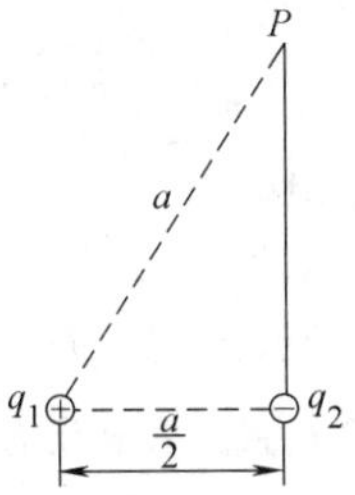

习题 6-4 图

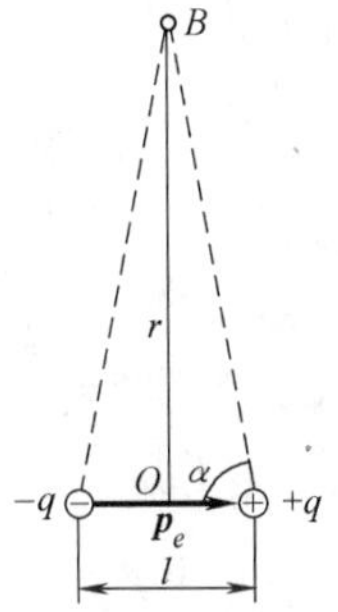

习题 6-5 图

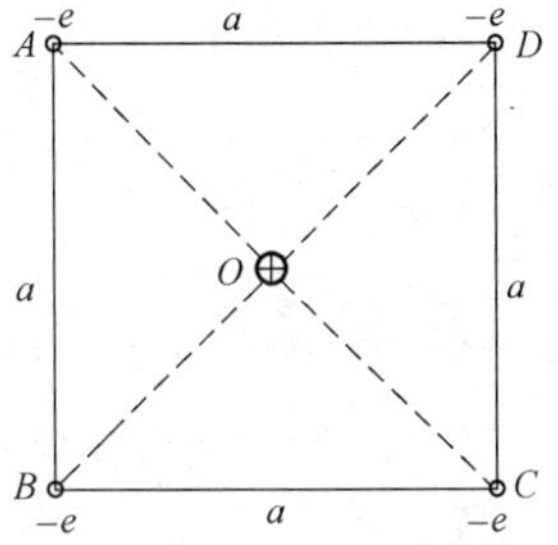

习题 6-6 图

6-7 如习题 6-7 图所示，水平地放置着一长为 L、线电荷密度为 λ（>0）的均匀带电直线. 设 P 点是带电直线的延长线上的一点，它到直线近端的距离为 a，试求 P 点的电场强度.［答：$E=\lambda/(4\pi\varepsilon_0)[(1/a-1/(a+L)]$，方向自行确定］

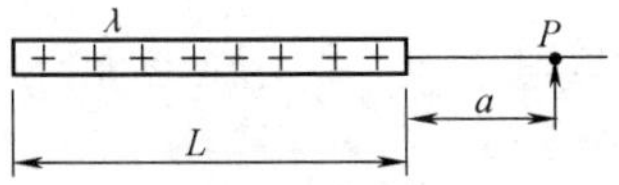

习题 6-7 图

6-8 设电荷 $q>0$ 均匀分布在半径为 R 的圆弧上，圆弧对圆心所张的圆心角为 α. 试求圆心处的电场强度. 若此圆弧为一半圆周，求圆心处的电场强度.（答：$[q/(2\pi\varepsilon_0 R^2\alpha)]\sin\alpha/2$，↓；$q/(2\pi^2\varepsilon_0 R^2)$；方向按 $q>0$ 和 $q<0$ 自行确定）

6-9 如习题 6-9 图所示，一均匀带正电的无限大平面，平面上的面电荷密度为 σ，在面上挖去一个半径为 R 的小圆孔，求垂直于平面的圆孔轴线上某点 P 的电场强度. 已知场点 P 与圆孔中心 O 相距为 $3R$.［答：$E=3\sqrt{10}\sigma/(20\varepsilon_0)$，方向向右］

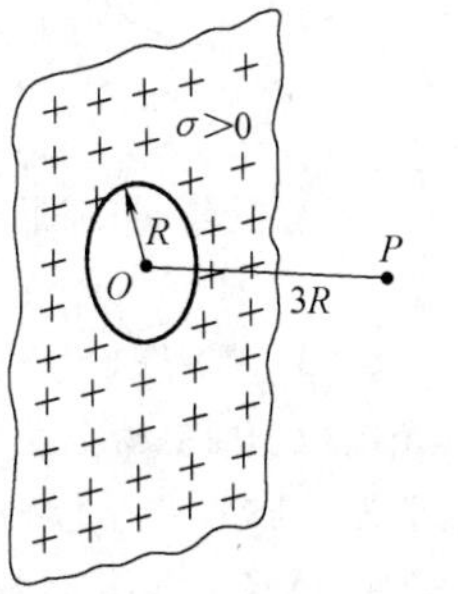

习题 6-9 图

6-10 求证：远离均匀带电圆平面处的电场相当于电荷集中于圆平面中心的一个点电荷的电场，即 $E=\dfrac{q}{4\pi\varepsilon_0 x^2}\boldsymbol{i}$.

6-11 真空中两块相互平行的无限大均匀带电平面，面电荷密度分别为 σ 和 2σ，求两平面间的电场强度.（答：$\sigma/2\varepsilon_0$，方向朝左）

6-12 在真空中，沿 Ox 轴正方向分布着电场，电场强度为 $\boldsymbol{E}=bx\boldsymbol{i}$（$b$ 为正的恒量）. 如习题 6-12 图所示，今若作一边长为 a 的立方体形高斯面，试求通过高斯面右侧面 S_1 的电通量 Φ_1 和通过上表面 S_2 的电通量 Φ_2，以及立方体内的净电荷量为 Q.（答：$2a^3b$，0，$\varepsilon_0 a^3 b$）

6-13 如习题 6-13 图所示，一个金属球体 A($R_1=2$cm) 被另一个同心金属球壳 B($R_2=4$cm) 所包围. 球 A 表面上均匀地带电荷 $q_1=+10/3\times10^{-9}$C，球壳 B 上均匀地带电荷 $q_2=-20/3\times10^{-9}$C. 求与球心 O 相距 $r=5$cm 的点 C 的电场强度.（答：$E=-1.2\times10^4\text{N}\cdot\text{C}^{-1}$，负号表示 $\boldsymbol{E}$ 的方向指向中心）

6-14　如习题6-14图所示，设在半径分别为 R_1 和 R_2 的两个同心球面上，若各自均匀地分布着电荷 q_1 和 q_2. 求：(1) Ⅰ、Ⅱ、Ⅲ三个区域内的电场强度分布；(2) 若 $q_1=-q_2$，情况如何？画出此情况下的 E-r 曲线，取 r 为场点到球心 O 的距离. $\left[\text{答：(1) } E_{\text{Ⅰ}}=0\ (r>R_1),\ E_{\text{Ⅱ}}=\frac{1}{4\pi\varepsilon_0}\frac{q_1}{4r^2},\ (R<r<R_2)\ E_{\text{Ⅲ}}=\frac{1}{4\pi\varepsilon_0}\frac{q_1+q_2}{r^2}\ (r>R_2);\right.$ $\left.\text{(2) } E_{\text{Ⅰ}}=E_{\text{Ⅲ}}=0,\ E_{\text{Ⅱ}}=\frac{1}{4\pi\varepsilon_0}\frac{q_1}{r^2}\right]$

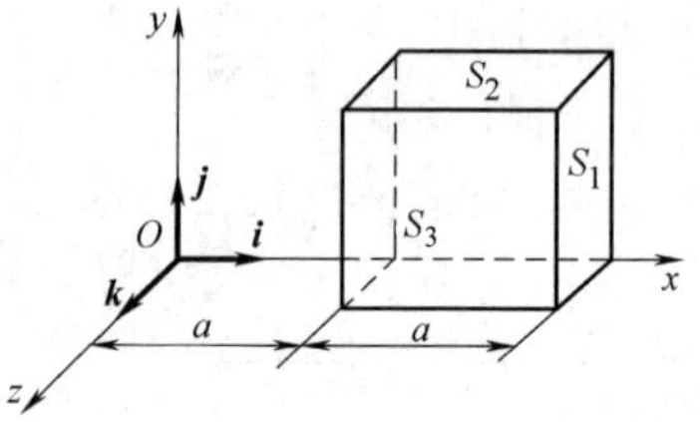

习题6-12图

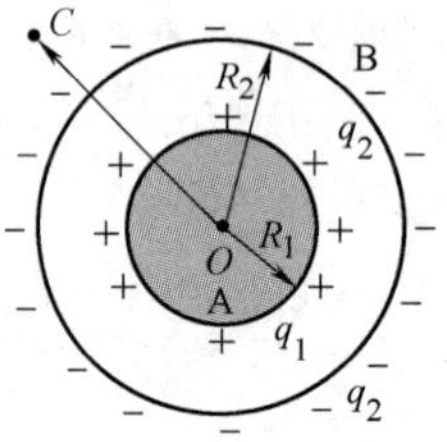

习题6-13图

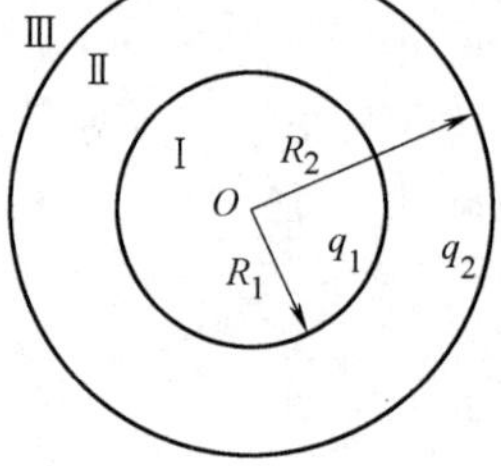

习题6-14图

6-15　如习题6-15图所示，在同一水平面 $ABCO'$ 上，点电荷 $+Q$ 和 $-Q$ 分别置于点 O、O' 处，若沿着以点 O 为圆心、R 为半径的水平半圆弧 $\widehat{ABC}$，把质量为 m、带电荷 $+q$ 的质点从点 A 移到点 C，求电场力和重力分别对它所做的功 A_e、A_W. [答：$A_e=qQ/(6\pi\varepsilon_0 R)$；$A_W=0$]

6-16　如习题6-16图所示，一半径为 R 的均匀带电球面，电荷为 q，求球内、球外及球面上各点 Q、P、S 处的电势. [答：$V_Q=V_S=q/(4\pi\varepsilon_0 R)$，$V_P=q/(4\pi\varepsilon_0 r)$]

6-17　如习题6-17图所示，求将一个点电荷 $q=1.0\times10^{-9}$C 由场点 A 移到场点 B 时电场力所做的功及由点 C 移到点 D 时电场力所做之功. 已知 $r=6$cm，$a=8$cm，$q_1=+3.3\times10^{-9}$C，$q_2=-3.3\times10^{-9}$C.（答：3.96×10^{-7}J；0）

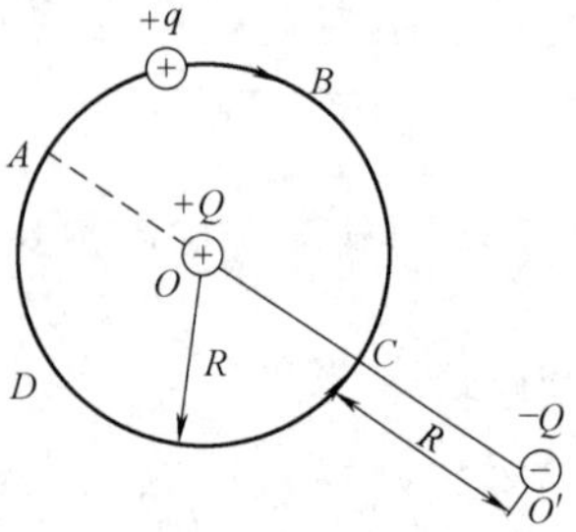

习题6-15图

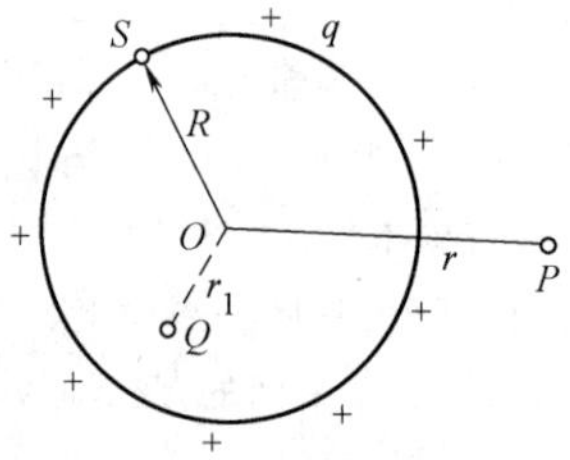

习题6-16图

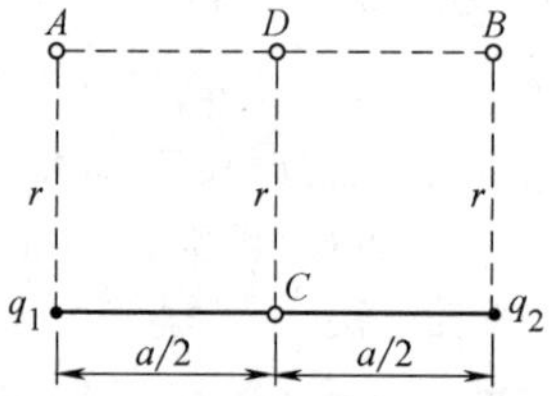

习题6-17图

6-18　如习题6-18图所示，一无限大的带电平板竖直放置，板上均匀地分布着正电荷，面电荷密度为 σ. 求：(1) 距平板的距离为 d 的一点 A 与平板之间的电势差；(2) 与平板相距分别为 d_1、d_2 的两点 B 和 C 之间的电势差 ($d_1<d_2$). [答：(1) $U_{板A}=\sigma d/(2\varepsilon_0)$；(2) $U_{BC}=\sigma(d_2-d_1)/(2\varepsilon_0)$]

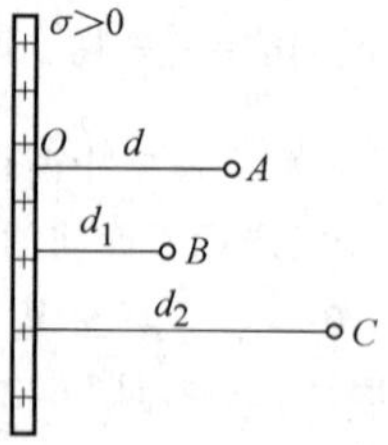

习题6-18图

6-19　半径分别为1.0cm与2.0cm的两个球形导体，各带电 1.0×10^{-8}C，两球相距很远而互不影响. 若用细导线将两球连接，求：(1) 每球所带电荷量；(2) 每球的电荷面密度与球的半径有何关系？(3) 每球的电势. [答：(1) 6.67×10^{-9}C，13.3×10^{-9}C；(2) $\sigma\propto1/r$；(3) 6000V]

6-20　如习题6-20图所示，平行放置的两块均匀地带有等量异种电荷的铜板A和B，相距为 $d=5.5$mm，两铜板的面积均为 250cm^2，电荷量均为 2.15×10^{-8}C，A板带正电并接地. 以地的电势为零，不计边缘效应．求：（1）B板的电势；（2）A和B两极间离A板2.2mm处点C的电势．［答：（1）$V_B=-534\text{V}$；（2）$V_C=-213\text{V}$］

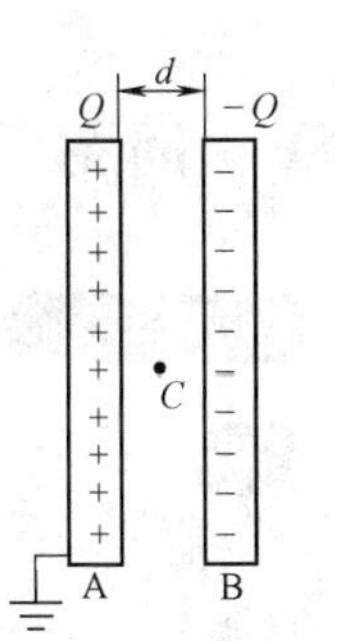

习题6-20图

6-21 半径为0.10m的金属球A带电$q=1.0\times10^{-8}\text{C}$，将一原来不带电的半径为0.20m的薄金属球壳B同心地罩在A球的外面．（1）求与球心相距0.15m处P点的电势；（2）将A与B用金属导线连接在一起，再求上述P点的电势．［答：（1）$6.0\times10^2\text{V}$；（2）$4.5\times10^2\text{V}$］

***6-22** 设有"无限长"的均匀带电同轴电缆，缆芯与外皮之间充有两层均匀电介质，电容率分别为ε_1和ε_2，缆芯半径为R_1，外皮的内半径为R_2，里层电介质的外半径为r_1，如习题6-22图所示．当缆芯的线电荷密度为$+\lambda$，外皮的线电荷密度为$-\lambda$时，求缆芯与外皮之间电势差V_1-V_2为多大？（提示：由于电场强度分布是轴对称的，因而可作高斯面，如图中虚线所示的同轴圆柱面）$\left[\text{答：}\dfrac{\lambda}{2\pi}\left(\dfrac{1}{\varepsilon_1}\ln\dfrac{r_1}{R_1}+\dfrac{1}{\varepsilon_2}\ln\dfrac{R_2}{r_1}\right)\right]$

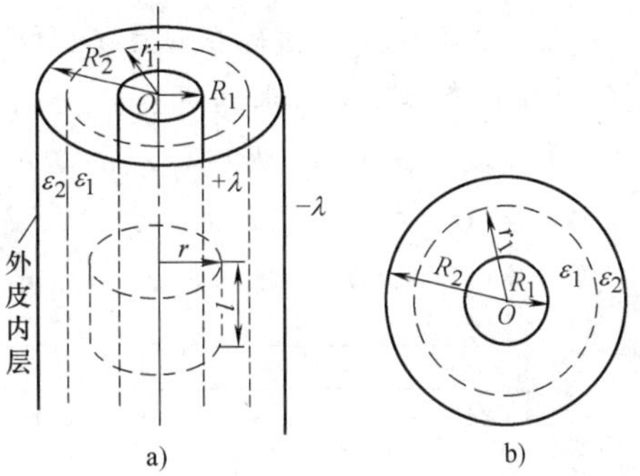

习题6-22图

6-23 一半径为R的电介质实心球体，均匀地带正电，体电荷密度为ρ，球体的电容率为ε_1，球体外充满电容率为ε_2的无限大均匀电介质．求球体内、外任一点的电场强度和电势．（答：$E_{内}=\dfrac{\rho r_1}{3\varepsilon_1}$，$r_1<R$；$E_{外}=\dfrac{\rho R^3}{3\varepsilon_2 r_2^2}$，$r_2>R$；$V_{内}=\dfrac{\rho}{6}\left[\left(\dfrac{1}{\varepsilon_1}+\dfrac{2}{\varepsilon_2}\right)R^2-\dfrac{r_1^2}{\varepsilon_1}\right]$，$r_1<R$；$V_{外}=\dfrac{\rho R^3}{3\varepsilon_2 r_2}$，$r_2>R$）

6-24 两块平行的导体平板，面积都是2.0m^2，放在空气中，并相距5.0mm，两极板的电势差为1000V，略去边缘效应．求：（1）电容C；（2）各极板上的电荷Q和面电荷密度σ；（3）两板间的电场强度．［答：（1）$3.54\times10^{-9}\text{F}$；（2）$3.54\times10^{-6}\text{C}$，$1.77\times10^{-6}\text{C}\cdot\text{m}^{-2}$；（3）$2.0\times10^5\text{V}\cdot\text{m}^{-1}$］

6-25 一平行板电容器，当两极板间的电介质是空气时，测得电容为25μF；当两极板间的电介质换用木材时，测得电容为200μF．问木材的相对电容率$\varepsilon_{r木}$为多大？（答：$\varepsilon_{r木}=8$）

6-26 利用锡箔和厚0.1mm的云母片（作为电介质）制成一个电容为1μF的平行板电容器，这个电容器的面积应该多大？（云母的$\varepsilon_r=8$）（答：1.41m^2）

6-27 在教材第6.10节的图6-19所示的电容测厚仪中，设平行板电容器的极板面积为S，两极板的间距为d，被测带子的厚度和相对电容率分别为t和ε_r．求证：$C=\varepsilon_0 S/[d-(1-1/\varepsilon_r)t]$．

6-28 串联电容器A、B、C的电容分别为0.002μF、0.004μF、0.006μF，各个电容器的击穿电压皆为4000V．现在如果我们要想在这个电容器组的两极间维持11000V的电势差，可能不可能？为什么？（答：不能；电容器A的电压已超过4000V）

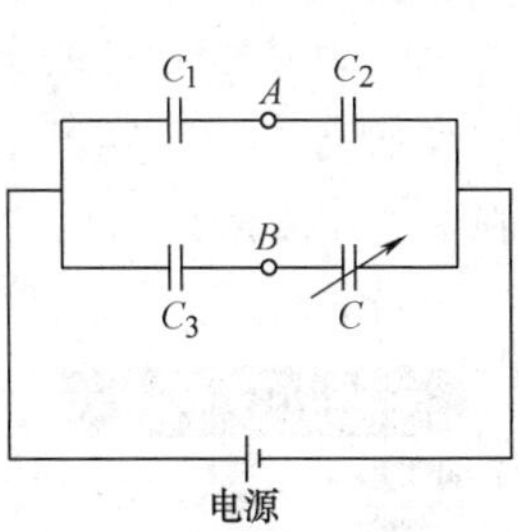

习题6-29图

6-29 如习题6-29图所示，电容C_1、C_2、C_3已知，电容C可以调节．试证：当调节到A、B两点的电势相等时，$C=C_2C_3/C_1$．

6-30 两电容器分别具有电容$C_1=1\mu\text{F}$、$C_2=2\mu\text{F}$，串联后两端加上1200V的电势差．求每个电容器上的电量及电场能量．［答：（1）$8.0\times10^{-4}\text{C}$；（2）0.32J，0.16J］

***6-31** 由两个半径分别为a和b的同心球面组成的球形电容器，分别带上电荷$+Q$和$-Q$．求此电容器所拥有的静电能．［答：$Q^2(b-a)(8\pi\varepsilon_0 ab)^{-1}$］

本章“问题”选解

问题 6-2

答　(1) 对本题仅择要解答．电荷 q_2 对 q_1 的作用力为 $\boldsymbol{F}'=-\dfrac{1}{4\pi\varepsilon_0}\dfrac{q_1q_2}{r^2}\boldsymbol{e}_r$．

按库仑定律 $\boldsymbol{F}=\dfrac{1}{4\pi\varepsilon_0}\dfrac{q_1q_2}{r^2}\boldsymbol{e}_r$，当两电荷 q_1、q_2 相距 $r\to0$ 时，q_1、q_2 就不能视为点电荷，且 $F\to\infty$，这时，库仑定律便不适用．

(2) 按题设，点电荷 Q 位于 Q_1 和 Q_2 的中点，且 $Q>0$，$Q_1<0$，$Q_2<0$．则 Q 所受静电力的合力方向有如下的三种情况：

① 若 $|Q_1|>|Q_2|$，$F_1>F_2$，合力 $\boldsymbol{F}$ 的方向向左［见问题 6-2（2）解答图 a)］；

② 若 $|Q_1|=|Q_2|$，$F_1=F_2$，合力 $\boldsymbol{F}=\boldsymbol{0}$［见问题 6-2（2）解答图 b)］；

③ 若 $|Q_1|<|Q_2|$，$F_1<F_2$，合力 $\boldsymbol{F}$ 的方向向右［见问题 6-2（2）解答图 c)］；

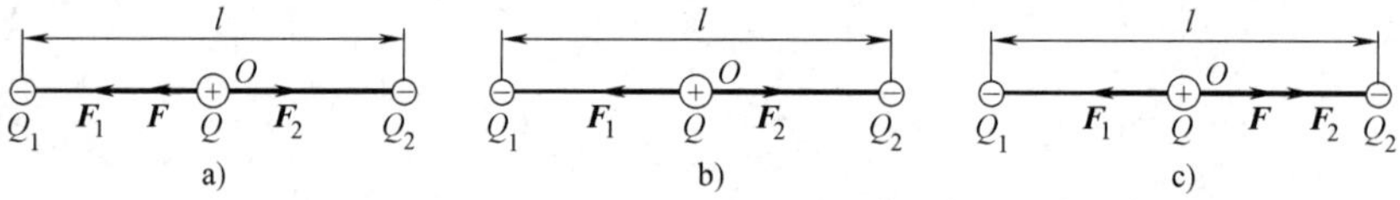

问题 6-2（2）解答图

问题 6-3（2）

答　设场点 P 放置的电荷 q_0（$q_0>0$），其电荷量不是足够小，则大导体表面的电荷分布会受 q_0 的影响而发生改变．带正电的大导体在邻近 P 点处的表面上的电荷被斥离，分布变疏，甚至可能出现负电荷，故 $F/q_0<E$（E 为原电场的电场强度大小）；带负电的大导体在邻近 P 点处的表面上的电荷被 q_0 吸集，而分布变密，故 $F/q_0>E$．

问题 6-4

解　这里只讨论问题 6-4 图 a 的情况；对问题 6-4 图 b 的情况，由读者自行绘出．

在问题 6-4 解答图中，正电荷 1、2 皆带电荷 $+q$，它们分别在 P、P' 点激发的电场强度 $\boldsymbol{E}_1$ 和 $\boldsymbol{E}_2$ 的合成电场强度 $\boldsymbol{E}$ 的方向如图所示．

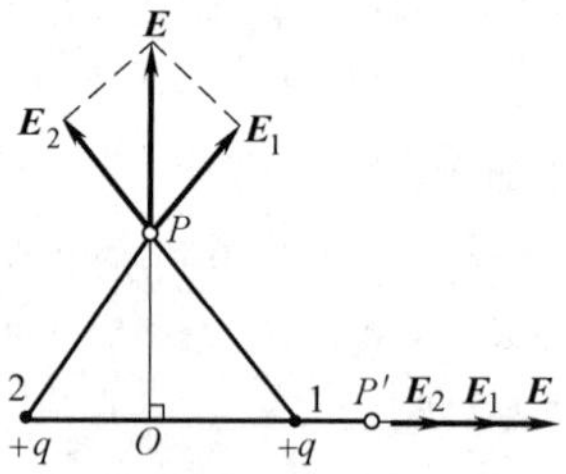

问题 6-4 解答图

问题 6-5（2）

答　P 点所受电场强度 $\boldsymbol{E}$ 和电场力 $\boldsymbol{F}$ 的方向如问题 6-5（2）解答图所示．

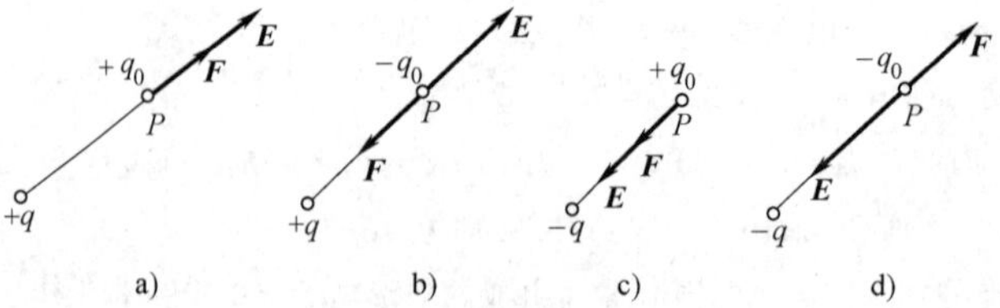

问题 6-5（2）解答图

问题 6-6 (2)

解 如问题 6-6 (2) 解答图所示，小球受重力 $\boldsymbol{W}=mg$、电场力 $\boldsymbol{F}=q\boldsymbol{E}$ 和线的拉力 $\boldsymbol{F}_T$ 作用而平衡，则有

$$F_T\cos\varphi = mg \quad ⓐ$$

$$F_T\sin\varphi = qE \quad ⓑ$$

而

$$E=\frac{\sigma}{2\varepsilon_0} \quad ⓒ$$

得

$$q=\frac{2\varepsilon_0 mg}{\sigma}\tan\varphi$$

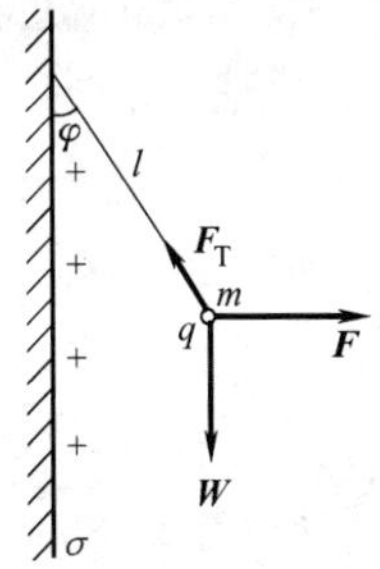

问题 6-6 (2) 图

以 $\sigma=0.33\times10^{-4}\mathrm{C}\cdot\mathrm{m}^{-2}$、$m=1\times10^{-3}\mathrm{kg}$、$\varphi=30°$代入上式，得

$$q=\frac{2\times(8.85\times10^{-12}\mathrm{C}^2\cdot\mathrm{N}^{-1}\cdot\mathrm{m}^{-2})\times(1\times10^{-3}\mathrm{kg})\times(9.8\mathrm{m}\cdot\mathrm{s}^{-2})}{0.33\times10^{-4}\mathrm{C}\cdot\mathrm{m}^{-2}}\times\tan30°$$

$$=3.04\times10^{-9}\mathrm{C}$$

问题 6-10

解 如问题 6-10 解答图 a 所示，过球面内任一点 P_1，作带电球面的同心球面 S_1，其半径为 r，把它作为高斯面，由于电荷分布的对称性，通过高斯面 S_1 的电通量为 $\Phi_1=E(4\pi r^2)$，可是 S_1 面内所包围的电荷为零，则按高斯定理，遂有

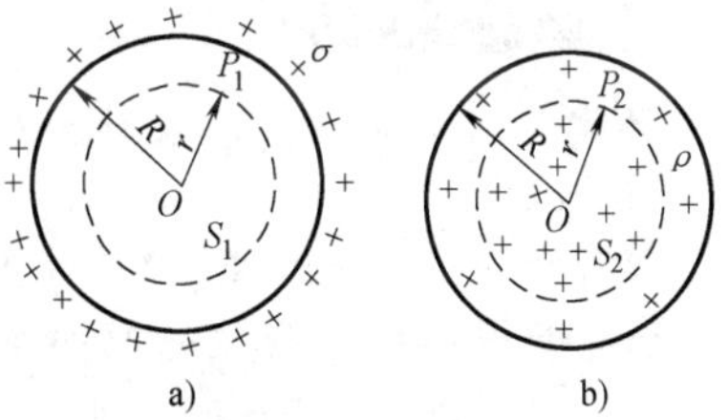

问题 6-10 解答图

$$E(4\pi r^2)=0$$

从而得

$$E=0(r<R)$$

如问题 6-10 解答图 b 所示，过球体内任一点 P_2，作带电球体（设其体电荷密度为 ρ）的同心球面，其半径为 r，把它作为高斯面，由于电荷分布的对称性，通过高斯面 S_2 的电通量为 $\Phi_2=E(4\pi r^2)$，而 S_2 面所包围的电荷为 $\rho(4\pi r^3/3)$，则按高斯定理，有

$$E(4\pi r^2)=\rho(4\pi r^3)/(3\varepsilon_0)$$

从而得

$$E=\rho r/(3\varepsilon_0)(r\leqslant R)$$

问题 6-12

答 当正电荷分布在有限空间范围内，若负的试探电荷 q_0 在此正电荷的电场中受引力作用，而逐渐离开时，电场力做负功，外界要消耗能量，以克服电场力做功，试探电荷 q_0 在电场中的电势能就逐渐增大，这从下式

$$A_{ab}=W_a-W_b=q_0\int_a^b\boldsymbol{E}\cdot\mathrm{d}\boldsymbol{l}$$

也可以看出，$A_{ab}<0$，则 $W_b>W_a$. 这好比用外力将物体提高而对物体做功时，物体的重力势能将增大.

问题 6-13 (4)

答 将机壳作为电势零点，只是一种人为的规定，乃是为了以它为基准，借以比较电子器件各点电势的高低. 因此，人站在地上，不能任意接触机壳.

实际上，在通电情况下，机壳与地面之间存在一定的电势差，其值有时甚至很大. 若机壳未接地，站在地上的人一旦接触机壳，人将承受机壳与地之间的电压（电势差），而遭受麻电或电击，若将机壳接地，则仅当机壳与地之间的电势相等时，站在地上的人与机壳之间无电势差，人就不致麻电或遭受电击. 故在通电情况下修理电子器件，机壳必须接地，或者修理者应站在耐高电压的橡胶或塑料绝缘垫上进行检修.

问题 6-14

答 由公式 $A_{ab}=q_0(V_a-V_b)$ 可知：

① 电荷沿同一等势面移动，则 $V_a=V_b$，因而电场力不做功，即 $A_{ab}=0$.

② 按题设 $V_a\neq V_b$，则电场力做功 $V_{ab}\neq 0$.

③ 电荷沿电场线移动，电势沿程降落，则 $V_a\neq V_b$，因而电场力做功 $V_{ab}\neq 0$.

问题 6-15 (2)

答 电场强度与电势之间的关系为 $E_l=-\dfrac{\partial V}{\partial l}$.

若某点的电场强度 $\boldsymbol{E}=\boldsymbol{0}$，则该点的电势变化率 $\partial V/\partial l=0$，但该点的电势不一定为零；若某点的电势 $V=0$，则该点的电势变化率 $\partial V/\partial l$ 不一定为零，故由 $E=-\partial V/\partial l$ 可知，$\boldsymbol{E}$ 也不一定为零.

设一条细铜棒两端的电势 V_1 与 V_2 不相等，则由 $E_l=-\Delta V/\Delta l=-(V_2-V_1)/\Delta l$，因 $V_1\neq V_2$，故沿棒长存在着电场，即 $E_l\neq 0$. 若 $V_1>V_2$，则电场强度 E_l 的方向由 V_1 指向 V_2，即 E_l 指向电势降落的方向.

问题 6-17 (2)

答 带电体单独在导体空腔内激发的电场是不等于零的，因为静电感应的结果，导体外表面出现了感应电荷，此电荷分布在外表面上；静电平衡时，它所激发的电场和带电体激发的电场相叠加，使得导体空腔中的总电场强度为零，所以，带电体单独在导体空腔内激发的电场不等于零. 但由于导体空腔内的总电场强度为零，因而导体外的任何带电体的电场都对导体空腔内不引起影响，这就体现了空腔导体的静电屏蔽作用.

问题 6-23 (2)

解 电容器在一次放电过程中，将所储存的能量全部释放出来，释放的能量为

$$W_{\mathrm{e}}=\frac{1}{2}C(V_A-V_B)^2$$

$$=\frac{1}{2}\times 6000\times 10^{-6}\mathrm{F}\times(2000\mathrm{V})^2=1.2\times 10^4\mathrm{J}$$

专题选讲Ⅲ 巨磁阻效应

1. 概述

所谓巨磁阻效应，是指磁性材料的电阻率在有外磁场作用时较之无外磁场作用时存在巨大变化的现象．巨磁阻是一种量子力学效应，它产生于层状的磁性薄膜结构．这种结构是由铁磁材料和非铁磁材料薄层交替叠合而成．当铁磁层的磁矩相互平行时，与自旋有关的载流子受到的散射最小，材料有最小的电阻．当铁磁层的磁矩为反平行时，与自旋有关的载流子受到的散射最强，材料的电阻最大．铁磁材料磁矩的方向是由外磁场控制的，因而较小的磁场也可以得到较大电阻变化．

法国科学家阿尔伯特·费尔（Albert Fert）和德国科学家彼得·格林贝格尔（Peter Grünberg）于1988年各自独立发现了这一特殊现象，并分享了2007年的诺贝尔物理学奖．格林贝格尔的研究小组在最初的工作中只是研究了由铁、铬、铁三层材料组成的结构物质，实验结果显示电阻下降了1.5%．而费尔的研究小组则研究了由铁和铬组成的多层材料（见图Ⅲ-1a），使得电阻下降了50%．

费尔的实验结果（图Ⅲ-1b：横坐标H的单位是kGs，高斯为非法定计量单位，$1\text{Gs}=10^{-4}\text{T}$；纵坐标为磁化时电阻与无磁化时电阻的比值；三条曲线分别显示了三种不同厚度结构的铁-铬薄膜层）显示微弱的磁场变化可以导致电阻大小的急剧变化，其变化的幅度比通常高十几倍，费尔把这种效应命名为巨磁阻效应（Giant Magneto-Resistance，GMR）．

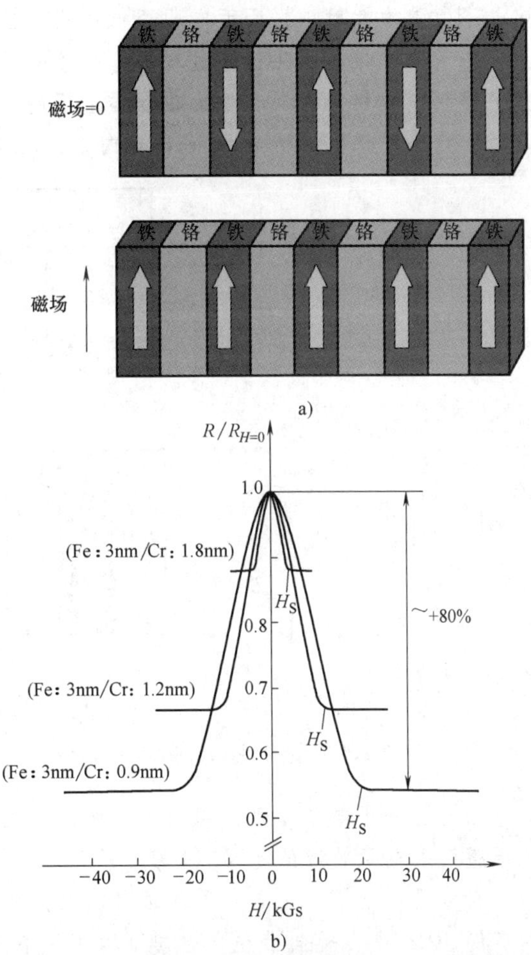

图Ⅲ-1 巨磁阻效应

a）铁、铬多层材料 b）费尔的实验结果

巨磁阻效应在凝聚态物理研究中具有重要的地位，而且在室温、微弱磁场变化情况下即可观察到，从而为其广泛应用打下了良好的基础．相比于传统的光电耦合和容性隔离手段，巨磁阻效应所产生的大幅电阻变化可以提供更强的信号，而且该技术可以与现代化的集成电路技术完美融合，巨磁阻效应器件可以封装到芯片里，从而提供更小、更快且相对便宜的数字隔离器、传感器等．借助于巨磁阻效应，人们制造出了灵敏的磁头，它能够清晰地读出较弱的磁信号，并将其转换成清晰的电流变化. 新式磁头的出现引发了硬盘的“大容量、小型化”的革命.

2. 原理

巨磁阻效应的物理根源为磁性导体中与传导电子的自旋相关的散射. 英国物理学家 N. F. Mott (1977 年诺贝尔物理学奖获得者) 指出: 在磁性物质中, 电子和磁性导体中原子的磁撞概率 (自旋相关的散射) 取决于电子自旋和磁性原子磁矩的相对取向, 如果电子的自旋反平行于磁性导体的磁化方向, 其散射就较强, 这些电子的电阻将比平行自旋的电子的电阻来得大. 对于磁性多层膜的巨磁电阻效应, 可利用二流体模型进行定性解释, 如图Ⅲ-2 所示. 图Ⅲ-2a 表示的是反铁磁耦合时电阻处于高阻态的输运特性; 图Ⅲ-2b 表示的是在外加磁场作用下电阻处于低阻态的输运特性 (图中, $R_2>R_1>R_3$). 二流体模型中, 铁磁金属中的电流由自旋向上和自旋向下的电子分别传输, 自旋磁矩方向与区域磁化方向平行的传导电子所受的散射小, 因而电阻率低. 当磁性多层膜相邻磁层的磁矩反铁磁耦合时, 自旋向上、向下的传导电子在传输过程中分别接受周期性的强、弱散射, 因而均表现为高阻态 R_1; 当多层膜中的相邻磁层在外加磁场作用下趋于平行时, 自旋向上的传导电子受到较弱的散射作用, 构成了低阻通道 R_3, 而自旋向下的传导电子则因受到强烈的散射作用形成高阻通道

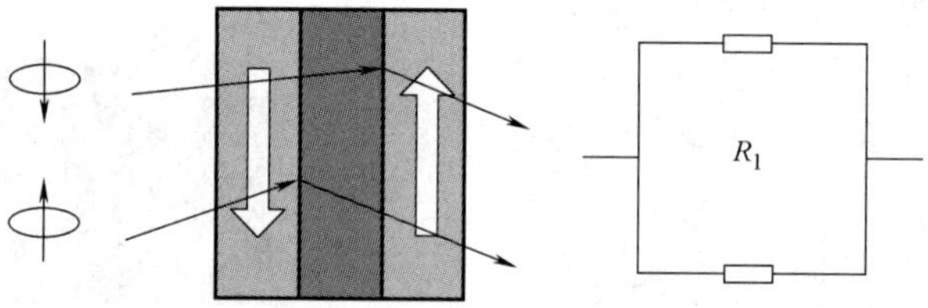

a)

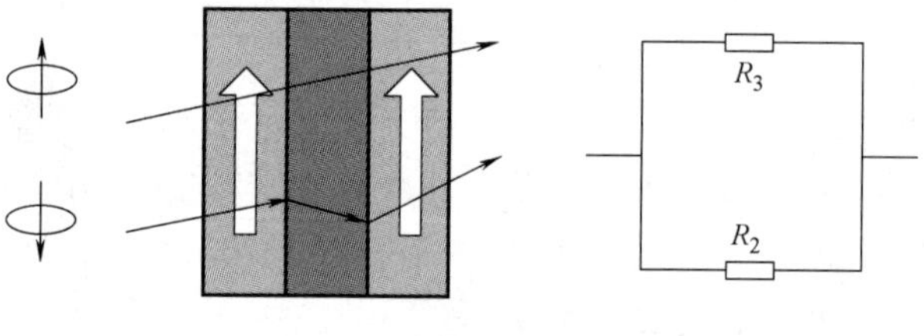

b)

图Ⅲ-2 二流体模型示意图

a) 反铁磁耦合时电阻处于高阻态的输运特性 b) 外加磁场作用下电阻处于低阻态的输运特性

R_2, 因为有一半电子处于低阻通道, 所以此时的磁性多层膜表现为低阻状态. 这就是磁性多层膜巨磁电阻效应的起因.

在多层膜结构中想要产生巨磁阻现象, 结构中需要包含下面几点:

1) 材料中自旋向上和自旋向下的两种不同电子, 需要存在很大的散射强度差异.

2) 材料中电子的平均自由程需要远远大于单层薄膜的厚度.

3) 材料中相邻铁磁层的磁化方向能够随外磁场的变化而发生改变, 或者说, 多层膜材料的磁化方向的相对取向可以在外磁场作用下产生变化.

随着研究的进展, 越来越多的结构被发现具有巨磁阻效应, 其在工业生产中的应用也正在被逐步探明. 例如, 多层薄膜结构、自旋阀结构、颗粒状结构和磁隧道结等.

3. 应用

费尔的系统因为昂贵和复杂仅适用于实验室研究. 在 GMR 的工业产品化进程中一位在美国工作的英国人斯图亚特·帕金起到了重要作用, 他发现应用相对简单的阴极镀膜方法构造的 GMR 系统依然可以很好地工作, 而不必构造完美的纳米膜. 应用这种技术, 在 1997 年第一块 GMR 硬盘问世, 之后 GMR 磁头迅速成为硬盘生产的工业标准. 巨磁电阻的发现, 打开了一扇通向极具价值的科技领域的大门, 其中包括数据存储和磁传感器. 如今全世界有数以千计的科学家正致力于磁电子学及其应用的研究.

(1) GMR 效应在计算机硬盘的应用

硬盘驱动器 (Hard Disk Drive, HDD) 由于其容量大、体积小、读写速度快、数据传送率高等优点, 至今仍然是计算机外存储器的首选装置, 是各种操作系统和应用软件的主要依托. 为进一步扩大容量, 满足计算机网络和多媒体计算机发展的要求, IBM 公司于 1994 年首次在 HDD 中使用了 GMR 效应的自旋阀结构的读出磁头, 取得了每平方英寸[⊖]10 亿位 ($1Gbit/in^2$) 的 HDD 面密度世界纪录. 1995 年, IBM 公司又宣布制成了每平方英寸 30 亿位 ($3Gbit/in^2$) 的 GMR 读出磁头, 再一次创造了世界纪录. 由于 GMR 磁头在提高 HDD 面密度方面的巨大潜力, 世界纪录一再被突破. 美国国家存储工业协会和日本信息存储协会均组织了官、产、学、研的联合体, 在 2000 年前后实现了每平方英寸 100~200 亿位的 HDD 面密度指标, 届时 HDD 的容量将达到 1000~2000 亿字节以上. 随着面密度的快速增长, 每个信息位在记录媒体上所占有的面积将迅速减少. 以每平方英寸 10 亿位 ($1Gbit/in^2$) 的面密度为例, 每位所占面积已进入 $0.5\mu m^2$ 左右, 而在世纪之初的 2000 年前后则已达到 $10Gbit/in^2$, 每位所占面积减少到 $0.05\mu m^2$ 左右, 面积的减少意味着单位信息的剩余磁通道减弱, 这时用薄膜感应式磁头已无法保证 HDD 的可靠性, 需用 GMR 磁头取代薄膜感应式磁头, 确保 HDD 的可靠性.

(2) 巨磁阻磁头

在 1998 年左右, 巨磁阻磁头开始被大量应用于硬盘当中, 短短的几年时间里, 硬盘的容量就从 4G 提升到了当今的几个 T 以上. 到目前为止磁头技术共经过了三个重要的时代: 感应磁头、磁阻磁头和巨磁阻磁头.

盘片上涂有磁性物质, 从原子结构来看, 铁原子的最外层有两个电子, 会因电子自旋而产生强耦合的相互作用. 这一相互作用的结果使得许多铁原子的电子自旋磁矩在许多小的区域内整齐地排列起来, 形成一个个微小的自发磁化区, 称为磁畴. 每个磁畴都有 S、N 两极, 像一个小磁铁, 如图Ⅲ-3 所示. 在无外磁场时, 各磁畴的排列是不规则的, 各磁畴的磁化方向不同, 产生的磁效应相互抵消, 整个磁质不呈现磁性.

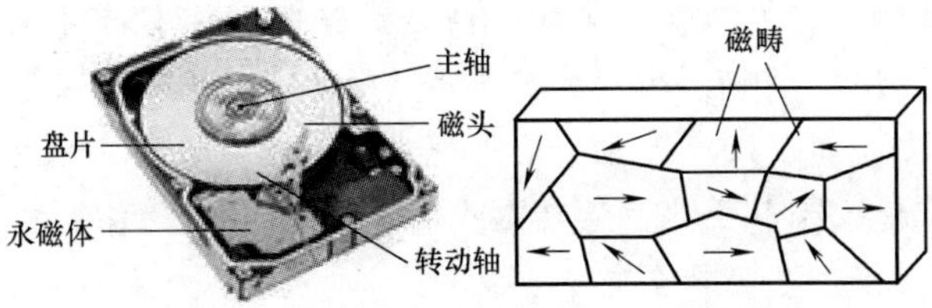

图Ⅲ-3 硬盘基本结构及盘片上的微观磁畴

⊖ 英寸为非法定计量单位, 1in = 0.0254m. ——编辑注

感应磁头的结构如图Ⅲ-4所示，读、写操作都是基于电磁感应原理．读取数据时，磁头和盘片发生相对运动，金属切割磁感应线，金属中会产生感应电势．感应电流的方向就代表了磁记录位的磁场方向．随着存储密度的提高，磁记录位越来越小，感应磁头的体积也必须同时缩小，这样才能确保不会读取到相邻的磁记录位的信息．但是，靠切割磁感应线所产生的电流是十分微弱的，磁头越小，读取到的信号也就越微弱，而且越容易受到干扰．普通的感应磁头再也无法满足随着硬盘容量提升而带来的读取要求，磁电阻现象的发现恰恰使得磁阻磁头走上历史舞台．

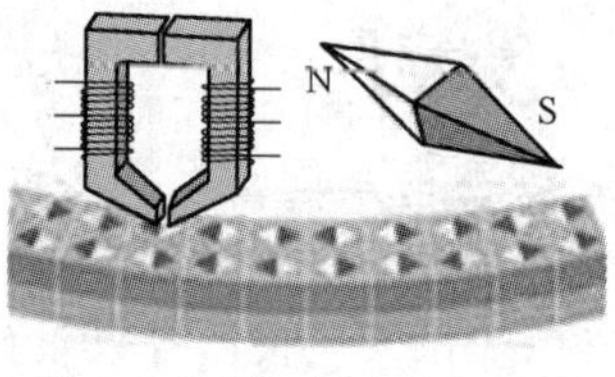

图Ⅲ-4　感应磁头结构模型

图Ⅲ-5为磁阻磁头堆叠模型的示意图，磁阻磁头基于“磁阻效应”：当磁性材料处于外部磁场中时，如果磁场方向和磁性材料中电流的方向不同，那么该磁性材料的电阻会随着施加于它的磁场的强度而变化．磁阻磁头的最大缺点就在于磁阻变化率低，通常不会超过5%，虽然经历了很多次改进，但这个缺点仍然没有彻底解决．

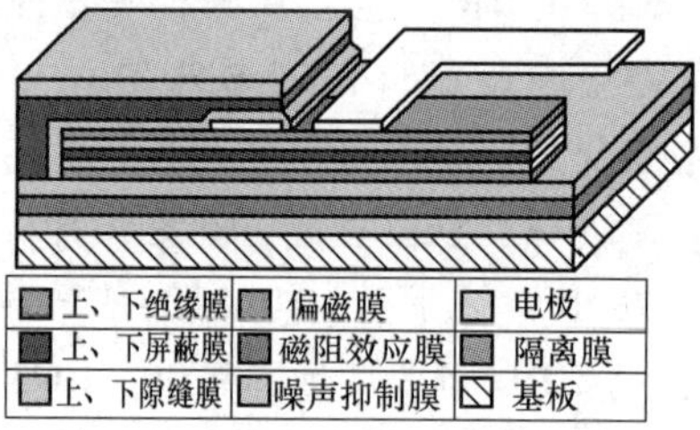

图Ⅲ-5　磁阻磁头堆叠模型示意图

1988年以来，巨磁阻效应的发现，为克服磁阻变化率这一困难提供了绝佳的方案．巨磁阻效应可分为基于半导体氧化物的巨磁阻效应和基于多层金属膜的巨磁阻效应．硬盘中的巨磁阻磁头属于后者．巨磁阻磁头的核心部分是四层膜：自由膜、非磁性膜、引线膜和反铁磁膜，如图Ⅲ-6所示．自由膜的作用是对盘片上的磁记录信息做出响应．通过检测电阻的变化就可以得到反映磁记录位的磁场方向和磁感应强度的函数．

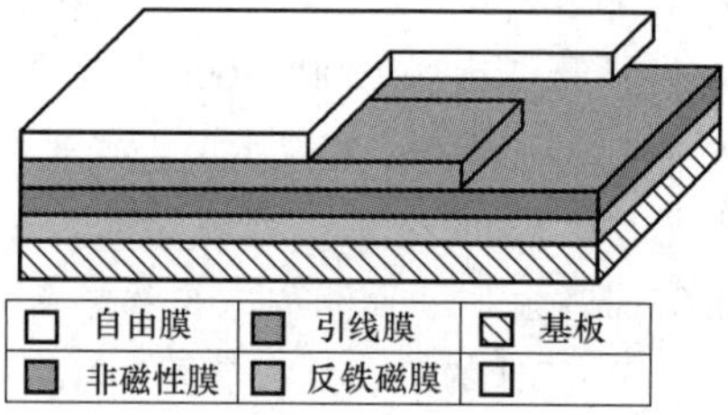

图Ⅲ-6　巨磁阻磁头堆叠模型示意图

（3）巨磁阻传感器

磁传感器主要用来检测磁场的存在、强弱、方向和变化等．磁传感器的种类很多，如感应线圈、磁通门、霍尔效应器件、超导量子干涉以及磁电阻等．磁传感器除了直接测量磁场外，也为其他物理量的测量提供了广泛的解决方法，如电流、线位移、线速度、角位移、角速度等，因此磁传感器的应用范围会很大．

当今，在家用电器、汽车和自动控制方面所涉及的角速、转速、加速度、位移等物理量，均可以利用GMR传感器制成高灵敏度、高分辨率的磁传感器件来控制．由于磁传感器灵敏度不受物体变化速度的影响，再加上抗恶劣环境和长寿命的优点，使其在各类运动传感器中具有极大的竞争力，如在汽车工业中使用的磁传感器可以用来监控转速以改变汽车制动的抱死系统等．GMR传感器亦可用于汽车无人驾驶系统、收费系统和卫星定位系统．GMR传感器还可以制成安全检查系统、全电子罗盘等．

4. 发展前景

GMR薄膜材料可以应用在磁性编码器中，满足各种使用需求．相比于传统的光学元件和半导体霍尔元件，使用GMR材料的磁性编码器可以更精确的集成多个元件，且体积小，成本低廉．除此之外，磁性编码器的稳定性比较好，对外界恶劣环境不敏感，运转速度快，响应速度也更快．

近年来，随着物联网技术的不断发展，传感器作为物联网技术的探测元件，也具有极大的市场需求．而基于GMR的磁传感器，由于体积小、灵敏度高、易于集成等优点，已成为磁场、电流、位移等可转换为磁信号探测的传感器首选．

GMR传感器在航空领域也有很大的应用价值．随着微波吸收技术的不断发展，军事设备可以在设备表面涂抹微波吸收材料把自身隐藏起来，但是却没有办法屏蔽掉它周边的磁场．所以可以使用GMR磁场传感器探测隐藏起来的物体．除此之外，该传感器还可以用于探测地下的矿物．

GMR传感器还可应用于生物和医学领域．首先，要使待检测的物体可以被检测到磁性，这就需要使用一些纳米级的磁性小微粒来标记它们，然后使用灵敏度很高的GMR传感器来检测出被测物体的具体位置．这些可以被检测的物体包括各种细胞、蛋白质、抗体病原体、病毒和DNA等．GMR传感器还可以应用于高精度仪器，比如脑电图和心电图，用来诊断脑肿瘤病变等疾病．

第7章 恒定电流的稳恒磁场

章前问题?

电动机是可以把电能转化为机械能的装置，在生产生活中具有重要的作用，极大地方便了我们的生活. 那么电动机是如何工作的呢? 这里面应用到了什么物理规律呢?

还有，人们常利用电磁铁作为开关来开动各种机械装置（例如开关、阀门等）、控制电路等，你能利用电磁铁设计一种开关，并给出这种开关的原理图吗?

第6章讲过，静止电荷周围的空间中存在着静电场. 对运动电荷来说，它在周围空间中则不仅存在电场，而且还存在磁场. 当大量电荷做定向运动而形成恒定电流时，其周围将存在不随时间而变的稳恒磁场. 本章主要讨论真空中的稳恒磁场及其基本性质，并简述磁介质在磁场中的性态. 为此，我们首先介绍金属导体中的稳恒电流及其基本规律.

*7.1 电流 电流密度 电动势

7.1.1 电流

为了在导体中形成电流，须具备两个条件：第一要有可以移动的电荷；第二要有维持电荷做定向移动的电场.

我们把可以形成电流的电荷统称为**载流子**. 载流子可以是各种不同的带电粒子（如电子、正离子、负离子等）. 在金属导体中的载流子是带负电的自由电子.

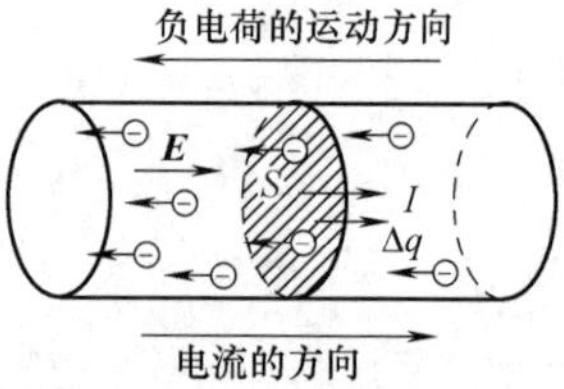

图7-1 电流的方向与负电荷运动的方向相反

值得指出，虽然金属导体中的电流乃是带负电的自由电子逆着电场方向做有规则的定向移动（见图7-1），**但在历史上规定正电荷移动的方向作为电流的方向**（以后统称“**流向**”）. 这就是说，**在金属导体中**，我们把**实际上负电荷的移动都看成是正电荷沿着相反方向（即循着电场方向）的移动**.

其次，当导体处于静电平衡状态时，其内部各处的电场强度为零. 若能设法提供一个非静电性的电场（后面要讲到），维持导体内部的电场强度不为零，那么导体内可移动的电荷，在电场力驱动下将相对于导体做宏观的定向运动. **大量电荷的定向移动**就形成**电流**.

电流常用 I 表示，如果在 $\mathrm{d}t$ 时间内通过某一横截面的电荷量为 $\mathrm{d}q$，则电流的大小为

$$I=\frac{\mathrm{d}q}{\mathrm{d}t} \tag{7-1}$$

在 SI 中，电流的单位为**安培**，简称**安**，符号为 A，按上式电流的定义规定，$1\mathrm{A}=1\mathrm{C}\cdot\mathrm{s}^{-1}$.

7.1.2　电流密度

电流 I 是指导体中整个截面上的电荷通过率，它不能反映出导体中各点的电荷运动情况. 为此，需引用**电流密度 $\boldsymbol{j}$** 这个矢量来描述. 如图 7-2 所示，在通有电流的导体中任一点的电流密度 $\boldsymbol{j}$，其大小可规定如下：设在导体内某点 P 处，取一微小的面积元 $\mathrm{d}S_{\perp}$，使它与点 P 的正电荷运动方向相垂直. 如果通过 $\mathrm{d}S_{\perp}$ 的电流为 $\mathrm{d}I$，则在该点处垂直于电流流向的单位面积上通过的电流，就是该点处电流密度的大小 j，即

$$j=\frac{\mathrm{d}I}{\mathrm{d}S_{\perp}} \tag{7-2}$$

电流密度的单位是 $\mathrm{A}\cdot\mathrm{m}^{-2}$（安·米$^{-2}$）. 其次，我们规定，导体中各点的电流密度的方向与该点的电场强度 $\boldsymbol{E}$ 的方向相同.

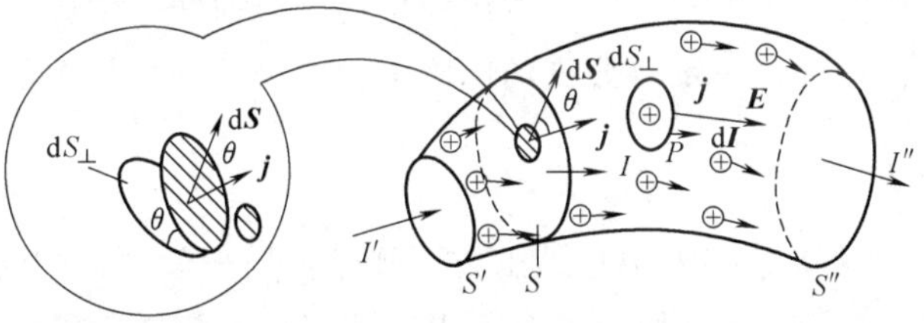

图 7-2　电流密度

现在我们来讨论通过导体上某一截面（不论它是曲面或平面）的电流 I 与该截面上各点的电流密度 $\boldsymbol{j}$ 之间的关系. 如图 7-2 所示，在截面上任取一面积元矢量 $\mathrm{d}\boldsymbol{S}$，其大小为 $\mathrm{d}S$，其方向沿着该面积元的法线方向. 在一般情况下，面积元不一定与它所在处的电流密度 $\boldsymbol{j}$ 相垂直，若 $\mathrm{d}\boldsymbol{S}$ 与 $\boldsymbol{j}$ 两者的方向成 θ 角，则由式（7-2），有

$$\mathrm{d}I=j\mathrm{d}S_{\perp}=j\mathrm{d}S\cos\theta=\boldsymbol{j}\cdot\mathrm{d}\boldsymbol{S}$$

将上式对整个截面 S 求曲面积分，可得通过该截面的电流为

$$I=\iint_S \boldsymbol{j}\cdot\mathrm{d}\boldsymbol{S} \tag{7-3}$$

由于电流密度 $\boldsymbol{j}$ 是一个矢量的点函数，即 $\boldsymbol{j}=\boldsymbol{j}(x, y, z)$，它构成了整个电流空间的一个电流密度场——“**电流场**”. 与电场线概念相仿，可用电流线（即 $\boldsymbol{j}$ 线）描绘电流场. 上式表明，在电流场中，电流线经任何曲面 S 的通量，就是通过该曲面 S 的电流 I.

7.1.3　电流的连续性方程　稳恒电场

在图 7-3 所示的电流场中任取一闭合曲面 S，根据电荷守恒定律，在单位时间内，从 S 面内流出的电荷量 $\oint\!\!\oint_S \boldsymbol{j}\cdot\mathrm{d}\boldsymbol{S}$ 应等于 S 面所包围体积内电荷的减少，即 $-\mathrm{d}q/\mathrm{d}t$. 可写作

$$\oint\!\!\!\oint_S \boldsymbol{j}\cdot \mathrm{d}\boldsymbol{S} = -\frac{\mathrm{d}q}{\mathrm{d}t} \tag{7-4}$$

上式称为电流的**连续性方程**．它实际上是电荷守恒定律的数学表达式．

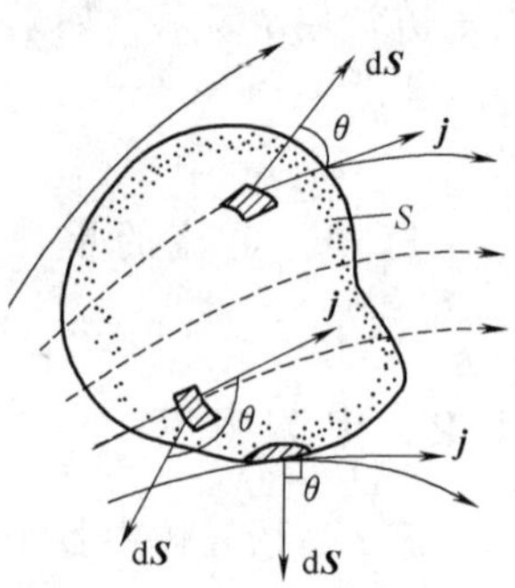

图 7-3　电流场中的闭合曲面

我们知道，在通有电流的导体内必存在电场强度不为零的电场．这个电场是由分布在导体内的电荷所激发的．若导体内电荷在各处的分布状况不随时间而改变，即 $\mathrm{d}q/\mathrm{d}t=0$，则在所激发的电场中，各点的电场强度 $\boldsymbol{E}$ 亦不随时间而改变，由此所引起的导体的电流场中各点的电流密度 $\boldsymbol{j}$ 和通过任一给定截面上的电流 I 都将不随时间而改变．这种**不随时间而改变的电流**称为**恒定电流**，常称为**直流电**；而**形成恒定电流的电场**称为**稳恒电场**．这样，相应的电流场中，上述连续性方程应为

$$\oint\!\!\!\oint_S \boldsymbol{j}\cdot \mathrm{d}\boldsymbol{S} = 0 \tag{7-5}$$

式（7-5）就是恒定电流所需满足的条件，它指出，在恒定电流场中，单位时间内向闭合曲面 S 流入的电荷量等于其流出的电荷量，或者说，恒定电流的电流线穿过闭合曲面 S 所包围的体积，不会在任何地方中断，乃是首尾相接的闭合曲线．因此，**恒定电流所通过的直流电路必然是闭合的**；并且，**在没有分支的电路中，电流是处处相等的**．

7.1.4　欧姆定律

欧姆（G. S. Ohm）从大量实验中总结出如下规律：**当一段均匀的金属导体 AB 通有恒定电流而其温度不变时，电流 I 与其两端的电压 U_{AB} 成正比，与这段导体的电阻 R 成反比**，即

$$I=\frac{U_{AB}}{R} \tag{7-6}$$

式中，R 是表示导体特性的物理量，称为**电阻**，其单位为 Ω（**欧姆**，简称**欧**），即 $1\Omega=1\mathrm{V}\cdot\mathrm{A}^{-1}$．式（7-6）是**欧姆定律的数学表达式**．

导体的电阻是描述整段导体的电学性质的物理量，它一般与导体的材料性质和所处的温度以及导体的形状、大小（如粗细、长短等）有关．当导体的材料和温度一定时，横截面面积为 S、长度为 l 的一段线形导体的电阻为

$$R=\rho\,\frac{l}{S} \tag{7-7}$$

式中，ρ 是取决于导体材料和温度的一个物理量，叫作材料的**电阻率**．应用上式时，如果 l 和 S 分别以 m 和 m^2 为单位，R 以 Ω 为单位，则电阻率 ρ 的单位为 $\Omega\cdot\mathrm{m}$（欧·米）．电阻率的倒数称为电导率，记作 γ，即 $\gamma=\dfrac{1}{\rho}$，γ 的单位是 $\Omega^{-1}\cdot\mathrm{m}^{-1}$．

上述欧姆定律是关于一段有限长导体而言的导电规律，至于导体中各点的导电规律，就必须考虑与电流 I 有关的电流密度 $\boldsymbol{j}$，与电势差 V_1-V_2 有关的电场强度 $\boldsymbol{E}$，并找出 $\boldsymbol{j}$ 与 $\boldsymbol{E}$ 的关系．设想在导体电流场内一点 P 附近，取长为 $\mathrm{d}l$、截面面积为 $\mathrm{d}S$ 的细电流管，如图 7-4 所示．将 $I=j\mathrm{d}S$，$V_{ab}=E\mathrm{d}l$，$R=\rho\mathrm{d}l/\mathrm{d}S$ 代入欧姆定律式（7-6），有

$$jdS=\frac{(Edl)}{\left(\frac{\rho dl}{dS}\right)}$$

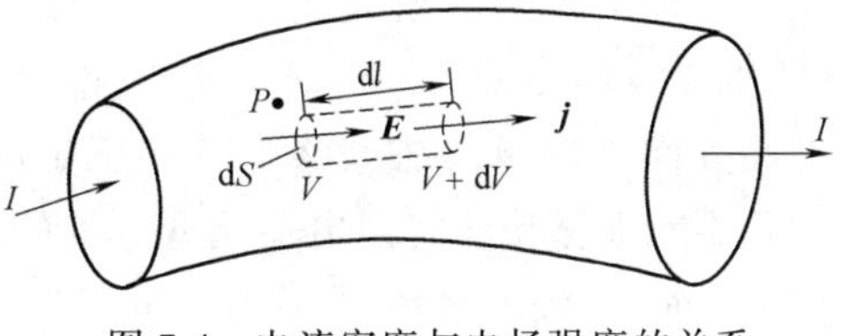

图 7-4 电流密度与电场强度的关系

考虑到电导率 $\gamma=1/\rho$ 取决于导体材料的性质，并因 $\boldsymbol{j}$ 和 $\boldsymbol{E}$ 的方向相同，则化简上式，可写成矢量式

$$\boldsymbol{j}=\gamma\boldsymbol{E} \tag{7-8}$$

上式称为**欧姆定律的微分形式**，也适用于非恒定电流情况下导体内各点的电流情况.

7.1.5 焦耳定律

如图 7-5 所示，设有一段电阻为 R 的导体 AB（例如用电器），依靠外电源维持其两端的电压 V_1-V_2 不变，则导体中便建立起稳恒电场，相应地通有电流 I，因而，在时间 t 内，从 A 端向 B 端移动的电荷量为 $q=It$，于是电场力所做的功（亦称电流的功或电功）为

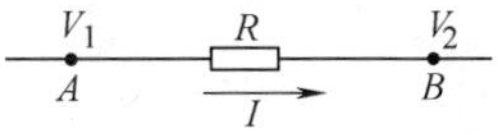

图 7-5 电流的功

$$A=It(V_1-V_2) \tag{7-9}$$

如果用电器是阻值为 R 的纯电阻，则上述电势能的降低将通过电场力的做功 A 全部转变为热能 Q，这种现象称为**电流的热效应**. 按能量守恒和转换定律，并借欧姆定律，则电流通过电阻时发散的热量（亦称**焦耳热**）即为如下的**焦耳定律**表达式，亦即

$$Q=A=It(V_1-V_2)=I^2Rt \tag{7-10}$$

这是最初由英国物理学家焦耳（J. P. Joule）从实验得出的.

电场力在单位时间内所做的功，称为**电功率**或**热功率**，以 P 表示. 显然，$P=A/t$. 由式(7-10)，并利用欧姆定律，可得热功率 P 的不同形式的表达式

$$P=I(V_1-V_2)=\frac{(V_1-V_2)^2}{R}=I^2R \tag{7-11}$$

今在电流场中取一长为 Δl、垂直于电流密度 $\boldsymbol{j}$ 的截面积为 ΔS、体积为 $\Delta\tau=\Delta l\Delta S$ 的细电流管，则由式（7-11）和式（7-8），得热功率为

$$P=I^2R=(j\Delta S)^2\left(\frac{\Delta l}{\gamma\Delta S}\right)=(\gamma E)^2\frac{\Delta l\Delta S}{\gamma}=\gamma E^2\Delta\tau$$

我们把单位体积的热功率称为**热功率密度**，记作 p，即 $p=P/\Delta\tau$，则由上式可得

$$p=\gamma E^2 \tag{7-12}$$

这就是**焦耳定律的微分形式**.

7.1.6 电源 电动势

图 7-6 所示的孤立导体 ACB，在开始时，它的 A 端带正电，电势为 V_1，B 端带负电，电势为 V_2，且 $V_1>V_2$，则正电荷在静电场力作用下，从 A 端经导体 ACB 流向 B 端，形成瞬时电流. 由于静电场力不可能把正电荷从 B 端再移到 A 端，因而导致 A 端的电势降低，B 端的电势升高，使导体最后成为等势体，电流遂而终止. 可见仅凭静电场力是难以实现恒定电流的. 但若在 A、B 两端间同时存在另一种与静电力不同的力，能够将到达 B 端的正电荷再移

到 A 端，这种力称为**非静电力**. 这样，就可以使正电荷沿闭合回路 $ACBDA$ 恒定地流动，形成恒定电流. 我们将能够提供非静电力的装置称为**电源**. 在电路中存在恒定电流时，电源中的非静电力要不断地做功，将正电荷从低电势的 B 端（电源的**负极**，用“-”标示），经电源内部移到高电势的 A 端（电源的**正极**，用“+”标示），从而使电源不断地将某种形式的能量转换为电能. 所以，从能量角度看，电源是实现能量转换的一种装置. 不同类型的电源，形成非静电力的过程不同，实现着不同形式的能量转换. 常见的化学电池、普通发电机、温差电池、光电池等电源，就是分别把化学能、机械能、热能、光能等转换为电能的装置.

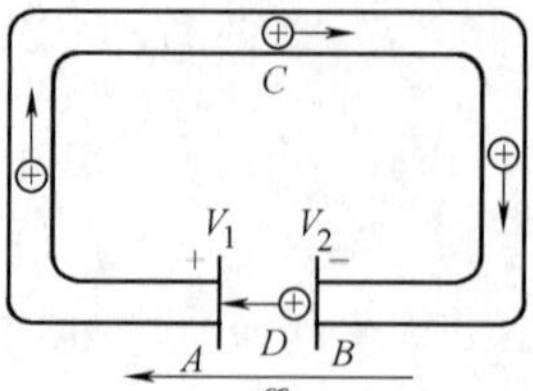

图 7-6 闭合电路

为了量度电源中转换的能量有多少，只需考虑非静电力做功的多少就行了. 假设正电荷 q 从电源负极被送回到正极的过程中非静电力所做的功为 A，则可把

$$\mathscr{E}=\frac{A}{q} \tag{7-13}$$

称为电源的**电动势**. **$\mathscr{E}$ 在数值上等于将单位正电荷从负极经电源内部送回到正极的过程中，非静电力所做的功**. 电动势 $\mathscr{E}$ 是标量，没有方向，通常我们规定其指向为在电源内从负极指向正极，以表征它起到电势升高的作用.

虽然，电源内部的非静电力和静电力在性质上是不同的，但是它们都有推动电荷运动的作用. 为此，可以等效地将非静电力 $\boldsymbol{F}'$ 与电荷 q 之比定义为一个非静电性电场强度 $\boldsymbol{E}^{(2)}$，即

$$\boldsymbol{E}^{(2)}=\frac{\boldsymbol{F}'}{q} \tag{7-14}$$

这个非静电性电场强度 $\boldsymbol{E}^{(2)}$ 只存在于电源内部. 非静电力的功可表示为

$$A=\underset{(\text{电源内})}{\int_{-}^{+}} q\boldsymbol{E}^{(2)}\cdot \mathrm{d}\boldsymbol{l}=q\underset{(\text{电源内})}{\int_{-}^{+}}\boldsymbol{E}^{(2)}\cdot \mathrm{d}\boldsymbol{l} \tag{7-15}$$

则按照上式，电源电动势的定义式（7-13）可写成

$$\mathscr{E}=\underset{(\text{电源内})}{\int_{-}^{+}}\boldsymbol{E}^{(2)}\cdot \mathrm{d}\boldsymbol{l} \tag{7-16}$$

电源电动势 $\mathscr{E}$ 标志着单位正电荷在电源内通过时有多少其他形式的能量（如电池的化学能、发电机的机械能等）转换成电能.

所以，从能量角度来看，就整个闭合电路而言，在电源的内电路 ADB 中，正电荷处于稳恒电场 $\boldsymbol{E}$（方向向右）和非静电性电场 $\boldsymbol{E}^{(2)}$（方向向左）的共同作用下，非静电力克服稳恒电场的静电力做功，实现其他形式能量向电能的转换；在外电路 ACB 中，只存在稳恒电场 $\boldsymbol{E}$（方向循 $ACBDA$），通过静电力做功，实现电能向其他形式能量的转换. 存在于整个闭合电路 $ACBDA$ 中的这种静电力是保守力. 根据静电场的环路定理，在正电荷从电源正极出发沿整个电路绕行一周又回到电源正极时，静电力所做总功恒等于零. 因此，在整个过程中，稳恒电场并没有贡献任何能量；不过，在外电路上，还得依靠稳恒电场以静电力做功的方式，将电源提供的能量转换为其他形式的能量（如在电阻上转换为热能等）.

顺便指出，如果在整个闭合回路上都有非静电力存在（例如第 8 章所讲的感生电动

势)，这就无法区分电源内部和电源外部，这时式（7-13）中的 A 应理解为正电荷 q 绕行闭合回路一周，非静电力所做的功，而相应的电动势 $\mathscr{E}$ **就等于将单位正电荷沿整个闭合回路绕行一周，非静电力所做的功**. 即

$$\mathscr{E}=\oint_{(\text{闭合回路})} \boldsymbol{E}^{(2)} \cdot \mathrm{d}\boldsymbol{l} \tag{7-17}$$

式（7-16）是式（7-17）的一种特殊情况，因为对电源来说，在电源外部 $\boldsymbol{E}^{(2)}=0$，式（7-17）就简化为式（7-16）.

7.2　磁现象及其本源

我国约在公元前 300 年就发现了天然磁铁矿石. **磁铁具有吸引铁、镍、钴等物质的性质**，称为**磁性**. 磁铁上各部分的磁性强弱是不同的，在靠近磁铁两端的磁性为最强的区域，称为**磁极**. 将磁铁悬挂起来使它在水平面内能够自由转动，那么，两端的磁极分别指向南、北的方向，指北的一端称为**北极**或 **N 极**，指南的一端称为**南极**或 **S 极**. 磁铁的两个磁极不能分割成独立存在的 N 极或 S 极；即使把磁铁分割得很小很小，每一个小磁铁仍具有 N 极和 S 极. 迄今为止，自然界尚未发现独立存在的 N 极和 S 极.

两块磁铁的磁极之间存在相互作用力，称为**磁力**. 实验发现，当两磁极靠近时，**同种磁极相互排斥，异种磁极相互吸引**. 从磁铁在空间自动指向南北的事实可以推知，地球本身也是一个大磁体，它的 N 极在地理南极附近，S 极在地理北极附近.

铁、镍、钴以及某些合金，都能被磁铁所吸引，这些物质称为**铁磁质**. 原来并不显示磁性的铁磁质，在接触或靠近磁铁时，就显示出磁性，这种现象称为**磁化**. 把铁磁质从磁铁附近移去后，磁性不一定能保留. 如果采取某些人工措施，使铁磁质获得磁性并能长期保留，就成为**永久磁铁**. 通常，在各种电表、扬声器（俗称“喇叭”）等设备中，常用这种永久磁铁，一般并不采用上述的天然磁铁.

到了 19 世纪初叶，人们发现了磁现象与电现象之间的密切关系.

1820 年，奥斯特（H. C. Oersted）发现，放在载流导线（即通有电流的导线）附近的磁针，会受到力的作用而发生偏转（见图 7-7）.

同年安培（A. M. Ampére）又发现，放在磁铁附近的载流导线或载流线圈，也会受到力的作用而发生运动（见图 7-8）. 其后他又发现，载流导线之间或载流线圈之间也有相互作用. 例如把两根细直导线平行地悬挂起来，当电流通过导线时，发现它们之间有相互作用. 当电流方向相反时，它们相互排斥；当电流方向相同时，它们互相吸引（见图 7-9）.

根据上述实验事实可知，磁现象与电现象之间有一定联系，磁铁与磁铁之间，电流与磁铁之间，电流与电流之间都存在着相互作用力，这些力皆称为**磁力**.

实验还证明，将同样的磁铁或电流放在真空中或各种不同物质中，它们相互间作用的磁力是不同的，亦即，各种物质对磁力有不同的影响. 因此，就磁性而言，这些物质皆可称为**磁介质**.

为了解释磁的本质，安培提出了下述假说：**一切磁现象的本源是电流**. 磁性物质里每个分子中都存在着圆形电流，称为**分子电流**，它等效于一个甚小的基元磁体. 当物质不呈现磁性时，这些分子电流呈无规则排列；一旦处于外磁场中而受外磁场作用时，等效于基元磁体的分子电流将倾向于外磁场方向取向，使物质呈现磁性.

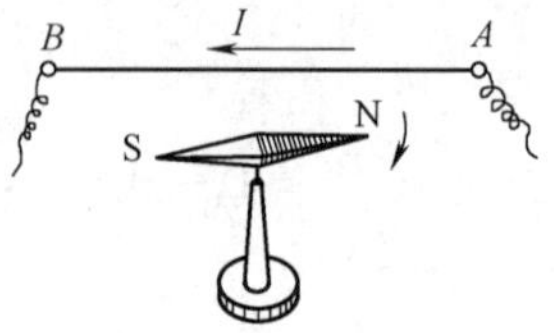

图 7-7 磁针在载流导线附近发生偏转

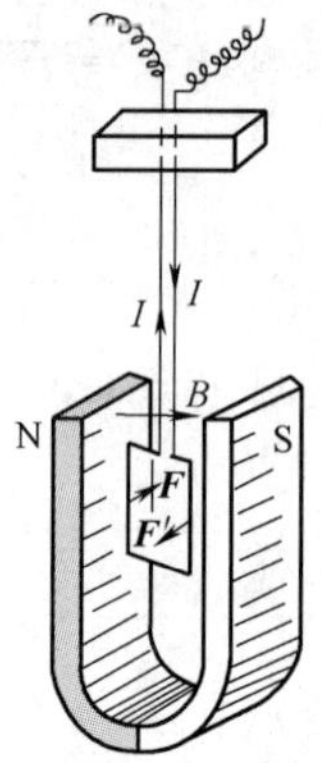

图 7-8 磁铁对载流线圈的作用（线圈受到力偶矩作用而转动）

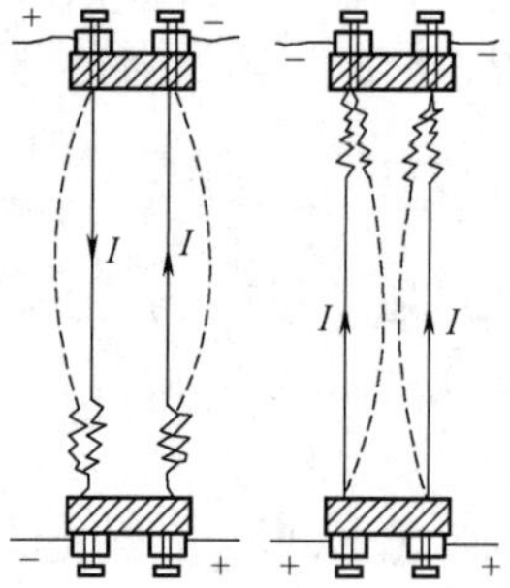

图 7-9 载流导线之间的作用

总而言之，**一切磁现象的本源是电流，而电流是由大量的有规则运动的电荷所形成的．因而电流与电流之间、电流与磁铁之间以及磁铁与磁铁之间的相互作用，都可看作运动电荷之间的相互作用．即运动电荷之间除了和静止电荷一样有电力的作用外，还有磁力的作用．**

问题 7-1 （1）*简述基本磁现象，并举例说明磁现象与电现象之间的相互关系．磁现象的本质是什么？*

（2）如果在周围没有输电线的原始山区，发现磁针不指向南、北的异常现象，你认为该处地面浅层可能存在什么矿藏？

7.3 磁场 磁感应强度

7.3.1 磁场

我们曾经在静电学中介绍过，电荷之间相互作用的电场力是通过电场来施加的．与此相仿，运动电荷之间作用的磁力也并不是超距作用，而是通过运动电荷激发的磁场来施加的．具体地说，任何电流（运动电荷）在其周围空间都存在着磁场，此磁场对位于该空间中的任一电流（运动电荷）都施以力的作用．这种力称为**磁场力**，因为磁场类似于电场，也是一种客观存在的物质形态．因而各种磁现象之间的相互作用可归结为

$$\text{运动电荷} \underset{\text{作用于}}{\overset{\text{激发}}{\rightleftarrows}} \text{磁场} \underset{\text{激发}}{\overset{\text{作用于}}{\rightleftarrows}} \text{运动电荷}$$

我们记得，在静电场中，规定了用试探正电荷的受力方向来表示该点电场的方向；相仿地，**在磁场中任一点，则规定放在该点的试探小磁针 N 极的指向表示该点磁场的方向．**

值得指出，在谈到运动电荷或电流时，为明确起见，应指明是对哪一个参考系而言的．今后，若不加说明，在研究磁场时，我们都是对所选定的惯性参考系而言的．

7.3.2 磁感应强度

现在，我们用运动的试探电荷 q 在磁场中受力的情况来定量描述磁场，从而引入描述磁场各点的强弱和方向的一个物理量——**磁感应强度**，它是一个矢量，记作 $\boldsymbol{B}$.

从磁场对运动电荷作用的大量实验可以总结出如下结论：如图 7-10 所示，运动电荷所受磁场力的方向垂直于运动方向，磁场力的大小随电荷运动方向与磁场方向间的夹角而变化，当电荷的运动方向与磁场方向平行时，受力为零，如图 7-10a 所示；当电荷的运动方向与磁场方向垂直时，受力最大，此力的大小用 $F_{\max}$ 表示，如图 7-10b 所示. 最大磁场力 $F_{\max}$ 与运动电荷的电荷量 $|q|$ 和速度 $\boldsymbol{v}$ 的大小之乘积成正比，即 $F_{\max} \propto |q|v$. 对磁场中某一个定点来说，比值 $F_{\max}/(|q|v)$ 是一恒量；对于不同的点，它具有不同的确定值. 因此，可以用此比值描述磁场中一点的磁场强弱，即

$$B = \frac{F_{\max}}{|q|v} \tag{7-18}$$

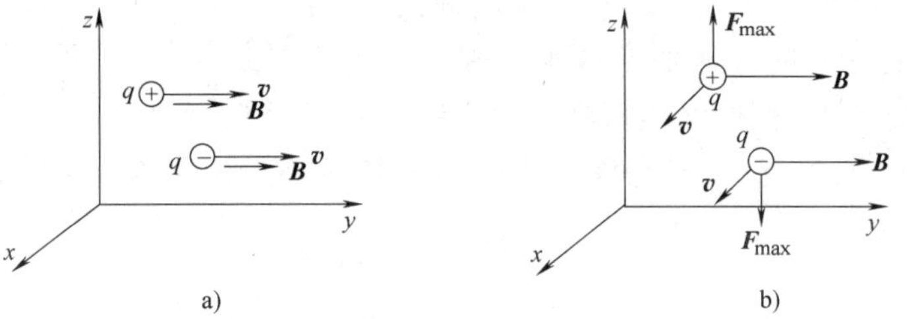

图 7-10 运动点电荷在磁场中受力的两种特殊情况

a) $\boldsymbol{v} /\!/ \boldsymbol{B}$，$\boldsymbol{F}=\boldsymbol{0}$ b) $\boldsymbol{v} \perp \boldsymbol{B}$，$\boldsymbol{F}=\boldsymbol{F}_{\max}$

（图中 $\boldsymbol{B}$ 的方向即为磁场方向）

而该点磁场的方向即为试探的小磁针 N 极的指向. 这样，就可归结为可用磁感应强度矢量 $\boldsymbol{B}$ 来描述磁场中各点磁场的强弱和方向.

总之，**磁感应强度 $\boldsymbol{B}$**（简称 **$\boldsymbol{B}$ 矢量**）**是表述磁场中各点磁场强弱和方向的物理量. 某点磁感应强度的大小规定为：当试探电荷在该点的运动方向与磁场方向垂直时，磁感应强度的大小等于它所受的最大磁场力 $F_{\max}$ 与电荷大小 $|q|$ 及其速度大小 v 的乘积之比值；磁感应强度的方向就是该点的磁场方向.**

在 SI 中，力 $F_{\max}$ 的单位是 N（牛），电荷 q 的单位是 C（库），速度 v 的单位是 $\mathrm{m \cdot s^{-1}}$（米 · 秒$^{-1}$），则磁感应强度 $\boldsymbol{B}$ 的单位是 T，叫作“特斯拉”（Tesla），简称“特”. 于是有 $1\mathrm{T} = 1\mathrm{N}/(1\mathrm{C} \times 1\mathrm{m \cdot s^{-1}})$，由于 $1\mathrm{C \cdot s^{-1}} = 1\mathrm{A}$，所以

$$1\mathrm{T} = \frac{1\mathrm{N}}{1\mathrm{A} \times 1\mathrm{m}} = 1\mathrm{N \cdot A^{-1} \cdot m^{-1}} \tag{7-19}$$

问题 7-2 （1）*磁场有哪些对外表现？如何从磁场的对外表现来定义磁感应强度的大小和方向？磁场对静止电荷有力的作用吗？运动电荷（或电流）A 与运动电荷（或电流）B 之间的相互作用是否是满足牛顿第三定律的一对作用与反作用力？*

（2）*在 SI 中，磁感应强度的单位是如何规定的？*

7.4 电流和运动电荷的磁场

7.4.1 毕奥-萨伐尔定律及其应用

现在我们将进一步讨论：在真空中恒定电流（即运动电荷）与其所激发的磁场中各点磁感应强度的定量关系.

为了求恒定电流的磁场，我们也可将载流导线分成无限多个小段（即线元），而每小段的电流情况可用电流元来表征，即在载流导线上循电流流向取一段长度为 $\mathrm{d}l$ 的线元，若线元中通过的恒定电流为 I，则我们就把 $I\mathrm{d}l$ 表示为矢量 $I\mathrm{d}\boldsymbol{l}$，$I\mathrm{d}\boldsymbol{l}$ 的方向循着线元中的电流流向，这一载流线元矢量 $I\mathrm{d}\boldsymbol{l}$ 称为**电流元**. 因此，电流元 $I\mathrm{d}\boldsymbol{l}$ 的大小为 $I\mathrm{d}l$，方向循着这小段电流的流向（见图7-11）. 并且实验证明，**磁场也服从叠加原理**，也就是说，整个载流导线 l 在空间中某点所激发的磁感应强度 $\boldsymbol{B}$，就是这导线上所有电流元 $I\mathrm{d}\boldsymbol{l}$ 在该点激发的磁感应强度 $\mathrm{d}\boldsymbol{B}$ 的叠加（矢量和），即

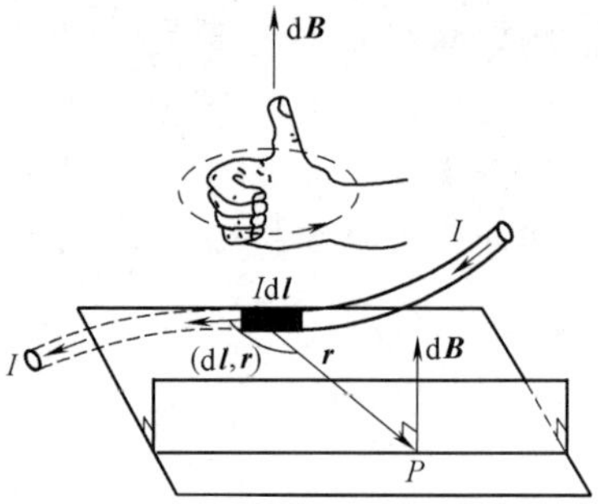

图 7-11 电流元所激发的磁感应强度

$$\boldsymbol{B}=\int_l \mathrm{d}\boldsymbol{B} \tag{7-20}$$

积分号下的 l 表示对整个导线中的电流求积分. 上式是一矢量积分，具体计算时可用它在选定的坐标系中的分量式.

> 严格地说，$I\mathrm{d}\boldsymbol{l}$ 的方向应是导线元中的电流密度矢量 $\boldsymbol{j}$ 的方向.

显然，要解决由 $\mathrm{d}\boldsymbol{B}$ 叠加而求 $\boldsymbol{B}$ 的问题，就必须先找出电流元 $I\mathrm{d}\boldsymbol{l}$ 与它所激发的磁感应强度 $\mathrm{d}\boldsymbol{B}$ 之间的关系. 法国物理学家毕奥（J. B. Biot，1774—1862）和萨伐尔（F. Savart，1791—1841）等人分析了许多实验数据，总结出一条说明这两者之间关系的普遍定律，称为**毕奥-萨伐尔定律**，即：**电流元 $I\mathrm{d}\boldsymbol{l}$ 在真空中给定场点 P 所激发的磁感应强度 $\mathrm{d}B$ 的大小，与电流元的大小 $I\mathrm{d}l$ 成正比，与电流元的方向和由电流元到点 P 的位矢 $\boldsymbol{r}$[㊀] 间的夹角 $(\mathrm{d}\boldsymbol{l},\ \boldsymbol{r})$[㊁] 之正弦成正比，并与电流元到点 P 的距离 r 之平方成反比.** 亦即

$$\mathrm{d}B=k\frac{I\mathrm{d}l\sin(\mathrm{d}\boldsymbol{l},\boldsymbol{r})}{r^2} \tag{a}$$

式中，比例常量 k 的数值，与采用的单位制和电流周围的磁介质有关. 对于真空中的磁场，在SI中，$k=10^{-7}\mathrm{N\cdot A^{-2}}$. 为了使今后从毕奥-萨伐尔定律推得的其他公式中不再出现因子 4π，规定

㊀ 这里提到的位矢 $\boldsymbol{r}$，标示磁场中场点 P 相对于电流元 $I\mathrm{d}\boldsymbol{l}$ 的位置，它的方向从电流元所在处指向场点 P，它的大小就是电流元到场点 P 的距离.

㊁ 两个矢量 $\boldsymbol{A}$、$\boldsymbol{B}$ 正方向之间夹角 θ 的大小，有时我们常用 $(\boldsymbol{A},\ \boldsymbol{B})$ 表示，即 $\theta=(\boldsymbol{A},\ \boldsymbol{B})$，这样易于记忆和不致搞错顺序. 这里 $(\mathrm{d}\boldsymbol{l},\ \boldsymbol{r})$ 乃是指电流元 $I\mathrm{d}\boldsymbol{l}$（因 $I\mathrm{d}\boldsymbol{l}$ 与 $\mathrm{d}\boldsymbol{l}$ 同方向）与 $\boldsymbol{r}$ 之间小于180°的夹角.

$$k=\frac{\mu_0}{4\pi}$$

μ_0 称为**真空磁导率**，其值为

$$\mu_0=4\pi k=4\pi\times10^{-7}\,\mathrm{N\cdot A^{-2}}$$

这样，式ⓐ就成为

$$\mathrm{d}B=\frac{\mu_0}{4\pi}\frac{I\mathrm{d}l\sin(\mathrm{d}\boldsymbol{l},\boldsymbol{r})}{r^2} \tag{7-21}$$

再有，电流元 $I\mathrm{d}\boldsymbol{l}$ 在磁场中场点 P 所激发的磁感应强度 $\mathrm{d}\boldsymbol{B}$ 的方向，则是垂直于电流元 $I\mathrm{d}\boldsymbol{l}$ 与场点 P 的位矢 $\boldsymbol{r}$ 所组成的平面，其指向按右手螺旋法则判定，即用右手四指从 $I\mathrm{d}\boldsymbol{l}$ 经小于 180°角转到 $\boldsymbol{r}$，则伸直的大拇指的指向就是 $\mathrm{d}\boldsymbol{B}$ 的方向（见图 7-11）.

综上所述，便可把毕奥-萨伐尔定律表示成如下的矢量式，即

$$\mathrm{d}\boldsymbol{B}=\frac{\mu_0}{4\pi}\frac{I\mathrm{d}\boldsymbol{l}\times\boldsymbol{r}}{r^3} \tag{7-22}$$

问题 7-3 写出毕奥-萨伐尔定律的表达式，并说明其意义.

现在举例来说明毕奥-萨伐尔定律的应用. 由例题 7-1 ~ 例题 7-4 所获得的结论和公式，在今后解题时，读者可直接引用. 因此，要求读者很好地理解和掌握.

例题 7-1 **有限长的直电流的磁场** 直导线中通有的电流称为**直电流**，它所激发的磁场称为**直电流的磁场**. 今在载流电路中任取一段通有恒定电流 I、长为 L 的直导线（见例题 7-1 图），我们求此直电流在真空中的磁场内一点 P 的磁感应强度.

在直电流上任取一段电流元 $I\mathrm{d}\boldsymbol{l}$，从它引向场点 P 的位矢为 $\boldsymbol{r}$，令夹角 $(\mathrm{d}\boldsymbol{l},\boldsymbol{r})=\alpha$，于是电流元 $I\mathrm{d}\boldsymbol{l}$ 在点 P 激发的磁感应强度 $\mathrm{d}\boldsymbol{B}$ 的大小为

$$\mathrm{d}B=\frac{\mu_0}{4\pi}\frac{I\mathrm{d}l\sin\alpha}{r^2}$$

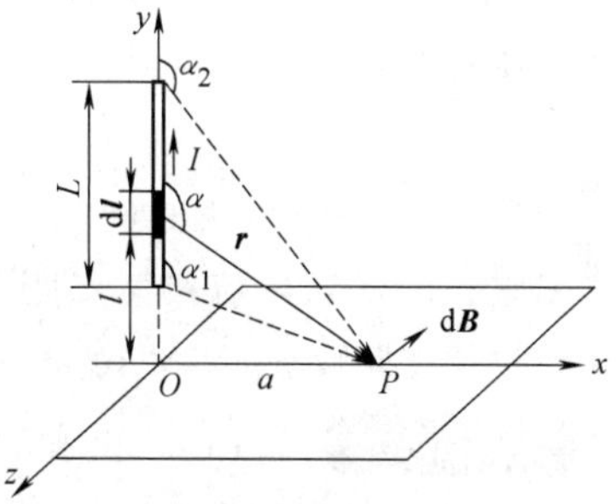

例题 7-1 图

其方向垂直于电流元与位矢所决定的平面（即图示的 xOy 平面），并指向里面（沿图示的 z 轴负向）. 读者不难自行判断，这条直电流上任何一段电流元在点 P 所激发的磁感应强度，其方向都是相同的，故按式（7-20），它们的代数和就是整个直电流在场点 P 的磁感应强度，因而可用标量积分来计算其大小，即

$$B=\int_L\mathrm{d}B=\int_L\frac{\mu_0}{4\pi}\frac{I\sin\alpha}{r^2}\mathrm{d}l \tag*{ⓐ}$$

在计算这个积分时，需要把 $\mathrm{d}l$、α 和 r 等各变量统一用同一个自变量来表示. 这里，我们用电流元 $I\mathrm{d}\boldsymbol{l}$ 与位矢 $\boldsymbol{r}$ 二者方向之夹角 α 作为被积函数的自变量，由图中的几何关系，可将 r、l 分别表示为

$$l=a\cot(180°-\alpha)=-a\cot\alpha \tag*{ⓑ}$$

$$r=\frac{a}{\sin(180°-\alpha)}=\frac{a}{\sin\alpha} \quad ⓒ$$

上两式中，a 为场点 P 到直电流的垂直距离（即 PO 的长度）；l 为垂足 O 到电流元 $I\mathrm{d}\boldsymbol{l}$ 处的距离. 对式ⓑ求微分，得

$$\mathrm{d}l=\frac{a}{\sin^2\alpha}\mathrm{d}\alpha \quad ⓓ$$

把式ⓒ、式ⓓ代入式ⓐ，**并从直电流始端沿电流方向积分到末端**，相应地，自变量 α 的上、下限分别为 α_2 和 α_1（见例题 7-1 图），则式ⓐ的积分，即 P 点的磁感应强度 $\boldsymbol{B}$ 的大小为

$$B=\frac{\mu_0 I}{4\pi a}\int_{\alpha_1}^{\alpha_2}\sin\alpha\mathrm{d}\alpha=\frac{\mu_0 I}{4\pi a}[-\cos\alpha]_{\alpha_1}^{\alpha_2}$$

亦即

$$B=\frac{\mu_0 I}{4\pi a}(\cos\alpha_1-\cos\alpha_2) \quad (7\text{-}23)$$

其方向也可用右手螺旋法则来确定，以右手四指围绕直电流，拇指指向电流流向，则四指的围绕方向即为 $\boldsymbol{B}$ 的方向.

再三叮咛，在应用上式时，读者千万不要把上、下限写错.

> 今后，凡题中未指明磁介质时，按照惯例，都认为是对真空而言的.

例题 7-2 **无限长的直电流的磁场** 若载流直导线为"无限长"时（即导线长度远大于场点 P 到导线的垂直距离，即 $L\gg a$，以后简称**长直电流**），则在式（7-23）中，$\alpha_1\to 0$，$\alpha_2\to\pi$，所以，在长直电流的磁场中，磁感应强度的大小为

$$B=\frac{\mu_0}{2\pi}\frac{I}{a} \quad (7\text{-}24)$$

即"无限长"的直电流在某点所激发的磁感应强度的大小，正比于电流，反比于该点与直电流间的垂直距离 a；其方向如例题 7-1 所述.

问题 7-4 （1）导出有限长的直电流和长直电流在磁场中的磁感应强度公式.

（2）求证：若电流 I 进入直导线的始端为有限，而电流流出的终端在无限远，则式（7-23）成为 $B=\frac{\mu_0 I}{4\pi a}(\cos\alpha_1+1)$；如果始端在无限远处，终端为有限，则式（7-23）变成什么样？

（3）一长直载流导线被折成直角，如何求直角平分线上一点的磁感应强度？

例题 7-3 **圆电流轴线上的磁场** 设真空中有一半径为 R、通有恒定电流 I 的圆线圈，求此圆电流在经过圆心 O 且垂直于线圈平面的轴线上任一点 P 所激发的磁感应强度 $\boldsymbol{B}$.

取以 O 为原点的坐标系 $Oxyz$，Ox 轴沿圆电流的轴线，设场点 P 的坐标为 x. 根据毕奥-萨伐尔定律，在圆电流上任取一电流元，例如在 Oy 轴上点 C 处取 $I\mathrm{d}\boldsymbol{l}$，并向场点 P 引位矢 $\boldsymbol{r}$，按矢量积定义，由于 $I\mathrm{d}\boldsymbol{l}$（在 Oyz 平面内）与 $\boldsymbol{r}$ 垂直，故 $I\mathrm{d}\boldsymbol{l}$ 在点 P 激发的磁感应强度 $\mathrm{d}\boldsymbol{B}$ 应在 xOy 平面内，而且垂直于 $\boldsymbol{r}$，指向用右手螺旋法则确定，如例题 7-3 图所示. $\mathrm{d}\boldsymbol{B}$ 与 Ox 轴所成的角等于 $\boldsymbol{r}$ 与 Ox 轴之间夹角 α 的余角，即 $\pi/2-\alpha$. 磁感应强度 $\mathrm{d}\boldsymbol{B}$ 的大小为

$$\mathrm{d}B=\frac{\mu_0}{4\pi}\frac{I\mathrm{d}lr\sin 90^\circ}{r^3}=\frac{\mu_0}{4\pi}\frac{I\mathrm{d}l}{r^2} \quad \text{ⓐ}$$

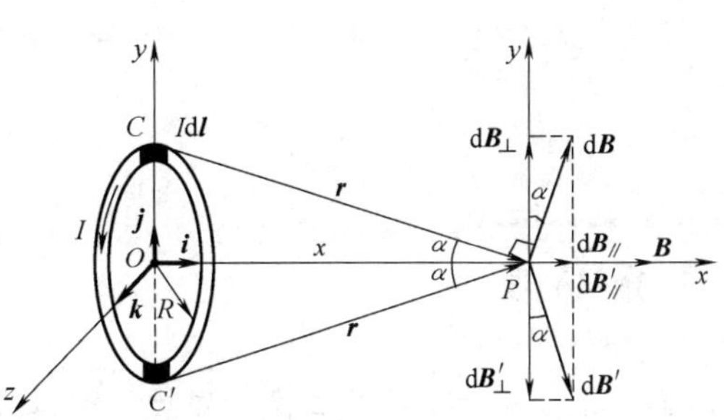

例题 7-3 图

按式（7-20），整个圆电流在场点 P 激发的磁感应强度 $\boldsymbol{B}$，等于其中每个电流元 $I\mathrm{d}\boldsymbol{l}$ 在该点激发的磁感应强度 $\mathrm{d}\boldsymbol{B}$ 之矢量和，亦即求 $\mathrm{d}\boldsymbol{B}$ 的矢量积分．这可用矢量的正交分解合成法来求解．由于各电流元在点 P 激发的磁感应强度 $\mathrm{d}\boldsymbol{B}$ 对 Ox 轴线呈对称分布，故宜将 $\mathrm{d}\boldsymbol{B}$ 分解为平行和垂直于 Ox 轴的两个分矢量 $\mathrm{d}\boldsymbol{B}_{/\!/}$ 和 $\mathrm{d}\boldsymbol{B}_{\perp}$．可以推断，若在通过 $I\mathrm{d}\boldsymbol{l}$ 所在处 C 点的直径的另一端 C'，取一个同样的电流元 $I\mathrm{d}\boldsymbol{l}$，它在点 P 激发的磁感应强度 $\mathrm{d}\boldsymbol{B}'$ 的大小与 $\mathrm{d}\boldsymbol{B}$ 的相等，而且在轴线的另一侧，与 Ox 轴亦成 $\pi/2-\alpha$ 角．显然，$\mathrm{d}\boldsymbol{B}$ 与 $\mathrm{d}\boldsymbol{B}'$ 在垂直于 Ox 轴方向上的分矢量 $\mathrm{d}\boldsymbol{B}_{\perp}$ 与 $\mathrm{d}\boldsymbol{B}'_{\perp}$ 两相抵消．由于在整个圆电流上每条直径两端的相同电流元在点 P 的磁感应强度，在垂直于轴线方向的分矢量都成对抵消，而所有平行于轴线的分矢量 $\mathrm{d}\boldsymbol{B}_{/\!/}$，皆等值同向（沿 Ox 轴正向），因而点 P 处总的磁感应强度 $\boldsymbol{B}$ 沿着 Ox 轴，其大小等于各分量 $\mathrm{d}B_{/\!/}=\mathrm{d}B\cos(\pi/2-\alpha)=\mathrm{d}B\sin\alpha$ 之代数和．即

$$B=\int_l \mathrm{d}B_{/\!/}=\int_l \mathrm{d}B\sin\alpha=\int_0^{2\pi R}\frac{\mu_0}{4\pi}\frac{I\mathrm{d}l}{r^2}\frac{R}{r}=\frac{\mu_0 IR}{4\pi r^3}\int_0^{2\pi R}\mathrm{d}l$$

式中，$\int_0^{2\pi R}\mathrm{d}l=2\pi R$ 为圆电流的周长．根据几何关系，上式便成为

$$B=\frac{\mu_0 IR^2}{2(x^2+R^2)^{3/2}} \tag{7-25}$$

取 Ox 轴方向的单位矢量为 $\boldsymbol{i}$，则场点 P 的磁感应强度 $\boldsymbol{B}$ 可表示为

$$\boldsymbol{B}=\frac{\mu_0 IR^2}{2(x^2+R^2)^{3/2}}\boldsymbol{i} \tag{7-26}$$

例题 7-4　**圆电流中心的磁场**　在式（7-25）中，令 $x=0$，即得圆电流中心处的磁感应强度为

$$B=\frac{\mu_0}{2}\frac{I}{R} \tag{7-27}$$

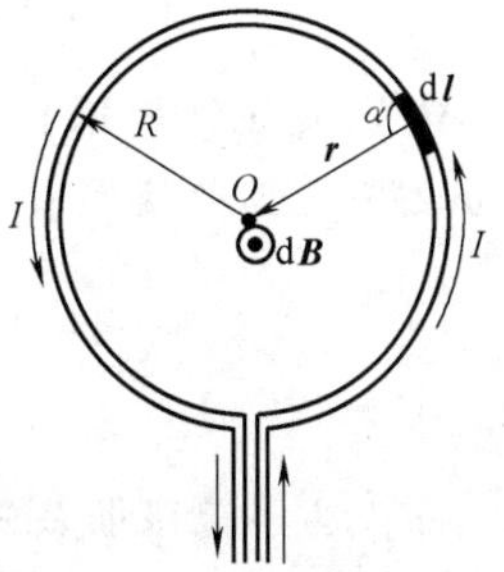

例题 7-4 图

即圆电流在中心激发的磁感应强度，与电流成正比，与圆的半径成反比．如例题 7-4 图所示，如果电流沿逆时针流向，则圆电流在中心点 O 的磁感应强度 $\boldsymbol{B}$ 的方向是垂直纸面而向外的[⊖]．

如果圆电流是由 N 匝彼此绝缘、半径都是 R 的线圈串联而成，并紧紧地叠置在一起，通过每匝的电流仍为 I，则在中心 O

⊖ 今后约定：垂直于纸面向外的方向用“⊙”或“·”表示；垂直于纸面向里的方向用“⊗”或“×”表示．

处激发的磁感应强度乃等于 N 个单匝圆电流在该处激发的磁感应强度之和，即

$$B=\frac{\mu_0}{2}\frac{NI}{R} \tag{7-28}$$

思维拓展

直流通电线圈可以产生稳恒磁场，而且磁场强度与线圈的匝数、电流等都有关系．通电线圈在产生磁场的同时也会产生大量的热，因此利用传统的导电线圈并不能产生很高的稳恒磁场，而且产生稳恒磁场的区域也比较小．由于超导体具有零电阻的优点，因此利用超导体制成的超导线圈可以产生很高的稳恒磁场．目前，超导磁体已经广泛应用于核磁共振等大型医疗设备．

问题 7-5 试导出垂直于圆电流平面的轴线上任一点的磁感应强度公式，并由此给出圆电流中心的磁感应强度公式．

例题 7-5 如例题 7-5 图所示，两端无限长直导线中部弯成 $\alpha=60°$ 的直线和四分之一圆弧，圆弧半径 $R=5\text{cm}$，导线通有电流 $I=2\text{A}$．求圆心 O 处的磁感应强度．

解 圆心 O 处的磁感应强度是 bc、cd、de、ef 四段电流产生磁感应强度的矢量和，用右手螺旋法则可判定它们在 O 点的磁感应强度方向相同，由纸面向里，因此求矢量和就简化为求代数和．各段电流在 O 点的磁感应强度可依次求出如下：

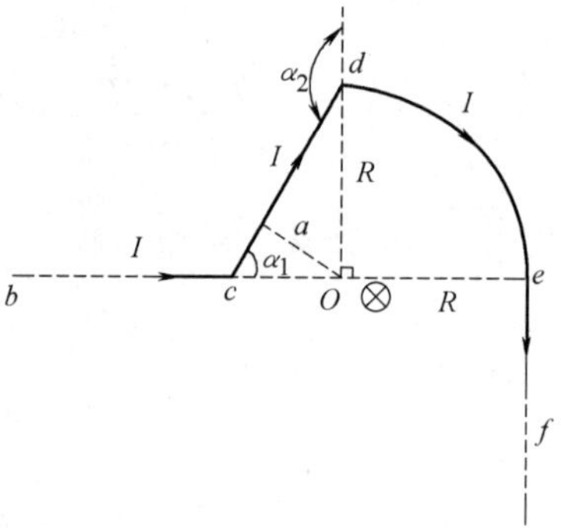

例题 7-5 图

在 bc 段上任取电流元 $I\mathrm{d}\boldsymbol{l}$，它引向 O 点的位矢 $\boldsymbol{r}$ 与 $I\mathrm{d}\boldsymbol{l}$ 重合，因而角度 $(\mathrm{d}\boldsymbol{l},\boldsymbol{r})=0$，$\sin(\mathrm{d}\boldsymbol{l},\boldsymbol{r})=0$，由毕奥-萨伐尔定律，有 $\mathrm{d}\boldsymbol{B}=0$，因而 $\boldsymbol{B}_{bc}=0$.

cd 是一段有限长载流直导线，由 O 点向 cd 段作垂线，有 $\alpha_1=\alpha=60°$，$\alpha_2=150°$，$a=R\sin30°=R/2$，代入式 (7-23)，有

$$B_{cd}=\frac{\mu_0 I}{4\pi R/2}(\cos60°-\cos150°)=\frac{\mu_0 I}{4\pi R}(\sqrt{3}+1) \quad \otimes$$

de 段是 1/4 圆弧，在圆心 O 处的磁感应强度等于整个圆电流在圆心 O 的磁感应强度的四分之一．因此按式 (7-27)，有

$$B_{de}=\frac{1}{4}\frac{\mu_0 I}{2R}=\frac{\mu_0 I}{8R} \quad \otimes$$

ef 段为半无限长载流导线，在 O 点的磁感应强度为无限长载流导线在 O 点的磁感应强度的一半，因而

$$B_{ef}=\frac{1}{2}\frac{\mu_0}{2\pi}\frac{I}{R}=\frac{\mu_0 I}{4\pi R} \quad \otimes$$

按式 (7-20)，总的磁感应强度为

$$B = B_{bc}+B_{cd}+B_{de}+B_{ef} = 0+\frac{\mu_0 I}{4\pi R}(\sqrt{3}+1)+\frac{\mu_0 I}{8R}+\frac{\mu_0 I}{4\pi R}$$

$$=\frac{\mu_0 I}{4R}\left(\frac{\sqrt{3}+2}{\pi}+\frac{1}{2}\right)$$

代入已知数据，可计算得 $B=2.12\times10^{-5}\mathrm{T}\quad\otimes$.

7.4.2 运动电荷的磁场

载流导体中的电流在它周围空间激发的磁场，实质上与导体中大量带电粒子的定向运动有关. 下面将讨论运动电荷的磁场，来说明毕奥-萨伐尔定律的微观意义.

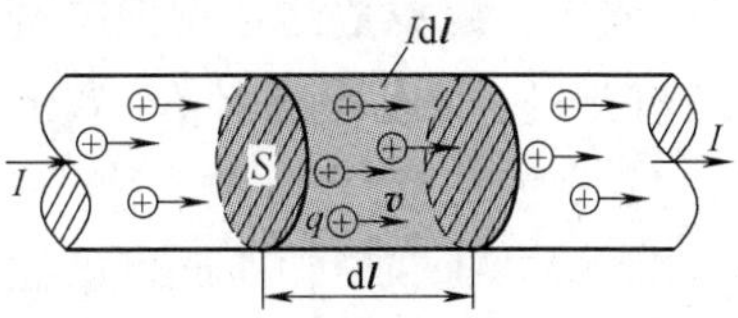

图 7-12 运动电荷的磁场

如图 7-12 所示，设 S 为电流元 $I\mathrm{d}\boldsymbol{l}$ 的横截面，n 为导体中单位体积内的带电粒子数，每个粒子的电荷为 q（为便于讨论，设 $q>0$）. 它们以速度$\boldsymbol{v}$ 沿 $\mathrm{d}\boldsymbol{l}$ 的方向做匀速运动，形成导体中的恒定电流，则单位时间内通过截面 S 的电荷为 $qnvS$. 按电流的定义，有

$$I=qnvS \tag{7-29}$$

把上式代入式（7-21），并因电流元 $I\mathrm{d}\boldsymbol{l}$ 的方向和速度$\boldsymbol{v}$ 的方向相同，即 $(\mathrm{d}\boldsymbol{l},\ \boldsymbol{r})=(\boldsymbol{v},\ \boldsymbol{r})$，则

$$\mathrm{d}B=\frac{\mu_0}{4\pi}\frac{I\mathrm{d}l\sin(\boldsymbol{v},\boldsymbol{r})}{r^2}=\frac{\mu_0}{4\pi}\frac{qnvS\mathrm{d}l\sin(\boldsymbol{v},\boldsymbol{r})}{r^2}$$

在此电流元内，任何时刻都存在着 $\mathrm{d}N=nS\mathrm{d}l$ 个以速度$\boldsymbol{v}$ 运动着的带电粒子，所以，由电流元 $I\mathrm{d}\boldsymbol{l}$ 所激发的磁场可认为是这 $\mathrm{d}N$ 个运动电荷所激发的. 这样，根据上式，可得其中每一个以速度$\boldsymbol{v}$ 运动着的带电粒子所激发的磁感应强度 $\boldsymbol{B}$ 的大小为

$$B=\frac{\mathrm{d}B}{\mathrm{d}N}=\frac{\mu_0}{4\pi}\frac{qv\sin(\boldsymbol{v},\boldsymbol{r})}{r^2} \tag{7-30}$$

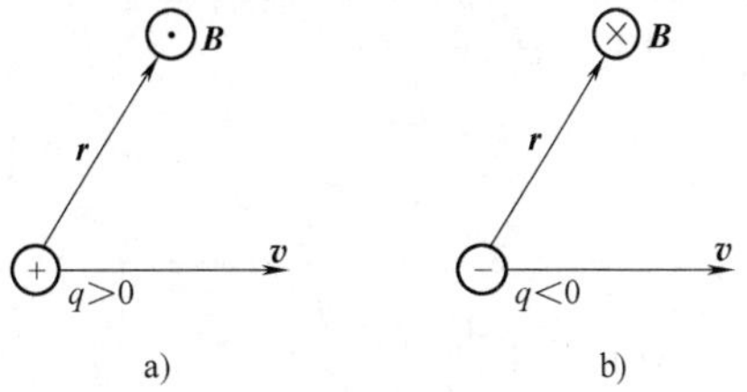

图 7-13 运动电荷的磁场方向

a）正电荷运动时 $\boldsymbol{B}$ 垂直于纸面向外 b）负电荷运动时，$\boldsymbol{B}$ 垂直于纸面向里

$\boldsymbol{B}$ 的方向垂直于$\boldsymbol{v}$ 和 $\boldsymbol{r}$ 所组成的平面，其指向亦服从右手螺旋法则，如图 7-13 所示. 因此，真空中运动电荷激发的磁场，其磁感应强度 $\boldsymbol{B}$ 可表示成矢量式为

$$\boldsymbol{B}=\frac{\mu_0}{4\pi}\frac{q\boldsymbol{v}\times\boldsymbol{r}}{r^3} \tag{7-30}$$

问题 7-6 试导出运动电荷的磁场公式；并说明运动电荷在其运动方向上任一点的磁感应强度大小 $\boldsymbol{B}=0$.

7.5 磁感应线 真空中磁场的高斯定理

7.5.1 磁感应线

与用电场线表示静电场相类似，我们也可以在磁场中画一簇有方向的曲线来表示磁场中各处磁感应强度 $\boldsymbol{B}$ 的方向和大小. **这些曲线上任一点的切线方向都和该点的磁场方向一致，**这样的曲线称为**磁感应线**或 **$\boldsymbol{B}$ 线**. 磁感应线上的箭头表示线上各点切线应取的方向，也就是小磁针 N 极在该点的指向，即该点的磁感应强度方向. 与电场线相似，**磁感应线在空间不会相交**.

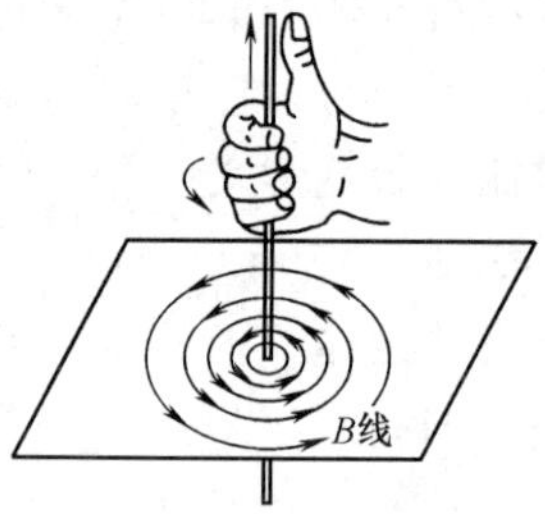

图 7-14　直电流的磁感应线

我们可以利用小磁针在磁场中的取向来描绘磁感应线. 图 7-14～图 7-17 就是利用这种方法描绘出来的直电流、圆电流、螺线管电流和磁铁所激发的磁场中的磁感应线图形.

分析各种磁感应线图形，可以得到两个结论：第一，磁感应线和静电场的电场线不同，**在任何磁场中每一条磁感应线都是环绕电流的无头无尾的闭合线，既没有起点也没有终点，而且这些闭合线都和闭合电路互相套连**. 这是磁场的重要特性，与静电场中有头有尾的不闭合的电场线相比较，是截然不同的. 第二，在任何磁场中，每一条闭合的磁感应线的方向与该闭合磁感应线所包围的电流流向有一定的联系，可用**右手螺旋法则来判断：把右手的拇指伸直，其余四指屈成环形，如果拇指表示电流 I 的流向，则其余四指就指出此电流所激发的磁场中磁感应线的方向**（见图 7-14）.

若是圆电流，如图 7-15 所示，圆电流 I 的流向与它的磁感应线的方向之间的关系则由下述方法判定：**用右手四指循圆电流 I 的流向屈成环形，则伸直的大拇指所指的方向即为穿过圆电流所围绕的内侧的磁感应线方向.**

图 7-16 的螺线管电流 I 是由许多圆电流串联而成的，所以螺线管内侧的磁感应线方向也可用上述方法判定.

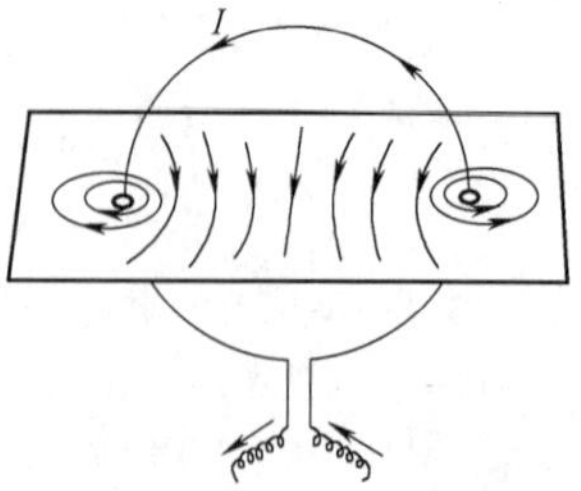

图 7-15　圆电流的磁感应线

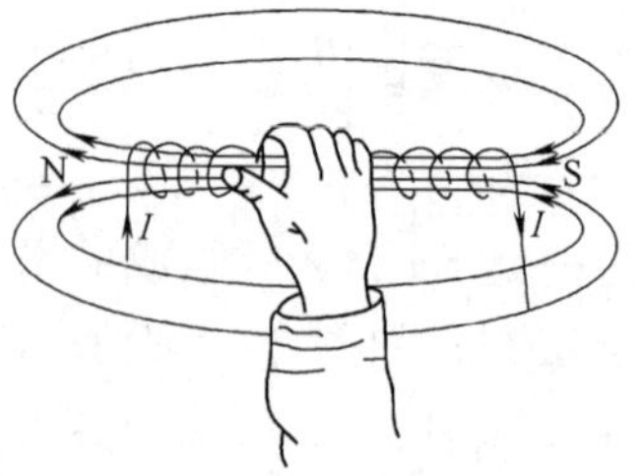

图 7-16　螺线管电流的磁感应线

对照图 7-16 和图 7-17 可见，载流线圈或螺线管外部的磁场与永久磁铁相似；并和永久磁铁一样，载流螺线管也具有极性，即起着条形磁铁的作用.

为了使磁感应线也能够定量地描述磁场的强弱，我们规定：**通过某点上垂直于 $\boldsymbol{B}$ 矢量的单位面积的磁感应线条数**（称为**磁感应线密度**），**在数值上等于该点 $\boldsymbol{B}$ 矢量的大小**. 这样，磁场较强的地方，磁感应线就较密；反之，磁场较弱的地方，磁感应线就较疏．在均匀磁场中，磁感应线是一组间隔相等的同方向平行线．例如图7-16所示的载流螺线管内部（靠近中央部分）的磁场，就是均匀磁场．

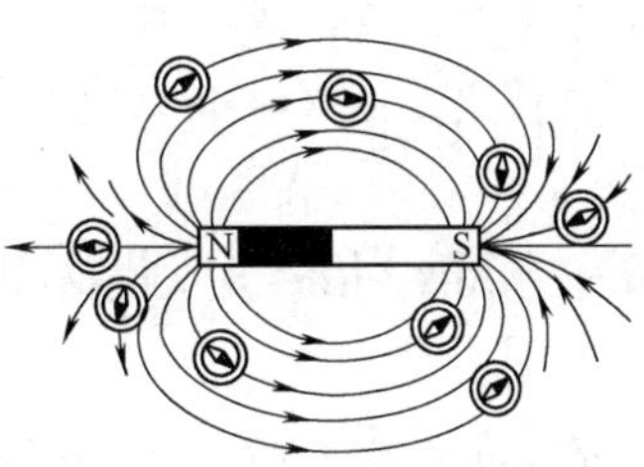

图7-17　永久磁铁的磁感应线⊖

7.5.2　磁通量　真空中磁场的高斯定理

规定磁感应线密度后，我们就能够计算穿过一给定曲面的磁感应线条数，并用它来表述这个曲面的**磁通量**或 **B 通量**，以 Φ_m 表示．如图7-18所示，在磁场中设想一个面积元 dS，并用单位矢量 $\boldsymbol{e}_n$ 标示它的法线方向，$\boldsymbol{e}_n$ 与该处 $\boldsymbol{B}$ 矢量之间的夹角为 θ，根据磁感应线密度的规定，面积元 dS 的磁通量

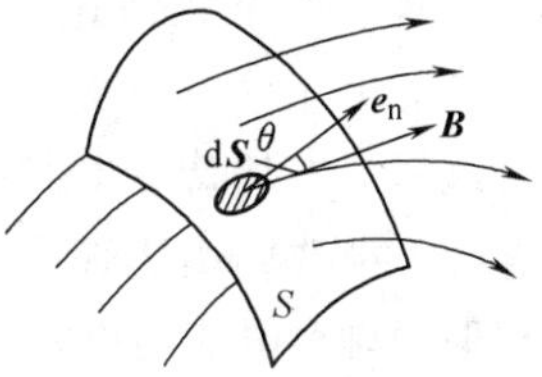

图7-18　磁通量

$$\mathrm{d}\Phi_m = B\cos\theta \mathrm{d}S \qquad (7\text{-}31)$$

将面积元表示成矢量 d$\boldsymbol{S}$，即 d$\boldsymbol{S}=\boldsymbol{e}_ndS$，则因 $B\cos\theta=\boldsymbol{B}\cdot\boldsymbol{e}_n$，故 $B\cos\theta \mathrm{d}S=\boldsymbol{B}\cdot\boldsymbol{e}_n\mathrm{d}S=\boldsymbol{B}\cdot\mathrm{d}\boldsymbol{S}$．于是，面积为 S 的曲面的磁通量为

$$\Phi_m = \iint_S B\cos\theta \mathrm{d}S = \iint_S \boldsymbol{B}\cdot\mathrm{d}\boldsymbol{S} \qquad (7\text{-}32)$$

磁感应强度 $\boldsymbol{B}$ 的单位是 T，面积 S 的单位是 m^2，磁通量 Φ_m 的单位是 Wb，称为“韦伯”，简称“韦”．故 $1\text{Wb}=1\text{T}\cdot\text{m}^2$．由此可见，磁感应强度 $\boldsymbol{B}$ 的单位也可记作 $1\text{T}=1\text{Wb}\cdot\text{m}^{-2}$（韦·米$^{-2}$）．

在磁场中任意取一个闭合曲面，面上任一点的法线方向 $\boldsymbol{e}_n$ 按规定为：垂直于该点处的面积元 dS 而指向向外．这样，从闭合曲面穿出来的磁通量为正，穿入闭合曲面的磁通量为负（见图7-19）．由于每一条磁感应线都是闭合线，因此有几条磁感应线进入闭合曲面，必然有相同条数的磁感应线从闭合曲面穿出来．所以，**通过任何闭合曲面的总磁通量必为零**，即

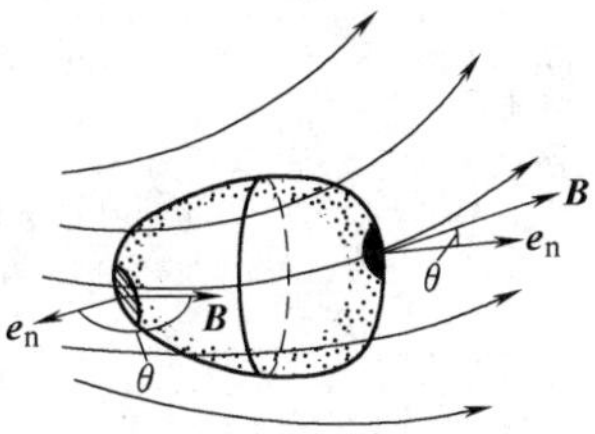

图7-19　穿过一闭合曲面的磁通量

$$\oint\!\!\oint_S \boldsymbol{B}\cdot\mathrm{d}\boldsymbol{S}=0 \qquad (7\text{-}33)$$

这就是**真空中磁场的高斯定理**，它阐明磁感应线都是无头无尾的闭合线，所以通过任何闭合面的磁通量必等于零，即磁场是**无源场**．由此可见，高斯定理是表示磁场性质的一个重要定理．

> 切勿将无源场误解为激发磁场不需要场源运动电荷．无源场是指磁场不是由磁单极激发的．

问题7-7　（1）如何从电流来确定它所激发磁场的磁感应线方向？如何用磁感应线来表示磁场？与电场线相比较，两者有何区别？什么叫磁通量？它是矢量吗？磁通量的单位是什么？试画出均

⊖ 在永久磁铁的磁场中，磁感应线也是闭合的，每条磁感应线都是从N极发出，进入S极，再从S极经磁铁内而达N极，形成闭合的磁感应线，如同图7-16所示的载流螺线管的磁感应线一样，只是在图7-17中，我们未把磁铁内部的磁感应线分布画出来．

匀磁场中磁感应线的分布.

(2) 试述磁场的高斯定理及其意义.

7.6 安培环路定理及其应用

在静电场中，我们曾讨论过表述真空中静电场性质的高斯定理和环路定理，即 $\oiint_S \boldsymbol{E}\cdot\mathrm{d}\boldsymbol{S}=\sum_i q_i/\varepsilon_0$ 和 $\oint_l \boldsymbol{E}\cdot\mathrm{d}\boldsymbol{l}=0$. 同样，在磁场中也有相仿的两条定理. 上节已讨论了真空中磁场的高斯定理，本节将讨论真空中磁场的环路定理. 这条定理在电磁理论和电工学中甚为重要.

这里，先从特殊情况讨论，尔后再加以推广. 设在真空中长直电流 I 的磁场内，任取一个与电流垂直的平面（见图 7-20），以此平面与直电流的交点 O 为中心，在平面上作一条半径为 r 的圆形闭合线 l，则在这圆周上任一点的磁感应强度为

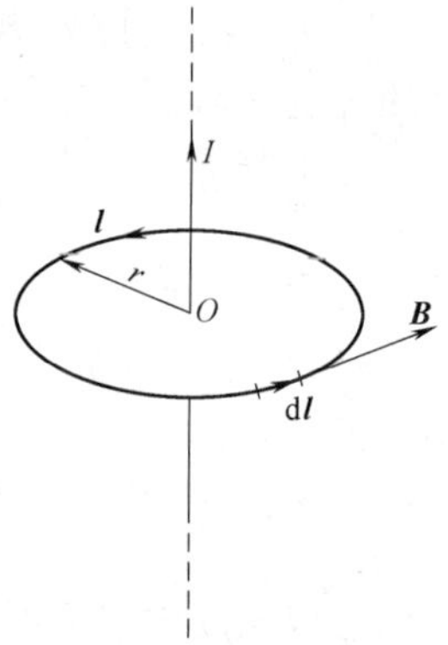

图 7-20 **B** 矢量的环流

$$B=\frac{\mu_0}{2\pi}\frac{I}{r}$$

其方向与电流流向成右手螺旋关系，即与圆周相切. 今在圆周 l 上循着逆时针绕行方向取线元矢量 $\mathrm{d}\boldsymbol{l}$，则 $\boldsymbol{B}$ 与 $\mathrm{d}\boldsymbol{l}$ 间的夹角 $\theta=(\boldsymbol{B},\mathrm{d}\boldsymbol{l})=0°$，$\boldsymbol{B}$ 沿这一闭合路径 $\boldsymbol{l}$ 的线积分，亦称 **B 矢量的环流**，即为

$$\oint_l \boldsymbol{B}\cdot\mathrm{d}\boldsymbol{l}=\oint_l B\cos\theta\mathrm{d}l=\oint_l \frac{\mu_0 I}{2\pi r}\cos0°\mathrm{d}l=\frac{\mu_0 I}{2\pi r}\oint_l \mathrm{d}l$$

式中，积分 $\oint_l \mathrm{d}l$ 是半径为 r 的圆周之长 $2\pi r$，于是，上式可写作

$$\oint_l \boldsymbol{B}\cdot\mathrm{d}\boldsymbol{l}=\mu_0 I \qquad ⓐ$$

式ⓐ虽是在长直电流的磁场中取圆周作为积分路径的特殊情况下导出的，但是可以证明（从略），上式不仅对长直电流的磁场成立，而且对任何形式的电流所激发的磁场也都成立；不仅对闭合的圆周路径成立，而且对任何形状的闭合路径也都成立. 所以，式ⓐ反映了电流的磁场所具有的普遍性质.

求式ⓐ的环流时，如果将绕行方向反过来，即在图 7-20 中按顺时针方向绕行一周，这时 $\boldsymbol{B}$ 与 $\mathrm{d}\boldsymbol{l}$ 的夹角 θ 处处为 180°，则积分值为负，并同样地可以得出

$$\oint_l \boldsymbol{B}\cdot\mathrm{d}\boldsymbol{l}=\oint_l B\cos180°\mathrm{d}l=-\oint_l B\mathrm{d}l=-\mu_0 I=\mu_0(-I) \qquad ⓑ$$

式中最后将 $-\mu_0 I$ 写成 $\mu_0(-I)$，使得电流可以作为代数量来处理，即将电流看作有正、负的量. 对电流的正、负，我们可以用右手螺旋法则做如下规定：如图 7-21 所示，首先沿闭合路径 l 选定一个积分的绕行方向（在图 7-21a 中选取了逆时针绕行方向），然后伸直大拇指，使右手四指沿绕行方向弯曲，若电流流向与大拇指指向一致，则电流取作正值（见

图 7-21a)；反之，则电流就取作负值（见图 7-21b）.

在一般情况下，如果闭合路径围绕着多个电流，则**在磁场中，磁感应强度沿任何闭合路径的环流，等于该闭合路径所围绕的各个电流之代数和的 μ_0 倍**. 这个结论称为**安培环路定理**. 它的数学表达式是

$$\oint_l \boldsymbol{B} \cdot \mathrm{d}\boldsymbol{l} = \mu_0 \sum_i I_i \tag{7-34}$$

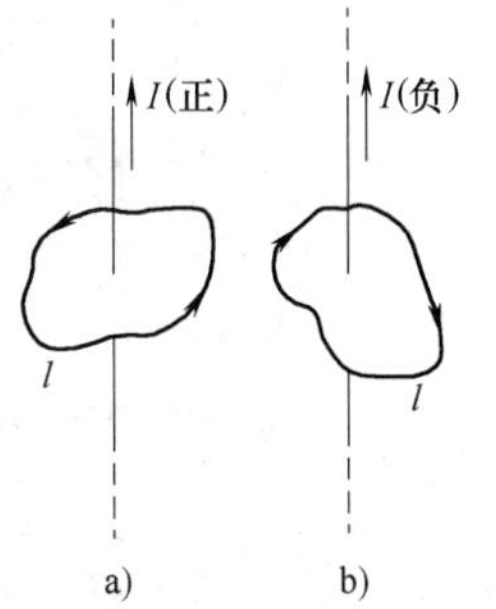

图 7-21 安培环路定理中电流正、负的规定

值得注意：

(1) 安培环路定理只是说明了 $\boldsymbol{B}$ 矢量的环流 $\oint_l \boldsymbol{B} \cdot \mathrm{d}\boldsymbol{l}$ 的值与闭合路径所围绕的电流 $\sum_i I_i$ 有关，并非说其中的磁感应强度 $\boldsymbol{B}$ 只与所围绕的电流有关. 应该指出，就磁场中任一点的磁感应强度 $\boldsymbol{B}$ 而言，它总是由激发这磁场的全部电流所决定的，不管这些电流是否被所取的闭合线所围绕，它们对磁场中任一点的磁感应强度 $\boldsymbol{B}$ 都有贡献.

(2) 我们知道，每一电流总是闭合的（前面图中我们只画出一条闭合电流中的一段电流，未把闭合电流整体画出），在安培环路定理中，磁感应强度 $\boldsymbol{B}$ 不但是由全部电流激发的，而且其中每一条电流都是指闭合电流，而不是闭合电流上的某一段.

(3) 在磁场中某一闭合路径 l 上磁感应强度的环流 $\oint_l \boldsymbol{B} \cdot \mathrm{d}\boldsymbol{l}$，其值可以是零，但沿路径上各点磁感应强度 $\boldsymbol{B}$ 的值不见得一定等于零. 例如，当仅存在不被闭合路径所围绕的电流时，闭合路径上各处的磁感应强度 $\boldsymbol{B}$ 不一定为零，可是 $\boldsymbol{B}$ 沿整个闭合路径的环流却等于零.

安培环路定理是反映磁场性质的一条普遍定理. 由于磁场中 $\boldsymbol{B}$ 矢量的环流 $\oint_l \boldsymbol{B} \cdot \mathrm{d}\boldsymbol{l}$ 与闭合路径 l 所包围的电流有关，一般不等于零，所以我们就说磁场是**非保守**的，它是一个**非保守力场或无势场**.

问题 7-8 (1) 试述安培环路定理及其意义.

(2) 如问题 7-8 图所示，求磁感应强度 $\boldsymbol{B}$ 循闭合路径 l 沿图示的绕行方向的环流.

(3) 在圆形电流所在的平面上，作半径小于圆电流半径的小圆形环路，可得 $\oint_l \boldsymbol{B} \cdot \mathrm{d}\boldsymbol{l} = 0$. 能否说明环路上各点的 $\boldsymbol{B}$ 值为零？

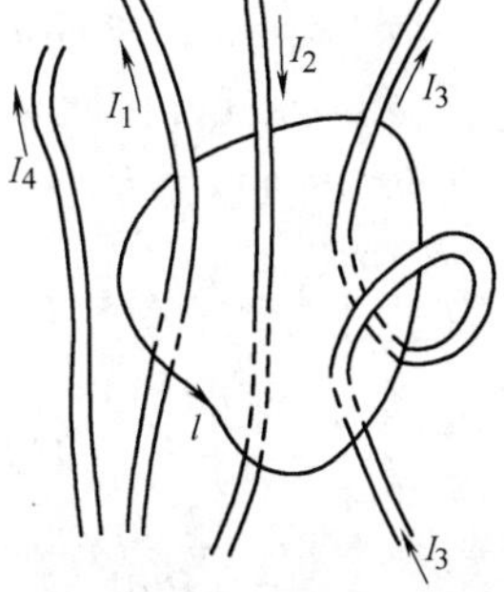

问题 7-8 图

例题 7-6 **长直螺线管内的磁场** 例题 7-6 图 a 表示一个均匀密绕的长直螺线管，通有电流 I；例题 7-6 图 b 表示螺线管的轴截面和电流所激发的磁场的磁感应线，小圈“○”表示密绕导线的横截面，点子“·”表示电流从横截面向外，叉号“×”表示电流进入横截面.

分析 首先分析题给螺线管周围磁场的大致分布情形. 从图 7-15 所示的单匝圆电流的磁场分布情况可以看到，靠近导线处的磁场和一条长直载流导线附近的磁场很相似，磁感

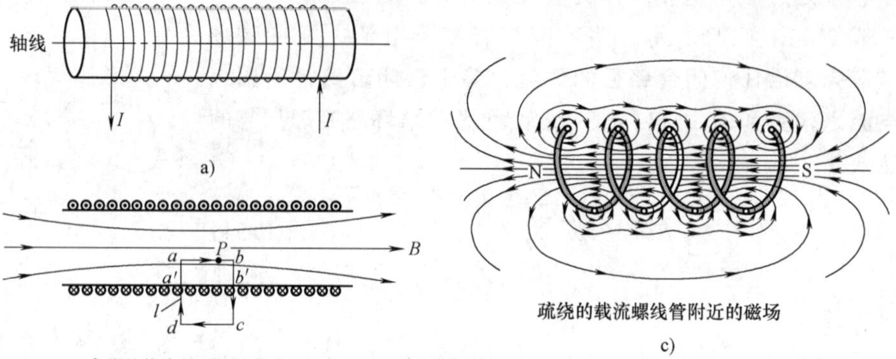

a)

密绕的载流长直螺线管内的磁场

b)

疏绕的载流螺线管附近的磁场

c)

例题 7-6 图

应线近似为围绕导线的一些同心圆.

对螺线管来说，它是用一条很长的导线一匝匝地绕制而成的，当它通以电流时，其周围磁场是各匝电流所激发磁场的叠加结果. 如例题 7-6 图 c 所示，在螺线管绕得不紧的情况下，管内、外的磁场是不均匀的，仅在螺线管的轴线附近，磁感应强度 $\boldsymbol{B}$ 的方向近乎与轴线平行. 如果螺线管很长，所绕的导线甚细，而且绕得很紧密，如例题 7-6 图 b 所示，这时整个载流螺线管的各匝电流宛如连成一片，形成一个与此螺线管的大小、形状全同的圆筒形“面电流”，则实验表明，对这种相当长、而又绕得较紧密的螺线管（简称**长直螺线管**）而言，在管内的中央部分，磁场是均匀的，其方向与轴线平行，并可按右手螺旋法则判定其指向（见图 7-16）；而在管的中央部分外侧，磁场很微弱，可忽略不计，即 $\boldsymbol{B}=\boldsymbol{0}$. 今后，我们所说的螺线管及其磁场都是指这种密绕螺线管的中央部分而言的.

解　为了计算上述螺线管内的中央部分任一点 P 的磁感应强度 $\boldsymbol{B}$，我们不妨通过该点 P 选取一条长方形的闭合路径 l，其一边平行于管轴，如例题 7-6 图 b 所示. 根据上面所述，在线段 cd 上，以及在 bc 和 da 的一部分上（$b'c$ 和 da' 段），由于它们位于螺线管的外侧，$\boldsymbol{B}=\boldsymbol{0}$；又因磁场方向与管轴平行，位于螺线管内部的那一部分（bb'和 $a'a$ 段），虽然 $\boldsymbol{B}\neq\boldsymbol{0}$，但是 $\mathrm{d}\boldsymbol{l}$ 与 $\boldsymbol{B}$ 相互垂直，即 $\cos\theta=\cos(\boldsymbol{B},\mathrm{d}\boldsymbol{l})=\cos90°=0$；若取闭合路径 l 的绕行方向为 $a\to b\to c\to d\to a$，则沿 ab 段的 $\mathrm{d}\boldsymbol{l}$ 方向与磁场 $\boldsymbol{B}$ 的方向一致，即 $(\boldsymbol{B},\ \mathrm{d}\boldsymbol{l})=0°$. 于是，沿此闭合路径 l，磁感应强度 $\boldsymbol{B}$ 的环流为

$$
\begin{aligned}
\oint_l \boldsymbol{B}\cdot\mathrm{d}\boldsymbol{l} &= \oint_l B\cos\theta\mathrm{d}l \\
&= \int_a^b B\cos0°\mathrm{d}l+\int_b^{b'} B\cos90°\mathrm{d}l+\int_{b'}^{c} 0\cdot\mathrm{d}l+\int_c^d 0\cdot\mathrm{d}l+\int_d^{a'} 0\cdot\mathrm{d}l+\int_{a'}^{a} B\cos90°\mathrm{d}l \\
&= \int_a^b B\mathrm{d}l
\end{aligned}
$$

因为管内的磁场是均匀的，磁感应强度 $\boldsymbol{B}$ 是恒量，则上式成为

$$
\oint_l \boldsymbol{B}\cdot\mathrm{d}\boldsymbol{l}=B\int_a^b \mathrm{d}l=B(\overline{ab})
$$

设螺线管上每单位长度有 n 匝线圈，通过每匝的电流是 I，则闭合路径所围绕的总电流

为 $(ab)nI$，根据右手螺旋法则，其方向是正的．按安培环路定理，有

$$B(\overline{ab})=\mu_0(\overline{ab})nI$$

由此得长直螺线管内的磁场公式为

$$B=\mu_0 nI \tag{7-35}$$

例题 7-7 **环形螺线管内的磁场** 通有电流 I 的环形螺线管（亦称**螺绕环**）及其剖面图，如例题 7-7 图所示．如螺线管的平均周长为 l，管上的线圈绕得很密，则其周围磁场的分布，可仿照前面的分析来说明，即磁场几乎全部集中于管内，管内的磁感应线都是同心圆，在同一条磁感应线上，磁感应强度的数值相等，磁感应上各点的磁感应强度方向分别沿圆周的切线方向．

为了计算环内某一点 P 的磁感应强度 $\boldsymbol{B}$，我们取通过该点的一条磁感应线作为闭合路径 l．这样，在闭合路径 l 上任何一点的磁感应强度 $\boldsymbol{B}$ 都和闭合路径 l 相切，所以 $\theta=(\boldsymbol{b},\mathrm{d}\boldsymbol{l})=0°$；而且 $\boldsymbol{B}$ 是一个恒量．于是有

$$\oint_l \boldsymbol{B}\cdot\mathrm{d}\boldsymbol{l}=\oint_l B\cos\theta\mathrm{d}l=\oint_l B\cos 0°\mathrm{d}l=B\oint_l \mathrm{d}l=Bl$$

式中，l 为闭合路径的长度．

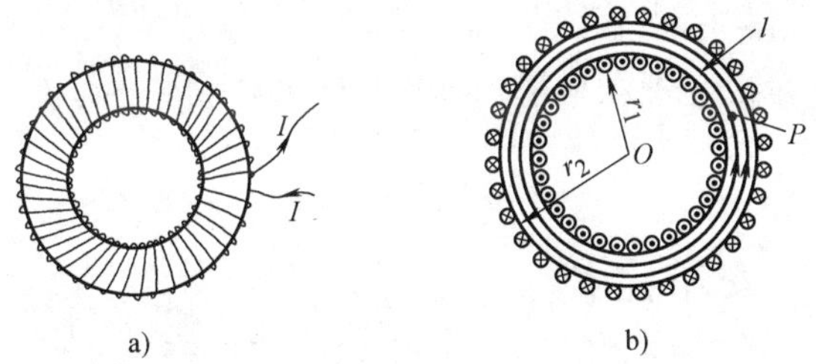

例题 7-7 图

当环形螺线管本身管径 $r_2-r_1 \ll$ 平均管径 $(r_1+r_2)/2$ 时，环中各条磁感应线长度都可近似认为等于平均周长 l．

设环形螺线管每单位长度上有 n 匝导线，导线中的电流为 I，则闭合路径所围绕的总电流为 nlI．由安培环路定理，得

$$Bl=\mu_0 nlI$$

即

$$B=\mu_0 nI \tag{7-36}$$

可见，当环形螺线管的 n 和 I 与长直螺线管的 n 和 I 都相等时，则两管内磁感应强度的大小也相等．

例题 7-8 在半径为 R 的"无限长"圆柱体中通有电流 I；设电流均匀地分布在柱体横截面上，求距离轴线 $r>R$ 处场点 P 的磁感应强度．

分析 我们取 r 为半径，并取垂直于柱轴、且以柱轴上一点 O 为中心的圆周作为闭合路径 l（见例题 7-8 图 a）．由于轴对称性，磁感应强度 $\boldsymbol{B}$ 的大小只与场点 P 到载流圆柱轴线的垂直距离 r 有关，故在所取的同一闭合圆周路径 l 上，各点磁感应强度的大小相等．

其次，为了分析 $\boldsymbol{B}$ 的方向，在通过场点 P 的导线横截面上（见例题 7-8 图 b），取一对面积元 $\mathrm{d}S_1$ 和 $\mathrm{d}S_2$，它们关于 OP 对称．设 $\mathrm{d}\boldsymbol{B}_1$ 和 $\mathrm{d}\boldsymbol{B}_2$ 分别是以 $\mathrm{d}S_1$ 和 $\mathrm{d}S_2$ 为横截面的长直电流在点 P 的磁感应强度．从图示的关系可以看出，它们关于闭合路径 l 在点 P 的切线对称，故合矢量 $\mathrm{d}\boldsymbol{B}=\mathrm{d}\boldsymbol{B}_1+\mathrm{d}\boldsymbol{B}_2$ 沿 l 的切线方向（即垂直于半径 r）．由于整个柱截面可以成对地分割成许多对称的面积元，以对称面积元为横截面的每对长直电流在点 P 的磁感应强度

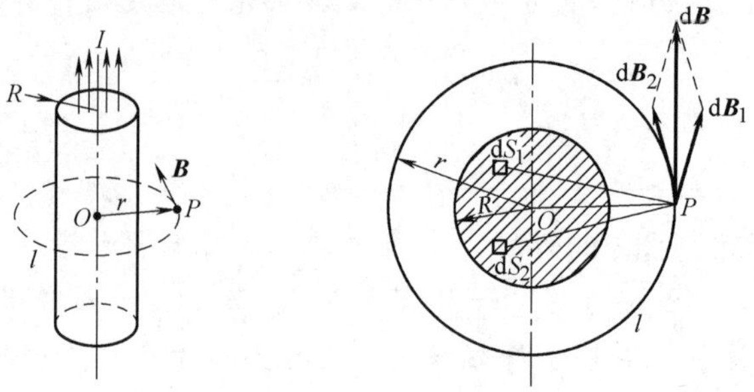

例题 7-8 图

(合矢量) 也都沿 l 的切线方向. 因此, 通过整个柱截面的总电流 I 在点 P 的磁感应强度 $\boldsymbol{B}$, 必沿圆周 l 的切线方向.

解 对所选的闭合圆周路径 l, 应用安培环路定理, 有

$$B2\pi r=\mu_0 I$$

得

$$B=\frac{\mu_0}{2\pi}\frac{I}{r}\quad (r>R)$$

即柱外一点的磁感应强度 $\boldsymbol{B}$ 与将全部电流汇集于柱轴线时的长直电流所激发的磁感应强度 $\boldsymbol{B}$ 相同.

7.7 磁场对载流导线的作用 安培定律

前面各节讨论了电流 (或运动电荷) 所激发的磁场. 从现在开始, 我们将研究磁场对电流 (或运动电荷) 的作用力.

7.7.1 安培定律

关于磁场对载流导线的作用力, 安培从许多实验结果的分析中, 总结出关于电流元在磁场中受力的基本规律, 称为**安培定律**: **位于磁场中某点的电流元 $I\mathrm{d}\boldsymbol{l}$ 要受到磁场的作用力 $\mathrm{d}\boldsymbol{F}$** (见图 7-22) **的作用, $\mathrm{d}F$ 的大小和电流元所在处的磁感应强度的大小 B、电流元的大小 $I\mathrm{d}l$ 以及电流元与磁感应强度两者方向间小于 180°的夹角 $(\mathrm{d}\boldsymbol{l}, \boldsymbol{B})$ 之正弦均成正比**. 在 SI 中, 其数学表达式为

$$\mathrm{d}F=BI\mathrm{d}l\sin(\mathrm{d}\boldsymbol{l},\boldsymbol{B}) \tag{7-37}$$

$\mathrm{d}\boldsymbol{F}$ 的方向垂直于 $I\mathrm{d}\boldsymbol{l}$ 和 $\boldsymbol{B}$ 所构成的平面, 其指向可由右手螺旋法则判定: 用右手四指从 $I\mathrm{d}\boldsymbol{l}$ 经小于 180°角转到 $\boldsymbol{B}$, 则大拇指伸直的指向就是 $\mathrm{d}\boldsymbol{F}$ 的方向, 如图 7-23 所示.

如上所述, 可将安培定律写成矢量式 (矢量积), 即

$$\mathrm{d}\boldsymbol{F}=I\mathrm{d}\boldsymbol{l}\times\boldsymbol{B} \tag{7-38}$$

安培定律说明磁场对一段电流元的作用; 但任何载流导线都是由连续的无限多个电流元所组成的, 因此, 根据这定律来计算磁场对载流导线的作用力 (亦称**安培力**) $\boldsymbol{F}$ 时, 需要

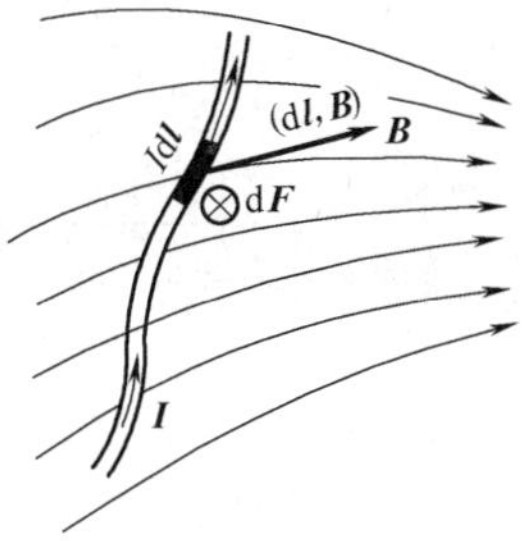

图 7-22　电流元在磁场中所受的磁场力

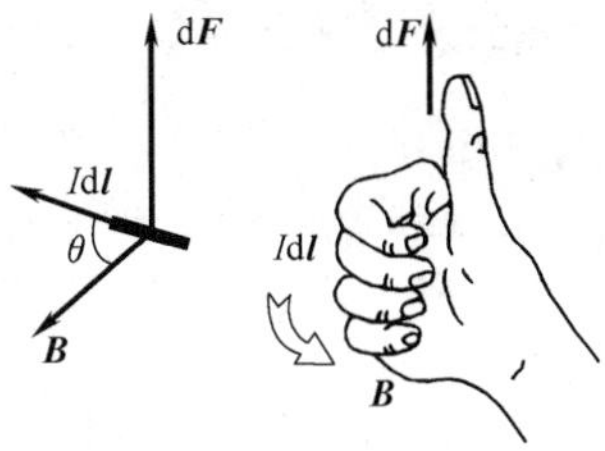

图 7-23　电流元在磁场中受力的方向

对长度为 l 的整条导线进行矢量积分，即

$$\boldsymbol{F} = \int_l \mathrm{d}\boldsymbol{F} = \int_0^l I\mathrm{d}\boldsymbol{l}\times\boldsymbol{B} \tag{7-39}$$

今应用上式来讨论磁感应强度为 $\boldsymbol{B}$ 的均匀磁场中，有一段载流的直导线，电流为 I，长为 l（见图 7-24）. 在此直电流上任取一个电流元 $I\mathrm{d}\boldsymbol{l}$，则 $\mathrm{d}\boldsymbol{l}$ 与 $\boldsymbol{B}$ 之间的夹角（$\mathrm{d}\boldsymbol{l}$，$\boldsymbol{B}$）为恒量. 按安培定律，电流元 $I\mathrm{d}\boldsymbol{l}$ 所受磁场力 $\mathrm{d}\boldsymbol{F}$ 的大小为

$$\mathrm{d}F = BI\mathrm{d}l\sin(\mathrm{d}\boldsymbol{l},\boldsymbol{B})$$

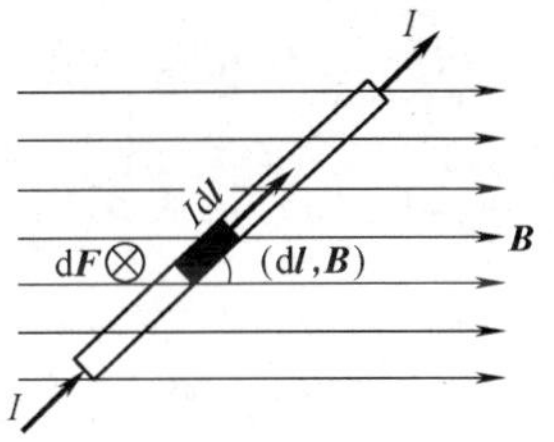

图 7-24　直电流在均匀磁场中所受的磁场力

如图 7-24 所示，图中 I 和 $\boldsymbol{B}$ 都在纸面上，$\mathrm{d}\boldsymbol{F}$ 的方向按照矢量积的右手螺旋法则，为垂直纸面向里，在图上用⊗表示.

因为磁感应强度 $\boldsymbol{B}$ 的方向和夹角（$\mathrm{d}\boldsymbol{l}$，$\boldsymbol{B}$）是恒定的，所以，直电流上任何一段电流元所受的磁场力，其方向按右手螺旋法则可以判断，都和上述方向相同，因而整个直电流所受的磁场力，乃等于各电流元所受的上述同方向平行力之代数和，因而就可用标量积分法求出，即

$$F = \int_l \mathrm{d}F = \int_0^l BI\mathrm{d}l\sin(\mathrm{d}\boldsymbol{l},\boldsymbol{B}) = BI\sin(\mathrm{d}\boldsymbol{l},\boldsymbol{B})\int_0^l \mathrm{d}l$$

$$= BIl\sin(\mathrm{d}\boldsymbol{l},\boldsymbol{B}) \tag{7-40}$$

合力的作用点在载流导线的中点.

问题 7-9　（1）试述安培定律，并说明如何利用安培定律求磁场中载流导线所受的磁场力. 当图 7-24 中的直电流分别平行和垂直于磁场时，求所受力的大小.

（2）一圆心为 O、半径为 R 的水平圆线圈，通有电流 I_1. 今有一条竖直地通过圆心 O 的长直导线，通有电流 I_2，求证圆线圈所受的磁场力为零.

例题 7-9　如例题 7-9 图所示，一竖直放置的长直导线，通有电流 $I_1=2.0\mathrm{A}$；另一水平直导线 L，长为 $l_2=40\mathrm{cm}$，通有电流 $I_2=3.0\mathrm{A}$，其始端与竖直载流导线相距 $l_1=40\mathrm{cm}$，求水平直导线上所受的力.

解　长直电流 I_1 所激发的磁场是非均匀的. 因此，我们可在水平载流导线 L 上任取

一段电流元 $I_2\mathrm{d}\boldsymbol{l}$，它与长直电流相距 l，在 $I_2\mathrm{d}\boldsymbol{l}$ 的微小范围内，磁感应强度可视作相等，这样

$$B=\frac{\mu_0 I_1}{2\pi l}$$

其方向垂直指向纸里，而 $(\mathrm{d}\boldsymbol{l},\boldsymbol{B})=90°$. 电流元 $I_2\mathrm{d}\boldsymbol{l}$ 所受磁场力 $\mathrm{d}\boldsymbol{F}$ 的大小和方向为

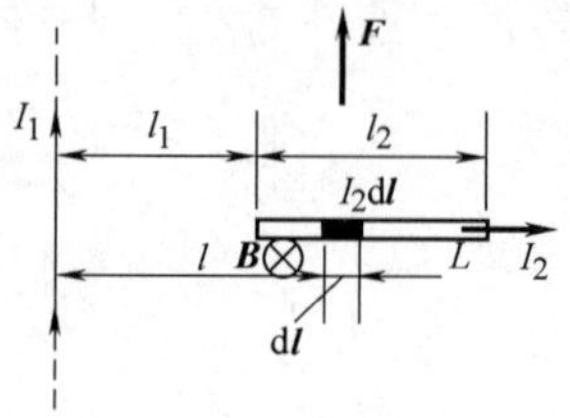

例题 7-9 图

$$\mathrm{d}F=BI_2\mathrm{d}l\sin 90°=\frac{\mu_0 I_1}{2\pi l}I_2\mathrm{d}l \quad \uparrow$$

由于水平载流直导线上任一电流元所受磁场力的方向都是相同的，因此整个水平载流导线上所受的磁场力 $\boldsymbol{F}$ 是许多同方向平行力之代数和，可用标量积分法算出，即

$$F=\int_L \mathrm{d}F=\int_{l_1}^{l_1+l_2}\frac{\mu_0 I_1 I_2}{2\pi l}\mathrm{d}l=\frac{\mu_0}{2\pi}I_1 I_2\int_{l_1}^{l_1+l_2}\frac{\mathrm{d}l}{l}$$

$$=\frac{\mu_0}{2\pi}I_1 I_2[\ln l]_{l_1}^{l_1+l_2}=\frac{\mu_0}{2\pi}I_1 I_2\ln\frac{l_1+l_2}{l_1}$$

$$=\frac{\mu_0}{4\pi}2I_1 I_2\ln\frac{l_1+l_2}{l_1}$$

代入题设数据后，算得

$$F=10^{-7}\times 2\times 2\times 3\times\ln\frac{0.40+0.40}{0.40}\mathrm{N}$$

$$=10^{-7}\times 12\times 0.693\mathrm{N}=8.32\times 10^{-7}\mathrm{N}$$

磁场力 $\boldsymbol{F}$ 的方向竖直向上. 试问力 $\boldsymbol{F}$ 的作用点在水平直导线 L 的中点上吗?

7.7.2 均匀磁场中载流线圈所受的力矩

磁电式仪表和电动机，均是利用载流线圈在磁场中受力偶矩作用而转动的原理制成的.

设有一矩形的平面载流的刚性线圈（以下简称“线圈”）$abcd$，边长分别为 l_1 和 l_2，通有电流 I，放在磁感应强度为 $\boldsymbol{B}$ 的均匀磁场中（见图 7-25），线圈平面与磁场方向成任意角 θ，且 ab 边、cd 边均与磁场垂直.

根据安培定律，导线 bc 和 ad 所受磁场力 $\boldsymbol{F}_1$ 和 $\boldsymbol{F}_1'$的大小分别为 $F_1=BIl_1\sin\theta$ 和 $F_1'=BIl_1\sin(\pi-\theta)=BIl_1\sin\theta$，这两个力大小相等、指向相反，分别作用在 ad 和 bc 边的中点，而且位于同一直线上，所以它们的作用互相抵消. 导线 ab 和 cd 所受的磁场力 $\boldsymbol{F}_2$ 和 $\boldsymbol{F}_2'$的大小皆为

$$F_2=F_2'=BIl_2$$

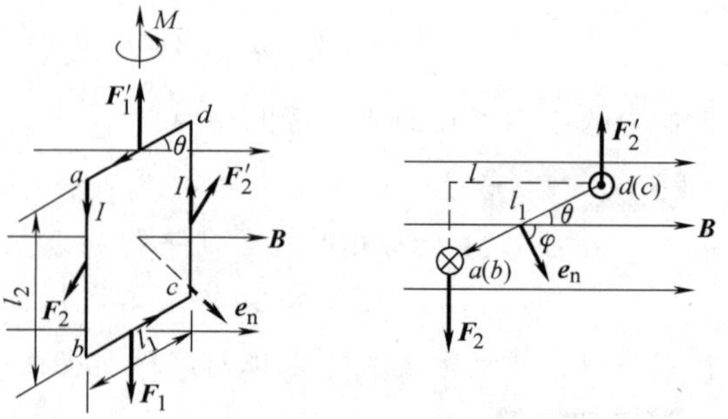

图 7-25 平面载流线圈在均匀磁场中所受的力偶矩（平面与磁场 $\boldsymbol{B}$ 成 θ 角）
a）侧视图 b）俯视图

这两个力大小相等、指向相反，但不在同一直线上，因此形成一个力偶，其力臂为 $l=l_1\cos\theta$，所以**均匀磁场对载流线圈的作用是一个力偶**，其力矩大小为

$$M=F_2 l=F_2 l_1\cos\theta=BIl_2 l_1\cos\theta=BIS\cos\theta \qquad ⓐ$$

式中，$S=l_1 l_2$ 就是线圈的面积.

我们常利用载流线圈平面的正法线方向来标示线圈平面在空间的方位，正法线方向可用单位矢量 $\boldsymbol{e}_n$ 标示. 其方向可用右手螺旋法则来规定，即**握紧右手，伸直大拇指，如果四个指头的弯曲方向表示线圈内的电流流向，则大拇指的指向就是线圈平面的正法线 $\boldsymbol{e}_n$ 的方向**（见图7-26）. 反过来说，线圈的正法线 $\boldsymbol{e}_n$ 在空间的方向一旦给出，则线圈平面在空间的方位和其中电流的流向也就确定.

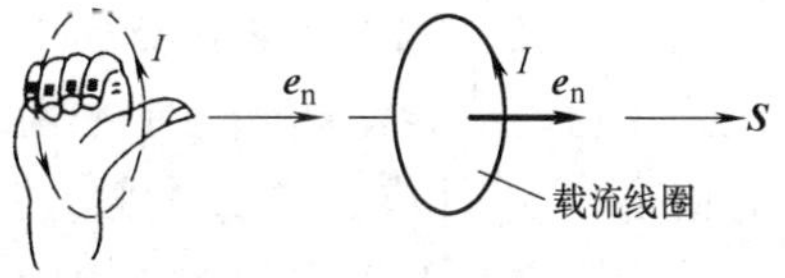

图7-26 载流平面线圈正法线的指向

进一步我们还可引用线圈的面积矢量 $\boldsymbol{S}$ 来描述线圈的大小、方位和其中电流的流向. 亦即，规定面积矢量 $\boldsymbol{S}$ 的大小为线圈平面面积的大小 S，方向与线圈平面的正法线方向一致（见图7-26），则 $\boldsymbol{S}=S\boldsymbol{e}_n$.

如果以线圈平面的正法线 $\boldsymbol{e}_n$ 方向与磁场 $\boldsymbol{B}$ 的方向之间的夹角 φ 来代替 θ（见图7-25b），由于 $\theta+\varphi=\pi/2$，则式ⓐ可改写成

$$M=BIS\sin\varphi \qquad ⓑ$$

如果线圈有 N 匝，则线圈所受的磁力矩为

$$M=NBIS\sin\varphi=Bp_m\sin\varphi \qquad (7\text{-}41)$$

式中，$p_m=NIS$ 称为**载流线圈的磁矩**. 为了还能同时表示线圈的方位和其中电流的流向，可将磁矩表示成矢量：

$$\boldsymbol{p}_m=NI\boldsymbol{S}=NIS\boldsymbol{e}_n \qquad ⓒ$$

载流线圈磁矩的大小为 $p_m=NIS$，其方向就是面积矢量 $\boldsymbol{S}$ 的方向（也就是正法线 $\boldsymbol{e}_n$ 的方向）. 磁矩的单位是 $A\cdot m^2$（安·米^2）. 可见，磁矩矢量 $\boldsymbol{p}_m$ 完全反映了载流线圈本身的特征和方位.

综上所述，就可以把式（7-41）改写成矢量式

$$\boldsymbol{M}=\boldsymbol{p}_m\times\boldsymbol{B} \qquad (7\text{-}42)$$

按上述矢量积给出的力矩矢量 $\boldsymbol{M}$ 的方向，借右手螺旋法则可用来判定线圈在力矩 $\boldsymbol{M}$ 作用下的转向. 把伸直的大拇指指向矢量 $\boldsymbol{M}$ 的方向，四指弯曲的回转方向就是线圈的转向（见图7-25a）.

可以证明（从略），上述由长方形载流线圈所导出的结果也适用于一般情况，即**任何形状的平面载流线圈在均匀磁场中只受到力偶作用，力偶矩的数值等于磁感应强度 B、线圈的磁矩 p_m 和磁矩与磁场方向之间小于180°的夹角 φ 的正弦之乘积，而与线圈的形状无关**. 亦即，式（7-41）或式（7-42）对任意形状的平面线圈也是同样适用的. 应用上式时，如 B 的单位用 $Wb\cdot m^{-2}$（韦·米$^{-2}$），p_m 的单位用 $A\cdot m^2$（安·米^2），则力矩的单位是 $N\cdot m$（牛·米）.

考虑到载流线圈在磁场中所受的力矩与 $\sin\varphi$ 成正比，故有如下几种特殊情形：

（1）当 $\varphi=\pi/2$ 时，线圈平面与磁场 $\boldsymbol{B}$ 平行，通过线圈平面的磁通量为零，线圈所受到的力矩为最大值，即 $M_{max}=Bp_m=NIBS$.

(2) 当 $\varphi=0$ 时，线圈平面与磁场 $\boldsymbol{B}$ 垂直，通过线圈平面的磁通量最大，线圈所受到的力矩为零，相当于稳定平衡位置[㊀].

(3) 当 $\varphi=\pi$ 时，线圈平面也与磁场 $\boldsymbol{B}$ 垂直，通过线圈平面的磁通量是负的最大值，线圈所受力矩亦为零，相当于不稳定平衡位置.

由此可见，载流线圈在磁场中转动的趋势是要使通过线圈平面的磁通量增加，当磁通量增至最大值时，线圈达到稳定平衡. 也就是说，**载流线圈在所受磁力矩的作用下，总是要转到它的磁矩 $\boldsymbol{p}_{\rm m}$（或者说正法线 $\boldsymbol{e}_{\rm n}$）和 $\boldsymbol{B}$ 同方向的位置上**.

总而言之，处于均匀磁场中的载流线圈在磁力矩的作用下，可以发生转动，但不会发生整个线圈的平动（因为合力为零）. 进一步分析（从略）指出，在不均匀的磁场中，载流线圈在任意位置时，不仅受到磁力矩，同时还受到一个磁场力，这时，根据线圈运动的初始条件，它既可能做平动，也可能兼有平动和转动.

问题 7-10 (1) 导出载流平面线圈在均匀磁场中所受磁力矩的公式.

(2) 半圆形线圈的半径 $R=10\text{cm}$，通有电流 $I=10\text{A}$，放在磁感应强度 $B=5.0\times10^{-2}\text{T}$ 的均匀磁场中，磁场方向为水平且与线圈平面平行. 求线圈所受的磁力矩.

例题 7-10 如例题 7-10 图所示，一个边长 $l=0.1\text{m}$ 的等边三角形载流线圈，放在均匀磁场 $\boldsymbol{B}$ 中，磁场与线圈平面平行，设 $I=10\text{A}$，$B=1.0\text{Wb}\cdot\text{m}^{-2}$，求线圈所受力矩的大小.

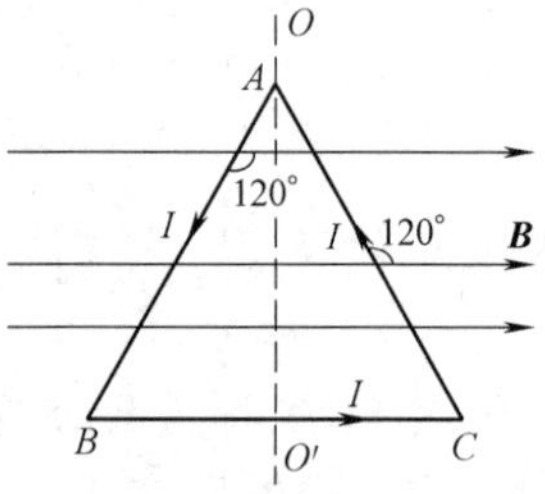

例题 7-10 图

解 已知：$I=10\text{A}$，$B=1.0\text{Wb}\cdot\text{m}^{-2}$，$l=0.1\text{m}$，$N=1$，可求得线圈的磁矩大小为

$$p_{\rm m}=NIS=I\frac{l}{2}\times l\sin60°=\frac{\sqrt{3}}{4}Il^2$$

根据磁力矩公式 (7-41)，有

$$M=p_{\rm m}B\sin\frac{\pi}{2}=\frac{\sqrt{3}}{4}I\,l^2B$$

代入已知数据，计算得

$$M=\frac{1.732}{4}\times10\times(0.1)^2\times1\text{N}\cdot\text{m}=4.33\times10^{-2}\text{N}\cdot\text{m}$$

力矩的方向沿磁矩 $\boldsymbol{p}_{\rm m}$ 与 $\boldsymbol{B}$ 的矢量积方向，沿 OO' 轴，向上.

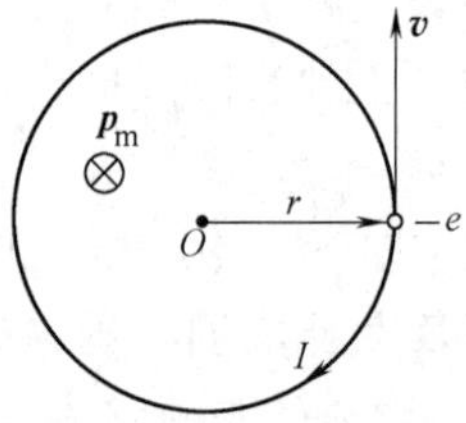

例题 7-11 图

例题 7-11 如例题 7-11 图所示，原子中的一个电子以速率 $v=2.2\times10^{6}\text{m}\cdot\text{s}^{-1}$ 在半径 $r=0.53\times10^{-8}\text{cm}$ 的圆周上做匀速圆周运动，求该电子轨道的磁矩.

㊀ 使处于平衡状态的线圈稍微离开平衡位置，并因此出现一个新的力矩，若在这个力矩作用下，线圈可以回到原来位置，这种平衡称为**稳定平衡**；反之，若在这个力矩作用下，不能使线圈回到原来位置，而且愈益偏离平衡位置，则称为**不稳定平衡**.

解 电子的速率为 v，轨道半径为 r，所以在 1s 内电子通过轨道上任意一点的次数为 $n=v/(2\pi r)$ 次. 由于电子带着大小为 e 的电荷在做圆周运动，这种定向运动相当于圆电流，该圆电流 I 和面积 S 分别为

$$I=ne=\frac{v}{2\pi r}e,\quad S=\pi r^2$$

设以 $\boldsymbol{p}_{\mathrm{m}}$ 表示电子的轨道磁矩，则由磁矩的定义，它的大小和方向为

$$p_{\mathrm{m}}=IS=\frac{v}{2\pi r}e\pi r^2=\frac{1}{2}ver=\frac{1}{2}\times 2.2\times 10^6\times 1.6\times 10^{-19}\times 0.53\times 10^{-10}\mathrm{A\cdot m^2}=9.3\times 10^{-24}\mathrm{A\cdot m^2}\quad \otimes$$

因电子带负电，故圆电流 I 的方向与电子运动方向相反，圆电流平面的正法线方向指向纸面内，所以磁矩 $\boldsymbol{p}_{\mathrm{m}}$ 的方向也指向纸面内.

读者根据质点的角动量定义 $\boldsymbol{L}=\boldsymbol{r}\times m\boldsymbol{v}$，可以自行证明：上述电子的轨道磁矩 $\boldsymbol{p}_{\mathrm{m}}$ 与电子的角动量 $\boldsymbol{L}$ 存在着如下的矢量关系式：

$$\boldsymbol{p}_{\mathrm{m}}=-\frac{e}{2m}\boldsymbol{L}$$

式中，m 为电子的质量.

说明 由于原子中的电子存在着轨道磁矩，因此，在外磁场中的电子轨道平面，将和载流线圈一样，因受到力矩的作用而发生转向. 并且原子中的电子除沿轨道运动外，电子本身还有自旋. 故还有电子的自旋磁矩.

章前问题解答

电动机是一种旋转式电动机器. 它可以将电能转变为机械能，主要包括一个用以产生磁场的电磁铁绕组（定子绕组）和一个旋转电枢（转子），如章前问题解答图 a 所示. 在定子绕组磁场的作用下，通有电流的转子线圈受安培力的作用而转动. 从而将电能转变为机械能.

根据电磁铁的性质：通电显磁性、断电磁性被消除，可以用来控制电路，制作各种电动机械装置的开关，称作继电器. 它由衔铁和安装在其下面的电磁铁组成. 衔铁的位置受弹簧和电磁铁控制. 在章前问题解答图 b 所示的情况下，当控制电路中的开关 S 闭合时，电磁铁便具有磁性，将衔铁吸下，使继电器上的触点接触，与触点相连接的电源电路便被接通；当控制开关 S 断开时，电磁铁的磁性被消除，继电器上的触点弹开，电源电路亦随之断开.

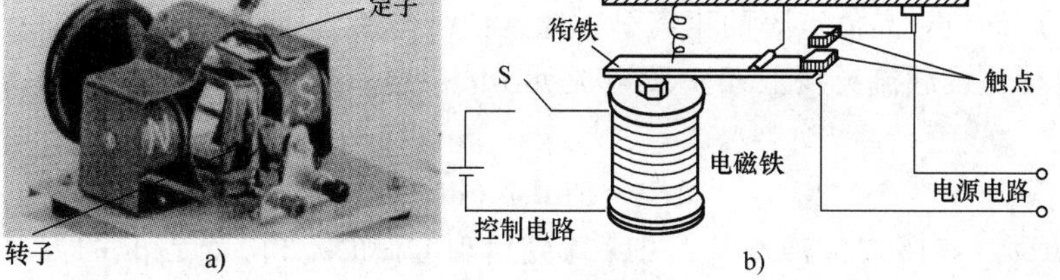

章前问题解答图

a）电动机模型 b）继电器原理图

磁电式电表的工作原理

载流线圈在磁场中会受到磁力矩的作用而发生偏转，根据这一原理，可制成磁电式电表，如直流电流表、电压表等均属此类电表. 磁电式电表的基本构造（见图 7-27）乃是圆弧形的永久磁铁和置于永久磁铁两极间的可动线圈. 线圈安装在一个圆柱形铁心上，当线圈通以电流时，线圈将在磁极和铁心之间空气隙内的磁场的磁力矩作用下发生偏转.

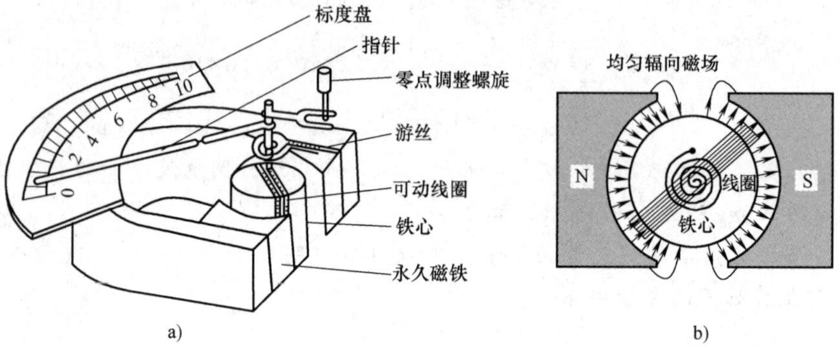

图 7-27 磁电式电表的基本构造

在转轴的两端各安装有一根游丝，且在一端上固定一指针. 通过电流时，指针将随线圈一起发生偏转，根据标准电流值的偏转角度标出刻度，就可测出通过线圈的待测电流.

应用拓展

两个电流方向相反的线圈会产生一个中间弱两端强的磁场，这一磁场区域的两端就形成了两个磁镜，平行于磁场方向的速度分量不太大的带电粒子将被约束在两个磁镜间的磁场内来回运动而不能逃脱. 这种能约束带电粒子的磁场分布叫磁瓶. 磁瓶可以用来控制和约束核聚变中产生的高温高压等离子体. 托卡马克装置就是一种利用磁约束来实现受控核聚变的环性容器.

7.8 带电粒子在电场和磁场中的运动

7.8.1 磁场对运动电荷的作用力——洛伦兹力

上面说过，载流导线在磁场中要受到力的作用. 由于导线中的电流是由其中大量带电粒子的定向运动所形成的，因此可以推断，这些运动电荷在磁场中一定也受到磁场力的作用，并不断地与金属导线中晶体点阵的正离子碰撞，把力传递给导线.

按安培定律，设载流导线上任一段电流元 $I\mathrm{d}\boldsymbol{l}$ 在磁感应强度 $\boldsymbol{B}$ 的磁场中所受磁场力大小为

$$\mathrm{d}\boldsymbol{F}_{\mathrm{m}}=BI\mathrm{d}l\sin(\mathrm{d}\boldsymbol{l},\boldsymbol{B})$$

借关系式 $I=nvSq$ [参阅式（7-29）]，并考虑到运动电荷的$\boldsymbol{v}$ 方向就是 $\mathrm{d}\boldsymbol{l}$ 的方向，则

$$\mathrm{d}\boldsymbol{F}_{\mathrm{m}}=nvSqB\mathrm{d}l\sin(\boldsymbol{v},\boldsymbol{B})$$

在 $\mathrm{d}l$ 这段导体内，当电流恒定时，始终保持有 $\mathrm{d}N=nS\mathrm{d}l$ 个定向运动的电荷，因此，每个定

向运动电荷受力大小为

$$F_m = \frac{dF_m}{dN} = qvB\sin(\boldsymbol{v},\boldsymbol{B})$$

写成矢量式为

$$\boldsymbol{F}_m = q\boldsymbol{v}\times\boldsymbol{B} \tag{7-43}$$

式中，q 的正、负决定于带电粒子所带电荷的正、负.

式（7-43）由荷兰物理学家洛伦兹（H. A. Lorertz，1853—1928）首先导出，故称为**洛伦兹公式**. 上述这个磁场力 $\boldsymbol{F}_m$ 通常称为**洛伦兹力**，其大小为

$$F_m = |q|vB\sin(\boldsymbol{v},\boldsymbol{B}) \tag{7-44}$$

式中，$(\boldsymbol{v},\boldsymbol{B})$ 为电荷运动方向与磁场方向之间小于180°的夹角. 洛伦兹力的方向可按矢量积的右手螺旋法则判定.

由式（7-43）及式（7-44）可知：

（1）当电荷的运动方向与磁场方向相平行（同向或反向）时，$(\boldsymbol{v},\boldsymbol{B})=0°$或180°，则 $\sin(\boldsymbol{v},\boldsymbol{B})=0$，所以 $F_m=0$，此时运动电荷不受磁场力作用.

（2）当电荷的运动方向与磁场方向相垂直时，$(\boldsymbol{v},\boldsymbol{B})=90°$，则 $\sin(\boldsymbol{v},\boldsymbol{B})=1$，所以 $F_m=|q|vB$，此时运动电荷所受的磁场力为最大，即 $F_{max}=|q|vB$.

事实上，我们在7.3节中就是利用运动电荷在磁场中所受洛伦兹力的上述特殊情况，来定义磁场中某点的磁感应强度 $\boldsymbol{B}$.

（3）作用于运动电荷上的洛伦兹力 $\boldsymbol{F}_m$ 的方向，恒垂直于 $\boldsymbol{v}$ 和 $\boldsymbol{B}$ 所构成的平面，此力在电荷运动路径上的分量永远为零. 因此，**洛伦兹力永远不做功**，仅能改变电荷运动的方向，使运动路径发生弯曲，而不能改变运动速度的大小.

例题 7-12 如例题7-12图所示，一带电粒子的电荷为 q、质量为 m，以速度 $\boldsymbol{v}$ 进入一磁感应强度为 $\boldsymbol{B}$ 的均匀磁场中.（1）若速度 $\boldsymbol{v}$ 的方向与磁场 $\boldsymbol{B}$ 的方向垂直；（2）若速度 $\boldsymbol{v}$ 的方向与磁场 $\boldsymbol{B}$ 的方向成 θ 角（$\theta\neq 90°$）. 试分别求带电粒子在磁场中的运动轨道（为便于讨论，设 $q>0$，且不计带电粒子的重力）.

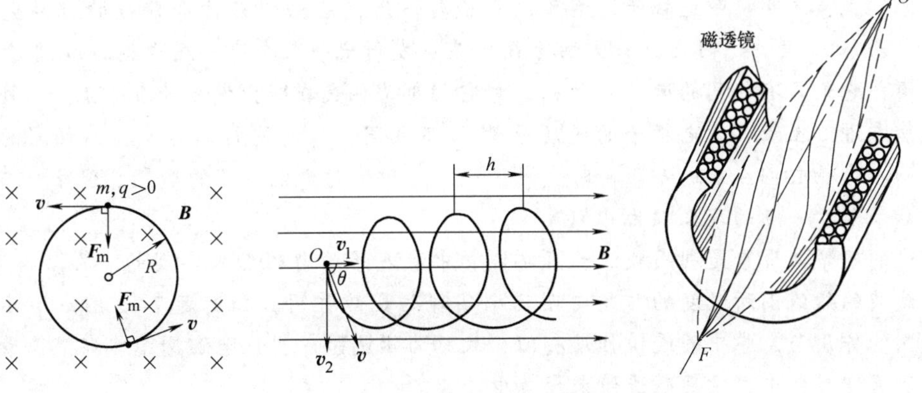

例题7-12图

解 （1）由题设 $\boldsymbol{v}\perp\boldsymbol{B}$，故 $(\boldsymbol{v},\boldsymbol{B})=90°$，带电粒子 $q(q>0)$ 所受的洛伦兹力大小是

$$F_{m}=|q|vB\sin 90^{\circ}=qvB$$

该力的方向垂直于带电粒子的速度方向，它只能改变粒子的运动方向，使运动轨道弯曲，而不会改变运动速度的大小．由上式可知，在粒子运动的全部路程中，洛伦兹力的大小不变，因此带电粒子将做匀速率圆周运动，如例题 7-12 图 a 所示．按牛顿第二定律，有

$$qvB=m\frac{v^{2}}{R} \quad ⓐ$$

由此得

$$R=\frac{mv}{qB} \quad (7\text{-}45)$$

式中，R 为圆形轨道半径，它与带电粒子的速率 v 成正比，而与磁感应强度的大小 B 成反比．

顺便指出，带电粒子绕圆形轨道一周所需时间（称为**周期**）为

$$T=\frac{2\pi R}{v}=2\pi\frac{m}{q}\frac{1}{B} \quad ⓑ$$

即带电粒子在磁场中沿圆形轨道绕行的周期与带电粒子运动的速率 v 无关．

（2）按题设，$(\boldsymbol{v}, \boldsymbol{B})=\theta\neq 90^{\circ}$，如例题 7-12 图 b 所示，这时可将速度$\boldsymbol{v}$分解为垂直和平行于磁场的分量：$v_{2}=v\sin\theta$，$v_{1}=v\cos\theta$；其中，速度分量 v_{2} 使带电粒子在磁场力作用下做匀速率圆周运动，按式ⓐ，其回旋半径为

$$R=\frac{mv_{2}}{qB}=\frac{mv\sin\theta}{qB} \quad ⓒ$$

与此同时，速度分量 v_{1} 使带电粒子沿磁场方向做匀速直线运动，其速度为

$$v_{1}=v\cos\theta \quad ⓓ$$

由于带电粒子同时参与这两种运动，可以想象，其合成运动的轨道是一条螺旋线，如例题 7-12 图 b 所示．带电粒子在螺旋线上每旋转一周，沿磁场 $\boldsymbol{B}$ 的方向前进的距离称为**螺旋线的螺距**，其值 h 可由式ⓑ、式ⓓ求得，即

$$h=v_{1}T=\frac{2\pi mv\cos\theta}{qB} \quad ⓔ$$

说明 式ⓔ表明，带电粒子沿螺旋线每旋转一周，沿磁场 $\boldsymbol{B}$ 方向前进的位移大小与 v_{1} 成正比，而与 v_{2} 无关．因此，若从磁场 $\boldsymbol{B}$ 中某点发射出一束具有相同电荷 q 和质量 m 的带电粒子群，它们具有相同的速度分量 v_{1}，则它们都将相交在距出发点为 h，$2h$，…处．这就是**磁聚焦原理**．至于各带电粒子的速度分量 v_{2} 不相同，只能使它们具有各不相同的螺旋线轨道，而不影响它们在前进 h 距离时会聚于一点．磁场对带电粒子的磁聚焦现象，与一束光经透镜后聚焦于一点的现象颇为相似．

上述的磁聚焦现象是利用载流长直螺线管中激发的均匀磁场来实现的．在实际应用中，大多用载流的短线圈所激发的非均匀磁场来实现磁聚焦作用，如例题 7-12 图 c 所示，由于这种线圈的作用与光学中的透镜作用相似，故称为**磁透镜**或叫作**电磁透镜**．在显像管、电子显微镜和真空器件中，常用磁透镜来聚焦电子束．

问题 7-11 （1）试述洛伦兹力公式及其意义．

（2）电子枪同时将速度分别为$\boldsymbol{v}$与 $2\boldsymbol{v}$ 的两个电子射入均匀磁场 $\boldsymbol{B}$ 中，射入时两电子的运动方向相同，且皆垂直于磁场 $\boldsymbol{B}$，求证：这两个电子将同时回到出发点．

7.8.2　带电粒子在电场和磁场中的运动

如果在某一区域内同时有电场 $\boldsymbol{E}$ 和磁场 $\boldsymbol{B}$ 存在，则一个以速度为$\boldsymbol{v}$运动的带有电荷量 q 的带电粒子在此区域内所受的总作用力 $\boldsymbol{F}$，应是所受电场力和磁场力两者之矢量和，即

$$\boldsymbol{F}=\boldsymbol{F}_{\mathrm{e}}+\boldsymbol{F}_{\mathrm{m}}=q\boldsymbol{E}+q\boldsymbol{v}\times\boldsymbol{B} \tag{7-46}$$

按牛顿第二定律，若该带电粒子质量为 m，则它在上述两个力作用下的运动方程为

$$q\boldsymbol{E}+q\boldsymbol{v}\times\boldsymbol{B}=m\frac{\mathrm{d}\boldsymbol{v}}{\mathrm{d}t} \tag{7-47}$$

如果带电粒子的运动速率 v 接近光速 c，则按相对论力学，运动方程为

$$q\boldsymbol{E}+q\boldsymbol{v}\times\boldsymbol{B}=\frac{\mathrm{d}(m\boldsymbol{v})}{\mathrm{d}t} \tag{7-48}$$

式中，$m=m_0/\sqrt{(1-v^2/c^2)}$是带电粒子的运动质量．当粒子运动的初始位置和初始速度等已知时，按式（7-47）或式（7-48）就可以求解带电粒子的运动规律．下面，我们限于讨论低速（$v\ll c$）带电粒子在均匀磁场中的运动．主要是通过外加的电场和磁场，来控制带电粒子（电子射线或离子射线）的运动，这在近代科学技术中是极为重要的．例如，在阴极射线示波管、电视机显像管、微波炉的磁控管、电子显微镜和加速器等的设计中都获得了广泛应用．

1．汤姆孙实验　电子的比荷

1897 年，英国物理学家汤姆孙（J. J. Thomson，1856—1940）利用运动电荷在均匀电场和均匀磁场中受力的规律，通过实验测定了**电子的电荷量** e **和质量** m **之比——电子的比荷** e/m，这就是著名的**汤姆孙实验**．其实验装置如图 7-28 所示．K 为发射电子的阴极，A 为阳极．在 K、A 之间加上了高电压．阴极 A 和金属屏 A′中心各开一个小孔．由阴极发射的电子在 K、A 之间被电场加速，经 A、A′小孔后形成狭窄的沿水平方向前进的电子束，最后打在荧光屏 S 上的 O 点．整个装置安放在高真空的玻璃泡内．如果在圆形区域内有如图 7-28 所示的磁场，则电子束就向下偏转，最后打在荧光屏 S 上的 O'点，电子束在磁场中做圆弧形运动，由式（7-45）可知，圆弧的半径为

$$R=\frac{mv}{eB} \tag{a}$$

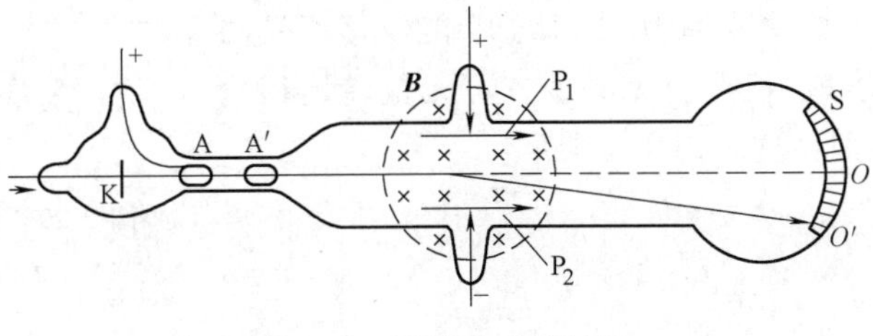

图 7-28　汤姆孙实验装置

倘若再加一竖直向下的均匀电场 $\boldsymbol{E}$，只要 $\boldsymbol{E}$ 的大小适当，就可使作用于电子上的电场力与洛伦兹力平衡，即 $eE=evB$，由此得

$$v=\frac{E}{B} \qquad ⓑ$$

遂而使电子束仍打在荧光屏上的 O 点. 测出这时的 $\boldsymbol{B}$ 与 $\boldsymbol{E}$，就可知道电子的速率 v，再将式ⓑ代入式ⓐ，便得电子的比荷为

$$\frac{e}{m}=\frac{E}{RB^2} \tag{7-49}$$

式中，E、B、R 皆可由实验测定，因而由上式可求出电子的比荷. 后来，汤姆孙不断改进实验设备，充分提高测量准确度，测得电子的比荷为 $1.7588047(49)\times10^{11}\mathrm{C\cdot kg^{-1}}$. 此前，人们还未确切知道电子的存在，认为原子是最小的不可分割的粒子. 汤姆孙实验测得阴极射线的比荷很大，说明这种粒子比原子要小得多，后来就把它称为**电子**. 所以汤姆孙实验被称为发现电子的实验. 实际上，汤姆孙实验并没有分别测出电子的电荷和质量. 12 年后，密立根（R. A. Millikan，1868—1953）用油滴实验测得电子的电荷 $e=1.602\times10^{-19}\mathrm{C}$，从而通过比荷求出了电子的质量，即

$$m=\frac{1.602\times10^{-19}}{1.759\times10^{11}}\mathrm{kg}=9.110\times10^{-31}\mathrm{kg}$$

顺便指出，当电子速度接近光速时，应考虑相对论的质量与速度的关系：

$$m=\frac{m_0}{\sqrt{1-v^2/c^2}}$$

式中，m_0 为电子的静止质量. 显然，电子运动质量 m 将随其速度的增大而增大，因电子的电荷量保持不变，故比荷 e/m 因电子速度增大而减小，但是 e/m_0 则仍为常量.

2. 质谱仪

质谱仪是一种用来分析同位素的仪器. 同位素是原子序数相同、相对原子质量不同的原子，因为同位素的化学性质相同，所以需要用物理方法来区分，常用的仪器就是**质谱仪**.

质谱仪的结构如图 7-29 所示. 离子源产生的正离子（$q>0$）通过有狭缝的电极 $\mathrm{S_1}$、$\mathrm{S_2}$，中间存在加速电场，沿狭缝径直地进入**速度选择器**，即图示的平板 $\mathrm{P_1}$、$\mathrm{P_2}$ 之间的区域. 在速度选择器中，存在由 $\mathrm{P_1}$、$\mathrm{P_2}$ 两极间的电势差所形成的水平向右的均匀电场 $\boldsymbol{E}$，同时还存在垂直纸面向外的均匀磁场，磁感应强度为 $\boldsymbol{B}$. 由于离子源产生的离子经加速后可以有不同的速度，当它们进入速度选择器时，其中速率为 $\boldsymbol{v}$ 的离子恰能使其所受的电场力 $\boldsymbol{F}_\mathrm{e}$ 和洛伦兹力 $\boldsymbol{F}_\mathrm{m}$ 相平衡，离子方可无偏转地径直向下通过小孔 $\mathrm{S_3}$. 亦即，这时速率 v 满足：

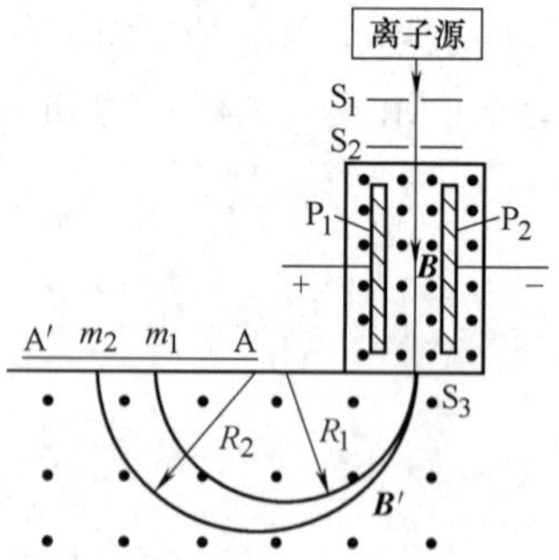

图 7-29　质谱仪的结构简图

$$eE=evB$$

或

$$v=\frac{E}{B} \qquad ⓐ$$

的离子才能通过速度选择器而从小孔 S_3 进入均匀磁场 $\boldsymbol{B}'$ 的区域. $\boldsymbol{B}'$ 的方向也是垂直纸面向外的. 这样，由于该区域内没有电场，因而进入磁场 $\boldsymbol{B}'$ 的正离子在洛伦兹力作用下，做匀速率圆周运动，其轨道半径为

$$R=\frac{mv}{qB'} \tag{b}$$

将式ⓐ代入式ⓑ，得离子的比荷为

$$\frac{q}{m}=\frac{E}{RB'B} \tag{7-50}$$

上式右端各量都可直接测定，因而，离子的比荷 q/m 便可算出；若离子是一价的，q 与电子的电荷大小 e 相等，即 $q=e$；若离子是二价的，则 $q=2e$，其余情况依此类推. 于是从离子的价数可知离子所带的电荷 q，再由 q/m，便可确定离子的质量 m.

从狭缝 S_3 射出而进入磁场 $\boldsymbol{B}'$ 中的离子，它们的速度 $\boldsymbol{v}$、电荷 q 都是相等的. 如果这些离子中有不同质量的同位素，则由 $R=mv/(qB')$ 可知，它们在磁场 $\boldsymbol{B}'$ 中做圆周运动的轨道半径 R 就不相同. 因此，这些不同质量 m_1，m_2，…的离子将分别射到胶卷 AA′上的不同位置，胶卷感光后，便形成若干条纹状的细条纹，每一细条纹相当于一定质量的离子. 根据条纹的位置，可测出轨道半径 R_1，R_2，…，从而算出它们的相应质量，所以这种仪器叫作**质谱仪**. 图7-30是利用质谱仪测得的锗（Ge）元素的质谱，条纹表示质量数（即最靠近相对原子质量的整数）分别为70，72，…的锗的同位素 ^{70}Ge，^{72}Ge，…. 利用质谱仪还可以测定岩石中铅的同位素的成分，用来确定岩石的年龄，据此可对地球、月球甚至银河系的年龄做估算.

3. 霍尔效应

如图7-31所示，在磁场中放入一块宽为 b、厚为 d 的载流导电薄板（为一导体或半导体的薄板），若电流方向与磁场方向垂直，则在与磁场和电流两者垂直的方向上（即导电板的上、下两侧 A_1、A_2）会产生一个电势差，这一现象称为**霍尔效应**，这个电势差称为**霍尔电势差**.

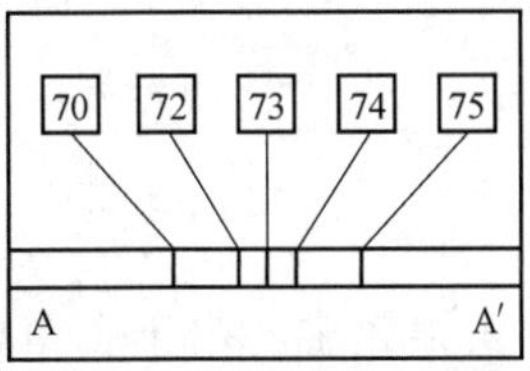

图7-30　锗的质谱

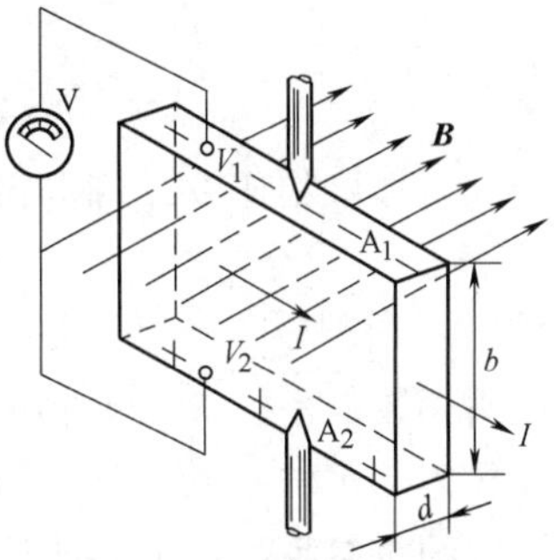

图7-31　霍尔效应原理图

实验指出，霍尔电势差 V_1-V_2 与电流 I、磁感应强度的大小 B 成正比，与板的厚度 d 成反比，即

$$V_1-V_2=R_H\frac{IB}{d} \tag{7-51}$$

式中，比例系数 R_H 称为**霍尔系数**，它取决于导电板材料的性质.

霍尔效应可以用导体或半导体中的载流子（做定向运动的带电粒子）在磁场中受到洛伦兹力的作用来说明. 在金属导体中的载流子是带负电的自由电子；在半导体中的载流子是带正电的空穴（即相当于带正电的粒子）和带负电的电子. 当上述导电板中通有电流时，

若其中的载流子带正电（$q>0$），则载流子定向漂移运动的平均速度$\boldsymbol{v}$的方向与电流的方向相同；若载流子带负电（$q<0$），则此平均速度$\boldsymbol{v}$的方向与电流方向相反．如果在垂直于电流的方向加上磁感应强度为 $\boldsymbol{B}$ 的均匀磁场，则导电板中的运动电荷（载流子）将受洛伦兹力 $\boldsymbol{F}_m$ 的作用而发生偏转（见图 7-32），结果在 A_1、A_2 两侧表面上分别聚积了正、负电荷．随着电荷的积累，在两侧表面之间出现了电场强度为 $\boldsymbol{E}$ 的电场，使电荷 q 受到一个与洛伦兹力 $\boldsymbol{F}_m$ 方向恒相反的电场力 $\boldsymbol{F}_e$ 的作用．电荷在两侧表面上不断积累，电场力也不断增大，当电场力增大到刚好等于洛伦兹力时，就达到两力平衡．这时，两侧积累的电荷所产生的电场叫作**霍尔电场**，以 $\boldsymbol{E}_H$ 表示；相应地在两侧面间所形成的横向电势差就是霍尔电势差 V_1-V_2．

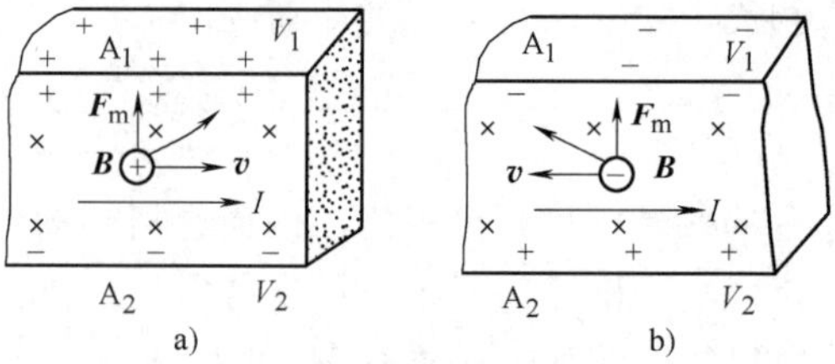

图 7-32　霍尔效应与载流子正、负的关系
a）带正电的载流子（$q>0$）
b）带负电的载流子（$q<0$）

如上所述，达到平衡时，载流子所受的洛伦兹力 $\boldsymbol{F}_m=q\boldsymbol{v}\times\boldsymbol{B}$ 与电场力 $\boldsymbol{F}_e=q\boldsymbol{E}_H$ 等值反向，即

$$qE_H=qvB \tag{a}$$

把电场强度与电势差的关系式 $E_H=(V_1-V_2)/b$ 代入上式，得

$$V_1-V_2=bvB \tag{b}$$

设单位体积内的载流子数目（即**载流子浓度**）为 n，则电流密度为 $j=nqv$，而电流 I 又等于电流密度 j 乘截面面积 bd，即

$$I=jbd=nqvbd \tag{c}$$

从式ⓒ和式ⓑ中消去 v，于是得

$$V_1-V_2=\frac{1}{nq}\frac{IB}{d} \tag{d}$$

将上式与式（7-51）相比较，可得霍尔系数为

$$R_H=\frac{1}{nq} \tag{7-52}$$

上式表明，霍尔系数 R_H 与载流子浓度 n 成反比．在金属导体中，由于自由电子的浓度大，故金属导体的霍尔系数很小，相应的霍尔电势差也就很弱．在半导体中，载流子浓度甚低，故半导体的霍尔系数比金属导体大得多，所以半导体能产生很强的霍尔效应．

根据式（7-51），霍尔系数 R_H 可通过测量霍尔电势差 V_1-V_2 来确定．

测定霍尔系数，不仅可由式（7-52）获知导体或半导体中的载流子浓度 n，而且还可从霍尔系数的正、负，判断其中的载流子是带正电还是带负电的．这是因为带正电（$q>0$）的载流子在洛伦兹力作用下要向上朝 A_1 侧偏转（见图 7-32a），结果 $V_1-V_2>0$，可见 $R_H>0$；反之，带负电的载流子在洛伦兹力作用下也要向上朝 A_1 侧偏转（见图 7-32b），结果 $V_1-V_2<0$，可见 $R_H<0$．对于半导体，就是用这个方法判定它的导电类型的[⊖]．半导体有电子型

⊖ 一般而言，等量异种的电荷以相同速率反向运动时，它们所激发的磁效应是相同的．但在霍尔效应中，等量异种电荷以相同速率反向运动时，霍尔电势差的符号恰好相反，因而两者是不等效的．

(n 型)、空穴型 (p 型) 两种，前者的载流子是带负电的自由电子，后者的载流子是带正电的空穴.

值得指出，利用霍尔效应制成的霍尔元件，可以用来测量磁场、直流或交流电路中的电流和功率以及传递信号等，结构简单，使用方便. 在科学技术的许多领域（如电子技术、自动化等）中应用日益广泛.

问题 7-12 (1) 如何测定带电粒子（电子、离子）的比荷？(2) 试述霍尔效应是如何产生的？

7.9 磁场中的磁介质

前面我们研究了电流在真空中激发的磁场，现在将讨论有磁介质时的情况. 在磁场中可以存在着各种各样的物质（指由原子、分子构成的固体、液体或气体等），这些物质因受磁场的作用而处于所谓**磁化状态**；与此同时，磁化了的物质反过来又要对原来的磁场产生影响. 这种能影响磁场的物质，统称为**磁介质**. 这里只讨论各向同性的均匀磁介质.

7.9.1 磁介质在外磁场中的磁化现象

我们知道，电介质放在外电场中要极化，在介质中要出现极化电荷（或束缚电荷），有电介质时的电场是外电场与极化电荷激发的附加电场相叠加的结果. 与此相仿，磁介质放入外磁场中要**磁化**，在磁介质中要出现所谓**磁化电流**，有磁介质时的磁场 $\boldsymbol{B}$ 应是外磁场 $\boldsymbol{B}_0$ 和磁化电流激发的附加磁场 $\boldsymbol{B}'$ 的叠加，即

$$\boldsymbol{B}=\boldsymbol{B}_0+\boldsymbol{B}' \tag{7-53}$$

实验表明，不同的磁介质在磁场中磁化的效果是不同的. 在有些磁介质内，磁化电流所激发的附加磁场 $\boldsymbol{B}'$ 与原来的外磁场 $\boldsymbol{B}_0$ 的方向相同（见图 7-33a），因而总磁场大于原来的磁场，即 $B>B_0$，这类磁介质称为**顺磁质**，例如锰、铬、氧等；而在另一些磁介质内，$\boldsymbol{B}'$ 与 $\boldsymbol{B}_0$ 的方向则相反（见图 7-33b），因而总磁场小于原来的外磁场，即 $B<B_0$，这类磁介质称为**抗磁质**，例如铜、水银、氢等. 在上述这两类磁介质中，磁化电流激发的附加磁场 $\boldsymbol{B}'$ 的数值是很小的，即 $B'\ll B_0$，也就是说，磁性颇为微弱，故把顺磁质和抗磁质统称为**弱磁物质**.

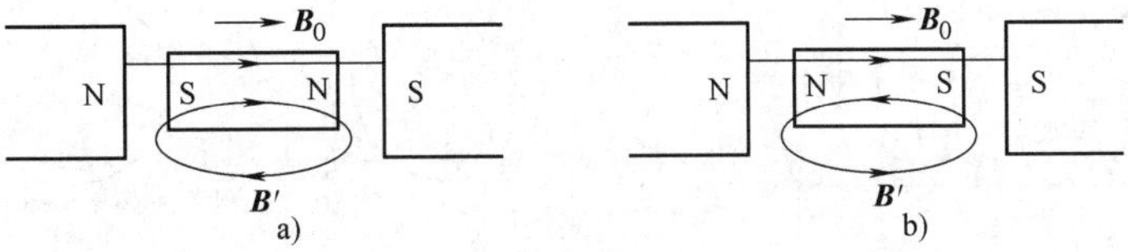

图 7-33 顺磁质和抗磁质的磁化

a) 顺磁质 b) 抗磁质

还有一类磁介质，如铁、镍、钴及其合金等，磁化后不仅 $\boldsymbol{B}'$ 与 $\boldsymbol{B}_0$ 的方向相同，而且在数值上 $B'\gg B_0$，因而能显著地增强和影响外磁场，我们把这类磁介质称为**铁磁质**或**强磁物质**. 铁磁质用途广泛，平常所说的磁性材料主要是指这类磁介质，这一内容将在 7.11 节中介绍.

7.9.2 抗磁质和顺磁质的磁化机理

前面讲过，一切磁现象起源于电流．现在我们从物质的电结构出发，对物质的磁性做一初步解释．

在任何物质的分子（或原子）中，每个电子都在环绕着原子核做轨道运动；与此同时，它还绕其自身轴做自旋（自转）运动（见图 7-34），宛如地球绕太阳公转的同时也在绕地轴自转一样．

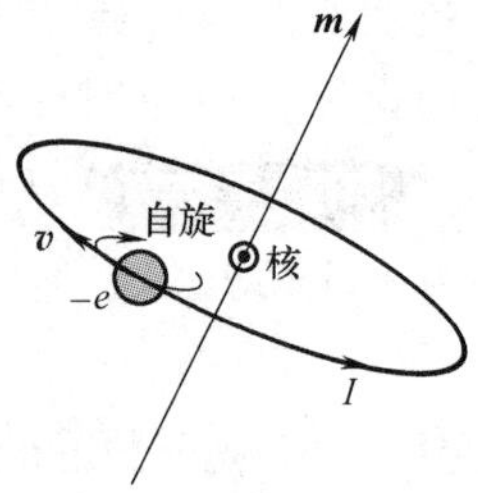

图 7-34 电子的运动

电子在带正电的原子核的库仑力（向心力）$\boldsymbol{F}_e$ 的作用下，沿着圆形轨道运动．由于电子带负电，形成与电子运动速度$\boldsymbol{v}$ 反方向的电流 I，相当于这个圆电流的磁矩，叫作**轨道磁矩**，记作 $\boldsymbol{m}$，$\boldsymbol{m}$ 垂直于电子轨道平面，方向如图 7-34 所示（参阅例题 7-11）．类似地，电子的自旋运动所具有的磁矩，叫作**自旋磁矩**．分子中所有电子的轨道磁矩和自旋磁矩之矢量和，称为**分子磁矩**，记作 $\boldsymbol{p}_m$．不同物质的分子磁矩大小不同．

今以顺磁质为例，说明介质磁化过程中所形成的磁化电流．设一条无限长载流直螺线管（见图 7-35a），单位长度绕有 n 匝线圈，通有电流 I，在管内激发了一个沿管轴方向的均匀磁场 $\boldsymbol{B}_0$．当管内充满均匀磁介质时，与螺线管形状、大小全同的整块介质沿轴线方向被均匀地磁化，其中每个分子圆电流（即分子磁矩）的平面在外磁场的力偶矩作用下，将转到与外磁场 $\boldsymbol{B}_0$ 的方向垂直．图 7-35b 表示磁介质任一截面上分子电流的排列情况．由于各个分子电流的环绕方向一致，因此在介质内任一位置（例如点 P）处的两个相邻分子电流的流向恒相反，它们的效应相互抵消．只有在介质截面边缘各点上分子电流的效应未被抵消，它们相当于与截面边缘重合的一个大的圆形电流．对于被螺线管包围的整个圆柱形介质的各个截面边缘上，都有这种大的圆形电流．因此，介质内所有分子电流之和实际上等效于分布在介质圆柱面上的电流，这些表面电流称为**磁化电流**㊀，以 I'表示（见图 7-35c）．这样，便可把磁化了的介质归结为一个在真空中通有电流 I'的“螺线管”，它所激发的磁场 $\boldsymbol{B}'$（大小为 $B'=\mu_0 nI'$）与螺线管中的传导电流 I㊁所激发的外磁场 $\boldsymbol{B}_0$（大小为 $B_0=\mu_0 nI$）两者方向相同，这两个磁场 $\boldsymbol{B}_0$ 与 $\boldsymbol{B}'$相叠加，就是顺磁质处于外磁场 $\boldsymbol{B}_0$ 中时的总磁感应强度 $\boldsymbol{B}$．

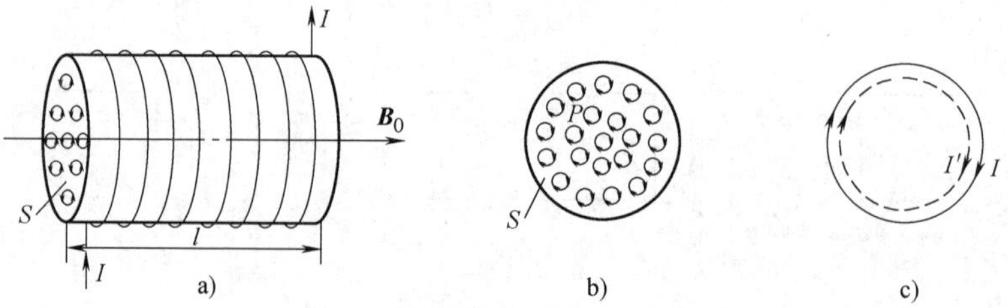

图 7-35 充满均匀磁介质（顺磁质）的载流长直螺线管

㊀ 如果磁介质的磁化是不均匀的，则介质内相邻分子电流的磁效应未必能够互相抵消，此时介质中不仅表面有磁化电流，并且介质内部也将有磁化电流．

㊁ 我们把由自由电荷定向运动所形成的电流统称为**传导电流**，以与磁介质磁化时由分子电流形成的磁化电流相区别．

如果在上述载流螺线管内充满均匀的抗磁质，其磁化电流 I' 的形成类似于顺磁质的情况．不过，这时磁化电流 I' 所激发的磁场 $\boldsymbol{B}'$ 与外磁场 $\boldsymbol{B}_0$ 的方向相反．

问题 7-13 何谓磁化电流？相当于分子圆电流所形成的分子磁矩与磁化电流有何关系？

7.9.3 磁介质的磁导率

设在真空中某点的磁感应强度为 $\boldsymbol{B}_0$，充满均匀磁介质后，由于磁介质的磁化，该点的磁感应强度变为 $\boldsymbol{B}$，$\boldsymbol{B}$ 和 $\boldsymbol{B}_0$ 的比值称为**磁介质的相对磁导率**，用 μ_r 表示，即

$$\frac{B}{B_0}=\mu_r \tag{7-54}$$

相对磁导率 μ_r 是没有单位的纯数，它的大小说明磁介质对磁场影响的大小．真空中的毕奥-萨伐尔定律的数学表达式为

$$\mathrm{d}\boldsymbol{B}_0=\frac{\mu_0}{4\pi}\frac{I\mathrm{d}\boldsymbol{l}\times\boldsymbol{r}}{r^3}$$

则由式（7-54），无限大均匀磁介质中的毕奥-萨伐尔定律的数学表达式为

$$\mathrm{d}\boldsymbol{B}=\frac{\mu_0\mu_r}{4\pi}\frac{I\mathrm{d}\boldsymbol{l}\times\boldsymbol{r}}{r^3}=\frac{\mu}{4\pi}\frac{I\mathrm{d}\boldsymbol{l}\times\boldsymbol{r}}{r^3}$$

式中，$\mu=\mu_0\mu_r$ 称为**磁介质的磁导率**．真空中，$\boldsymbol{B}=\boldsymbol{B}_0$，磁介质的相对磁导率 $\mu_r=1$，$\mu=\mu_0$，故 μ_0 称为**真空中的磁导率**．μ 与 μ_0 的单位相同．

按相对磁导率 μ_r 值的不同，对上述三类磁介质而言，$\mu_r>1$，即为顺磁质；$\mu_r<1$，即为抗磁质；$\mu_r\gg1$，即为铁磁质．顺磁质和抗磁质的 μ_r 都近似等于 1，表明这两种磁介质对磁场的影响很小；而铁磁质的 μ_r 可高至几万，铁磁质对磁场的影响很大．

相对磁导率 μ_r 的值可由实验测得，其值可查阅有关物理手册．

7.10 有磁介质时磁场的安培环路定理

真空中磁场的安培环路定理为 $\oint_l \boldsymbol{B}_0\cdot\mathrm{d}\boldsymbol{l}=\mu_0\sum_{i=1}^{n}I_{传导i}$，与此类似，磁介质的附加磁场 $\boldsymbol{B}'$ 和磁化电流的关系为 $\oint_l \boldsymbol{B}'\cdot\mathrm{d}\boldsymbol{l}=\mu_0\sum_{i=1}^{n}I_{磁化i}$．在磁介质中，安培环路定理为

$$\oint_l \boldsymbol{B}\cdot\mathrm{d}\boldsymbol{l}=\mu_0\left(\sum_{i=1}^{n}I_{传导i}+\sum_{i=1}^{n}I_{磁化i}\right)$$

其中 $\boldsymbol{B}=\boldsymbol{B}_0+\boldsymbol{B}'$，由上式得

$$\oint_l \frac{\boldsymbol{B}}{\mu_0}\cdot\mathrm{d}\boldsymbol{l}-\sum_{i=1}^{n}I_{磁化i}=\sum_{i=1}^{n}I_{传导i}$$

由于磁化电流较复杂，为此利用 $\oint_l \boldsymbol{B}'\cdot\mathrm{d}\boldsymbol{l}=\mu_0\sum_{i=1}^{n}I_{磁化i}$，将上式中的 $\sum_{i=1}^{n}I_{磁化i}$ 取代掉，则得

$$\oint_l \frac{\boldsymbol{B}}{\mu_0}\cdot \mathrm{d}\boldsymbol{l}-\oint_l \frac{\boldsymbol{B}'}{\mu_0}\cdot \mathrm{d}\boldsymbol{l}=\sum_{i=1}^{n} I_{传导i}$$

令$\frac{\boldsymbol{B}}{\mu_0}-\frac{\boldsymbol{B}'}{\mu_0}=\boldsymbol{H}$，$\boldsymbol{H}$ 称为**磁场强度矢量**，则上式可写成

$$\oint_l \boldsymbol{H}\cdot \mathrm{d}\boldsymbol{l}=\sum_{i=1}^{n} I_{传导i}$$

若以 I 代替 $I_{传导}$，则得

$$\oint_l \boldsymbol{H}\cdot \mathrm{d}\boldsymbol{l}=\sum_{i=1}^{n} I_i \tag{7-55}$$

上式称为有**磁介质时磁场的安培环路定理**，它表明**磁场强度 $\boldsymbol{H}$ 沿闭合回路的线积分等于回路内传导电流的代数和**．它对于任意磁场均适用．

对于充满磁场空间的各向同性均匀磁介质而言，因为 $\boldsymbol{B}=\boldsymbol{B}_0+\boldsymbol{B}'$，且 $|\boldsymbol{B}|/|\boldsymbol{B}_0|=\mu_r$ 以及 $\mu=\mu_0\mu_r$，所以

$$\boldsymbol{H}=\frac{\boldsymbol{B}}{\mu_0}-\frac{\boldsymbol{B}'}{\mu_0}=\frac{\boldsymbol{B}_0}{\mu_0}=\frac{\boldsymbol{B}_0\mu_r}{\mu_0\mu_r}=\frac{\boldsymbol{B}}{\mu}$$

或写作

$$\boldsymbol{B}=\mu\boldsymbol{H} \tag{7-56}$$

式（7-56）称为**磁介质的性质方程**．因此，对于具有一定对称性的磁介质中的磁场，可先用式（7-55）求出 $\boldsymbol{H}$，然后用式（7-56）就可求得 $\boldsymbol{B}$．

最后我们指出，与求解真空中的磁场问题相仿，**根据有磁介质时磁场的安培环路定理和毕奥-萨伐尔定律，并利用磁场的叠加原理，可以求解有磁介质时的磁场问题，所得的结果与真空中的类同，只不过将 μ_0 换成 μ 而已**．

问题 7-14　（1）为什么要引入磁场强度 $\boldsymbol{H}$ 这个物理量？它与磁感应强度 $\boldsymbol{B}$ 有何异同？

（2）试述有磁介质时磁场的安培环路定理和毕奥-萨伐尔定律．

例题 7-13　如例题 7-13 图所示，在磁导率 $\mu=5.0\times10^{-4}\mathrm{Wb\cdot A^{-1}\cdot m^{-1}}$ 的磁介质圆环上，每米长度均匀密绕着 1000 匝的线圈，绕组中通有电流 $I=2.0\mathrm{A}$．试计算环内的磁感应强度的大小．

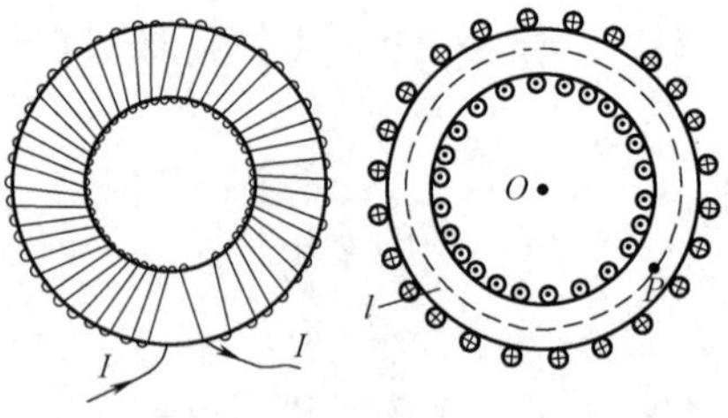

例题 7-13 图

解　在螺绕环内充满磁介质时，欲求磁感应强度 $\boldsymbol{B}$，一般是先求磁场强度 $\boldsymbol{H}$．这是因为 $\boldsymbol{H}$ 只与绕组中的传导电流 I 有关．所以，可利用有磁介质时磁场的安培环路定理来求磁场强度 $\boldsymbol{H}$．为此，取通过场点 P 的一条磁感应线作为线积分的闭合路径 l，由于 l 上任一点的磁感应强度 $\boldsymbol{B}$ 都和这条闭合的磁感应线相切，则由关系式 $\boldsymbol{H}=\boldsymbol{B}/\mu$，$l$ 上任一点的磁场强度 $\boldsymbol{H}$ 也都和闭合线相切，且由于环内同一条磁感应线上的 $\boldsymbol{B}$ 或 $\boldsymbol{H}$ 的值都相等，故有

$$\oint_l \boldsymbol{H}\cdot \mathrm{d}\boldsymbol{l}=\oint_l H\cos\theta \mathrm{d}l=H\oint_l \cos 0°\mathrm{d}l=H\oint_l \mathrm{d}l=Hl$$

l 为闭合线长度，近似等于环形螺线管的平均周长．而被 l 所围绕的传导电流为 nlI（其中 n

为每单位长度的匝数)，故由安培环路定理［式（7-55)］，有

$$Hl = nlI$$

即

$$H = nI$$

代入题设数据，算得

$$H = 1000\mathrm{m}^{-1}\times 2.0\mathrm{A} = 2.0\times 10^{3}\,\mathrm{A}\cdot\mathrm{m}^{-1}$$

然后按照关系式 $\boldsymbol{B}=\mu\boldsymbol{H}$，得出磁感应强度的大小为

$$\begin{aligned}B &= \mu H = 5.0\times 10^{-4}\times 2.0\times 10^{3}\,\mathrm{Wb}\cdot\mathrm{m}^{-2}\\ &= 1.0\mathrm{Wb}\cdot\mathrm{m}^{-2}\end{aligned}$$

7.11　铁磁质

7.11.1　铁磁质的磁化特性　磁滞回线

顺磁质和抗磁质的相对磁导率 μ_r 接近于 1，因此对磁场的影响不大. 而铁磁质材料在电工设备上却被广泛采用，因为铁磁质的最主要特性是磁导率非常高，可以比真空或空气的磁导率大几百倍甚至几万倍，也就是说，在同样的磁场强度下，在磁场中充以铁磁质，其磁感应强度的大小 $B(=\mu H)$ 比充以其他磁介质要强得多. 此外，铁磁质还具有如下一些特性：

(1) 在铁磁质的磁场中，它的磁感应强度 B 并不随着磁场强度 H 按比例地变化，即两者具有非线性的关系，铁磁质的磁导率不是恒量. 利用实验方法，我们可以测绘出铁磁质的磁感应强度 B 与磁场强度 H 之间的关系曲线，称为**磁化曲线**，又叫 **B-H 曲线**，如图 7-36 所示. 分析 B-H 曲线可知，当 H 从零值渐渐增大而使铁磁质磁化的过程中，开始时 B 随 H 的增加而很快增大；当 H 增大到一定程度时（H_0 以后)，H 虽继续加大，但 B 却增长得极为缓慢，这种状态叫作**磁饱和现象**.

(2) 当使磁介质达到磁饱和后，减小外磁场 H，使铁磁质退磁时，发现 B 值不沿原来的曲线下降，而是从 a 点下降至 b，如图 7-37 所示，在外磁场 $H=0$ 时，磁介质仍保留部分磁性，b 称为**剩磁**. 若要消除剩磁，则必须加入反向外磁场至某一数值 c，才能使 B 值变为零. c 值称为**矫顽力**，继续增大反向外磁场，可达到反向磁饱和点 d，再减小外磁场 H 至 0，就能得到反向剩磁 b'，然后增大外磁场，可消去剩磁. 再增大外磁场，又可达到磁饱和点 a. 若外磁场 $\boldsymbol{H}$ 的大小和方向反复变化，磁介质的磁感应强度 B 就沿图 7-37 所

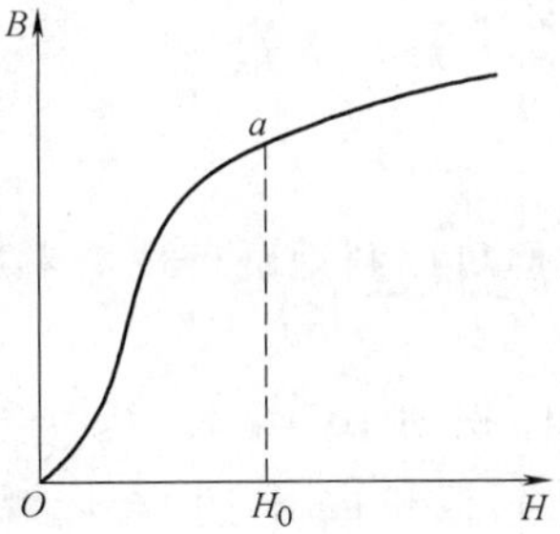

图 7-36　铁磁质的 B-H 曲线

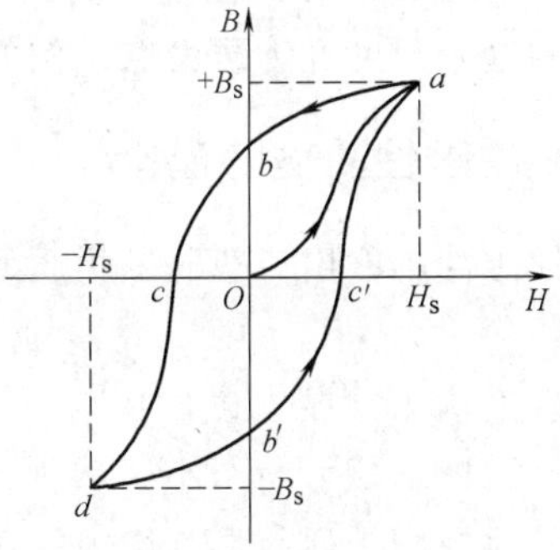

图 7-37　铁磁质的磁滞回线

示的闭合曲线随 H 而改变，由于 B 值总是落后于 H 值的改变，所以此闭合曲线称为**磁滞回线**.

（3）不同的铁磁质在相同的磁场变化条件下，磁滞回线的形状是不同的．如图 7-38a 所示，呈细条形，其矫顽力较小，易被磁化，也易退磁，称为**软磁材料**，适用于制作交流电机、电器的铁心等．如图 7-37 所示，回线呈肥大形，能保留强的剩磁，且不易退磁，称为**硬磁材料**，适用于制作永久磁铁．如图 7-38b 所示，回线呈长方形，其剩磁接近饱和，矫顽力很小，称为**矩形材料**，适用于制作电子计算机中储存元件的磁心．将矩磁材料在不同方向的外磁场中磁化后，若撤去外磁场，就具有接近于 $+B_S$ 或 $-B_S$ 的两种不同的剩磁状态．在电子计算机中，用矩磁材料制成的环形磁心，可作为存储元件．这是因为计算机技术中通常采用二进制，只需“0”和“1”两个数码，而借矩磁材料的两种剩磁状态 $+B_S$ 和 $-B_S$，就可分别代表这两个数码．若沿一定方向的磁场使元件磁化，则在磁场撤去后，元件将永久存在这种剩磁状态，起到“记忆”的作用．

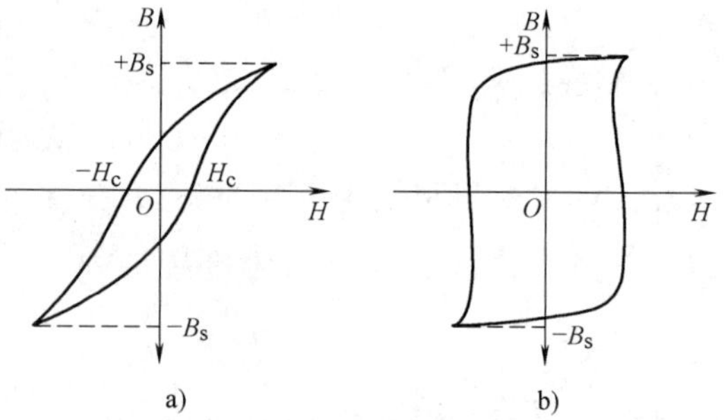

图 7-38　软磁材料和矩磁材料的磁滞回线

铁氧体是一种新的磁性材料，它是由三氧化二铁和其他二价金属氧化物的粉末混合烧结而成的．铁氧体可制成软磁材料、硬磁材料或矩磁材料，其特点是既有一定的磁导率，又有很高的电阻率，因此在科学技术上有广泛应用．例如，电子技术中的天线和高频线圈的磁心、电子计算机中的记忆元件等多用铁氧体制成．

某些铁磁材料及其合金和某些铁氧体等都具有磁致伸缩的特性．如果在这些材料中沿着某一方向施加外磁场，则随着外磁场的强弱变化，材料沿此方向的长度就会发生伸缩．这种具有磁致伸缩特性的材料可作为超声波技术中的换能器，以用于超声波清洗和探测鱼群等．

另一方面，铁磁质的非线性和磁滞特性在实际中也有其不利的方面．例如，铁磁质的非线性使铁心线圈的自感（参见下一章）随线圈中电流的变化而变化，在使用时应考虑它对线圈工作的影响；又如，处于交变磁场中的铁磁质被反复地磁化，由于磁滞需要消耗额外的能量，因此会造成所谓的磁滞损耗．

（4）实验还发现，当温度升高到一定程度时，铁磁性物质便会转化为顺磁质，人们把开始转化的这一温度称为**居里点**．例如，铁的居里点是 1043K.

7.11.2　铁磁性的磁畴理论

上述铁磁性不能用一般弱磁物质的磁化理论来解释，但可以利用磁畴理论来加以说明，简介如下：

磁畴理论认为，在铁磁质中存在着许多体积很小（体积约 $10^{-12}m^3$，其中含有 10^{12} ~ 10^{15} 个原子）的区域，每个小区域内部都分别自发地磁化到饱和状态（即小区域中的分子电流因自发地规则排列而具有均匀的强磁性），这种自发磁化的区域称为**磁畴**（见图 7-39）．在无外磁场时，各磁畴的排列是不规则的，各磁畴的磁化方向不同，产生的磁效应相互抵消，整个铁磁质不呈现磁性（见图 7-40a）. 把铁磁质放入磁场强度为 $\boldsymbol{H}$ 的外磁场中，铁磁质中磁化方向与外磁场方向接近的磁畴体积扩大，而磁化方向与外磁场方向相反的磁畴体积缩小，最终消失（当外磁场足够强时），两者体积消长的过程实际上是磁畴间界壁移动的过程（见图 7-40b）. 继续增强外磁场，磁畴的磁化方向发生转向，直到所有磁畴的磁化方向转到与外磁场同方向时，铁磁质就达到磁饱和状态（见图 7-40c）. 由于磁畴界壁运动的过程是不可逆的，即外磁场减弱后，磁畴不能恢复原状，故表现在退磁时，磁化曲线不沿原路退回，而形成磁滞回线. 当温度升高并超过居里点时，铁磁质中的磁畴结构由于热运动而被破坏，以致完全瓦解，铁磁质便转化为顺磁质.

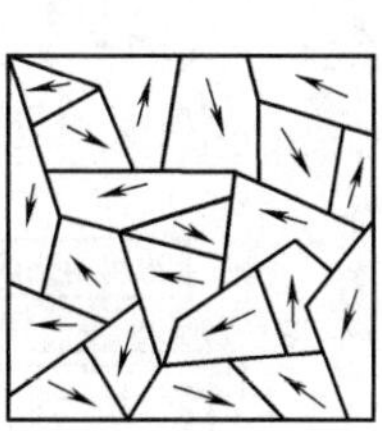

图 7-39　铁磁质的磁畴

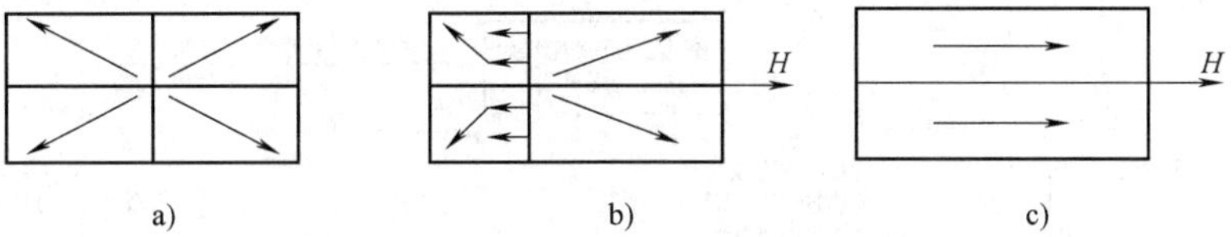

图 7-40　铁磁质的磁化过程

a）无外磁场时铁磁质的磁畴　b）铁磁质在外磁场中时磁畴的消长

c）铁磁质在外磁场中磁化的结果

问题 7-15　（1）简述铁磁质的特性及其磁化现象，说明磁滞回线是如何形成的；并用磁畴理论说明铁磁质的磁化过程.

（2）如问题 7-15 图所示，图线Ⅰ、Ⅱ、Ⅲ分别表示三种不同磁介质的 B-H 关系. 试说出哪一条代表铁磁质？哪一条代表抗磁质或顺磁质？为什么？

（3）试解释：(a) 磁铁为什么能吸引铁钉之类的未磁化的铁制物体？(b) 钢铁厂在搬移烧到赤红的钢锭时，为何不能用电磁铁的起重机？

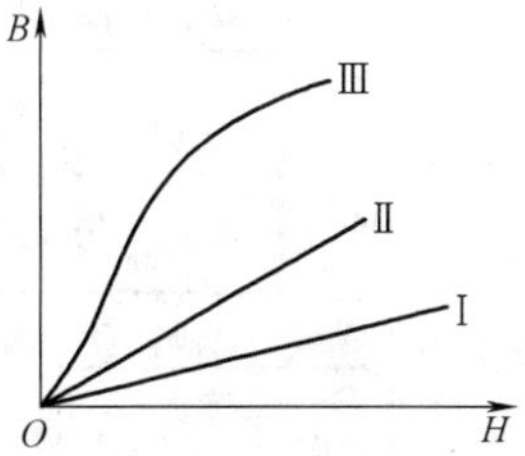

问题 7-15 图

本章小结

本章首先给出了恒定电流满足的连续性方程、稳恒磁场的概念. 根据运动电荷在磁场中的受力情况，定义了磁感应强度的概念. 研究了电流和运动电荷激发的磁场，引入磁感应线来描述磁场的整体分布情况，给出了稳恒磁场中的高斯定理；用对比方法，给出了稳恒磁场中的环路定理；研究了磁场对运动电荷和载流导线的作用力——磁场力，给出磁场力所满足的规律. 还研究了放入稳恒磁场中的磁介质的性质：磁介质放到磁场中发生了磁化现象，从而使介质内部的磁场发生了变化. 引入磁场强度矢量，将真空中的安培环路定理推广到磁介质中；研究了铁磁质的磁化特性.

本章主要内容框图：

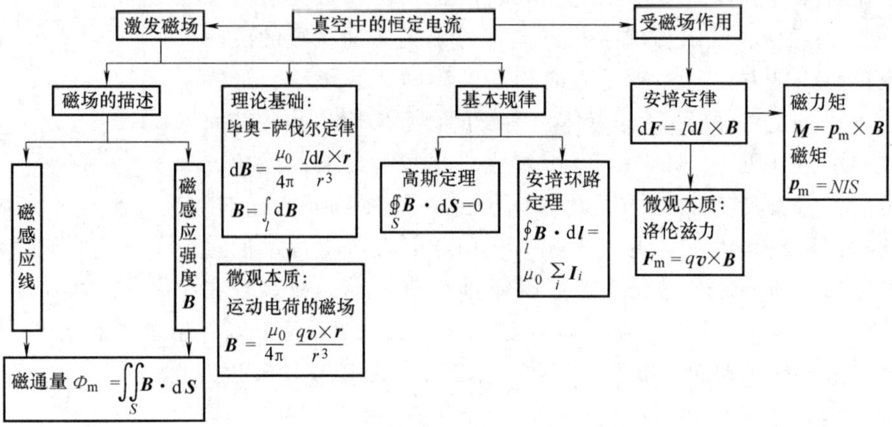

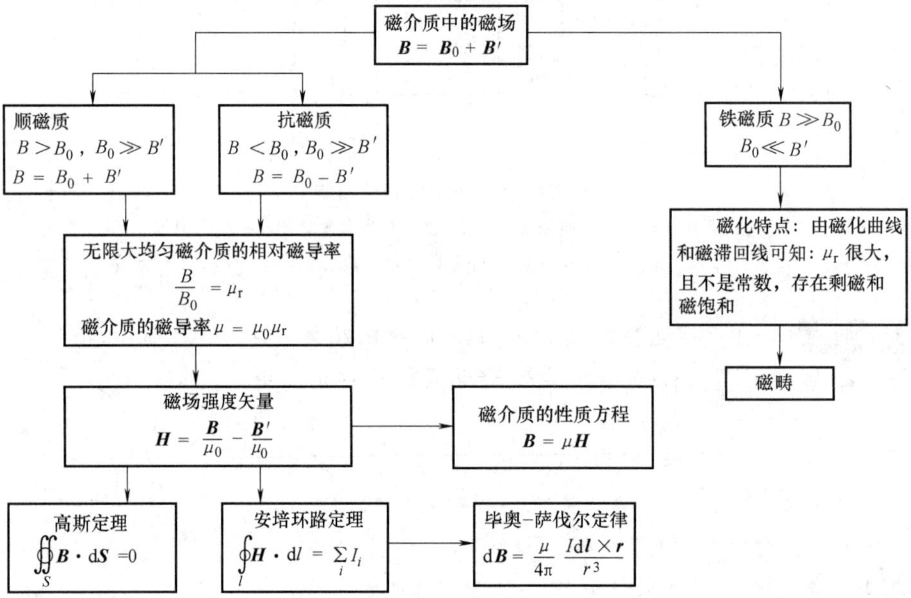

习　题　7

7-1　如习题 7-1 图所示，分别通有流向相同的电流 I 和 $2I$ 的两条平行长直导线，相距为 $d=30\text{cm}$，求磁感应强度为零的位置.（答：与电流 I 相距为 10cm 处）

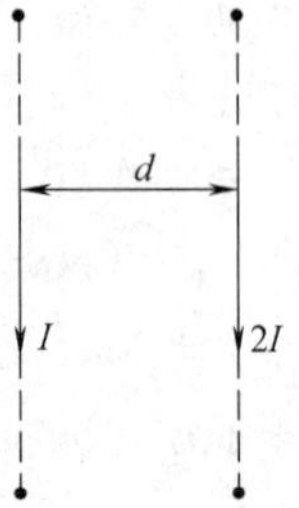

习题 7-1 图

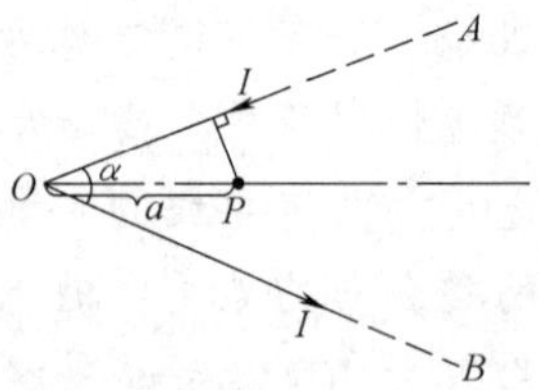

习题 7-2 图

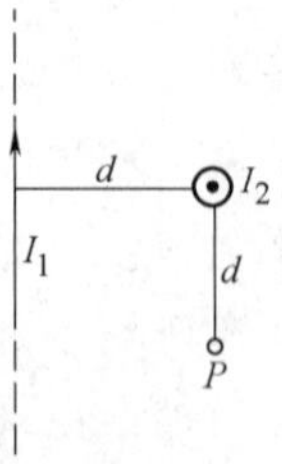

习题 7-3 图

7-2　如习题7-2图所示，折成$\alpha=60°$角的长直导线AOB通有电流$I=30\text{A}$. 求在角平分线上，离角的顶点O为$a=5\text{cm}$处P点的磁感应强度.（**答**：$4.48\times10^{-4}\text{T}$，⊙）

7-3　如习题7-3图所示，两根“无限长”载流直导线互相垂直地放置，已知$I_1=4\text{A}$，$I_2=6\text{A}$（I_2的流向为垂直于纸面向外），$d=2\text{cm}$，求P点处的磁感应强度.（**答**：$B=7.2\times10^{-5}\text{N}$，在垂直于纸面的平面上，与$\boldsymbol{B}_2$成$\theta=33°41'$角）.

7-4　两平行长直导线相距40cm，每条通有电流$I=200\text{A}$，其流向如习题7-4图所示. 求：(1) 两导线所在平面内与该两导线等距的一点A处的磁感应强度；(2) 通过图中斜线所示矩形面积内的磁通量（$\ln3=1.10$）.（提示：求磁通量时要用积分法. 可先取一微长条面积元$\text{d}S=l\text{d}x$，在$\text{d}S$内各点的磁感应强度可视作相等.）[**答**：(1) $4.0\times10^{-4}\text{T}$，⊙；(2) $2.2\times10^{-5}\text{Wb}$]

7-5　如习题7-5图所示，一条通有电流I的长直导线，中间部分被弯成1/4的圆弧，圆弧半径为R. 求圆心O处的磁感应强度.［**答**：$\mu_0I/(8R)$，⊗］

7-6　如习题7-6图所示，一长直导线与一半径$R=5\text{cm}$的圆形回路分别载有电流$I_1=4\text{A}$，$I_2=3\text{A}$，求距长直导线为$a=10\text{cm}$的圆形回路中心O点的磁感应强度.（**答**：$4.57\times10^{-5}\text{T}$⊗）

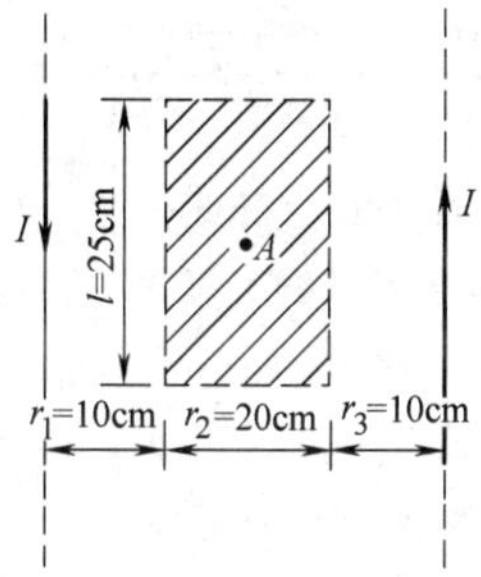

习题7-4图

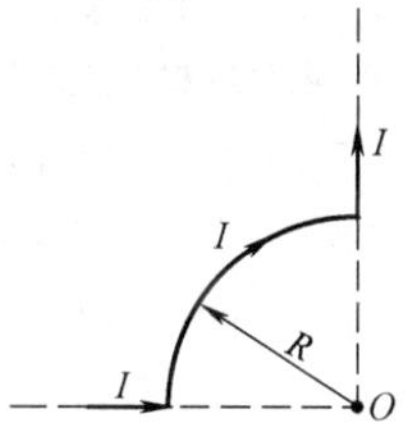

习题7-5图

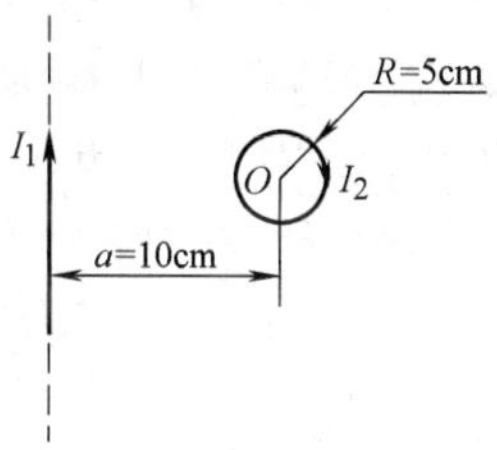

习题7-6图

7-7　有一线圈如习题7-7图所示，AB、CD为两同心圆弧，$OB=0.50\text{m}$，$OC=0.25\text{m}$，$\varphi=30°$，$I=4.0\text{A}$. 求圆心O点处的磁感应强度.（**答**：$4.1\times10^{-7}\text{T}$，⊙）

7-8　如习题7-8图所示，一个平面回路，由两同心圆弧和两平行直线段组成，其中通有电流I，求证在此闭合回路中心O点处的磁感应强度为

$$B=\frac{\mu_0I}{\pi R}\left(\arctan\frac{a}{\sqrt{R^2-a^2}}+\frac{\sqrt{R^2-a^2}}{a}\right)\quad\otimes$$

7-9　通有电流$I=3\text{A}$的一条无限长直导线，中部被弯成半径$R=3\text{cm}$的半圆环，如习题7-9图所示. 求环心O处的磁感应强度.（**答**：$B=3.14\times10^{-5}\text{T}$，⊗）

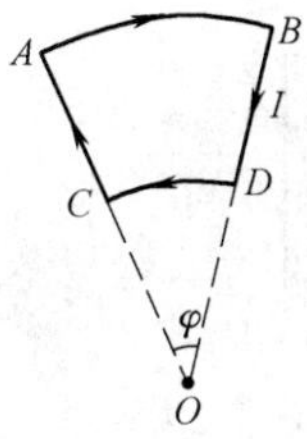

习题7-7图

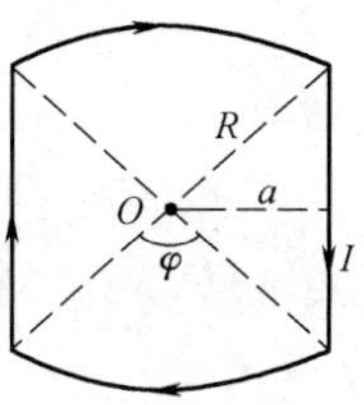

习题7-8图

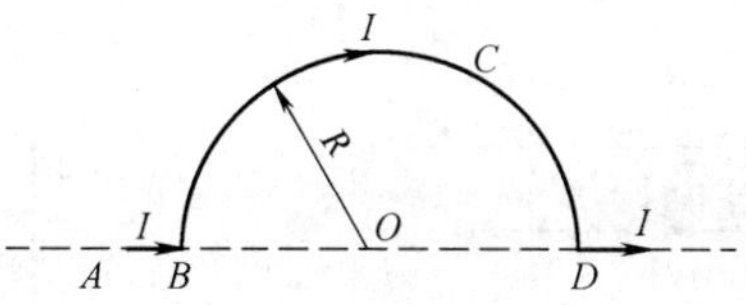

习题7-9图

***7-10**　如习题7-10图所示，两个半径为R、匝数为N、通有电流I的线圈，同轴平行地放置着，相距为l. 这两个载流线圈的组合称为**亥姆霍兹线圈**，在实验室中常用它来激发均匀磁场. 求在距离它们的中心

O 点为 x 处的磁感应强度．$\left(\text{答：} B=\dfrac{\mu_0}{2}NR^2I\left\{\left[R^2+\left(\dfrac{l}{2}+x\right)^2\right]^{-3/2}+\left[R^2+\left(\dfrac{l}{2}-x\right)^2\right]^{-3/2}\right\}\right)$

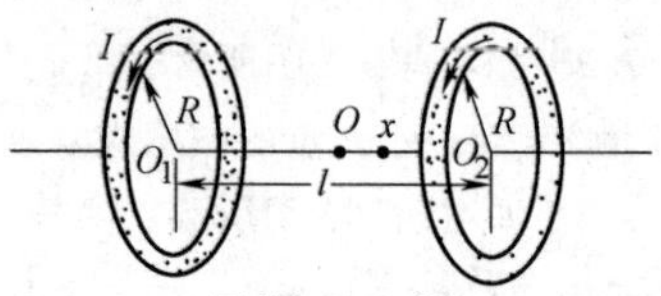

习题 7-10 图

7-11　在氢原子中，设电荷量为 $-e$ 的电子绕原子核沿半径为 R 的圆周轨道，以速率 v 做逆时针旋转．求证：此运动电子在圆心处激发的磁场为 $B=\mu_0 ev/(4\pi R^2)$，$\otimes$.

7-12　如习题 7-12 图所示，同轴的两个长直圆筒状导体，外筒与内筒通有大小相等、流向相反的电流 I，设外圆筒的半径为 R_2，内圆筒的半径为 R_1，求与轴相距为 r 处一点的磁感应强度．若：(1) $r>R_2$；(2) $R_1<r<R_2$；(3) $r<R_1$. [答：(1) $B=0$ $(r>R_2)$；(2) $B=\mu_0 I/2\pi r$ $(R_1<r<R_2)$；(3) $B=0$ $(r<R_1)$]

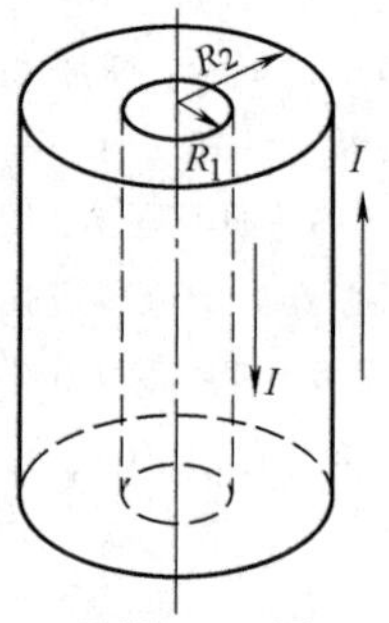

习题 7-12 图

7-13　一长直螺线管的横截面面积为 15cm^2，在 1cm 长度上绕有线圈 20 匝，当线圈通有电流 $I=0.5\text{A}$ 时，求：(1) 螺线管中部的磁感应强度的大小；(2) 通过螺线管横截面的磁通量．[答：(1) $12.6\times10^{-4}\text{Wb}\cdot\text{m}^{-2}$；(2) $1.89\times10^{-6}\text{Wb}$]

7-14　一均质圆柱形铜棒，质量为 100g，安放在两根相距为 20cm 的水平轨道上，若铜棒中流过的电流为 20A，棒与轨道之间的静摩擦系数为 0.16，求使棒开始滑动的最小磁感应强度的大小及方向．(答：$3.92\times10^{-2}\text{T}$，竖直向上)

7-15　如习题 7-15 图所示，AB、CD、EF 为三条相互平行，且间距 $r=20\text{cm}$ 的长直导线，三根导线处在同一竖直平面上，如果各条导线中皆通有电流 2.0A，流向如图所示．分别求各条导线上每单位长度所受的磁场力．(答：$F_{AB}=6.0\times10^{-6}\text{N}\cdot\text{m}^{-1}$ ↑；$F_{CD}=8.0\times10^{-6}\text{N}\cdot\text{m}^{-1}$，↓；$F_{EF}=2.0\times10^{-6}\text{N}\cdot\text{m}^{-1}$，↑)

7-16　在长方形线圈 $CDEF$ 中通有电流 $I_2=10\text{A}$，在长直导线 AB 内通有电流 $I_1=20\text{A}$，电流流向如习题 7-16 图所示；AB 与 CF 及 DE 互相平行，尺寸已在图上标明．求长方形线圈上所受磁场力的合力．(提示：先求出每段导线上所受的力，再求合力)．(答：$72\times10^{-5}\text{N}$，←)

7-17　如习题 7-17 图所示，半径为 R、载有电流 I_1 的导体圆环与载有电流 I_2 的长直导线 AB 共面，AB 通过圆环的竖直直径，而且与圆环彼此绝缘．求证：圆环所受的力为 $F=\mu_0 I_1 I_2$，方向向右．

7-18　如习题 7-18 图所示，若在长直电流 I_1 附近有一个两直角边长度均为 a、载有电流 I_2 的等腰直角三角形线圈 ABC，与长直电流 I_1 处在同一平面内，A 点与长直电流相距为 b，求：(1) 三角形线圈 ABC 各边所受的安培力；(2) 线圈所受的磁力矩．$\left(\text{答：(1) } F_1=\dfrac{\mu_0 I_1 I_2}{2\pi}\ln\dfrac{a+b}{b},\leftarrow;\ F_2=\dfrac{\sqrt{2}\mu_0 I_1 I_2}{2\pi}\ln\dfrac{a+b}{2},\searrow;\ F_3=\dfrac{\mu_0 I_1 I_2 a}{2\pi b},\uparrow;\ \text{(2) } M=0\right)$

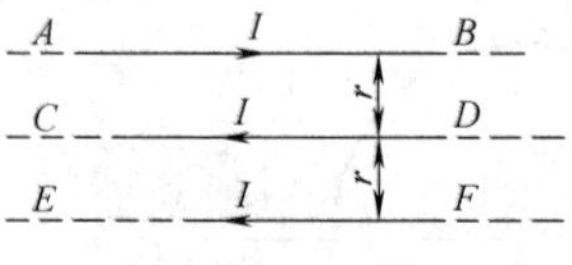

习题 7-15 图

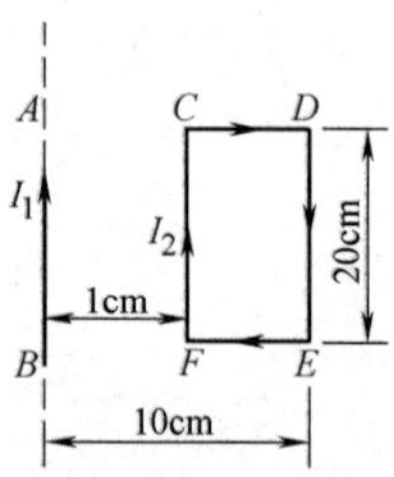

习题 7-16 图

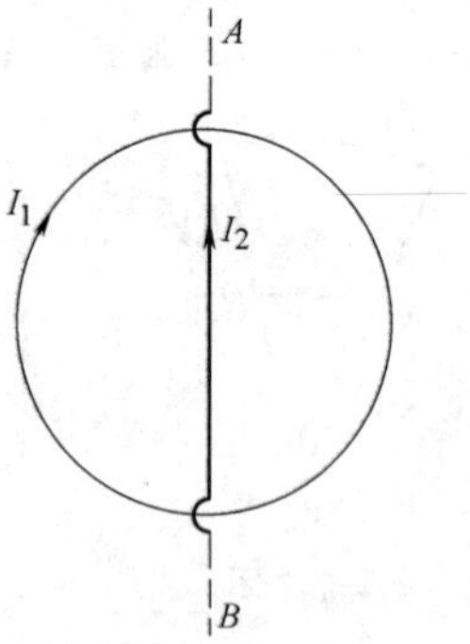

习题 7-17 图

7-19 一半径为 R 的半圆形线圈（ACB），通有电流 I，放在均匀磁场 $\boldsymbol{B}$（方向如习题 7-19 图所示）中，磁场方向与线圈平面垂直．求：线圈所受的磁场力和磁力矩．（答：0，0）

7-20 如习题 7-20 图所示，电子从点 O 沿 Oy 轴方向飞出，其速度为 $v=10^6\text{m}\cdot\text{s}^{-1}$，欲使电子沿直径为 20cm 的半圆运动到点 P，求需加的均匀磁场的磁感应强度 $\boldsymbol{B}$ 的大小和方向．（答：$B=5.6\times10^{-5}\text{T}$，⊗）

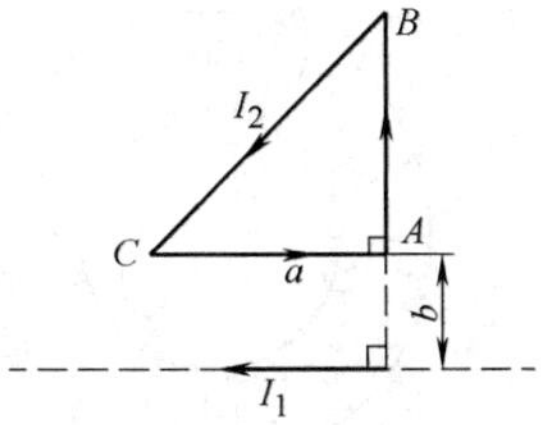

习题 7-18 图

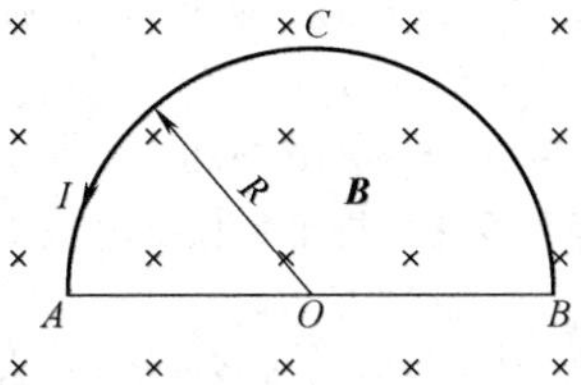

习题 7-19 图

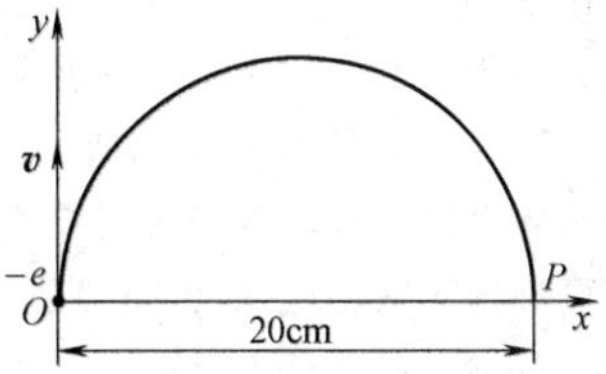

习题 7-20 图

7-21 如习题 7-21 图所示，从阴极 K 逸出的电子自初速为零开始，受阳极 A 和阴极 K 之间的加速电场作用而穿过 A 上的小孔，然后受垂直纸面向外的均匀磁场 $\boldsymbol{B}$ 作用，使其轨道弯曲而射到点 P，若加速电压为 U_{AK}，且不计电子的重力，求证：电子的比荷 $e/m=8U_{\text{AK}}d^2/[B^2(d^2+l^2)^2]$．

7-22 一方向竖直向下的均匀电场与一均匀磁场（方向垂直纸面向里）互相垂直．电场强度大小为 $E=1.0\times10^{-3}\text{V}\cdot\text{m}^{-1}$，若要使速度 $v=6\times10^8\text{cm}\cdot\text{s}^{-1}$ 的带正电质点沿水平方向穿过这两个场而不改变运动方向，如习题 7-22 图所示，且不计质点的重力，则磁场的磁感应强度应为何值？（答：$1.67\times10^{-10}\text{Wb}\cdot\text{m}^{-2}$）

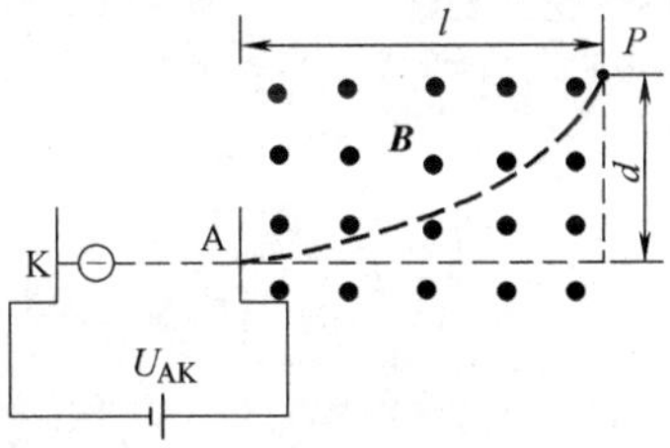

习题 7-21 图

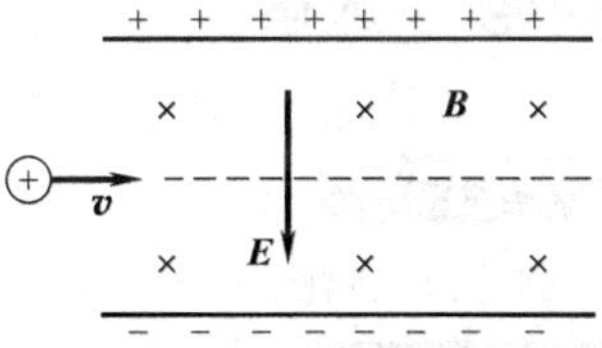

习题 7-22 图

7-23 如习题 7-23 图所示，设均匀磁场 $\boldsymbol{B}$ 的方向垂直纸面向外，此磁场区域的宽度为 D，若一个质量为 m、电荷为 $-e$ 的电子以垂直于磁场的速度 $\boldsymbol{v}$ 水平地射入磁场，求它穿出磁场时的偏转角 α．电子的重力不计．［答：$\alpha=\arcsin(DeB/mv)$］

7-24 如习题 7-24 图所示，借大磁铁在半径为 r 的圆周范围内激发一个均匀磁场 $\boldsymbol{B}$，设其方向垂直纸面向外．当质子（或其他带电粒子）从磁场中心 O 处注入后，垂直于磁场 $\boldsymbol{B}$ 做圆周运动，每转过半圈，就被具有几千伏电压的电场加速一次，使质子以更大的半径旋转．转过数千圈后，质子运动到磁场边缘处时，已获得很高的动能．利用这种高能粒子去轰击原子核，可以引起核反应．这就是研究原子核的重要装置——**回旋加速器**的工作原理．设磁场半径为 $r=0.8\text{m}$、磁感应强度 $B=1.2\text{T}$，求质子运转到磁场边界时所获得的能量．（答：43.9MeV）

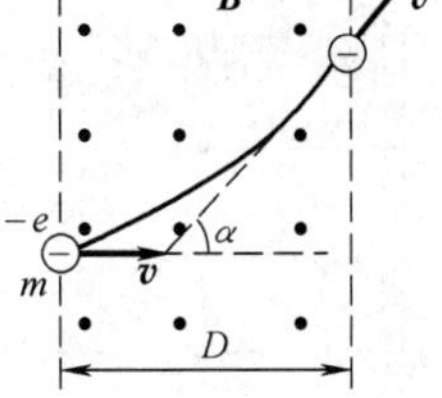

习题 7-23 图

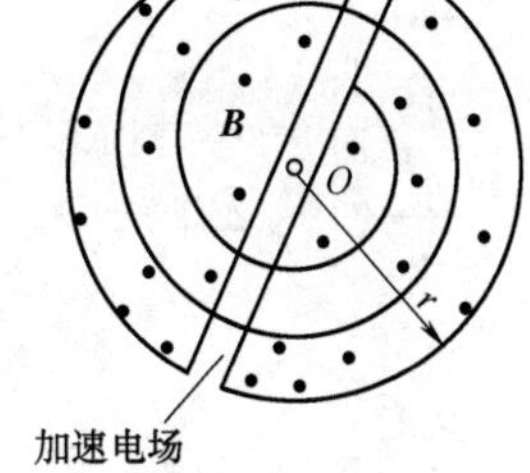

习题 7-24 图

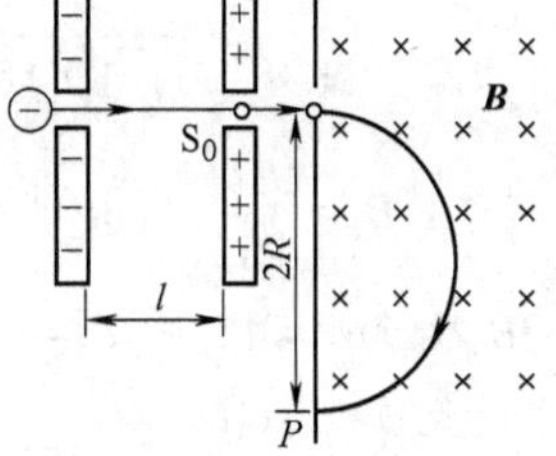

习题 7-25 图

7-25 如习题 7-25 图所示，一电子进入相距为 l 的极板 C 和 D 之间的均匀电场 $\boldsymbol{E}$，若初速不计，它逆着电场方向做加速直线运动而穿过狭缝 S_0 后，就在均匀磁场 $\boldsymbol{B}$ 中做半径为 R 的圆周运动. 求证：由此测定的电子比荷 $e/m=2El/(B^2R^2)$.

7-26 测量磁场用的**霍尔效应高斯计**，其探头采用厚度 $d=0.2\text{mm}$、载流子浓度 $n=3.0\times10^{14}\text{cm}^{-3}$ 的 n 型锗半导体薄片. 当锗片中通有电流 20mA、且垂直于磁场放置时，测得霍尔电势差为 $2.1\times10^{-2}\text{V}$. 求磁感应强度.（**答**：$B=1.0\times10^{-2}\text{T}$）

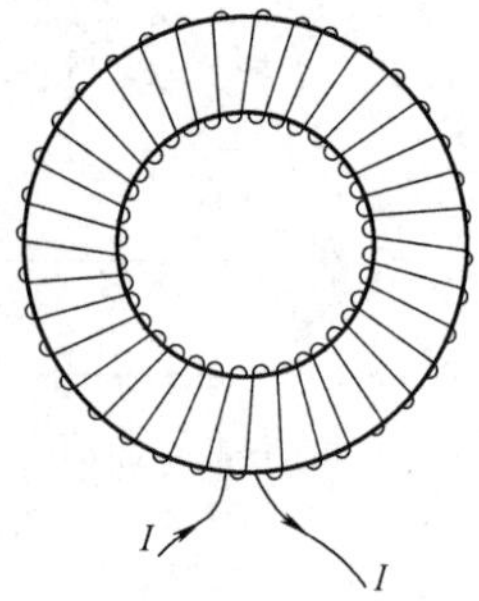

习题 7-27 图

7-27 如习题 7-27 图所示，在磁导率 $\mu=5.0\times10^{-4}\text{Wb}\cdot\text{A}^{-1}\cdot\text{m}^{-1}$ 的磁介质圆环上，每米长度均匀密绕着 1000 匝的线圈，绕组中通有电流 $I=2.0\text{A}$. 试计算环内的磁感应强度.（**答**：$1\text{Wb}\cdot\text{m}^{-2}$）

7-28 在半径为 R 的无限长圆柱体中通有电流 I，设电流均匀地分布在柱体的横截面上，柱体外面充满均匀磁介质，磁导率为 μ. 试求：(1) 离轴线 r（$r>R$）处的磁感应强度；(2) 离轴线 r（$r<R$）处的磁场强度.［**答**：(1) $B=\mu I/(2\pi r)$（$r>R$）；(2) $H=Ir/(2\pi R^2)$（$r<R$）］

7-29 在生产中，为了测定某种材料的相对磁导率，常将这种材料做成横截面为矩形的环形螺线管的芯子. 设环上绕有线圈 200 匝，平均周长为 0.10m，横截面面积为 $5.0\times10^{-5}\text{m}^2$，当线圈内通有电流 0.10A 时，用磁通计测得穿过环形螺线管横截面的磁通量为 $6.0\times10^{-5}\text{Wb}$. 试计算该材料的相对磁导率.（**答**：$\mu_r=8.84\times10^3$）

本章“问题”选解

问题 7-1（2）

答 可能存在铁.

问题 7-4（2）

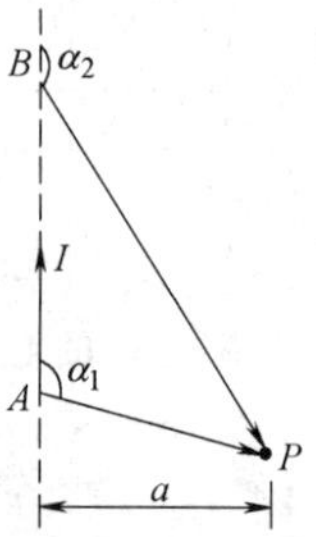

问题 7-4（2）解答图

证 按题设，如问题 7-4（2）解答图所示，$\alpha_2=\pi$. 则式（7-23）成为

$$B=\frac{\mu_0 l}{4\pi a}(\cos\alpha_1-\cos\pi)=\frac{\mu_0 l}{4\pi a}(\cos\alpha_1+1)$$

同理可证：$\alpha_1=0°$，$\cos\alpha_1=1$，所以

$$B=\frac{\mu_0 l}{4\pi a}(\cos0°-\cos\alpha_2)=\frac{\mu_0 l}{4\pi a}(1-\cos\alpha_2)$$

问题 7-4（3）

解 如问题 7-4（3）解答图所示，在直角的角平分线上一点 P 的磁感应强度，可按公式

$$B=\frac{\mu_0 l}{4\pi a}(\cos\alpha_1-\cos\alpha_2)$$

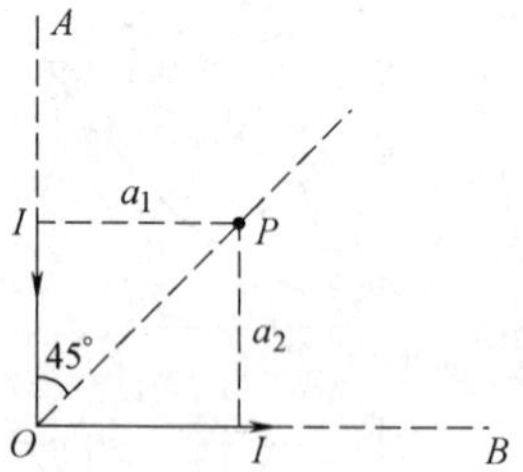

问题 7-4（3）解答图

求解，此处，对 AO 段，$\alpha_1=0°$，$\alpha_2=3\pi/4$ 则

$$B_1=\frac{\mu_0 I}{4\pi a_1}(\cos0°-\cos135°)=\frac{\mu_0 I}{4\pi a_1}(1+\sqrt{2}/2),\odot$$

对 OB 段，$\alpha_1=45°$，$\alpha_2=\pi$，则

$$B_2=\frac{\mu_0 l}{4\pi a_2}[\cos45°-\cos(\pi)]=\frac{\mu_0 l}{4\pi a_2}(1+\sqrt{2}/2),\odot$$

因 $a_1=a_2$，令 $a=a_1=a_2$，则 P 点的总磁感应强度 $\boldsymbol{B}$ 为

$$B=B_1+B_2=\frac{\mu_0 l}{4\pi a}\left(1+\frac{\sqrt{2}}{2}\right),\odot$$

问题 7-8（2）

解　按安培环路定理

$$\oint_l \boldsymbol{B}\cdot \mathrm{d}\boldsymbol{l}=\mu_0\sum_i I_i$$

按所取闭合路径 l 和绕行方向，按右手螺旋法则，有

$$\sum_i I_i=I_1+(-I_2)+I_3+I_3=I_1-I_2+2I_3$$

则磁感应强度 $\boldsymbol{B}$ 矢量的环流为

$$\oint_l \boldsymbol{B}\cdot \mathrm{d}\boldsymbol{l}=\mu_0(I_1-I_2+2I_3)$$

问题 7-9

答　（1）前一问题由读者自行回答．图 7-24 所示的直电流 I 在均匀磁场 $\boldsymbol{B}$ 中所受的安培力则由式（7-40）决定，即 $F=BIl\sin(\mathrm{d}\boldsymbol{l},\boldsymbol{B})$．若直电流与磁场垂直，则 $\sin(\mathrm{d}\boldsymbol{l},\boldsymbol{B})=\sin90°=1$，直电流受力为 $F=BIl$；若直电流平行于磁场，则 $\sin(\mathrm{d}\boldsymbol{l},\boldsymbol{B})=\sin0°=0$，则直电流受力 $F=0$.

（2）由读者自行解答.

问题 7-10（2）

解　如问题 7-10（2）解答图所示，已知 $R=10\mathrm{cm}=0.1\mathrm{m}$，$I=10\mathrm{A}$，$B=5\times10^{-2}\mathrm{Wb\cdot m^{-2}}$，按磁力矩公式

$$\boldsymbol{M}=\boldsymbol{p}_{\mathrm{m}}\times\boldsymbol{B}$$

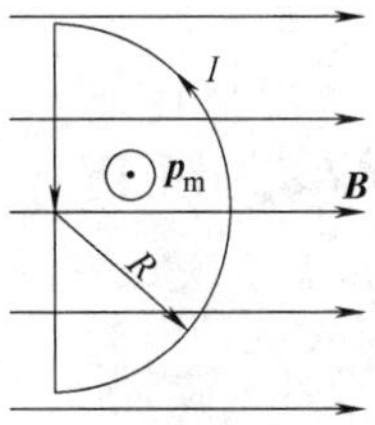

问题 7-10（2）解答图

其大小为

$$M=ISB\sin90°=(10\mathrm{A})\left[\frac{1}{2}\pi(0.1\mathrm{m})^2\right](5\times10^{-2}\mathrm{Wb\cdot m^{-2}})$$
$$=7.85\times10^{-3}\mathrm{N\cdot m}$$

由右手螺旋法则，$\boldsymbol{M}$ 的方向竖直向上.

问题 7-11（2）

证　如问题 7-11（2）解答图所示，电子的半径分别为

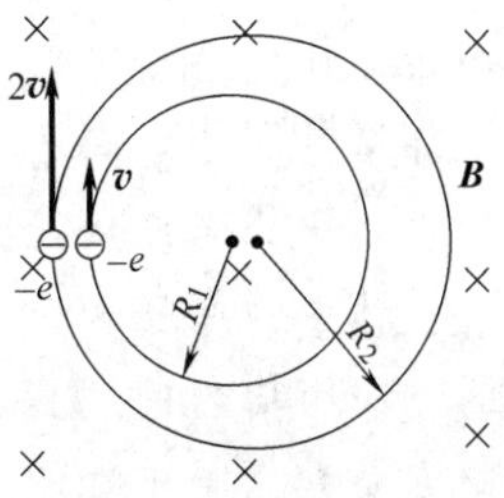

问题 7-11（2）解答图

$$R_1=\frac{mv_1}{|q|B}=\frac{mv}{eB}$$

$$R_2=\frac{mv_2}{|q|B}=\frac{m(2v)}{eB}$$

它们回到出发点用时为

$$T_1=\frac{2\pi R_1}{v_1}=\frac{2\pi}{v}\frac{mv}{eB}=\frac{2\pi m}{eB}$$

$$T_2=\frac{2\pi R_2}{v_2}=\frac{2\pi}{2v}\frac{m(2v)}{eB}=\frac{2\pi m}{eB}$$

所以

$$T_1=T_2$$

即这两个电子同时回到出发点.

问题 7-15

答　(2) 如问题 7-15 (2) 解答图所示，图线Ⅲ表示铁磁质. 在铁磁质中，B 与 H 不成正比关系. 开始时，随着 H 的增大，铁磁质中的 B 迅速增大；接近饱和时，随着 H 的增大，B 增大得极为缓慢. B 与 H 的关系是一条曲线.

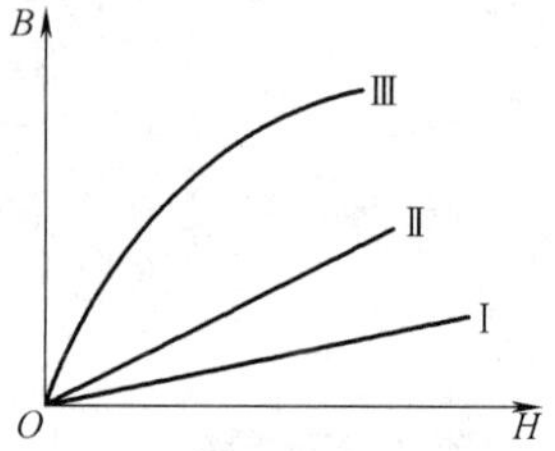

问题 7-15 (2) 解答图

图线Ⅰ、Ⅱ表示普通的弱磁质 (抗磁质或顺磁质). 在弱磁质中，B 与 H 成正比关系，因此，B-H 图线是一条直线.

由 $\boldsymbol{B}=\mu\boldsymbol{H}$，有 $\mu=B/H$，显然，μ 是图线Ⅰ、Ⅱ的斜率，因此，这两种弱磁质相比较，有

$$\mu_{\mathrm{II}}>\mu_{\mathrm{I}}$$

(3) (a) 因铁制物体 (铁磁质) 在磁铁的磁场中，其内部的磁畴做定向排列，发生较强烈的磁化而成为磁铁，因而与磁铁之间有磁力作用而相吸.

(b) 钢锭 (铁磁质) 在外磁场作用下，内部的磁畴做定向的排列而成为强磁体，所以能被电磁铁吸引. 但当钢锭烧红时，其温度超过居里点，内部的磁畴结构被破坏，失去铁磁质的特性，在外磁场作用下，磁化极弱. 因此，与外磁场之间相互作用的磁力很小，不足以克服自身重力，所以不能用电磁铁起重机来搬运烧红的钢锭.

专题选讲Ⅳ　等离子体

1. 概述

等离子体 (plasma) 又叫电浆，是电子与离子的混合物. 其运动主要受电磁力支配，并表现出显著的集体行为. 我们常见的霓虹灯，在它点亮以后，灯管里的气体就被电离了，成为等离子体. 极光，是我们看见的大自然里的等离子体. 等离子态在宇宙中广泛存在，常被视为是除固体、液体、气体外，物质存在的第四态. 等离子体是一种很好的导电体，利用经过巧妙设计的磁场可以捕捉、移动和加速等离子体. 等离子体物理的发展为材料、能源、信息、环境空间、空间物理、地球物理等科学的进一步发展提供了新的技术和工艺.

当物质的温度从低到高变化时，物质将经历固体、液体和气体三种状态，如果温度再升高，气体中的原子和分子将出现电离状态，物质就变成了由带正电的离子和带负电的电子组成的、一团均匀的“糨糊”，因此人们称它为离子浆，这些离子浆中正、负电荷总量相等，因此它是近似电中性的，所以就叫等离子体，如图Ⅳ-1 所示. 等离子体主要特征包括三个方面：

(1) 非束缚性　异类带电粒子之间相互“自由”，等离子体的基本粒子元是正、负电荷的粒子 (离子、电子)，而不是其结合体.

(2) 粒子与电磁场的不可分割性　等离子体中粒子的运动与电磁场 (外场及粒子产生

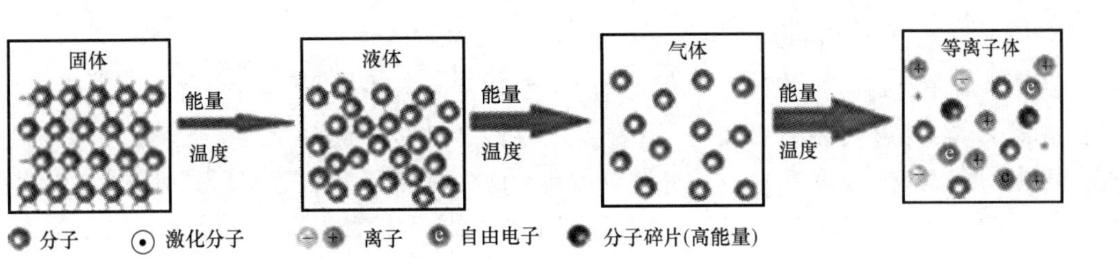

图Ⅳ-1　物质的状态

的自洽场）的运动紧密耦合，不可分割.

(3) 集体效应起主导作用　等离子体中相互作用的电磁力是长程的.

看似“神秘”的等离子体，其实是宇宙中一种常见的物质，在地球上，等离子体物质远比固体、液体、气体物质少. 然而在宇宙中，等离子体是物质存在的主要形式，占宇宙中物质总量的99%以上，如恒星（包括太阳）、星际物质以及地球周围的电离层等，都是等离子体. 目前，人们已经掌握和利用电场和磁场来产生和控制等离子体. 最常见的等离子体是高温电离气体，如电弧、霓虹灯和荧光灯中的发光气体，又如闪电、极光等. 金属中的电子气和半导体中的载流子以及电解质溶液也可以看作是等离子体.

等离子体和普通气体的最大区别是它是一种电离气体. 由于存在带负电的自由电子和带正电的离子，使其具有很高的电导率，因此和电磁场的耦合作用也极强：带电粒子可以同电场耦合，带电粒子流可以和磁场耦合. 描述等离子体要用到电动力学，并因此发展起来一门叫作磁流体动力学的理论.

等离子体的分类方法有很多种. 例如，根据产生的方式可以分为自然等离子体和人工等离子体；按照电离程度可以分为完全电离等离子体、部分电离等离子体和弱电离等离子体；按放电的方式可以分直流放电和交流放电两种等；根据粒子温度可分为高温等离子体和低温等离子体. 高温等离子体一般指核聚变等离子体，包括日冕、磁约束聚变或惯性约束聚变，它们的特点是粒子温度极高，等离子体密度非常大，实验室难以产生（需要大型装置才行，比如托卡马克）. 而低温等离子体相比高温等离子体，粒子温度要低得多，密度也低得多. 低温等离子体的研究范围比较广，用途也比较广，实验室一般用气体放电产生，较容易获得和维持. 而低温等离子体中又分为两种，一种是冷等离子体，另一种是热等离子体. 两者并没有严格的界限. 一般地，冷等离子体是指等离子体中的重粒子温度与电子温度不相等，而热等离子体则是指等离子体中的重粒子温度与电子温度相等.

等离子体可通过放电、电离、射线辐射照射等方法产生. 电子在电场作用下被加速与气体分子发生碰撞，使气体电离，并与二次电子发射等其他机制结合，产生气体击穿放电，形成等离子体；也可以通过入射光子的能量来电离物质的分子，形成等离子体；还可以给气体加热到数千摄氏度，这时随着气体中分子间的碰撞，就会使其中一部分分子或原子发生电离，并且电离度会随温度的升高而迅速增大；此外，用不同的射线或粒子束照射气体也可以产生等离子体.

2. 等离子体的应用

等离子体的应用取决于它的性质和状态. 如等离子体的构成、各种粒子数密度、各种粒子的温度以及等离子体所处的环境等.

(1) 高温等离子体的应用

高温等离子体的温度为 $10^6 \sim 10^8$K. 它主要用于热核聚变发电. 为了实现热核聚变反应，等离子体必须要有很高的温度，才能使氘核具有足以克服氘核间的库仑排斥力的巨大动能；同时，它还必须有很高的粒子密度和足够长的约束时间. 这样，氘核之间才得以发生充分的核反应，放出足够的能量. 20 世纪 80 年代，热核聚变主要采用磁约束和惯性约束两种方法来达到上述条件. 由于热核聚变反应的等离子体温度极高，所以常规的容器都无法耐受，并将造成很大的热能损失. 利用强磁场把高温等离子体约束在一定空间内，使之与容器壁隔开，维持其高温和高密度状态. 属于磁约束方法的聚变反应装置有托卡马克（见图Ⅳ-2)、磁镜等，其中托卡马克装置上的试验数据最接近劳孙条件. 它有一个类似于变压器的铁心，原边为一线圈，副边就是放电室中的等离子体. 当原边线圈通过电流时，等离子体中就会产生很大的电流，以加热等离子体. 沿环形放电室设置了许多同轴线圈以约束高温等离子体，使之持续稳定地运行一定时间.

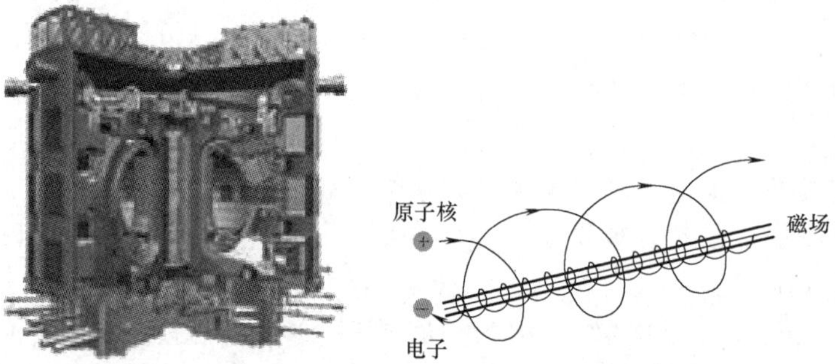

图Ⅳ-2　托卡马克聚变实验堆及约束原理示意图

(2) 低温等离子体的应用

低温等离子技术是一门横跨物理、化学、生物、环境科学的交叉学科，该技术兼具了物理效应、化学效应和生物效应，具有效率高、能耗低、绿色无污染的特点. 低温等离子体广泛运用于多种生产领域，例如：等离子电视、等离子体冶炼、等离子体焊接、等离子体对材料的表面改性等.

1) 等离子电视：等离子彩电（Plasma Display Panel，PDP）是在两张超薄的玻璃板之间注入混合气体，并施加电压利用荧光粉发光成像的设备. 薄玻璃板之间充填混合气体，施加电压使之产生离子气体，然后使等离子气体放电，与基板中的荧光体发生反应，产生彩色影像. 等离子彩电具有机身纤薄、重量轻、屏幕大、色彩鲜艳、画面清晰、亮度高、失真度小、节省空间等优点.

2) 等离子体隐身：等离子体隐身技术是一种用磁化或非磁化冷等离子体来规避雷达探测系统的新技术. 相比于广泛应用的形状和材料隐身技术，等离子隐身技术具有吸收率高、使用方便、使用时间长、隐身效果好、价格低、吸收带宽短、可通过开关快速切换等离子体的有无的优点；由于没有吸波材料和吸波涂层，可极大地降低维护费用. 等离子体隐身技术在军事上具有极高的潜在应用价值，将成为隐身技术发展新的突破方向.

3) 等离子体冶炼：等离子体具有温度高、能量集中、功率可调、气氛可控、无电极损耗、噪声低、设备简单、电热转换效率高等特点，是一种特殊的洁净高温热源，为高质量冶炼提供了优良环境，是特种合金材料冶炼理想的热源之一．所以，对那些高熔点、用普通方法难于冶炼的材料（如锆、钛、钽、铌、钒、钨等金属）可以用等离子体来冶炼；等离子体还可以用于简化工艺过程，例如直接从 $ZrCl_4$、MoS_2、Ta_2O_5 和 $TiCl_4$ 中分别获得 Zr、Mo、Ta 和 Ti；熔化快速固化法可开发硬的高熔点粉末，如 Mo-Co、Mo-Ti-Zr-C 等粉末．等离子体冶炼的优点是产品成分及微结构的一致性好，可免除容器材料的污染．

4）等离子体表面改性：等离子体表面改性是一种基于等离子体中产生的电子、离子和活性粒子等与待处理材料的表面相互作用，可以提高材料的耐磨性、耐蚀性、耐湿性、防潮性、以及改变对电磁波的吸收程度，半导体的绝缘保护等．如许多设备的部件需要能耐磨、耐腐蚀、抗高温，为此需要在其表面喷涂一层具有特殊性能的材料，用等离子体沉积快速固化法可将特种材料粉末喷入热等离子体中熔化，并喷涂到基体（部件）上，使之迅速冷却、固化，形成接近网状结构的表层，这可大大提高喷涂质量．等离子体表面处理具有效率高、速度快、功能多、可大面积工业化运行等特点．目前不论是在航空航天、微电子行业、显示器、半导体工业等高端产业，还是在印刷、包装、纺织等和日常生活紧密相关的领域，等离子体改性都在越来越多地被应用．

5）等离子体发动机：等离子发动机的主要介质就是等离子体，它使用洛伦兹力让带电离子加速通过磁场，来反向驱动航天器，与粒子加速器、轨道炮的原理相同．等离子发动机是电推进系统的一种，在国内外应用相当成熟，但与化学推进相比电推进有以下的优点：

① 电推进不受化学推进剂可释放化学能大小的限制．经验表明一般化学推进剂的能量为 70MJ/kg．电推进却不受这些限制，它理论上可以达到任何能量．

② 电推进的比冲比化学推进的比冲高很多，所以它所需的推进剂将会少很多，从而能够增加卫星的有效载荷，提高卫星的性能和效益．

第8章 电磁感应和电磁场理论的基本概念

章前问题？

问题1：发电机可以分为水力发电机、火力发电机等. 只要我们轻松合上电源开关，就可以方便地使用计算机、电灯和各种电器设备，极大地方便了我们的生活. 那么发电机是如何发电的呢？这里面用到了什么物理原理呢？

问题2：电磁炉是现代厨房革命的产物，它不需要明火或传导式加热而让热直接在锅底产生，因此热效率得到了极大的提高. 电磁炉是一种高效节能的厨具，完全区别于所有传统的有火加热厨具，它是如何工作的呢？

前两章我们相继讨论了静电场和稳恒磁场的基本规律. 本章将进一步研究电场和磁场在时变的情况下相互激发、相互联系的情况和性质，并由此引入和归结为宏观电磁场理论的基础——麦克斯韦方程组.

奥斯特于1820年发现电流的磁现象之后不久，英国物理学家法拉第（M·Faraday，1791—1867）于1821年提出“磁”能否产生“电”的想法，并经过多年实验研究，终于在1831年发现，当穿过闭合导体回路中的磁通量随时间发生改变时，回路中就会出现电流，这个现象称为**电磁感应现象**.

电磁感应现象的发现，不仅揭示了电与磁之间的内在联系，为进一步建立电磁场理论提供了基础，而且使机械能转变为电能得以实现，促进了工业化社会的发展.

8.1 电磁感应及其基本规律

8.1.1 电磁感应现象

如图8-1所示，一线圈A与灵敏电流计G连接成一个回路，用一磁铁的N极或S极插入线圈的过程中，电流计显示出回路中有电流通过. 电流的方向与磁铁的极性及运动方向有关；电流的大小则与磁铁相对于线圈运动的快慢有关. 磁铁运动得越快，电流越大；运动得越慢，电流越小；停止运动，则电流为零.

如果采取相反的操作过程，令插入线圈中的磁铁静止不动，将线圈相对于磁铁运动，结果完全相同.

如果将磁铁换成另一载流线圈 B，如图 8-2 所示，则发现只要载流线圈 B 和线圈 A 之间有相对运动，在线圈 A 的回路中就有电流通过. 情况和磁铁与线圈 A 之间有相对运动时完全一样. 不仅如此，还发现即使线圈 A 与 B 之间没有相对运动，但只要改变线圈 B 中的电流大小；或者甚至电流大小也不改变，只要改变线圈 B 中的介质（例如，把一根铁棒插入线圈 B 或将线圈中原有的铁棒抽出的过程中），同样会在线圈 A 的回路中引起电流.

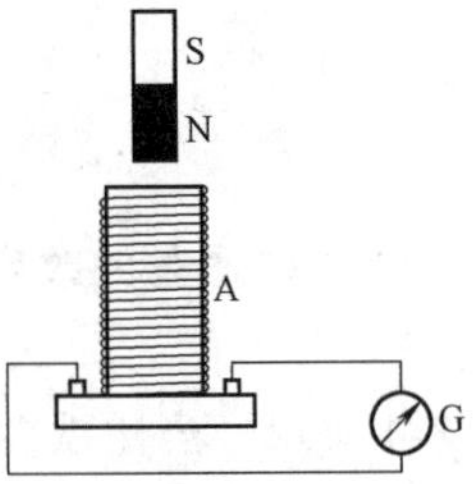

图 8-1　磁铁插入线圈的实验

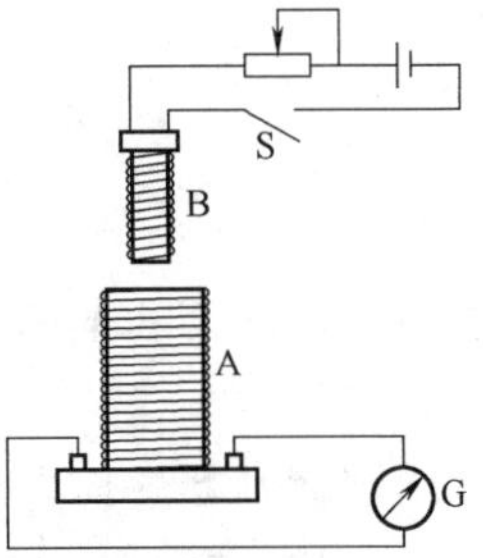

图 8-2　载流小线圈插入线圈

以上各实验的条件似乎很不相同，但是仔细分析，可以发现它们具有一个共同特征，即当线圈 A 内的磁感应强度发生变化时，线圈 A 中就有电流通过，这个电流称为**感应电流**. 并且，磁感应强度变化越迅速，感应电流也越大. 感应电流的方向可以根据磁场变化的具体情况来确定.

那么，磁场不变化能否产生感应电流呢？实验还发现另一种情况，如图 8-3 所示，在一均匀磁场 $\boldsymbol{B}$ 中放一矩形线框 $abcd$，线框的一边 cd 可以在 ad、bc 两条边上滑动，以改变线框平面的面积. 线框的另一边 ab 中接一灵敏电流计 G. 使线框平面与磁场 $\boldsymbol{B}$ 垂直，则当 cd 边滑动时，也会引起感应电流，滑动速度 $\boldsymbol{v}$ 愈大，感应电流也愈大. 感应电流的流向与磁场 $\boldsymbol{B}$ 的方向及 cd 滑动的方向彼此有关. 但如果线框平面平行于磁场方向，则无论怎样滑动，cd 边都没有感应电流产生. 在这个实验中，磁场没有发生变化，但当 cd 边的滑动使得通过线框的磁通量发生变化时，也要产生感应电流.

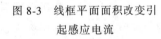

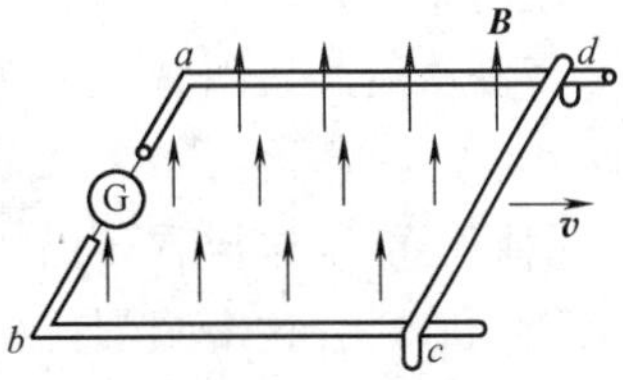

图 8-3　线框平面面积改变引起感应电流

从以上三个实验现象我们可以看到，线圈中的感应电流是在磁铁相对于线圈位置发生变化，或者在磁场中的线圈回路面积发生变化的情形下引起的. 这种电流的产生可以归结为如下结论：**当通过一闭合电路所包围面积的磁通量发生变化时，闭合电路中就会出现感应电流.**

问题 8-1　如问题 8-1 图所示，放在纸面上的闭合导体回路 C，在垂直纸面、且向里的均匀磁场 $\boldsymbol{B}$ 中做各图所示的运动时，回路 C 中有无感应电流？

8.1.2　楞次定律

现在来说明如何判断感应电流的流向. 1833 年楞次（H. F. E. Lenz，1804—1865）在概括实验结果的基础上得出如下结论：**闭合回路中感应电流的流向，总是企图使感应电流本**

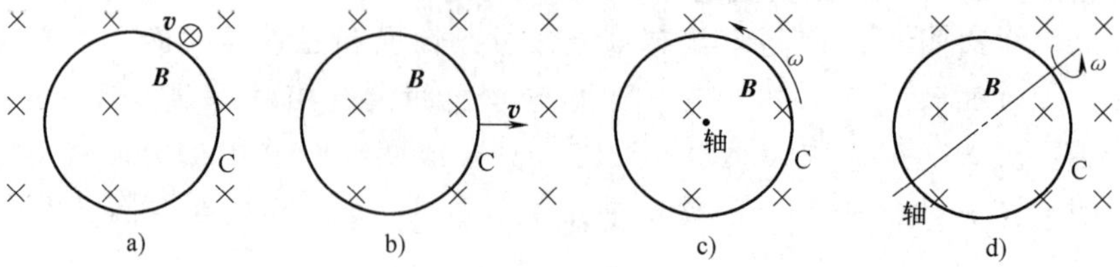

问题 8-1 图

a) 回路沿磁场方向平动 b) 回路垂直于磁场方向平动 c) 回路绕平行于磁场的轴转动 d) 回路绕垂直于磁场的轴转动

身所产生的通过回路面积的磁通量，去抵消或者补偿引起感应电流的磁通量的改变. 这一结论称为**楞次定律**.

应用楞次定律判断感应电流的流向，可举例说明之. 如图 8-4 所示，当磁铁向线圈 A 移动时，我们可以按下述三个步骤来判断线圈 A 中感应电流的流向：

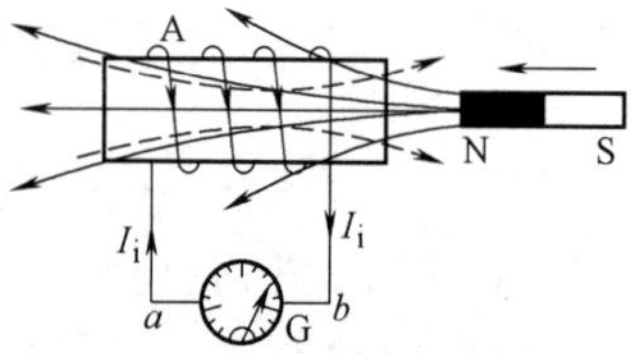

图 8-4 楞次定律举例说明

1）随着磁铁向线圈 A 靠近，穿过线圈 A 的磁通量在增大；

2）根据楞次定律，螺绕管中感应电流的磁场方向应与磁铁的磁场方向相反（如图中虚线所示）；

3）根据右手螺旋法则，螺绕管中感应电流 I_i 的方向是自 a 流向 b 的.

当磁铁离开线圈 A 向右移动时，读者不难自行判断，螺绕管中感应电流的方向则会自 b 流向 a.

我们还可以这样看：仍如图 8-4 所示，当磁棒的 N 极向线圈移动时，在线圈中既然有感应电流，那么，这个线圈就相当于一个条形磁铁，它的右端便成为 N 极，面迎着磁棒的 N 极. 以致这两个 N 极互相排斥. 反之，当磁棒的 N 极离开线圈时，读者可自行分析，线圈的右端则成为 S 极，将吸引磁棒而企图阻止它离开. 总之，**感应电流激发的磁场，其作用是反抗磁棒的运动**.

细加思量，读者不难领会，用以决定感应电流流向的楞次定律，是符合能量守恒与转换定律的. 在上述例子中可以看到，感应电流所激发的磁场，它的作用是反抗磁棒的运动，因此，一旦移动磁棒，外力就要做功；与此同时，在导体回路中就具有感应电流，这电流在回路上则是要消耗电能的，例如消耗在电阻上而转变为热能. 事实上，这个能量的来源就是外力所做的功.

反之，假如感应电流激发的磁场方向是使磁棒继续移动，而不是阻止它的移动，那么，只要我们将磁棒稍微移动一下，感应电流将帮助它移动得更快些，于是更增大了感应电流大小，这个增大更促进相对运动的加速，这样继续下去，相对运动就愈加迅速，回路中感应电流就愈加增大，不断获得能量. 这就是说，此后我们可以不做功，而同时无限地获得电能，这显然是违背能量守恒定律的. 所以，感应电流的流向只能按照楞次定律的规定取向.

问题 8-2 （1）试述楞次定律，为什么说，楞次定律是符合能量守恒定律的？

（2）如问题8-2图所示，一导体回路A接入电源和可变电阻R．当电阻值R增大或减小时，试判定回路中感应电流的流向．

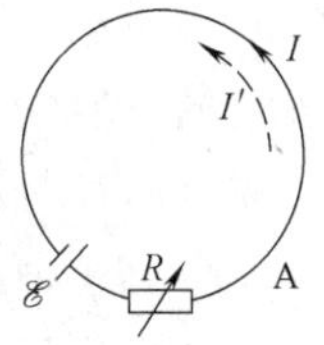

问题8-2图

8.1.3　法拉第电磁感应定律及其应用

不言而喻，电路中出现电流，说明电路中有电动势．直接由电磁感应而产生的是感应电动势，只有当电路闭合时感应电动势才会产生感应电流．法拉第从实验中总结了感应电动势与磁通量变化之间的关系，得出**法拉第电磁感应定律：不论任何原因使通过回路面积的磁通量发生变化时，回路中产生的感应电动势$\mathscr{E}_i$与磁通量对时间的变化率$\mathrm{d}\Phi_m/\mathrm{d}t$之负值成正比**，即

$$\mathscr{E}_i=-k\frac{\mathrm{d}\Phi_m}{\mathrm{d}t}$$

式中，k是比例系数．在国际单位制中$k=1$，则上式可写成

$$\mathscr{E}_i=-\frac{\mathrm{d}\Phi_m}{\mathrm{d}t} \tag{8-1}$$

式中，Φ_m的单位为Wb（韦伯）；t的单位为s（秒）；$\mathscr{E}_i$的单位为V（伏特）．

如果闭合回路的电阻为R，则回路中的感应电流为

$$I_i=-\frac{1}{R}\frac{\mathrm{d}\Phi_m}{\mathrm{d}t} \tag{8-2}$$

如果回路是由N匝线圈密绕而成，穿过每匝线圈的磁通量均为Φ_m，那么总磁通量为$N\Phi_m$．这时，我们可把法拉第电磁感应定律写成如下形式：

$$\mathscr{E}_i=-\frac{\mathrm{d}(N\Phi_m)}{\mathrm{d}t}=-\frac{\mathrm{d}\Psi}{\mathrm{d}t} \tag{8-3}$$

我们把$\Psi=N\Phi_m$称为通过N匝线圈的**磁通链数**，简称**磁链**．

上述各式中的负号反映了感应电动势的指向或电流的流向与磁通量变化趋势的关系，乃是楞次定律的数学表示．具体确定电动势$\mathscr{E}_i$的指向（或电流I_i的流向）的方法如下：首先任意选定回路绕行的正取向，为方便起见，一般选取与原磁场$\boldsymbol{B}$的方向成右手螺旋关系的绕行方向作为正的取向，如图8-5a、b中的虚线所示．如果磁通量随时间增大，则$\mathrm{d}\Phi_m/\mathrm{d}t>0$，$\mathscr{E}_i<0$，$I_i<0$，说明感应电动势$\mathscr{E}_i$的指向或感应电流$I_i$的流向与假设的正取向相反（见图8-5a）；如果磁通

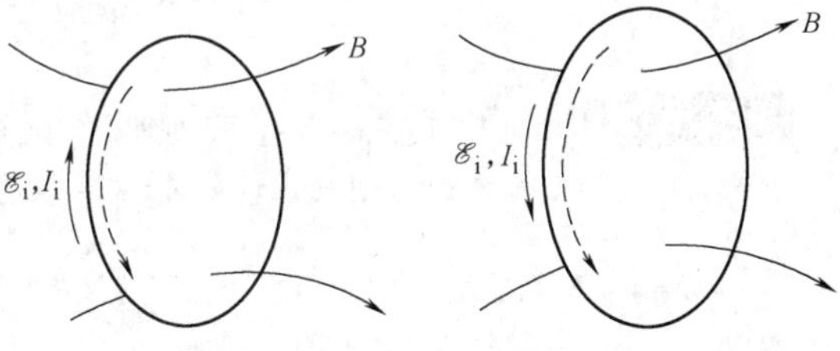

图8-5　用法拉第电磁感应定律判定$\mathscr{E}_i$的指向或I_i的流向

a）若$\frac{\mathrm{d}\Phi_m}{\mathrm{d}t}>0$，则$\mathscr{E}_i<0$，$I_i<0$

b）若$\frac{\mathrm{d}\Phi_m}{\mathrm{d}t}<0$，则$\mathscr{E}_i>0$，$I_i>0$

量随时间减小，则 $\mathrm{d}\Phi_{\mathrm{m}}/\mathrm{d}t<0$，$\mathscr{E}_{\mathrm{i}}>0$，$I_{\mathrm{i}}>0$，说明感应电动势 $\mathscr{E}_{\mathrm{i}}$ 的指向或感应电流 I_{i} 的流向与假定的正取向相同（见图 8-5b）.

在具体进行数值计算时，我们往往用式（8-1）来求感应电动势的大小（绝对值），即 $|\mathscr{E}_{\mathrm{i}}|=|-\mathrm{d}\Phi_{\mathrm{m}}/\mathrm{d}t|$；而用楞次定律直接确定感应电动势的指向. 这样较为方便. 但是，在理论上讨论或分析电磁感应问题时，为了能从量值上同时表述感应电动势的指向（或感应电流的流向），则需要直接运用法拉第电磁感应定律［式（8-1）、式（8-2）或式（8-3）］进行探究.

章前问题 1 解答

发电机的形式和类型虽然很多，但其工作原理都基于电磁感应定律. 当闭合线圈中的磁通量发生变化时，闭合回路中会产生感应电流，如章前问题解答图所示.

章前问题解答图

问题 8-3 （1）如问题 8-3 图 a 所示，当一长方形回路 A 以匀速 $\boldsymbol{v}$ 自无场区进入均匀磁场 $\boldsymbol{B}$ 后，又移出到无场区中. 试判断回路在运动全过程中感应电动势的指向.

（2）如问题 8-3b 图所示，当一铜质曲杆 l 在均匀磁场 $\boldsymbol{B}$ 中沿垂直于磁场方向以速度 $\boldsymbol{v}$ 平动时，试判断杆中感应电动势的指向［提示：假想用三条不动的导线 KL、LM、MN（如图中虚线所示）与曲杆 l 构成一个"闭合导体回路"，而曲杆 l 可沿导线 KL、MN 平动］.

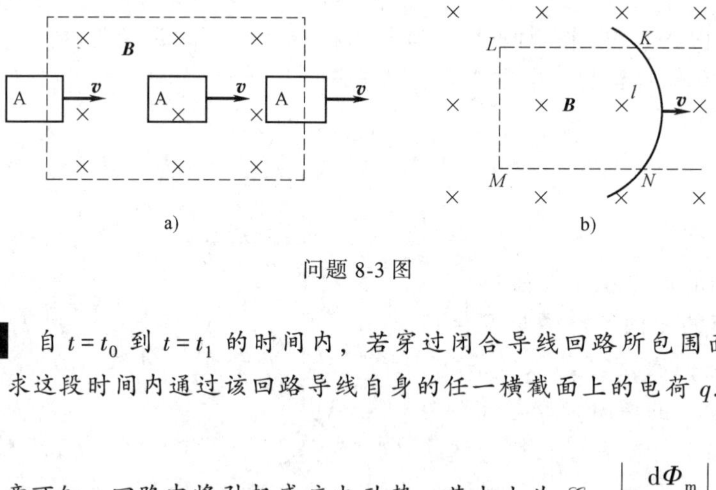

问题 8-3 图

例题 8-1 自 $t=t_0$ 到 $t=t_1$ 的时间内，若穿过闭合导线回路所包围面积的磁通量由 Φ_{m0} 变为 Φ_{m1}，求这段时间内通过该回路导线自身的任一横截面上的电荷 q. 设回路导线的电阻为 R.

解 按题意可知，回路中将引起感应电动势，其大小为 $\mathscr{E}_{\mathrm{i}}=\left|-\dfrac{\mathrm{d}\Phi_{\mathrm{m}}}{\mathrm{d}t}\right|=\dfrac{|\mathrm{d}\Phi_{\mathrm{m}}|}{\mathrm{d}t}$，则由闭合电路的欧姆定律，有 $I=\dfrac{\mathscr{E}_{\mathrm{i}}}{R}=\left(\dfrac{1}{R}\right)\dfrac{|\mathrm{d}\Phi_{\mathrm{m}}|}{\mathrm{d}t}$. 根据电流的定义，$I=\dfrac{\mathrm{d}q}{\mathrm{d}t}$，遂得通过导线横截面的电荷为

$$q=\int_{t_0}^{t_1}\mathrm{d}q=\int_{t_0}^{t_1}I\mathrm{d}t=\frac{1}{R}\int_{\Phi_{\mathrm{m0}}}^{\Phi_{\mathrm{m1}}}|\mathrm{d}\Phi_{\mathrm{m}}|=\frac{1}{R}\left|\int_{\Phi_{\mathrm{m0}}}^{\Phi_{\mathrm{m1}}}\mathrm{d}\Phi_{\mathrm{m}}\right|=\frac{1}{R}|\Phi_{\mathrm{m1}}-\Phi_{\mathrm{m0}}|$$

说明　电荷的多少与磁通量 Φ_m 的改变值成正比，而与其变化率无关. 因此，只要测得通过回路导线中任一横截面的电荷，并在回路导线电阻已知的情况下，就可用来测定磁通量 Φ_m 的变化值. **磁通计**就是根据这个原理设计的.

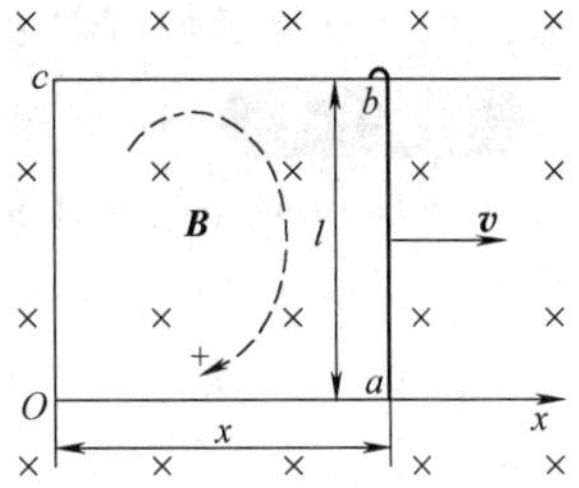

例题 8-2 图

例题 8-2　如例题 8-2 图所示，在磁感应强度 $B=0.5\text{T}$、方向垂直于纸面向里的均匀磁场中，一矩形闭合导体回路 $Oabc$ 的平面与磁场 $\boldsymbol{B}$ 相垂直，其中 ab 段的长度为 $l=20\text{cm}$，它可沿 Ox 轴方向平动. 当 ab 段以匀速 $v=1\text{m}\cdot\text{s}^{-1}$ 向右移动时，求回路中的感应电动势.

解　首先，我们不妨选定正的回路绕向为顺时针转向（如图中带箭头的虚线所示），则按右手螺旋法则，此回路平面的法线 $\boldsymbol{e}_n$ 的方向垂直纸面向里，与磁场 $\boldsymbol{B}$ 的方向一致，即与磁感应线的夹角 $\theta=0°$. 因此，在导线段 ab、速度 $\boldsymbol{v}$ 和磁场 $\boldsymbol{B}$ 三者相互垂直的情况下，在任一时刻穿过回路的磁通量是正的，即 $\Phi_m=Blx$；由于磁场 $\boldsymbol{B}$ 不变，当导线段 ab 以速度 $\boldsymbol{v}$ 运动时，它离开 Oc 段的距离 x 是变量. 因此，按法拉第电磁感应定律［式（8-1）］，整个回路上的感应电动势为

$$\mathscr{E}_i=-\frac{d\Phi_m}{dt}=-\frac{d}{dt}(Blx)=-Bl\frac{dx}{dt}=-Blv$$

将题设各量单位统一用 SI 表示，并代入上式后，可算得

$$\mathscr{E}_i=-0.5\times0.2\times1\text{V}=-0.1\text{V}$$

式中，负号表示感应电动势的方向与所设的回路绕行方向相反，即感应电动势是循逆时针转向的；感应电动势的大小为 0.1V.

例题 8-3　如例题 8-3 图所示，一竖直的长直导线通有电流 $I=1.5\text{A}$，将一个面积 $S=1.4\text{cm}^2$ 的小铜线圈 C 以匀速 $v=3.25\text{m}\cdot\text{s}^{-1}$ 离开导线水平向右移动，铜圈平面与长直导线恒在同一平面内，当线圈距导线 20cm 时，求线圈中的感应电动势.

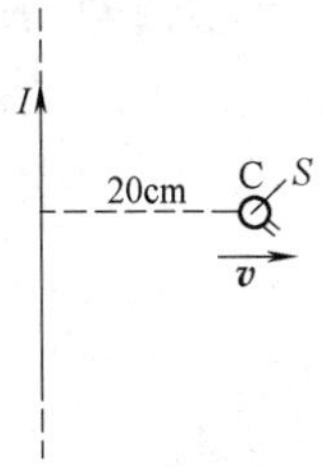

例题 8-3 图

解　取小线圈绕行的正方向为顺时针方向，则它的正法线方向 $\boldsymbol{e}_n$ 与 $\boldsymbol{B}$ 的方向一致，$\cos(\boldsymbol{e}_n, \boldsymbol{B})=\cos 0°=1$. 当铜圈运动到距长直导线为 r 处时，通过小铜线圈的磁通量为

$$\Phi_m=BS\cos 0°=BS=\frac{\mu_0 I}{2\pi r}S$$

通过线圈的磁通量变化率为

$$\frac{d\Phi_m}{dt}=\frac{d}{dt}\left(\frac{\mu_0 IS}{2\pi r}\right)=-\frac{\mu_0 IS}{2\pi r^2}\frac{dr}{dt}=-\frac{\mu_0}{4\pi}\frac{2IS}{r^2}v$$

由已知数据，可求出小线圈中的感应电动势为

$$\mathscr{E}_i=-\frac{d\Phi_m}{dt}=\frac{\mu_0}{4\pi}\frac{2ISv}{r^2}=10^{-7}\text{N}\cdot\text{A}^{-2}\times\frac{2\times1.5\text{A}\times1.4\times10^{-4}\text{m}^2\times3.25\text{m}\cdot\text{s}^{-1}}{(0.2\text{m})^2}$$

$$=3.41\times10^{-9}\text{V}$$

$\mathscr{E}_i$ 为正值，表明小线圈中感应电动势的指向循所取的回路正绕行方向，即顺时针方向. 或者，也可以像通常那样，按法拉第电磁感应定律求 $\mathscr{E}_i$ 的大小，用楞次定律确定其方向.

例题 8-4 如例题 8-4 图所示，一长直导线通以交变电流 $i=I_0\sin\omega t$（即电流随时间 t 正弦变化），式中 i 表示瞬时电流，而 I_0 表示最大电流（或称**电流振幅**），ω 是角频率，I_0 和 ω 都是恒量. 在此导线近旁平行地放一个长方形回路，长为 l，宽为 a，回路一边与导线相距为 d. 周围介质的磁 求任一时刻回路中的感应电动势.

> 今后，常用 i 表示随时间 t 变化的电流，以区别于恒定电流 I.

分析 电流 i 随时间 t 变化，它激发的磁场也随时间 t 而变化，因此穿过回路的磁通量也随 t 而变化，故在此回路中要产生感应电动势 $\mathscr{E}_i$.

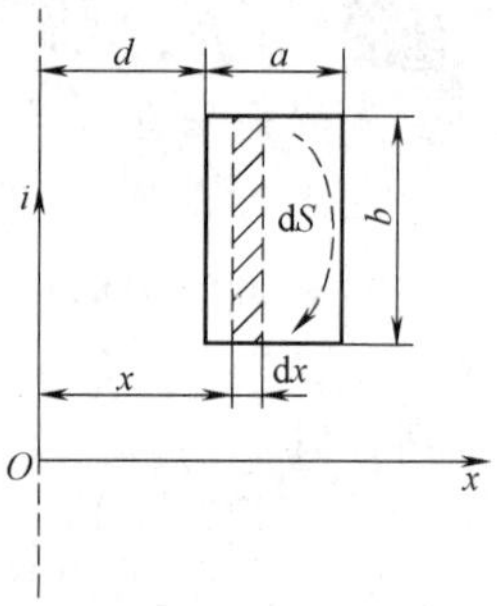

例题 8-4 图

解 先求穿过回路的磁通量. 在某一瞬时，距导线 x 处的磁感应强度为

$$B=\frac{\mu}{2\pi}\frac{i}{x} \tag{a}$$

在距导线为 x 处，通过面积元 $dS=l dx$ 的磁通量为

$$d\Phi_m=BdS\cos0°=\frac{\mu}{2\pi}\frac{i}{x}l dx \tag{b}$$

在该瞬时（t 为定值）通过整个回路面积的磁通量为

$$\begin{aligned}\Phi_m&=\int_S d\Phi_m=\int_d^{d+a}\frac{\mu}{2\pi}\frac{i}{x}l dx=\frac{\mu l}{2\pi}\int_d^{d+a}\frac{I_0\sin\omega t}{x}dx\\&=\frac{\mu I_0 l}{2\pi}\sin\omega t\int_d^{d+a}\frac{dx}{x}=\frac{\mu I_0 l}{2\pi}\left(\ln\frac{d+a}{d}\right)\sin\omega t\end{aligned} \tag{c}$$

从上式可知，当时间 t 变化时，磁通量 Φ_m 亦随之改变. 故回路内的感应电动势为

$$\mathscr{E}_i=-\frac{d\Phi_m}{dt}=-\frac{\mu l I_0}{2\pi}\left(\ln\frac{d+a}{d}\right)\frac{d}{dt}(\sin\omega t)$$

即

$$\mathscr{E}_i=-\frac{\mu l I_0\omega}{2\pi}\left(\ln\frac{d+a}{d}\right)\cos\omega t \tag{d}$$

可见，感应电动势如同电流 $i=I_0\sin\omega t$ 那样，也随时间 t 按余弦而改变. 若选定此回路正的绕向是循顺时针转向的，则当 $0<t<\pi/(2\omega)$ 时，$\cos\omega t>0$，由式ⓓ可知，$\mathscr{E}_i<0$，表明回路内的感应电动势 $\mathscr{E}_i$ 的指向为逆时针的. 如果我们用楞次定律来判断，由式ⓒ可知，在 $0<t<\pi/(2\omega)$ 时间内，$\Phi_m>0$，且其值随时间 t 而增大，故回路内的感应电流应是循逆时针流向的. 而感应电动势的指向也是循逆时针转向的. 结果是一致的.

读者试自行用法拉第电磁感应定律或楞次定律判断：在 $\pi/(2\omega)<t<\pi/\omega$ 这段时间内，此回路中感应电动势的指向.

例题 8-5 设线圈 $abcd$ 的形状不变，面积为 S，共有 N 匝，在均匀磁场 $\boldsymbol{B}$ 中绕固定轴 OO' 转动，OO' 轴和磁感应强度 $\boldsymbol{B}$ 的方向垂直（见例题 8-5 图 a）. 在某一瞬时，设线圈平面的法线 $\boldsymbol{e}_n$ 和磁感应强度 $\boldsymbol{B}$ 之间的夹角为 θ，则这时刻穿过线圈平面的磁链为

$$N\Phi_m = NBS\cos\theta \quad ⓐ$$

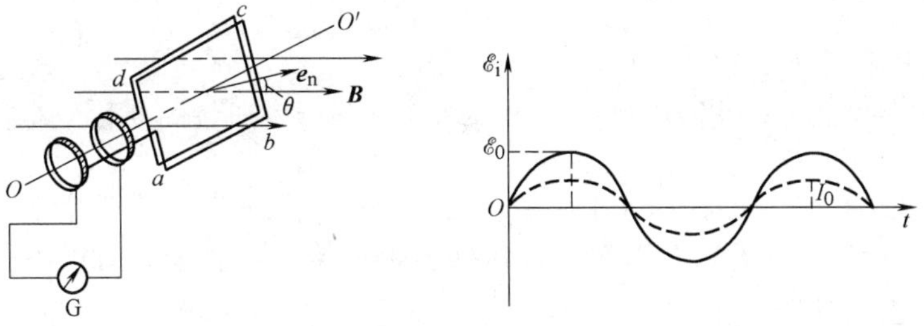

a)　　　b)

例题 8-5 图

a）在磁场中转动的线圈　b）交变电动势 $\mathscr{E}_i$ 和交变电流 i

当外加的机械力矩驱动线圈绕 OO' 轴转动时，上式的 N、B、S 各量都是不变的恒量，只有夹角 θ 随时间改变，因此磁通量 Φ_m 亦随时间改变，从而在线圈中产生感应电动势，即

$$\mathscr{E}_i = -N\frac{d\Phi_m}{dt} = NBS\sin\theta\frac{d\theta}{dt} \quad ⓑ$$

式中，$d\theta/dt$ 是线圈转动的角速度 ω；如果 ω 是恒量（即匀角速转动），而且使 $t=0$ 时，$\theta=0$，则得 $\theta=\omega t$，代入式ⓑ，得

$$\mathscr{E}_i = NBS\omega\sin\omega t \quad ⓒ$$

令 $NBS\omega=\mathscr{E}_0$，它是线圈平面平行于磁场方向（$\theta=90°$）时的感应电动势，也就是线圈中的最大感应电动势，则上式成为

$$\mathscr{E}_i = \mathscr{E}_0\sin\omega t \quad ⓓ$$

上式表明，在均匀磁场内转动的线圈所具有的感应电动势是随时间做周期性变化的，周期为 $\frac{2\pi}{\omega}$ 或频率为 $\nu=\frac{\omega}{2\pi}$. 在相邻的每半个周期中，电动势的指向相反（见例题 8-5 图 b），这种电动势叫作**交变电动势**. 在任一瞬时的电动势 $\mathscr{E}_i$ 可由式ⓓ决定，称为**电动势的瞬时值**，而最大瞬时值 $\mathscr{E}_0$ 称为**电动势的振幅**.

如果线圈与外电路接通而构成回路，其总电阻是 R，则其电流为

$$i = \frac{\mathscr{E}_0}{R}\sin\omega t = I_0\sin\omega t = I_0\sin 2\pi\nu t \quad ⓔ$$

即 i 也是交变的（见例题 8-5 图 b），称为**交变电流**或**交流电**，$I_0=\mathscr{E}_0/R$ 是电流的最大值，称为**电流振幅**.

说明　从功能观点来看，当线圈转动而出现感应电流时，此线圈在磁场中同时要受到安培力的力矩作用［参见 7.7.2 节］，这个力矩的方向与线圈的转动方向相反，形成反向的制动力矩（楞次定律）. 因此，要维持线圈在磁场中不停地转动，必须通过外加的机械力矩做功，即要消耗机械能；另一方面，在线圈转动过程中，感应电流的出现，意味着拥有了电能. 这电能必然是由机械能转化过来的. 因此，线圈和磁场做相对运动而形成的电磁感应作用是：**使机械能转化为电能**. 这就是发电机的基本原理. 例题 8-5 图 a 就是一台简单的交流发电机的示意图.

8.2 动生电动势

从磁通量的定义式 $\Phi_m=\iint_S \boldsymbol{B}\cdot \mathrm{d}\boldsymbol{S}=\iint_S B\cos\theta \mathrm{d}S$，分析磁通量的变化，有三种情况：

1）回路导线的位置、形状和大小不变，而回路所在处的磁感应强度随着时间的变化在变化. 例如，θ、S 不变，$\boldsymbol{B}$ 的大小在变. 在这种情况下，由磁通量 Φ_m 变化而引起的感应电动势，称为**感生电动势**（如例题 8-4）.

2）回路导线所在处的空间内是稳恒磁场，但回路的位置、形状或大小在改变. 例如，S 和 θ 在变化，而 $\boldsymbol{B}$ 不变（如例题 8-2、例题 8-5）. 在这种情况下，由磁通量 Φ_m 变化而引起的感应电动势，称为**动生电动势**. 本节将详细讨论.

3）还有一种是磁场和回路都在变化，同时产生上述两种感应电动势.

8.2.1 动生电动势的由来

如图 8-6 所示，一段长为 l 的直导线 ab 在给定的均匀磁场 $\boldsymbol{B}$ 中，以速度$\boldsymbol{v}$ 平动，设 ab、$\boldsymbol{B}$、$\boldsymbol{v}$ 三者相互垂直，则直导线 ab 在运动时宛如在切割磁感应线；并且导线内每个自由电子（带电 $-e$）受洛伦兹力 $\boldsymbol{F}_m$ 作用，$\boldsymbol{F}_m=-e\boldsymbol{v}\times\boldsymbol{B}$，方向沿导线向下，使电子向下运动到 a 端，结果，上端 b 因电子缺失而带正电，下端 a 带负电. 由于上、下端正、负电荷的积累，ab 间遂形成一个逐渐增大的静电场，该静电场使电子受到一个向上的静电力 $\boldsymbol{F}_e=-e\boldsymbol{E}$. 当静电力增大到与洛伦兹力相等而达到两力平衡时，导线内的电子不再因导线的移动而发生定向运动. 这时，相应于导线内所存在的静电场，使导线两端具有一定的电势差，在数值上就等于动生电动势 $\mathscr{E}_i$.

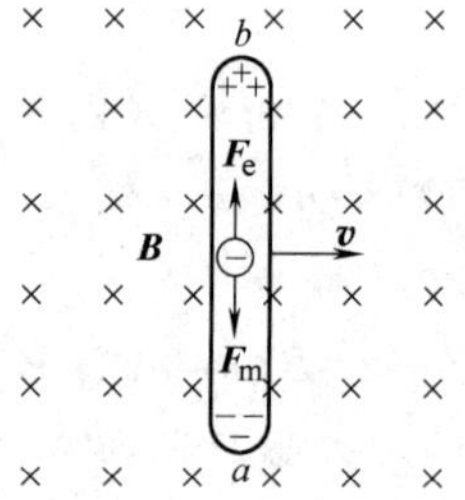

图 8-6 动生电动势的电子理论

可见，在磁场中切割磁感应线的上述导线 ab，相当于一个电源，上端 b 为正极，下端 a 为负极. 这表明 $\mathscr{E}_i$ 的方向在导体内部是从 a 指向 b 的.

总而言之，运动导线在磁场中切割磁感应线所引起的动生电动势，其根源在于洛伦兹力.

8.2.2 动生电动势的表达式

在 7.1 节中曾说过，电源的电动势等于单位正电荷从电源负极通过电源内部移到正极的过程中非静电力所做的功. 按照电动势的定义式（7-16），有

$$\mathscr{E}_i=\int_l \boldsymbol{E}^{(2)}\cdot \mathrm{d}\boldsymbol{l}$$

这里的非静电力就是电子所受的洛伦兹力 $\boldsymbol{F}_m=-e\boldsymbol{v}\times\boldsymbol{B}$，相应的非静电场的电场强度为$\boldsymbol{E}^{(2)}=\boldsymbol{F}_m/(-e)=\boldsymbol{v}\times\boldsymbol{B}$，因而对均匀磁场中一段有限长的运动导线 l 而言，其动生电动势为

$$\mathscr{E}_i=\int_l (\boldsymbol{v}\times\boldsymbol{B})\cdot \mathrm{d}\boldsymbol{l} \tag{8-4}$$

应用上式求动生电动势的具体步骤如下：

1）在一般情形下，导线 L 不一定是直导线，其运动也不一定做平动，且处在非均匀磁场中（见图 8-7）. 为此，我们可以首先沿导线 L 假定电动势的一个指向（比如，在图 8-7 中，选取 $a \to b$ 为电动势的指向）.

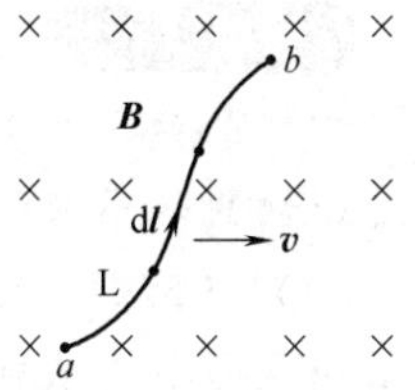

图 8-7　磁场中的运动导线

2）循电动势的指向，在导线上任取一个线元矢量 $\mathrm{d}\boldsymbol{l}$，它相当于一小段直导线，其上的磁场可视作均匀的.

3）根据线元 $\mathrm{d}\boldsymbol{l}$ 的速度 $\boldsymbol{v}$ 和该处的磁感应强度 $\boldsymbol{B}$ 以及两者之间小于 180°的夹角 θ，按矢积的定义，可求得 $\boldsymbol{v}\times\boldsymbol{B}$. $(\boldsymbol{v}\times\boldsymbol{B})$ 仍是一个矢量，其大小为 $Bv\sin\theta$，方向按右手螺旋法则确定.

4）设矢量（$\boldsymbol{v}\times\boldsymbol{B}$）与 $\mathrm{d}\boldsymbol{l}$ 之间小于 180°的夹角为 γ，则按标积的定义，$(\boldsymbol{v}\times\boldsymbol{B})\cdot\mathrm{d}\boldsymbol{l}$ 仍是一个标量，其值即为线元 $\mathrm{d}\boldsymbol{l}$ 上的动生电动势，即

$$\mathrm{d}\mathscr{E}_{\mathrm{i}} = (\boldsymbol{v}\times\boldsymbol{B})\cdot\mathrm{d}\boldsymbol{l} = (vB\sin\theta)\,\mathrm{d}l\cos\gamma$$

5）最后，循电动势的指向 $a \to b$，对上式进行积分，就可求得整个运动导线上的动生电动势，即

$$\mathscr{E}_{\mathrm{i}} = \int_a^b vB\sin\theta\cos\gamma\,\mathrm{d}l \tag{8-4a}$$

今后读者按式（8-4）求动生电动势时，可直接利用它的具体计算式（8-4a），但必须搞清楚其中 θ、γ 角的含义.

6）根据求出的动生电动势 $\mathscr{E}_{\mathrm{i}}$ 的正、负，判定其指向. 若 $\mathscr{E}_{\mathrm{i}}>0$，其指向与事先假定的指向 $a \to b$ 一致，表明 a 端为电源负极，b 端为电源正极；若 $\mathscr{E}_{\mathrm{i}}<0$，其指向则与 $a \to b$ 相反，即 a 端为电源正极，b 端为电源负极.

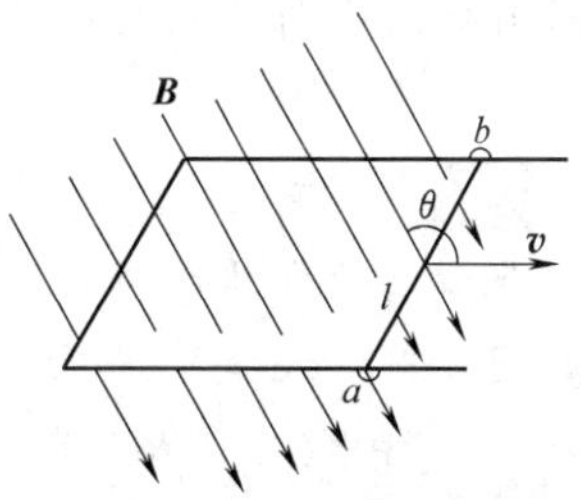

图 8-8　动生电动势的计算

现在，我们按照上述计算步骤，求长为 l 的直导线 ab 以匀速 $\boldsymbol{v}$ 在均匀磁场 $\boldsymbol{B}$ 中运动时的动生电动势. 如图 8-8 所示，设磁感应强度 $\boldsymbol{B}$ 与速度 $\boldsymbol{v}$ 的夹角为 θ. 若假定导线 ab 中动生电动势 $\mathscr{E}_{\mathrm{i}}$ 的指向为 $a \to b$，则在这条直导线上，每一线元矢量 $\mathrm{d}\boldsymbol{l}$ 的方向皆沿 $a \to b$. 因而，在所设指向 $a \to b$ 的情况下，矢量（$\boldsymbol{v}\times\boldsymbol{B}$）与 $\mathrm{d}\boldsymbol{l}$ 处处同方向，即 $\gamma=0$，而 v、B 和 θ 诸量是给定的，于是，由式（8-4a），有

$$\mathscr{E}_{\mathrm{i}} = \int_a^b vB\sin\theta\cos0^\circ\mathrm{d}l = vB\sin\theta\int_a^b \mathrm{d}l$$

式中，$\int_a^b \mathrm{d}l$ 即为导线的长度 l. 故所求的动生电动势为

$$\mathscr{E}_{\mathrm{i}} = Blv\sin\theta \tag{8-4b}$$

显然，$\mathscr{E}_{\mathrm{i}}>0$，表明其指向与假定的取向一致，即由 a 指向 b.

如果在图 8-8 中，磁感应强度 $\boldsymbol{B}$ 与速度 $\boldsymbol{v}$ 的夹角为 $\theta=90°$，即 **$\boldsymbol{B}$、$\boldsymbol{v}$ 与直导线 ab 段三者满足相互垂直的条件**，则式（8-4b）成为

$$\mathscr{E}_{\mathrm{i}} = Blv^{\ominus} \tag{8-4c}$$

⊖　从导体切割磁感线来理解，则此式中的乘积 lv 为单位时间内导线 ab 段划过的面积，Blv 为单位时间内直导线切割过的这个面积中的磁感应线条数（磁通量）. 所以**动生电动势在数值上等于单位时间内导线所切割的磁感应线条数**.

$\mathscr{E}_i$ 的指向亦为 $a \to b$. 这与例题 8-2 中用法拉第电磁感应定律求得的结果是一致的.

问题 8-4　(1) 何谓动生电动势? 其式 (8-4) 如何导出? 应用式 (8-4) 的具体步骤如何? 若在此式中, (ⅰ) $\theta=0°$ 或 $180°$, 但 $\gamma \neq 90°$; (ⅱ) $\gamma=90°$, 这两种情况下, 导线是否切割磁感应线? 试绘图说明.

(2) 在问题 8-4 图所示的均匀磁场 $\boldsymbol{B}$ 中, 回路 A 做平动, B、C 各自绕轴转动, 回路 D 的面积在缩小. 试判断各回路中哪些边在切割磁感应线? 在回路 A、C 的运动过程中, 每个回路的动生电动势皆为零, 为什么? 试分析其原因.

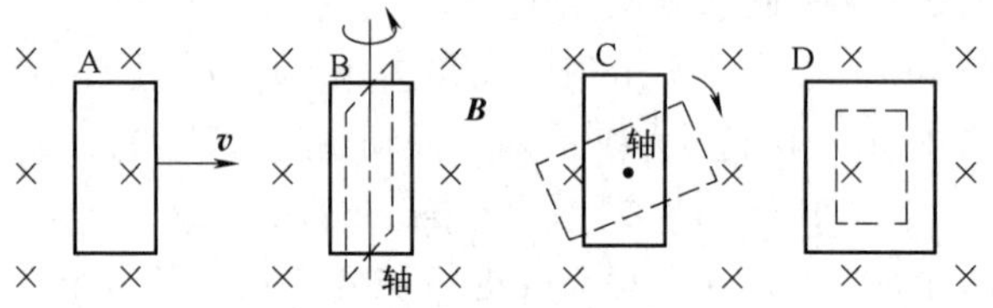

问题 8-4 图

例题 8-6　如例题 8-6 图所示, 一根长直导线通有电流 I, 周围介质的磁导率为 μ, 在此长直导线近旁有一条长为 l 的导体棒 CD, 在它以速度 $\boldsymbol{v}$ 向右做匀速运动的过程中, 保持与长直导线平行. 求此棒运动到 $x=d$ 时的动生电动势; 并问此棒两端 C、D 哪一点的电势较高?

解　假定 $C \to D$ 为导体棒中电动势的指向, 循此指向任取线元 $\mathrm{d}\boldsymbol{l}$.

导体棒虽在非均匀磁场中运动, 但棒上各点的磁感应强度处处相同, 当 $x=d$ 时, 其大小皆为 $B=\mu I/(2\pi d)$, 其方向皆垂直纸面向里. 因此, $\boldsymbol{v} \perp \boldsymbol{B}$, $\theta=90°$; 按右手螺旋法则, $(\boldsymbol{v} \times \boldsymbol{B})$ 与 $\mathrm{d}\boldsymbol{l}$ 同方向, $\gamma=0$. 于是, 按式 (8-4)、式 (8-4a), 得此时棒中的动生电动势为

$$\mathscr{E}_i = \int_C^D (\boldsymbol{v} \times \boldsymbol{B}) \cdot \mathrm{d}\boldsymbol{l} = \int_0^l vB\sin 90° \cos 0° \mathrm{d}l$$

$$= \int_0^l v\left(\frac{\mu I}{2\pi d}\right)\mathrm{d}l = \frac{\mu I v}{2\pi d}\int_0^l \mathrm{d}l$$

$$= \frac{\mu I}{2\pi}\frac{vl}{d}$$

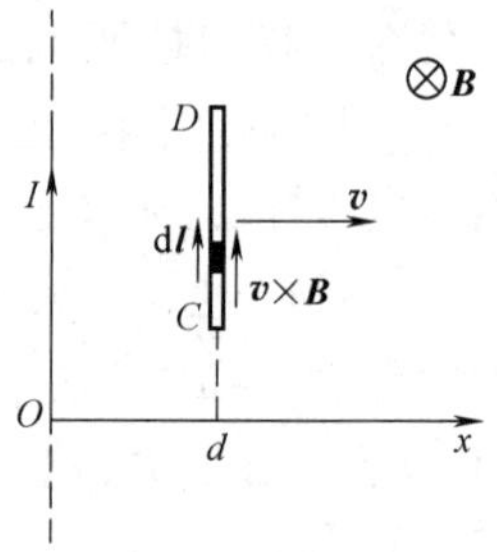

例题 8-6 图

$\mathscr{E}_i>0$, 表明它与所假定的电动势指向一致, 即导体棒中的电动势自 C 指向 D. 故 D 点的电势较高.

例题 8-7　如例题 8-7 图所示, 在空气中, 通有电流 I 的长直导线近旁有一长为 R 的导线 ab 与之共面, 且 ab 绕 a 点在平面内以角速度 ω 循顺时针匀速转动, a 点到直电流 I 的距离为 R. 求导线 ab 垂直于直电流 I 时的电动势 $\mathscr{E}_{iab}$; 并问导线 ab 上哪一端电势高?

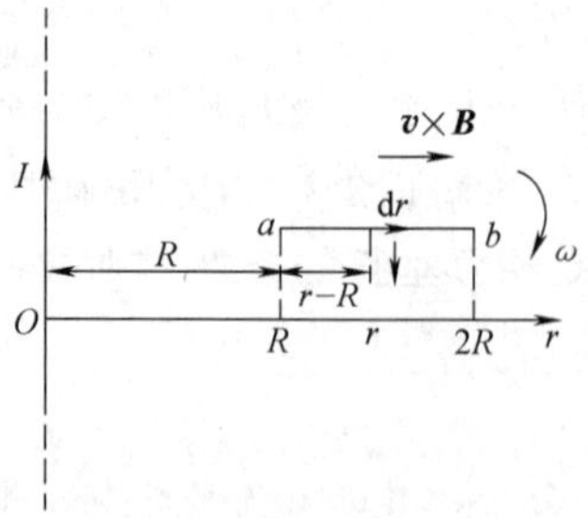

例题 8-7 图

解　假定电动势指向为 $a \to b$, 循此指向取线元 $\mathrm{d}\boldsymbol{r}$,

此处的磁感应强度 $B=\mu_0 I/(2\pi r)$，方向垂直于纸面向里. $\mathrm{d}\boldsymbol{r}$ 的线速度为 $v=(r-R)\omega$，且 $\boldsymbol{v}\perp\boldsymbol{B}$，即 $\theta=90°$；$\boldsymbol{v}\times\boldsymbol{B}$ 的方向如图所示，显然，$\mathrm{d}\boldsymbol{r}$ 与 $\boldsymbol{v}\times\boldsymbol{B}$ 同向，$\gamma=0°$，则

$$\mathscr{E}_{iab}=\int_a^b(\boldsymbol{v}\times\boldsymbol{B})\cdot\mathrm{d}\boldsymbol{l}=\int_R^{2R}(r-R)\omega\frac{\mu_0 I}{2\pi r}\sin 90°\cos 0°\mathrm{d}r$$

$$=\frac{\mu_0 I\omega}{2\pi}\int_R^{2R}\left(1-\frac{R}{r}\right)\mathrm{d}r=\frac{\mu_0 I\omega R}{2\pi}(1-\ln 2)$$

$\mathscr{E}_{iab}>0$，说明 b 点比 a 点电势高.

例题 8-8　如例题 8-8 图所示，一金属棒 OA 长 $l=50\mathrm{cm}$，在大小为 $B=0.50\times10^{-4}\mathrm{Wb\cdot m^{-2}}$、方向垂直纸面向内的均匀磁场中，以一端 O 为轴心做逆时针的匀速转动，转速 ω 为 $2\mathrm{r\cdot s^{-1}}$. 求此金属棒的动生电动势；并向哪一端电势高？

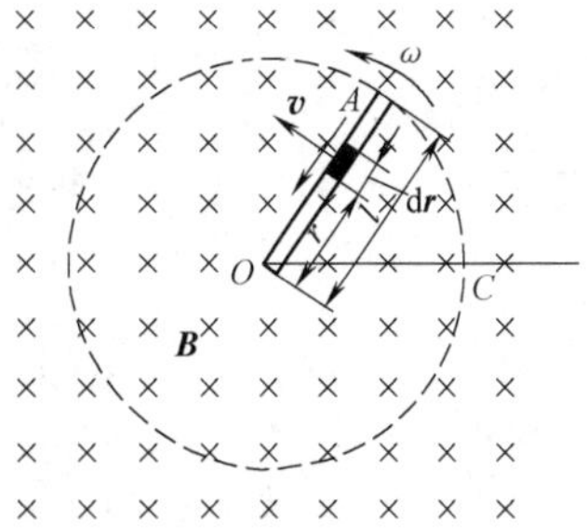

例题 8-8 图

解　假定金属棒中电动势的指向为 $A\rightarrow O$，循着这个指向，在金属棒上距轴心 O 为 r 处取线元 $\mathrm{d}\boldsymbol{r}$，其速度大小为 $v=r\omega$，方向垂直于 OA，也垂直于磁场 $\boldsymbol{B}$，按题意，$\boldsymbol{v}\perp\boldsymbol{B}$，$\theta=90°$；故按右手螺旋法则，矢量 $(\boldsymbol{v}\times\boldsymbol{B})$ 与 $\mathrm{d}\boldsymbol{r}$ 同方向，即 $\gamma=0$. 于是，按式 (8-4a)，得棒中的动生电动势为

$$\mathscr{E}_i=\int_{OA}vB\sin 90°\cos 0°\mathrm{d}r=\int_0^l Br\omega\mathrm{d}r=B\omega\int_0^l r\mathrm{d}r=\frac{B\omega l^2}{2}$$

代入题设数据，解得动生电动势为

$$\mathscr{E}_i=\frac{B\omega l^2}{2}=\frac{1}{2}(0.5\times10^{-4}\mathrm{Wb\cdot m^{-2}})(2\times2\pi\mathrm{rad\cdot s^{-1}})(0.50\mathrm{m})^2$$

$$=7.85\times10^{-5}\mathrm{V}$$

$\mathscr{E}_i>0$，故它的指向与所假定的一致，即 $A\rightarrow O$，故 O 端的电势高；而两端之间的电势差为 $V_O-V_A=\mathscr{E}_i=7.85\times10^{-5}\mathrm{V}$.

例题 8-9　如例题 8-9 图所示，在通有电流 I 的长直导线近旁，有一个半径为 R 的半圆形金属细杆 acb 与之共面，a 端与长直导线相距为 D，在细杆保持其直径 aOb 垂直于长直导线的情况下，以匀速 $\boldsymbol{v}$ 竖直向上平动时，求此细杆的动生电动势.

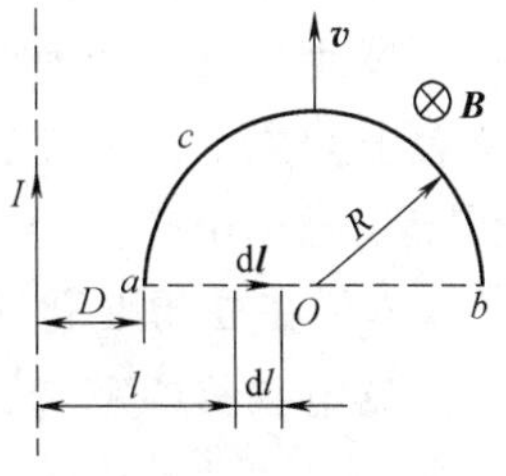

例题 8-9 图

分析　细杆处于非均匀磁场中，其上各点的磁感应强度不同.

解　如图所示，添加一条辅助的直导线 aOb，连接金属细杆 acb 的两端，使之构成一个假想的闭合回路 $aObca$. 当此回路以匀速 $\boldsymbol{v}$ 平行于载流导线运动时，回路内各点到载流导线的距离保持不变，因此，各点的磁感应强度 $\boldsymbol{B}$ 也保持不变，穿过回路的磁通量 Φ_m 没有改变，即 $\mathrm{d}\Phi_m/\mathrm{d}t=0$. 所以，纵然其中每条导线因切割磁感应线而具有动生电动势，但根据法拉第电磁感应定律有 $\mathscr{E}_{i回路}=-\mathrm{d}\Phi_m/\mathrm{d}t=0$，即整个回路无电动势.

考虑到整个回路上的感应电动势是两段导线 bca 与 aOb 的电动势之代数和（这相当于两

个串联的电池所构成的一个电池组，其电动势为各个电池的电动势之代数和)，即

$$\mathscr{E}_{\text{i回路}}=\mathscr{E}_{\text{i}bca}+\mathscr{E}_{\text{i}aOb}$$

如上所述，$\mathscr{E}_{\text{i回路}}=0$，故

$$\mathscr{E}_{\text{i}bca}=-\mathscr{E}_{\text{i}aOb} \qquad ⓐ$$

因而，只需求出直导线 aOb 的电动势 $\mathscr{E}_{\text{i}aOb}$，就可得出所求金属细杆 bca 的电动势.

仿照例题 8-7 的求解方法，在直导线 aOb 上假定电动势的指向为 $a\to O\to b$，循此指向，取线元 $\mathrm{d}\boldsymbol{l}$，它与载流导线相距为 l，读者据此可以自行求出直导线 aOb 中的电动势为

$$\mathscr{E}_{\text{i}aOb}=-\frac{\mu_0 Iv}{2\pi}\ln\frac{D+2R}{D} \qquad ⓑ$$

把式ⓑ代入式ⓐ，便得所求的金属细杆 bca（即 acb）中的动生电动势 $\mathscr{E}_{\text{i}}$，即

$$\mathscr{E}_{\text{i}}=\mathscr{E}_{\text{i}bca}=\frac{\mu_0 Iv}{2\pi}\ln\frac{D+2R}{D} \qquad ⓒ$$

说明 从本例可知，我们可以直接按式（8-4）或式（8-4a）求动生电动势；有时，特别是当导线形状较复杂而不易直接计算时，也可添加适当的辅助线，构成假想的导体回路，利用法拉第电磁感应定律［式（8-1)］，间接解算出回路中该导线的动生电动势.

8.3 感生电动势 涡旋电场及其应用

8.3.1 感生电动势与涡旋电场

如前所述，当线圈或导线在磁场里不运动，而是磁场随时间 t 不断地在改变时，在线圈或导线内产生的感应电动势称为**感生电动势**. 感生电动势产生的原因不能用洛伦兹力来说明，但肯定也是电子受到定向力作用而运动的结果. 在静电场中，电子在电场力作用下，可做定向运动. 于是麦克斯韦发展了电场的概念，提出假说：当空间的磁场发生变化时，在其周围会产生一种**感生电场**，也称为**涡旋电场**，这种电场对电荷有力作用，这种力是非静电力. 因此，感生电场是产生感生电动势的原因.

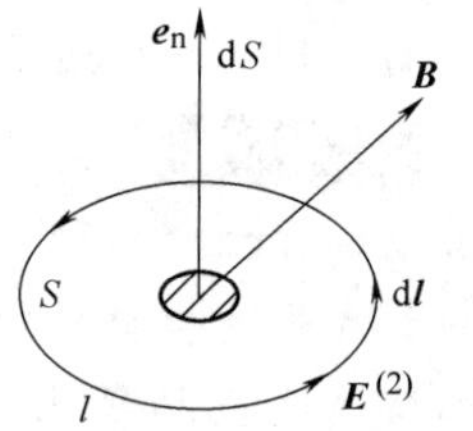

图 8-9 感生电动势由感生电场产生

设变化磁场中有一个周长为 l 的导体回路，回路所包围的面积为 S，导体所在处的变化磁场所产生的感生电场为 $\boldsymbol{E}^{(2)}$，如图 8-9 所示，根据电动势的定义，回路 L 中产生的感生电动势为

$$\mathscr{E}_{\text{i}}=\oint_l \boldsymbol{E}^{(2)}\cdot\mathrm{d}\boldsymbol{l} \qquad ⓐ$$

又根据法拉第电磁感应定律和磁通量定义式，有

$$\mathscr{E}_{\text{i}}=-\frac{\mathrm{d}\Phi_{\text{m}}}{\mathrm{d}t}=-\frac{\mathrm{d}}{\mathrm{d}t}\iint_S \boldsymbol{B}\cdot\mathrm{d}\boldsymbol{S} \qquad ⓑ$$

则

$$\oint_l \boldsymbol{E}^{(2)}\cdot\mathrm{d}\boldsymbol{l}=-\frac{\mathrm{d}}{\mathrm{d}t}\iint_S \boldsymbol{B}\cdot\mathrm{d}\boldsymbol{S} \qquad (8\text{-}5)$$

$\boldsymbol{B}$ 矢量是坐标和时间的函数，因此可将上式改写为

$$\oint_l \boldsymbol{E}^{(2)}\cdot\mathrm{d}\boldsymbol{l}=-\iint_S \frac{\partial \boldsymbol{B}}{\partial t}\cdot\mathrm{d}\boldsymbol{S} \qquad (8\text{-}6)$$

此式的物理意义是：**变化的磁场在其周围产生感生电场**. 实验证明，不管在变化的磁场里有没有导体存在，都会在空间产生感生电场，利用此式可求感生电场 $\boldsymbol{E}^{(2)}$，于是感生电动势与变化磁场的关系式可写为

$$\mathscr{E}_{\mathrm{i}} = -\iint_S \frac{\partial \boldsymbol{B}}{\partial t} \cdot \mathrm{d}\boldsymbol{S} \tag{8-7}$$

式 (8-6) 表明，**在涡旋电场中，对于任何的闭合回路，$\boldsymbol{E}^{(2)}$ 的环流** $\oint_l \boldsymbol{E}^{(2)} \cdot \mathrm{d}\boldsymbol{l} \neq 0$. 所以，**涡旋电场是非保守力场**. 这就是电荷的电场和变化磁场的电场两者之间的一个重要区别. 式 (8-7) 中的负号来源于楞次定律的数学表示；即 $\boldsymbol{E}^{(2)}$ 与 $\partial \boldsymbol{B}/\partial t$ 在方向上是**左旋**的，即遵循左手螺旋关系，如果左手的四指沿着电场线 $\boldsymbol{E}^{(2)}$ 的绕向弯曲，那么大拇指伸直的指向就是 $\partial \boldsymbol{B}/\partial t$ 的方向（见图 8-10）.

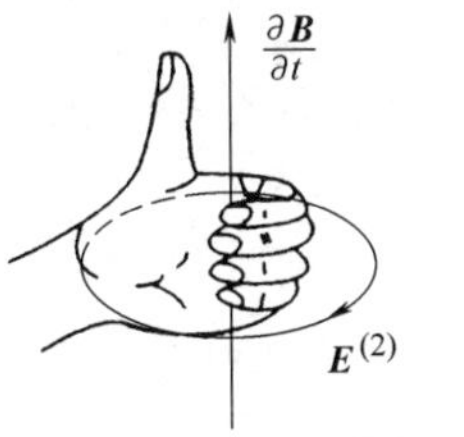

图 8-10　$\boldsymbol{E}^{(2)}$与 $\partial \boldsymbol{B}/\partial t$ 形成左手螺旋关系

综上所述，感生电场和静电场的相同之处在于皆对电荷有作用力，不同之处主要有二：①静电场是由静止电荷激发的，感生电场却是随时间 t 而改变的磁场（亦称**时变磁场**）所激发的；②静电场的电场线是不闭合的，沿闭合回路一周时，静电力做功为零，感生电场的电场线是闭合的，故称**涡旋电场**. 沿闭合回路一周时，感生电场力做功不为零.

问题 8-5　(1) 何谓涡旋电场，它是如何引起的？静止电荷的电场和涡旋电场有什么区别？有人说："凡是电场都是由电荷激发的，电场线总是有起点和终点." 对这句话应如何评判？

(2) 从理论上来说，怎样才能获得一个稳定的涡旋电场？

(3) 设在空间中存在时变磁场，如果在该空间内没有导体，则这个空间中是否存在电场？是否存在感生电动势？

例题 8-10　如例题 8-10 图所示，在横截面半径为 R 的无限长圆柱形范围内，有方向垂直于纸面向里的均匀磁场 $\boldsymbol{B}$，并以 $\frac{\mathrm{d}B}{\mathrm{d}t}>0$ 的恒定变化率在变化着. 求圆柱内、外空间的感生电场.

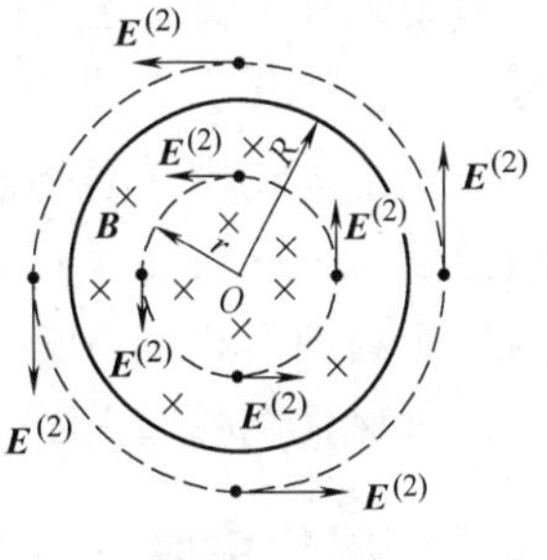

例题 8-10 图

解　由于圆柱形空间内磁场均匀，且与圆柱轴线对称，因此磁场变化所激发的感生电场 $\boldsymbol{E}^{(2)}$的电场线是以圆柱轴线为圆心的一系列同心圆，同一圆周上的电场强度 $\boldsymbol{E}^{(2)}$大小相同，方向与圆相切.

对于半径 $r<R$ 的圆周上各点 $\boldsymbol{E}^{(2)}$的方向，可以从$\frac{\mathrm{d}\boldsymbol{B}}{\mathrm{d}t}>0$ 和楞次定律判定，即 $\boldsymbol{E}^{(2)}$与 $\partial \boldsymbol{B}/\partial t$ 在方向上成左手螺旋关系，如图所示，乃沿逆时针方向. 求感生电场 $\boldsymbol{E}^{(2)}$的公式为

$$\oint_L \boldsymbol{E}^{(2)} \cdot \mathrm{d}\boldsymbol{l} = -\iint_S \frac{\partial \boldsymbol{B}}{\partial t} \cdot \mathrm{d}\boldsymbol{S}$$

应用上式时，必须注意到 $\mathrm{d}\boldsymbol{l}$ 是面积 S 的周界上的一小段，它与 $\mathrm{d}\boldsymbol{S}$ 的方向之间存在右手螺旋

关系．本题中如果选取 $d\boldsymbol{l}$ 的绕行方向与 $\boldsymbol{E}^{(2)}$ 同向，则 $d\boldsymbol{S}$ 的方向由纸面向外，而 $\frac{\partial \boldsymbol{B}}{\partial t}$ 的方向由纸面向里，因此 $\boldsymbol{E}^{(2)}$ 与 $d\boldsymbol{l}$ 的夹角为 $0°$，$\frac{\partial \boldsymbol{B}}{\partial t}$ 与 $d\boldsymbol{S}$ 的夹角为 π．积分计算得

$$\boldsymbol{E}^{(2)}2\pi r=\frac{\partial \boldsymbol{B}}{\partial t}\pi r^2$$

所以

$$\boldsymbol{E}^{(2)}=\frac{r}{2}\ \frac{\partial \boldsymbol{B}}{\partial t}$$

对于半径 $r>R$ 的圆周上各点 $\boldsymbol{E}^{(2)}$ 的方向，也是逆时针方向，同理，可进行积分计算，得

$$\boldsymbol{E}^{(2)}2\pi r=\frac{\partial \boldsymbol{B}}{\partial t}\pi R^2$$

所以

$$\boldsymbol{E}^{(2)}=\frac{R^2}{2r}\frac{\partial \boldsymbol{B}}{\partial t}$$

8.3.2　电子感应加速器

电子感应加速器是利用涡旋电场加速电子以获得高能的一种装置．如图 8-11 所示，在绕有励磁线圈的圆形电磁铁两极之间，安装一个环形真空室．当励磁线圈通有交变电流时，电磁铁便在真空室区域内激发随时间变化的交变磁场，使该区域内的磁通量发生变化，从而在环形真空室内激发涡旋电场．这时，借电子枪射入环形真空室中的电子，既要受磁场中的洛伦兹力 $\boldsymbol{F}_{\mathrm{m}}$ 作用，在真空室内沿圆形轨道运行；同时，在涡旋电场中又要受电场力 $\boldsymbol{F}_{\mathrm{e}}^{(2)}=-e\boldsymbol{E}^{(2)}$ 作用，沿轨道切线方向被加速．为了使电子在涡旋电场作用下沿恒定的圆形轨道不断被加速而获得越来越大的能量，必须保证磁感应强度随时间按一定的规律变化．

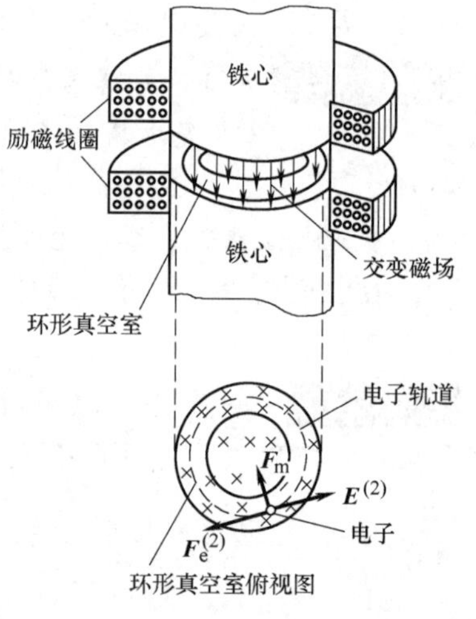

图 8-11　电子感应加速器工作原理图

8.3.3　涡旋电流及其在工业上的应用

把金属块放在变化的磁场中，金属内产生的感生电场（涡旋电场）能使金属中的自由电子运动形成涡旋电流，简称**涡流**．由于金属中的电阻很小，涡流的强度很高，产生大量热量使金属发热，甚至熔化．用此原理制成的高频感应炉（见图 8-12）可进行有色金属的冶炼．涡流的热效应还可用来加热真空系统中的金属部件，以除去它们吸附的气体．又如，金属在磁

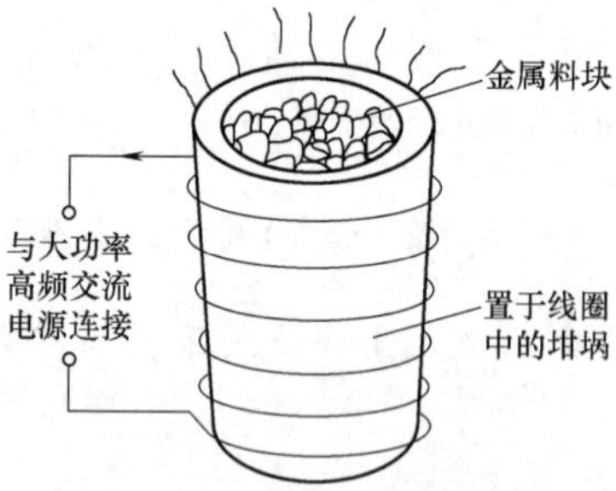

图 8-12　高频感应冶金炉

场中运动时要产生涡流，涡流在磁场中要受洛伦兹力作用使金属的运动受阻，常称**电磁阻尼**，此原理常用于电磁测量仪表，以及无轨电车中的电磁制动器. 涡流在电机、变压器等铁心中所引起的发热是有害的，所以它们的铁心是用许多薄片叠合而成，片间绝缘，隔断强大涡流的流动，以减少热能的损耗.

章前问题 2 解答

电磁炉是一种利用电磁感应原理将电磁能转换为热能的厨房电器. 先由整流电路将 220V、50Hz 的交流电变成直流电，再经过控制电路转换成 20～40kHz 的高频电压加在内部的线圈上，快速变化的电流会产生快速变化的磁场，就会在导磁又导电的金属器皿底部产生无数的涡流. 涡流热效应使器皿自身快速变热从而加热食物.

问题 8-6 什么叫涡流？试述涡流在工业上有哪些利弊？如问题 8-6 图所示，一铝质圆盘可以绕固定轴 Oz 转动. 为了使圆盘在力矩作用下做匀速转动，常在圆盘边缘处放一蹄形的永久磁铁. 圆盘受到力矩作用后做加速转动. 当角速度增加到一定值时，就不再增加. 试说明其作用原理.

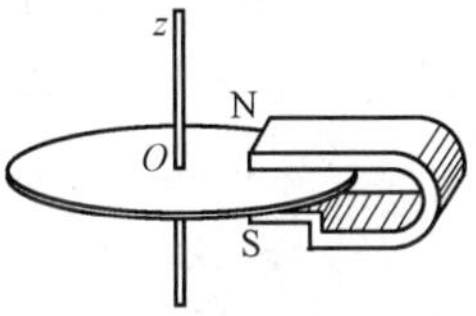

问题 8-6 图

8.4 自感与互感

8.4.1 自感

当回路中通有电流而在其周围激发磁场时，将有一部分磁通量穿过这回路所包围的面积. 因而，当回路中的电流、回路的形状或大小、回路周围的磁介质发生变化时，穿过此回路所包围面积内的磁通量都要发生变化. 从而在此回路中也要激起感应电动势（见问题 8-2）. 上述**由于回路中的电流所引起的磁通量变化而在回路自身中激起感应电动势的现象**，称为**自感现象**，回路中激起的电动势称为**自感电动势**.

关于自感现象，我们可以用下述实验来观察. 在图 8-13 所示的电路中，A 和 B 是两只相同的白炽电灯泡，灯泡 B 与具有显著自感而电阻很小的线圈 L 串联，灯泡 A 和变阻器 R 串联，把它的电阻调节到和线圈 L 的电阻相同. 现在打开电键 S′，按下电键 S，接通电流，可以看到灯泡 A 先亮，而和线圈 L 串联的灯泡 B 需经过相当一段时间后才能和灯泡 A 具有同样的亮度. 这是由于当电路接通时，电流在片刻之间从无到有，线圈 L 所包围的面积内穿过的磁通量也从无到有地增加，但由于自感的存在，线圈 L 中就产生了感应电动势，以反抗电流的增长，因而使电路中的电流不能立即达到它的最大值，而只是逐渐增长，比没有自感的电路缓慢些.

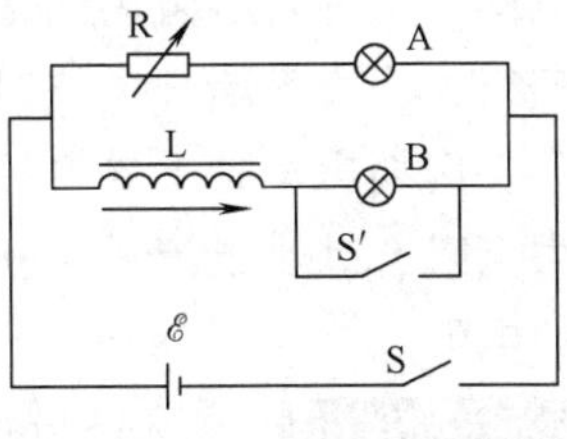

图 8-13 自感现象实验示意图

现在闭合开关 S′，同时断开 S. 在断开开关 S 的瞬时，这时电路中的电流就成为零，通

> 在电路图中，一般用符号表示线圈，若线圈中装有铁心等，则表示为

过线圈 L 所包围面积的磁通量也减少，由于线圈 L 的自感作用，有和原来电流相同流向的感应电流出现，如图中箭头所示. 因为在切断原来电流的瞬时，电流从有到无，在很短时间 Δt 内，线圈 L 便产生很大的自感电动势，又因 S′已按下，故有感应电流通过灯泡 A，因此使 A 发出比原来更强的闪光，而后逐渐熄灭.

设闭合回路中的电流为 i，根据毕奥-萨伐尔定律，空间任意一点的磁感应强度 $\boldsymbol{B}$ 的大小都和回路中的电流 i 成正比，因此穿过该回路所包围面积内的磁通量 Φ_m 也和 i 成正比，即

$$\Phi_m = Li \tag{8-8}$$

比例恒量 L 叫作回路的**自感**，它表征回路本身的一种属性，与电流的大小无关，它的数值由回路的几何形状、大小及周围介质（指非铁磁质）的磁导率所决定. 从式（8-8）可见，**某回路的自感在数值上等于该回路中的电流为 1 单位时穿过此回路所包围面积中的磁通量**.

按法拉第电磁感应定律，回路中所产生的自感电动势为

$$\mathscr{E}_L = -\frac{\mathrm{d}\Phi_m}{\mathrm{d}t} = -\frac{\mathrm{d}(Li)}{\mathrm{d}t} = -\left(L\frac{\mathrm{d}i}{\mathrm{d}t} + i\frac{\mathrm{d}L}{\mathrm{d}t}\right)$$

如果回路的形状、大小和周围磁介质的磁导率等都不变，则取决于这些因素的自感 L 也不变，即 $\mathrm{d}L/\mathrm{d}t = 0$，于是得

$$\mathscr{E}_L = -L\frac{\mathrm{d}i}{\mathrm{d}t} \tag{8-9}$$

式中，负号是楞次定律的数学表示，它指出自感电动势将反抗回路中电流的改变. 亦即，当**电流增加时，自感电动势与原来电流的流向相反；当电流减小时，自感电动势与原来电流的流向相同**. 由此可见，任何回路中电流改变的同时，必将引起自感的作用，以反抗回路中电流的改变. 显然，回路的自感愈大，自感的作用也愈大，则改变该回路中的电流也愈不易. 换句话说，回路的自感 L 有使回路保持原有电流不变的性质，这一特性和力学中物体的惯性相仿. 因而，自感 L 可认为是描述回路“电惯性”的一个物理量.

若在某回路中电流的改变率为 $1\mathrm{A}\cdot\mathrm{s}^{-1}$ 时，自感电动势为 1V，则回路的自感 L 为 1H，称为**亨利**，简称**亨**，即 $1\mathrm{H} = 1\mathrm{V}/(1\mathrm{A}\cdot\mathrm{s}^{-1}) = 1\Omega\cdot\mathrm{s}$；或由自感 L 的定义式（8-8），也可将亨利表示为 $1\mathrm{H} = 1\mathrm{Wb}\cdot\mathrm{A}^{-1}$.

在生产和生活中，自感的应用很多，例如电工和无线电技术中的扼流圈、稳压电源中的滤波电感、荧光灯装置中的镇流器等. 自感现象也有很多害处，在具有铁心线圈的电路里，若电流很大，突然断开电流时，将在断开处产生很大的自感高电压，以致击穿空气产生强大的电弧，例如电车顶上导电弓与架空线脱开时的火花. 在电动机和电磁铁等强电系统中，应先增大电阻、减小电流后再断开电路，有时还在开关中装有灭弧设备，以减少断开开关时所形成的电弧.

问题 8-7 （1）何谓自感现象？如何引入自感 L？其单位如何确定？在通有交变电流的交流电路中，接入一个自感线圈，问这线圈对电流有何作用？在通有直流电的电路中接入一自感线圈，问该线圈对电流有作用吗？

（2）要设计一个自感较大的线圈，应从哪些方面去考虑？

（3）自感是由 $L = \Phi_m/i$ 定义的，能否由此式说明：通过线圈的电流愈小，自感 L 就愈大？

例题 8-11 　长直螺线管的长度 l 远大于横截面面积 S 的线度，密绕 N 匝线圈，管内充满磁导率为 μ 的磁介质，求它的自感.

解 　设想当螺线管通以电流 i 时，管内中部的磁感应强度可视为均匀磁场，它的大小为 $B=\mu ni=\mu\dfrac{N}{l}i$，通过线圈每一匝的磁通量都为 $\Phi_{\mathrm{m}}=BS$，对整个线圈的磁通量为

$$N\Phi_{\mathrm{m}}=NBS=\mu\frac{N^2}{l}Si$$

则按式（8-8），可得长直螺线管的自感为

$$L=\frac{N\Phi_{\mathrm{m}}}{i}=\mu\frac{N^2}{l}S=\mu\frac{N^2}{l^2}lS=\mu n^2\tau \tag{8-10}$$

式中，$\tau=Sl$ 为螺线管的体积；$n=N/l$ 为螺线管单位长度的匝数. 如此看来，某个导体回路（或线圈）的自感只由回路的匝数、大小、形状和介质的磁导率所决定，与回路中有无电流无关. 但对于有铁心的线圈，由于 μ 随电流 i 而变，这时，L 才与电流 i 有关.

在计算自感时，为了先求磁通量，必须假定它已通电，而在最后可以消去电流，这样的计算方法是与电容的计算相类似的.

例题 8-12 　如例题 8-12 图所示，设有一电缆，由两个“无限长”同轴圆筒状的导体组成，其间充满磁导率为 μ 的磁介质. 某时刻在电缆中沿内圆筒和外圆筒流过的电流 i 相等，但方向相反. 设内、外圆筒的半径分别为 R_1 和 R_2，求单位长度电缆的自感.

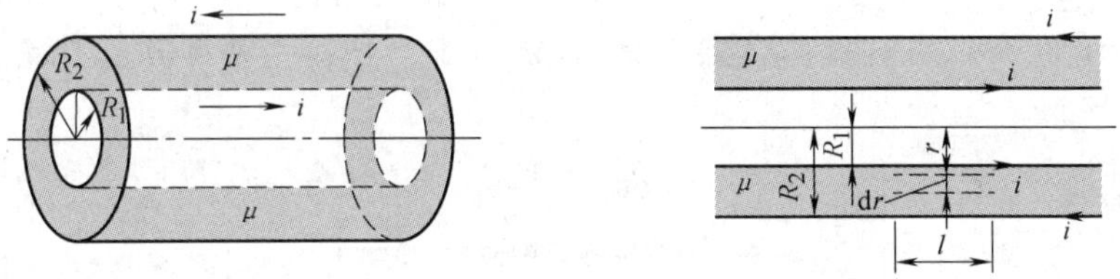

例题 8-12 图

解 　应用有磁介质时磁场的安培环路定理可知，在内圆筒以内及在外圆筒以外的区域中，磁场强度均为零. 在内、外两圆筒之间，离开轴线距离为 r 处的磁场强度为 $H=i/(2\pi r)$. 今任取一段电缆，长为 l，穿过电缆纵剖面上的面积元 $l\mathrm{d}r$ 的磁通量为

$$\mathrm{d}\Phi_{\mathrm{m}}=B\mathrm{d}S=(\mu H)(l\mathrm{d}r)=\frac{\mu il}{2\pi}\frac{\mathrm{d}r}{r}$$

对某一时刻而言，i 为一定值，则长度为 l 的两圆筒之间的总磁通量为

$$\Phi_{\mathrm{m}}=\iint_S\mathrm{d}\Phi_{\mathrm{m}}=\int_{R_1}^{R_2}\frac{\mu il}{2\pi}\frac{\mathrm{d}r}{r}=\frac{\mu il}{2\pi}\ln\frac{R_2}{R_1}$$

按 $\Phi_{\mathrm{m}}=Li$，可得长度为 l 的这段电缆的自感为

$$L=\frac{\Phi_{\mathrm{m}}}{i}=\frac{\mu l}{2\pi}\ln\frac{R_2}{R_1}$$

由此，便可求出单位长度电缆的自感为

$$L' = \frac{L}{l} = \frac{\mu}{2\pi}\ln\frac{R_2}{R_1}$$

8.4.2 互感

设有两个邻近的导体回路 1 和 2，分别通有电流 i_1 和 i_2（见图 8-14）．i_1 激发一磁场，该磁场的一部分磁感应线要穿过回路 2 所包围的面积，用磁通量 Φ_{m21} 表示．当回路 1 中的电流 i_1 发生变化时，Φ_{m21} 也要变化，因而在回路 2 内激起感应电动势 $\mathscr{E}_{21}$；同样，回路 2 中的电流 i_2 变化时，它也使穿过回路 1 所包围面积的磁通量 Φ_{m12} 变化，因而在回路 1 中也激起感应电动势 $\mathscr{E}_{12}$．**上述两个载流回路相互地激起感应电动势的现象**，称为**互感现象**．

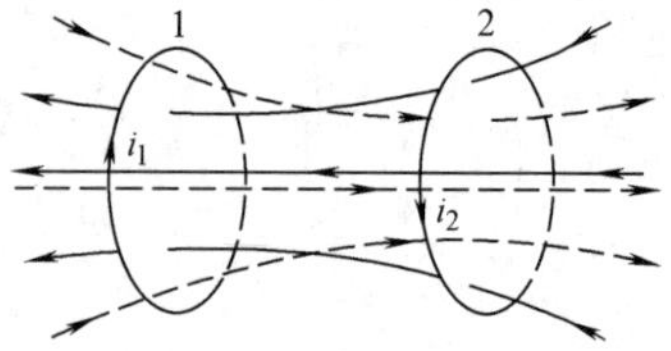

图 8-14　互感现象

假设这两个回路的形状、大小、相对位置和周围磁介质的磁导率都不改变，则根据毕奥-萨伐尔定律，由 i_1 在空间任何一点激发的磁感应强度都与 i_1 成正比，相应地，穿过回路 2 的磁通量 Φ_{m21} 也必然与 i_1 成正比，即

$$\Phi_{m21} = M_{21} i_1$$

同理，有

$$\Phi_{m12} = M_{12} i_2$$

式中，M_{21} 和 M_{12} 是两个比例恒量，它们只和两个回路的形状、大小、相对位置及其周围磁介质的磁导率有关，可以证明（从略），$M_{12} = M_{21} = M$，M 称为两回路的**互感**．这样，上两式可简化为

$$\left.\begin{aligned}\Phi_{m21} &= M i_1\\ \Phi_{m12} &= M i_2\end{aligned}\right\} \tag{8-11}$$

由上式可知，**两个导体回路的互感在数值上等于其中一个回路中的电流为 1 单位时，穿过另一个回路所包围面积的磁通量**．

应用法拉第电磁感应定律，可以决定由互感产生的电动势．由于上述回路 1 中电流的变化，在回路 2 中产生的感应电动势为

$$\mathscr{E}_{21} = -\frac{d\Phi_{m21}}{dt} = -M\frac{di_1}{dt} \tag{8-12}$$

同理，回路 2 中电流的变化，在回路 1 中产生的感应电动势为

$$\mathscr{E}_{12} = -\frac{d\Phi_{m12}}{dt} = -M\frac{di_2}{dt} \tag{8-13}$$

根据互感定义式（8-11），我们也可计算 N 匝线圈的互感（见例题 8-13）．互感的计算一般很复杂，常用实验方法测定．

根据式（8-12）和式（8-13），可以规定互感的单位．如果在两个导体回路中，当一个回路的电流改变率为 $1A \cdot s^{-1}$ 时，在另一回路中激起的感应电动势为 1V，则两个导体回路的互感规定为 1H，这与自感的单位是相同的．

互感在电工和电子技术中应用很广泛．通过互感线圈可使能量或信号由一个线圈方便地传递到另一个线圈；利用互感现象的原理可制成变压器、感应圈等．

思维拓展

特高压输电是电力输运的重要途径，它具有输送能力强和电量大的特点，而电学参数无法进行接触式测量，那么如何测量高压电线的电压、电流等参数呢？

通常利用电压互感器来测量线路的电压、功率和电能等参数，其中的电磁式电压互感器就是利用电磁感应原理按比例变换电压或电流的设备．

问题 8-8　（1）何谓互感现象？如何引入互感及其单位？

（2）互感电动势与哪些因素有关？为了在两个导体回路间获得较大的互感，需用什么方法？

例题 8-13　如例题 8-13 图所示，一长直螺线管线圈 C_1，长为 l，截面面积为 S，共绕 N_1 匝彼此绝缘的导线，在 C_1 上再绕另一与之共轴的绕圈 C_2，其长度和截面面积都与线圈 C_1 相同，共绕 N_2 匝彼此绝缘的导线．线圈 C_1 称为**原线圈**，线圈 C_2 称为**副线圈**．螺线管内磁介质的磁导率为 μ．求：（1）这两个共轴螺线管的互感；（2）这两个螺线管的自感与互感的关系．

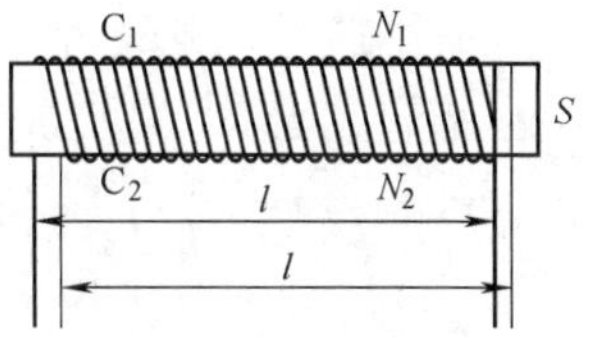

例题 8-13 图

解　（1）假想原线圈 C_1 中通有电流 i_1，则螺线管内均匀磁场的磁感应强度大小为 $B=\mu N_1 i_1/l$，且磁通量为

$$\Phi_{\mathrm{m}}=BS=\mu\frac{N_1 i_1}{l}S$$

因为磁场集中在螺线管内部，所有磁感应线都通过副线圈 C_2，即通过副线圈的磁通量也为 Φ_{m}，故副线圈的磁链为

$$N_2\Phi_{\mathrm{m}}=\mu\frac{N_1 N_2 i_1}{l}S$$

按互感的定义式（8-11），对 N_2 匝线圈来说，当穿过每匝回路的磁通量相同时，应有 $Mi_1=N_2\Phi_{\mathrm{m}}$，由此得两线圈的互感为

$$M=\frac{N_2\Phi_{\mathrm{m}}}{i_1}=\mu\frac{N_1 N_2}{l}S$$

（2）在原线圈通有电流 i_1 时，原线圈自己的磁链为

$$N_1\Phi_{\mathrm{m}}=\mu\frac{N_1^2 i_1}{l}S$$

按自感的定义式（8-8），对 N_1 匝线圈来说，当穿过每匝回路的磁通量相同时，应有 $L=N_1\Phi_{\mathrm{m}}/i$，由此得原线圈的自感为

$$L_1=\frac{N_1\Phi_{\mathrm{m}}}{i_1}=\mu\frac{N_1^2 S}{l}$$

同理，副线圈的自感为

$$L_2=\mu\frac{N_2^2S}{l}$$

故有

$$M^2=L_1L_2$$

由此，得这两螺线管的自感与互感的关系为

$$M=\sqrt{L_1L_2} \tag{8-14}$$

顺便指出，只有对本例所述这种完全耦合的线圈，才有 $M=\sqrt{L_1L_2}$ 的关系. 一般情形下，$M=k\sqrt{L_1L_2}$，而 $0\leqslant k\leqslant 1$，k 称为**耦合系数**，k 值视两线圈的相对位置（即耦合的程度）而定.

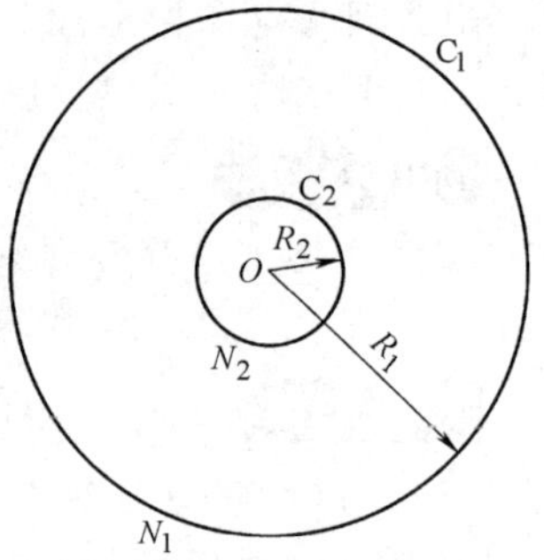

例题 8-14 图

例题 8-14 如例题 8-14 图所示，圆形小线圈 C_2 由绝缘导线绕制而成，其匝数 $N_2=50$，面积 $S_2=40\text{cm}^2$，放在半径为 $R_1=20\text{cm}$、匝数为 $N_1=100$ 的大线圈 C_1 的圆心 O 处，两者同轴、同心且共面. 试求：(1) 两线圈的互感；(2) 当大线圈的电流以 $5\text{A}\cdot\text{s}^{-1}$ 的变化率减小时，小线圈中的互感电动势为多大？

解 (1) 设大线圈中通有电流为 i_1，由题设可知，$S_2\ll S_1$，且 $S_1=\pi R_1^2$，因而可视 i_1 在面积 S_2 上各点激发的磁场均匀分布，其值为

$$B=N_1\frac{\mu_0 i_1}{2R_1}$$

通过 S_2 的磁通量为

$$N_2\Phi_{\text{m21}}=N_2BS_2=N_2N_1\frac{\mu_0 i_1}{2R_1}S_2$$

互感为

$$M=\frac{N_2\Phi_{\text{m21}}}{i_1}=\frac{N_2N_1\mu_0S_2}{2R_1}=\frac{50\times100\times(4\pi\times10^{-7}\text{N}\cdot\text{A}^{-2})\times(40\times10^{-4}\text{m})}{2\times20\times10^{-2}\text{m}}=6.28\times10^{-5}\text{H}$$

(2) 小线圈中的互感电动势为

$$\mathscr{E}_{\text{M}}=-M\frac{\text{d}i_1}{\text{d}t}=-(6.28\times10^{-5}\text{H})\times(-5\text{A}\cdot\text{S}^{-1})=3.14\times10^{-4}\text{V}$$

说明 读者按本题求解过程，自行总结一下互感和互感电动势的求解方法和步骤.

8.5 磁场的能量

我们讲过，电场拥有能量. 那么，磁场是否也拥有能量？从自感现象的实验中读者曾看到，当切断电源时，由于自感线圈的存在，与其并联的灯泡不是由明到暗地即刻熄灭，而是突然变得很亮后再熄灭. 这就显示通电线圈的磁场中拥有能量. 当切断电流时，磁场消失，

磁场的能量被释放出来，转变为灯泡的光能和热能.

如图 8-15 所示，当开关 S 合上时，电路中的电流 i 是缓慢地增长到稳定值 I 的，与此同时，线圈 L 中就逐渐建立起磁场. 现在我们来计算线圈中磁场的能量. 设某时刻电流为 i 时，线圈中的自感电动势为 $\mathscr{E}_L=-L\mathrm{d}i/\mathrm{d}t$，在 $\mathrm{d}t$ 时间内，电源反抗自感电动势所做的功为

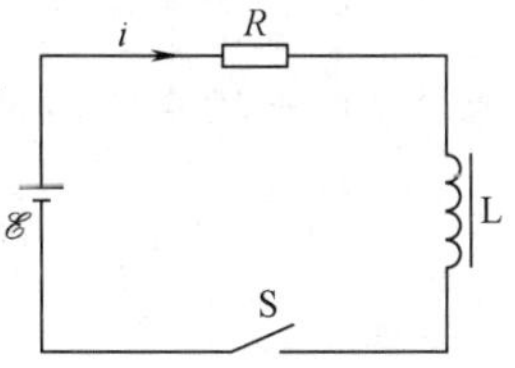

图 8-15　磁场的能量

$$\mathrm{d}A=-\mathscr{E}_L i\mathrm{d}t=Li\mathrm{d}i$$

因而电流从零增加到 I 时，外电源对线圈建立磁场所做的功为

$$A=\int_\tau \mathrm{d}A=\int_0^I Li\mathrm{d}i=\frac{1}{2}LI^2 \tag{8-15}$$

这个功就转换为线圈中磁场的能量 W_m 而储存在磁场里. 为了用磁场的磁感应强度来表示磁场的能量，我们以密绕的长直螺线管中均匀磁场为例予以讨论，它的自感为 $L=\mu n^2\tau$，磁感应强度大小为 $B=\mu nI$，则得**磁场能量**为

$$W_\mathrm{m}=\frac{1}{2}LI^2=\frac{1}{2}\mu n^2\tau(B/\mu n)^2=\frac{B^2}{2\mu}\tau$$

式中，τ 为螺线管的体积. 我们把单位体积中的磁场能量称为**磁场能量体密度**，记作 w_m，则

$$w_\mathrm{m}=\frac{W_\mathrm{m}}{\tau}=\frac{B^2}{2\mu}=\frac{1}{2}BH=\frac{\mu}{2}H^2 \tag{8-16}$$

这个结果虽然是从长直螺线管中导出的，但它适用于一切磁场，$\boldsymbol{B}$、$\boldsymbol{H}$ 是描述磁场各点状态的物理量，因此，磁场能量体密度 w_m 也是表示磁场中各点的能量. 如果磁场是非均匀场，可以把磁场分割为无数个体积元 $\mathrm{d}\tau$，使 $\mathrm{d}\tau$ 区域内的磁场可视为均匀的，则 $\mathrm{d}\tau$ 内的磁场能量为

$$\mathrm{d}W_\mathrm{m}=w_\mathrm{m}\mathrm{d}\tau=\frac{B^2}{2\mu}\mathrm{d}\tau$$

而有限体积内拥有的总磁场能量为

$$W_\mathrm{m}=\iiint_V \frac{B^2}{2\mu}\mathrm{d}\tau \tag{8-17}$$

问题 8-9　(1) 阐明磁场能量密度和在有限区域内磁场能量的公式的意义.

(2) 在真空中，设一均匀电场与一个 0.5T 的均匀磁场具有相同的能量密度，求此电场的电场强度的大小.

例题 8-15　如例题 8-15 图所示，同轴电缆是由半径为 R_1 的铜心线和半径为 R_2 的筒状导体所组成，中间充满磁导率为 μ 的绝缘介质. 电缆工作时沿心线和外筒流过的电流大小相等、方向相反. 如果略去导体内部的磁场，求"无限长"同轴电缆长为 l 的一段电缆内的磁场所储存的能量.

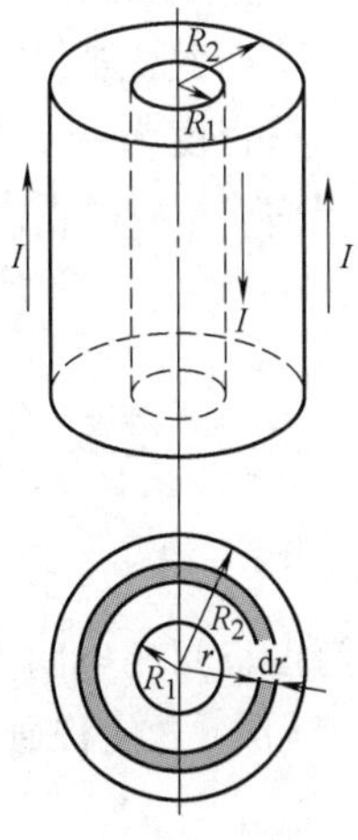

例题 8-15 图

解　在外筒外面的空间，由安培环路定理计算可知，各处的磁感应强度 $\boldsymbol{B}$ 为零，在心线与外筒之间，距轴线 r 处的磁感应强度的大小，用安培环路定理可

算得磁感应强度大小 $B=\mu I/(2\pi r)$，在心线与外筒之间距离轴线 r 处的磁场能量密度为

$$w_m=\frac{B^2}{2\mu}=\frac{\mu I^2}{8\pi^2 r^2}$$

则长为 l 的一段电缆所储存的磁场能量为

$$W_m=\iiint_\tau w_m \mathrm{d}\tau=\int_0^\tau \frac{\mu I^2}{8\pi^2 r^2}\mathrm{d}\tau=\int_{R_1}^{R_2}\frac{\mu I^2}{8\pi^2 r^2}(2\pi r l \mathrm{d}r)=\frac{\mu I^2 l}{4\pi}\ln\frac{R_2}{R_1}$$

讨论 如果将磁场能量公式 $W_m=\frac{1}{2}LI^2$ 与上式比较，则可得到这段同轴电缆的自感为

$$L=\frac{\mu l}{2\pi}\ln\frac{R_2}{R_1}$$

这与例题 8-12 中对长为 l 的一段电缆的自感的计算结果相同.

8.6 位移电流

在 8.3 节中我们讲过，变化的磁场能够产生涡旋电场. 而今，我们不禁要问：变化的电场能否建立磁场呢？回答是肯定的. 但是，问题的提出在这里还需要借助于电容器的充、放电情况. 如图 8-16 所示，开关 S 与节点 1 接通时，对电容器充电，S 与节点 2 接触，电容器就放电，无论在充电还是放电过程中，同一瞬时在导线各横截面通过的电流皆相同，可是电容器两极板间却无电流. 对整个电路而言，电流应是不连续的. 这显然与传导电流应该是连续的结论相悖.

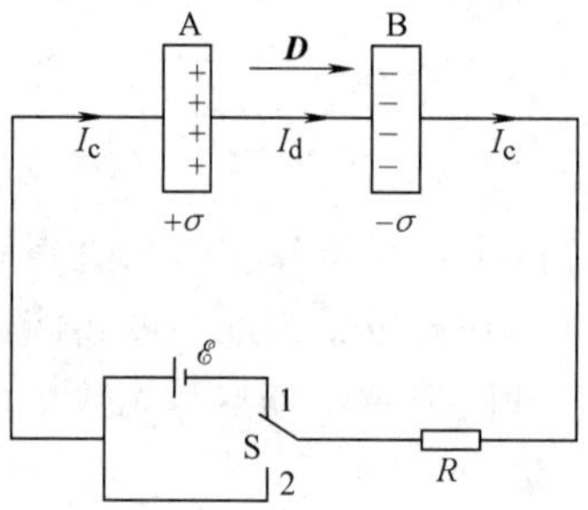

图 8-16 位移电流

为了解决上述传导电流的连续性问题，并在上述场合下，使得适用于传导电流的安培环路定理也能成立，麦克斯韦（J. C. Maxwell，1831—1879）提出了在电容器两极板之间存在**位移电流**的概念.

下面我们来求位移电流的表达式. 在电容器充电的任一时刻，极板 A 上有正电荷 $+q$，面电荷密度为 $+\sigma$，极板 B 上有负电荷 $-q$，面电荷密度为 $-\sigma$，它们皆随时间而改变. 设极板面积为 S，则极板内部的传导电流为

$$I_c=\frac{\mathrm{d}q}{\mathrm{d}t}=\frac{\mathrm{d}(\sigma S)}{\mathrm{d}t}=S\frac{\mathrm{d}\sigma}{\mathrm{d}t} \quad ⓐ$$

传导电流密度为

$$j_c=\frac{I_c}{S}=\frac{\mathrm{d}\sigma}{\mathrm{d}t} \quad ⓑ$$

而两极板间的空间内传导电流为零；但存在电场，由式（6-49）可知，其电位移矢量的大小为 $D=\sigma$，电位移通量为 $\Phi_e=DS=\sigma S$，它们随时间的变化率分别为

$$\frac{\mathrm{d}D}{\mathrm{d}t}=\frac{\mathrm{d}\sigma}{\mathrm{d}t} \quad ⓒ$$

$$\frac{\mathrm{d}\Phi_e}{\mathrm{d}t}=S\frac{\mathrm{d}\sigma}{\mathrm{d}t} \quad ⓓ$$

为了使上述电路中的电流保持连续性，对式ⓐ～ⓓ进行比较．麦克斯韦把两极板间变化的电场假设为电流，称为**位移电流**，记作 I_d，则

$$I_d = \frac{d\Phi_e}{dt} \tag{8-18}$$

位移电流密度为

$$j_d = \frac{dD}{dt} \tag{8-19}$$

这样，整个电路上传导电流中断的地方就由位移电流接续．实验指出，位移电流在建立磁场方面是与传导电流等效的；在其他方面，位移电流不能与传导电流相提并论．例如，传导电流有热效应，位移电流则没有．

由于位移电流在磁效应方面与传导电流是等效的，因此，设位移电流周围的磁场强度为 $\boldsymbol{H}^{(2)}$，则 $\boldsymbol{H}^{(2)}$ 也应满足安培环路定理，即

$$\oint_l \boldsymbol{H}^{(2)} \cdot d\boldsymbol{l} = I_d = \frac{d\Phi_e}{dt} \tag{8-20}$$

式中，Φ_e 为积分回路 l 所包围面积的电位移通量，即

$$\Phi_e = \iint_S \boldsymbol{D} \cdot d\boldsymbol{S} \tag{8-21}$$

将式（8-21）代入式（8-20），并考虑 $\boldsymbol{D}$ 是坐标和时间的函数，应改用偏导数表示，则有

$$\oint_l \boldsymbol{H}^{(2)} \cdot d\boldsymbol{l} = \iint_S \frac{\partial \boldsymbol{D}}{\partial t} \cdot d\boldsymbol{S} \tag{8-22}$$

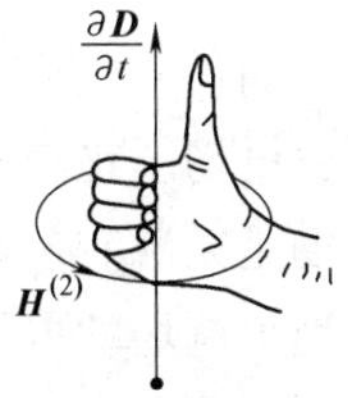

图 8-17　$\boldsymbol{H}^{(2)}$ 与 $\partial\boldsymbol{D}/\partial t$ 形成右旋系统

式（8-22）表述了变化的电场 $\frac{\partial \boldsymbol{D}}{\partial t}$ 与它所建立的磁场 $\boldsymbol{H}^{(2)}$ 之间的关系，二者的方向成右手螺旋关系，如图 8-17 所示．由此可见，麦克斯韦的位移电流假设，实质上揭示了**变化的电场可以激发涡旋磁场**．

问题 8-10　为什么要引入位移电流的概念？其实质是什么？它与传导电流有何异同？

例题 8-16　如例题 8-16 图所示，真空中的一个平行板电容器，它由半径为 $R=0.1\text{m}$ 的两块平行圆形极板组成，设电容器被匀速地充电，使两板间电场的变化率 $dE/dt = 1.0\times10^{13}\text{V}\cdot\text{m}^{-1}\cdot\text{s}^{-1}$．求：(1) 两极板间的位移电流；(2) 电容器内离两极板中心连线为 r 处 ($r<R$) 处及 $r=R$ 处的磁感应强度．

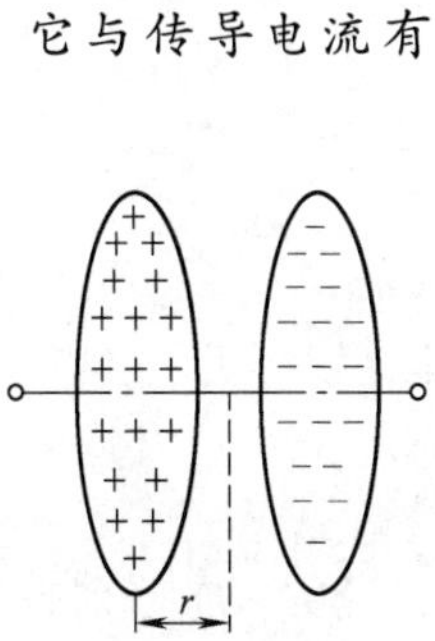

例题 8-16 图

解　(1) 平行板电容器中的位移电流为

$$I_d = d\Phi_e/dt = \varepsilon_0 \pi R^2 dE/dt$$
$$= 8.85\times10^{-12}\times\pi\times(0.10)^2\times1.0\times10^{13}\text{A} = 2.8\text{A}$$

(2) 在离两极板中心连线 r 处 ($r<R$) 取一环路，由安培环路定理有

$$\oint_l \boldsymbol{H}^{(2)} \cdot \mathrm{d}\boldsymbol{l} = I_\mathrm{d}$$

考虑到磁场对称分布，按题设，有

$$H(2\pi r) = \varepsilon_0(\mathrm{d}E/\mathrm{d}t)\pi r^2$$

由上式，即得所求的磁感应强度为

$$B = \mu_0 H = \frac{\mu_0\varepsilon_0}{2}\frac{\mathrm{d}E}{\mathrm{d}t}r$$

当 $r=R$ 时

$$B = \frac{\mu_0\varepsilon_0}{2}\frac{\mathrm{d}E}{\mathrm{d}t}R = \frac{4\pi\times10^{-7}\times8.85\times10^{-12}}{2}\times1.0\times10^{13}\times0.1\mathrm{T} = 5.6\times10^{-6}\mathrm{T}$$

8.7 麦克斯韦电磁场理论

麦克斯韦系统地总结了前人的成果，特别是总结了电磁学的基本规律，然后提出了涡旋电场和位移电流的概念，从理论上概括、总结、推广和发展了电磁学理论，从而建立了表达电磁场理论的麦克斯韦方程组，为此，我们先对电场和磁场的规律做一归纳.

8.7.1 电场

空间任一点的电场可以是由电荷激发的静电场或稳恒电场，也可以是由变化的磁场激发的涡旋电场. 稳恒电场和静电场的规律是相同的，是有源无旋场，是保守场，具有电势；涡旋电场是无源有旋场. 前者的电场线不闭合，后者则是闭合的，若用 $\boldsymbol{E}^{(1)}$、$\boldsymbol{D}^{(1)}$ 表示静电场或稳恒电场的电场强度和电位移矢量，用 $\boldsymbol{E}^{(2)}$、$\boldsymbol{D}^{(2)}$ 表示涡旋电场的电场强度和电位移矢量，则高斯定理和电场强度的环流为

$$\oiint_S \boldsymbol{D}^{(1)} \cdot \mathrm{d}\boldsymbol{S} = \sum_i q_i \tag{8-23}$$

$$\oint_l \boldsymbol{E}^{(1)} \cdot \mathrm{d}\boldsymbol{l} = 0 \tag{8-24}$$

$$\oiint_S \boldsymbol{D}^{(2)} \cdot \mathrm{d}\boldsymbol{S} = 0 \tag{8-25}$$

$$\oint_l \boldsymbol{E}^{(2)} \cdot \mathrm{d}\boldsymbol{l} = -\iint_S \frac{\partial \boldsymbol{B}}{\partial t} \cdot \mathrm{d}\boldsymbol{S} \tag{8-26}$$

设 $\boldsymbol{E}$、$\boldsymbol{D}$ 分别表示空间任一点电场的电场强度和电位移矢量，则 $\boldsymbol{E}$、$\boldsymbol{D}$ 应为两类性质不同的电场的矢量和，即 $\boldsymbol{E}=\boldsymbol{E}^{(1)}+\boldsymbol{E}^{(2)}$，$\boldsymbol{D}=\boldsymbol{D}^{(1)}+\boldsymbol{D}^{(2)}$，因此

$$\oiint_S \boldsymbol{D} \cdot \mathrm{d}\boldsymbol{S} = \sum_i q_i \tag{8-27}$$

$$\oint_l \boldsymbol{E} \cdot \mathrm{d}\boldsymbol{l} = -\iint_S \frac{\partial \boldsymbol{B}}{\partial t} \cdot \mathrm{d}\boldsymbol{S} \tag{8-28}$$

8.7.2　磁场

空间任一点的磁场可以是由传导电流产生的，也可以是由位移电流产生的．两者产生的磁场是相同的，都是涡旋场，磁感应线都是闭合的．若用 $\boldsymbol{B}^{(1)}$ 和 $\boldsymbol{H}^{(1)}$ 表示传导电流的磁场，$\boldsymbol{B}^{(2)}$ 和 $\boldsymbol{H}^{(2)}$ 表示位移电流的磁场，则高斯定理和安培环路定理为

$$\oiint_S \boldsymbol{B}^{(1)} \cdot \mathrm{d}\boldsymbol{S} = 0 \tag{8-29}$$

$$\oint_l \boldsymbol{H}^{(1)} \cdot \mathrm{d}\boldsymbol{l} = \sum_i I_i \tag{8-30}$$

$$\oiint_S \boldsymbol{B}^{(2)} \cdot \mathrm{d}\boldsymbol{S} = 0 \tag{8-31}$$

$$\oint_l \boldsymbol{H}^{(2)} \cdot \mathrm{d}\boldsymbol{l} = I_\mathrm{d} = \iint_S \frac{\partial \boldsymbol{D}}{\partial t} \cdot \mathrm{d}\boldsymbol{S} \tag{8-32}$$

设 $\boldsymbol{B}$、$\boldsymbol{H}$ 分别表示空间任一点磁场的磁感应强度和磁场强度，则 $\boldsymbol{B}$、$\boldsymbol{H}$ 应为两种相同性质磁场的矢量和，即 $\boldsymbol{B}=\boldsymbol{B}^{(1)}+\boldsymbol{B}^{(2)}$，$\boldsymbol{H}=\boldsymbol{H}^{(1)}+\boldsymbol{H}^{(2)}$．因此

$$\oiint_S \boldsymbol{B} \cdot \mathrm{d}\boldsymbol{S} = 0 \tag{8-33}$$

$$\oint_l \boldsymbol{H} \cdot \mathrm{d}\boldsymbol{l} = \sum_i I_i + \iint \frac{\partial \boldsymbol{D}}{\partial t} \cdot \mathrm{d}S \tag{8-34}$$

式（8-34）中等号右端是传导电流和位移电流之和，称为**全电流**，式（8-34）也称为全电流定律．全电流总是闭合的，亦即全电流永远是连续的．实际上，无论在真空中或在电介质中的电流主要是位移电流，传导电流可忽略不计，但是，当电介质被击穿时，传导电流就不能忽略了．在一般情况下，金属中的位移电流可忽略不计，但在电流变化频率较高的情况下，位移电流就不能略去．

8.7.3　电磁场的麦克斯韦方程组（积分形式）

综合上述电场和磁场的规律，可以简洁而完美地用下列四个方程表达

$$\oiint_S \boldsymbol{D} \cdot \mathrm{d}\boldsymbol{S} = \sum_i q_i \tag{8-35}$$

$$\oint_l \boldsymbol{E} \cdot \mathrm{d}\boldsymbol{l} = -\iint_S \frac{\partial \boldsymbol{B}}{\partial t} \cdot \mathrm{d}\boldsymbol{S} \tag{8-36}$$

$$\oiint_S \boldsymbol{B} \cdot \mathrm{d}\boldsymbol{S} = 0 \tag{8-37}$$

$$\oint_l \boldsymbol{H} \cdot \mathrm{d}\boldsymbol{l} = \sum_i I_i + \iint_S \frac{\partial \boldsymbol{D}}{\partial t} \cdot \mathrm{d}\boldsymbol{S} \tag{8-38}$$

一般地说，$\frac{\partial \boldsymbol{B}}{\partial t}$是随时间的变化而变化的. 从上述四个方程组可知，变化的磁场所激发的电场是变化的；又$\frac{\partial \boldsymbol{D}}{\partial t}$也是随时间的变化而变化的，同理可知，变化的电场所激发的磁场也是变化的. 这样，变化的电场和磁场是紧密联系、互相交织在一起的. 而不是简单的电场和磁场的叠加，故可以称为统一的**电磁场**，这在认识上是一个飞跃. 这四个方程称为**麦克斯韦方程组的积分形式**. 在实际应用中更为重要的是要知道场中各点的场量，为此，可以通过数学变换，将上述积分形式的方程组变为微分形式的方程组.

$$\nabla \cdot \boldsymbol{D} = \rho_0 \tag{8-39}$$

$$\nabla \times \boldsymbol{E} = -\frac{\partial \boldsymbol{B}}{\partial t} \tag{8-40}$$

$$\nabla \cdot \boldsymbol{B} = 0 \tag{8-41}$$

$$\nabla \times \boldsymbol{H} = \boldsymbol{j} + \frac{\partial \boldsymbol{D}}{\partial t} \tag{8-42}$$

这个微分方程组常被称为**麦克斯韦方程组**.

在各向同性均匀介质中，由麦克斯韦方程组，再加上以前曾介绍过的描述物质性质的物质方程，即 $\boldsymbol{D} = \varepsilon \boldsymbol{E}$，$\boldsymbol{B} = \mu \boldsymbol{H}$，$\boldsymbol{j} = \gamma \boldsymbol{E}$.

再考虑到边界条件和初始条件，原则上就可求解电磁场的问题. 因此，麦克斯韦方程组在电磁学中具有举足轻重的重要地位.

应用拓展

变化的电场在其周围空间产生磁场，变化的磁场在其周围空间产生电场. 这样变化的电场和变化的磁场构成了一个不可分离的统一的电磁场，而变化的电磁场在空间的传播就形成了电磁波，常称为电波. 1865 年，麦克斯韦根据麦克斯韦方程组推导出电场和磁场的波动方程，预言电场和磁场具有波动性，而后德国物理学家赫兹在实验中证实了电磁波的存在.

问题 8-11 试述麦克斯韦方程式（积分形式）及其意义.

本章小结

本章研究了电磁感应现象及其基本规律，给出法拉第电磁感应定律，研究了动生电动势、感生电动势、自感、互感现象. 麦克斯韦详细研究了感生电动势产生的原因，提出了感应电场的假设：变化的磁场在其周围产生感应电场（或称涡旋电场）；又根据对称性原理，研究了电容器充、放电情况，提出位移电流假设：变化的电场在其周围激发涡旋磁场. 从理论上概括、总结、推广和发展了电磁学理论，建立了表达电磁场理论的麦克斯韦方程组.

本章主要内容框图：

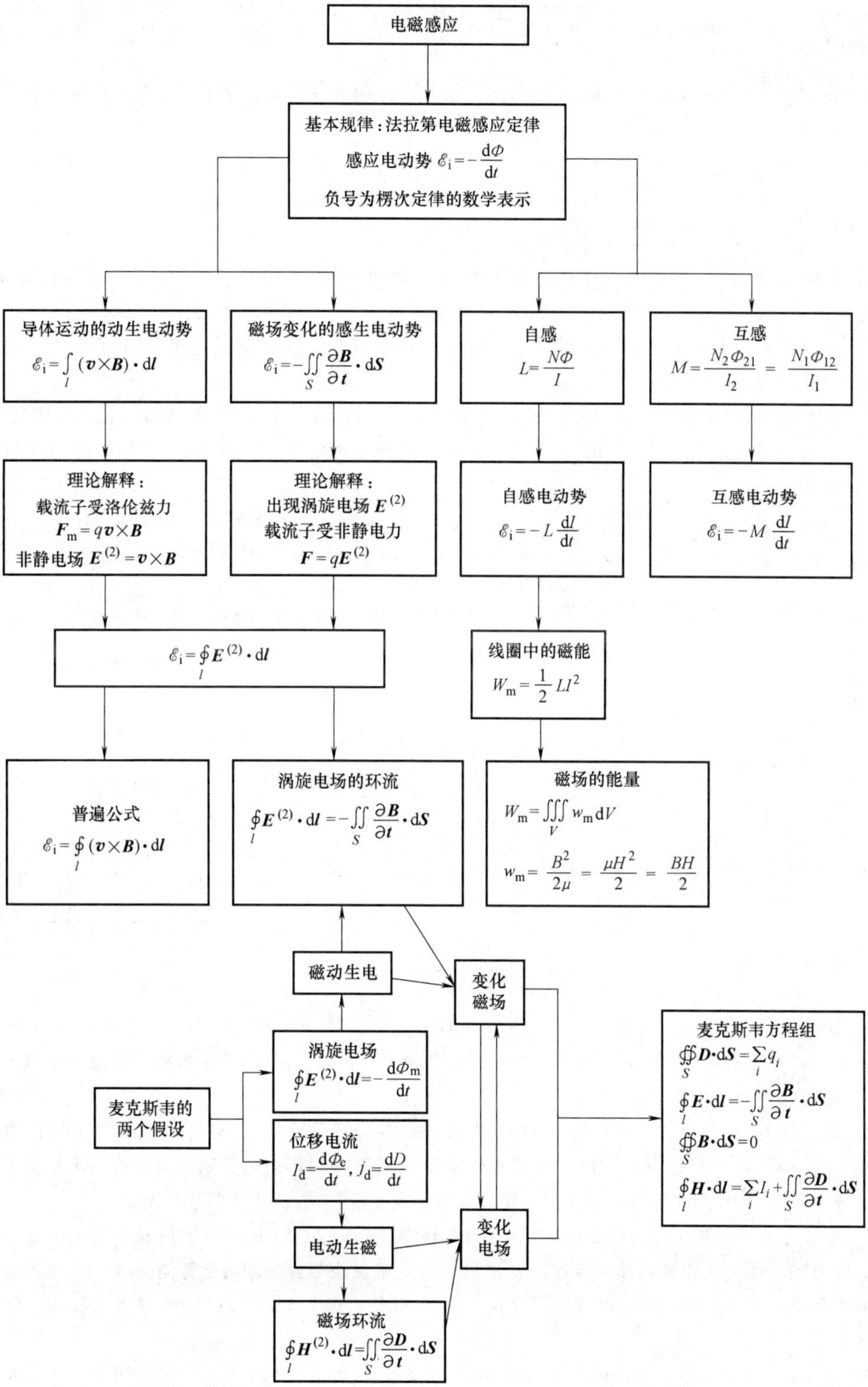
电磁感应
基本规律：法拉第电磁感应定律
感应电动势 $\mathscr{E}_i=-\frac{d\Phi}{dt}$
负号为楞次定律的数学表示
导体运动的动生电动势
$\mathscr{E}_i=\int_l(\boldsymbol{v}\times\boldsymbol{B})\cdot d\boldsymbol{l}$
磁场变化的感生电动势
$\mathscr{E}_i=-\iint_S\frac{\partial\boldsymbol{B}}{\partial t}\cdot d\boldsymbol{S}$
自感
$L=\frac{N\Phi}{I}$
互感
$M=\frac{N_2\Phi_{21}}{I_2}=\frac{N_1\Phi_{12}}{I_1}$
理论解释：
载流子受洛伦兹力
$\boldsymbol{F}_m=q\boldsymbol{v}\times\boldsymbol{B}$
非静电场 $\boldsymbol{E}^{(2)}=\boldsymbol{v}\times\boldsymbol{B}$
理论解释：
出现涡旋电场 $\boldsymbol{E}^{(2)}$
载流子受非静电力
$\boldsymbol{F}=q\boldsymbol{E}^{(2)}$
自感电动势
$\mathscr{E}_i=-L\frac{dI}{dt}$
互感电动势
$\mathscr{E}_i=-M\frac{dI}{dt}$
$\mathscr{E}_i=\oint_l\boldsymbol{E}^{(2)}\cdot d\boldsymbol{l}$
线圈中的磁能
$W_m=\frac{1}{2}LI^2$
普遍公式
$\mathscr{E}_i=\oint_l(\boldsymbol{v}\times\boldsymbol{B})\cdot d\boldsymbol{l}$
涡旋电场的环流
$\oint_l\boldsymbol{E}^{(2)}\cdot d\boldsymbol{l}=-\iint_S\frac{\partial\boldsymbol{B}}{\partial t}\cdot d\boldsymbol{S}$
磁场的能量
$W_m=\iiint_V w_m dV$
$w_m=\frac{B^2}{2\mu}=\frac{\mu H^2}{2}=\frac{BH}{2}$
磁动生电
变化磁场
涡旋电场
$\oint_l\boldsymbol{E}^{(2)}\cdot d\boldsymbol{l}=-\frac{d\Phi_m}{dt}$
麦克斯韦的两个假设
位移电流
$I_d=\frac{d\Phi_e}{dt}$, $j_d=\frac{dD}{dt}$
麦克斯韦方程组
$\oiint_S\boldsymbol{D}\cdot d\boldsymbol{S}=\sum_i q_i$
$\oint_l\boldsymbol{E}\cdot d\boldsymbol{l}=-\iint_S\frac{\partial\boldsymbol{B}}{\partial t}\cdot d\boldsymbol{S}$
$\oiint_S\boldsymbol{B}\cdot d\boldsymbol{S}=0$
$\oint_l\boldsymbol{H}\cdot d\boldsymbol{l}=\sum_i I_i+\iint_S\frac{\partial\boldsymbol{D}}{\partial t}\cdot d\boldsymbol{S}$
电动生磁
变化电场
磁场环流
$\oint_l\boldsymbol{H}^{(2)}\cdot d\boldsymbol{l}=\iint_S\frac{\partial\boldsymbol{D}}{\partial t}\cdot d\boldsymbol{S}$

习　题　8

8-1　设穿过一回路的磁通量原为 5×10^{-4} Wb. 在 0.001s 内完全消失，试求回路内平均感应电动势的大小.（答：0.5V）

8-2　设回路平面与磁场方向相垂直，穿过回路的磁通量 Φ_m 随时间 t 的变化规律为 $\Phi_m=(3t^3+2t^2+5)\times10^{-2}$（式中，$\Phi_m$ 以 Wb 计，t 以 s 计），求 $t=1$s 时回路中感应电动势的大小和指向. 已知磁场方向始终垂直纸面向外.（答：13×10^{-2}V，循顺时针转向）

8-3　在如习题 8-3 图所示的回路中，金属棒 ab 是可移动的，设整个回路处在一均匀磁场中，$B=0.5$T，电阻 $R=0.5\Omega$，金属棒的长度 $l=0.5$m，且以速率 $v=4.0\text{m}\cdot\text{s}^{-1}$ 向右匀速运动. 问：(1) 作用在金属棒 ab 上的拉力 $\boldsymbol{F}$ 为多大？(2) 拉力的功率为多少？(3) 感应电流消耗在电阻上的功率为多少？［答：(1) 0.5N；(2) 2W；(3) 2W］

8-4　如习题 8-4 图所示，一条水平金属杆 AB 以匀速 $v=2\text{m}\cdot\text{s}^{-1}$ 垂直于一竖直载流长直导线移动，$a=0.1$m，$b=1.0$m，导线通以电流 $I=40$A. 求此杆中的感应电动势；杆的哪一端电动势较高？（答：3.7×10^{-5}V，左端较高）

8-5　一通有电流 I_0 的长直导线旁，有一与其共面的相距为 d 的 U 形导轨，在导轨上有电阻为 R 的金属棒 AB，其长度为 a，以匀速度 $\boldsymbol{v}$ 向右沿导轨平动（见习题 8-5 图），不计一切摩擦，AB 棒上的感应电动势为多大？求 AB 棒所受安培力的大小和方向.［答：$\frac{\mu_0 I_0 v}{2\pi}\ln\left(\frac{d+a}{d}\right)$；$\left[\frac{\mu_0 I_0}{2\pi}\ln\left(\frac{d+a}{d}\right)\right]^2\frac{v}{R}$，←］

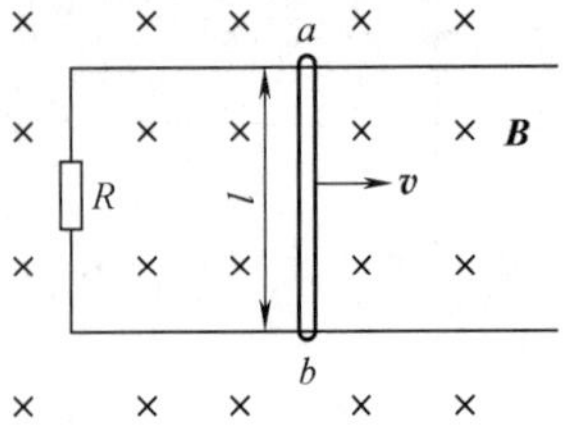

习题 8-3 图

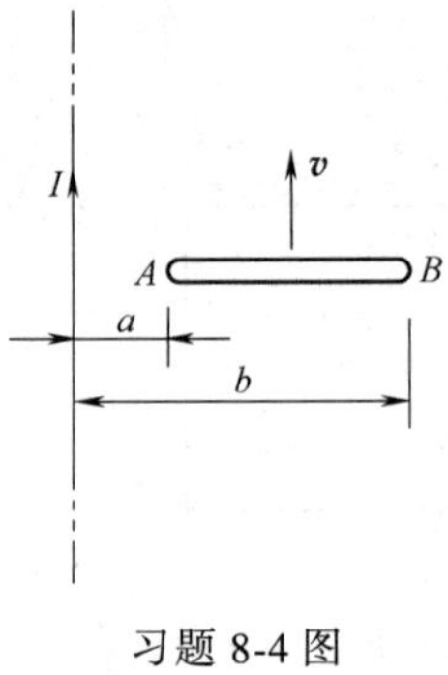

习题 8-4 图

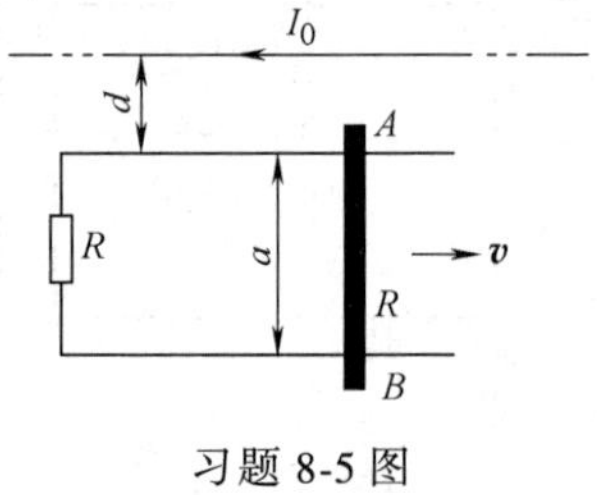

习题 8-5 图

8-6　如习题 8-6 图所示，在磁感应强度 $B=0.84\text{Wb}\cdot\text{m}^{-2}$ 的均匀磁场中，有一边长为 $a=5$cm 的正方形线圈在旋转，磁感应强度方向与转轴垂直，当线圈以角速度 $\omega=20\pi\ \text{rad}\cdot\text{s}^{-1}$ 旋转时，求线圈中最大的感应电动势.（答：1.32×10^{-1}V）

8-7　如习题 8-7 图所示，两段导体棒 $AB=BC=10$cm，在 B 处相接而成 30°角. 若使整个棒在均匀磁场中以速度 $v=1.5\text{m}\cdot\text{s}^{-1}$ 平动，$\boldsymbol{v}$ 的方向垂直于 AB；磁场方向垂直图面向内，磁感应强度的大小为 $B=2.5\times10^{-2}\text{Wb}\cdot\text{m}^{-2}$，问 A、C 间的电势差为多少？哪一端电势高？（答：7.02×10^{-3}V，A 端高）

8-8　如习题 8-8 图所示，一半径为 R 的水平导体圆盘，在竖直向上的均匀磁场 $\boldsymbol{B}$ 中以匀角速度 ω 绕通过盘心的竖直轴转动，即圆盘的轴线与磁场 $\boldsymbol{B}$ 平行. (1) 求盘边与盘心间的电势差；(2) 盘边还是盘心的电势高？当盘反转时，它们的电势高低是否也会反过来？［答：(1) $R^2\omega B/2$；(2) 盘边电势高；反转时盘心电势高］

8-9　如习题 8-9 图所示，一铜棒长为 $l=0.5$m，水平放置于一竖直向上的均匀磁场 $\boldsymbol{B}$ 中，绕位于距 a 端 $l/5$ 处的竖直轴 OO' 在水平面内匀速旋转，每秒钟转两转，转向如图所示. 已知该磁场的磁感应强度大小 $B=0.50\times10^{-4}\text{Wb}\cdot\text{m}^{-2}$. 求铜棒 a、b 两端的电势差.（答：-4.71×10^{-5}V，b 端电势较高）

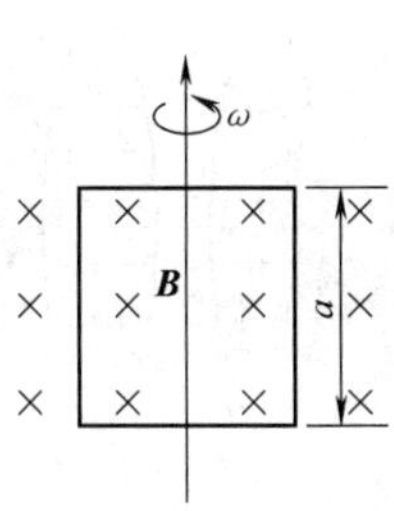

习题 8-6 图

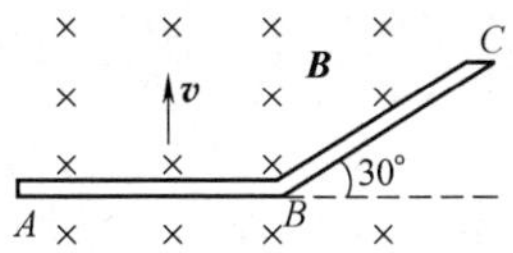

习题 8-7 图

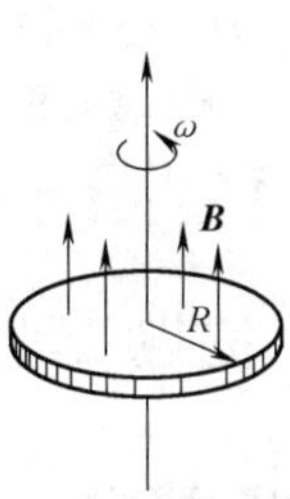

习题 8-8 图

8-10　一竖直放置的长直导线载有电流 I，近旁有一长为 l 的铜棒 CD 与导线共面，并与水平成 θ 角，C 端与导线相距为 d. 当铜棒以速度 v 竖直向上做匀速平动时（见习题 8-10 图），求证：棒中的动生电动势为 $\mathscr{E}_i=[\mu_0 Iv/(2\pi)]\ln(1+l\cos\theta/d)$.

8-11　如习题 8-11 图所示，一根长直导线通有电流 I，周围介质的磁导率为 μ，与此载流导线相距为 d 的近旁有一长 b、宽 a 的矩形回路 $ABCD$，回路平面与导线同在纸面上. 回路以速度 $\boldsymbol{v}$ 在平行于长直导线的方向上匀速运动. 求：(1) AB、BC、CD 和 DA 各段导线上的动生电动势；(2) 整个回路上的感应电动势. ［答：(1) 分别为 $-[\mu Iv/(2\pi)]\ln(1+a/d),0,[\mu Iv/(2\pi)]\ln(1+a/d),0$；(2)0］

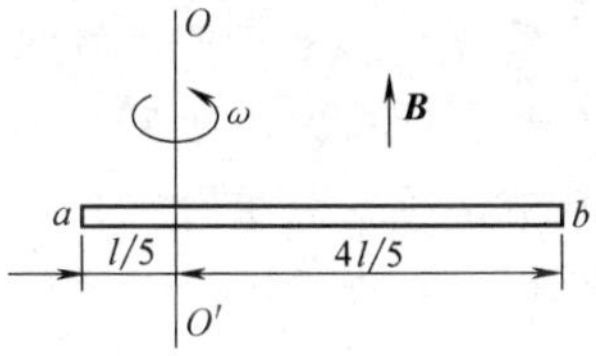

习题 8-9 图

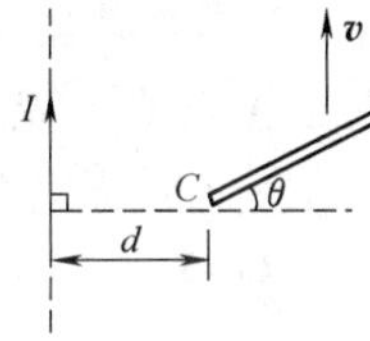

习题 8-10 图

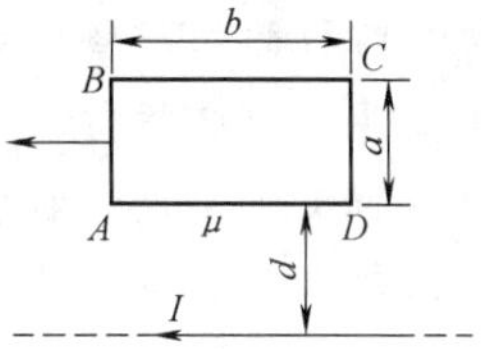

习题 8-11 图

8-12　在 8.4.1 节的图 8-13 所示的电路中，电阻 $R=10\text{k}\Omega$，电感 $L=1\text{H}$，电源的电动势为 $\mathscr{E}=10\text{V}$. 当开关 S 闭合后，电路中电流达到稳定值 $I_m=1\text{mA}$. 此后，开关 S 断开，并合上开关 S′，此电流由稳定值 I_m 在 1μs（即 10^{-6}s）内变为零. 求线圈中的自感电动势.（答：1000V，达到原来电源电压的 100 倍！）

8-13　在长为 0.2cm、直径为 5.0cm 的硬纸筒上，需绕多少匝线圈，才能使绕成的螺线管的自感约为 2.0×10^{-3}H（答：400 匝）

8-14　一矩形横截面的螺绕环，尺寸如习题 8-14 图所示，总匝数为 N. (1) 求它的自感. (2) 设 $N=1000$ 匝，$D_1=20\text{cm}$，$D_2=10\text{cm}$，$h=1.0\text{cm}$，求自感为多少？$\left(\text{答：}\dfrac{\mu_0 N^2 h}{2\pi}\ln\dfrac{D_1}{D_2}；1.39\times10^{-3}\text{H}\right)$

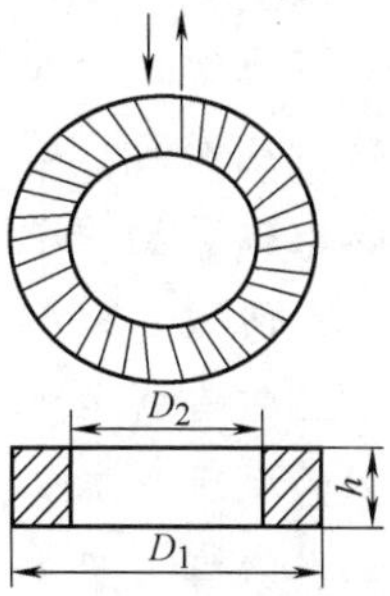

习题 8-14 图

8-15　设例题 8-13 中的两共轴螺线管，长 $l=1.0\text{m}$，截面面积 $S=10\text{cm}^2$，匝数 $N_1=1000$，$N_2=200$. 计算这两线圈的互感. 若线圈 C_1 内的电流变化率为 $10\text{A}\cdot\text{s}^{-1}$，求线圈 C_2 内的感应电动势的大小？(设管内充满空气.)（答：25.1×10^{-5}H；25.1×10^{-4}V）

8-16　一环状铁心绕有 1000 匝线圈，环的平均半径为 $r=8\text{cm}$，环的横截面面积 $S=1\text{cm}^2$，铁心的相对磁导率 $\mu_r=500$. 试求：当线圈中通有电流 $I=1\text{A}$ 时，磁场的能量和磁场的能量密度.（答：6.25×10^{-2}J；$1.24\times10^3\text{J}\cdot\text{m}^{-3}$）

8-17　设电流 I 均匀地通过一半径为 R 的无限长圆柱形直导线的横截面，(1) 求导线内的磁场分布；(2) 求证：每单位长度导线内所储存的磁场能量为 $\mu_0 I^2/(16\pi)$ ［答：(1) $B=(\mu_0 Ir)/(2\pi R^2)(r<R)$］

8-18　在习题 8-14 中，若螺绕环内部充满相对磁导率为 μ_r 的磁介质，当线圈上通有电流 I 时，求螺绕环内、外的磁场能量. ［答：$W_{m内}=[1/(4\pi)]\mu_r\mu_0 N^2 I^2 h\ln(D_1/D_2)$；$W_{m外}=0$］

8-19 如习题 8-19 图所示，半径为 R 的圆形平行板电容器，电荷 $q=q_0\sin\omega t$ 均匀分布在极板上，忽略边缘效应，求两极板间的位移电流密度和位移电流．（答：$I_d=q_0\omega\cos\omega t$）

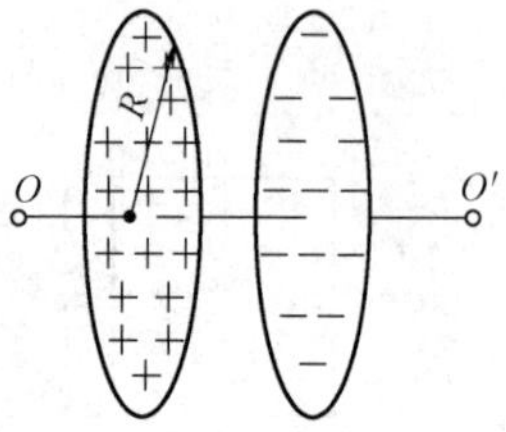

习题 8-19 图

本章“问题”选解

问题 8-1

答 在问题 8-1 图 a、b、c 所示的均匀磁场中的线圈运动时，并未改变磁通量，即 $d\Phi/dt=0$，或者说，线圈未切割磁感应线，故线圈中不产生感应电流；而问题 8-1 图 d 所示的线圈绕轴转动，则穿过线圈的磁通量在不断改变，即 $d\Phi/dt\neq0$，所以在线圈中要引起感应电流．

问题 8-2

答 如问题 8-2（2）图所示，回路 A 中原来电流 I 的流向是循逆时针转向的，穿过这回路平面的磁场方向指向读者．当电阻 R 增大时，电流减小，回路平面中原来的磁通量减弱，因而在此回路中就产生另一个电流，即感应电流 I'．按楞次定律，此感应电流激发的磁场，其方向也指向读者，以补偿穿过回路 A 所在平面中原来磁通量的减少，即反抗原来磁通量的改变．再由右手螺旋法则可知，感应电流的流向应与原电流 I 的流向相同．

同理，当电阻 R 减小时，电流增大．根据楞次定律，感应电流激发的磁场，其方向背离读者，感应电流的流向与原电流的流向相反．

问题 8-3（1）

答 当回路 A 开始进入磁场 $\boldsymbol{B}$ 时，穿过回路 A 所包围面积而指向纸里的磁通量在从无到有地增加，回路中就有感应电流．由楞次定律可知，这个感应电流的磁场方向应使通过回路所包围面积的上述磁通量减少，即感应电流的磁场方向应指向纸外，以抵消回路所包围面积中磁通量的增加．再根据右手螺旋法则，回路中感应电动势的指向应当是循逆时针转向的，如问题 8-3（1）解答图所示．

当回路 A 在均匀磁场 $\boldsymbol{B}$ 中运动时，穿过回路所围面积的磁通量不变，所以回路中没有感应电动势．

当回路 A 开始移出磁场 $\boldsymbol{B}$ 时，穿过回路所围面积而指向纸里的磁通量在从有到无地减少，回路中又有了感应电流，不过，这时回路中感应电动势的指向是循顺时针转向的，如问题 8-3（1）解答图所示．

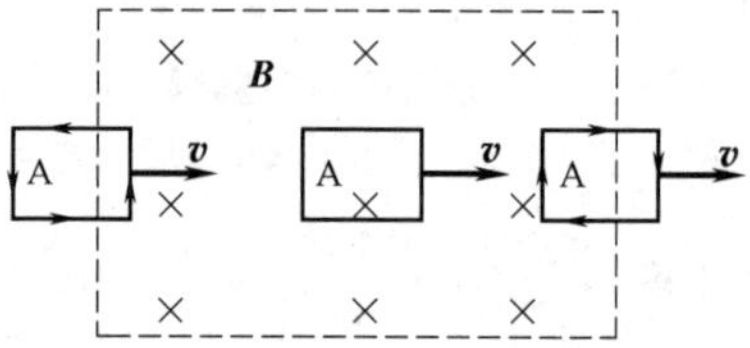

问题 8-3（1）解答图

问题 8-3（2）

解 假想用三条不动的导线 KL、LM、MN（如问题 8-3（2）解答图中虚线所示）与曲杆 l 构成一个“闭合导体回路”，而曲杆 l 可在导线 KL、MN 上平动．

则随着曲杆 l 的平动，闭合回路 $KLMN$ 的面积 S 随着增大，从而回路内的 $\Phi_m=BS$ 亦随时间而增大，按楞次定律，沿“闭合回路”的“电流”应是循逆时针的流向，亦即运动的曲

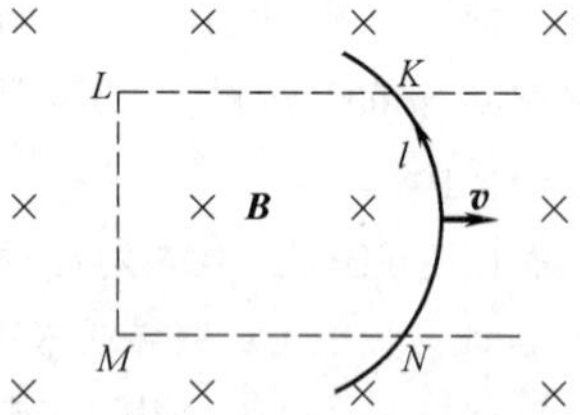

问题 8-3（2）解答图

杆宛如一电源，其电动势应由 N 指向 K.

问题 8-4（2）

答　如问题 8-4 图所示，回路 B 在均匀磁场 $\boldsymbol{B}$ 中绕轴转动，切割磁感应线，所以回路 B 中有动生电动势；回路 D 的面积在磁场 $\boldsymbol{B}$ 中缩小，每条边都在切割磁感应线，或者说，通过回路的磁通量在减小，所以回路 D 中有动生电动势. 回路 A、C 分别在均匀磁场 $\boldsymbol{B}$ 中平动和转动，皆不切割磁感应线，因而每个回路的动生电动势皆为零.

问题 8-5（2）

答　（2）按公式

$$\oint_l \boldsymbol{E}^{(2)}\cdot \mathrm{d}\boldsymbol{l} = -\int_S \frac{\partial \boldsymbol{B}}{\partial t}\cdot \mathrm{d}\boldsymbol{S} \qquad ⓐ$$

当磁场随时间均匀变化时，$\partial \boldsymbol{B}/\partial \mathbf{t}=$恒量，即 $\partial \boldsymbol{B}/\partial t$ 与时间无关. 因此，变化磁场激发的涡旋电场 $\boldsymbol{E}^{(2)}$ 也与时间无关，而是一个稳定的涡旋电场.

（3）由式ⓐ，$\partial \boldsymbol{B}/\partial t\neq 0$，则在空间存在涡旋电场 $\boldsymbol{E}^{(2)}$ 和感生电动势 $\mathscr{E}_{\mathrm{i}}=\oint_l \boldsymbol{E}^{(2)}\cdot \mathrm{d}\boldsymbol{l}$.

问题 8-6

答　涡流的概念及其在工业上的利弊请读者参阅教材中 8.3.3 节自行解答. 对后一问题说明如下：如问题 8-6 解答图所示，圆盘转动时总有一部分进入蹄形磁铁两极间的磁场，同时另有一部分离开磁场. 进入磁场的这一部分，由于穿过它的磁通量增加，这部分中就产生了涡电流. 载有涡流的这部分在磁场中要受到磁场力作用，力的方向与盘的转向相反. 同样，离开磁场的那一部分，由于穿过它的磁通量减少，也会产生涡流，所以磁场对那一部分也有力的作用，且力的方向也与盘的转向相反. 总之，圆盘经过蹄形磁铁两极间的磁场时，由于涡电流的阻尼作用，使圆盘受到一个阻碍运动的力矩；而且，转速越快，这个阻碍运动的力矩也越大. 当这个力对 Oz 轴的转矩与外力矩平衡时，就达到了匀角速转动状态.

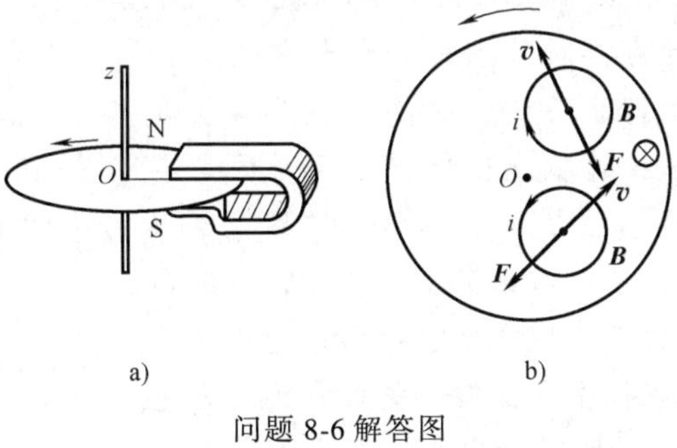

问题 8-6 解答图

瓦时表（也称电度表或电表）的运转就是应用上述涡流阻尼作用的原理.

问题 8-7

答　（1）前三个问题由读者自行回答. 后一问题说明如下：当电路通有交变电流时，接在电路中的自感线圈的回路内激发变化磁场，由于自感作用，将在自感线圈中激发出自感电动势. 在通有直流电路中接入一个自感线圈，这个线圈对电流无自感作用.

（2）若要增大线圈的自感 L，通常是增加线圈单位长度的匝数 n 和在线圈中充以磁导率

μ 较大的铁心（磁介质）. 当然也可增大线圈的体积 $V=Sl$ 来达到，但这会增大线圈所占的空间，在电子技术中，电路中的元件的微型化很重要，不宜将线圈做得又粗又长.

问题 8-9（2）

解 磁场的能量密度和电场的能量密度分别为

$$w_{\mathrm{m}}=\frac{B^2}{2\mu_0},\ w_{\mathrm{e}}=\frac{\varepsilon_0 E^2}{2}$$

按题设，$w_{\mathrm{m}}=w_{\mathrm{e}}$，即 $\frac{B^2}{2\mu_0}=\frac{\varepsilon_0 E^2}{2}$，代入有关数据，算得

$$E=\frac{B}{\sqrt{\varepsilon_0\mu_0}}=\frac{0.5}{\sqrt{4\pi\times10^{-7}\times8.85\times10^{-12}}}\mathrm{V\cdot m^{-1}}=1.5\times10^{8}\mathrm{V\cdot m^{-1}}$$

专题选讲V 超导

1. 物质的导电性

物质的导电能力与其电阻或电阻率有关.

19 世纪末，人们已经知道在液氢温区（−253℃）以上，金属的电阻率会随温度的降低而减小. 根据杜瓦的经验预期，随着温度的降低，电阻率会平缓地趋于零. 开尔文则认为，在极低温下，导电电子可能被凝聚在原子上，这样大量导电电子就被“冻结”在晶格上以致自由电子数很快减少，随着温度的降低，电阻率反而迅速升高. 那么，金属的电阻率在绝对零度附近究竟如何变化，这是一个众说纷纭的问题.

2. 低温下的奇迹

1911 年，卡末林 · 昂纳斯（H. Kamerlingh Onnes）用液氦冷却汞，探索它在尽可能低的温度下，其电阻的变化行为，同时也想验证开尔文的论断：“电子在绝对零度时将静止不动.” 昂纳斯发现当温度降低时，汞的电阻先是平缓地减小，但出人意料的是在 4.2K 附近电阻突然降为零. 图V-1 描述了汞样品的电阻与热力学温度的关系，标出了电阻的突变. 起初，昂纳斯以为是在低温时保持器中的某些地方发生短路才造成了这种现象，他想将短路的地方找出来，但以失败告终. 无论他怎么去改进，汞都会在 4.2K 附近发生电阻突然消失的现象，并且这个现象只与温度有关. 当时即使是最有想象力的科学家也没能料到低温下的金属会有这种现象出现.

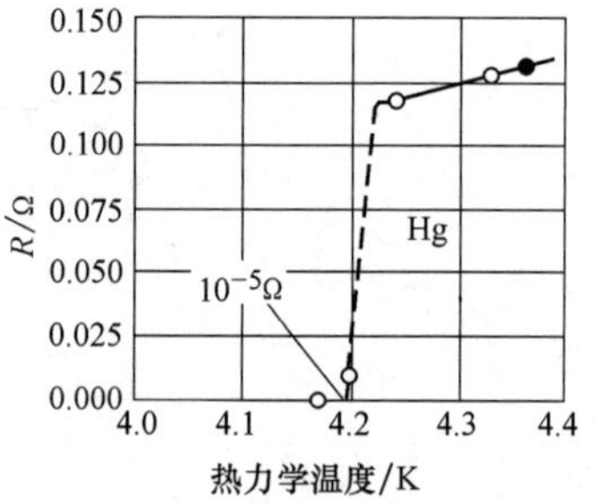

图V-1 汞的零电阻效应

后来证实，电阻突变温度与汞的纯度无关，只是越纯，突变越尖锐. 卡末林 · 昂纳斯指出：在 4.2K 以下汞进入了一个新的物态，在这个新的物态中，汞的电阻实际变为零. 他把这种电阻突然降为零而显示出具有超导电性的物质状态定名为**超导态**，而把电阻发生突变的温度称为**超导临界**温度或超导转变温度，用 T_{c} 表示.

为了进一步证明上述结果，昂纳斯和他的学生把磁铁穿过汞环路，由于电磁感应产生的电流保持了好几天，这就充分证实了电阻完全消失后的超导现象：即只要超导体内有电流，由于没有电阻，所以原则上电流就会永远流动下去，不会停止.

后来昂纳斯又发现其他一些金属（例如铅、锡等）在某些特定的温度下，电阻也会突然消失. 随后科学家们发现其他许多金属或合金在低温下都有零电阻效应. 图Ⅴ-2给出了一些金属超导体的临界温度和发现年代.

昂纳斯的发现，很快引起科学界的高度重视，昂尼斯也因此荣获1913年的诺贝尔物理学奖.

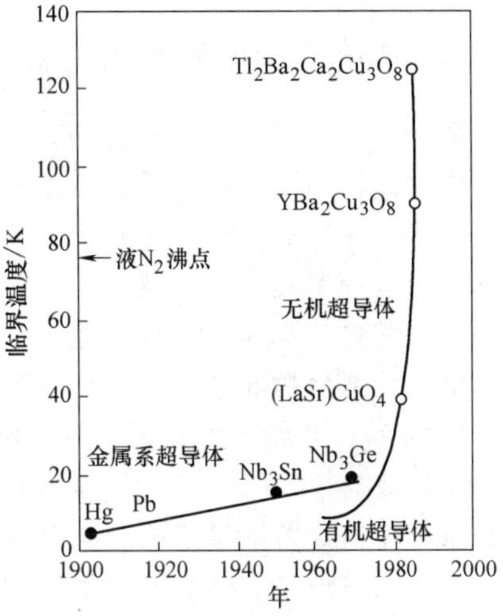

图Ⅴ-2　金属超导体的临界温度和发现年代

3. 超导体的基本性质

（1）直流零电阻性质　因为我们无法测量超导态下电阻率，只能靠观察超导体中的电流衰减情况间接证明超导体中的电阻率情况.

美国麻省理工学院的柯林斯（J. Collins）等人曾经做了一个著名的持续电流实验：他们将一铅环放在如图Ⅴ-3a所示的磁场中，将其冷却到临界温度以下，然后将磁场突然撤去，根据电磁感应原理，在超导铅环中将会产生感应电流（见图Ⅴ-3b）. 在正常金属中，这个感应电流很快就衰减为零了，这是因为正常金属有电阻的缘故，但是超导线圈里的这个感应电流居然在经过了两年半的观测，依然没有出现电流衰减的迹象. 这个实验肯定了超导体的直流电阻为零.

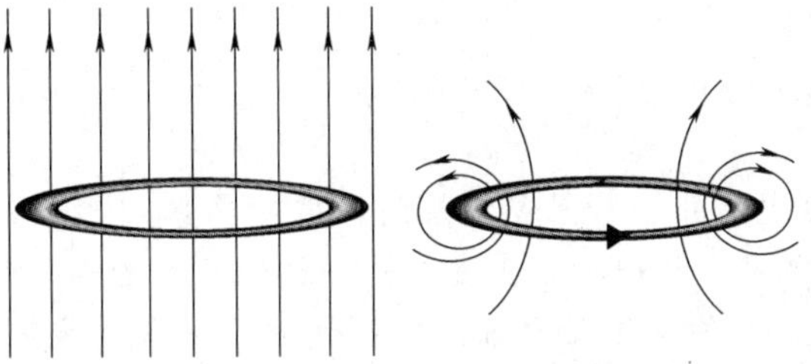

a)　　b)

图Ⅴ-3　超导体的零电阻效应

由于超导体的电阻为零，电流在其中流动时没有能量损失，因而可用超导线圈做成体积小、重量轻、功率大的发电机，用超导电缆可实现极低损耗的输电，用制成的超导磁体可为高能加速器、受控核聚变、磁流体发电等提供大范围的强磁场，并大大节约能源.

（2）完全抗磁性　我们知道，铁、钴、镍等材料具有铁磁性，它们在磁场中能把磁感应线拉向自己，并集中起来从它们中间穿过（见图Ⅴ-4a），电磁铁就是据此制成的. 但是，1933年

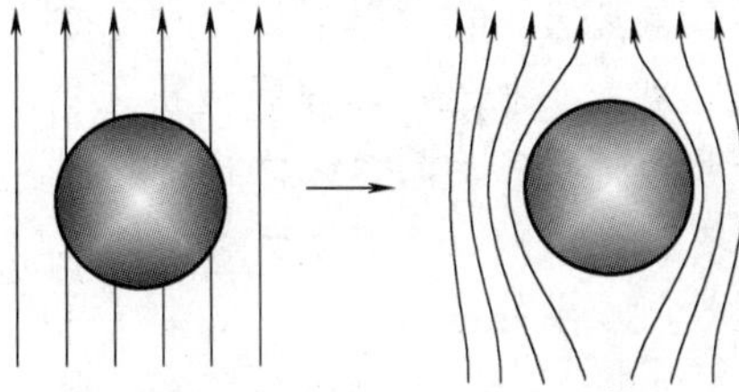

a)　　b)

图Ⅴ-4　磁场在超导态和正常态的分布比较
a）正常态　b）超导态

德国物理学家迈斯纳（W. F. Meissner）和奥克森菲尔德（R. Ochsenfeld）在对锡单晶球超导体做磁场分布测量时发现，在弱磁场中把金属冷却进入超导态时，超导体内的磁感应线似乎一下子被排斥出去，保持体内磁感应强度 B 等于零，如图Ⅴ-4b 所示. 超导体的这一性质被称为**迈斯纳效应**. 在电磁学中，我们把磁介质内部磁感应强度小于外加磁感应强度的性质称为抗磁性. 迈斯纳效应表明，超导体的抗磁性极强，使内部磁感应强度为零，故把迈斯纳效应称为**完全抗磁性**.

4. 传统超导体的微观机制——BCS 理论

关于超导的理论，比较成功的是 1957 年由巴丁（J. Bardeen）、库珀（L. V. Cooper）和施里弗（J. R. Schrieffer）提出的微观理论，称为 BCS 理论. 严格地介绍这一理论需要用到高等量子力学和较多的数学知识，已超出了本书的范围. 下面我们只是粗略地对这一理论的基本概念做一些简单的介绍.

在正常态的金属中，传导电流的是导体中的自由电子，它们在晶格中传播时，会受到晶格振动、晶格缺陷和杂质的散射，形成电阻. 在低温下，尽管晶格的振动减弱会使电子受到的散射减小，但杂质和晶格缺陷与温度无关，如果仍然是由单个的自由电子来传导电流，则电阻不可能为零.

BCS 理论的基本思想是：在超导体内部，由于电子和晶格点阵之间的相互作用，在电子与电子之间产生了吸引力，这种吸引力使传导电子两两结成电子对，称为库珀电子对（Cooper pair）或超导电子. 库珀电子对中的两个电子的结合很松散，它们之间的距离可以达到微米（10^{-6}m）这一宏观数量级，因此不会受到晶格缺陷和杂质这种微观尺度（大约为 10^{-10}m）结构的散射. 所以超导态以库珀电子对作为传导电流的载体，就没有电阻了.

这一理论提出后，迅即被大量理论研究和实验证明是正确的. 因此，他们三人于 1972 年共同获得了诺贝尔物理学奖.

5. 超导隧道效应

在金属-绝缘体-金属结构中，如果绝缘层的厚度足够薄，由于微观粒子有隧道效应，电子就具有穿越绝缘层的概率，从一种金属流向另一种金属，这是正常隧道效应.

1962 年，英国物理学家约瑟夫森预言，在两块超导体中间夹一层很薄的绝缘层，就会形成一个超导-绝缘-超导结（S-I-S 结，也称为“约瑟夫森结”），只要绝缘层足够薄（例如 1nm 左右），超导体内的库珀电子对就可通过隧道效应穿过势垒，形成通过绝缘层的电流. 这一预言在 1963 年被实验证实，并被命名为“约瑟夫森效应”.

物理学家默塞罗发现，若用两个约瑟夫森结，则可利用两个电流的相互干涉作用，使无阻电流值更大. 这种干涉效应与光学中利用双缝增强光度的效应是差不多的. “超导量子干涉仪”就是根据这一原理制造出来的. 超导量子干涉仪的用途极为广泛，如用来做精密测量，其精密度可达到惊人的程度.

超导隧道效应，对于研制高性能的半导体和超导体元器件具有很高的应用价值，并导致了超导电子学的建立.

6. 高温超导体的发现

1986 年以前世界上的超导体必须在液氦温度（4.2K）下工作，这样的超导体我们称之为传统超导体. 而液氦设备花费大且不方便, 若能在常温下实现超导电现象, 那么, 毫无疑问会使现代科学技术 (如电能输送、电动机、发电机等) 发生深刻的变革.

1986 年, 美国 IBM 公司苏黎世实验室研究人员缪勒 (Müller) 和柏诺兹 (Bednorz) 发现了一种氧化物材料, 其超导转变温度比以往的超导材料高出许多, 柏诺兹和缪勒也因此获得 1987 年诺贝尔物理奖.

这一发现导致了超导研究的重大突破. 美国、中国、日本等国的科学家纷纷研究, 很快就发现了在液氮温度区 (77K 以下) 获得超导电性的陶瓷材料, 此后不断发现高临界温度的超导材料. 1987 年 2 月, 美国华裔科学家朱经武和中国科学家赵忠贤相继在钇 (Y)-钡 (Ba)-铜 (Cu)-氧 (O) 系材料上把临界超导温度提高到 90K 以上. 1987 年年底, 铊-钡-钙-铜-氧系材料又把临界超导温度的记录提高到 125K. 从 1986 到 1987 年的短短一年多的时间里, 临界超导温度竟然提高了 100K 以上, 这在材料发展史, 乃至科技发展史上都堪称是一大奇迹!

高温超导陶瓷化金属材料的出现, 使人们第一次可在液氮温区应用超导材料, 从而引起了科学界的高度重视, 成为 20 世纪 80 年代最重大的科技成果被载入史册, 同时也促进了科学家们开始思考 "室温超导体是否存在" 的问题.

2018 年 3 月 5 日,《自然》(*Nature*) 杂志连续刊登了两篇报道石墨烯超导电性的研究新突破的文章, 引发学界轰动. 而这两篇论文的第一作者均是年仅 22 岁的麻省理工学院的中国博士生曹原, 他发现当两层石墨烯旋转到特定的 "魔法角度" (1.1°) 叠加时, 它们可以在零阻力的情况下传导电子, 成为超导体! 尽管该系统仍然需要被冷却至 1.7K, 但结果表明了它或许可以像已知的高温超导体那样导电. 一旦该结果被确认, 此次的发现对于理解高温超导电性至关重要.

7. 超导技术与超导应用

利用超导隧道效应, 人们可以制造出世界上最灵敏的电磁信号探测元件和用于高速运行的计算机元件. 用超导量子干涉磁强计可以测量地球磁场几十亿分之一的变化, 也能测量人的脑磁图和心磁图. 还可以探侧深水下的潜水艇; 放在飞机上可进行矿产资源普查, 可用以观测地球磁场的细微变化, 为预报地震提供信息.

超导数字电路利用约瑟夫森结在零电压态和能隙电压态之间的快速转换来实现二元信息. 应用约瑟夫森效应的器件可以制成开关元件, 其开关速度可达 10^{-11}s 的数量级, 比半导体集成电路快 100 倍, 但功耗却只有 1/1000 左右, 这也为制造亚纳秒电子计算机提供了一个途径.

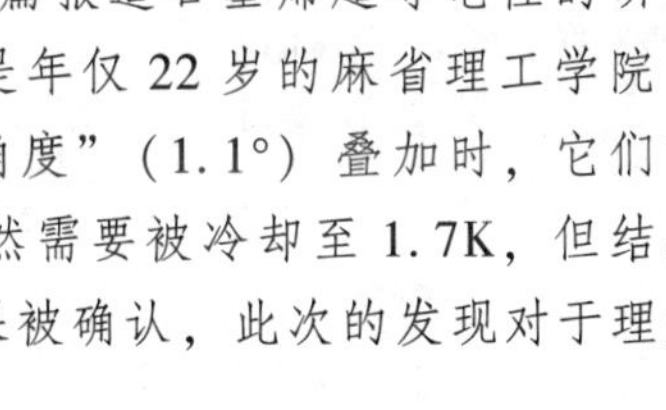

图 V-5　超导磁悬浮

(1) 超导磁悬浮列车　利用超导材料的抗磁性, 将超导材料放在一块永久磁体的上方, 由于磁体的磁感应线不能穿过超导体, 磁体和超导体之间会产生排斥力, 使超导体悬浮在磁体上方, 如图 V-5 所示. 利用这种磁悬浮效应可以制作高速超导磁悬浮列车.

世界上第一辆载人 "高温超导磁悬浮实验车" 已在西南交通大学研制成功 (见图 V-6), 这标志着中国在高温超导磁悬浮科学研究与试验技术领域已达到世界领先水平. 载人 "高温超导磁浮列车实验车" 可载 5 人, 其永磁导轨长

15.5m，最大悬浮重量达 700kg. 该车悬浮稳定性好，悬浮刚度高，低温系统连续工作可超过 6h. 这是迄今为止世界上悬浮重量最大的载人“高温超导磁悬浮实验车”.

图Ⅴ-6 中国研制成功“高温超导磁悬浮实验车”

（2）核聚变反应堆“磁封闭体” 核聚变反应时，内部温度高达 1~2 亿摄氏度，没有任何常规材料可以包容这些物质. 而超导体产生的强磁场可以作为“磁封闭体”，将热核反应堆中的超高温等离子体包围、约束起来，然后慢慢释放，从而使受控核聚变能源成为 21 世纪前景广阔的新能源.

（3）超导计算机 高速计算机要求集成电路芯片上的元件和连接线密集排列，但密集排列的电路在工作时会发生大量的热，而散热是超大规模集成电路面临的难题. 超导计算机中的超大规模集成电路，其元件间的互连线用接近零电阻和超微发热的超导器件来制作，不存在散热问题，同时也使计算机的运算速度大大提升. 此外，科学家正研究用半导体和超导体来制造晶体管，甚至完全用超导体来制作晶体管.

（4）超导输电 由超导材料制作的超导电线和超导变压器，可以把电力几乎无损耗地输送给用户. 据统计，用铜或铝导线输电，约有 15%的电能损耗在输电线路上，光是在中国，每年的电力损失即达 1000 多亿 kW · h. 若改为超导输电，节省的电能相当于新建数十个大型发电厂.

附录

附录 A　一些物理常量

1. 引力常量　$G=6.67259\times10^{-11}\text{N}\cdot\text{m}^2\cdot\text{kg}^{-2}$
2. 重力加速度　$g=9.80665\text{m}\cdot\text{s}^{-2}$
3. 1mol 中的分子数目（阿伏伽德罗常数）　$N_A=6.0221367\times10^{23}\text{mol}^{-1}$
4. 摩尔气体常数　$R=8.3145\text{J}\cdot\text{mol}^{-1}\cdot\text{K}^{-1}$
5. 玻尔兹曼常数　$k=1.380658\times10^{-23}\text{J}\cdot\text{K}^{-1}$
6. 空气的平均摩尔质量　$M=28.9\times10^{-3}\text{kg}\cdot\text{mol}^{-1}$
7. 冰的熔点为 273.16K（解题时用 273K）
8. 电子静质量　$m_e=9.1093897\times10^{-31}\text{kg}$（解题时取 $9.1\times10^{-31}\text{kg}$）
9. 质子静质量　$m_p=1.672623\times10^{-27}\text{kg}$
10. 中子静质量　$m_n=1.6749286\times10^{-27}\text{kg}$
11. 元电荷　$e=1.60217733\times10^{-19}\text{C}$
12. 普朗克常量　$h=6.6260755\times10^{-34}\text{J}\cdot\text{s}$
13. 里德伯常量　$R_H=1.0973731534\times10^{-7}\text{m}^{-1}$
14. 氢原子质量　$m_H=1.6734\times10^{-27}\text{kg}$
15. 地球的平均半径　$6.371\times10^{6}\text{m}$
16. 地球的质量　$5.97742\times10^{24}\text{kg}$
17. 太阳的直径　$1.392\times10^{9}\text{m}$
18. 太阳的质量　$1.9891\times10^{30}\text{kg}$
19. 由太阳至地球的平均距离　$1.4959787\times10^{11}\text{m}$
20. 月球半径与地球半径的比　3：11
21. 月球质量　$7.3483\times10^{22}\text{kg}$
22. 地球到月球距离与地球半径的比　60：1

附录 B　数学公式

B1　级数展开式

1. $\sqrt{1+x^2}=1+\frac{x}{2}-\frac{x^2}{8}+\frac{x^3}{16}-\cdots$，$(-1<x<1)$

2. $e^x=1+x+\frac{x^2}{2!}+\frac{x^3}{3!}+\cdots+\frac{x^m}{m!}+\cdots$，$(-\infty<x<\infty)$

3. $\sin x=x-\frac{x^3}{3!}+\frac{x^5}{5!}-\frac{x^7}{7!}+\cdots$，$(-\infty<x<\infty)$

4. $\cos x=1-\frac{x^2}{2!}+\frac{x^4}{4!}-\frac{x^6}{6!}+\cdots$，$(-\infty<x<\infty)$

5. $(x+y)^n=x^n+\frac{n}{1!}x^{n-1}y+\frac{n(n-1)}{2!}x^{n-2}y^2+\cdots$，

B2 二次方程式 $ax^2+bx+c=0(a\neq0)$ 的根

$$x=\frac{-b\pm\sqrt{b^2-4ac}}{2a}$$

B3 勾股定理 $x^2+y^2=r^2$

（r 为直角三角形之斜边长，x、y 为两直角边长）.

B4 三角恒等式

1. $\sin^2\theta+\cos^2\theta=1$，$\sec^2\theta=1+\tan^2\theta$，$\csc^2\theta=1+\cot^2\theta$
2. $\sin(\alpha\pm\beta)=\sin\alpha\cos\beta\pm\cos\alpha\sin\beta$
3. $\cos(\alpha\pm\beta)=\cos\alpha\cos\beta\mp\sin\alpha\sin\beta$
4. $\tan(\alpha\pm\beta)=\frac{\tan\alpha\pm\tan\beta}{1\mp\tan\alpha\tan\beta}$
5. $\sin2\theta=2\sin\theta\cos\theta$
6. $\cos2\theta=\cos^2\theta-\sin^2\theta=1-2\sin^2\theta=2\cos^2\theta-1$

B5 对数

如果 $a=10^m$，则 m 为数 a 的常用对数（十进对数）

$$\lg a=m$$

而 10 为常用对数的底. 对数的一般性质如下：

1. $\lg(a\cdot b)=\lg a+\lg b$　　3. $\lg a^n=n\lg a$

2. $\lg\frac{a}{b}=\lg a-\lg b$　　4. $\lg\sqrt[m]{a^n}=\frac{n}{m}\lg a$

如果 $a=e^m$，则 m 为数 a 的自然对数，即

$$\ln a=m$$

$e=2.7182818\cdots$为自然对数的底.

常用对数与自然对数间的换算公式　$\lg a=0.434294\ln a$

B6 导数公式

1. $\frac{d}{dx}x^n=nx^{n-1}$　　2. $\frac{d}{dx}\sin x=\cos x$

3. $\frac{d}{dx}\cos x=-\sin x$

4. $\frac{d}{dx}e^{x}=e^{x}$

5. $\frac{d}{dx}\ln x=\frac{1}{x}\quad(x\neq0)$

6. $\frac{d}{dx}\tan x=\sec^{2}x$

7. $\frac{d}{dx}\cot x=-\csc^{2}x$

8. $\frac{d}{dx}a^{x}=a^{x}\ln a$

B7 积分公式

1. $\int x^{n}dx=\frac{x^{n+1}}{n+1}(n\neq-1)$

2. $\int e^{x}dx=e^{x}$

3. $\int \sin x dx=-\cos x$

4. $\int\frac{dx}{x}=\ln x$

5. $\int a^{x}dx=\frac{a^{x}}{\ln a}$

6. $\int \cos x dx=\sin x$

注：在引用上述积分公式时，应加上一个积分常数.

参考文献

[1] 程守洙，江之永．普通物理学［M］．6版．北京：高等教育出版社，2006.
[2] 杨仲耆．大学物理学：力学［M］．北京：人民教育出版社，1979.
[3] 林润生，彭知难．大学物理学［M］．兰州：甘肃教育出版社，1990.
[4] 古玥，李衡芝．物理学［M］．北京：化学工业出版社，1985.
[5] 江宪庆，邓新模，陶相国．大学物理学［M］．上海：上海科学技术文献出版社，1989.
[6] 张三慧．大学物理学［M］．2版．北京：清华大学出版社，1985.
[7] 刘克哲，张承琚．物理学［M］．3版．北京：高等教育出版社，2005.
[8] 梁绍荣，池无量，杨敬明．普通物理学［M］．北京：北京师范大学出版社，1999.
[9] 张宇，赵远．大学物理［M］．2版．北京：机械工业出版社，2007.
[10] 毛骏健，顾牡．大学物理学［M］．北京：高等教育出版社，2006.
[11] 赵凯华，陈熙谋．电磁学［M］．北京：高等教育出版社，1985.
[12] 梁灿彬，秦光戎，梁竹健．电磁学［M］．北京：人民教育出版社，1980.
[13] 洛兰，科逊．电磁学原理及应用［M］．潘仲麟，胡芬，译．成都：成都科技大学出版社，1988.
[14] 唐端方．物理［M］．上海：上海科学普及出版社，2001.
[15] 林焕文．物理阅读与实验制作［M］．上海：上海科学普及出版社，1998.
[16] 上海市物理学会，上海市中专物理协作组．物理阅读与辅导［M］．上海：上海科学普及出版社，1996.
[17] 克罗默．科学和工业中的物理学［M］．陆思，译．北京：科学出版社，1986.
[18] 王雯宇，许洋．光和引力波专题1：广义相对性原理、光速不变原理及引力论［J］．物理与工程，2019，29（1）：131.
[19] A BBOTT B P，et al. Observation of Gravitational Waves from a Binary Black Hole Merger［J］．Physical Review Letters，2016（116）：061-102.
[20] 安宇森，蔡荣根，季力伟，等．2017年诺贝尔物理学奖解读［J］．物理，2017，46（12）：794.
[21] 姜韬．对光纤通信技术的应用及发展趋势的研究［J］．通讯世界，2018（6）：61-62.
[22] 郭爱玲．光纤通信技术的现状及发展趋势分析［J］．数字通信世界，2018（7）：42.
[23] 葛军，康邦进，张文瑜．光纤通讯技术及其发展［J］．通讯世界，2016（5）：24-25.
[24] 许春霞，黄光宇，孙兰．光纤通讯技术特点及其发展应用［J］．科技创新导报，2018（6）：167.
[25] 孙晨阳．基于现代技术角度下对光纤通讯传输技术的分析［J］．信息系统工程，2018（1）：95.
[26] 张晓龙．基于激光测距的三维空间景深获取［D］．南京：东南大学，2015.
[27] 卢颖．基于三维激光扫描的桥梁检测技术应用研究［D］．长春：吉林大学，2017.
[28] 张政．三维激光扫描技术的原理简述及应用研究概况［J］．建材与装饰，2016（7）：213-214.
[29] 覃遵涛．三维激光扫描系统的误差分析与标定技术的研究［D］．哈尔滨：东北林业大学，2010.
[30] 刘红旗，项鑫，李军杰．三维激光扫描原理及其在露天矿测量中的应用［J］．科技资讯，2009（3）：7-8.
[31] 田正华．三维激光扫描技术应用于地面建模的精度分析［D］．西安：西安科技大学，2015.
[32] 郑鹏，韩雨萌．大型复杂零件的三维扫描测量精度研究［J］．电大理工，2016（3）：15-17.
[33] 位洪军．单线激光扫描三维测量技术研究［D］．天津：天津大学，2011.